中 国 国 家 标 准 汇 编

386

GB 22079～22113

（2008 年制定）

中国标准出版社　编

中 国 标 准 出 版 社

北　京

图书在版编目（CIP）数据

中国国家标准汇编：2008年制定.386：GB 22079～22113/中国标准出版社编.—北京：中国标准出版社，2009

ISBN 978-7-5066-5299-5

Ⅰ.中…　Ⅱ.中…　Ⅲ.国家标准-汇编-中国-2008　Ⅳ.T-652.1

中国版本图书馆CIP数据核字（2009）第075153号

中国标准出版社出版发行
北京复兴门外三里河北街16号
邮政编码:100045
网址 www.spc.net.cn
电话:68523946　68517548
中国标准出版社秦皇岛印刷厂印刷
各地新华书店经销
*
开本 880×1230　1/16　印张 39.25　字数 1 154 千字
2009年6月第一版　2009年6月第一次印刷
*
定价 200.00 元

ISBN 978-7-5066-5299-5
9 787506 652995 >

出 版 说 明

1.《中国国家标准汇编》是一部大型综合性国家标准全集。自1983年起，按国家标准顺序号以精装本、平装本两种装帧形式陆续分册汇编出版。它在一定程度上反映了我国建国以来标准化事业发展的基本情况和主要成就，是各级标准化管理机构，工矿企事业单位，农林牧副渔系统，科研、设计、教学等部门必不可少的工具书。

2.《中国国家标准汇编》收入我国每年正式发布的全部国家标准，分为"制定"卷和"修订"卷两种编辑版本。

"制定"卷收入上一年度我国发布的、新制定的国家标准，顺延前年度标准编号分成若干分册，封面和书脊上注明"20××年制定"字样及分册号，分册号一直连续。各分册中的标准是按照标准编号顺序连续排列的，如有标准顺序号缺号的，除特殊情况注明外，暂为空号。

"修订"卷收入上一年度我国发布的、被修订的国家标准，视篇幅分设若干分册，但与"制定"卷分册号无关联，仅在封面和书脊上注明"20××年修订-1，-2，-3，……"字样。"修订"卷各分册中的标准，仍按标准编号顺序排列(但不连续)；如有遗漏的，均在当年最后一分册中补齐。需提请读者注意的是，个别非顺延前年度标准编号的新制定的国家标准没有收入在"制定"卷中，而是收入在"修订"卷中。

读者配套购买《中国国家标准汇编》"制定"卷和"修订"卷则可收齐上一年度我国制定和修订的全部国家标准。

3. 由于读者需求的变化，自1996年起，《中国国家标准汇编》仅出版精装本。

4. 2008年我国制修订国家标准共5946项。本分册为"2008年制定"卷第386分册，收入国家标准GB 22079～22113的最新版本。

中国标准出版社

2009年5月

目　　录

ICS 29.080.10
K 48

中华人民共和国国家标准

GB/T 22079—2008

标称电压高于1 000 V使用的户内和户外聚合物绝缘子一般定义、试验方法和接收准则

Polymeric insulators for indoor and outdoor use with a nominal voltage >1 000 V—General definitions, test methods and acceptance criteria

(IEC 62217:2005,MOD)

2008-06-30 发布　　2009-04-01 实施

中华人民共和国国家质量监督检验检疫总局
中国国家标准化管理委员会　发布

前　言

本标准修改采用 IEC 62217:2005《标称电压高于 1 000 V 使用的户内和户外聚合物绝缘子　一般定义、试验方法和接收准则》(英文版)。

本标准与 IEC 62217:2005 条款编号相同。本标准与 IEC 62217:2005 的差异为:

——表 1 中增加了“脚注 c 不超过“重污秽”不包括硅橡胶外套复合绝缘子。实践表明,硅橡胶外套复合绝缘子在“很重污秽”地区也有良好的运行特性,但使用时有必要加强监测。”

——9.3 增加了“脚注 1) 为了选择伞套材料,可以考虑对材料进行耐电痕化和蚀损试验。具体方法可由产品标准规定。”

——9.4.2.5 增加了“注:电流不应超过 1 mA 是对所有种类聚合物产品的一个规定。对某些种类的产品,例如架空线路用复合绝缘子,不应超过 1 mA 的规定可能太宽了。现在正在对此进行研究,一旦有统一认识,可将具体要求列入有关产品标准中。”

增加的脚注和注是根据我国的制造和使用经验对采用 IEC 62217:2005 时做出的补充建议和规定。

为便于使用,本标准还做了下列编辑性修改:

a) “本国际标准”一词改为“本标准”;

b) 用小数点“.”代替作为小数点的逗号“,”;

c) 删除国际标准的前言。

本标准的附录 A、附录 B 均为规范性附录。

本标准的附录 C、附录 D、附录 E 均为资料性附录。

本标准由中国电器工业协会提出。

本标准由全国绝缘子标准化技术委员会(SAC/TC 80)归口。

本标准主要起草单位:西安电瓷研究所、武汉高压研究院、温州益坤电气有限公司、上海 MWB 互感器有限公司、广州市迈克林电力有限公司、国家绝缘子避雷器质量监督检验中心。

本标准主要起草人:陈林山、李大楠、吴光亚、余明宣、杨承宇、欧阳旭丹、晏坚军、施雪莲、王长水、王云鹏、胡文岐、王立成。

引　言

聚合物绝缘子由一种绝缘材料(树脂绝缘子)、或两种或几种绝缘材料(复合绝缘子)组成。绝缘材料通常由碳或硅化合物合成的有机物交联而成,并形成绝缘体。绝缘材料可由包含不同有机和无机成分的有机材料组成,如填料和添加剂。端部装配件用于绝缘体的末端以传递机械负荷。尽管有这些通用特征,不同制造商家所选用的材料和采用的结构细节可能会有很大的区别。

一些试验组合在一起成为设计试验,对于相同设计的绝缘子,它们只进行一次。设计试验在于消除绝缘子在设计、材料或者制造工艺中不适合高压应用的部分。时间对于完整的聚合物绝缘子和它的组成部分(芯体材料、外套、界面等)的电气性能的影响,在规定的设计试验中应考虑,目的在于确保绝缘子在正常的运行和环境条件下有满意的使用寿命。

标准不包括 GB/T 4585 或 IEC 61245 规定的污秽试验,因为他们对复合绝缘子的适用性仍未被证明。对于聚合物材料绝缘子所进行的上述污秽试验所得到的结果与实际运行不相符。针对聚合物绝缘子的污秽试验正在考虑中。

起痕和蚀损试验在本标准中作为筛选试验,目的在于剔除不适用的材料或者设计。这些试验并不打算预测绝缘子在累积运行应力下的长期的设计寿命。附录 C 中可以得到更多的信息。

复合绝缘子可在交流与直流条件下使用。尽管如此,对于直流条件下使用的绝缘子,特殊的起痕和蚀损试验程序在其设计试验中仍未被定义并被接受。本标准中所描述的 1 000 h 起痕和蚀损试验常被作为外套材料耐起痕性能的最低要求。

在本标准起草过程中,尽可能采纳了 IEC 导则Ⅲ。

标称电压高于 1 000 V 使用的户内和户外聚合物绝缘子一般定义、试验方法和接收准则

1 范围

本标准适用于绝缘体由一种或几种有机材料组成的聚合物绝缘子。本标准包含了实心的与空心的聚合物绝缘子。它们使用在额定电压高于 1 000 V 的架空线路、户内和户外设备上。

本标准的目的是：

——定义使用于聚合物绝缘子的通用术语；

——规定聚合物绝缘子设计试验的一般试验方法；

——规定接收或不合格准则，当适用时；

——当聚合物绝缘子的试验标准和产品标准需用特定要求补充时，给出建议。

这些试验、准则和建议是为了在正常的运行和环境条件(见第 5 章)下，保证绝缘子有一个满意的使用寿命。

2 规范性引用文件

下列文件中的条款通过本标准的引用而成为本标准的条款。凡是注日期的引用文件，其随后所有的修改单(不包括勘误的内容)或修订版均不适用于本标准，然而，鼓励根据本标准达成协议的各方研究是否可使用这些文件的最新版本。凡是不注日期的引用文件，其最新版本适用于本标准。

GB/T 2423.17 电工电子产品基本环境试验规程试验 Ka：盐雾试验方法(GB/T 2423.17—1993，eqv IEC 68-2-11：1981)

GB/T 3505 产品几何技术规范 表面结构 轮廓法 表面结构的术语、定义及参数(GB/T 3505—2000，eqv ISO 4287：1997)

GB/T 4585 交流系统用高压绝缘子的人工污秽试验(GB/T 4585—2004，IEC 60507：1991，IDT)

GB/T 4796 电工电子产品环境参数分类及其严酷程度分级(GB/T 4796—2001，IEC 60721-1：1990，IDT)

GB/T 5169.16 电工电子产品着火危险试验 第 16 部分：50 W 水平与垂直火焰试验方法(GB/T 5169.16—2002，IEC 60695-11-10：1999，IDT)

GB/T 16422.1 塑料实验室光源暴露试验方法 第 1 部分：通则(GB/T 16422.1—1996，eqv ISO 4892-1：1994)

GB/T 16422.2 塑料实验室光源暴露试验方法 第 2 部分：氙弧灯(GB/T 16422.2—1999，idt ISO 4892-2：1994)

GB/T 16422.3 塑料实验室光源暴露试验方法 第 3 部分：荧光紫外灯(GB/T 16422.3—1999，idt ISO 4892-3：1994)

GB/T 16927.1 高电压试验技术 第 1 部分：一般定义和试验要求(GB/T 16927.1—1997，eqv IEC 60060-1：1989)

IEC 60815 污秽条件下绝缘子的使用导则

IEC 导则Ⅲ 高压变电站的高压电气设备 产品标准的通用建议

ISO 868 塑料和硬质橡胶硬度计硬度测试方法(邵尔硬度)

3 术语和定义

下面给出的术语和定义适用于本标准：

3.1

聚合物绝缘子 polymeric insulator

绝缘件至少用一种有机材料制成的绝缘子。

注1：连接件可安装在绝缘件两端。

注2：聚合物绝缘子也可称非瓷绝缘子。

[IEC 60050-471 中 471-01-13]

3.2

树脂绝缘子 resin insulator

仅用一种基于伞套的有机材料所制成的由实心杆和从杆体上突出的伞构成绝缘体的聚合物绝缘子（例如环氧树脂）。

3.3

复合绝缘子 composite insulator

至少由两种绝缘部件，即芯体和伞套制成，并装有端部装配件的绝缘子。

注：复合绝缘子可以制成诸如把多个单伞套在芯体上（带或不带中间护套），或者把伞套一次或数次直接模压或浇注在芯体上。

[IEC 60050-471 中 471-01-02]

3.4

（绝缘子的）芯体 core (of an insulator)

绝缘子提供机械性能的中心绝缘部件。

注：伞套和伞不是芯体的一部分。

[IEC 60050-471 中 471-01-03]

3.5

绝缘子主体 insulator trunk

绝缘子的伞由此伸出的中间绝缘部分。

注：对较小的绝缘子称作杆体。

[IEC 60050-471 中 471-01-11]

3.6

伞套 housing

复合绝缘子外绝缘件，提供必要的爬电距离并保护芯体免受环境影响。

注：由绝缘材料制成的中间护套可以是伞套的一部分。

[IEC 60050-471 中 471-01-09]

3.7

（绝缘子的）伞 shed (of an insulator)

绝缘子主体上突出的用以增加爬电距离的绝缘部分。

注：伞可以带棱，也可不带棱。

[IEC 60050-471 中 471-01-15]

3.8

爬电距离 creepage distance

在绝缘子正常施加运行电压的导电部件之间沿其表面的最短距离或最短距离之和。

注1：水泥或其他非绝缘的胶合材料表面不能计入爬电距离。

注2：若在绝缘子的绝缘件上施有高阻层，该绝缘件视为有效绝缘表面，其表面距离计入爬电距离。

［IEC 60050-471 中 471-01-04］

3.9

电弧距离　arcing distance

绝缘子正常带有运行电压的两个金属部件之间外部空间的最短距离。

［IEC 60050-471 中 471-01-01］

3.10

界面　interface

不同材料之间的表面。

注：在大多数复合绝缘子中存在许多界面，如：

——外套与端部装配件之间，

——外套的各部分之间：例如，伞间，或护套与伞之间，

——芯体与伞套之间。

3.11

端部装配件　end fitting

绝缘子的组成元件或构成部件。用于将绝缘子连接至支持结构、导体、设备或另一绝缘子。

注：如果端部装配件为金属材质，一般使用“金属附件”这一术语。

［IEC 60050-471 中 471-01-06］

3.12

连接区　connection zone

绝缘体和端部装配件间传递机械负荷的区域。

3.13

(绝缘子的)联接区　coupling (of an insulator)

端部装配件将机械负荷从外部构件传递到绝缘子上的部分。

3.14

起痕　tracking

由在绝缘材料的表面上起始并发展成导电通道而形成的一种不可逆降解过程。

注：这种通道甚至在干燥状态下也导电。

3.15

蚀损　erosion

绝缘子表面出现材料损失而形成的非导电性不可逆的降解。蚀损可能是均匀的，也可能是局部的或树枝状的。

注：如同瓷绝缘子那样，局部闪络后聚合物绝缘子上通常也会出现轻微的树枝状痕迹。这种痕迹只要不导电就无关紧要，若导电即属于起痕。

3.16

开裂　crack

深度超过 0.1 mm 的任何开裂或表面裂纹。

3.17

(绝缘子的)击穿　puncture (of an insulator)

穿过绝缘子固体绝缘材料，使其绝缘强度永久丧失的一种破坏性放电。

［IEC 60050-471 中 471-01-14］

4　标志

绝缘子制造商应在图样上标明相关尺寸以及按照本标准和相关的产品标准试验和鉴别的必要的信息。图样还应标明相关适宜的制造公差。

每一个绝缘子上均应标出绝缘子的制造商名或商标、制造年份。除此之外，每一个绝缘子应标有相关产品标准规定的额定特征值。这些标志应清晰、不易脱落，并且耐气候影响和耐腐蚀。

5 环境条件

表1规定了绝缘子正常运行时的环境条件。

当绝缘子使用地点超出规定环境条件时，使用者应根据GB/T 4796作出说明。

表1 正常的环境条件

条　件	户内绝缘	户外绝缘
最高环境温度	不超过40 ℃，而且在24 h的测量平均值不超过35 ℃	
最低环境温度	−25 ℃	−40 ℃
振动	可以忽略由于绝缘子外部原因或地震所引起的振动[a]	
太阳辐射[b]	可以忽略	最高水平1 000 W/m^2
环境污秽	没有因灰尘、烟雾、腐蚀或燃烧性气体，水蒸气或盐造成的明显污秽	因灰尘、烟雾、腐蚀或燃烧性气体，水蒸气或盐造成的污秽都可能发生。污秽水平不超过IEC 60815所定义的“重污秽”[c]
湿度	24 h相对湿度测量平均值不超过95%；一个月内相对湿度测量平均值不超过95%；在这些条件下，冷凝可能会偶尔发生	

[a] 外部原因造成的振动可依据GB/T 4796处理。

[b] GB/T 4796中给出了日光辐射的细节。

[c] 不超过“重污秽”不包括硅橡胶外套复合绝缘子。实践表明，硅橡胶外套复合绝缘子在“很重污秽”地区也有良好的运行特性，但使用时有必要加强监测。

6 运输、储存、安装的信息

绝缘子制造商应提供产品运输、储存和安装过程中满足一般条件的适当的说明和信息。这些说明也可包括维护和清洗建议。

7 试验分类

试验划分为如下四组。

7.1 设计试验

设计试验是为了检验绝缘子设计、材料和制造方法(工艺)的适宜性。

聚合物绝缘子的设计一般由以下因素确定：

——芯体和伞套材料，以及其制造方法；

——端头装配件材料，以及其结构和连接方法；

——芯体上外套层厚度(如有，则包括护套)。

相关的产品标准中给出了确定设计的附加参数。

当聚合物绝缘子的设计发生变化时，根据相关产品标准规定，应该进行重新验证。一般仅需重复部分代表性的试验。附录D中给出了试验的评介。

当一聚合物绝缘子进行了设计试验时，它成为一类设计的绝缘子母体绝缘子，其结果应该为对整类绝缘子都有效。此经过试验的母体绝缘子确定了具有如下特征的一个设计种类的绝缘子：

a) 芯体和伞套材料相同，并且制造方法相同；

b) 装配件材料、结构相同，并且连接方式相同；

c) 芯体上伞套最小厚度(如有护套，则包括其厚度)相同或者较大。

在相关的产品标准中可能给出了定义一类设计的附加参数。

7.2 型式试验

型式试验的目的是验证聚合物绝缘子的主要特性，而这些特性又主要取决于绝缘子的形状和尺寸。型式试验应对已通过设计试验的聚合物绝缘子进行。仅当聚合物绝缘子的型式有变化时，才重新进行型式试验。相关的产品标准中给出了定义一个型式聚合物绝缘子的参数。

相关的产品标准中给出了适用的型式试验项目。

7.3 抽样试验

抽样试验的目的是验证聚合物绝缘子由制造质量和所用材料决定的特性。样品应从提交验收的批次中随机抽取。

相关的产品标准中给出了适用的抽样试验项目。

7.4 逐个试验

试验的目的是剔除存在制造缺陷的聚合物绝缘子，应对提供的每个绝缘子进行。

相关的产品标准中给出了适用的例行试验项目。

8 绝缘子试品的一般要求

用于聚合物绝缘子试验的绝缘子试品在试验前应进行检查：

a) 正确的装配，依据相关的产品标准进行规定机械逐个试验；

b) 根据相关的产品标准进行外观检查；

c) 尺寸与实际图样的符合性。

尺寸(d)没有标注公差时，按以下公差接收：

a) $\pm(0.04\times d+1.5)$ mm　　当 $d\leqslant 300$ mm；

b) $\pm(0.025\times d+6)$ mm　　当 $d>300$ mm，最大公差 50 mm。

爬电距离的测量应相对于设计尺寸，所取的公差来自于绝缘子图样，即使这个尺寸大于最初的规定值。当规定最小爬电距离以后，负公差也就由这个值限定。

在爬电距离大于 3 m 的情况时，允许在绝缘子上大约 1 m 长的一段较短的部分进行测量并进行外推。

试品的伞套颜色应接近图样的规定。

试品的数量、取样及尺寸在本标准的相关条款或由相关的试验标准规定。

9 设计试验

9.1 总则

除非在相关的产品标准中另有规定，下述试验一般被划分为设计试验。

设计试验仅根据相关的产品标准进行一次，并将结果记录在试验报告中。

当适用时，每一种试验(9.2、9.3 和 9.4)都能依照相关试验标准的试验序列独立在新试品上进行。仅当所有绝缘子或试品通过相关产品标准规定的全部设计试验项目时，该特定设计的聚合物绝缘子才被认为通过了设计试验。

9.2 界面和端部装配件连接试验

试验序列试如下：

a) 参考干工频试验(9.2.3)；

b) 预应力(9.2.4)；

c) 验证试验(9.2.6)。

9.2.1 试品

应从生产线上选取已装配好的绝缘子，用于此系列试验。试品的数量和尺寸依据相关的产品标准。应按第8章进行检查和试验。

如果制造商的设备能力仅能生产比相关的产品标准规定的一个尺寸或多个尺寸小的绝缘子，设计试验可以对现有绝缘子进行，但试验结果仅对同类设计中不大于被试尺寸的绝缘子有效。

9.2.2 验证试验的参考电压和温度

由于时间或经济的原因，如果使用了一个具有9.2.1规定性能的参考试品，则可以在试验序列开始时，省略9.2.3描述的参考干工频试验。施加预应力后根据9.2.6.3得到的干工频电压以及杆体温度，应与参考试品的值或加预应力前测定的电压对照。很明显，对参考试品不应施加预应力。

9.2.3 参考干工频电压试验

根据GB/T 16927.1，每只试品或参考试品的5次闪络电压值平均值，作为该只试品的参考干工频闪络电压值。该值应按GB/T 16927.1校正到标准条件。试验时采用升压法，电压在1 min内线性地从零升压到闪络。

9.2.4 产品规定的预应力

根据相关的产品标准，应对试品施加预应力(例如，热机)。

9.2.5 水浸渍预应力

试品应在沸腾的含有0.1%(重量)NaCl的去离子水中保持42 h。也可以用电导率在20 ℃时为1 750 μS/cm±80 μS/cm的加盐自来水代替。水温有差异时，电导率应按GB/T 4585第7章予以校正。

沸腾结束后让试品冷却，并应将其保持在水中，直到按以下列序列进行的验证试验开始。如果在这期间需要运输，则应将湿润的绝缘子放置在密封塑料袋或其他适宜的容器中，但最长不超过12 h。

9.2.6 验证试验

以下的单个试验的时间间隔应能保证这些试验在48 h内完成。

9.2.6.1 外观检查

对每只试品的伞套进行外观检查，不允许有开裂。

9.2.6.2 陡波前冲击电压试验

9.2.6.2.1 程序

在试品上布置具有尖锐边缘的电极(电极可以是宽约20 mm、厚度小于1 mm的铜带制成的夹子)。将这些电极紧紧地固定在伞与伞之间的外套上，以便其定位形成沿轴向长约500 mm或较小的区段。如绝缘子两端头装配件间的距离小于或等于500 mm，试验电压应施加在两端头装配件间。

冲击电压应分别施加于两个相邻的电极之间，或端头装配件和其相邻的电极之间，电压陡度至少为1 000 kV/μs。每个区段应经受正负极性冲击各25次。对于空心绝缘子，应采取措施防止内闪络发生。

9.2.6.2.2 接收准则

每次冲击都应在两电极间发生外部闪络。绝缘子的任何部分都不应出现击穿。

9.2.6.3 干工频电压试验

9.2.6.3.1 程序

开始闪络试验前，应测定所有试品的杆体温度(参考温度)。

每只试品闪络电压值5次的平均值作为该只试品的干工频电压电压值。该值应按GB/T 16927.1校正到标准大气条件。试验时采用升压法，电压在1 min内线性地从零升压到闪络。

如果要使用，用同样方法测定附加的一只参考试品的闪络电压。

然后，三只试品和参考试品(当采用时)均在80%参考闪络电压下连续耐受30 min。

卸除电压后立即测量每一个试品和参考绝缘子(当采用时)的伞间的杆体温度，每个绝缘子沿长度或圆周各测三个点。

9.2.6.3.2 接收准则

每一个试品的闪络电压均应分别大于或等于参考闪络电压值的 90%，或参考试品的闪络电压值的 90%。

被试绝缘子任何部分均不应发生击穿，并且其伞间护套的最大温升与参考绝缘子相比不超过 10 K。如果没有参考试品，与工频试验前的确定的参考温度相比，最大温升不超过 20 K。

9.3 伞和伞套材料试验[1)]

9.3.1 硬度试验

9.3.1.1 程序

两片伞套材料试样分别从两只绝缘子伞套上截取，其尺寸、形状和厚度符合 ISO 868 硬度测量方法的规定。如果伞形或厚度不适宜，试样可以专门制作，其制造工艺和参数应与绝缘子外套相同。

按 ISO 868 规定用邵尔 A 或 D 硬度计测量并记录两片试样的硬度以及周围环境温度。

然后，试样应浸没于本标准 9.2.5 定义的沸水中煮 42 h，所使用适宜的容器如图 1 所示。

水煮后应让试样冷却，并在 3 h 内再次测量其硬度，测量时的温度与煮沸前的差值不得超过±5 K。

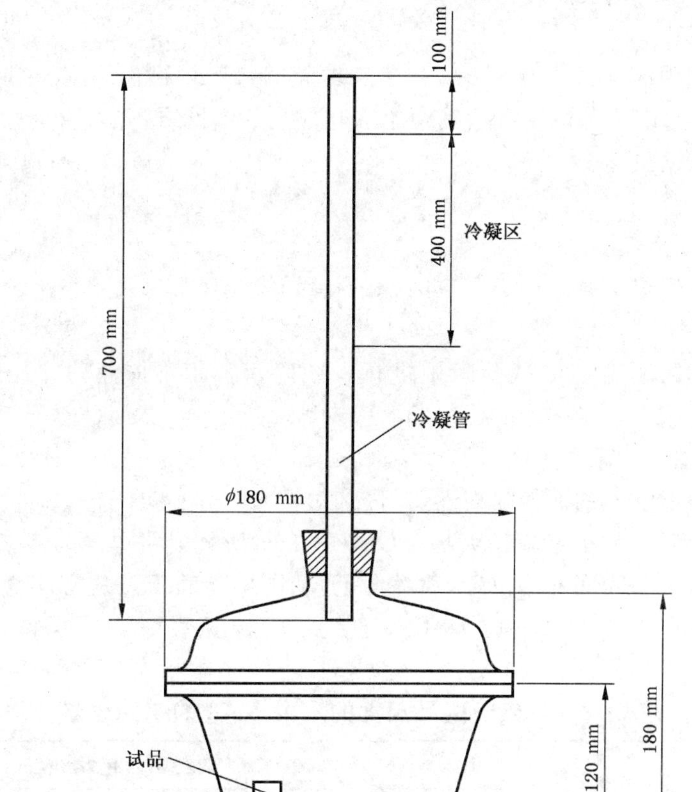

图 1 水扩散试验用沸煮容器示例

9.3.1.2 接收准则

每片试样的硬度值与煮沸前相比变化均不应超过±20%。

1) 为了选择伞套材料，可以考虑对材料进行耐电痕化和蚀损试验。具体方法由产品标准规定。

9.3.2 加速气候试验

9.3.2.1 程序

选取三片伞和伞套材料试品进行试验。如果适宜，试品上应具有绝缘子上的标记。

绝缘子伞套应按下列试验方法之一经受 1 000 h 紫外光试验。如果伞套上有标记，应将其直接暴露在紫外光下：

a) 氙弧法：GB/T 16422.1 和 GB/T 16422.2，具有标准喷射周期的无光源期方法 A，标准黑色板/黑色板的温度为 65 ℃，周围辐射度为 550 W/m^2。

b) 荧光紫外线法：GB/T 16422.1 和 GB/T 16422.3，Ⅰ型荧光紫外灯照射模式 1 或模式 2。

注：CIGRE SC D1 正在考虑一种增加时间的荧光紫外线法。

9.3.2.2 接收准则

试验后伞或伞套材料上的标记应清晰可辨，不允许有表面降解，例如由此呈现的开裂和表面凸起。

如对这样的降解判定有疑问时，应在三片试品的每片上测量两次表面粗糙度。粗糙度 R_Z 按 GB/T 3505 的定义，测量至少应沿抽样长度进行 2.5 mm。R_Z 不应超过 0.1 mm。

注：GB/T 6062 给出了表面粗糙度测量的细节。

9.3.3 起痕和蚀损试验

本标准中描述了两种标准试验[1 000 h 盐雾和转轮(附录 A)试验]。第三种试验方法包含更多的复合应力(附录 B)。应选用三种试验方法其中之一，来验证一种绝缘子设计对放电应力的耐受水平。

9.3.3.1 1 000 h 盐雾试验

9.3.3.1.1 程序

9.3.3.1.1.1 概述

本试验为在盐雾和恒定工频电压下限定时间的持续试验。

9.3.3.1.1.2 试验室

试验应在潮湿封闭的耐腐蚀的试验间中进行。试验间容积不应超过 15 m^3，应设有面积不超过 80 cm^2 的自然排气孔。

9.3.3.1.1.3 雾发生器

应使用具有持续喷射能力的涡轮喷射器(室内加湿器)作为喷雾装置，以产生 5 μm～10 μm 液滴的水雾。也可使用能产生同样大小液滴的喷嘴。GB/T 4585 所规定的盐雾喷嘴在本试验中不适合。喷射器或喷嘴安装于靠近试验间底部的位置，喷嘴向上，朝向试验间顶。盐雾应充满整个试验间，且不能直接喷向试品。喷雾器中供有 NaCl 和去离子水配置的溶液(见表 2)。应保持盐雾在试品放置位置的密度和均匀性。

表 2 对应于试品尺寸的水中 NaCl 的初始含量

杆径/mm	水中 NaCl 的初始含量/(kg/m^3)	
	$l/p \leqslant 3$	$l/p > 3$
<50	8±0.4	4±0.2
50～150	4±0.2	2±0.1
>150	2±0.1	1±0.1
l/p 为爬电距离除以电弧距离		
注：对于单位长度上爬电距离较大时，要减少初始的 NaCl 含量以避免 1 000 h 期间闪络。这种盐度的降低并非考虑减小起痕和蚀损试验的严酷度，而这种选择是为了避免程序中不必要的中断。		

9.3.3.1.1.4 盐雾校定

试验开始时应进行盐雾校定。

至少将两个面积为 8 000 mm^2±2 000 mm^2，最大高度为 100 mm 的干净的收集容器分别安装于尽可能接近试验目标的端部实际位置。容器放置的位置不应被试品遮挡，并且避免收集试验间内结构部件或其他来源的液滴。

根据 GB/T 2423.17，收集容器在最短周期为 16 h 内，平均收集沉降量应为 1.5 mL～2.0 mL 之间（校正到 8 000 mm^2 收集区域）。

注：宜记录获得这样的沉降量所需的流速[典型的为 0.3 L/(m^3 · h)，流速用 L/(m^3 · h)表示，m^3 为试验间容积的单位]。在随后的试验中，流速宜至少每 100 h 检查一次并且保持在初值的±25%范围内。

不允许循环用水。

9.3.3.1.1.5 **试样**

在生产线上取两只爬电距离在 500 mm～800 mm 的同一设计的试验绝缘子。如果从生产线无法取得这样的试品，应从其他绝缘子上切割制取专门试品，该试品的爬电距离值在规定要求值的范围之间，专门试品应安装标准的产品端部装配件。

试验开始前应用去离子水把试品清洗干净。一只水平安装（大约位于试验间高度一半的位置），另一只垂直安装。平行的试品之间，试品与试验间顶部以及试品与试验间墙壁和地面之间的距离至少 400 mm。

注：两对以上的试品可以同时进行试验。

9.3.3.1.1.6 **试验电压**

施加电压值的千伏数用试品的实际爬电距离（以 mm 计）除以 34.6（相当于爬电比距 20 mm/kV）确定。当试验回路高压侧持续的阻性电流负载在 1 s 期间为 250 mA(r. m. s.)时，试验回路的最大电压降不应超过 5%，保护水平设置为 1 A (r. m. s.)。

9.3.3.1.1.7 **试验条件**

试验时间：1 000 h。

为了检查试验情况，试验每周可中断一次，但每次中断不得超过 1 h，并且中断的时间不应计入试验时间。

允许有一次长达 60 h 的中断时间，但应增加附加的三倍于中断时间的测试时间。最终的测试报告中应包含所有的中断细节。

环境温度：20 ℃±5 K。

初始的水中盐含量：按照表 2。

如果在初始的 NaCl 含量时有超过 1 次的闪络发生，则试验应在将 NaCl 含量减半后重新开始。此时，用自来水清洗绝缘子，并且试验重新开始的时间不得超过 8 h（中断时间不计入试验的时间）。这可能要重复进行，直到中断不再发生。上述的测试每一次执行都应记录。

试验报告中应注明和记录闪络和跳闸的次数。

9.3.3.1.1.8 **接收准则**

同一设计的试品应在一起评估。当两个试品如下时，试验被认为通过：

a） 无起痕发生；

b） 对于复合绝缘子，蚀损深度小于 3 mm，且不能到达芯体（当适用时）；

c） 对于树脂绝缘子，蚀损深度小于 3 mm；

d） 伞、伞套或者界面未发生击穿。

9.3.4 **可燃性试验**

9.3.4.1 **程序**

本试验的目的是检查外套材料试样的着火和自熄灭性能。

试验样品和程序应按照 GB/T 5169.16 的规定，试样厚 3 mm。

9.3.4.2 **接收准则**

如果试样属 HB40 或 V0 级，则试验通过。应记录接收的级别。

注：对可燃性的抵抗力是由材料的固有性能以及绝缘的设计来确定的。此最低要求是基于这样的事实，即该绝缘

材料在因例如电弧或电气放电而点燃以后将不会继续燃烧。IEC 61109:1992 第 1 版的修改件 1(1995)(GB/T 19519 修改采用了 IEC 61109:1992 及其修改件 1(1995))要求将外套材料的可燃性分类作为设计试验的一部分。该分类是按 IEC 60707:1981 第 1 版《固体绝缘材料置于点火源时测量可燃性确定的试验方法》的方法 FV,但其后来已被按 IEC 60695-11-10(GB/T 5169.16 等同采用此标准)的方法 B 所代替。IEC 60707:1981 中的水平燃烧试验 HB 可能不对像聚合物绝缘子外套材料那样的细薄的可挠曲的试品进行。IEC 60695-11-10 的方法 A 现在还是有效的并且允许试验那样的可挠曲的试品。正如所知道的,对于本标准目的的该最低要求可以根据满足了 V0 类就认为符合了此要求。现在不知道这是否也适用于仅满足了 HB40 类的材料。但是,在某些应用中,例如中压配电线路绝缘子,其材料仅满足了可燃性等级 HB40 类,但已表明其性能也是可接受的,甚至它没有通过 V0 等级规定。按 IEC 60695-11-10,水平燃烧(HB)和垂直燃烧(HV)法得到的结果是不等同的。但经验表明,通常如果材料通过了 V0 类那它也将通过 HB40 类;但反过来却不能保证。各种可燃性试验、试验室电弧试验以及运行中的性能间的关系目前还在由国际大电网会议(CIGRE)SC D1 研究中。

9.4 芯体材料试验

为了检查芯体材料的耐水渗透性能,应进行下列试验。可以根据相关产品标准的要求,确定试验的样品带或者不带伞套材料。

9.4.1 染料渗透试验

9.4.1.1 程序

应在取自生产线的绝缘子上,使用金刚石圆锯片在流动的凉水下切割 10 只试样,切割方向与芯体轴线呈 90°。试样长度应为 10 mm±0.5 mm。图 2 给出了样品示例。试样切割面应用 180 目细砂布打磨光滑。两端面应清洁并相互平行。

在一个容器或托盘中放置一层直径相同的钢球或玻璃球,球径 1 mm 至 2 mm。将试样按纤维垂直向上方向放置在球上,并将染色液倒入容器,液面应比球顶高 2 mm~3 mm。染色液为含 1%红色或紫罗兰色次甲基染料(如 Astrazon 和 Basonil[2])的甲醇或乙醇溶液。染色液会在毛细作用下穿过芯体上升。测量染色液穿过试样的时间。

注:对于树脂绝缘子,此项试验可不做。

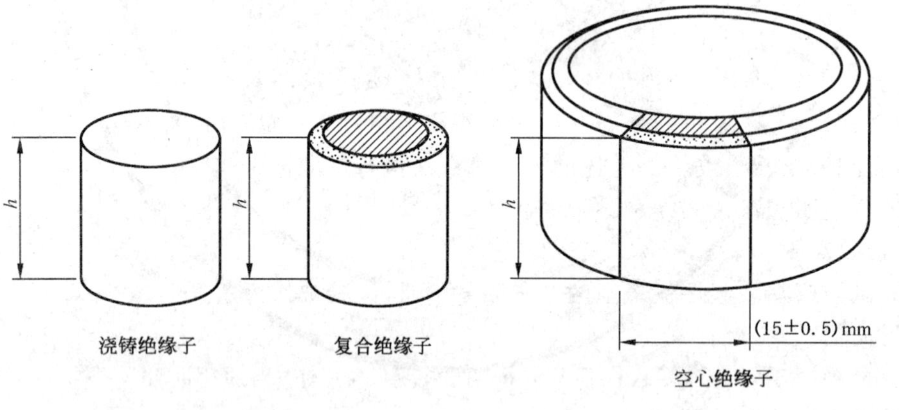

图例

h=10 mm±0.5 mm,对于染料渗透试验用试品

h=30 mm±0.5 mm,对于水扩散试验用试品

图 2 芯体材料试品示例

9.4.1.2 接收准则

染色液贯穿试样的时间应超过 15 min。

2) Astrazon 和 Basonil 是合适的商品示例。本标准中给出这个信息是为了使用者的方便,但对这些产品不做指定。

9.4.2 水扩散试验

9.4.2.1 总则

下列试验是为了检查芯体材料的耐水侵害能力。

9.4.2.2 试样

应在取自生产线的绝缘子上，使用金刚石圆锯片在流动的凉水下切割 6 只试样，切割方向与芯体轴线呈 90°。试样长度应为 30 mm±0.5 mm。试样切割面应用 180 目细砂布打磨光滑。两切割端面应清洁并相互平行。图 2 给出了取自不同类型绝缘子的样品的示例。如果从树脂绝缘子上不能切割到圆形试样，可以从绝缘子最厚的部分取得样品，其两端面的表面积不小于 100 mm^2。

9.4.2.3 预应力

将试样用异丙醇和滤纸在沸煮前擦洗干净后，立即置于一合适的容器(如玻璃或不锈钢容器)中，在含 0.1% NaCl(重量)的去离子水中沸煮 100 h±0.5 h。

一种芯体材料的试样应放在同一容器沸煮。容器示例见图 1。

沸煮后应将试样从容器中取出，在另一个充满自来水容器(如玻璃或不锈钢容器)中于室温下至少放置 15 min。应在从沸煮容器中取出后的 3 h 内完成电压试验。

9.4.2.4 电压试验

电压试验应用图 3 所示装置进行，试验用典型回路如图 4 所示。

耐压试验前把试样从玻璃容器中取出，并立即用滤纸将表面擦干。

然后应把每一个试样置于两电极间，试验电压应以约 1 kV/s 的速率上升到 12 kV。在此电压下持续 1 min，然后降低电压到零。

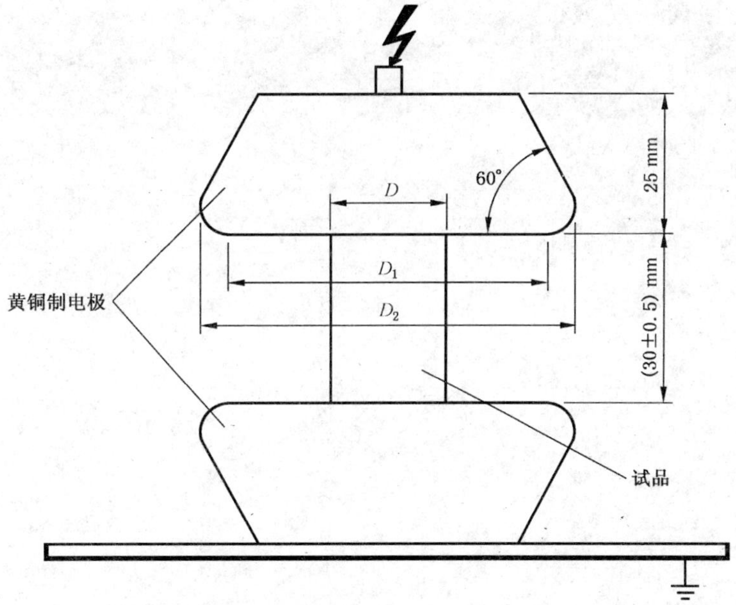

$D_1 \geqslant (D+25\ \text{mm})$

$D_2 \geqslant (D_1+14\ \text{mm})$

图 3 电压试验用电极

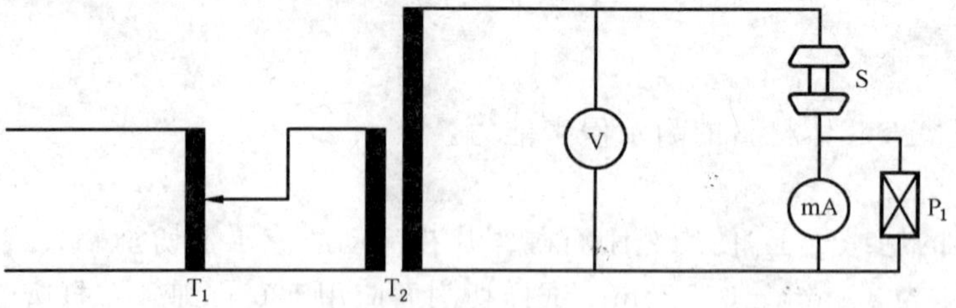

T_1——调压器；

T_2——高压试验变压器；

V——高压测量装置；

mA——毫安表；

P_1——毫安表保护；

S——装有试样的电极。

图 4 电压试验回路

9.4.2.5 **接收准则**

试验中不应发生击穿或表面闪络。整个试验期间电流不应超过 1 mA(r. m. s.)。

注：电流不应超过 1 mA 是对所有种类聚合物产品的一个规定。对某些种类的产品，例如架空线路用复合绝缘子，不应超过 1 mA 的规定可能太宽了。现在正在对此进行研究，一旦有统一认识，可将具体要求列入有关产品标准中。

附 录 A
（规范性附录）
转轮试验

A.1 试样

在生产线上取两只爬电距离在500 mm～800 mm的同一设计的试验绝缘子。如果从生产线无法取得这样的绝缘子，应从其他绝缘子上切割制取专门试品，该试品的爬电距离值在规定要求值的范围之间，试品应安装标准的产品端部装配件。

一只转轮上可以有两对测试样品同时进行试验，不推荐在同一的转轮上安装材料差异太大的绝缘子。

A.2 程序

试验开始前应用去离子水把试品清洗干净。试品如图A.1所示安装在转轮上。在一次循环中，它们通过四个位置。每一个测试样品在四个之中的每一个位置静止停留40 s。从一个位置旋转90°到下一个位置需8 s。循环的第一部分是将绝缘子浸入盐溶液中；循环试验的第二部分让过量的盐液从样品上滴落，以确保微湿的表面上在循环试验进入第三部分时产生通过干带的电火花。在第三部分，将对样品施加工频电压。在循环试验的最后一部分，被干带电火花所加热的样品表面将被冷却。

试验电压由试验变压器提供，当试验回路的高压侧的阻性电流负载为250 mA时，输出电压的最大电压降不应超过5%。

盐溶液应每周更换一次。为了检查试验情况，允许试验每周有一次中断，但每次中断不得超过1 h，并且中断的时间不应计入试验时间。允许有一次长达60 h的中断时间，但应增加附加的三倍于中断时间的测试时间。最终的测试报告中应包含所有的中断细节。

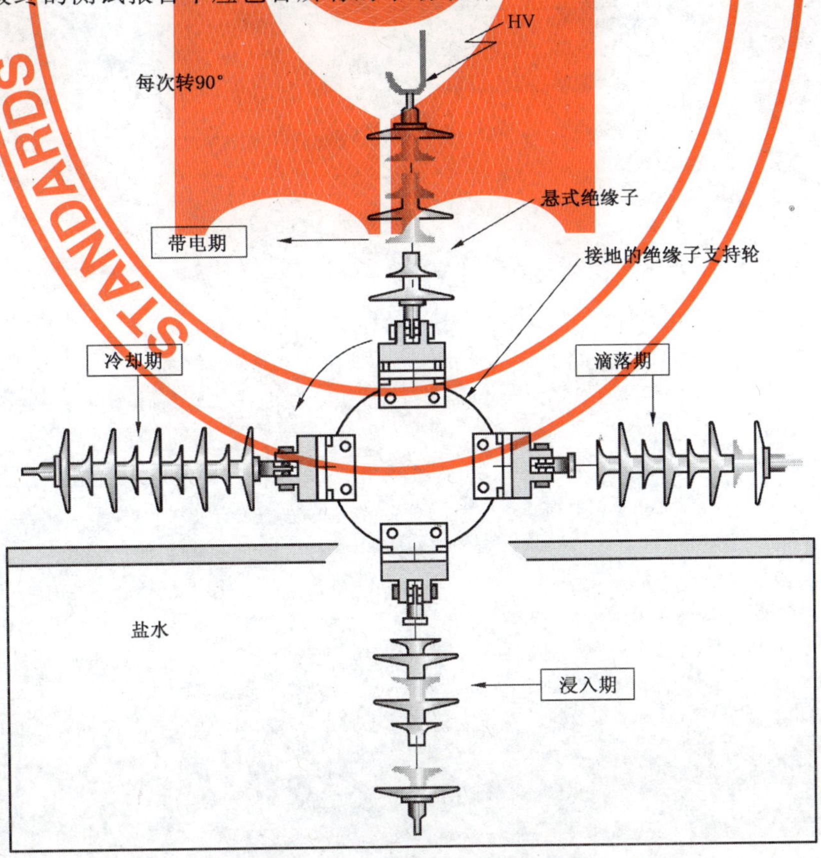

图A.1 起痕转轮试验装置

A.3 试验条件

电气应力：	工频试验电压是由实际爬电距离(mm)除以 28.6 得到的 kV 数
去离子水中 NaCl 含量：	1.40 kg/m³±0.06 kg/m³
环境温度：	20 ℃±5 K
试验期限：	30 000 次循环

A.4 接收准则

相同设计的试品应在一起评价。不同设计的试品对应分别评价。试验报告中应注明和记录闪络和跳闸的次数。

当两个试样如下时，则认为试验通过：

a) 无起痕发生。(使用 1 kV 或更高直流电压的兆欧表沿可疑痕迹检查。电极间隔 5 mm～10 mm。如电阻小于 2 MΩ，则判定不合格。)；

b) 对于复合绝缘子，蚀损深度小于 3 mm，且不能到达芯体(当适用时)；

c) 对于树脂绝缘子，蚀损深度小于 3 mm；

d) 伞、伞套或者界面未发生击穿。

附 录 B
（规范性附录）
多应力试验

B.1 试品

在生产线上取两只爬电距离在 500 mm～800 mm 的同一设计的试验绝缘子。如果从生产线无法取得这样的绝缘子，应从其他绝缘子上制取专门试品，该试品的爬电距离值在规定要求值的范围之间，试品应安装标准的产品端部装配件。

B.2 程序

试验在一个密闭、潮湿并耐腐蚀的试验间中进行，其容积不应超过 20 m^3。

图 B.1 是此试验间的示意图。

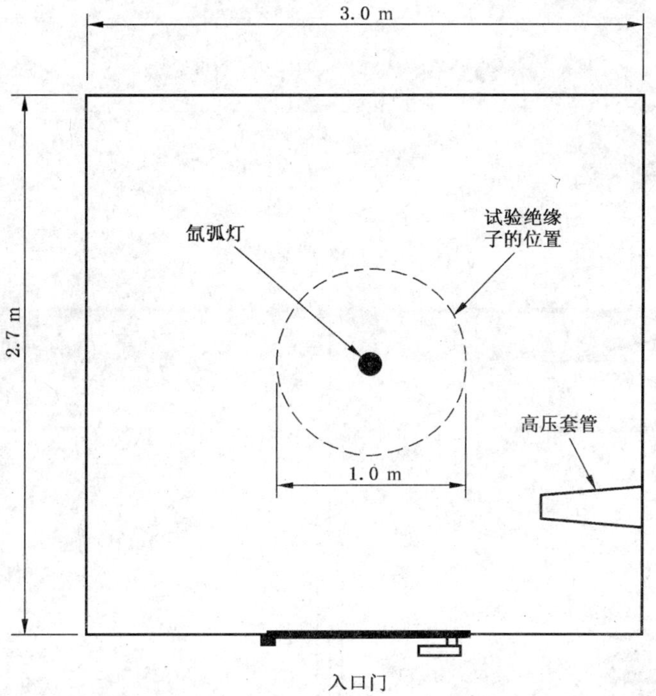

图 B.1 试验间中试样的典型布置和试验间主要尺寸

允许用一个配备有擦拭器和可移动的紫外线滤光器的隔离观察孔来观察试验中的设备。

注：试验间的外部有：盐水和去离子水罐，以及泵，加热器，水，空气的管道，通风机，中压升压变压器和保护装置，紫外线发生器电源，所有用于控制、自动控制、测量和调节的电气回路和设备。

B.3 试验条件

图 B.2 示出了对绝缘子施加的各种应力循环，其在约 5 000 h 中重复进行。设计循环试验时要使试品受到温度的变化和冷凝的作用。

如图 B.3 所示，试品是垂直安装在试验间中的。试品相邻的伞缘之间、试品与顶部以及试品与墙和地面之间的距离最少为 400 mm。

试验开始前，应用去离子水清洗试品。

至多可以有三对爬电距离相差不大的试品同时试验。

为了检查试验情况，每周允许试验有一次中断，但每次中断不得超过 1 h，并且中断的时间不应计入试验周期。允许有五次每次长达 60 h 的中断时间，但应增加三倍于中断时间的附加试验时间。最终的试验报告中应包含所有的中断细节。

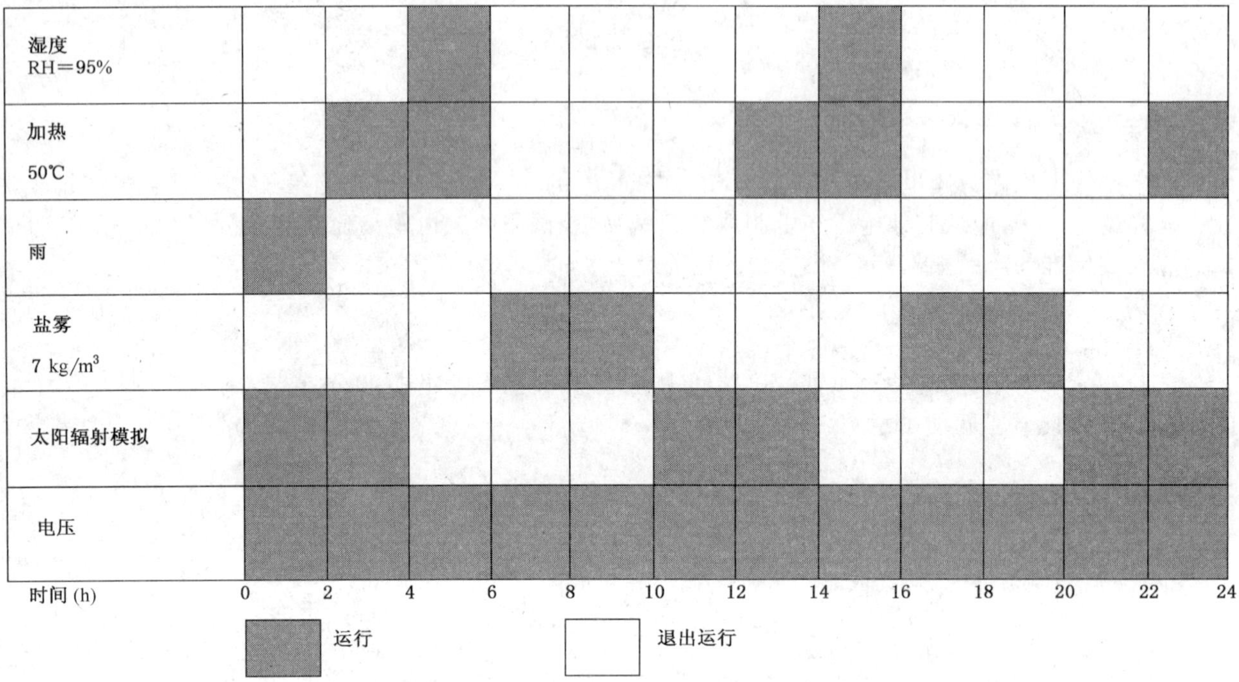

图 B.2　多应力循环

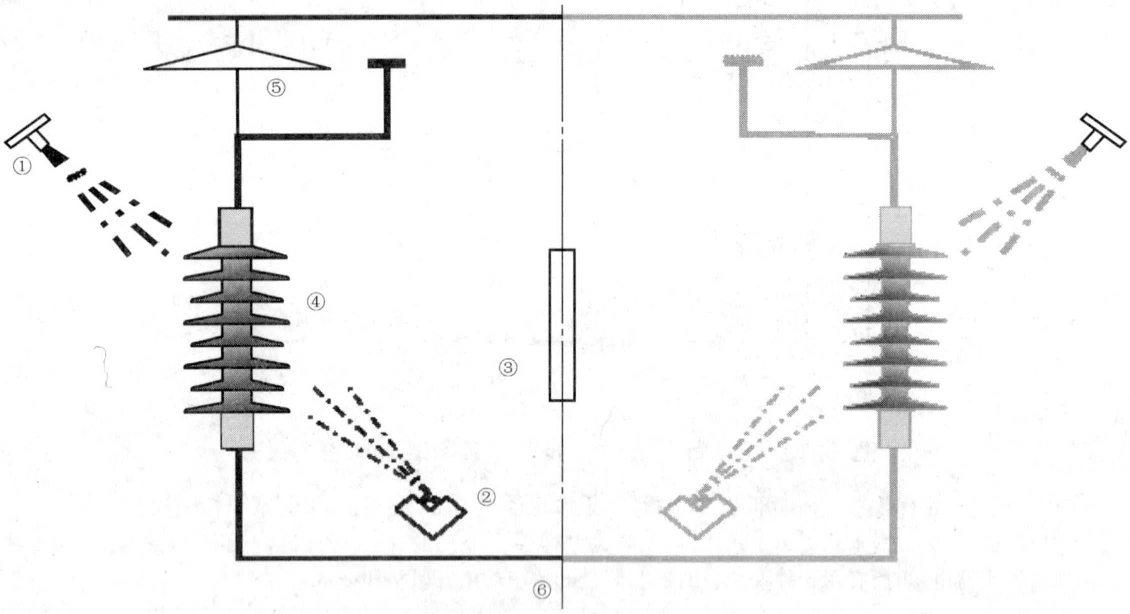

①——雨喷嘴；
②——盐雾喷射喷嘴(GB/T 4585 型)；
③——紫外线氙弧灯；
④——试品；
⑤——隔离绝缘子；
⑥——高压电源。

图 B.3　典型的雨和盐雾喷射系统以及氙弧灯的设置

B.3.1 电压

工频试验电压的 kV 数要根据试品的实际爬电距离调节，即用试品的爬电距离（以 mm 计）除以 34.6 的值（相当于爬电比距 20 mm/kV，以相间电压计算）。

对电源回路，当持续阻性电流负载为 250 mA(r.m.s.)时，在 1 s 期间高压侧的最大电压降不应超过 5%。保护水平应调为 1A(r.m.s.)。

B.3.2 日光模拟

模拟的日光辐射由一个标称输出为 6 500 W，并装配有 2 个硼硅酸盐玻璃滤波器的氙弧灯提供（见图 B.4 的示例）。氙弧灯和试品之间的距离约 480 mm。

每次试验开始时，应使用新的灯和滤波器。在试验过程中，滤波器（并且如果灯也有必要）更换时，应根据灯制造者的推荐进行更换。

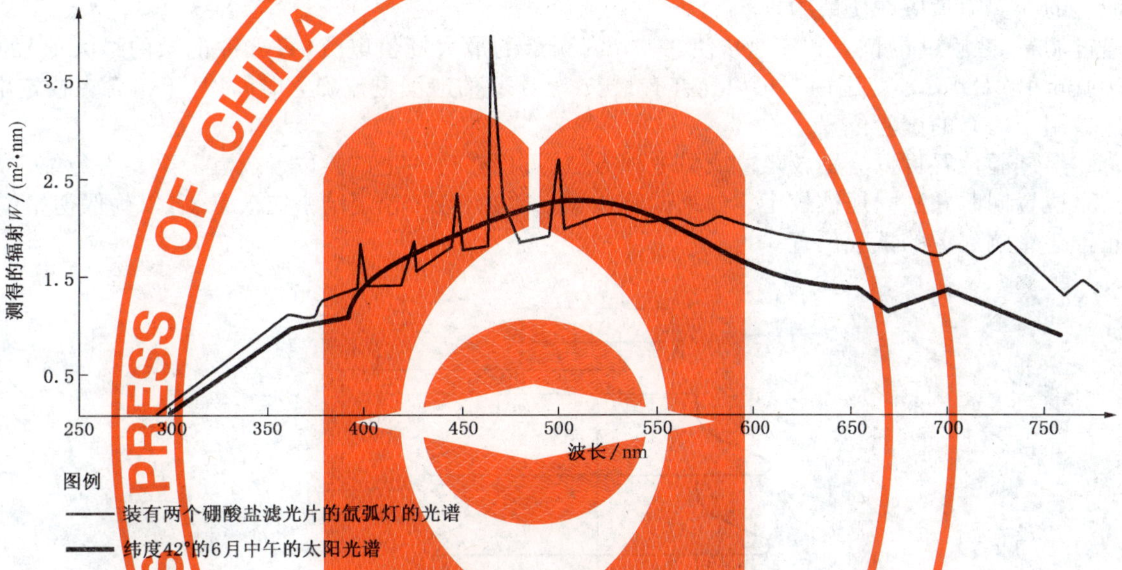

图 B.4 氙弧灯和日光光谱

B.3.3 人工雨

人工雨由安装于试品上部并由在其外围的喷嘴提供（见图 B.3）。平均的降雨速率根据 GB/T 16927.1 确定。应使用最大电导为 85 Ωm 的水液。每只试品应分别喷淋。

B.3.4 干热

试验间加热到 50 ℃±2 ℃，升到这个温度的时间不超过 15 min。

注：推荐墙壁能加热并绝缘的试验间。

B.3.5 湿热

额定相对湿度：RH=95%±3%，在 50 ℃。

B.3.6 污秽

由 GB/T 4585 规定形式的喷嘴喷淋盐雾（盐密：7 kg/m³±5%）来模拟污秽。

每只试品应单独喷淋。

喷嘴安装在对应绝缘子的下方，向上指向试品绝缘子的中心，与水平面夹角为 40°±10°。

在未使用的试验位置，应放置具有类似的尺寸的绝缘子，而且相对应的喷嘴应处于使用状态。

B.4 盐雾校定

为了确保试验的可重复性和盐雾严酷度水平，盐雾应使用如下校定方法进行调整。

为此目的，要使用参考绝缘子。它具有以下特征：

a) 长的棒形瓷绝缘子（亲水性材料）；

b) 正常的伞轮廓（根据 IEC 60815）；

c) 爬电因数=2.2×(1±10%)（根据 IEC 60815）；

d) 伞径=140 mm×(1±5%)。

图 B.5 是一个参考绝缘子的示例。

参考绝缘子应仔细清洗,以去除灰尘和油腻。

使用含有磷酸三钠或其他洗涤剂(最好加热到 50 ℃)的水清洗绝缘子表面。随后,用自来水彻底冲洗绝缘子。如果绝缘子表面完全是亲水的,则可以认为其是十分干净和没有一点油腻的。

清洗完成后,不应再用手触摸绝缘子的绝缘部件。

在每一次校定之前,为了去除所有的污秽,最好使用自来水将绝缘子再一次彻底冲洗。

参考绝缘子应安装在每个不同的试验位置。类似尺寸的绝缘子应放置在其他试验位置。

工频试验电压的 kV 数根据参考绝缘子的实际爬电距离调节,即用它的爬电距离(以 mm 计)除以 34.6 的值(相当于爬电比距 20 mm/kV,以相间电压计算),允许偏差±5%。

所有的盐雾喷嘴应在使用中。

通过调节雾(喷嘴的位置和流速),使在 4 h 内测量的最大峰值电流(每分钟记录的最大值)的平均值在 100 mA～120 mA 范围内。可以允许有最长 30 min 的泄漏电流确立时间,且不包含在校定中。

这适用于所有的试验位置。

每一个试验位置可以分别校定。或另一种方法,可以在每一个试验位置放置一个参考绝缘子,使得所有试验位置同时并独立地被校定。如果试验位置是单独校定,校定结果应被重复,以确保初始位置雾的修正不会影响邻近的试验位置。

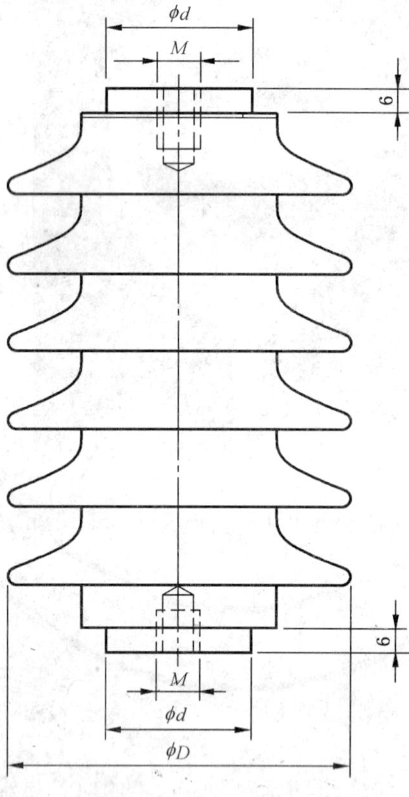

特性:

IEC 参考号:	H4-125
公称爬电距离:	500 mm
干弧距离:	225 mm
高度 H:	210 mm
伞径 D:	140 mm

图 B.5 参考瓷绝缘子

B.5 接收准则

相同设计的试品应在一起评估。试验报告中应注明和记录闪络和跳闸的次数。

当两个试样如下时，则认为试验通过：

a) 无起痕发生（使用 1 kV 或更高直流电压的兆欧表沿可疑痕迹检查。电极间隔 5 mm～10 mm。如电阻小于 2 MΩ，则判定不合格）；

b) 对于复合绝缘子，蚀损深度小于 3 mm，且不能到达芯体（当适用时）；

c) 对于树脂绝缘子，蚀损深度小于 3 mm；

d) 伞、伞套或者界面未发生击穿。

附　录　C
（资料性附录）
聚合物绝缘子的起痕与蚀损试验和加速老化试验的不同

尽管本标准中描述的几种起痕与蚀损试验方法在文献中可能经常被称为“老化试验”，但指出它们在一定意义上不是加速老化试验很重要。因为这些试验既不能模拟确切的降低实际使用寿命的条件，也不能通过短时间的加速给出一个寿命的等价试验。而所使用的持续的、循环的或组合的应力，是要试图努力发现可能危及绝缘子运行性能的潜在薄弱点。

这些相关的试验(9.3.3，附录A，附录B)最好被描述为筛选试验，可以用来剔除不适用的材料或者设计。

聚合物绝缘子的老化过程一般不会同时造成容易测量的引起老化的逐渐变化的特征。绝缘子从“性能良好”到“使用寿命结束”的变化，经常是迅速而没有事先预兆的，并有可能被类似前面提及的盐雾试验中所得到蚀损深度，或强紫外线所造成的表面开裂观察到。这种变化的时间和速度依赖于很多参数，包括绝缘子的材料、设计以及绝缘子的运行环境。因此，对于用这样的老化试验预测绝缘子的真实寿命，仅当得到在相同或相似的环境下相同或相似的绝缘子的关于损伤或降解的数据有效时，才是有可能的。

因此，这些试验的应用是为了给出设计和材料的特性与比较苛刻而非极端严酷的环境中呈现的应力之间关系的一般信息。

重要的是，要注意到通过标准的“试验结束”时的破坏水平在大部分运行环境下是不能接受的。例如，在相关试验(9.3.3，附录A，附录B)中，直到3 mm的蚀损深度在试验中是可以接受的，但在绝缘子运行中这不能被接受，在绝缘子的设计寿命中也不希望发生。

进一步的信息，见CIGRE技术手册142册：“聚合物绝缘子的自然和人工老化以及污秽试验”07，1999。

附 录 D
（资料性附录）
试验推荐表

表 D.1 给出了聚合物绝缘子试验的推荐。

表 D.1 聚合物绝缘子试验的推荐表

条款	试验项目	聚合物绝缘子的设计试验			
		户外绝缘子		户内绝缘子	
		复合绝缘子	树脂绝缘子	复合绝缘子	树脂绝缘子
9.2.4	预应力	×	×	×	×
9.2.5	水浸渍预应力	×	×	×	
9.2.6	验证试验	×	×	×	×
9.2.6.1	外观检查	×	×	×	×
9.2.6.2	陡波前冲击电压试验	×	×	×	×
9.2.6.3	干工频电压试验	×	×	×	×
9.3.1	硬度试验	×	×		
9.3.2	加速气候试验	×	×		
9.3.3	起痕和蚀损试验	×	×		
9.3.4	可燃性试验	×	×	×	×
9.4.1	染料渗透试验	×		×	
9.4.2	水扩散试验	×	×		

附 录 E
（资料性附录）
设计试验组类概念的解释

第9章中所规定的设计试验，目的是检验制造者所用的制造方法、材料及设计的适宜性。由于它们涉及设计最初和长期性能的所有主要方面的研究，因此花费时间和费用是必须要的。为了避免不必要的试验，可使用两种方法：

a) 为了产品的改进，允许绝缘子的设计有一定自由度的变化，每次绝缘子设计有较小变化时，并不用重复所有设计试验；

b) 绝缘子可分类，设计试验在每一类中有代表性的绝缘子上进行，结果证书对这类绝缘子的所有产品有效。

在相关产品的标准给出列入了重复试验的表，重复试验是根据相对于充当一类代表的绝缘子被变化了的设计参数列入的。需要指出，这些表中给出了涉及外套轮廓参数的容差。然而，一旦代表性绝缘子的外套轮廓的变化超出了这些容差，适当的设计试验需要重复。

由制造者挑选同一设计类的、承担设计试验的代表性绝缘子，这个绝缘子命名了此种类。

在7.1中给出了决定属同一类设计绝缘子的一般参数。这些参数不能与产品标准列表中相关规定混淆。这里容差是相对于代表性绝缘子特征的，如试验证书中所指。任何一个在所列范围内的绝缘子都属于这类设计中的一员。对于这样一种绝缘子，无需设计试验。

需要指出的是，容差适用于所有外套轮廓参数，一般规定为15%，伞间距为25%。因此，在给定的一类设计中，轮廓范围可能是很大的。

参 考 文 献

[1] GB/T 6062 产品几何量技术规范(GPS)表面结构 轮廓法 接触(触针)式仪器的标称特性(GB/T 6062—2002,ISO 3274:1996,MOD)

[2] GB/T 19519—2004 标称电压大于1 000 V交流架空线路用的复合绝缘子 定义、试验方法和接收准则(IEC 61109:1995,MOD)

[3] IEC 60050-471:2007 国际电工词汇 第471部分:绝缘子

[4] IEC 61245 直流系统用高压绝缘子的人工污秽试验

ICS 35.040
L 80

中华人民共和国国家标准

GB/T 22080—2008/ISO/IEC 27001:2005

信息技术 安全技术 信息安全管理体系 要求

Information technology—Security techniques—Information security management systems—Requirements

(ISO/IEC 27001:2005, IDT)

2008-06-19 发布 2008-11-01 实施

中华人民共和国国家质量监督检验检疫总局
中国国家标准化管理委员会 发布

前　　言

本标准等同采用ISO/IEC 27001:2005《信息技术　安全技术　信息安全管理体系　要求》,仅有编辑性修改。

本标准的附录A是规范性附录,附录B和附录C是资料性附录。

本标准由中华人民共和国信息产业部提出。

本标准由全国信息安全标准化技术委员会归口。

本标准由中国电子技术标准化研究所、上海三零卫士有限公司、北京知识安全工程中心、北京市信息安全测评中心、北京数字认证中心负责起草。

本标准主要起草人:上官晓丽、许玉娜、胡啸、王新杰、赵战生、王连强、曾波、孔一童、刘海峰、汤永利、尚小鹏、闵京华。

引　言

0.1　总则

本标准用于为建立、实施、运行、监视、评审、保持和改进信息安全管理体系(Information Security Management System,简称 ISMS)提供模型。采用 ISMS 应当是一个组织的一项战略性决策。一个组织 ISMS 的设计和实施受其需要和目标、安全要求、所采用的过程以及组织的规模和结构的影响,上述因素及其支持系统会不断发生变化。按照组织的需要实施 ISMS 是本标准所期望的,例如,简单的情况可采用简单的 ISMS 解决方案。

本标准可被内部和外部相关方用于一致性评估。

0.2　过程方法

本标准采用过程方法来建立、实施、运行、监视、评审、保持和改进组织的 ISMS。

为使组织有效运作,需要识别和管理众多相互关联的活动。通过使用资源和管理,将输入转化为输出的活动可视为过程。通常,一个过程的输出直接形成下一个过程的输入。

组织内诸过程的系统的应用,连同这些过程的识别和相互作用及其管理,可称之为"过程方法"。

本标准中提出的用于信息安全管理的过程方法鼓励其用户强调以下方面的重要性:

a)　理解组织的信息安全要求和建立信息安全方针与目标的需要;

b)　从组织整体业务风险的角度,实施和运行控制措施,以管理组织的信息安全风险;

c)　监视和评审 ISMS 的执行情况和有效性;

d)　基于客观测量的持续改进。

本标准采用了"规划(Plan)—实施(Do)—检查(Check)—处置(Act)"(PDCA)模型,该模型可应用于所有的 ISMS 过程。图 1 说明了 ISMS 如何把相关方的信息安全要求和期望作为输入,并通过必要的行动和过程,产生满足这些要求和期望的信息安全结果。图 1 也描述了第 4 章、第 5 章、第 6 章、第 7 章和第 8 章所提出的过程间的联系。

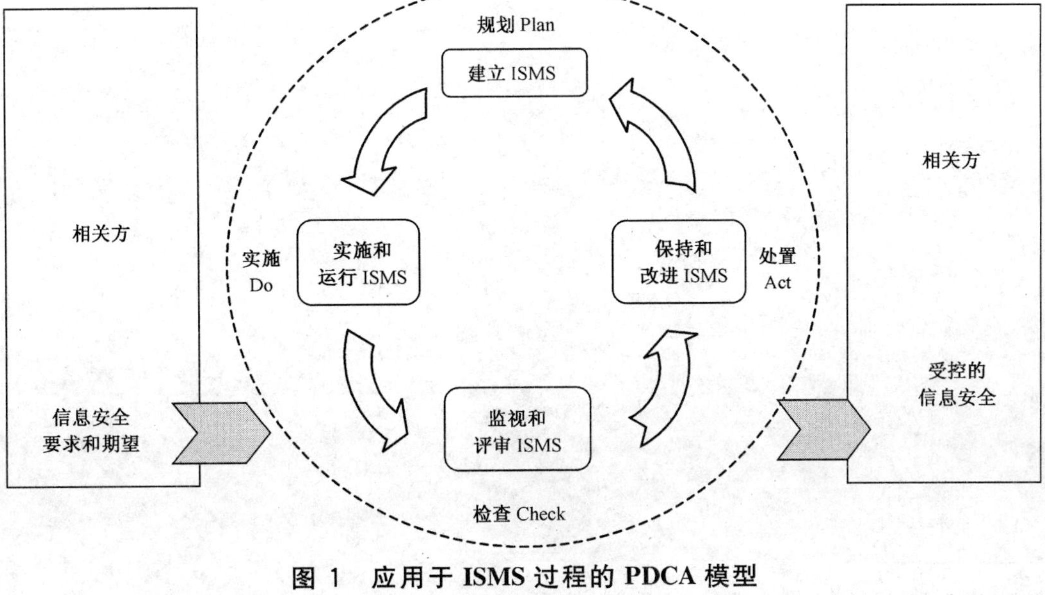

图 1　应用于 ISMS 过程的 PDCA 模型

采用 PDCA 模型还反映了治理信息系统和网络安全的 OECD 指南(2002 版)[1]中所设置的原则。本标准为实施 OECD 指南中规定的风险评估、安全设计和实施、安全管理和再评估的原则提供了一个强健的模型。

例 1:某些信息安全违规不至于给组织造成严重的财务损失和/或使组织陷入困境。这可能是一种要求。

例 2:如果发生了严重的事件(可能是组织的电子商务网站被黑客入侵)应有经充分培训的员工按照适当的规程,将事件的影响降至最小。这可能是一种期望。

规划(建立 ISMS)	建立与管理风险和改进信息安全有关的 ISMS 方针、目标、过程和规程,以提供与组织总方针和总目标相一致的结果。
实施(实施和运行 ISMS)	实施和运行 ISMS 方针、控制措施、过程和规程。
检查(监视和评审 ISMS)	对照 ISMS 方针、目标和实践经验,评估并在适当时测量过程的执行情况,并将结果报告管理者以供评审。
处置(保持和改进 ISMS)	基于 ISMS 内部审核和管理评审的结果或者其他相关信息,采取纠正和预防措施,以持续改进 ISMS。

0.3 与其他管理体系的兼容性

本标准与 GB/T 19001—2000 及 GB/T 24001—2004 相结合,以支持与相关管理标准一致的、整合的实施和运行。因此,一个设计恰当的管理体系可以满足所有这些标准的要求。表 C.1 说明了本标准、GB/T 19001—2000 和 GB/T 24001—2004 的各条款之间的关系。

本标准的设计能够使一个组织将其 ISMS 与其他相关的管理体系要求结合或整合起来。

1) OECD 信息系统和网络安全指南——面向安全文化。巴黎:OECD,2002 年 7 月。www.oecd.org

信息技术　安全技术
信息安全管理体系　要求

重要提示：本出版物不声称包括一个合同所有必要的条款。用户负责对其进行正确的应用。符合标准本身并不获得法律责任的豁免。

1　范围

1.1　总则

本标准适用于所有类型的组织(例如，商业企业、政府机构、非赢利组织)。本标准从组织的整体业务风险的角度，为建立、实施、运行、监视、评审、保持和改进文件化的信息安全管理体系(ISMS)规定了要求。它规定了为适应不同组织或其部门的需要而定制的安全控制措施的实施要求。

ISMS的设计应确保选择适当和相宜的安全控制措施，以充分保护信息资产并给予相关方信心。

注1：本标准中的“业务”一词应广义的解释为关系一个组织生存的核心活动。

注2：GB/T 22081—2008提供了设计控制措施时可使用的实施指南。

1.2　应用

本标准规定的要求是通用的，适用于各种类型、规模和特性的组织。组织声称符合本标准时，对于第4章、第5章、第6章、第7章和第8章的要求不能删减。

为了满足风险接受准则必要的进行的任何控制措施的删减，必须证明是合理的，且需要提供证据证明相关风险已被负责人员接受。除非删减不影响组织满足由风险评估和适用法律法规要求所确定的安全要求的能力和/或责任，否则不能声称符合本标准。

注：如果一个组织已经有一个运转着的业务过程管理体系(例如，与GB/T 19001—2000或者GB/T 24001—2004相关的)，那么在大多数情况下，更可取的是在这个现有的管理体系内满足本标准的要求。

2　规范性引用文件

下列文件中的条款通过本标准的引用而成为本标准的条款。凡是注日期的引用文件，其随后所有的修改单(不包括勘误的内容)或修订版均不适用于本标准，然而，鼓励根据本标准达成协议的各方研究是否可使用这些文件的最新版本。凡是不注日期的引用文件，其最新版本适用于本标准。

GB/T 22081—2008　信息技术　安全技术　信息安全管理实用规则(ISO/IEC 27002:2005,IDT)

3　术语和定义

下列术语和定义适用于本标准。

3.1

资产　asset

对组织有价值的任何东西。

[ISO/IEC 13335-1:2004]

3.2

可用性　availability

根据授权实体的要求可访问和利用的特性。

[ISO/IEC 13335-1:2004]

3.3

保密性　confidentiality

信息不能被未授权的个人、实体或者过程利用或知悉的特性。

[ISO/IEC 13335-1:2004]

3.4

信息安全　information security

保持信息的保密性、完整性、可用性;另外也可包括例如真实性、可核查性、不可否认性和可靠性等。

[GB/T 22081—2008]

3.5

信息安全事态　information security event

信息安全事态是指系统、服务或网络的一种可识别的状态的发生,它可能是对信息安全策略的违反或防护措施的失效,或是和安全关联的一个先前未知的状态。

[GB/Z 20985—2007]

3.6

信息安全事件　information security incident

一个信息安全事件由单个的或一系列的有害或意外信息安全事态组成,它们具有损害业务运作和威胁信息安全的极大的可能性。

[GB/Z 20985—2007]

3.7

信息安全管理体系(ISMS)　information security management system (ISMS)

基于业务风险方法,建立、实施、运行、监视、评审、保持和改进信息安全的体系,是一个组织整个管理体系的一部分。

注:管理体系包括组织结构、方针策略、规划活动、职责、实践、规程、过程和资源。

3.8

完整性　integrity

保护资产的准确和完整的特性。

[ISO/IEC 13335-1:2004]

3.9

残余风险　residual risk

经过风险处置后遗留的风险。

[ISO/IEC Guide 73:2002]

3.10

风险接受　risk acceptance

接受风险的决定。

[ISO/IEC Guide 73:2002]

3.11

风险分析　risk analysis

系统地使用信息来识别风险来源和估计风险。

[ISO/IEC Guide 73:2002]

3.12

风险评估　risk assessment

风险分析和风险评价的整个过程。

[ISO/IEC Guide 73:2002]

3.13

风险评价　risk evaluation

将估计的风险与给定的风险准则加以比较以确定风险严重性的过程。

[ISO/IEC Guide 73:2002]

3.14

风险管理 risk management

指导和控制一个组织相关风险的协调活动。

[ISO/IEC Guide 73:2002]

3.15

风险处置 risk treatment

选择并且执行措施来更改风险的过程。

[ISO/IEC Guide 73:2002]

注:在本标准中,术语“控制措施”被用作“措施”的同义词。

3.16

适用性声明 statement of applicability

描述与组织的信息安全管理体系相关的和适用的控制目标和控制措施的文件。

注:控制目标和控制措施是基于风险评估和风险处置过程的结果和结论、法律法规的要求、合同义务以及组织对于信息安全的业务要求。

4 信息安全管理体系(ISMS)

4.1 总要求

组织应在其整体业务活动中且在所面临风险的环境下建立、实施、运行、监视、评审、保持和改进文件化的 ISMS。在本标准中,所使用的过程基于图 1 所示的 PDCA 模型。

4.2 建立和管理 ISMS

4.2.1 建立 ISMS

组织应做以下方面的工作:

a) 根据业务、组织、位置、资产和技术等方面的特性,确定 ISMS 的范围和边界,包括对范围任何删减的详细说明和正当性理由(见 1.2)。

b) 根据业务、组织、位置、资产和技术等方面的特性,确定 ISMS 方针。ISMS 方针应:

1) 包括设定目标的框架和建立信息安全工作的总方向和原则;

2) 考虑业务和法律法规的要求,及合同中的安全义务;

3) 在组织的战略性风险管理环境下,建立和保持 ISMS;

4) 建立风险评价的准则(见 4.2.1 c);

5) 获得管理者批准。

注:就本标准的目的而言,ISMS 方针被认为是信息安全方针的一个扩展集。这些方针可以在一个文件中进行描述。

c) 确定组织的风险评估方法:

1) 识别适合 ISMS、已识别的业务信息安全和法律法规要求的风险评估方法;

2) 制定接受风险的准则,识别可接受的风险级别(见 5.1f))。

选择的风险评估方法应确保风险评估产生可比较的和可再现的结果。

注:风险评估具有不同的方法。在 ISO/IEC TR 13335-3 中描述了风险评估方法的例子。

d) 识别风险:

1) 识别 ISMS 范围内的资产及其责任人[1];

2) 识别资产所面临的威胁;

3) 识别可能被威胁利用的脆弱性;

1) 术语“责任人”标识了已经获得管理者的批准,负责产生、开发、维护、使用和保证资产的安全的个人或实体。术语“责任人”不是指该人员实际上对资产拥有所有权。

4） 识别丧失保密性、完整性和可用性可能对资产造成的影响。

e） 分析和评价风险：

1） 在考虑丧失资产的保密性、完整性和可用性所造成的后果的情况下，评估安全失效可能造成的对组织的影响；

2） 根据主要的威胁和脆弱性、对资产的影响以及当前所实施的控制措施，评估安全失效发生的现实可能性；

3） 估计风险的级别；

4） 确定风险是否可接受，或者是否需要使用在4.2.1c)2)中所建立的接受风险的准则进行处理。

f） 识别和评价风险处置的可选措施，可能的措施包括：

1） 采用适当的控制措施；

2） 在明显满足组织方针策略和接受风险的准则的条件下，有意识地、客观地接受风险（见4.2.1c)2)）；

3） 避免风险；

4） 将相关业务风险转移到其他方，如：保险，供应商等。

g） 为处理风险选择控制目标和控制措施。

控制目标和控制措施应加以选择和实施，以满足风险评估和风险处置过程中所识别的要求。这种选择应考虑接受风险的准则（见4.2.1c)2)）以及法律法规和合同要求。

从附录A中选择控制目标和控制措施应成为此过程的一部分，该过程适合于满足这些已识别的要求。

附录A所列的控制目标和控制措施并不是所有的控制目标和控制措施，组织也可能需要选择另外的控制目标和控制措施。

注：附录A包含了组织内一般要用到的全面的控制目标和控制措施的列表。本标准用户可将附录A作为选择控制措施的出发点，以确保不会遗漏重要的可选控制措施。

h） 获得管理者对建议的残余风险的批准。

i） 获得管理者对实施和运行ISMS的授权。

j） 准备适用性声明（Statement of Applicability，简称SoA）应从以下几方面准备适用性声明：

1） 4.2.1g)中所选择的控制目标和控制措施，以及选择的理由；

2） 当前实施的控制目标和控制措施（见4.2.1e)2)）；

3） 对附录A中任何控制目标和控制措施的删减，以及删减的合理性说明。

注：适用性声明提供了一份关于风险处置决定的综述。删减的合理性说明提供交叉检查，以证明不会因疏忽而遗漏控制措施。

4.2.2 实施和运行ISMS

组织应：

a） 为管理信息安全风险识别适当的管理措施、资源、职责和优先顺序，即：制定风险处置计划（见第5章）；

b） 实施风险处置计划以达到已识别的控制目标，包括资金安排、角色和职责的分配；

c） 实施4.2.1g)中所选择的控制措施，以满足控制目标；

d） 确定如何测量所选择的控制措施或控制措施集的有效性，并指明如何用这些测量措施来评估控制措施的有效性，以产生可比较的和可再现的结果（见4.2.3c)）；

注：测量控制措施的有效性可使管理者和员工确定控制措施达到既定的控制目标的程度。

e） 实施培训和意识教育计划（见5.2.2）；

f） 管理ISMS的运行；

g) 管理 ISMS 的资源(见 5.2);

h) 实施能够迅速检测安全事态和响应安全事件的规程和其他控制措施(见 4.2.3a))。

4.2.3 监视和评审 ISMS

组织应:

a) 执行监视与评审规程和其他控制措施,以:

1) 迅速检测过程运行结果中的错误;

2) 迅速识别试图的和得逞的安全违规和事件;

3) 使管理者能够确定分配给人员的安全活动或通过信息技术实施的安全活动是否按期望执行;

4) 通过使用指示器,帮助检测安全事态并预防安全事件;

5) 确定解决安全违规的措施是否有效。

b) 在考虑安全审核结果、事件、有效性测量结果、所有相关方的建议和反馈的基础上,进行 ISMS 有效性的定期评审(包括满足 ISMS 方针和目标,以及安全控制措施的评审)。

c) 测量控制措施的有效性以验证安全要求是否被满足。

d) 按照计划的时间间隔进行风险评估的评审,以及对残余风险和已确定的可接受的风险级别进行评审,应考虑以下方面的变化:

1) 组织;

2) 技术;

3) 业务目标和过程;

4) 已识别的威胁;

5) 已实施的控制措施的有效性;

6) 外部事态,如法律法规环境的变更、合同义务的变更和社会环境的变更。

e) 按计划的时间间隔,实施 ISMS 内部审核(见第 6 章)。

注:内部审核,有时称为第一方审核,是用于内部目的,由组织自己或以组织的名义所进行的审核。

f) 定期进行 ISMS 管理评审,以确保 ISMS 范围保持充分,ISMS 过程的改进得到识别(见 7.1)。

g) 考虑监视和评审活动的结果,以更新安全计划。

h) 记录可能影响 ISMS 的有效性或执行情况的措施和事态(见 4.3.3)。

4.2.4 保持和改进 ISMS

组织应经常:

a) 实施已识别的 ISMS 改进。

b) 依照 8.2 和 8.3 采取合适的纠正和预防措施。从其他组织和组织自身的安全经验中吸取教训。

c) 向所有相关方沟通措施和改进情况,其详细程度应与环境相适应,需要时,商定如何进行。

d) 确保改进达到了预期目标。

4.3 文件要求

4.3.1 总则

文件应包括管理决定的记录,以确保所采取的措施符合管理决定和方针策略,还应确保所记录的结果是可重复产生的。

重要的是,能够显示出所选择的控制措施回溯到风险评估和风险处置过程的结果,并进而回溯到 ISMS 方针和目标之间的关系。

ISMS 文件应包括:

a) 形成文件的 ISMS 方针(见 4.2.1b))和目标;

b) ISMS 的范围(见 4.2.1a));

c) 支持ISMS的规程和控制措施；

d) 风险评估方法的描述(见4.2.1c))；

e) 风险评估报告（见4.2.1c)到4.2.1g))；

f) 风险处置计划(见4.2.2b))；

g) 组织为确保其信息安全过程的有效规划、运行和控制以及描述如何测量控制措施的有效性所需的形成文件的规程(见4.2.3c))；

h) 本标准所要求的记录(见4.3.3)；

i) 适用性声明。

注1：本标准出现“形成文件的规程”之处，即要求建立该规程，形成文件，并加以实施和保持。

注2：不同组织的ISMS文件的详略程度取决于：

——组织的规模和活动的类型；

——安全要求和被管理系统的范围及复杂程度。

注3：文件和记录可以采用任何形式或类型的介质。

4.3.2 文件控制

ISMS所要求的文件应予以保护和控制。应编制形成文件的规程，以规定以下方面所需的管理措施：

a) 文件发布前得到批准，以确保文件是适当的；

b) 必要时对文件进行评审、更新并再次批准；

c) 确保文件的更改和现行修订状态得到标识；

d) 确保在使用处可获得适用文件的相关版本；

e) 确保文件保持清晰、易于识别；

f) 确保文件对需要的人员可用，并依照文件适用的类别规程进行传输、贮存和最终销毁；

g) 确保外来文件得到识别；

h) 确保文件的分发得到控制；

i) 防止作废文件的非预期使用；

j) 若因任何目的而保留作废文件时，对这些文件进行适当的标识。

4.3.3 记录控制

应建立记录并加以保持，以提供符合ISMS要求和有效运行的证据。应对记录加以保护和控制。ISMS的记录应考虑相关法律法规要求和合同义务。记录应保持清晰、易于识别和检索。记录的标识、贮存、保护、检索、保存期限和处置所需的控制措施应形成文件并实施。

应保留4.2中列出的过程执行记录和所有发生的与ISMS有关的重大安全事件的记录。

例如：记录包括访客登记簿、审核报告和已完成的访问授权单。

5 管理职责

5.1 管理承诺

管理者应通过以下活动，对建立、实施、运行、监视、评审、保持和改进ISMS的承诺提供证据：

a) 制定ISMS方针；

b) 确保ISMS目标和计划得以制定；

c) 建立信息安全的角色和职责；

d) 向组织传达满足信息安全目标、符合信息安全方针、履行法律责任和持续改进的重要性；

e) 提供足够资源，以建立、实施、运行、监视、评审、保持和改进ISMS（见5.2.1)；

f) 决定接受风险的准则和风险的可接受级别；

g) 确保ISMS内部审核的执行(见第6章)；

h) 实施ISMS的管理评审(见第7章)。

5.2 资源管理

5.2.1 资源提供

组织应确定并提供所需的资源，以：

a) 建立、实施、运行、监视、评审、保持和改进 ISMS；

b) 确保信息安全规程支持业务要求；

c) 识别和满足法律法规要求、以及合同中的安全义务；

d) 通过正确实施所有的控制措施保持适当的安全；

e) 必要时，进行评审，并适当响应评审的结果；

f) 在需要时，改进 ISMS 的有效性。

5.2.2 培训、意识和能力

组织应通过以下方式，确保所有被赋予 ISMS 职责的人员具有执行所要求任务的能力：

a) 确定从事影响 ISMS 工作的人员所必要的能力；

b) 提供培训或采取其他措施(如聘用有能力的人员)以满足这些需求；

c) 评价所采取的措施的有效性；

d) 保持教育、培训、技能、经历和资格的记录(见 4.3.3)。

组织也应确保所有相关人员意识到他们信息安全活动的相关性和重要性，以及如何为达到 ISMS 目标做出贡献。

6 ISMS 内部审核

组织应按照计划的时间间隔进行 ISMS 内部审核，以确定其 ISMS 的控制目标、控制措施、过程和规程是否：

a) 符合本标准和相关法律法规的要求；

b) 符合已确定的信息安全要求；

c) 得到有效地实施和保持；

d) 按预期执行。

应在考虑拟审核的过程与区域的状况和重要性以及以往审核的结果的情况下，制定审核方案。应确定审核的准则、范围、频次和方法。审核员的选择和审核的实施应确保审核过程的客观性和公正性。审核员不应审核自己的工作。

策划和实施审核、报告结果和保持记录(见 4.3.3)的职责和要求应在形成文件的规程中做出规定。

负责受审区域的管理者应确保及时采取措施，以消除已发现的不符合及其产生的原因。跟踪活动应包括对所采取措施的验证和验证结果的报告(见第 8 章)。

注：GB/T 19011—2003 也可为实施 ISMS 内部审核提供有用的指导。

7 ISMS 的管理评审

7.1 总则

管理者应按计划的时间间隔(至少每年 1 次)评审组织的 ISMS，以确保其持续的适宜性、充分性和有效性。评审应包括评估 ISMS 改进的机会和变更的需要，包括信息安全方针和信息安全目标。评审的结果应清晰地形成文件，记录应加以保持(见 4.3.3)。

7.2 评审输入

管理评审的输入应包括：

a) ISMS 审核和评审的结果；

b) 相关方的反馈；

c) 组织用于改进 ISMS 执行情况和有效性的技术、产品或规程；

d) 预防和纠正措施的状况；

e) 以往风险评估没有充分强调的脆弱点或威胁；
f) 有效性测量的结果；
g) 以往管理评审的跟踪措施；
h) 可能影响 ISMS 的任何变更；
i) 改进的建议。

7.3 评审输出

管理评审的输出应包括与以下方面有关的任何决定和措施：

a) ISMS 有效性的改进。
b) 风险评估和风险处置计划的更新。
c) 必要时修改影响信息安全的规程和控制措施，以响应内部或外部可能影响 ISMS 的事态，包括以下的变更：
   1) 业务要求；
   2) 安全要求；
   3) 影响现有业务要求的业务过程；
   4) 法律法规要求；
   5) 合同义务；
   6) 风险级别和/或接受风险的准则。
d) 资源需求。
e) 控制措施有效性测量方法的改进。

8 ISMS 改进

8.1 持续改进

组织应利用信息安全方针、安全目标、审核结果、监视事态的分析、纠正和预防措施以及管理评审(见第 7 章)，持续改进 ISMS 的有效性。

8.2 纠正措施

组织应采取措施，以消除与 ISMS 要求不符合的原因，以防止再发生。形成文件的纠正措施规程，应规定以下方面的要求：

a) 识别不符合；
b) 确定不符合的原因；
c) 评价确保不符合不再发生的措施需求；
d) 确定和实施所需要的纠正措施；
e) 记录所采取措施的结果(见 4.3.3)；
f) 评审所采取的纠正措施。

8.3 预防措施

组织应确定措施，以消除潜在不符合的原因，防止其发生。预防措施应与潜在问题的影响程度相适应。形成文件的预防措施规程，应规定以下方面的要求：

a) 识别潜在的不符合及其原因；
b) 评价防止不符合发生的措施需求；
c) 确定和实施所需要的预防措施；
d) 记录所采取措施的结果(见 4.3.3)；
e) 评审所采取的预防措施。

组织应识别变化的风险，并识别针对重大变化的风险的预防措施的要求。

预防措施的优先级应根据风险评估的结果确定。

注：预防不符合的措施通常比纠正措施更节约成本。

附 录 A
（规范性附录）
控制目标和控制措施

表 A.1 所列的控制目标和控制措施是直接源自并与 GB/T 22081—2008(ISO/IEC 27002:2005)第 5 章到第 15 章一致。表 A.1 中的清单并不详尽，一个组织可能考虑另外必要的控制目标和控制措施。在这些表中选择控制目标和控制措施是条款 4.2.1 规定的 ISMS 过程的一部分。

GB/T 22081—2008(ISO/IEC 27002:2005)第 5 章至第 15 章提供了最佳实践的实施建议和指南，以支持 A.5 到 A.15 列出的控制措施。

表 A.1 控制目标和控制措施

A.5 安全方针		
A.5.1 信息安全方针 *目标*：依据业务要求和相关法律法规提供管理指导并支持信息安全。		
A.5.1.1	信息安全方针文件	*控制措施* 信息安全方针文件应由管理者批准、发布并传达给所有员工和外部相关方。
A.5.1.2	信息安全方针的评审	*控制措施* 宜按计划的时间间隔或当重大变化发生时进行信息安全方针评审，以确保它持续的适宜性、充分性和有效性。
A.6 信息安全组织		
A.6.1 内部组织 *目标*：管理组织范围内信息安全。		
A.6.1.1	信息安全的管理承诺	*控制措施* 管理者应通过清晰的说明、可证实的承诺、明确的信息安全职责分配及确认，来积极支持组织内的安全。
A.6.1.2	信息安全协调	*控制措施* 信息安全活动应由来自组织不同部门并具备相关角色和工作职责的代表进行协调。
A.6.1.3	信息安全职责的分配	*控制措施* 所有的信息安全职责应予以清晰地定义。
A.6.1.4	信息处理设施的授权过程	*控制措施* 应为新的信息处理设施定义和实施一个管理授权过程。
A.6.1.5	保密性协议	*控制措施* 应识别并定期评审反映组织信息保护需要的保密性或不泄露协议的要求。
A.6.1.6	与政府部门的联系	*控制措施* 应保持与政府相关部门的适当联系。
A.6.1.7	与特定利益集团的联系	*控制措施* 应保持与特定利益集团、其他安全专家组和专业协会的适当联系。
A.6.1.8	信息安全的独立评审	*控制措施* 组织管理信息安全的方法及其实施(例如信息安全的控制目标、控制措施、策略、过程和规程)应按计划的时间间隔进行独立评审，当安全实施发生重大变化时，也要进行独立评审。
A.6.2 外部各方 *目标*：保持组织的被外部各方访问、处理、管理或与外部进行通信的信息和信息处理设施的安全。		

表 A.1(续)

A.6.2.1	与外部各方相关风险的识别	*控制措施* 应识别涉及外部各方业务过程中组织的信息和信息处理设施的风险,并在允许访问前实施适当的控制措施。
A.6.2.2	处理与顾客有关的安全问题	*控制措施* 应在允许顾客访问组织信息或资产之前处理所有确定的安全要求。
A.6.2.3	处理第三方协议中的安全问题	*控制措施* 涉及访问、处理或管理组织的信息或信息处理设施以及与之通信的第三方协议,或在信息处理设施中增加产品或服务的第三方协议,应涵盖所有相关的安全要求。
A.7 资产管理		
A.7.1 对资产负责 *目标*:实现和保持对组织资产的适当保护。		
A.7.1.1	资产清单	*控制措施* 应清晰的识别所有资产,编制并维护所有重要资产的清单。
A.7.1.2	资产责任人[1)]	*控制措施* 与信息处理设施有关的所有信息和资产应由组织的指定部门或人员承担责任。
A.7.1.3	资产的可接受使用	*控制措施* 与信息处理设施有关的信息和资产可接受使用规则应被确定、形成文件并加以实施。
A.7.2 信息分类 *目标*:确保信息受到适当级别的保护。		
A.7.2.1	分类指南	*控制措施* 信息应按照它对组织的价值、法律要求、敏感性和关键性予以分类。
A.7.2.2	信息的标记和处理	*控制措施* 应按照组织所采纳的分类机制建立和实施一组合适的信息标记和处理规程。
A.8 人力资源安全		
A.8.1 任用[2)]之前 *目标*:确保雇员、承包方人员和第三方人员理解其职责、考虑对其承担的角色是适合的,以降低设施被窃、欺诈和误用的风险。		
A.8.1.1	角色和职责	*控制措施* 雇员、承包方人员和第三方人员的安全角色和职责应按照组织的信息安全方针定义并形成文件。
A.8.1.2	审查	*控制措施* 关于所有任用的候选者、承包方人员和第三方人员的背景验证核查应按照相关法律法规、道德规范和对应的业务要求、被访问信息的类别和察觉的风险来执行。
A.8.1.3	任用条款和条件	*控制措施* 作为他们合同义务的一部分,雇员、承包方人员和第三方人员应同意并签署他们的任用合同的条款和条件,这些条款和条件应声明他们和组织的信息安全职责。

1) 解释:术语"责任人"是被认可,具有控制生产、开发、保持、使用和资产安全的个人或实体。术语"责任人"不指实际上对资产具有财产权的人。

2) 解释:这里的"任用"意指以下不同的情形:人员任用(暂时的或长期的)、工作角色的指定、工作角色的变化、合同的分配及所有这些安排的终止。

表 A.1（续）

A.8.2　任用中 *目标*：确保所有的雇员、承包方人员和第三方人员知悉信息安全威胁和利害关系、他们的职责和义务、并准备好在其正常工作过程中支持组织的安全方针，以减少人为出错的风险。		
A.8.2.1	管理职责	*控制措施* 管理者应要求雇员、承包方人员和第三方人员按照组织已建立的方针策略和规程对安全尽心尽力。
A.8.2.2	信息安全意识、教育和培训	*控制措施* 组织的所有雇员，适当时，包括承包方人员和第三方人员，应受到与其工作职能相关的适当的意识培训和组织方针策略及规程的定期更新培训。
A.8.2.3	纪律处理过程	*控制措施* 对于安全违规的雇员，应有一个正式的纪律处理过程。
A.8.3　任用的终止或变化 *目标*：确保雇员、承包方人员和第三方人员以一个规范的方式退出一个组织或改变其任用关系。		
A.8.3.1	终止职责	*控制措施* 任用终止或任用变更的职责应清晰地定义和分配。
A.8.3.2	资产的归还	*控制措施* 所有的雇员、承包方人员和第三方人员在终止任用、合同或协议时，应归还他们使用的所有组织资产。
A.8.3.3	撤销访问权	*控制措施* 所有雇员、承包方人员和第三方人员对信息和信息处理设施的访问权应在任用、合同或协议终止时删除，或在变化时调整。
A.9　物理和环境安全		
A.9.1　安全区域 *目标*：防止对组织场所和信息的未授权物理访问、损坏和干扰。		
A.9.1.1	物理安全周边	*控制措施* 应使用安全周边（诸如墙、卡控制的入口或有人管理的接待台等屏障）来保护包含信息和信息处理设施的区域。
A.9.1.2	物理入口控制	*控制措施* 安全区域应由适合的入口控制所保护，以确保只有授权的人员才允许访问。
A.9.1.3	办公室、房间和设施的安全保护	*控制措施* 应为办公室、房间和设施设计并采取物理安全措施。
A.9.1.4	外部和环境威胁的安全防护	*控制措施* 为防止火灾、洪水、地震、爆炸、社会动荡和其他形式的自然或人为灾难引起的破坏，应设计和采取物理保护措施。
A.9.1.5	在安全区域工作	*控制措施* 应设计和应用用于安全区域工作的物理保护和指南。
A.9.1.6	公共访问、交接区安全	*控制措施* 访问点（例如交接区）和未授权人员可进入办公场所的其他点应加以控制，如果可能，应与信息处理设施隔离，以避免未授权访问。
A.9.2　设备安全 *目标*：防止资产的丢失、损坏、失窃或危及资产安全以及组织活动的中断。		
A.9.2.1	设备安置和保护	*控制措施* 应安置或保护设备，以减少由环境威胁和危险所造成的各种风险以及未授权访问的机会。

表 A.1(续)

A.9.2.2	支持性设施	*控制措施* 应保护设备使其免于由支持性设施的失效而引起的电源故障和其他中断。
A.9.2.3	布缆安全	*控制措施* 应保证传输数据或支持信息服务的电源布缆和通信布缆免受窃听或损坏。
A.9.2.4	设备维护	*控制措施* 设备应予以正确地维护,以确保其持续的可用性和完整性。
A.9.2.5	组织场所外的设备安全	*控制措施* 应对组织场所的设备采取安全措施,要考虑工作在组织场所以外的不同风险。
A.9.2.6	设备的安全处置或再利用	*控制措施* 包含储存介质的设备的所有项目应进行核查,以确保在处置之前,任何敏感信息和注册软件已被删除或安全地写覆盖。
A.9.2.7	资产的移动	*控制措施* 设备、信息或软件在授权之前不应带出组织场所。
A.10　通信和操作管理		
A.10.1　操作规程和职责 *目标*:确保正确、安全的操作信息处理设施。		
A.10.1.1	文件化的操作规程	*控制措施* 操作规程应形成文件、保持并对所有需要的用户可用。
A.10.1.2	变更管理	*控制措施* 对信息处理设施和系统的变更应加以控制。
A.10.1.3	责任分割	*控制措施* 各类责任及职责范围应加以分割,以降低未授权或无意识的修改或者不当使用组织资产的机会。
A.10.1.4	开发、测试和运行设施分离	*控制措施* 开发、测试和运行设施应分离,以减少未授权访问或改变运行系统的风险。
A.10.2　第三方服务交付管理 *目标*:实施和保持符合第三方服务交付协议的信息安全和服务交付的适当水准。		
A.10.2.1	服务交付	*控制措施* 应确保第三方实施、运行和保持包含在第三方服务交付协议中的安全控制措施、服务定义和交付水准。
A.10.2.2	第三方服务的监视和评审	*控制措施* 应定期监视和评审由第三方提供的服务、报告和记录,审核也应定期执行。
A.10.2.3	第三方服务的变更管理	*控制措施* 应管理服务提供的变更,包括保持和改进现有的信息安全策略、规程和控制措施,并考虑到业务系统和涉及过程的关键程度及风险的再评估。
A.10.3　系统规划和验收 *目标*:将系统失效的风险降至最小。		
A.10.3.1	容量管理	*控制措施* 资源的使用应加以监视、调整,并作出对于未来容量要求的预测,以确保拥有所需的系统性能。
A.10.3.2	系统验收	*控制措施* 应建立对新信息系统、升级及新版本的验收准则,并且在开发中和验收前对系统进行适当的测试。

表 A.1（续）

A.10.4 防范恶意和移动代码 *目标*：保护软件和信息的完整性。		
A.10.4.1	控制恶意代码	*控制措施* 应实施恶意代码的检测、预防和恢复的控制措施，以及适当的提高用户安全意识的规程。
A.10.4.2	控制移动代码	*控制措施* 当授权使用移动代码时，其配置应确保授权的移动代码按照清晰定义的安全策略运行，应阻止执行未授权的移动代码。
A.10.5 备份 *目标*：保持信息和信息处理设施的完整性及可用性。		
A.10.5.1	信息备份	*控制措施* 应按照已设的备份策略，定期备份和测试信息和软件。
A.10.6 网络安全管理 *目标*：确保网络中信息的安全性并保护支持性的基础设施。		
A.10.6.1	网络控制	*控制措施* 应充分管理和控制网络，以防止威胁的发生，维护使用网络的系统和应用程序的安全，包括传输中的信息。
A.10.6.2	网络服务安全	*控制措施* 安全特性、服务级别以及所有网络服务的管理要求应予以确定并包括在所有网络服务协议中，无论这些服务是由内部提供的还是外包的。
A.10.7 介质处置 *目标*：防止资产遭受未授权泄露、修改、移动或销毁以及业务活动的中断。		
A.10.7.1	可移动介质的管理	*控制措施* 应有适当的可移动介质的管理规程。
A.10.7.2	介质的处置	*控制措施* 不再需要的介质，应使用正式的规程可靠并安全地处置。
A.10.7.3	信息处理规程	*控制措施* 应建立信息的处理及存储规程，以防止信息的未授权的泄漏或不当使用。
A.10.7.4	系统文件安全	*控制措施* 应保护系统文件以防止未授权的访问。
A.10.8 信息的交换 *目标*：保持组织内以及与组织外信息和软件交换的安全。		
A.10.8.1	信息交换策略和规程	*控制措施* 应有正式的交换策略、规程和控制措施，以保护通过使用各种类型通信设施的信息交换。
A.10.8.2	交换协议	*控制措施* 应建立组织与外部方交换信息和软件的协议。
A.10.8.3	运输中的物理介质	*控制措施* 包含信息的介质在组织的物理边界以外运送时，应防止未授权的访问、不当使用或毁坏。
A.10.8.4	电子消息发送	*控制措施* 包含在电子消息发送中的信息应给予适当的保护。
A.10.8.5	业务信息系统	*控制措施* 应建立并实施策略和规程，以保护与业务信息系统互联相关的信息。

表 A.1（续）

A.10.9　电子商务服务 *目标*：确保电子商务服务的安全及其安全使用。		
A.10.9.1	电子商务	*控制措施* 包含在使用公共网络的电子商务中的信息应受保护，以防止欺诈活动、合同争议以及未授权的泄露和修改。
A.10.9.2	在线交易	*控制措施* 在线交易中的信息应受保护，以防止不完全传输、错误路由、未授权的消息篡改、未授权的泄露、未授权的消息复制或重放。
A.10.9.3	公共可用信息	*控制措施* 在公共可用系统中可用信息的完整性应受保护，以防止未授权的修改。
A.10.10　监视 *目标*：检测未经授权的信息处理活动。		
A.10.10.1	审计记录	*控制措施* 应产生记录用户活动、异常情况和信息安全事态的审计日志，并要保持一个已设的周期以支持将来的调查和访问控制监视。
A.10.10.2	监视系统的使用	*控制措施* 应建立信息处理设施的监视使用规程，并经常评审监视活动的结果。
A.10.10.3	日志信息的保护	*控制措施* 记录日志的设施和日志信息应加以保护，以防止篡改和未授权的访问。
A.10.10.4	管理员和操作员日志	*控制措施* 系统管理员和系统操作员活动应记入日志。
A.10.10.5	故障日志	*控制措施* 故障应被记录、分析，并采取适当的措施。
A.10.10.6	时钟同步	*控制措施* 一个组织或安全域内的所有相关信息处理设施的时钟应使用已设的精确时间源进行同步。
A.11　访问控制		
A.11.1　访问控制的业务要求 *目标*：控制对信息的访问。		
A.11.1.1	访问控制策略	*控制措施* 访问控制策略应建立、形成文件，并基于业务和访问的安全要求进行评审。
A.11.2　用户访问管理 *目标*：确保授权用户访问信息系统，并防止未授权的访问。		
A.11.2.1	用户注册	*控制措施* 应有正式的用户注册及注销规程，来授权和撤销对所有信息系统及服务的访问。
A.11.2.2	特殊权限管理	*控制措施* 应限制和控制特殊权限的分配及使用。
A.11.2.3	用户口令管理	*控制措施* 应通过正式的管理过程控制口令的分配。
A.11.2.4	用户访问权的复查	*控制措施* 管理者应定期使用正式过程对用户的访问权进行复查。
A.11.3　用户职责 *目标*：防止未授权用户对信息和信息处理设施的访问、损害或窃取。		

表 A.1（续）

A.11.3.1	口令使用	*控制措施* 应要求用户在选择及使用口令时，遵循良好的安全习惯。
A.11.3.2	无人值守的用户设备	*控制措施* 用户应确保无人值守的用户设备有适当的保护。
A.11.3.3	清空桌面和屏幕策略	*控制措施* 应采取清空桌面上文件、可移动存储介质的策略和清空信息处理设施屏幕的策略。
A.11.4　网络访问控制 *目标*：防止对网络服务的未授权访问。		
A.11.4.1	使用网络服务的策略	*控制措施* 用户应仅能访问已获专门授权使用的服务。
A.11.4.2	外部连接的用户鉴别	*控制措施* 应使用适当的鉴别方法以控制远程用户的访问。
A.11.4.3	网络上的设备标识	*控制措施* 应考虑自动设备标识，将其作为鉴别特定位置和设备连接的方法。
A.11.4.4	远程诊断和配置端口的保护	*控制措施* 对于诊断和配置端口的物理和逻辑访问应加以控制。
A.11.4.5	网络隔离	*控制措施* 应在网络中隔离信息服务、用户及信息系统。
A.11.4.6	网络连接控制	*控制措施* 对于共享的网络，特别是越过组织边界的网络，用户的联网能力应按照访问控制策略和业务应用要求加以限制（见 A.11.1）。
A.11.4.7	网络路由控制	*控制措施* 应在网络中实施路由控制，以确保计算机连接和信息流不违反业务应用的访问控制策略。
A.11.5　操作系统访问控制 *目标*：防止对操作系统的未授权访问。		
A.11.5.1	安全登录规程	*控制措施* 访问操作系统应通过安全登录规程加以控制。
A.11.5.2	用户标识和鉴别	*控制措施* 所有用户应有唯一的、专供其个人使用的标识符（用户 ID），应选择一种适当的鉴别技术证实用户所宣称的身份。
A.11.5.3	口令管理系统	*控制措施* 口令管理系统应是交互式的，并应确保优质的口令。
A.11.5.4	系统实用工具的使用	*控制措施* 对于可能超越系统和应用程序控制措施的实用工具的使用应加以限制并严格控制。
A.11.5.5	会话超时	*控制措施* 不活动会话应在一个设定的休止期后关闭。
A.11.5.6	联机时间的限定	*控制措施* 应使用联机时间的限制，为高风险应用程序提供额外的安全。
A.11.6　应用和信息访问控制 *目标*：防止对应用系统中信息的未授权访问。		

表 A.1(续)

A.11.6.1	信息访问限制	*控制措施* 用户和支持人员对信息和应用系统功能的访问应依照已确定的访问控制策略加以限制。
A.11.6.2	敏感系统隔离	*控制措施* 敏感系统应有专用的(隔离的)运算环境。
A.11.7　移动计算和远程工作 *目标*:确保使用移动计算和远程工作设施时的信息安全。		
A.11.7.1	移动计算和通信	*控制措施* 应有正式策略并且采用适当的安全措施,以防范使用移动计算和通信设施时所造成的风险。
A.11.7.2	远程工作	*控制措施* 应为远程工作活动开发和实施策略、操作计划和规程。
A.12　信息系统获取、开发和维护		
A.12.1　信息系统的安全要求 *目标*:确保安全是信息系统的一个有机组成部分。		
A.12.1.1	安全要求分析和说明	*控制措施* 在新的信息系统或增强已有信息系统的业务要求陈述中,应规定对安全控制措施的要求。
A.12.2　应用中的正确处理 *目标*:防止应用系统中的信息的差错、遗失、未授权的修改或误用。		
A.12.2.1	输入数据确认	*控制措施* 应对输入应用系统的数据加以确认,以确保数据是正确且恰当的。
A.12.2.2	内部处理的控制	*控制措施* 确认核查应整合到应用中,以检测由于处理的差错或故意的行为造成的信息的任何讹误。
A.12.2.3	消息完整性	*控制措施* 应用中的确保真实性和保护消息完整性的要求应得到识别,适当的控制措施也应得到识别并实施。
A.12.2.4	输出数据确认	*控制措施* 从应用系统输出的数据应加以确认,以确保对所存储信息的处理是正确的且适于环境的。
A.12.3　密码控制 *目标*:通过密码方法保护信息的保密性、真实性或完整性。		
A.12.3.1	使用密码控制的策略	*控制措施* 应开发和实施使用密码控制措施来保护信息的策略。
A.12.3.2	密钥管理	*控制措施* 应有密钥管理以支持组织使用密码技术。
A.12.4　系统文件的安全 *目标*:确保系统文件的安全。		
A.12.4.1	运行软件的控制	*控制措施* 应有规程来控制在运行系统上安装软件。
A.12.4.2	系统测试数据的保护	*控制措施* 测试数据应认真地加以选择、保护和控制。

表 A.1（续）

A.12.4.3	对程序源代码的访问控制	*控制措施* 应限制访问程序源代码。
A.12.5 开发和支持过程中的安全 *目标*：维护应用系统软件和信息的安全。		
A.12.5.1	变更控制规程	*控制措施* 应使用正式的变更控制规程来控制变更的实施。
A.12.5.2	操作系统变更后应用的技术评审	*控制措施* 当操作系统发生变更时，应对业务的关键应用进行评审和测试，以确保对组织的运行和安全没有负面影响。
A.12.5.3	软件包变更的限制	*控制措施* 应对软件包的修改进行劝阻，只限于必要的变更，且对所有的变更加以严格控制。
A.12.5.4	信息泄露	*控制措施* 应防止信息泄露的可能性。
A.12.5.5	外包软件开发	*控制措施* 组织应管理和监视外包软件的开发。
A.12.6 技术脆弱性管理 *目标*：降低利用公布的技术脆弱性导致的风险。		
A.12.6.1	技术脆弱性的控制	*控制措施* 应及时得到现用信息系统技术脆弱性的信息，评价组织对这些脆弱性的暴露程度，并采取适当的措施来处理相关的风险。
A.13 信息安全事件管理		
A.13.1 报告信息安全事态和弱点 *目标*：确保与信息系统有关的信息安全事态和弱点能够以某种方式传达，以便及时采取纠正措施。		
A.13.1.1	报告信息安全事态	*控制措施* 信息安全事态应尽可能快地通过适当的管理渠道进行报告。
A.13.1.2	报告安全弱点	*控制措施* 应要求信息系统和服务的所有雇员、承包方人员和第三方人员记录并报告他们观察到的或怀疑的任何系统或服务的安全弱点。
A.13.2 信息安全事件和改进的管理 *目标*：确保采用一致和有效的方法对信息安全事件进行管理。		
A.13.2.1	职责和规程	*控制措施* 应建立管理职责和规程，以确保快速、有效和有序地响应信息安全事件。
A.13.2.2	对信息安全事件的总结	*控制措施* 应有一套机制量化和监视信息安全事件的类型、数量和代价。
A.13.2.3	证据的收集	*控制措施* 当一个信息安全事件涉及到诉讼（民事的或刑事的），需要进一步对个人或组织进行起诉时，应收集、保留和呈递证据，以使其符合相关管辖区域对证据的要求。
A.14 业务连续性管理		
A.14.1 业务连续性管理的信息安全方面 *目标*：防止业务活动中断，保护关键业务过程免受信息系统重大失误或灾难的影响，并确保它们的及时恢复。		
A.14.1.1	在业务连续性管理过程中包含信息安全	*控制措施* 应为贯穿于组织的业务连续性开发和保持一个管理过程，以解决组织的业务连续性所需的信息安全要求。

表 A.1(续)

A.14.1.2	业务连续性和风险评估	*控制措施* 应识别能引起业务过程中断的事态,连同这种中断发生的概率和影响,以及它们对信息安全所造成的后果。
A.14.1.3	制定和实施包含信息安全的连续性计划	*控制措施* 应制定和实施计划来保持或恢复运行,以在关键业务过程中断或失败后能够在要求的水平和时间内确保信息的可用性。
A.14.1.4	业务连续性计划框架	*控制措施* 应保持一个唯一的业务连续性计划框架,以确保所有计划是一致的,能够协调地解决信息安全要求,并为测试和维护确定优先级。
A.14.1.5	测试、维护和再评估业务连续性计划	*控制措施* 业务连续性计划应定期测试和更新,以确保其及时性和有效性。
A.15 符合性		
A.15.1 符合法律要求 *目标*:避免违反任何法律、法令、法规或合同义务以及任何安全要求。		
A.15.1.1	可用法律的识别	*控制措施* 对每一个信息系统和组织而言,所有相关的法令、法规和合同要求,以及为满足这些要求组织所采用的方法,应加以明确地定义,形成文件并保持更新。
A.15.1.2	知识产权(IPR)	*控制措施* 应实施适当的规程,以确保在使用具有知识产权的材料和具有所有权的软件产品时,符合法律、法规和合同的要求。
A.15.1.3	保护组织的记录	*控制措施* 应防止重要的记录遗失、毁坏和伪造,以满足法令、法规、合同和业务的要求。
A.15.1.4	数据保护和个人信息的隐私	*控制措施* 应依照相关的法律、法规和合同条款的要求,确保数据保护和隐私。
A.15.1.5	防止滥用信息处理设施	*控制措施* 应禁止用户使用信息处理设施用于未授权的目的。
A.15.1.6	密码控制措施的规则	*控制措施* 使用密码控制措施应遵从相关的协议、法律和法规。
A.15.2 符合安全策略和标准以及技术符合性 *目标*:确保系统符合组织的安全策略及标准。		
A.15.2.1	符合安全策略和标准	*控制措施* 管理人员应确保在其职责范围内的所有安全规程被正确地执行,以确保符合安全策略及标准。
A.15.2.2	技术符合性核查	*控制措施* 信息系统应被定期核查是否符合安全实施标准。
A.15.3 信息系统审计考虑 *目标*:将信息系统审计过程的有效性最大化,干扰最小化。		
A.15.3.1	信息系统审计控制措施	*控制措施* 涉及对运行系统核查的审计要求和活动,应谨慎地加以规划并取得批准,以便最小化造成业务过程中断的风险。
A.15.3.2	信息系统审计工具的保护	*控制措施* 对于信息系统审计工具的访问应加以保护,以防止任何可能的滥用或损害。

附 录 B
（资料性附录）
OECD 原则和本标准

在 OECD 信息系统和网络安全指南中给出的原则适用于治理信息系统和网络安全的所有方针和操作层。本标准提供信息安全管理体系框架，通过使用 PDCA 模型以及第 4 章、第 5 章、第 6 章和第 8 章所述的过程，来实现的某些 OECD 原则，如表 B.1 所示。

表 B.1 OECD 原则和 PDCA 模型

OECD 原则	相应的 ISMS 过程和 PDCA 模型
意识 参与者应知悉信息系统和网络的安全需求，并知悉在提高信息安全方面，他们能够做些什么。	本活动是实施（Do）阶段的一部分（见 4.2.2 和 5.2.2）。
责任 所有参与者对信息系统和网络的安全都有责任。	本活动是实施（Do）阶段的一部分（见 4.2.2 和 5.1）。
响应 参与者对安全事故应以及时的和合作的方式进行预防、检测和响应。	这是检查（Check）阶段的监视活动（见 4.2.3 和第 6 章到 7.3）和处置（Act）阶段的响应活动（见 4.2.4 和 8.1 到8.3）的一部分。这也涵盖于规划（Plan）和检查（Check）阶段中的某些方面。
风险评估 参与者应进行风险评估。	本活动是规划（Plan）阶段的一部分（见 4.2.1），而风险再评估是检查（Check）阶段的一部分（见 4.2.3 和第 6 章到 7.3）。
安全设计与实施 参与者应把安全作为信息系统和网络的基本要素。	一旦风险评估完成，就要为风险的处理选择控制措施作为规划（Plan）阶段的一部分（见 4.2.1）。然后，在实施（Do）阶段（见 4.2.2 和 5.2）包含这些控制措施的实施和运行使用。
安全管理 参与者应采用综合的方法进行安全管理。	风险的管理是一种包括预防、检测与响应事故、日常维护、评审和审核的过程。所有这些方面包含于规划（Plan）、实施（Do）、检查（Check）和处置（Act）阶段。
再评估 参与者应评审和再次评估信息系统和网络的安全，并适当改进安全策略、实践、措施和程序。	信息安全的再评估是检查（Check）阶段的一部分（见 4.2.3和第 6 章到 7.3）。这里，应经常进行评审以检查信息安全管理体系的有效性。改进安全是处置（Act）阶段的一部分（见 4.2.4 和 8.1 到 8.3）。

附 录 C
（资料性附录）
GB/T 19001—2000，GB/T 24001—2004 和本标准之间的对照

表 C.1 显示了 GB/T 19001—2000、GB/T 24001—2004 和本标准之间的对应关系。

表 C.1 GB/T 19001—2000、GB/T 24001—2004 和本标准之间的对应关系

本标准	GB/T 19001—2000	GB/T 24001—2004
0 引言	0 引言	引言
0.1 总则	0.1 总则	
0.2 过程方法	0.2 过程方法	
	0.3 与 GB/T 19004 的关系	
0.3 与其他管理体系的兼容性	0.4 与其他管理体系的相容性	
1 范围	1 范围	1 范围
1.1 总则	1.1 总则	
1.2 应用	1.2 应用	
2 规范性引用文件	2 引用标准	2 规范性引用文件
3 术语和定义	3 术语和定义	3 术语和定义
4 信息安全管理体系	4 质量管理体系	4 EMS 要求
4.1 总要求	4.1 总要求	4.1 总要求
4.2 建立和管理 ISMS		
4.2.1 建立 ISMS		
4.2.2 实施和运行 ISMS		4.4 实施和运行
4.2.3 监视和评审 ISMS	8.2.3 过程的监视和测量	4.5.1 监视和测量
	8.2.4 产品的监视和测量	
4.2.4 保持和改进 ISMS		4.5.2 合规性评价
4.3 文件要求	4.2 文件要求	
4.3.1 总则	4.2.1 总则	
	4.2.2 质量手册	
4.3.2 文件控制	4.2.3 文件控制	4.4.5 文件控制
4.3.3 记录控制	4.2.4 记录控制	4.5.4 记录控制
5 管理职责	5 管理职责	
5.1 管理承诺	5.1 管理承诺	
	5.2 以顾客为关注焦点	
	5.3 质量方针	4.2 环境方针
	5.4 策划	4.3 策划
	5.5 职责、权限和沟通	
5.2 资源管理	6 资源管理	
5.2.1 资源提供	6.1 资源提供	
	6.2 人力资源	
5.2.2 培训、意识和能力	6.2.2 能力、意识和培训	4.4.2 能力、培训和意识
	6.3 基础设施	
	6.4 工作环境	
6 ISMS 内部审核	8.2.2 内部审核	4.5.5 内部审核

表 C.1（续）

本标准	GB/T 19001—2000	GB/T 24001—2004
7　ISMS 的管理评审 7.1　总则 7.2　评审输入 7.3　评审输出	5.6　管理评审 5.6.1　总则 5.6.2　评审输入 5.6.3　评审输出	4.6　管理评审
8　ISMS 改进 8.1　持续改进 8.2　纠正措施 8.3　预防措施	8　测量、分析和改进 8.5.1　持续改进 8.5.2　纠正措施 8.5.3　预防措施	4.5.3　不合格，纠正和预防措施
附录 A　控制目标和控制措施 附录 B　OECD 原则和本标准 附录 C　GB/T 19001—2000、GB/T 24001—2004 和本标准之间的对照	附录 A　GB/T 19001—2000 与 GB/T 24001—1996 之间的对照	附录 A　本标准使用指南 附录 B　GB/T 24001 和 GB/T 19001 之间的联系

参 考 文 献

标准出版物

[1] GB/T 19001—2000 质量管理体系 要求

[2] GB /T 19011—2003 质量和(或)环境管理体系审核指南

[3] GB/T 24001—2004 环境管理体系要求及使用指南

[4] GB/Z 20985—2007 信息技术 安全技术 信息安全事件管理

[5] ISO/IEC 指南 62:1996 从事质量体系的评估和认证/注册的机构的通用要求

[6] ISO/IEC 指南 73:2002 风险管理 术语 标准使用指南

[7] ISO/IEC 13335-1:2004 信息技术 安全技术 信息和通信技术安全管理 第1部分:管理和规划ICT安全的概念和模型

[8] ISO/IEC TR 13335-3:1998 信息技术 IT安全管理指南 第3部分:IT安全管理技术

[9] ISO/IEC TR 13335-4:2000 信息技术 IT安全管理指南 第4部分:防护措施的选择

其他出版物

[1] OECD. OECD信息系统和网络安全指南——面向安全的文化. 巴黎:OECD,2002年7月. www.oecd.org

[2] NIST SP 800-30 信息技术系统的风险管理指南.

[3] Deming W. E. Out of the crisis,剑桥,Mass:MIT,高级工程研究中心,1986.

ICS 35.040
L 80

中华人民共和国国家标准

GB/T 22081—2008/ISO /IEC 27002:2005
代替 GB/T 19716—2005

信息技术　安全技术
信息安全管理实用规则

Information technology—Security techniques—
Code of practice for information security management

（ISO/IEC 27002:2005，IDT）

2008-06-19 发布　　　　2008-11-01 实施

中华人民共和国国家质量监督检验检疫总局
中国国家标准化管理委员会　发布

前　言

本标准等同采用 ISO/IEC 27002:2005《信息技术　安全技术　信息安全管理实用规则》。仅有编辑性修改。

本标准是对 GB/T 19716—2005 的修订。修订中依据 ISO/IEC 27002:2005 增删了一些技术内容。本标准代替 GB/T 19716—2005。

本标准由中华人民共和国信息产业部提出。

本标准由全国信息安全标准化技术委员会归口。

本标准由中国电子技术标准化研究所、北京知识安全工程中心、上海三零卫士有限公司、北京市信息安全测评中心、北京数字认证中心负责起草。

本标准主要起草人：上官晓丽、许玉娜、胡啸、王新杰、赵战生、王连强、孔一童、曾波、刘海峰、汤永利、尚小鹏、闵京华。

本标准所代替标准的历次版本发布情况为：

——GB/T 19716—2005。

引　言

0.1　什么是信息安全

像其他重要业务资产一样，信息也是对组织业务至关重要的一种资产，因此需要加以适当地保护。在业务环境互连日益增加的情况下这一点显得尤为重要。这种互连性的增加导致信息暴露于日益增多的、范围越来越广的威胁和脆弱性当中（也可参考关于信息系统和网络的安全的 OECD 指南）。

信息可以以多种形式存在。它可以打印或写在纸上、以电子方式存储、用邮寄或电子手段传送、呈现在胶片上或用语言表达。无论信息以什么形式存在，用哪种方法存储或共享，都宜对它进行适当地保护。

信息安全是保护信息免受各种威胁的损害，以确保业务连续性，业务风险最小化，投资回报和商业机遇最大化。

信息安全是通过实施一组合适的控制措施而达到的，包括策略、过程、规程、组织结构以及软件和硬件功能。在必要时需建立、实施、监视、评审和改进这些控制措施，以确保满足该组织的特定安全和业务目标。这个过程宜与其他业务管理过程联合进行。

0.2　为什么需要信息安全

信息及其支持过程、系统和网络都是重要的业务资产。定义、实现、保持和改进信息安全对保持竞争优势、现金周转、赢利、守法和商业形象可能是至关重要的。

各组织及其信息系统和网络面临来自各个方面的安全威胁，包括计算机辅助欺诈、间谍活动、恶意破坏、毁坏行为、火灾或洪水。例如恶意代码、计算机黑客捣乱和拒绝服务攻击等导致破坏的安全威胁，已经变得更加普遍、更有野心和日益复杂。

信息安全对于公共和专用两部分的业务以及保护关键基础设施是非常重要的。在这两部分中信息安全都将作为一个使能者，例如实现电子政务或电子商务，避免或减少相关风险。公共网络和专用网络的互连、信息资源的共享都增加了实现访问控制的难度。分布式计算的趋势也削弱了集中的、专门控制的有效性。

许多信息系统并没有被设计成是安全的。通过技术手段可获得的安全性是有限的，宜通过适当的管理和规程给予支持。确定哪些控制措施宜实施到位需要仔细规划并注意细节。信息安全管理至少需要该组织内的所有员工参与，还可能要求利益相关者、供应商、第三方、顾客或其他外部方的参与。外部组织的专家建议可能也是需要的。

0.3　如何建立安全要求

组织识别出其安全要求是非常重要的，安全要求有三个主要来源：

a）一个来源是通过对组织进行风险的评估获得，并考虑到组织的整体业务策略与目标。通过风险评估，识别资产受到的威胁，评价易受威胁利用的脆弱性和威胁发生的可能性，估计潜在的影响；

b）另一个来源是组织、贸易伙伴、承包方和服务提供者必须满足的法律、法规、规章和合同要求，以及他们的社会文化环境；

c）进一步的来源是组织开发的支持其运行的信息处理的原则、目标和业务要求的特定集合。

0.4　评估安全风险

安全要求是通过对安全风险的系统评估予以识别的。用于控制措施的支出需要针对可能由安全失效导致的业务损害加以平衡。

风险评估的结果将帮助指导和决定适当的管理行动、管理信息安全风险的优先级以及实现所选择的用以防范这些风险的控制措施。

风险评估宜定期进行，以应对可能影响风险评估结果的任何变化。

更多的关于安全风险评估的信息见4.1的“评估安全风险”。

0.5 选择控制措施

一旦安全要求和风险已被识别并已作出风险处置决定，则宜选择并实现合适的控制措施，以确保风险降低到可接受的级别。控制措施可以从本标准或其他控制措施集合中选择，或者当合适时设计新的控制措施以满足特定需求。安全控制措施的选择依赖于组织所作出的决定，该决定是基于组织所应用的风险接受准则、风险处置选项和通用的风险管理方法，同时还宜遵守我国的法律法规。

本标准中的某些控制措施可被当作信息安全管理的指导原则，并且可用于大多数组织。下面在题为“信息安全起点”中将更详细的解释这些控制措施。

更多的关于选择控制措施和其他风险处置选项的信息见4.2的“处置安全风险”。

0.6 信息安全起点

许多控制措施被认为是实现信息安全的良好起点。它们或者是基于重要的法律要求，或者被认为是信息安全的常用惯例。

从法律的观点看，对某个组织重要的控制措施包括，根据适用的法律：

a) 数据保护和个人信息的隐私(见15.1.4)；

b) 保护组织的记录(见15.1.3)；

c) 知识产权(见15.1.2)。

被认为是信息安全的常用惯例的控制措施包括：

a) 信息安全方针文件(见5.1.1)；

b) 信息安全职责的分配(见6.1.3)；

c) 信息安全意识、教育和培训(见8.2.2)；

d) 应用中的正确处理(见12.2)；

e) 技术脆弱性管理(见12.6)；

f) 业务连续性管理(见14)；

g) 信息安全事件和改进管理(见13.2)。

这些控制措施适用于大多数组织和环境。

宜注意，虽然本标准中的所有控制措施都是重要的并且是应被考虑的，但是宜根据某个组织所面临的特定风险来确定任何一种控制措施是否是合适的。因此，虽然上述方法被认为是一种良好的起点，但它并不能取代基于风险评估而选择的控制措施。

0.7 关键的成功因素

经验表明，下列因素通常对一个组织成功地实施信息安全来说，十分关键：

a) 反映业务目标的信息安全方针、目标以及活动；

b) 与组织文化保持一致的实现、保持、监视和改进信息安全的方法和框架；

c) 来自所有级别管理者可见的支持和承诺；

d) 正确理解信息安全要求、风险评估和风险管理；

e) 向所有管理人员、员工和其他方传达有效的信息安全知识以使他们具备安全意识；

f) 向所有管理人员、员工和其他方分发关于信息安全方针和标准的指导意见；

g) 提供资金以支持信息安全管理活动；

h) 提供适当的意识、培训和教育；

i) 建立一个有效的信息安全事件管理过程；

j) 实施一个测量[1]系统，它可用来评价信息安全管理的执行情况和反馈的改进建议。

0.8 编制组织的指南

本标准可作为是组织开发其详细指南的起点。对一个组织来说，本标准中的控制措施和指南并非全部适用，此外，很可能还需要本标准中未包括的另外的控制措施和指南。为便于审核员和业务伙伴进行符合性核查，当开发包含另外的指南或控制措施的文件时，对本标准中条款的引用可能是有用的。

1) 注意：信息安全测量不在本标准范围内。

信息技术　安全技术
信息安全管理实用规则

1　范围

本标准给出了一个组织启动、实施、保持和改进信息安全管理的指南和一般原则。本标准列出的目标为通常所接受的信息安全管理的目的提供了一般性指导。

本标准的控制目标和控制措施的实施旨在满足风险评估所识别的要求。本标准可作为建立组织的安全准则和有效安全管理实践的实用指南，并有助于在组织间的活动中构建互信。

2　术语和定义

下列术语和定义适用于本标准。

2.1

资产　asset

对组织有价值的任何东西[ISO/IEC 13335-1:2004]。

2.2

控制措施　control

管理风险的方法，包括策略、规程、指南、惯例或组织结构。它们可以是行政、技术、管理、法律等方面的。

注：控制措施也用于防护措施或对策的同义词。

2.3

指南　guideline

阐明要做什么和怎么做以达到方针策略中制定的目标的描述[ISO/IEC TR 13335-1:2004]。

2.4

信息处理设施　information processing facilities

任何信息处理系统、服务或基础设施，或放置它们的场所。

2.5

信息安全　information security

保持信息的保密性、完整性、可用性；另外也可包括例如真实性、可核查性、不可否认性和可靠性等。

2.6

信息安全事态　information security event

信息安全事态是指系统、服务或网络的一种可识别的状态的发生，它可能是对信息安全策略的违反或防护措施的失效，或是和安全关联的一个先前未知的状态[GB/Z 20985—2007]。

2.7

信息安全事件　information security incident

一个信息安全事件由单个的或一系列的有害或意外信息安全事态组成，它们具有损害业务运作和威胁信息安全的极大的可能性[GB/Z 20985—2007]。

2.8

方针　policy

管理者正式发布的总的宗旨和方向。

2.9

风险 risk

事态的概率及其结果的组合[ISO/IEC Guide 73:2002]。

2.10

风险分析 risk analysis

系统地使用信息来识别风险来源和估计风险[ISO/IEC Guide 73:2002]。

2.11

风险评估 risk assessment

风险分析和风险评价的整个过程[ISO/IEC Guide 73:2002]。

2.12

风险评价 risk evaluation

将估计的风险与给定的风险准则加以比较以确定风险严重性的过程[ISO/IEC Guide 73:2002]。

2.13

风险管理 risk management

指导和控制一个组织相关风险的协调活动。

注：风险管理一般包括风险评估、风险处置、风险接受和风险沟通[ISO/IEC Guide 73:2002]。

2.14

风险处置 risk treatment

选择并且执行措施来更改风险的过程[ISO/IEC Guide 73:2002]。

2.15

第三方 third party

就所涉及的问题被公认为是独立于有关各方的个人或机构[ISO/IEC Guide 2:1996]。

2.16

威胁 threat

可能导致对系统或组织的损害的不期望事件发生的潜在原因[ISO/IEC TR 13335-1:2004]。

2.17

脆弱性 vulnerability

可能会被一个或多个威胁所利用的资产或一组资产的弱点[ISO/IEC TR 13335-1:2004]。

3 本标准的结构

本标准包括11个安全控制措施的章节(共含有39个主要安全类别)和1个介绍风险评估和处理的章节。

3.1 章节

每一章包含多个主要安全类别。11个章节(连同每一章中所包含的主要安全类别的数量)是：

a) 安全方针(1)；

b) 信息安全组织(2)；

c) 资产管理(2)；

d) 人力资源安全(3)；

e) 物理和环境安全(2)；

f) 通信和操作管理(10)；

g) 访问控制(7)；

h) 信息系统获取、开发和维护(6)；

i) 信息安全事件管理(2)；

j) 业务连续性管理(1);

k) 符合性(3)。

注:本标准中章节的顺序不表示其重要性。根据不同的环境,所有章节都可能是重要的,因此应用本标准的每一个组织宜识别适用的章节及其重要性,以及它们对各个业务过程的适用性。另外,本标准的排列均没有优先顺序,除非另外注明。

3.2 主要安全类别

每一个主要安全类别包含:

a) 一个控制目标,声明要实现什么;

b) 一个或多个控制措施,可被用于实现该控制目标。

控制措施的描述结构如下:

控制措施

定义满足控制目标的特定的控制措施的陈述。

实施指南

为支持控制措施的实施和满足控制目标,提供更详细的信息。本指南的某些内容可能不适用于所有情况,所以其他实现控制措施的方法可能更为合适。

其他信息

提供需要考虑的进一步的信息,例如法律方面的考虑和对其他标准的引用。

4 风险评估和处理

4.1 评估安全风险

风险评估宜对照风险接受准则和组织相关目标,识别、量化并区分风险的优先次序。风险评估的结果宜指导并确定适当的管理措施及其优先级,以管理信息安全风险和实施为防范这些风险而选择的控制措施。评估风险和选择控制措施的过程可能需要执行多次,以覆盖组织的不同部门或各个信息系统。

风险评估宜包括估计风险大小的系统方法(风险分析)和将估计的风险与给定的风险准则加以比较,以确定风险严重性的过程(风险评价)。

风险评估还宜周期性加以执行,以指出安全要求和风险情形的变化,例如资产、威胁、脆弱性、影响,风险评价;当发生重大变化时也宜进行风险评估。风险评估宜使用一种能够产生可比较和可再现结果的系统化的方式。

为使信息安全风险评估有效,它宜有一个清晰定义的范围。如果合适,宜包括与其他领域风险评估的关系。

如果可行、实际和有帮助,风险评估的范围既可以是整个组织、组织的一部分、单个信息系统、特定的系统部件,也可以是服务。风险评估方法的例子在ISO/IEC TR 13335-3中讨论。

4.2 处置安全风险

在考虑风险处置前,组织宜确定风险是否能被接受的准则。如果经评估显示,风险较低或处理成本对于组织来说不划算,则风险可被接受。这些决定宜加以记录。

对于风险评估所识别的每一个风险,需要作出风险处置决定。可能的风险处置选项包括:

a) 应用适当的控制措施以降低风险;

b) 只要它们清晰的满足组织的方针和风险接受准则,则要有意识地、客观地接受该风险;

c) 通过不允许可能导致风险发生的行为来避免风险;

d) 将相关风险转移到其他方,例如,保险或供应商。

对风险处置决定中要采用适当的控制措施的那些风险来说,宜选择和实施这些控制措施以满足风险评估所识别的要求。控制措施宜确保在考虑以下因素的情况下,将风险降低到可接受级别:

a) 我国的法律法规的要求和约束;

b) 组织的目标；

c) 运行要求和约束；

d) 降低与风险相关的实施和运行的成本，并使之与组织的要求和约束保持相称；

e) 保持实施和运行控制措施的投资与安全失效可能导致的损害之间平衡的需求。

控制措施可以从本标准或其他控制措施集中选择，或者设计新的控制措施以满足组织的特定需求。有些控制措施并不是对每一种信息系统或环境都适用，并且不是对所有组织都可行，认识到这一点是非常必要的。例如，10.1.3 描述如何分割责任，以防止欺诈或出错。在较小的组织中分割所有责任是不太可能的，实现同一控制目标的其他方法可能是必要的。另外一个例子，10.10 描述如何监视系统的使用及如何收集证据。所描述的控制措施，例如事态日志，可能与适用的法律相冲突，例如顾客或在工作场地内的隐私保护。

信息安全控制措施宜在系统和项目需求说明书和设计阶段予以考虑。做不到这一点可能会导致额外的成本和低效率的解决方案，最坏的情况下可能达不到足够的安全。

宜谨记，没有一个控制措施集合能实现全部的安全，为支持组织的目标，宜实施额外的管理措施来监视、评价和改进安全控制措施的效率和有效性。

5 安全方针

5.1 信息安全方针

目标：依据业务要求和相关法律法规提供管理指导并支持信息安全。 管理者宜根据业务目标制定清晰的方针指导，并通过在整个组织中颁布和维护信息安全方针来表明对信息安全的支持和承诺。

5.1.1 信息安全方针文件

控制措施

信息安全方针文件宜由管理者批准、发布并传达给所有员工和外部相关方。

实施指南

信息安全方针文件宜说明管理承诺，并提出组织的管理信息安全的方法。方针文件宜包括以下声明：

a) 信息安全、整体目标和范围的定义，以及在允许信息共享机制下安全的重要性(见引言)。

b) 管理者意图的声明，以支持符合业务策略和目标的信息安全目标和原则。

c) 设置控制目标和控制措施的框架，包括风险评估和风险管理的结构。

d) 对组织特别重要的安全方针策略、原则、标准和符合性要求的简要说明，包括：

1) 符合法律法规和合同要求；

2) 安全教育、培训和意识要求；

3) 业务连续性管理；

4) 违反信息安全方针的后果。

e) 信息安全管理(包括报告信息安全事件)的一般和特定职责的定义。

f) 对支持方针的文件的引用，例如，特定信息系统的更详细的安全策略和规程，或用户要遵守的安全规则。

宜以预期读者适合的、可访问的和可理解的形式将本信息安全方针传达给整个组织的用户。

其他信息

信息安全方针可能是总体方针文件的一部分。如果信息安全方针在组织外进行分发，宜注意不要泄露敏感信息。更多信息参见 ISO/IEC 13335-1:2004。

5.1.2 信息安全方针的评审

控制措施

宜按计划的时间间隔或当重大变化发生时进行信息安全方针评审，以确保它持续的适宜性、充分性和有效性。

实施指南

信息安全方针宜有专人负责，他负有安全方针制定、评审和评价的管理职责。评审宜包括评估组织信息安全方针改进的机会和管理信息安全适应组织环境、业务状况、法律条件或技术环境变化的方法。

信息安全方针评审宜考虑管理评审的结果。宜定义管理评审规程，包括时间表或评审周期。

管理评审的输入宜包括以下信息：

a) 相关方的反馈；
b) 独立评审的结果(见 6.1.8)；
c) 预防和纠正措施的状态(见 6.1.8 和 15.2.1)；
d) 以往管理评审的结果；
e) 过程执行情况和信息安全方针符合性；
f) 可能影响组织管理信息安全的方法的变更，包括组织环境、业务状况、资源可用性、合同、规章和法律条件或技术环境的变更；
g) 威胁和脆弱性的趋势；
h) 已报告的信息安全事件(见 13.1)；
i) 相关政府部门的建议(见 6.1.6)。

管理评审的输出宜包括与以下方面有关的任何决定和措施：

a) 组织管理信息安全的方法及其过程的改进；
b) 控制目标和控制措施的改进；
c) 资源和/或职责分配的改进。

管理评审的记录宜被维护。

宜获得管理者对修订的方针的批准。

6 信息安全组织

6.1 内部组织

目标：管理组织范围内信息安全。

宜建立管理框架，以启动和控制组织范围内的信息安全的实施。

管理者宜批准信息安全方针、指派安全角色以及协调和评审整个组织安全的实施。

若必要，宜在组织范围内建立专家信息安全建议库，并在组织内可用。宜发展与外部安全专家或组织(包括相关权威人士)的联系，以便跟上行业趋势、跟踪标准和评估方法，并且当处理信息安全事件时，提供合适的联络点。宜鼓励采用多学科方法，解决信息安全问题。

6.1.1 信息安全的管理承诺

控制措施

管理者宜通过清晰的说明、可证实的承诺、明确的信息安全职责分配及确认，来积极支持组织内的安全。

实施指南

管理者宜：

a) 确保信息安全目标得以识别，满足组织要求，并已被整合到相关过程中；
b) 制定、评审、批准信息安全方针；

c) 评审信息安全方针实施的有效性；

d) 为安全启动提供明确的方向和管理者明显的支持；

e) 为信息安全提供所需的资源；

f) 批准整个组织内信息安全专门的角色和职责分配；

g) 启动计划和程序来保持信息安全意识；

h) 确保整个组织内的信息安全控制措施的实施是相互协调的(见 6.1.2)。

管理者宜识别对内外部专家的信息安全建议的需求，并在整个组织内评审和协调专家建议结果。

根据组织的规模不同，这些职责可以由一个专门的管理协调小组或由一个已存在的机构(例如董事会)承担。

其他信息

更多内容可参考 ISO/IEC 13335-1:2004。

6.1.2 信息安全协调

控制措施

信息安全活动宜由来自组织不同部门并具备相关角色和工作职责的代表进行协调。

实施指南

典型地，信息安全协调宜包括管理人员、用户、行政人员、应用设计人员、审核员和安全专员，以及保险、法律、人力资源、IT 或风险管理等领域专家的协调和协作。这些活动宜：

a) 确保安全活动的实施与信息安全方针相一致；

b) 确定如何处理不符合项；

c) 核准信息安全的方法和过程，例如风险评估、信息分类；

d) 识别重大的威胁变更和暴露于威胁下的信息和信息处理设施；

e) 评估信息安全控制措施实施的充分性和协调性；

f) 有效地促进整个组织内的信息安全教育、培训和意识；

g) 评价在信息安全事件的监视和评审中获得的信息，推荐适当的措施响应识别的信息安全事件。

如果组织没有使用一个独立的跨部门的小组，例如因为这样的小组对组织规模来说是不适当的，那么上面描述的措施宜由其他合适的管理机构或单独管理人员实施。

6.1.3 信息安全职责的分配

控制措施

所有的信息安全职责宜予以清晰地定义。

实施指南

信息安全职责的分配宜和信息安全方针(见第 5 章)相一致。各个资产的保护和执行特定安全过程的职责宜被清晰地识别。这些职责宜在必要时加以补充，来为特定地点和信息处理设施提供更详细的指南。资产保护和执行特定安全过程(例如业务连续性计划)的局部职责宜予以清晰地定义。

分配有安全职责的人员可以将安全任务委托给其他人员。尽管如此，他们仍然负有责任，并且他们宜能够确定任何被委托的任务是否已被正确地执行。

个人负责的领域宜予以清晰地规定；特别是，宜进行下列工作：

a) 与每个特殊系统相关的资产和安全过程要予以识别并清晰地定义；

b) 要分配每一资产或安全过程的实体职责，并且该职责的细节要形成文件(见 7.1.2)；

c) 授权级别要清晰地予以定义，并形成文件。

其他信息

在许多组织中，将任命一名信息安全管理人员全面负责安全的开发和实施，并支持控制措施的识别。

然而，提供控制措施资源并实施这些控制措施的职责通常归于各个管理人员。一种通常的做法是为每一项资产指定一名责任人负责该项资产的日常保护。

6.1.4 信息处理设施的授权过程

控制措施

宜为新的信息处理设施定义和实施一个管理授权过程。

实施指南

授权过程宜考虑下列指南：

a) 新设施宜有适当的用户管理授权，以批准其用途和使用；还要获得负责维护本地系统安全环境的管理人员的授权，以确保所有相关的安全方针策略和要求得到满足；

b) 若必要，硬件和软件需进行核查，以确保它们与其他系统组件兼容；

c) 使用个人或私有信息处理设施（例如便携式电脑、家用电脑或手持设备）处理业务信息，可能引入新的脆弱性，因此需识别和实施必要的控制措施。

6.1.5 保密性协议

控制措施

宜识别并定期评审反映组织信息保护需要的保密性或不泄露协议的要求。

实施指南

保密性或不泄露协议宜使用合法可实施条款来解决保护保密信息的要求。要识别保密性或不泄露协议的要求，宜考虑下列因素：

a) 定义要保护的信息（例如保密信息）；

b) 协议的期望持续时间，包括不确定地需要维持保密性的情形；

c) 协议终止时所需的措施；

d) 签署者的职责和行为，以避免未授权信息泄露（例如“知其所必需”）；

e) 信息、商业秘密和知识产权的所有权，及其如何与保密信息保护相关；

f) 保密信息的许可使用，及签署者使用信息的权力；

g) 对涉及保密信息的活动的审核和监视的权力；

h) 未授权泄露或保密信息破坏的通知和报告过程；

i) 关于协议终止时信息归档或销毁的条款；

j) 违反协议时期望采取的措施。

基于一个组织的安全要求，在保密性或不泄露协议中可能需要其他因素。

保密性和不泄露协议宜针对它适用的管辖范围遵循所有适用的法律法规（见 15.1.1）。保密性和不泄露协议的要求宜进行周期性评审，当发生影响这些要求的变更时，也宜进行评审。

其他信息

保密性和不泄密协议保护组织信息，并告知签署者他们的职责，以授权、负责的方式保护、使用和公开信息。

对于一个组织来说，可能需要在不同环境中使用保密性或不泄密协议的不同格式。

6.1.6 与政府部门的联系

控制措施

宜保持与政府相关部门的适当联系。

实施指南

组织宜有规程指明什么时候与哪个部门（例如，执法部门、消防部门、监管部门）联系，以及怀疑已识别的信息安全事件可能触犯了法律时，宜如何及时报告。

受到来自互联网攻击的组织可能需要外部第三方（例如互联网服务提供商或电信运营商）采取措施以应对攻击源。

其他信息

保持这样的联系可能是支持信息安全事件管理（见 13.2）或业务连续性和应急规划过程（第 14 章）

的要求。与法规部门的联系有助于预先知道组织必须遵循的法律法规方面预期的变化，并为这些变化做好准备。与其他部门的联系包括公共设施、紧急服务和健康安全(safety)部门，例如消防局(与第14章的业务连续性有关)、电信提供商(与路由和可用性有关)、供水部门(与设备的冷却设施有关)。

6.1.7 与特定利益集团的联系

控制措施

宜保持与特定利益集团、其他安全专家组和专业协会的适当联系。

实施指南

宜考虑成为特定利益集团或安全专家组的成员，以便：

a) 增进对最佳实践和最新相关安全信息的了解；

b) 确保全面了解当前的信息安全环境；

c) 尽早收到关于攻击和脆弱性的预警、建议和补丁；

d) 获得信息安全专家的建议；

e) 分享和交换关于新的技术、产品、威胁或脆弱性的信息；

f) 提供处理信息安全事件时适当的联络点(见13.2.1)。

其他信息

建立信息共享协议来改进安全问题的协作和协调。这种协议宜识别出保护敏感信息的要求。

6.1.8 信息安全的独立评审

控制措施

组织管理信息安全的方法及其实施(例如信息安全的控制目标、控制措施、策略、过程和规程)宜按计划的时间间隔进行独立评审，当安全实施发生重大变化时，也要进行独立评审。

实施指南

独立评审宜由管理者启动。对于确保一个组织管理信息安全方法的持续的适宜性、充分性和有效性，这种独立评审是必要的。评审宜包括评估安全方法改进的机会和变更的需要，包括方针和控制目标。

这样的评审宜由独立于被评审范围的人员执行，例如内部审核部门、独立的管理人员或专门进行这种评审的第三方组织。从事这些评审的人员宜具备适当的技能和经验。

独立评审的结果宜被记录并报告给启动评审的管理者。这些记录宜加以保持。

如果独立评审识别出组织管理信息安全的方法和实施不充分，或不符合信息安全方针文件(见5.1.1)中声明的信息安全的方向，管理者宜考虑纠正措施。

其他信息

对于管理人员宜定期评审(见15.2.1)的范围也可以独立评审。评审方法包括会见管理者、核查记录或安全方针文件的评审。GB/T 19011—2003《质量和(或)环境管理体系审核指南》也提供了实施独立评审的有益指导信息，包括评审方案的建立和实施。15.3详细说明了与运行的信息系统独立评审相关的控制措施和系统审计工具的使用。

6.2 外部各方

目标：保持组织的被外部各方访问、处理、管理或与外部进行通信的信息和信息处理设施的安全。

组织的信息和信息处理设施的安全不宜由于引入外部方的产品或服务而降低。

外部方对组织信息处理设施的任何访问、对信息资产的处理和通信都宜予以控制。

若有与外部方一起工作的业务需要，它可能要求访问组织的信息和信息处理设施、从外部方获得一个产品和服务，或提供给外部方一个产品和服务，宜进行风险评估以确定涉及安全的方面和控制要求。在与外部方签定的协议中宜商定和定义控制措施。

6.2.1 与外部各方相关风险的识别

控制措施

宜识别涉及外部各方业务过程中组织的信息和信息处理设施的风险，并在允许访问前实施适当的控制措施。

实施指南

当需要允许外部方访问组织的信息处理设施或信息时，宜实施风险评估(见第4章)以识别特定控制措施的要求。关于外部方访问的风险的识别宜考虑以下问题：

a) 外部方需要访问的信息处理设施。
b) 外部方对信息和信息处理设施的访问类型，例如：
   1) 物理访问，例如进入办公室、计算机机房、档案室；
   2) 逻辑访问，例如访问组织的数据库、信息系统；
   3) 组织和外部方之间的网络连接，例如，固定连接、远程访问；
   4) 现场访问还是非现场访问。
c) 所涉及信息的价值和敏感性，及对业务运行的关键程度。
d) 为保护不希望被外部方访问到的信息必要的控制措施。
e) 与处理组织信息有关的外部方人员。
f) 能够识别组织或人员如何被授权访问、如何进行授权验证，以及多长时间需要再确认。
g) 外部方在存储、处理、传送、共享和交换信息过程中所使用的不同的方法和控制措施。
h) 因外部方需要时无法访问，以及由于外部方输入或接收不正确的或是误导的信息而产生的影响。
i) 处理信息安全事件和潜在破坏的惯例和规程，及当发生信息安全事件时外部方持续访问的条款和条件。
j) 需考虑与外部方有关的法律法规要求和其他合同责任。
k) 这些安排对其他利益相关人的利益可能造成怎样的影响。

除非已实施了适当的控制措施，才可允许外部方访问组织信息，可行时，宜签定合同规定外部方连接或访问以及工作安排的条款和条件。一般而言，与外部方合作引起的安全要求或内部控制措施宜通过与外部方的协议反映出来(见6.2.2和6.2.3)。

宜确保外部方意识到他们的责任，并且接受在访问、处理、通信或管理组织的信息和信息处理设施时所涉及的职责和责任。

其他信息

安全管理不充分，可能使信息由于外部方介入而处于风险中。宜确定和应用控制措施，以管理外部方对信息处理设施的访问。例如，如果对信息的保密性有特殊的要求，就需要使用不泄漏协议。

如果外包程度高，或涉及几个外部方时，组织会面临与组织间的处理、管理和通信相关的风险。

6.2.2和6.2.3提出的控制措施涵盖了对不同外部方的安排，例如，包括：

a) 服务提供商(例如互联网服务提供商)、网络提供商、电话服务、维护和支持服务；
b) 受管理的安全服务；
c) 顾客；
d) 设施和/或运行的外包，例如，IT系统、数据收集服务、呼叫中心业务；
e) 管理者、业务顾问和审核员；
f) 开发者和提供商，例如软件产品和IT系统的开发者和提供商；
g) 保洁、餐饮和其他外包支持服务；
h) 临时人员、实习学生和其他临时短期安排。

这些协议有助于减少与外部方相关的风险。

6.2.2 处理与顾客有关的安全问题

控制措施

宜在允许顾客访问组织信息或资产之前处理所有确定的安全要求。

实施指南

宜在允许顾客访问组织任何资产(依据访问的类型和范围,并不需要应用所有的条款)前解决安全问题,宜考虑下列条款:

a) 资产保护,包括:
   1) 保护组织资产(包括信息和软件)的规程,以及对已知脆弱性的管理;
   2) 判定资产是否受到损害(例如丢失数据或修改数据)的规程;
   3) 完整性;
   4) 对拷贝和公开信息的限制。
b) 拟提供的产品或服务的描述。
c) 顾客访问的不同原因、要求和利益。
d) 访问控制策略,包括:
   1) 允许的访问方法,唯一标识符(例如用户 ID 和口令)的控制和使用;
   2) 用户访问和权限的授权过程;
   3) 没有明确授权的访问均被禁止的声明;
   4) 撤消访问权或中断系统间连接的处理。
e) 对信息错误(例如个人信息的错误)、信息安全事件和安全违规进行报告、通知和调查的安排。
f) 每项可用服务的描述。
g) 服务的目标级别和服务的不可接受级别。
h) 监视和撤销与组织资产有关的任何活动的权利。
i) 组织和顾客各自的义务。
j) 相关法律问题和如何确保满足法律要求(例如,数据保护法律),如果协议涉及与其他国家顾客的合作,特别要考虑到不同国家的法律体系(也见 15.1)。
k) 知识产权(IPRs)和版权转让(见 15.1.2)以及任何合著作品的保护(见 6.1.5)。

其他信息

与顾客访问组织资产有关的安全要求,可能随所访问的信息处理设施和信息的不同而有明显差异。这些安全要求宜在顾客协议中加以明确,包括所有已确定的风险和安全要求(见 6.2.1)。

与外部方的协议也可能涉及多方。允许外部各方访问的协议宜包括允许指派其他合格方,并规定他们访问和介入的条件。

6.2.3 处理第三方协议中的安全问题

控制措施

涉及访问、处理或管理组织的信息或信息处理设施以及与之通信的第三方协议,或在信息处理设施中增加产品或服务的第三方协议,宜涵盖所有相关的安全要求。

实施指南

协议宜确保在组织和第三方之间不存在误解。组织宜使第三方的保证满足自己的需要。

为满足识别的安全要求(见 6.2.1),宜考虑将下列条款包含在协议中:

a) 信息安全方针。
b) 确保资产保护的控制措施,包括:
   1) 保护组织资产(包括信息、软件和硬件)的规程;
   2) 所有需要的物理保护控制措施和机制;
   3) 确保防范恶意软件(见 10.4.1)的控制措施;

4） 判定资产是否受到损害(例如信息、软件和硬件的丢失或修改)的规程；
5） 确保在协议终止时或在合同执行期间双方同意的某一时刻对信息和资产的返还或销毁的控制措施；
6） 保密性、完整性、可用性和任何其他相关的资产属性(见 2.1.5)；
7） 对拷贝和公开信息，以及保密性协议的使用的限制(见 6.1.5)。

c） 对用户和管理员在方法、规程和安全方面的培训。
d） 确保用户意识到信息安全职责和问题。
e） 若适宜，人员调动的规定。
f） 关于硬件和软件安装和维护的职责。
g） 一种清晰的报告结构和商定的报告格式。
h） 一种清晰规定的变更管理过程。
i） 访问控制策略，包括：
1） 导致必要的第三方访问的不同原因、要求和利益；
2） 允许的访问方法，唯一标识符(例如用户 ID 和口令)的控制和使用；
3） 用户访问和权限的授权过程；
4） 维护被授权使用可用服务的个人清单以及他们与这种使用相关的权利和权限的要求；
5） 没有明确授权的所有访问都要禁止的声明；
6） 撤消访问权或中断系统间连接的处理。

j） 报告、通知和调查信息安全事件和安全违规以及违背协议中所声明的要求的安排。
k） 提供的每项产品或服务的描述，根据安全分类(见 7.2.1)提供可获得信息的描述。
l） 服务的目标级别和服务的不可接受级别。
m） 可验证的性能准则的定义、监视和报告。
n） 监视和撤销与组织资产有关的任何活动的权利。
o） 审核协议中规定的责任、第三方实施的审核、列举审核员的法定权限等方面的权利。
p） 建立逐级解决问题的过程。
q） 服务连续性要求，包括与一个组织的业务优先级一致的可用性和可靠性措施。
r） 协议各方的相关义务。
s） 有关法律的责任和如何确保满足法律要求(例如，数据保护法律)，如果该协议涉及与其他国家的组织的合作，特别要考虑到不同国家的法律体系(也见 15.1)。
t） 知识产权(IPRs)和版权转让(见 15.1.2)以及任何合著作品的保护(见 6.1.5)。
u） 涉及具有次承包商的第三方，要对这些次承包商需要实施安全控制措施。
v） 重新协商/终止协议的条件：
1） 提供应急计划以处理任一方机构在协议到期之前希望终止合作关系的情况；
2） 如果组织的安全要求发生变化，协议的重新协商；
3） 资产清单、许可证、协议或与它们相关的权利的当前文件。

其他信息

协议会随组织和第三方机构类型的不同发生很大的变化。因此，宜注意要在协议中包括所有识别的风险和安全要求(见 6.2.1)。必要时，在安全管理计划中扩展所需的控制措施和规程。

如果外包信息安全管理，协议宜指出第三方将如何保证维持风险评估中定义的适当的安全，安全如何适于识别和处理风险的变化。

外包和其他形式第三方服务提供之间的区别包括责任问题、交付期的规划问题、在此期间潜在的运行中断问题、应急规划安排、约定的详细评审以及安全事件信息的收集和管理。因此，组织计划和管理外包安排的交付，并提供适当的过程管理变更和协议的重新协商/终止，这是十分重要的。

需要考虑当第三方不能提供其服务时的连续处理规程，以避免在安排替代服务时的任何延迟。

与外部方的协议也可能涉及多方。允许外部各方访问的协议宜包括允许指派其他合格者，并规定他们访问以及与访问有关的条件。

与第三方的协议也可能涉及多方。允许第三方访问的协议宜包括允许指派其他合格者，并规定他们访问及与访问有关的条件。

一般而言，协议主要由组织制定。在一些环境下，也可能有例外：协议由第三方制定并强加于一个组织。组织需要确保它本身的安全不会被没有必要的第三方在强制协议中规定的要求所影响。

7 资产管理

7.1 对资产负责

目标：实现和保持对组织资产的适当保护。 所有资产宜是可核查的，并且有指定的责任人。 对于所有资产宜指定责任人，并且赋予保持相应控制措施的职责。特定控制措施的实施可以由责任人适当地委派别人承担，但责任人仍有对资产提供适当保护的责任。

7.1.1 资产清单

控制措施

宜清晰地识别所有资产，编制并维护所有重要资产的清单。

实施指南

一个组织宜识别所有资产并将资产的重要性形成文件。资产清单宜包括所有为从灾难中恢复而必要的信息，包括资产类型、格式、位置、备份信息、许可证信息和业务价值。该清单不宜复制其他不必要的清单，但它宜确保内容是相关联的。

另外，宜商定每一项资产的责任人（见 7.1.2）和信息分类（见 7.2），并形成文件。基于资产的重要性、其业务价值和安全级别，宜识别与资产重要性对应的保护级别（更多关于如何评价资产的重要性的内容可参考 ISO/IEC TR 13335-3）。

其他信息

与信息系统相关的资产有很多类型，包括：

a) 信息资产：数据库和数据文件、合同和协议、系统文件、研究信息、用户手册、培训材料、操作或支持规程、业务连续性计划、基本维持运行的安排、审核踪迹、归档信息；

b) 软件资产：应用软件、系统软件、开发工具和实用程序；

c) 物理资产：计算机设备、通信设备、可移动介质和其他设备；

d) 服务：计算和通信服务、公用设施，例如，供暖、照明、能源、空调；

e) 人员，他们的资格、技能和经验；

f) 无形资产，例如组织的声誉和形象。

资产清单可帮助确保有效的资产保护，其他业务目的也可能需要资产清单，例如健康与安全（safety）、保险或财务（资产管理）等原因。编制一份资产清单的过程是风险管理的一个重要的先决条件（见第 4 章）。

7.1.2 资产责任人

控制措施

与信息处理设施有关的所有信息和资产宜由组织的指定部门或人员承担责任。

实施指南

资产责任人[1]宜负责：

---

1) 术语“责任人”是为控制生产、开发、保持、使用和保护资产而标识的赞同管理职责的个人或实体。术语“责任人”不指对资产有实际所有权的人员。

a) 确保与信息处理设施相关的信息和资产进行了适当的分类；

b) 确定并定期地评审访问限制和分类，并要考虑到可应用的访问控制策略。

责任可以分配给：

a) 业务过程；

b) 已定义的活动集；

c) 应用；

d) 已定义的数据集。

其他信息

日常任务可以委派给其他人，例如委派给一个管理人员每天照看资产，但责任人仍保留职责。

在复杂的信息系统中，将一组资产指派给一个责任人，可能是比较有用的，它们一起工作来提供特殊的“服务”功能。在这种情况下，服务责任人负责提供服务，包括资产本身提供的功能。

7.1.3 资产的可接受使用

控制措施

与信息处理设施有关的信息和资产可接受使用规则宜被确定、形成文件并加以实施。

实施指南

所有雇员、承包方人员和第三方人员宜遵循信息处理设施相关信息和资产的可接受的使用规则，包括：

a) 电子邮件和互联网使用(见10.8)规则；

b) 移动设备，尤其是在组织外部使用设备(见11.7.1)的使用指南。

具体规则或指南宜由相关管理者提供。使用或拥有访问组织资产权的雇员、承包方人员和第三方人员宜意识到他们使用信息处理设施相关的信息和资产以及资源时的限制条件。他们宜对其使用信息处理资源以及在他们职责下的使用负责。

7.2 信息分类

目标：确保信息受到适当级别的保护。

信息宜分类，以在处理信息时指明保护的需求、优先级和期望程度。

信息具有各种程度的敏感性和关键性。某些项可能要求附加等级的保护或特殊处理。信息分类机制用来定义一组合适的保护等级并传达对特殊处理措施的需求。

7.2.1 分类指南

控制措施

信息宜按照它对组织的价值、法律要求、敏感性和关键性予以分类。

实施指南

信息的分类及相关保护控制措施宜考虑到共享或限制信息的业务需求以及与这种需求相关的业务影响。

分类指南宜包括根据预先确定的访问控制策略(见11.1.1)进行初始分类及一段时间后进行重新分类的惯例。

确定资产的类别、对其周期性评审、确保其最新并处于适当的级别，这些都宜是资产责任人(见7.1.2)的职责。分类宜考虑10.7.2提及的集合效应。

宜考虑分类类别的数目和从其使用中获得的好处。过度复杂的方案可能对使用来说不方便，也不经济，或许是不实际的。在解释从其他组织获取的文件的分类标记时宜小心，因为其他组织可能对于相同或类似命名的标记有不同的定义。

其他信息

保护级别可通过分析被考虑信息的保密性、完整性、可用性及其他要求进行评估。

在一段时间后，信息通常不再是敏感的或关键的，例如，当该信息已经公开时。这些方面宜予以考虑，因为过多的分类致使实施不必要的控制措施，从而导致附加成本。

当分配分类级别时，考虑具有类似安全要求的文件可简化分类的任务。

一般地说，给信息分类是确定该信息如何予以处理和保护的简便方法。

7.2.2 信息的标记和处理

控制措施

宜按照组织所采纳的分类机制建立和实施一组合适的信息标记和处理规程。

实施指南

信息标记的规程需要涵盖物理和电子格式的信息资产。

包含分类为敏感或关键信息的系统输出宜在该输出中携带合适的分类标记。该标记宜根据7.2.1中所建立的规则反映出分类。待考虑的项目包括打印报告、屏幕显示、记录介质(例如磁带、磁盘、CD)、电子消息和文件传送。

对每种分类级别，宜定义包括安全处理、储存、传输、删除、销毁的处理规程。还宜包括一系列任何安全相关事态的监督和记录规程。

涉及信息共享的与其他组织的协议宜包括识别信息分类和解释其他组织分类标记的规程。

其他信息

分类信息的标记和安全处理是信息共享的一个关键要求。物理标记是常用的标记形式。然而，某些信息资产(例如电子形式的文件等)不能做物理标记，而需要使用电子标记手段。例如，通知标记可在屏幕或显示器上显示出来。当标记不适用时，可能需要应用指定信息分类指定的其他方式，例如通过规程或元数据。

8 人力资源安全

8.1 任用[1)]之前

目标：确保雇员、承包方人员和第三方人员理解其职责、考虑对其承担的角色是适合的，以降低设施被窃、欺诈和误用的风险。 安全职责宜于任用前在适当的岗位描述、任用条款和条件中指出。 所有要任用、承包方人员和第三方人员的候选者宜充分的审查，特别是对敏感岗位的成员。 使用信息处理设施的雇员、承包方人员和第三方人员宜签署关于他们安全角色和职责的协议。

8.1.1 角色和职责

控制措施

雇员、承包方人员和第三方人员的安全角色和职责宜按照组织的信息安全方针定义并形成文件。

实施指南

安全角色和职责宜包括以下要求：

a) 按照组织的信息安全方针(见5.1)实施和运行；

b) 保护资产免受未授权访问、泄露、修改、销毁或干扰；

c) 执行特定的安全过程或活动；

d) 确保职责分配给可采取措施的个人；

e) 向组织报告安全事态或潜在事态或其他安全风险。

安全角色和职责宜被定义并在任用前清晰地传达给岗位候选者。

---

1) 解释：这里的“任用”意指以下不同的情形：人员任用(暂时的或长期的)、工作角色的指定、工作角色的变化、合同的分配及所有这些安排的终止。

其他信息

岗位描述能被用来将安全角色和职责形成文件。还宜清晰地定义并传达没有在组织任用过程(例如通过第三方组织任用)中任用的个人的安全角色和职责。

8.1.2 审查

控制措施

关于所有任用的候选者、承包方人员和第三方人员的背景验证核查宜按照相关法律法规、道德规范和对应的业务要求、被访问信息的类别和察觉的风险来执行。

实施指南

验证核查宜考虑所有相关的隐私、个人数据保护和/或与任用相关的法律,并宜包括以下内容(允许时):

a) 令人满意的个人资料的可用性(例如,一项业务和一个个人);

b) 申请人履历的核查(针对完备性和准确性);

c) 声称的学术、专业资质的证实;

d) 个人身份核查(护照或类似文件);

e) 更多细节的核查,例如信用卡核查或犯罪记录核查。

当一个职务(最初任命的或提升的)涉及对信息处理设施进行访问的人时,特别是,如果这些设施正在处理敏感信息,例如,财务信息或高度保密的信息,那么,该组织还宜考虑进一步的、更详细的核查。

宜有规程确定验证核查的准则和限制,例如谁有资格审查人员,以及如何、何时、为什么执行验证核查。

对于承包方人员和第三方人员也宜执行审查过程。若承包方人员是通过代理提供的,那么,与代理的合同宜清晰地规定代理对审查的职责,以及如果未完成审查或结果引起怀疑或关注时,这些代理需要遵守的通知规程。同样,与第三方(也见6.2.3)的协议宜清晰地指定审查的所有职责和通知规程。

被考虑在组织内录用的所有候选者的信息宜按照相关管辖范围内存在的合适的法律来收集和处理。依据适用的法律,宜将审查活动提前通知候选者。

8.1.3 任用条款和条件

控制措施

作为他们合同义务的一部分,雇员、承包方人员和第三方人员宜同意并签署他们的任用合同的条款和条件,这些条款和条件宜声明他们和组织的信息安全职责。

实施指南

任用的条款和条件除澄清和声明以下内容外,还宜反映组织的安全方针:

a) 所有访问敏感信息的雇员、承包方人员和第三方人员宜在给予访问信息处理设施权之前签署保密或不泄露协议;

b) 雇员、承包方人员和其他人员的法律责任和权利,例如关于版权法、数据保护法(见15.1.1和15.1.2);

c) 与雇员、承包方人员和第三方人员操作的信息系统和服务有关的信息分类和组织资产管理的职责(见7.2.1和10.7.3);

d) 雇员、承包方人员和第三方人员操作来自其他公司或外部方的信息的职责;

e) 组织处理人员信息的职责,包括由于组织任用或在组织任用过程中产生的信息(见15.1.4);

f) 扩展到组织场所之外和正常工作时间之外的职责,例如在家中工作的情形(见9.2.5和11.7.1);

g) 如果雇员、承包方人员和第三方人员漠视组织的安全要求所要采取的措施(见8.2.3)。

组织宜确保雇员、承包方人员和第三方人员同意适用于他们将访问的与信息系统和服务有关的组织资产的性质和程度的信息安全条款和条件。

若适用,包含于任用条款和条件中的职责宜在任用结束后持续一段规定的时间(见8.3)。

其他信息

一个行为细则可覆盖雇员、承包方人员和第三方人员关于保密性、数据保护、道德规范、组织设备和设施的适当使用以及组织期望的最佳实践的职责。承包方人员或第三方人员可能与一个外部组织有关，这个外部组织可能需要代表已签约的人遵守契约的安排。

8.2 任用中

目标：确保所有的雇员、承包方人员和第三方人员知悉信息安全威胁和利害关系、他们的职责和义务，并准备好在其正常工作过程中支持组织的安全方针，以减少人为出错的风险。

宜确定管理职责来确保安全措施应用于组织内个人的整个任用期。

为尽可能减小安全风险，宜对所有雇员、承包方人员和第三方人员提供安全规程的适当程度的意识、教育和培训以及信息处理设施的正确使用方法。还宜建立一个正式的处理安全违规的纪律处理过程。

8.2.1 管理职责

控制措施

管理者宜要求雇员、承包方人员和第三方人员按照组织已建立的方针策略和规程对安全尽心尽力。

实施指南

管理职责宜包括确保雇员、承包方人员和第三方人员：

a) 在被授权访问敏感信息或信息系统前了解其信息安全角色和职责；

b) 获得声明他们在组织中角色的安全期望的指南；

c) 被激励以实现组织的安全策略；

d) 对于他们在组织内的角色和职责的相关安全问题的意识程度达到一定级别；

e) 遵守任用的条款和条件，包括组织的信息安全方针和工作的合适方法；

f) 持续拥有适当的技能和资质。

其他信息

如果雇员、承包方人员和第三方人员没有意识到他们的安全职责，他们会对组织造成相当大的破坏。被激励的人员更可靠并能减少信息安全事件的发生。

缺乏有效的管理会使员工感觉被低估，并由此导致对组织的负面安全影响。例如，缺乏有效的管理可能导致安全被忽视或组织资产的潜在误用。

8.2.2 信息安全意识、教育和培训

控制措施

组织的所有雇员，适当时，包括承包方人员和第三方人员，宜受到与其工作职能相关的适当的意识培训和组织方针策略及规程的定期更新培训。

实施指南

意识培训宜从一个正式的介绍过程开始，这个过程用来在允许访问信息或服务前介绍组织的安全方针策略和期望。

持续地培训宜包括安全要求、法律职责和业务控制，还有正确使用信息处理设施的培训，例如登录规程、软件包的使用和纪律处理过程(见 8.2.3)的信息。

其他信息

安全意识、教育和培训活动宜是适当的并与员工的角色、职责和技能相关，并宜包括关于已知威胁的信息，向谁咨询进一步的安全建议以及合适的报告信息安全事件(见 13.1)的渠道。

加强意识的培训旨在使个人认识到信息安全问题及事件，并按照他们岗位角色的需要对其响应。

8.2.3 纪律处理过程

控制措施

对于安全违规的雇员，宜有一个正式的纪律处理过程。

实施指南

纪律处理过程之前宜有一个安全违规的验证过程(见 13.2.3 的证据收集)。

正式的纪律处理过程宜确保正确和公平的对待被怀疑安全违规的雇员。无论违规是第一次或是已发生过,无论违规者是否经过适当的培训,正式的纪律处理过程宜规定一个分级的响应,要考虑例如违规的性质、重要性及对于业务的影响等因素,相关法律、业务合同和其他因素也是需要考虑的。对于严重的明知故犯的情况,宜立即免职、删除访问权和特殊权限,如果必要,直接护送出现场。

其他信息

纪律处理过程也可用于对雇员、承包方人员和第三方人员的一种威慑,防止他们违反组织的安全策略和规程及其他安全违规。

8.3 任用的终止或变更

目标:确保雇员、承包方人员和第三方人员以一个规范的方式退出一个组织或改变其任用关系。 宜有合适的职责确保管理雇员、承包方人员和第三方人员从组织退出,并确保他们归还所有设备及删除他们的所有访问权。 组织内职责和任用的变更管理宜符合本章内容,与职责或任用的终止管理相似,任何新的任用宜遵循 8.1 的内容进行管理。

8.3.1 终止职责

控制措施

任用终止或任用变更的职责宜清晰地定义和分配。

实施指南

终止职责的传达宜包括正在进行的安全要求和法律职责,适当时,还包括任何保密协议规定的职责(见 6.1.5),并且在雇员、承包方人员或第三方人员的雇佣结束后持续一段时间仍然有效的任用条款和条件(见 8.1.3)。

规定职责和义务在任用终止后仍然有效的内容宜包含在雇员、承包方人员或第三方人员的合同中。

职责或任用的变更管理宜与职责或任用的终止管理相似,新的任用责任宜遵循 8.1 的内容。

其他信息

人力资源的职能通常是与管理相关规程的安全方面的监督管理员一起负责总体的任用终止处理。在承包方人员的情况下,终止职责的处理可能由代表承包方人员的代理完成,其他情况下的用户可能由他们的组织来处理。

有必要通知雇员、顾客、承包方人员或第三方人员关于组织人员的变更和运营上的安排。

8.3.2 资产的归还

控制措施

所有的雇员、承包方人员和第三方人员在终止任用、合同或协议时,宜归还他们使用的所有组织资产。

实施指南

终止过程宜被正式化以包括所有先前发放的软件、公司文件和设备的归还。其他组织资产,例如移动计算设备、信用卡、访问卡、软件、手册和存储于电子介质中的信息也需要归还。

当雇员、承包方人员或第三方人员购买了组织的设备或使用他们自己的设备时,宜遵循规程确保所有相关的信息已转移给组织,并且已从设备中安全地删除(见 10.7.1)。

当一个雇员、承包方人员或第三方人员拥有的知识对正在进行的操作具有重要意义时,此信息宜形成文件并传达给组织。

8.3.3 撤销访问权

控制措施

所有雇员、承包方人员和第三方人员对信息和信息处理设施的访问权宜在任用、合同或协议终止时删除，或在变化时调整。

实施指南

任用终止时，个人对与信息系统和服务有关的资产的访问权宜被重新考虑。这将决定删除访问权是否是必要的。任用的变更宜体现在不适用于新岗位的访问权的删除上。宜删除或改变的访问权包括物理和逻辑访问、密钥、ID卡、信息处理设施（见11.2.4）、签名，并要从标识其作为组织的现有成员的文件中删除。如果一个已离开的雇员、承包方人员或第三方人员知道仍保持活动状态的账户的密码，则宜在任用、合同或协议终止或变更后改变口令。

对信息资产和信息处理设施的访问权在任用终止或变更前是否减少或删除，依赖于对风险因素的评价，例如：

a) 终止或变更是由雇员、承包方人员或第三方人员发起还是由管理者发起，以及终止的原因；
b) 雇员、承包方人员或任何其他用户的现有职责；
c) 当前可访问资产的价值。

其他信息

在某些情况下，访问权的分配基于对多人可用而不是只基于离开的雇员、承包方人员或第三方人员，例如组ID。在这种情况下，离开的人员宜从组访问列表中删除，还宜建议所有相关的其他雇员、承包方人员和第三方人员不宜再与已离开的人员共享信息。

在管理者发起终止的情况下，不满的雇员、承包方人员或第三方人员可能故意破坏信息或破坏信息处理设施。在员工辞职的情况下，他们可能为将来的使用而收集必要的信息。

9 物理和环境安全

9.1 安全区域

目标：防止对组织场所和信息的未授权物理访问、损坏和干扰。 关键或敏感的信息处理设施宜放置在安全区域内，并受到确定的安全周边的保护，包括适当的安全屏障和入口控制。这些设施宜在物理上避免未授权访问、损坏和干扰。 所提供的保护宜与所识别的风险相匹配。

9.1.1 物理安全周边

控制措施

宜使用安全周边（诸如墙、卡控制的入口或有人管理的接待台等屏障）来保护包含信息和信息处理设施的区域。

实施指南

对于物理安全周边，若合适，下列指南宜予以考虑和实施：

a) 安全周边清晰地予以定义，各个周边的设置地点和强度取决于周边内资产的安全要求和风险评估的结果；
b) 包含信息处理设施的建筑物或场地的周边要在物理上是安全的（即，在周边或区域内不要存在可能易于闯入的任何缺口）；场所的外墙是坚固结构，所有外部的门要使用控制机制来适当保护，以防止未授权进入，例如，门闩、报警器、锁等；无人看管的门和窗户要上锁，还要考虑窗户的外部保护，尤其是地面一层的窗户；
c) 对场所或建筑物的物理访问手段要到位（如有人管理的接待区域或其他控制）；进入场所或建筑物要仅限于已授权人员；
d) 如果可行，要建立物理屏障以防止未授权进入和环境污染；

e) 安全周边的所有防火门要可发出报警信号、被监视并经过测试，与墙一起按照合适的我国标准建立所需的防卫级别；它们要使用故障保护方式按照当地防火规则来运行；

f) 要按照我国标准安装适当的安防监测系统，并定期测试以覆盖所有的外部门窗；要一直警惕空闲区域；其他区域要提供掩护方法，例如计算机室或通信室；

g) 组织管理的信息处理设施要在物理上与第三方管理的设施分开。

其他信息

物理保护可以通过在组织边界和信息处理设施周围设置一个或多个物理屏障来实现。多重屏障的使用将提供附加保护，一个屏障的失效不意味着立即危及到安全。

一个安全区域可以是一个可上锁的办公室，或是被连续的内部物理安全屏障包围的几个房间。在安全边界内具有不同安全要求的区域之间需要控制物理访问的附加屏障和周边。

具有多个组织的建筑物宜考虑专门的物理访问安全。

9.1.2 物理入口控制

控制措施

安全区域宜由适合的入口控制所保护，以确保只有授权的人员才允许访问。

实施指南

宜考虑下列指南：

a) 记录访问者进入和离开的日期和时间，所有的访问者要予以监督，除非他们的访问事前已经经过批准；只允许他们访问特定的、已授权的目标，并要向他们宣布关于该区域的安全要求和应急规程的说明。

b) 访问处理敏感信息或储存敏感信息的区域要受到控制，并且仅限于已授权的人员；鉴别控制（例如，访问控制卡加个人识别号）应用于授权和确认所有访问；所有访问的审核踪迹要安全地加以维护。

c) 所有雇员、承包方人员和第三方人员以及所有访问者要佩带某种形式的可视标识，如果遇到无人护送的访问者和未佩带可视标识的任何人要立即通知保安人员。

d) 第三方支持服务人员只有在需要时才能有限制的访问安全区域或敏感信息处理设施；这种访问要被授权并受监视。

e) 对安全区域的访问权要定期地予以评审和更新，并在必要时废除（见 8.3.3）。

9.1.3 办公室、房间和设施的安全保护

控制措施

宜为办公室、房间和设施设计并采取物理安全措施。

实施指南

为保护办公室、房间和设施，宜考虑下列指南：

a) 相关的健康与安全（safety）法规和标准要考虑在内；

b) 关键设施要坐落在可避免公众进行访问的场地；

c) 如果可行，建筑物要不引人注目，并且在建筑物内侧或外侧用不明显的标记给出其用途的最少指示，以标识信息处理活动的存在；

d) 标识敏感信息处理设施位置的目录和内部电话簿不要轻易被公众得到。

9.1.4 外部和环境威胁的安全防护

控制措施

为防止火灾、洪水、地震、爆炸、社会动荡和其他形式的自然或人为灾难引起的破坏，宜设计和采取物理保护措施。

实施指南

宜考虑任何邻近区域所带来的安全威胁，例如，邻近建筑物的火灾、屋顶漏水或地下室地板渗水或

者街上爆炸。

为避免火灾、洪水、地震、爆炸、社会动荡和其他形式的自然灾难或人为灾难的破坏，宜考虑以下指南：

a) 危险或易燃材料要在离安全区域安全距离以外的地方存放。大批供应品(例如文具)不要存放于安全区域内；

b) 基本维持运行的设备和备份介质的存放地点要与主要场所有一段安全的距离，以避免影响主要场所的灾难产生的破坏；

c) 要提供适当的灭火设备，并要放在合适的地点。

9.1.5 在安全区域工作

控制措施

宜设计和应用用于安全区域工作的物理保护和指南。

实施指南

宜考虑下列指南：

a) 只在有必要知道的基础上，员工才应知道安全区域的存在或其中的活动；

b) 为了安全原因和减少恶意活动的机会，均要避免在安全(safety)区域内进行不受监督的工作；

c) 未使用的安全区域在物理上要上锁并定期地予以核查；

d) 除非授权，不要允许携带摄影、视频、声频或其他记录设备，例如移动设备中的照相机。

在安全区域工作的安排包括对工作在安全区域内的雇员、承包方人员和第三方人员的控制，以及对其他发生在安全区域的第三方活动的控制。

9.1.6 公共访问、交接区安全

控制措施

访问点(例如交接区)和未授权人员可进入办公场所的其他点宜加以控制，如果可能，宜与信息处理设施隔离，以避免未授权访问。

实施指南

宜考虑下列指南：

a) 由建筑物外进入交接区的访问要局限于已标识的和已授权的人员；

b) 交接区要设计为在无需交货人员获得对本建筑物其他部分的访问权的情况下就能卸下物资；

c) 当内部门打开时，交接区的外部门要得到安全保护；

d) 在进来的物资从交接区运到使用地点之前，要检查是否存在潜在威胁(见 9.2.1d))；

e) 进来的物资要按照资产管理规程(见 7.1.1)在场所的入口处进行登记；

f) 如果可能，进入和外出的货物要在物理上予以隔离。

9.2 设备安全

目标：防止资产的丢失、损坏、失窃或危及资产安全以及组织活动的中断。 宜保护设备免受物理的和环境的威胁。 对设备(包括离开组织使用和财产移动)的保护是减少未授权访问信息的风险和防止丢失或损坏所必需的。这样做还宜考虑设备安置和处置。可能需要专门的控制用来防止物理威胁以及防护支持性设施，例如供电和电缆基础设施。

9.2.1 设备安置和保护

控制措施

宜安置或保护设备，以减少由环境威胁和危险所造成的各种风险以及未授权访问的机会。

实施指南

为保护设备，宜考虑下列指南：

a) 设备要进行适当安置,以尽量减少不必要的对工作区域的访问;
b) 要把处理敏感数据的信息处理设施放在适当的限制观测的位置,以减少在其使用期间信息被窥视的风险,还要保护储存设施以防止未授权访问;
c) 要求专门保护的部件要予以隔离,以降低所要求的总体保护等级;
d) 要采取控制措施以最小化潜在的物理威胁的风险,例如偷窃、火灾、爆炸、烟雾、水(或供水故障)、尘埃、振动、化学影响、电源干扰、通信干扰、电磁辐射和故意破坏;
e) 要建立在信息处理设施附近进食、喝饮料和抽烟的指南;
f) 对于可能对信息处理设施运行状态产生负面影响的环境条件(例如温度和湿度)要予以监视;
g) 所有建筑物都要采用避雷保护,所有进入的电源和通信线路都要装配雷电保护过滤器;
h) 对于工业环境中的设备,要考虑使用专门的保护方法,例如键盘保护膜;
i) 要保护处理敏感信息的设备,以最小化因辐射而导致信息泄露的风险。

9.2.2 支持性设施

控制措施

宜保护设备使其免于由支持性设施的失效而引起的电源故障和其他中断。

实施指南

宜有足够的支持性设施(例如电、供水、排污、加热/通风和空调)来支持系统。支持性设施宜定期检查并适当的测试以确保它们正常工作和减少由于它们的故障或失效带来的风险。宜按照设备制造商的说明提供合适的供电。

对支持关键业务操作的设备,推荐使用支持有序关机或连续运行的不间断电源(UPS)。电源应急计划宜包括 UPS 故障时要采取的措施。如果电源故障延长,而处理要继续进行,则宜考虑备份发电机。宜提供足够的燃料供给,以确保在延长的时间内发电机可以进行工作。UPS 设备和发电机宜定期地核查,以确保它们拥有足够能力,并按照制造商的建议予以测试。另外,宜考虑使用多来源电源,或者如果办公场所很大,则考虑使用一个单独变电站。

应急电源开关宜位于设备房间应急出口附近,以便紧急情况时快速切断电源。万一主电源出现故障时宜提供应急照明。

宜有稳定和足够的供水以支持空调、加湿设备和灭火系统(当使用时)。供水系统的故障可能破坏设备或阻止有效的灭火。如果需要,宜评价和安装报警系统来检测支撑实施的故障。

连接到设施提供商的通信设备宜至少有两条不同线路以防止在一条连接路径发生故障时语音服务失效。宜有足够的语音服务以满足国家法律对于应急通信的要求。

其他信息

实现连续供电的选项包括多路供电,以避免供电的单一故障点。

9.2.3 布缆安全

控制措施

宜保证传输数据或支持信息服务的电源布缆和通信布缆免受窃听或损坏。

实施指南

对于布缆安全,宜考虑下列指南:

a) 进入信息处理设施的电源和通信线路宜在地下,若可能,或提供足够的可替换的保护。
b) 网络布缆要免受未授权窃听或损坏,例如,利用电缆管道或使路由避开公共区域。
c) 为了防止干扰,电源电缆要与通信电缆分开。
d) 要使用清晰的可识别的电缆和设备记号,以使处理差错最小化,例如,错误网络电缆的意外配线。
e) 要使用文件化配线列表减少出错的可能性。
f) 对于敏感的或关键的系统,更进一步的控制措施考虑要包括:

1) 在检查点和终接点处安装铠装电缆管道和上锁的房间或盒子；
2) 使用可替换的路由选择和/或传输介质，以提供适当的安全性；
3) 使用纤维光缆；
4) 使用电磁防辐射装置保护电缆；
5) 对于电缆连接的未授权装置要主动实施技术清除和物理检查；
6) 控制对配线盘和电缆室的访问。

9.2.4 设备维护

控制措施

设备宜予以正确地维护，以确保其持续的可用性和完整性。

实施指南

对于设备维护，宜考虑下列指南：

a) 要按照供应商推荐的服务时间间隔和规范对设备进行维护；
b) 只有已授权的维护人员才可对设备进行修理和服务；
c) 要保存所有可疑的或实际的故障以及所有预防和纠正维护的记录；
d) 当对设备安排维护时，要实施适当的控制，并考虑到维护是由场所内部人员执行还是由组织外部人员执行；当必要时，敏感信息要从设备中删除或者维护人员要是足够可靠的；
e) 要遵守由保险策略所施加的所有要求。

9.2.5 组织场所外的设备安全

控制措施

宜对组织场所外的设备采取安全措施，要考虑工作在组织场所以外的不同风险。

实施指南

无论责任人是谁，在组织场所外使用任何信息处理设备都宜通过管理者授权。

对于离开场所的设备的保护，宜考虑下列指南：

a) 离开建筑物的设备和介质在公共场所不应无人看管；在旅行时便携式计算机要作为手提行李携带，若可能要伪装起来；
b) 制造商的设备保护说明要始终加以遵守，例如，防止暴露于强电磁场内；
c) 家庭工作的控制措施要根据风险评估确定，当适合时，要施加合适的控制措施，例如，可上锁的存档柜、清理桌面策略、对计算机的访问控制以及与办公室的安全通信（参见 ISO/IEC 18028）；
d) 要有足够的安全保障掩蔽物，以保护离开办公场所的设备。

安全风险在不同场所可能有显著不同，例如，损坏、盗窃和截取，要考虑确定最合适的控制措施。

其他信息

用于家庭工作或从正常工作地点运走的信息存储和处理设备包括所有形式的个人计算机、管理设备、移动电话、智能卡、纸张或其他形式的设备。

关于保护移动设备的其他方面的更多信息在 11.7.1 中可以找到。

9.2.6 设备的安全处置或再利用

控制措施

包含储存介质的设备的所有项目宜进行核查，以确保在处置之前，任何敏感信息和注册软件已被删除或安全地写覆盖。

实施指南

包含敏感信息的设备在物理上宜予以摧毁，或者采用使原始信息不可获取的技术破坏、删除或写覆盖，而不能采用标准的删除或格式化功能。

其他信息

包含敏感信息的已损坏的设备可能需要实施风险评估，以确定这些设备是否要进行销毁，而不是送去修理或丢弃。

信息可能通过对设备的草率处置或重用而被泄漏(见 10.7.2)。

9.2.7 资产的移动

控制措施

设备、信息或软件在授权之前不宜带出组织场所。

实施指南

宜考虑下列指南：

a) 在未经事先授权的情况下，不要让设备、信息或软件离开办公场所；
b) 要明确识别有权允许资产移动，离开办公场所的雇员、承包方人员和第三方人员；
c) 要设置设备移动的时间限制，并在返还时执行符合性核查；
d) 若必要并合适，要对设备作出移出记录，当返回时，要作出送回记录。

其他信息

宜执行检测未授权资产移动的抽查，以检测未授权的记录装置、武器等等，防止他们进入办公场所。这样的抽查宜按照相关法律和规章执行。宜让每个人都知道将进行抽查，并且只能在法律法规要求的适当授权下执行核查。

10 通信和操作管理

10.1 操作规程和职责

目标：确保正确、安全的操作信息处理设施。 宜建立所有信息处理设施的管理与操作的职责和规程。这包括制定合适的操作规程。 当合适时，宜实施责任分割，以减少疏忽或故意误用系统的风险。

10.1.1 文件化的操作规程

控制措施

操作规程宜形成文件、保持并对所有需要的用户可用。

实施指南

与信息处理和通信设施相关的系统活动宜具备形成文件的规程，例如计算机启动和关机规程、备份、设备维护、介质处理、计算机机房、邮件处置管理和安全(safety)等。

操作规程宜详细规定执行每项工作的说明，其内容包括：

a) 信息处理和处置；
b) 备份(见 10.5)；
c) 时间安排要求，包括与其他系统的相互关系、最早工作开始时间和最后工作完成期限；
d) 对在工作执行期间可能出现的处理差错或其他异常情况的指导，包括对使用系统实用工具的限制(见 11.5.4)；
e) 出现不期望操作或技术困难时的支持性联络；
f) 特定输出及介质处理的指导，例如使用特殊信纸或管理保密输出，包括任务失败时输出的安全处置规程(见 10.7.2 和 10.7.3)；
g) 供系统失效时使用的系统重启和恢复规程；
h) 审核踪迹和系统日志信息的管理(见 10.10)。

宜将操作规程和系统活动的文件化规程看作正式的文件，其变更由管理者授权。技术上可行时，信息系统宜使用相同的规程、工具和实用程序进行一致的管理。

10.1.2 变更管理

控制措施

对信息处理设施和系统的变更宜加以控制。

实施指南

运行系统和应用软件宜有严格的变更管理控制。

特别是，宜考虑下列条款：

a) 重大变更的标识和记录；

b) 变更的策划和测试；

c) 对这种变更的潜在影响的评估，包括安全影响；

d) 对建议变更的正式批准规程；

e) 向所有有关人员传达变更细节；

f) 基本维持运行的规程，包括从不成功变更和未预料事态中退出和恢复的规程与职责。

正式的管理者职责和规程宜到位，以确保对设备、软件或规程的所有变更有令人满意的控制。当发生变更时，包含所有相关信息的审核日志宜予以保留。

其他信息

对信息处理设施和系统的变更缺乏控制是系统故障或安全失效的常见原因。对运行环境的变更，特别是当系统从开发阶段向运行阶段转移时，可能影响应用的可靠性（见12.5.1）。

对运行系统的变更宜在仅存在一个有效的业务需求时进行，例如系统风险的增加。使用操作系统或应用程序的最新版本进行系统更新并不总是业务需求，因为这样做可能会引入比现有版本更多的脆弱性和不稳定性。尤其是在移植期间，还需要额外培训、许可证费用、支持、维护和管理开支以及新的硬件等。

10.1.3 责任分割

控制措施

各类责任及职责范围宜加以分割，以降低未授权或无意识的修改或者不当使用组织资产的机会。

实施指南

责任分割是一种减少意外或故意系统误用的风险的方法。应当注意，在无授权或未被检测时，宜使个人不能访问、修改或使用资产。事件的启动宜与其授权分离。勾结的可能性宜在设计控制措施时予以考虑。

小型组织可能感到难以实现这种责任分割，但只要具有可能性和可行性，宜尽量使用该原则。如果难以分割，宜考虑其他控制措施，例如对活动、审核踪迹和管理监督的监视等。重要的是安全审核仍保持独立。

10.1.4 开发、测试和运行设施分离

控制措施

开发、测试和运行设施宜分离，以减少未授权访问或改变运行系统的风险。

实施指南

为防止运行问题，宜识别运行、测试和开发环境之间的分离级别，并实施适当的控制措施。

宜考虑下列条款：

a) 要规定从开发状态到运行状态的软件传递规则并形成文件；

b) 开发和运行软件要在不同的系统或计算机处理器上以及在不同的域或目录内运行；

c) 没有必要时，编译器、编辑器和其他开发工具或系统实用工具不要从运行系统上访问；

d) 测试系统环境要尽可能的仿效运行系统环境；

e) 用户要在运行和测试系统中使用不同的用户轮廓，菜单要显示合适的标识消息以减少出错的风险；

f） 敏感数据不要拷贝到测试系统环境中(见 12.4.2)。

其他信息

开发和测试活动可能引起严重的问题，例如，文件或系统环境的不期望修改或者系统故障。在这种情况下，有必要保持一种已知的和稳定的环境，在此环境中可执行有意义的测试并防止不适当的开发者访问。

若开发和测试人员访问运行系统及信息，那么他们可能会引入未授权和未测试的代码或改变运行数据。在某些系统中，这种能力可能被误用于实施欺诈，或引入未测试的、恶意的代码，从而导致严重的运行问题。

开发者和测试者还造成对运行信息保密性的威胁。如果开发和测试活动共享同一计算环境，那么可能引起非故意的软件和信息的变更。因此，为了减少意外变更或未授权访问运行软件和业务数据的风险，分离开发、测试和运行设施是有必要的(见 12.4.2)。

10.2 第三方服务交付管理

目标：实施和保持符合第三方服务交付协议的信息安全和服务交付的适当水准。 组织宜核查协议的实施，监视协议执行的符合性，并管理变更，以确保交付的服务满足与第三方商定的所有要求。

10.2.1 服务交付

控制措施

宜确保第三方实施、运行和保持包含在第三方服务交付协议中的安全控制措施、服务定义和交付水准。

实施指南

第三方服务交付宜包括商定的安全安排、服务定义和服务管理的各方面。在外包安排的情况下，组织宜策划必要的过渡(信息、信息处理设施和其他需要移动的任何资产)，并宜确保安全在整个过渡期间得以保持。

组织宜确保第三方保持足够的服务能力和可使用的计划以确保商定的服务水平在主要服务故障或灾难(见 14.1)后继续得以保持。

10.2.2 第三方服务的监视和评审

控制措施

宜定期监视和评审由第三方提供的服务、报告和记录，审核也宜定期执行。

实施指南

第三方服务的监视和评审宜确保坚持协议的信息安全条款和条件，并且信息安全事件和问题得到适当的管理。这将涉及组织和第三方之间的服务管理关系和过程，包括：

a） 监视服务执行级别以核查对协议的符合程度；

b） 评审由第三方产生的服务报告，安排协议要求的定期进展会议；

c） 当协议和所有支持性指南及规程需要时，提供关于信息安全事件的信息并由第三方和组织实施评审；

d） 评审第三方的审核踪迹以及关于交付服务的安全事态、运行问题、失效、故障追踪和中断的记录；

e） 解决和管理所有已确定的问题。

管理与第三方关系的职责宜分配给指定人员或服务管理组。另外，组织宜确保第三方分配了核查符合性和执行协议要求的职责。宜获得足够的技术技能和资源来监视满足协议的要求(见 6.2.3)，特别是信息安全要求。当在服务交付中发现不足时，宜采取适当的措施。

组织宜对第三方访问、处理或管理的敏感或关键信息或信息处理设施的所有安全方面保持充分的、全面的控制和可见度。组织宜确保它们在安全活动中留有可见度,例如变更管理、脆弱性识别和信息安全事件报告/响应,事件的报告/响应使用清晰定义的报告过程、格式及结构。

其他信息

外包时,组织要知晓由外包方处理的信息的最终职责仍属于组织。

10.2.3 第三方服务的变更管理

控制措施

宜管理服务提供的变更,包括保持和改进现有的信息安全策略、规程和控制措施,并考虑到业务系统和涉及过程的关键程度及风险的再评估。

实施指南

对第三方服务变更的管理过程需要考虑:

a) 组织要实施的变更:
   1) 对提供的现有服务的加强;
   2) 任何新应用和系统的开发;
   3) 组织策略和规程的更改或更新;
   4) 解决信息安全事件和改进安全的新的控制措施。
b) 第三方服务实施的变更:
   1) 对网络的变更和加强;
   2) 新技术的使用;
   3) 新产品或新版本的采用;
   4) 新的开发工具和环境;
   5) 服务设施物理位置的变更;
   6) 供应商的变更。

10.3 系统规划和验收

目标:将系统失效的风险降至最小。 为确保足够容量和资源的可用性以提供所需的系统性能,需要预先的规划和准备。 宜作出对于未来容量需求的推测,以减少系统过载的风险。 新系统的运行要求宜在验收和使用之前建立、形成文件并进行测试。

10.3.1 容量管理

控制措施

资源的使用宜加以监视、调整,并作出对于未来容量要求的预测,以确保拥有所需的系统性能。

实施指南

对于每一个新的和正在进行的活动来说,宜识别容量要求。宜使用系统调整和监视以确保和改进(必要时)系统的可用性和效率。宜有检测控制措施以及时地指出问题。对未来容量要求的推测宜考虑新业务、系统要求以及组织信息处理能力的当前和预计的趋势。

需要特别关注与长订货交货周期或高成本相关的所有资源;因此管理人员宜监视关键系统资源的利用。他们宜识别出使用的趋势,特别是与业务应用或管理信息系统工具相关的使用。

管理人员宜使用该信息来识别和避免可能威胁到系统安全或服务的潜在的瓶颈及对关键员工的依赖,并策划适当的措施。

10.3.2 系统验收

控制措施

宜建立对新信息系统、升级及新版本的验收准则,并且在开发中和验收前对系统进行适当的测试。

实施指南

管理人员宜确保验收新系统的要求和准则被明确地定义、商定、形成文件并经过测试。新信息系统升级和新版本只有在获得正式验收后，才能进入生产环节。在验收之前，宜考虑下列项目：

a) 性能和计算机容量要求；

b) 差错恢复和重启规程以及应急计划；

c) 按照已定义标准，准备和测试日常的运行规程；

d) 确定的一组安全控制措施要到位；

e) 有效的人工操作规程；

f) 业务连续性安排(见 14.1)；

g) 新系统的安装对现有系统无负面影响的证据，特别是在高峰处理时间，例如月末；

h) 考虑新系统对组织总体安全影响的证据；

i) 新系统的操作或使用培训；

j) 易用性，这影响到用户使用，避免人员出错。

对于主要的新的开发，在开发过程的各阶段宜征询运行职能部门和用户的意见，以确保所建议的系统设计的运行效率。宜进行适当的测试，以证实完全满足全部验收标准。

<u>其他信息</u>

验收可能包括一个正式的认证和认可过程，以验证已经适当解决了安全要求。

10.4 防范恶意和移动代码

目标：保护软件和信息的完整性。 要求有预防措施，以防范和检测恶意代码和未授权的移动代码的引入。 软件和信息处理设施易感染恶意代码(例如计算机病毒、网络蠕虫、特洛伊木马和逻辑炸弹)。宜让用户了解恶意代码的危险。若合适，管理人员宜引入控制措施，以防范、检测并删除恶意代码，并控制移动代码。

10.4.1 控制恶意代码

<u>控制措施</u>

宜实施恶意代码的检测、预防和恢复的控制措施，以及适当的提高用户安全意识的规程。

<u>实施指南</u>

防范恶意代码宜基于恶意代码检测和修复软件、安全意识、适当的系统访问和变更管理控制措施。宜考虑下列指南：

a) 建立禁止使用未授权软件的正式策略(见 15.1.2)。

b) 建立防范风险的正式策略，该风险与来自或经由外部网络或在其他介质上获得的文件和软件相关，此策略指示要采取什么保护措施。

c) 对支持关键业务过程的系统中的软件和数据内容进行定期评审。要正式调查存在的任何未批准的文件或未授权的修正。

d) 安装和定期更新恶意代码检测和修复软件来扫描计算机和介质，以作为预防控制或作为例行程序的基础；执行的核查要包括：

  1) 针对恶意代码，使用前核查电子或光介质文件，以及从网络上收到的文件；

  2) 针对恶意代码，使用前核查电子邮件附件和下载内容；该核查要在不同位置进行，例如，在电子邮件服务器、台式计算机或进入组织的网络时；

  3) 针对恶意代码，核查 web 页面。

e) 定义关于系统恶意代码防护、它们使用的培训、恶意代码攻击报告和从中恢复的管理规程和职责(见 13.1 和 13.2)。

f) 制定适当的从恶意代码攻击中恢复的业务连续性计划，包括所有必要的数据和软件的备份以及恢复安排(见第 14 章)。

g) 实施规程定期收集信息,例如订阅邮件列表和/或核查提供新恶意代码的 web 站点。

h) 实施检验与恶意代码相关信息的规程,并确保报警公告是准确情报;管理人员宜确保使用合格的来源(例如,声誉好的期刊、可靠的 Internet 网站或防范恶意代码软件的供应商),以区分虚假的和真实的恶意代码;要让所有用户了解欺骗问题,以及在收到它们时要做什么。

其他信息

在信息处理环境中使用来自不同供应商的防范恶意代码的两个或多个软件产品,能改进恶意代码防护的有效性。

可安装防恶意代码软件,提供定义文件和扫描引擎的自动更新,以确保防护措施是最新的。另外,也可在每一台台式机上安装该软件,以执行自动核查。

宜注意防止在实施维护和紧急规程期间引入恶意代码,因为它们可能旁路正常的恶意代码防护的控制措施。

10.4.2 控制移动代码

控制措施

当授权使用移动代码时,其配置宜确保授权的移动代码按照清晰定义的安全策略运行,宜阻止执行未授权的移动代码。

实施指南

为防止移动代码执行未授权的活动,宜考虑下列措施:

a) 在逻辑上隔离的环境中执行移动代码;

b) 阻断移动代码的所有使用;

c) 阻断移动代码的接收;

d) 使技术措施在一个特定系统中可用,以确保移动代码受控;

e) 控制移动代码访问的可用资源;

f) 使用密码控制,以唯一地鉴别移动代码。

其他信息

移动代码是一种软件代码,它能从一台计算机传递到另一台计算机,随后自动执行并在很少或没有用户干预的情况下完成特定功能。移动代码与大量的中间件服务有关。

除确保移动代码不包含恶意代码外,控制移动代码是必要的,以避免系统、网络或应用资源的未授权使用或破坏,以及其他信息安全违规。

10.5 备份

目标:保持信息和信息处理设施的完整性及可用性。 宜为备份数据和演练及时恢复建立例行规程来实施已商定的方针和策略(见 14.1)。

10.5.1 信息备份

控制措施

宜按照已设的备份策略,定期备份和测试信息和软件。

实施指南

宜提供足够的备份设施,以确保所有必要的信息和软件能在灾难或介质故障后进行恢复。

对于信息备份,宜考虑下列条款:

a) 要定义备份信息的必要级别;

b) 要建立备份拷贝的准确完整的记录和文件化的恢复规程;

c) 备份的程度(例如全部备份或部分备份)和频率要反映组织的业务要求、涉及信息的安全要求和信息对组织持续运作的关键度;

d) 备份要存储在一个远程地点,有足够距离,以避免主办公场所灾难时受到损坏;

e) 要给予备份信息一个与主办公场所应用标准相一致的适当的物理和环境保护等级(见第9章)。要扩展应用于主办公场所介质的控制措施,以涵盖备份场所;
f) 若可行,要定期测试备份介质,以确保当必要的应急使用时可以依靠这些备份介质;
g) 恢复规程要定期核查和测试,以确保它们有效,并能在操作规程恢复所分配的时间内完成;
h) 在保密性十分重要的情况下,备份要通过加密方法进行保护。

各个系统的备份安排宜定期测试以确保它们满足业务连续性计划(见第14章)的要求。对于关键的系统,备份安排宜包括在发生灾难时恢复整个系统所必要的所有系统信息、应用和数据。

宜确定最重要业务信息的保存周期以及对要永久保存的档案拷贝的任何要求(见15.1.3)。

其他信息

为使备份和恢复过程更容易,备份可安排为自动进行。这种自动化解决方案宜在实施前进行充分的测试,并做到定期测试。

10.6 网络安全管理

目标:确保网络中信息的安全性并保护支持性的基础设施。 可能跨越组织边界的网络安全管理,需要仔细考虑数据流、法律含义、监视和保护。 还可以要求另外的控制,以保护在公共网络上传输的敏感数据。

10.6.1 网络控制

控制措施

宜充分管理和控制网络,以防止威胁的发生,维护使用网络的系统和应用程序的安全,包括传输中的信息。

实施指南

网络管理员宜实施控制,以确保网络上的信息安全、防止未授权访问所连接的服务。特别是,宜考虑下列条款:

a) 若合适,网络的操作职责要与计算机操作分开(见10.1.3);
b) 要建立远程设备(包括用户区域内的设备)管理的职责和规程;
c) 要建立专门的控制,以防护在公用网络上或无线网络上传递数据的保密性和完整性,并且保护已连接的系统及应用(见11.4和12.3);为维护所连接的网络服务和计算机的可用性,还可以要求专门的控制;
d) 为记录安全相关的活动,要使用适当的日志记录和监视措施;
e) 为优化对组织的服务和确保在信息处理基础设施上始终如一地应用若干控制措施,要紧密地协调管理活动。

其他信息

关于网络安全的另外信息参见ISO/IEC 18028。

10.6.2 网络服务安全

控制措施

安全特性、服务级别以及所有网络服务的管理要求宜予以确定并包括在所有网络服务协议中,无论这些服务是由内部提供的还是外包的。

实施指南

网络服务提供商以安全方式管理商定服务的能力宜予以确定并定期监视,还宜商定审核的权利。

宜识别特殊服务的安全安排,例如安全特性、服务级别和管理要求。组织宜确保网络服务提供商实施了这些措施。

其他信息

网络服务包括接入服务、私有网络服务、增值网络和受控的网络安全解决方案,例如防火墙和入侵检测系统。这些服务既包括简单的未受控的带宽也包括复杂的增值的提供。

网络服务的安全特性可以是：

a） 为网络服务应用的安全技术，例如鉴别、加密和网络连接控制；

b） 按照安全和网络连接规则，网络服务的安全连接需要的技术参数；

c） 若必要，网络服务使用规程，以限制对网络服务或应用的访问。

10.7 介质处置

目标：防止资产遭受未授权泄露、修改、移动或销毁以及业务活动的中断。 介质宜受到控制和物理保护。 为使文件、计算机介质（如磁带、磁盘）、输入/输出数据和系统文件免遭未授权泄露、修改、删除和破坏，宜建立适当的操作规程。

10.7.1 可移动介质的管理

<u>控制措施</u>

宜有适当的可移动介质的管理规程。

<u>实施指南</u>

对于可移动介质的管理，宜考虑下列指南：

a） 对于从组织取走的任何可重用的介质中的内容，如果不再需要，要使其不可重现；

b） 如果必要并可行，对于从组织取走的所有介质要要求授权，所有这种移动的记录要加以保持，以保持审核踪迹；

c） 要将所有介质存储在符合制造商说明的安全、保密的环境中；

d） 如果存储在介质中的信息使用时间比介质生命期长，则还要将信息存储在别的地方，以避免由于介质老化而导致信息丢失；

e） 要考虑可移动介质的登记，以减少数据丢失的机会；

f） 只要在有业务要求时，才使用可移动介质。

所有规程和授权级别宜清晰地形成文件。

<u>其他信息</u>

可移动介质包括磁带、磁盘、闪盘、可移动硬件驱动器、CD、DVD和打印的介质。

10.7.2 介质的处置

<u>控制措施</u>

不再需要的介质，宜使用正式的规程可靠并安全地处置。

<u>实施指南</u>

宜建立安全处置介质的正式规程，以使敏感信息泄露给未授权人员的风险减至最小。安全处置包含敏感信息介质的规程宜与信息的敏感性相一致。宜考虑下列条款：

a） 包含有敏感信息的介质宜秘密和安全地存储和处置，例如，利用焚化或切碎的方法，或者将数据删除供组织内其他应用使用；

b） 宜有规程识别可能需要安全处置的项目；

c） 安排把所有介质部件收集起来并进行安全处置，比试图分离出敏感部件可能更容易；

d） 许多组织对纸、设备和介质提供收集和处置服务；宜注意选择具有足够控制措施和经验的合适的承包方；

e） 若有可能，处置敏感部件宜做记录，以便保持审核踪迹。

当处置堆积的介质时，对集合效应宜予以考虑，它可能使大量不敏感信息变成敏感信息。

<u>其他信息</u>

敏感信息可能由于粗心大意的介质处置而被泄露(见 9.2.6 有关设备处置的信息)。

10.7.3 信息处理规程

控制措施

宜建立信息的处理及存储规程,以防止信息的未授权的泄漏或不当使用。

实施指南

宜制定规程来处置、处理、存储或传达与分类一致的信息(见 7.2)。宜考虑下列条款:

a) 按照所显示的分类级别,处置和标记所有介质;

b) 确定防止未授权人员访问的限制;

c) 维护数据的授权接收者的正式记录;

d) 确保输入数据完整,正确完成了处理并应用了输出确认;

e) 按照与其敏感性一致的级别,保护等待输出的脱机数据;

f) 根据制造商的规范存储介质;

g) 使分发的数据最少;

h) 清晰地标记介质的所有拷贝,以引起已授权接收者的关注;

i) 以固定的时间间隔评审分发列表和已授权接收者列表。

其他信息

这些规程应用于文件、计算系统、网络、移动计算、移动通信、邮件、语音邮件、通用语音通信、多媒体、邮政服务/设施、传真机的使用和任何其他敏感项目(例如,空白支票、发票)中的信息。

10.7.4 系统文件安全

控制措施

宜保护系统文件以防止未授权的访问。

实施指南

对于系统文件安全,宜考虑下列条款:

a) 安全地存储系统文件;

b) 将系统文件的访问人员列表保持在最小范围,并且由应用责任人授权;

c) 要妥善地保护保存在公用网络上的或经由公用网络提供的系统文件。

其他信息

系统文件可能包含一系列敏感信息,例如,应用过程的描述、规程、数据结构、授权过程。

10.8 信息的交换

目标:保持组织内以及与组织外信息和软件交换的安全。 组织间信息和软件的交换宜基于一个正式的交换策略,按照交换协议执行,还宜服从任何相关法律(见第 15 章)。 宜建立规程和标准,以保护传输中的信息和包含信息的物理介质。

10.8.1 信息交换策略和规程

控制措施

宜有正式的交换策略、规程和控制措施,以保护通过使用各种类型通信设施的信息交换。

实施指南

使用电子通信设施进行信息交换的规程和控制宜考虑下列条款:

a) 设计用来防止交换信息遭受截取、复制、修改、错误寻址和破坏的规程。

b) 检测和防止可能通过使用电子通信传输的恶意代码的规程(见 10.4.1)。

c) 保护以附件形式传输的敏感电子信息的规程。

d) 简述电子通信设施可接受使用的策略或指南(见 7.1.3)。

e) 无线通信使用的规程，要考虑所涉及的特定风险。
f) 雇员、承包方人员和所有其他使用人员不危害组织的职责，例如诽谤、扰乱、扮演、连锁信寄送、未授权购买等。
g) 密码技术的使用，例如保护信息的保密性、完整性和真实性（见 12.3）。
h) 所有业务通信（包括消息）的保持和处理指南，要与相关国家和地方法律法规一致。
i) 不将敏感或关键信息留在打印设施上，例如复印机、打印机和传真机，因为这些设施可能被未授权人员访问。
j) 与通信设施转发相关的控制措施和限制，例如将电子邮件自动转发到外部邮件地址。
k) 提醒工作人员，他们要采取相应预防措施，例如，为不泄露敏感信息，避免打电话时通过下列方式被无意听到或窃听：
   1) 他们周围的人，特别是当使用移动电话时；
   2) 搭线窃听，以及通过物理访问手持电话或电话线路，或者使用扫描接收器的其他窃听方式；
   3) 接收端的人。
l) 不要将包含敏感信息的消息留在应答机上，因为可能被未授权个人重放，也不能留在公用系统或者由于误拨号而被不正确地存储。
m) 提醒工作人员关于传真机的使用问题，即：
   1) 未授权访问内置消息存储器，以检索消息；
   2) 有意的或无意的对传真机编程，将消息发送给特定的电话号码；
   3) 由于误拨号或使用错误存储的号码将文件和消息发送给错误的电话号码。
n) 提醒工作人员不要注册统计数据，例如任何软件中的电子邮件地址或其他人员信息，以避免未授权人员收集。
o) 提醒工作人员现代的传真机和影印机都有页面缓冲并在页面或传输故障时存储页面，一旦故障消除，这些将被打印。

另外，宜提醒工作人员，不要在公共场所或开放办公室和不隔音墙的会场进行保密会谈。

信息交换设施宜符合所有相关的法律要求（见第 15 章）。

<u>其他信息</u>

可能通过使用多种不同类型的通信设施进行信息交换，例如电子邮件、声音、传真和视频。

可能通过多种不同类型的介质进行软件交换，包括从互联网下载和从出售现货的供应商处获得。

宜考虑与电子数据交换、电子商务、电子通信和控制要求相关的业务、法律和安全含义。

由于在使用信息交换设施时缺乏意识、策略或规程，因此可能泄露信息，例如，在公开场所的移动电话被偷听、电子邮件消息的错发、应答机被偷听，未授权访问拨号语音邮件系统或使用传真设备意外地将传真发送到错误的传真设备上。

如果通信设施失灵、过载或中断，则可能中断业务运行并损害信息（见 10.3 和第 14 章）。如果上述通信设施被未授权用户所访问，也可能损害信息（见第 11 章）。

10.8.2 交换协议

<u>控制措施</u>

宜建立组织与外部方交换信息和软件的协议。

<u>实施指南</u>

交换协议宜考虑以下安全条款：

a) 控制和通知传输、分派和接收的管理职责；
b) 通知传输、分派和接收的发送者的规程；
c) 确保可追溯性和不可抵赖性的规程；

d) 打包和传输的最低技术标准；

e) 有条件转让契约；

f) 送信人标识标准；

g) 如果发生信息安全事件的职责和义务，例如数据丢失；

h) 商定的标记敏感或关键信息的系统的使用，确保标记的含义能直接理解，信息受到适当的保护；

i) 数据保护、版权、软件许可证符合性及类似考虑的责任和职责(见 15.1.2 和 15.1.4)；

j) 记录和阅读信息和软件的技术标准；

k) 为保护敏感项，可以要求任何专门的控制措施，例如密钥(见 12.3)。

宜建立和保持策略、规程和标准，以保护传输中的信息和物理介质(见 10.8.3)，这些还宜在交换协议中进行引用。

任何协议的安全内容宜反映涉及的业务信息的敏感度。

其他信息

协议可以是电子的或手写的，可能采取正式合同或任用条款的形式。对敏感信息而言，信息交换使用的特定机制对于所有组织和各种协议宜是一致的。

10.8.3 运输中的物理介质

控制措施

包含信息的介质在组织的物理边界以外运送时，宜防止未授权的访问、不当使用或毁坏。

实施指南

为保护不同地点间传输的信息介质，宜考虑下列指南：

a) 要使用可靠的运输或送信人。

b) 授权的送信人列表要经管理者批准。

c) 要开发核查送信人识别的规程。

d) 包装要足以保护信息免遭在运输期间可能出现的任何物理损坏，并且符合制造商的规范(例如对软件的说明)，例如防止可能减少介质恢复效力的任何环境因素，例如暴露于过热、潮湿或电磁区域。

e) 若必要，要采取专门的控制，以保护敏感信息免遭未授权泄露或修改。例子包括：

1) 使用可上锁的容器；

2) 手工交付；

3) 防篡改的包装(它可以揭示任何想获得访问的企图)；

4) 在异常情况下，把托运货物分解成多次交付，并且通过不同的路线发送。

其他信息

信息在物理传输期间(例如通过邮政服务或送信人传送)易受未授权访问、不当使用或破坏。

10.8.4 电子消息发送

控制措施

包含在电子消息发送中的信息宜给予适当的保护。

实施指南

电子消息发送的安全考虑宜包括以下方面：

a) 防止消息遭受未授权访问、修改或拒绝服务攻击；

b) 确保正确的寻址和消息传输；

c) 服务的通用可靠性和可用性；

d) 法律方面的考虑，例如电子签名的要求；

e) 在使用外部公共服务(例如即时消息或文件共享)前获得批准；

f) 更强的用以控制从公开可访问网络进行访问的鉴别级别。

其他信息

电子消息(例如电子邮件、电子数据交换(EDI)、即时消息)在业务通信中充当一个日益重要的角色。电子消息与基于通信的纸质文件相比有不同的风险。

10.8.5 业务信息系统

控制措施

宜建立并实施策略和规程,以保护与业务信息系统互联相关的信息。

实施指南

对于互联的安全和业务蕴涵的考虑宜包括:

a) 信息在组织的不同部门间共享时,在管理和会计系统中已知的脆弱性;
b) 业务通信系统中的信息的脆弱性,例如,记录电话呼叫或会议呼叫、呼叫的保密性、传真的存储、打开的邮件、邮件的分发;
c) 管理信息共享的策略和适当的控制措施;
d) 如果系统不提供适当级别的保护(见7.2),则排除敏感业务信息和分级文件;
e) 限制访问与特定人员(例如,参与敏感项目的工作人员)相关的日志信息;
f) 允许使用系统的工作人员、承包方人员或业务伙伴的类别以及可以访问该系统的位置(见6.2.2和6.2.3);
g) 对特定类别的用户限制于所选定的设施;
h) 识别出用户的身份,例如,组织的雇员,或者为其他用户利益的目录中的承包方人员;
i) 系统上存放的信息的保留和备份(见10.5.1);
j) 基本维持运行的要求和安排(见第14章)。

其他信息

办公信息系统可通过结合使用文件、计算机、移动计算、移动通信、邮件、语音邮件、通用语音通信、多媒体、邮政服务/设施和传真机,来快速传播和共享业务信息。

10.9 电子商务服务

目标:确保电子商务服务的安全及其安全使用。 宜考虑与使用电子商务服务相关的安全蕴涵,包括在线交易和控制要求。还宜考虑通过公共可用系统以电子方式公布的信息的完整性和可用性。

10.9.1 电子商务

控制措施

包含在使用公共网络的电子商务中的信息宜受保护,以防止欺诈活动、合同争议以及未授权的泄露和修改。

实施指南

电子商务的安全考虑宜包括:

a) 在彼此声称的身份中,每一方要求的信任级别,例如通过鉴别;
b) 与谁设定价格、发布或签署关键交易文件相关的授权过程;
c) 确保贸易伙伴完全接到他们的职责的授权通知;
d) 决定并满足保密性、完整性和关键文件的分发和接收的证明以及合同不可抵赖性方面的要求,例如关于提出和订约过程;
e) 公开价格表的完整性所需的可信级别;
f) 任何敏感数据或信息的保密性;
g) 任何订单交易、支付信息、交付地址细节和接收确认的保密性和完整性;

h） 适于核查用户提供的支付信息的验证程度；

i） 为防止欺诈，选择最适合的支付解决形式；

j） 为保持订单信息的保密性和完整性要求的保护级别；

k） 避免交易信息的丢失或复制；

l） 与所有欺诈交易相关的责任；

m） 保险要求。

上述许多考虑可以通过应用密码技术来实现（见 12.3），还要考虑符合法律要求（见 15.1，特别是15.1.6）。

宜通过文件化的协议来支持贸易伙伴之间的电子商务安排，该协议使双方致力于商定的交易条款，包括授权细节（见上述 b））。与信息服务部门和增值网络提供者的其他协议可能也是必要的。

公共交易系统宜向顾客公布其业务项目。

对用于电子商务的主机受攻击后的恢复能力以及电子商务服务实现所要求的任何网络互连的安全所涉及的问题宜予以考虑（见 11.4.6）。

其他信息

电子商务易受到许多网络威胁，这些威胁可能导致欺诈活动、合同争端和信息的泄露或修改。

电子商务能利用安全鉴别方法（例如使用公开密钥系统和数字签名（见 12.3））以减少风险。另外，当需要这些服务时，可使用可信第三方。

10.9.2 在线交易

控制措施

在线交易中的信息宜受保护，以防止不完全传输、错误路由、未授权的消息篡改、未授权的泄露、未授权的消息复制或重放。

实施指南

在线交易的安全考虑宜包括：

a） 交易中涉及的每一方的电子签名的使用。

b） 交易的所有方面，即确保：

1） 各方的用户信任是有效的并经过验证的；

2） 交易是保密的；

3） 保留与涉及的各方相关的隐私。

c） 加密涉及的各方间的通信路径。

d） 在涉及的各方之间通信的协议是安全的。

e） 确保交易细节存储于任何公开可访问环境之外（例如，存储于组织内部互联网的存储平台），不留在或暴露于互联网可直接访问的存储介质上。

f） 当使用一个可信权威（例如为了颁布及维护数字签名和/或数字认证）时，安全可集成嵌入到整个端到端认证/签名管理过程中。

其他信息

采用控制措施的程度要对应于在线交易的每个形式相关的风险级别。

交易需要符合交易产生、处理、完成和/或存储的管辖区域的法律、规则和规章。

存在许多形式的交易可用在线的方式执行，例如契约的或财政的等等。

10.9.3 公共可用信息

控制措施

在公共可用系统中可用信息的完整性宜受保护，以防止未授权的修改。

实施指南

宜通过适当的机制（例如数据签名（见 12.3））保护需要高完整性级别的、可在公共可用系统中得到的软件、数据和其他信息。在信息可用前，宜测试公共可用系统，以防止弱点和故障。

在信息公开可用前，宜有正式的批准过程。另外，所有从外部对系统提供的输入宜经过验证和批准。

宜小心地控制电子发布系统，特别是允许反馈和直接录入信息的那些电子发布系统，以便：

a) 按照任何数据保护法律获得信息(见 15.1.4)；

b) 对输入到发布系统并由发布系统处理的信息将以及时的方式完整而准确地予以处理；

c) 在收集、处理和存储信息期间，保护敏感信息；

d) 对发布系统的访问不允许无意识地访问与之连接的网络。

其他信息

在公共可用系统上的信息(例如，经由 Internet 可访问的 Web 服务器上的信息)需要符合该系统所在的或贸易发生的或责任人居住的管辖区域内的法律、规则和规章。发布信息的未授权修改可能损害发布组织的声望。

10.10 监视

目标：检测未经授权的信息处理活动。 宜监视系统，记录信息安全事态。宜使用操作员日志和故障日志以确保识别出信息系统的问题。 一个组织的监视和日志记录活动宜遵守所有相关法律的要求。 宜使用系统监视以核查所采用控制措施的有效性，并验证与访问策略模型的一致性。

10.10.1 审计记录

控制措施

宜产生记录用户活动、异常情况和信息安全事态的审计日志，并保持一个已设的周期以支持将来的调查和访问控制监视。

实施指南

审计日志宜在需要时包括：

a) 用户 ID；

b) 日期、时间和关键事态的细节，例如登录和退出；

c) 若有可能，终端身份或位置；

d) 成功的和被拒绝的对系统尝试访问的记录；

e) 成功的和被拒绝的对数据以及其他资源尝试访问的记录；

f) 系统配置的变更；

g) 特殊权限的使用；

h) 系统实用工具和应用程序的使用；

i) 访问的文件和访问类型；

j) 网络地址和协议；

k) 访问控制系统引发的警报；

l) 防护系统的激活和停用，例如防病毒系统和入侵检测系统。

其他信息

审计日志包含入侵和保密人员的数据，宜采取适当的隐私保护措施(见 15.1.4)。可能时，系统管理员不宜有删除或停用他们自己活动日志的权利(见 10.1.3)。

10.10.2 监视系统的使用

控制措施

宜建立信息处理设施的监视使用规程，并经常评审监视活动的结果。

实施指南

各个设施的监视级别宜由风险评估决定。一个组织宜符合所有相关的适用于监视活动的法律要求。宜考虑的范围包括：

a) 授权访问，包括细节，例如：
   1) 用户 ID；
   2) 关键事态的日期和时间；
   3) 事态类型；
   4) 访问的文件；
   5) 使用的程序/工具。
b) 所有特殊权限操作，例如：
   1) 特殊权限账户的使用，例如监督员、根用户、管理员；
   2) 系统的启动和停止；
   3) I/O 设备的装配/拆卸。
c) 未授权的访问尝试，例如：
   1) 失败的或被拒绝的用户行为；
   2) 失败的或被拒绝的涉及数据和其他资源的行为；
   3) 违反网关和防火墙的访问策略(的访问)及其通知；
   4) 私有入侵检测系统的警报。
d) 系统警报或故障，例如：
   1) 控制台警报或消息；
   2) 系统日志异常；
   3) 网络管理警报；
   4) 访问控制系统引发的警报。
e) 改变或企图改变系统的安全设置和控制措施。

监视活动的结果多长时间进行评审宜依赖于涉及的风险。宜考虑的风险因素包括：

a) 应用过程的关键程度；
b) 所涉及信息的价值、敏感度和关键程度；
c) 系统渗透和不当使用的经历，脆弱性被利用的频率；
d) 系统互连接的程度(尤其是公共网络)；
e) 设备被停用的日志记录。

<u>其他信息</u>

使用监视规程是必要的，以确保用户只执行被明确授权的活动。

日志评审包括系统所面临威胁的理解和可能出现的方式。更多关于事件的例子见 13.1.1。

10.10.3 日志信息的保护

<u>控制措施</u>

记录日志的设施和日志信息宜加以保护，以防止篡改和未授权的访问。

<u>实施指南</u>

宜实施控制措施以防止日志设施被未授权更改和出现操作问题，包括：

a) 更改已记录的消息类型；
b) 日志文件被编辑或删除；
c) 超越日志文件介质的存储容量，导致不能记录事态或过去记录事态被写覆盖。

一些审计日志可能需要被存档，以作为记录保持策略的一部分或由于收集和保留证据的要求(也见

13.2.3)。

其他信息

系统日志通常包含大量的信息,其中许多与安全监视无关。为帮助识别出对安全监视目的有重要意义的事态,宜考虑将相应的消息类型自动地拷贝到第二份日志和/或使用适合的系统实用工具或审计工具执行文件查询及规范化。

需要保护系统日志,因为如果其中的数据被修改或删除,可能导致一个错误的安全判断。

10.10.4 管理员和操作员日志

控制措施

系统管理员和系统操作员的活动宜记入日志。

实施指南

日志宜包括:

a) 事态(成功的或失败的)发生的时间;

b) 关于事态(例如处理的文件)或故障(例如发生的差错和采取的纠正措施)的信息;

c) 涉及的账号和管理员或操作员;

d) 涉及的过程。

系统管理员和操作员日志宜定期评审。

其他信息

对在系统和网络管理员控制之外进行管理的入侵检测系统可以用来监视系统和网络管理活动的符合性。

10.10.5 故障日志

控制措施

故障宜被记录、分析,并采取适当的措施。

实施指南

与信息处理或通信系统的问题有关的用户或系统程序所报告的故障宜加以记录。对于处置所报告的故障宜有明确的规则,包括:

a) 评审故障日志,以确保故障已得到令人满意的解决;

b) 评审纠正措施,以确保没有损害控制措施,以及所采取的措施给予了充分授权。

如果具有出错记录的系统功能,宜确保该功能处于开启状态。

其他信息

出错和故障日志记录能影响系统的性能。这些日志记录宜由胜任的员工激活,对各个系统所需的日志记录的级别宜由风险评估决定,要考虑性能的降低。

10.10.6 时钟同步

控制措施

一个组织或安全域内的所有相关信息处理设施的时钟宜使用已设的精确时间源进行同步。

实施指南

若计算机或通信设备有能力运行实时时钟,则时钟宜置为商定的标准,例如,世界标准时间(UTC)或本地标准时间。当已知某些时钟随时间漂移,宜有一个核查和校准所有重大变化的规程。

日期/时间格式的正确解释对确保时间戳反映实时的日期/时间是重要的。还宜考虑局部特殊性(例如夏令时间)。

其他信息

正确设置计算机时钟对确保审计记录的准确性是重要的,审计日志可用于调查或作为法律、纪律处理的证据。不准确的审计日志可能妨碍调查,并损害这种证据的可信性。链接到国家原子钟无线电广播时间的时钟可用于记录系统的主时钟。可以用网络时间协议保持所有服务器与主时钟同步。

11 访问控制

11.1 访问控制的业务要求

目标：控制对信息的访问。 对信息、信息处理设施和业务过程的访问宜在业务和安全要求的基础上予以控制。 访问控制规则宜考虑到信息传播和授权的策略。

11.1.1 访问控制策略

<u>控制措施</u>

访问控制策略宜建立、形成文件，并基于业务和访问的安全要求进行评审。

<u>实施指南</u>

宜在访问控制策略中清晰地规定每个用户或每组用户的访问控制规则和权利。访问控制包括逻辑的和物理的（见第9章），它们宜一起考虑。宜给用户和服务提供商提供一份清晰的满足业务要求的说明。

策略宜考虑到下列内容：

a) 各个业务应用的安全要求；

b) 与业务应用相关的所有信息的标识和信息面临的风险；

c) 信息传播和授权的策略，例如，了解原则和安全等级以及信息分类的需要（见7.2）；

d) 不同系统和网络的访问控制策略和信息分类策略之间的一致性；

e) 关于保护访问数据或服务的相关法律和合同义务（见15.1）；

f) 组织内常见工作角色的标准用户访问轮廓；

g) 在认可各种可用的连接类型的分布式和网络化环境中的访问权的管理；

h) 访问控制角色的分割，例如访问请求、访问授权、访问管理；

i) 访问请求的正式授权要求（见11.2.1）；

j) 访问控制的定期评审要求（见11.2.4）；

k) 访问权的取消（见8.3.3）。

<u>其他信息</u>

在规定访问控制规则时，宜认真考虑下列内容：

a) 将强制性规则和可选的或有条件的指南加以区分；

b) 在"未经明确允许，则一律禁止"的前提下，而不是"未经明确禁止，一律允许"的弱规则的基础上建立规则；

c) 信息处理设施自动启动的信息标记（见7.2）和用户任意启动的信息标记的变更；

d) 信息系统自动启动的用户许可变更和由管理员启动的那些用户许可变更；

e) 在颁发之前，需要特别批准的规则以及无须批准的那些规则。

访问控制规则宜有正式的规程支持，并清晰地定义职责（例如，见6.1.3、11.3、10.4.1、11.6）。

11.2 用户访问管理

目标：确保授权用户访问信息系统，并防止未授权的访问。 宜有正式的规程来控制对信息系统和服务的访问权的分配。 这些规程宜涵盖用户访问生存周期内的各个阶段，从新用户初始注册到不再需要访问信息系统和服务的用户的最终注销。适当时，宜特别注意对有特殊权限的访问权的分配加以控制的需要，这种访问权可以使用户越过系统的控制措施。

11.2.1 用户注册

控制措施

宜有正式的用户注册及注销规程，来授权和撤销对所有信息系统及服务的访问。

实施指南

用户注册和注销的访问控制规程宜包括：

a） 使用唯一用户 ID，使得用户与其行为链接起来，并对其行为负责；在对于业务或操作而言必要时，才允许使用组 ID，并宜经过批准和形成文件；

b） 核查使用信息系统或服务的用户是否具有该系统拥有者的授权；取得管理者对访问权的单独批准也是合适的；

c） 核查所授予的访问级别是否与业务目的（见 11.1）相适合，是否与组织的安全方针保持一致，例如，它没有违背责任分割原则（见 10.1.3）；

d） 给用户一份关于其访问权的书面声明；

e） 要求用户签署表示理解访问条件的声明；

f） 确保直到已经完成授权规程，服务提供者才提供访问；

g） 维护一份注册使用该服务的所有人员的正式记录；

h） 立即取消或封锁工作角色或岗位发生变更，或离开组织的用户的访问权；

i） 定期核查并取消或封锁多余的用户 ID 和账号（见 11.2.4）；

j） 确保多余的用户 ID 不会发给其他用户。

其他信息

宜考虑基于业务要求建立用户访问角色，将大量的访问权归结到典型的用户访问轮廓中。在这种角色级别上对访问请求和评审（见 11.2.4）进行管理要比在特定的权限级别上容易些。

宜考虑在人员合同和服务合同中将在员工或服务代理试图进行未授权访问时的有关处罚措施的条款包括进去（见 6.1.5、8.1.3 和 8.2.3）。

11.2.2 特殊权限管理

控制措施

宜限制和控制特殊权限的分配及使用。

实施指南

需要防范未授权访问的多用户系统宜通过正式的授权过程使特殊权限的分配受到控制。宜考虑下列步骤：

a） 要标识出与每个系统产品（例如，操作系统、数据库管理系统和每个应用程序）相关的访问特殊权限，以及需要将其分配的用户；

b） 特殊权限要按照访问控制策略（见 11.1.1）在“按需使用”和“一事一议”的基础上分配给用户，即仅当需要时，才为其职能角色分配最低要求；

c） 宜维护所分配的各个特殊权限的授权过程及其记录。在未完成授权过程之前，不要授予特殊权限；

d） 要促进开发和使用系统例行程序，以避免把特殊权限授予用户的需要；

e） 要促进开发和使用避免具有特殊权限才能运行的程序；

f） 特殊权限要被分配一个不同于正常业务用途所用的用户 ID。

其他信息

系统管理特殊权限（使用户无视系统或应用控制措施的信息系统的任何特性或设施）的不恰当使用可能是一种导致系统故障或违规的主要因素。

11.2.3 用户口令管理

控制措施

宜通过正式的管理过程控制口令的分配。

实施指南

此过程宜包括下列要求：

a) 要求用户签署一份声明，以保证个人口令的保密性和组口令仅在该组成员范围内使用；签署的声明可包括在任用条款和条件中（见8.1.3）；

b) 若需要用户维护自己的口令，要在初始时提供给他们一个安全的临时口令（见11.3.1），并强制其立即改变；

c) 在提供一个新的、代替的或临时的口令之前，要建立验证用户身份的规程；

d) 要以安全的方式将临时口令给予用户；要避免使用第三方或未保护的（明文）电子邮件消息；

e) 临时口令要对个人而言是唯一的、不可猜测的；

f) 用户要确认收到口令；

g) 口令不要以未保护的形式存储在计算机系统内；

h) 要在系统或软件安装后改变提供商的默认口令。

其他信息

口令是按照用户授权赋予对信息系统或服务的访问权之前，验证用户身份的一种常用手段。用户标识和鉴别的其他技术，诸如生物特征识别（例如指纹验证）、签名验证和硬件标记的使用（例如智能卡），这些技术均可用，如果合适，宜加以考虑。

11.2.4 用户访问权的复查

控制措施

管理者宜定期使用正式过程对用户的访问权进行复查。

实施指南

访问权的复查宜考虑下列指南：

a) 要定期（例如，周期为6个月）和在任何变更之后（例如提升、降级或雇用终止（见11.2.1）），对用户的访问权进行复查；

b) 当在同一个组织中从一个岗位换到另一个岗位时，要复查和重新分配用户的访问权；

c) 对于特定的特殊权限的访问权的授权（见11.2.2）要在更频繁的时间间隔内进行复查，例如周期为3个月；

d) 要定期核查特殊权限的分配，以确保不能获得未授权的特殊权限；

e) 具有特殊权限的账户的变更要在周期性复查时记入日志。

其他信息

定期复查用户的访问权对于保持对数据和信息服务的有效控制来说，是必要的。

11.3 用户职责

> 目标：防止未授权用户对信息和信息处理设施的访问、损害或窃取。
>
> 已授权用户的合作对实现有效的安全十分重要。
>
> 宜使用户知悉其维护有效的访问控制的职责，特别是关于口令使用和用户设备的安全方面的职责。
>
> 宜实施桌面清空和屏幕清空策略以降低未授权访问或破坏纸、介质和信息处理设施的风险。

11.3.1 口令使用

控制措施

宜要求用户在选择及使用口令时，遵循良好的安全习惯。

实施指南

建议所有用户宜：

a） 保密口令。

b） 避免保留口令的记录(例如在纸上、软件文件中或手持设备中)，除非可以对其进行安全地存储及存储方法得到批准。

c） 每当有任何迹象表明系统或口令受到损害时就变更口令。

d） 选择具有最小长度的优质口令，这些口令：

    1） 要易于记忆；

    2） 不能基于别人容易猜测或获得的与使用人相关的信息，例如，名字、电话号码和生日等等；

    3） 不容易遭受字典攻击(即，不是由字典中的词所组成的)；

    4） 避免连续相同的、全数字的或全字母的字符。

e） 定期或以访问次数为基础变更口令(有特殊权限的账户的口令宜比常规口令更频繁地予以变更)，并且避免重新使用旧的口令或周期性使用旧的口令。

f） 在初次登录时更换临时口令。

g） 在任何自动登录过程(例如，以宏或功能键存储)中，不要包含口令。

h） 个人的用户口令不要共享。

i） 不在业务目的和非业务目的中使用相同的口令。

如果用户需要访问多个服务、系统或平台，并且需要维护多个单独的口令，则宜建议他们可以使用同一个优质的口令(见上述 d))用于所有服务，但用户要确信在每一个服务、系统或平台内对口令的存储建立了合理级别的保护。

其他信息

要特别小心管理处理口令丢失或忘记的帮助台系统，因为这也可能是对口令系统的一种攻击手段。

11.3.2 无人值守的用户设备

控制措施

用户宜确保无人值守的用户设备有适当的保护。

实施指南

所有用户宜了解保护无人值守的设备的安全要求和规程，以及他们对实现这种保护所负有的职责。建议用户宜：

a） 结束时终止活动的会话，除非采用一种合适的锁定机制保证其安全，例如，有口令保护的屏幕保护程序；

b） 当会话结束时退出主计算机、服务器和办公 PC(即，不仅仅关掉 PC 屏幕或终端)；

c） 当不使用设备时(也见 11.3.3)，用带钥匙的锁或与之效果等同的控制措施来保护 PC 或终端免遭未授权使用，例如，口令访问。

其他信息

在用户范围内安装的设备(例如工作站或文件服务器)在长期无人值守时可能需要专门的保护，以防未授权访问。

11.3.3 清空桌面和屏幕策略

控制措施

宜采取清空桌面上文件、可移动存储介质的策略和清空信息处理设施屏幕的策略。

实施指南

清空桌面和清空屏幕策略宜考虑信息分类(见 7.2)、法律和合同要求(见 15.1)、相应的风险和组织的文化方面。宜考虑下列指南：

a） 当不用时，特别是当离开办公室时，要将敏感或关键业务信息，例如在纸质或电子存储介质中的，锁起来(理想情况下，在保险柜或保险箱或者其他形式的安全设备中)；

b) 当无人值守时，计算机和终端要注销，或使用由口令、令牌或类似的用户鉴别机制控制的屏幕和键盘锁定机制进行保护；当不使用时，要使用带钥匙的锁、口令或其他控制措施进行保护；

c) 邮件进出点和无人值守的传真机要受到保护；

d) 要防止复印机或其他复制技术(例如扫描仪、数字照相机)的未授权使用；

e) 包含敏感或涉密信息的文件要立即从打印机中清除。

其他信息

清空桌面/清空屏幕策略降低了正常工作时间之中和之外对信息的未授权访问、丢失、破坏的风险。保险箱或其他形式的安全存储设施也可保护存储于其中的信息免受灾难(例如火灾、地震、洪水或爆炸)的影响。

要考虑使用带有个人识别码功能的打印机，使得原始操作人员是能获得打印输出的唯一人员和站在打印机边的唯一人员。

11.4 网络访问控制

目标：防止对网络服务的未授权访问。

对内部和外部网络服务的访问均宜加以控制。

访问网络和网络服务的用户不宜损害网络服务的安全，宜确保：

a) 在本组织的网络和其他组织拥有的网络，以及公共网络之间有合适的接口；

b) 对用户和设备应用合适的鉴别机制；

c) 对用户访问信息服务的强制控制。

11.4.1 使用网络服务的策略

控制措施

用户宜仅能访问已获专门授权使用的服务。

实施指南

宜制定关于使用网络和网络服务的策略。这一策略宜包括：

a) 允许被访问的网络和网络服务；

b) 确定允许哪个人访问哪些网络和网络服务的授权规程；

c) 保护访问网络连接和网络服务的管理控制措施和规程；

d) 访问网络和网络服务使用的手段(例如，拨号访问互联网服务提供商或远程系统的条件)。

网络服务使用策略宜与业务访问控制策略相一致(见11.1)。

其他信息

与网络服务的未授权和不安全连接可以影响整个组织。对于到敏感或关键业务应用的网络连接或与高风险位置(例如，超出组织安全管理和控制的公共区域或外部区域)的用户的网络连接而言，这一控制措施特别重要。

11.4.2 外部连接的用户鉴别

控制措施

宜使用适当的鉴别方法以控制远程用户的访问。

实施指南

远程用户的鉴别可以使用例如密码技术、硬件令牌或询问/响应协议等来实现。在各种各样的虚拟专用网络(VPN)解决方案中可以发现这种技术可能的实施。专线也可用来提供连接来源的保证。

回拨规程和控制措施，例如使用回拨调制解调器，可以提供防范到组织信息处理设施的未授权和不希望的连接。这种类型的控制措施可鉴别从远程地点试图与组织网络建立连接的用户。当使用这种控制措施时，组织不宜使用包括呼叫转发的网络服务，或者，如果使用了这种呼叫转发的网络服务，则宜禁用这种特性，以避免与之相关的弱点。回叫过程宜确保组织发生了实际的连接断开。否则，远程用户可能保持线路开路，假装进行了回叫验证。对于这种可能性，宜充分地测试回叫规程和控制措施。

若远程用户组被连接到一个安全的、共享的计算机设施，那么，结点鉴别可作为一种进行鉴别的替代手段。密码技术，例如，建立在机器证书基础上，可用于结点鉴别。这是一些 VPN 解决方案中的一部分。

宜实施另外的鉴别控制措施以控制对无线网络的访问。尤其是，由于不可检测的截取和插入网络流的机会较大，在为无线网络选择控制措施时需要特别小心。

其他信息

外部连接为未授权访问业务信息提供了可能，例如，通过拨号方法的访问。有不同类型的鉴别方法，其中某些方法提供比其他方法更高级别的保护，例如，基于使用密码技术的方法可以提供强鉴别。重要的是根据风险评估确定需要的保护级别。这对于选择一种合适的鉴别方法是必需的。

与远程计算机自动连接的设施可能提供获得对业务应用的未授权访问的一种方式。如果该连接使用了组织安全管理控制之外的网络，这一点尤其重要。

11.4.3 网络上的设备标识

控制措施

宜考虑自动设备标识，将其作为鉴别特定位置和设备连接的方法。

实施指南

如果通信只能从某特定位置或设备处开始，则可使用设备标识。设备内的或贴在设备上的标识符可用于表示此设备是否允许连接网络。如果存在多个网络，尤其是如果这些网络有不同的敏感度，这些标识符宜清晰地指明设备允许连接到哪个网络。考虑设备的物理保护以维护设备标识符的安全可能是必要的。

其他信息

这一控制措施可补充其他技术以鉴别设备的用户（见 11.4.2）。设备标识可用于用户鉴别。

11.4.4 远程诊断和配置端口的保护

控制措施

对于诊断和配置端口的物理和逻辑访问宜加以控制。

实施指南

对于诊断和配置端口的访问可能采取的控制措施包括使用带钥匙的锁和支持规程，以控制对端口的物理访问。例如，这种支持规程的实例之一是确保只有按照计算机服务管理人员和需要访问的硬件/软件支持人员之间的安排，才可访问诊断和配置端口。

如果没有特别的业务需要，那么安装在计算机或网络设施中的端口、服务和类似的设施，宜禁用或取消。

其他信息

许多计算机系统、网络系统和通信系统安装了远程诊断或配置工具，以便维护工程师使用。如果未加保护，则这些诊断端口提供了一种未授权访问的手段。

11.4.5 网络隔离

控制措施

宜在网络中隔离信息服务、用户及信息系统。

实施指南

控制大型网络的安全的一种方法是将该网络分成独立的逻辑网络域，例如，组织的内部网络域和外部网络域，每个域受到已定义的安全周边的保护。不同等级的控制措施集可应用于不同的逻辑网络域，以进一步隔离网络安全环境，例如公共可访问系统、内部网络和关键资产。域的定义宜基于风险评估和每个域内的不同安全要求。

这样的网络周边可以通过在互连的两个网络之间安装一个安全网关来实现，以控制这两个域之间的访问和信息流。这一网关宜配置成能过滤这些域之间的通信流（见 11.4.6 和 11.4.7），并且能按照组织的访问控制策略阻挡未授权访问（见 11.1）。这种类型网关的实例之一就是通常被称作的防火墙。另外一种隔离独立的逻辑域的方法是通过为组织内的用户组使用虚拟专用网来限制网络访问。

还可以使用网络设备的功能来隔离网络，例如 IP 转换。这样，独立域可以通过使用路由/交换性能，例如访问控制列表，控制网络数据流而实现。

将网络隔离成若干域的准则宜基于访问控制策略和访问要求（见 10.1），还宜考虑到相关成本和加入适合的网络路由或网关技术的性能影响（见 11.4.6 和 11.4.7）。

另外，为减少服务中断的总的影响，网络的隔离宜基于网络中存储或处理信息的价值和分类、信任级别或业务线。

宜考虑无线网络与内部和专用网络的隔离。因为无线网络的周边不好定义，在这种情况下，宜执行风险评估以识别控制措施（例如，强鉴别、密码手段和频率选择），以维持网络隔离。

<u>其他信息</u>

正在日益扩展的网络超出了传统的组织边界，因为形成的业务伙伴可能需要信息处理和网络设施的互连或共享。这样的扩展可能增加对使用此网络的现有的信息系统进行未授权访问的风险，其中的某些系统由于其敏感性或关键性可能需要防范其他的网络用户。

11.4.6　网络连接控制

<u>控制措施</u>

对于共享的网络，特别是越过组织边界的网络，用户的联网能力宜按照访问控制策略和业务应用要求加以限制（见 11.1）。

<u>实施指南</u>

宜按照访问控制策略（见 11.1.1）的要求，维护和更新用户的网络访问权。

用户的连接能力可通过网关来限制，该网关按照预先定义的表或规则过滤通信流。宜运用限制的应用示例为：

a）　消息传递，例如电子邮件；

b）　文件传送；

c）　交互式访问；

d）　应用访问。

宜考虑将网络访问权与某天的特定时间或日期连接起来。

<u>其他信息</u>

共享网络，特别是扩展到跨越组织边界的那些共享网络的访问控制策略可能需要引入限制用户连接能力的控制措施。

11.4.7　网络路由控制

<u>控制措施</u>

宜在网络中实施路由控制，以确保计算机连接和信息流不违反业务应用的访问控制策略。

<u>实施指南</u>

路由控制措施宜基于确定的源地址和目的地址校验机制。

如果使用了代理和/或网络地址转换技术，则可使用安全网关在内部和外部网络控制点验证源地址和目的地址。实施者宜了解所采用的机制的强度和缺点。网络路由控制的要求宜基于访问控制策略（见 11.1）。

<u>其他信息</u>

共享网络，特别是扩展到跨越组织边界的那些共享网络，可能需要另外的路由控制措施。在与第三方（非组织）用户共享的网络中，这一控制措施特别适用。

11.5 操作系统访问控制

目标:防止对操作系统的未授权访问。 宜使用安全设施以限制授权用户访问操作系统。这些设施宜具备下列能力: a) 按照已定义的访问控制策略鉴别授权用户; b) 记录成功和失败的系统鉴别企图; c) 记录专用系统特殊权限的使用; d) 当违背系统安全策略时发布警报; e) 提供合适的鉴别手段; f) 恰当时,限制用户的连接时间。

11.5.1 安全登录规程

控制措施

访问操作系统宜通过安全登录规程加以控制。

实施指南

登录到操作系统的规程宜设计成使未授权访问的机会减到最小。因此,登录规程宜公开最少有关系统的信息,以避免给未授权用户提供任何不必要的帮助。良好的登录规程宜:

a) 不显示系统或应用标识符,直到登录过程已成功完成为止。
b) 显示只有已授权的用户才能访问计算机的一般性的告警通知。
c) 在登录规程中,不提供对未授权用户有帮助作用的帮助消息。
d) 仅在所有输入数据完成时才验证登录信息。如果出现差错情况,系统不宜指出数据的哪一部分是正确的或不正确的。
e) 限制所允许的不成功登录尝试的次数(例如3次)并考虑:
   1) 记录不成功的尝试和成功的尝试;
   2) 在允许进一步登录尝试之前,强加一次延迟,或在没有特定授权情况下拒绝任何进一步的尝试;
   3) 断开数据链路连接;
   4) 如果达到登录的最大尝试次数,向系统控制台发送警报消息;
   5) 结合口令的最小长度和被保护系统的价值,设置口令重试的次数。
f) 限制登录规程所允许的最长和最短时间。如果超时,则系统宜终止登录。
g) 在成功登录完成时,显示下列信息:
   1) 前一次成功登录的日期和时间;
   2) 上次成功登录之后的任何不成功登录尝试的细节。
h) 不显示输入的口令或考虑通过符号隐藏口令字符。
i) 不在网络上以明文传输口令。

其他信息

在网络上登录会话期间,如果口令以明文传输,它们可能会被网络上的网络"嗅探器"程序捕获。

11.5.2 用户标识和鉴别

控制措施

所有用户宜有唯一的、专供其个人使用的标识符(用户ID),宜选择一种适当的鉴别技术证实用户所宣称的身份。

实施指南

宜将这一控制措施应用于所有类型的用户(包括技术支持人员、操作员、网络管理员、系统程序员和数据库管理员)。

宜使用用户ID来将各个活动追踪到各个责任人。常规的用户活动不宜使用有特殊权限的账户执行。

在例外情况下，如存在明显的业务利益，可以采用一组用户或一项特定作业使用一个共享的用户ID的做法。对于这样的情况，宜将管理者的批准形成文件。为保持可核查性，可以要求另外的控制措施。

宜仅在下列情况下允许个人使用的普通ID，即该ID执行的可访问功能或行为不需要追踪（例如只读访问），或者具有其他控制措施（例如，普通ID的口令一次仅发给一个员工，并记录这种情况）。

需要强鉴别和身份验证时，宜使用鉴别方法代替口令，例如密码手段、智能卡、令牌或生物特征识别手段。

其他信息

口令（见11.3.1和11.5.3）是一种非常通用的提供标识和鉴别的方法，这种标识和鉴别是建立在只有用户知悉的秘密的基础上的。使用密码手段和鉴别协议也可以获得同样的效果。用户标识和鉴别的强度宜和所访问信息的敏感程度相适应。

用户拥有的客体（例如记忆令牌或智能卡）也可以用于标识和鉴别。利用个人的唯一特征或属性的生物特征鉴别技术也可用来鉴别个人的身份。技术和机制的安全组合将产生更强的鉴别。

11.5.3 口令管理系统

控制措施

口令管理系统宜是交互式的，并宜确保优质的口令。

实施指南

一个口令管理系统宜：

a） 强制使用个人用户ID和口令，以保持可核查性；

b） 允许用户选择和变更他们自己的口令，并且包括一个确认规程，以便考虑到输入出错的情况；

c） 强制选择优质口令（见11.3.1）；

d） 强制口令变更（见11.3.1）；

e） 在第一次登录时强制用户变更临时口令（见11.2.3）；

f） 维护用户以前使用的口令的记录，并防止重复使用；

g） 在输入口令时，不在屏幕上显示；

h） 分开存储口令文件和应用系统数据；

i） 以保护的形式（例如加密或哈希运算）存储和传输口令。

其他信息

口令是确认用户具有访问计算机服务的授权的主要手段之一。

某些应用要求由某个独立授权机构来分配用户口令；在这种情况下，上述指南b）、d）和e）不适用。在大多数情况下，口令由用户选择和维护。使用口令的指南参见11.3.1。

11.5.4 系统实用工具的使用

控制措施

对于可能超越系统和应用程序控制措施的实用工具的使用宜加以限制并严格控制。

实施指南

对于系统实用工具的使用，宜考虑下列指南：

a） 对系统实用工具使用标识、鉴别和授权规程；

b） 将系统实用工具和应用软件分开；

c） 将使用系统实用工具的用户限制到可信的、已授权的最小实际用户数（也见11.2.2）；

d） 对系统实用工具的特别使用的授权；

e） 限制系统实用工具的可用性，例如，在授权变更的期间内；

f) 记录系统实用工具的所有使用；

g) 对系统实用工具的授权级别进行定义并形成文件；

h) 移去或禁用所有不必要的基于软件的实用工具和系统软件；

i) 当要求责任分割时，禁止访问系统中应用程序的用户使用系统实用工具。

其他信息

大多数计算机安装有一个或多个可能超越系统和应用控制措施的系统实用工具。

11.5.5 会话超时

控制措施

不活动会话宜在一个设定的休止期后关闭。

实施指南

在一个设定的休止期后，超时设施宜清空会话屏幕，并且也可能在超时更长时，关闭应用和网络会话。超时延迟宜反映该范围的安全风险、被处理的信息和被使用的应用程序的类别，以及与设备的用户相关的风险。

对某些系统可以提供一种受限制的超时设施形式，即清空屏幕并防止未授权访问，但不关闭应用或网络会话。

其他信息

这一控制措施在高风险位置特别重要，包括那些在组织安全管理之外的公共或外部区域。会话宜关闭以防止未授权人员访问和拒绝服务攻击。

11.5.6 联机时间的限定

控制措施

宜使用联机时间的限制，为高风险应用程序提供额外的安全。

实施指南

宜考虑对敏感的计算机应用程序，特别是安装在高风险位置（例如，超出组织安全管理的公共或外部区域）的应用程序，使用连机时间的控制措施。

这种限制的示例包括：

a) 使用预先定义的时隙，例如对批文件传输，或定期的短期交互会话；

b) 如果没有超时或延时操作的要求，则将连机时间限于正常办公时间；

c) 考虑定时进行重新鉴别。

其他信息

限制与计算机服务连接的允许时间减少了未授权访问机会。限制活动会话的持续时间可防范用户保持会话打开而阻碍重新鉴别。

11.6 应用和信息访问控制

目标：防止对应用系统中信息的未授权访问。

宜使用安全设施来限制对应用系统的访问和应用系统内的访问。

对应用软件和信息的逻辑访问宜只限于已授权的用户。应用系统宜：

a) 按照已确定的访问控制策略，控制用户访问信息和应用系统功能；

b) 提供防范能够超越或绕过系统和应用控制措施的任何实用工具、操作系统软件和恶意软件的未授权访问；

c) 不损害与之共享信息资源的其他系统的安全。

11.6.1 信息访问限制

控制措施

用户和支持人员对信息和应用系统功能的访问宜依照已确定的访问控制策略加以限制。

实施指南

对访问的限制宜基于各个业务应用要求。访问控制策略还宜与组织的访问策略(见 11.1)一致。

为支持访问限制要求,宜考虑应用以下指南:

a) 提供控制访问应用系统功能的选择单;
b) 控制用户的访问权,如,读、写、删除和执行;
c) 控制其他应用的访问权;
d) 确保处理敏感信息的应用系统的输出仅包含与使用输出相关的信息,并且仅发送给已授权的终端和地点;这宜包括周期性评审这种输出,以确保去掉多余信息。

11.6.2 敏感系统隔离

控制措施

敏感系统宜有专用的(隔离的)运算环境。

实施指南

对于敏感系统隔离,宜考虑以下内容:

a) 应用程序的责任人要明确识别应用系统的敏感程度,并将其形成文件(见 7.1.2)。
b) 当敏感应用程序在共享的环境中运行时,该敏感应用程序的责任人要识别并接受与其共享资源的应用系统及相关风险。

其他信息

某些应用系统对潜在的损失十分敏感,因此要求特别处理。敏感性可能表示该应用系统:

a) 要运行在专用的计算机上;
b) 要仅与可信的应用系统共享资源。

隔离可通过使用物理或逻辑手段实现(见 11.4.5)。

11.7 移动计算和远程工作

目标:确保使用移动计算和远程工作设施时的信息安全。 需要的保护措施应与这些特定工作方式引起的风险相称。 当使用移动计算时,宜考虑在不受保护的环境中的工作风险,并应用合适的保护措施。在远程工作的情况下,组织宜在远程工作地点应用保护措施,并确保对这种工作方式有合适的安排到位。

11.7.1 移动计算和通信

控制措施

宜有正式策略并且采用适当的安全措施,以防范使用移动计算和通信设施时所造成的风险。

实施指南

当使用移动计算和通信设施,如笔记本、掌上电脑、便携式电脑、智能卡和移动电话时,宜特别小心确保业务信息不被损害。移动计算策略宜考虑到在不受保护的环境下使用移动计算设备工作的风险。

移动计算策略宜包括对物理保护、访问控制、密码技术、备份和病毒防护的要求。这一策略也宜包括关于移动设施与网络连接的规则和建议,以及关于在公共场合使用这些设施的指南。

当在组织建筑物之外的公共场所、会议室和其他不受保护的区域使用移动计算设施时,宜加以小心。为避免未授权访问或泄露这些设施所存储和处理的信息,宜有到位的保护措施,例如,使用密码技术(见 12.3)。

在公共场合使用移动计算设施的用户,宜小心谨慎以避免未授权人员窥视的风险。防范恶意软件的规程宜到位并且保持最新(见 10.4)。

宜定期对关键业务信息进行备份。宜有可用的设备使信息得到快速、简便的备份。对这些备份宜采取足够的防范措施,如,防范信息被偷窃或丢失。

对与网络连接的移动设施的使用宜提供合适的保护。只有在成功标识和鉴别之后,且具有合适的访问控制机制的情况下,才可利用移动计算设施通过公共网络远程访问业务信息(见 11.4)。

还宜对移动计算设施进行物理保护,以防被偷窃,例如,特别是遗留在汽车和其他形式的运输工具上、旅馆房间、会议中心和会议室。宜为移动计算设施的被窃或丢失等情况建立一个符合法律、保险和组织的其他安全要求的特定规程。携带重要、敏感和/或关键业务信息的设备不宜无人值守,若有可能,宜以物理的方式锁起来,或使用专用锁来保护设备(见 9.2.5)。

对于使用移动计算设施的人员宜安排培训,以提高他们对这种工作方式导致的附加风险的意识,并且宜实施控制措施。

其他信息

移动网络无线连接类似于其他类型的网络连接,但在确定控制措施时,宜考虑两者的重要区别。典型的区别有:

a) 一些无线安全协议是不成熟的,并有已知的弱点;
b) 在移动计算机上存储的信息可能不能备份,因为受限的网络带宽和/或因为移动设备在规定的备份时间不能进行连接。

11.7.2 远程工作

控制措施

宜为远程工作活动开发和实施策略、操作计划和规程。

实施指南

组织宜仅在有合适的安全部署和控制措施到位,且这些符合组织的安全方针的情况下,才授权远程工作活动。

宜有对远程工作场地的合适保护措施,以防范设备和信息被窃、信息的未授权泄露、对组织内部系统的未授权远程访问或设施滥用等。远程工作活动宜由管理者授权和控制,且宜确保对这种工作方式有合适安排。

宜考虑下列内容:

a) 远程工作场地的现有物理安全,要考虑到建筑物和本地环境的物理安全;
b) 推荐的物理的远程工作环境;
c) 通信安全要求,要考虑远程访问组织内部系统的需要、被访问的并在通信链路上传递的信息的敏感性以及内部系统的敏感性;
d) 住处的其他人员(例如,家人和朋友)未授权访问信息或资源的威胁;
e) 家庭网络的使用和无线网络服务配置的要求或限制;
f) 针对私有设备开发的预防知识产权争论的策略和规程;
g) 法律禁止的对私有设备的访问(核查机器安全或在调查期间);
h) 使组织对雇员、承包方人员或第三方人员等私人拥有的工作站上的客户端软件负有责任的软件许可协议;
i) 防病毒保护和防火墙要求。

要考虑的指南和安排宜包括:

a) 当不允许使用不在组织控制下的私有设备时,对远程工作活动提供合适的设备和存储设施;
b) 确定允许的工作、工作小时数、可以保持的信息分类和授权远程工作者访问的内部系统和服务;
c) 提供适合的通信设备,包括使远程访问安全的方法;
d) 物理安全;
e) 有关家人和来宾访问设备和信息的规则和指南;
f) 硬件和软件支持和维护的规定;
g) 保险的规定;

h) 用于备份和业务连续性的规程；

i) 审核和安全监视；

j) 当远程工作活动终止时，撤销授权和访问权，并返回设备。

其他信息

远程工作是利用通信技术来使得人员可以在其组织之外的固定地点进行远程工作的。

12 信息系统获取、开发和维护

12.1 信息系统的安全要求

目标：确保安全是信息系统的一个有机组成部分。

信息系统包括操作系统、基础设施、业务应用、非定制产品、服务和用户开发的应用。支持业务过程的信息系统的设计和实施对安全来说可能是关键的。在信息系统开发和/或实施之前，宜识别并商定安全要求。

宜在项目需求阶段识别所有安全要求，并证明这些安全要求的合理性，对这些安全要求加以商定，并且将这些安全要求形成文件作为信息系统整体业务情况的一部分。

12.1.1 安全要求分析和说明

控制措施

在新的信息系统或增强已有信息系统的业务要求陈述中，宜规定对安全控制措施的要求。

实施指南

控制措施要求的说明宜考虑在信息系统中包含的自动控制措施，以及支持人工控制措施的需要。当评价业务应用(开发或购买)的软件包时，宜进行类似的考虑。

安全要求和控制措施宜反映出所涉及的信息资产的业务价值(见 7.2)，和可能由于安全故障或安全措施不足引起的潜在的业务损害。

信息安全的系统要求与实施安全的过程宜在信息系统项目的早期阶段被集成。在设计阶段引入控制措施要比在实现期间或实现后引入控制措施的实施和维护的费用低得多。

如果购买产品，则宜遵循一个正式的测试和获取过程。与供货商签订的合同宜给出已确定的安全要求。如果推荐的产品的安全功能不能满足安全要求，那么在购买产品之前宜重新考虑引入的风险和相关控制措施。如果产品提供的附加功能引起了安全风险，那么宜禁用该功能，或者宜评审所推荐的控制结构，以判定是否可以利用该增强功能。

其他信息

如果被认为适合，例如考虑成本因素，管理者可能希望使用经过独立评价和认证的产品。关于 IT 安全产品评估准则的更多信息可参见 GB/T 18336—2001，或者其他评价或认证标准。

ISO/IEC TR 13335-3 提供了使用风险管理过程确定安全控制措施要求的指南。

12.2 应用中的正确处理

目标：防止应用系统中的信息的差错、遗失、未授权的修改或误用。

应用系统(包括用户开发的应用系统)内宜设计合适的控制措施以确保正确处理。这些控制措施宜包括对输入数据、内部处理和输出数据的确认。

对于处理敏感的、有价值的或关键的信息的系统或对这些信息有影响的系统，可以要求另外的控制措施。这样的控制措施宜在安全要求和风险评估的基础上加以确定。

12.2.1 输入数据确认

控制措施

宜对输入应用系统的数据加以确认，以确保数据是正确且恰当的。

实施指南

宜将校验应用于业务交易、常备数据(例如,姓名和地址、信贷限值、顾客引用号码)和参数表(例如,销售价、货币兑换率、税率)的输入。宜考虑下列指南:

a) 双输入或其他输入校验,例如边界校验或者限制特定输入数据范围的域,以检测下列差错:
   1) 范围之外的值;
   2) 数据字段中的无效字符;
   3) 丢失或不完整的数据;
   4) 超过数据的上下容量限制;
   5) 未授权的或矛盾的控制数据。
b) 定期评审关键字段或数据文件的内容,以证实其有效性和完整性。
c) 检查硬拷贝输入文件是否有任何未授权的变更(输入文件的所有变更均宜予以授权)。
d) 响应确认了的差错的规程。
e) 测试输入数据合理性的规程。
f) 定义在数据输入过程中所涉及的全部人员的职责。
g) 创建在数据输入过程中所涉及的活动的日志(见 10.10.1)。

其他信息

适用时,可以考虑对输入数据进行自动试验和确认,以减少出错的风险和预防包括缓冲区溢出和代码注入等常见的攻击。

12.2.2 内部处理的控制

控制措施

确认核查宜整合到应用中,以检验由于处理的差错或故意的行为造成的信息的任何讹误。

实施指南

应用系统的设计与实施宜确保导致完整性损坏的处理故障的风险减至最小。要考虑的特定范围包括:

a) 使用添加、修改和删除功能,以实现数据变更;
b) 防止程序以错误次序运行或在前面处理出现故障后运行的规程(见 10.1.1);
c) 使用适当的规程恢复故障,以确保数据的正确处理;
d) 防范利用缓冲区超出/溢出进行的攻击。

宜准备适当的核查列表,将核查活动文件化,并宜保持核查结果的安全。可被整合的核查例子如下:

a) 会话或批控制措施,以便在交易更新之后调节数据文件平衡。
b) 平衡控制措施,对照先前的封闭平衡来核查开放平衡,即:
   1) 运行到运行的控制措施;
   2) 文件更新总数;
   3) 程序到程序的控制措施。
c) 确认系统生成的输入数据(见 12.2.1)。
d) 核查在中央计算机和远程计算机之间所下载或上载的数据或软件的完整性、真实性或者其他任何安全特性。
e) 记录和文件的数位总和。
f) 核查以确保应用程序在正确时刻运行。
g) 核查以确保程序以正确的次序运行并且在发生故障时终止,以及在问题解决之前停止进一步的处理。
h) 创建处理中所涉及的活动的日志(见 10.10.1)。

其他信息

正确输入的数据可能被硬件错误、处理出错或故意的行为所破坏。所需的确认核查取决于应用系统的性质和毁坏数据对业务的影响。

12.2.3 消息完整性

控制措施

应用中的确保真实性和保护消息完整性的要求宜得到识别,适当的控制措施也宜得到识别并实施。

实施指南

宜进行安全风险的评估以判定是否需要消息完整性,并确定最合适的实施方法。

其他信息

密码技术(见12.3)可被用作一种合适的实现消息鉴别的手段。

12.2.4 输出数据确认

控制措施

从应用系统输出的数据宜加以确认,以确保对所存储信息的处理是正确的且适于环境的。

实施指南

输出确认可以包括:

a) 合理性核查,以测试输出数据是否合理;
b) 调节控制计数,以确保处理所有数据;
c) 为读者或后续的处理系统提供足够的信息,以确定信息的准确性、完备性、精确性和分类;
d) 响应输出确认测试的规程;
e) 定义在数据输出过程中所涉及的全部人员的职责;
f) 创建在数据输出确认过程中活动的日志。

其他信息

一般来说,系统和应用是在假设已经进行了适当的确认、验证和测试的条件下构建的,其输出总是正确的。然而,这种假设并不总是有效;即,已经过测试的系统仍可能在某些环境下产生不正确的输出。

12.3 密码控制

目标:通过密码方法保护信息的保密性、真实性或完整性。 宜制定使用密码控制的策略。宜有密钥管理以支持使用密码技术。

12.3.1 使用密码控制的策略

控制措施

宜开发和实施使用密码控制措施来保护信息的策略。

实施指南

制定密码策略时,宜考虑下列内容:

a) 组织间使用密码控制的管理方法,包括保护业务信息的一般原则(见5.1.1)。
b) 基于风险评估,宜确定需要的保护级别,并考虑需要的加密算法的类型、强度和质量。
c) 使用加密保护通过可移动或可拆卸的介质、设备或者通信线路传输的敏感信息。
d) 密钥管理方法,包括应对密钥保护的方法,以及在密钥丢失、损害或毁坏后加密信息的恢复方法。
e) 角色和职责,例如,谁负责:
   1) 策略的实施;
   2) 密钥管理,包括密钥生成(见12.3.2)。
f) 为在整个组织内有效实施而采用的标准(哪种解决方案用于哪些业务过程)。
g) 使用加密后的信息对依赖于内容检查的控制措施(例如,病毒检测)的影响。

当实施组织的密码策略时，宜考虑我国应用密码技术的规定和限制，以及加密信息跨越国界时的问题(见15.1.6)。

可以使用密码控制措施实现不同的安全目标，例如：

a) 保密性：使用信息加密以保护存储或传输中的敏感或关键信息；

b) 完整性/真实性：使用数字签名或消息鉴别码以保护存储和传输中的敏感或关键信息的真实性和完整性；

c) 抗抵赖性：使用密码技术以获得一个事态或行为发生或未发生的证据。

其他信息

有关一个密码解决方案是否合适的决策，宜被看作更广的风险评估和选择控制措施过程的一部分。该评估可以用来判定一个密码控制措施是否合适，宜运用什么类型的控制措施以及应用于什么目的和业务过程。

使用密码控制措施的策略对于使利益最大化，使利用密码技术的风险最小化，以及避免不合适或不正确的使用而言，十分必要。在使用数字签名时，宜考虑任何相关的法律，特别是规定什么条件下数字签名被合法绑定的法律(见15.1)。

宜征求专家建议以识别适当的保护级别，确定用以提供所需的保护及支持安全密钥管理系统实施的合适的规范(见12.3.2)。

我国已经制定了若干与密码控制有关的标准。信息系统的开发应用宜遵循这些相关标准。

12.3.2 密钥管理

控制措施

宜有密钥管理以支持组织使用密码技术。

实施指南

宜保护所有的密钥免遭修改、丢失和毁坏。另外，秘密和私有密钥需要防范非授权的泄露。用来生成、存储和归档密钥的设备宜进行物理保护。

密钥管理系统宜基于已商定的标准、规程和安全方法，以便：

a) 生成用于不同密码系统和不同应用的密钥；

b) 生成和获得公开密钥证书；

c) 分发密钥给预期用户，包括在收到密钥时要如何激活；

d) 存储密钥，包括已授权用户如何访问密钥；

e) 变更或更新密钥，包括要何时变更密钥和如何变更密钥的规则；

f) 处理已损害的密钥；

g) 撤销密钥，包括要如何撤消或解除激活的密钥，例如，当密钥已损害时或当用户离开组织时(在这种情况下，密钥也要归档)；

h) 恢复已丢失或损坏的密钥，作为业务连续性管理的一部分，例如，用于加密信息的恢复的密钥；

i) 归档密钥，例如，用于已归档或备份信息的密钥；

j) 销毁密钥；

k) 记录和审核与密钥管理相关的活动。

为了减少密钥损害的可能性，宜规定密钥的激活日期和解除激活日期，以使它们只能用于有限的时间段。该时间段宜根据所使用的密码控制的情况和察觉的风险而定。

除了安全地管理秘密和私有密钥外，还宜考虑公开密钥的真实性。这一鉴别过程可以由证书认证机构正式颁发的公钥证书来完成，该认证机构宜是一个具有合适的控制措施和规程以提供所需的信任度的公认组织。

与外部密码服务提供者(例如与认证机构)签订的服务级别协议或合同的内容，宜涵盖服务责任、服务可靠性和提供服务的响应次数等若干问题(见 6.2.3)。

其他信息

密钥的管理对有效使用密码技术来说是必需的。GB/T 17901 提供了更多密钥管理的信息。两种类型的密码技术为：

a) 秘密密钥技术，其中双方或更多方共享同一密钥，并且该密钥既用来加密也用来解密信息；这个密钥必须被秘密地保存，因为访问到它的任何人能解密被该密钥加密的所有信息，或引入使用该密钥的未授权信息；
b) 公开密钥技术，其中每个用户拥有一对密钥，一个公开密钥(它可以被展现给任何人)和一个私有密钥(它必须被秘密地保存)；公开密钥技术可用于加密，并可用来产生数字签名(参见 GB/T 15851 和 GB/T 17902)。

存在通过替换某用户的公开密钥来伪造数字签名的威胁。这一问题可以通过使用公开密钥证书来解决。

密码技术还可以用来保护密钥。可能需要考虑处理访问密钥的法律请求的规程，例如，加密的信息可能需要以未加密的形式提供，以作为法庭案例的证据。

12.4 系统文件的安全

目标：确保系统文件的安全。 宜控制对系统文件和程序源代码的访问。宜以安全的方式管理 IT 项目和支持活动。在测试环境中宜小心谨慎以避免泄露敏感数据。

12.4.1 运行软件的控制

控制措施

宜有规程来控制在运行系统上安装软件。

实施指南

为使运行系统被损坏的风险减到最小，宜考虑下列指南以控制变更：

a) 要仅由受过培训的管理员，根据合适的管理授权(见 12.4.3)，进行运行软件、应用和程序库的更新；
b) 运行系统要仅安装经过批准的可执行代码，不安装开发代码和编译程序；
c) 应用和操作系统软件要在大范围的、成功的测试之后才能实施；这种测试要包括实用性、安全性、对其他系统的影响和用户友好性的测试，且测试要在独立的系统上完成(见 10.1.4)；要确保所有对应的程序源库已经更新；
d) 要使用配置控制系统对所有已开发的软件和系统文件进行控制；
e) 在变更实施之前要有还原的策略；
f) 要维护对运行程序库的所有更新的审计日志；
g) 要保留应用软件的先前版本作为应急措施；
h) 软件的旧版本，连同所有需要的信息和参数、规程、配置细节以及支持软件，以及进行与归档数据具有相同保留期的归档。

在运行系统中所使用的由厂商供应的软件宜在供应商支持的级别上加以维护。一段时间后，软件供应商停止支持旧版本的软件。组织宜考虑依赖于这种不再支持的软件的风险。

升级到新版的任何决策宜考虑变更的业务要求和新版的安全，即引入的新安全功能或影响该版本安全问题的数量和严重程度。当软件补丁有助于消除或减少安全弱点(见 12.6.1)时，宜使用软件补丁。

必要时在管理者批准的情况下，仅为了支持目的，才授予供应商物理或逻辑访问权。宜监督供应商的活动。

计算机软件可能依赖于外部提供的软件和模块，宜对这些产品进行监视和控制，以避免可能引入安全弱点的非授权的变更。

其他信息

操作系统宜仅在需要升级的时候才进行升级，例如，在操作系统的当前版本不再支持业务要求的时候。只有在具有了可用的新版本的操作系统后才能进行升级。操作系统的新版本和当前的系统相比可能不太安全、不太稳定和不太好理解。

12.4.2 系统测试数据的保护

控制措施

测试数据宜认真地加以选择、保护和控制。

实施指南

宜避免使用包含个人信息或其他敏感信息的运行数据库用于测试。如果测试使用了个人或其他敏感信息，那么在使用之前宜去除或修改所有的敏感细节和内容。当用于测试时，宜使用下列指南保护运行数据：

a） 要用于运行应用系统的访问控制规程，还应用于测试应用系统；

b） 运行信息每次被拷贝到测试应用系统时要有独立的授权；

c） 在测试完成之后，要立即从测试应用系统清除运行信息；

d） 要记录运行信息的拷贝和使用日志以提供审核踪迹。

其他信息

系统和验收测试常常要求相当多的尽可能接近运行数据的测试数据。

12.4.3 对程序源代码的访问控制

控制措施

宜限制访问程序源代码。

实施指南

对程序源代码和相关事项（例如设计、说明书、验证计划和确认计划）的访问宜严格控制，以防引入非授权功能和避免无意识的变更。对于程序源代码的保存，可以通过这种代码的中央存储控制来实现，更好的是放在源程序库中。为了控制对源程序库的访问（见第 11 章）以减少潜在的计算机程序的破坏，宜考虑下列指南：

a） 若有可能，在运行系统中不要保留源程序库；

b） 程序源代码和源程序库要根据制定的规程进行管理；

c） 要限制支持人员访问源程序库；

d） 更新源程序库和有关事项，向程序员发布程序源代码要在获得适当的授权之后进行；

e） 程序列表要保存在安全的环境中（见 10.7.4）；

f） 要维护对源程序库所有访问的审计日志；

g） 维护和拷贝源程序库要受严格变更控制规程的制约（见 12.5.1）。

其他信息

程序源代码是由程序员编写的代码，经编译（和链接）后产生可执行代码。特定程序语言不能正式区分源代码和可执行代码，这是因为可执行代码是在它们被激活时产生的。

GB/T 8566 和 ISO 10007 提供了更多关于配置管理和软件生存周期过程的信息。

12.5 开发和支持过程中的安全

目标：维护应用系统软件和信息的安全。 宜严格控制项目和支持环境。 负责应用系统的管理人员，也宜负责项目或支持环境的安全。他们宜确保评审所有推荐的系统变更，以核查这些变更不会损害系统或操作环境的安全。

12.5.1 变更控制规程

控制措施

宜使用正式的变更控制规程来控制变更的实施。

实施指南

宜将正式的变更控制规程文件化，并强制实施，以将信息系统的损坏减到最小。引入新系统和对已有系统进行大的变更宜按照从文件、规范、测试、质量控制到实施管理这个正式的过程进行。

这个过程宜包括风险评估、变更影响分析和所需的安全控制措施规范。这一过程还宜确保不损害现有的安全和控制规程，确保支持程序员仅能访问系统中其工作那些必要的部分，确保任何变更要获得正式商定和批准。

只要可行，应用和运行变更控制规程宜集成起来(见10.1.2)。该变更规程宜包括：

a) 维护所商定授权级别的记录；

b) 确保由授权的用户提交变更；

c) 评审控制措施和完整性规程，以确保它们不因变更而损害；

d) 识别需要修正的所有软件、信息、数据库实体和硬件；

e) 在工作开始之前，获得对详细建议的正式批准；

f) 确保已授权的用户在实施之前接受变更；

g) 确保在每个变更完成之后更新系统文件设置，并将旧文件归档或丢弃；

h) 维护所有软件更新的版本控制；

i) 维护所有变更请求的审核踪迹；

j) 当必要时，确保对操作文件(见10.1.1)和用户规程作合适的变更；

k) 确保变更的实施发生在正确的时刻，并且不干扰所涉及的业务过程。

其他信息

变更软件会影响运行环境。

良好的惯例包括在一个与生产和开发环境隔离(见10.1.4)的环境中测试新软件。这提供对新软件进行控制和允许对被用于测试目的的运行信息给予附加保护的手段。这宜包括补丁、服务包和其他更新。不宜在关键系统中使用自动更新，因为某些更新可能会导致关键应用程序的失败(见12.6)。

12.5.2 操作系统变更后应用的技术评审

控制措施

当操作系统发生变更时，宜对业务的关键应用进行评审和测试，以确保对组织的运行和安全没有负面影响。

实施指南

这一过程宜涵盖：

a) 评审应用控制和完整性规程，以确保它们不因操作系统变更而损害；

b) 确保年度支持计划和预算将包括由于操作系统变更而引起的评审和系统测试；

c) 确保及时提供操作系统变更的通知，以便于在实施之前进行合适的测试和评审；

d) 确保对业务连续性计划进行合适的变更(见第14章)。

宜指定专门的组织或个人负责监视脆弱性和供应商发布的补丁和修正(见12.6)。

12.5.3 软件包变更的限制

控制措施

宜对软件包的修改进行劝阻，只限于必要的变更，且对所有的变更加以严格控制。

实施指南

如果可能且可行，宜使用厂商提供的软件包，而无需修改。在需要修改软件包时，宜考虑下列要点：

a) 内置控制措施和完整性过程被损害的风险；

b) 是否宜获得厂商的同意；

c) 当标准程序更新时，从厂商获得所需要变更的可能性；

d) 作为变更的结果，组织要负责进一步维护此软件的影响。

如果变更是必要的，则原始软件宜保留，并将变更应用于已明显确定的拷贝。宜实施软件更新管理过程，以确保最新批准的补丁和应用更新已经安装在所有的授权软件中(见12.6)。宜充分测试所有变更，并将其形成文件，若必要，可以使它们重新应用于进一步的软件升级。如果必要，所有的更新宜由独立的评估机构进行测试和确认。

12.5.4 信息泄露

控制措施

宜防止信息泄露的可能性。

实施指南

宜考虑下列事项以限制信息泄露的风险，例如通过使用和利用隐蔽通道：

a) 扫描隐藏信息的对外介质和通信；

b) 掩盖和调整系统和通信的行为，以减少第三方从这些行为中推断信息的可能性；

c) 使用被认为具有高完整性的系统和软件，例如使用经过评价的产品(见GB/T 18336)；

d) 在现有法律或法规允许的情况下，定期监视个人和系统的活动；

e) 监视计算机系统的资源使用。

其他信息

隐蔽信道不是故意用来引导信息流的通道，但它仍可能存在于系统或网络中。例如，通信协议包中的隐藏比特可能被作为信号隐藏的方法。从本质上说，如果可能的话，防止所有可能的隐蔽通道的存在将是很困难的。然而，特洛伊木马经常利用这种隐蔽通道(见10.4.1)。因此，采取措施防范特洛伊木马能够减少隐蔽通道被利用的风险。

防止非授权的网络访问(见11.4)和阻止人员对信息服务的误用(见15.1.5)的策略和规程，有助于防范隐蔽通道。

12.5.5 外包软件开发

控制措施

组织宜管理和监视外包软件的开发。

实施指南

在外包软件开发时，宜考虑下列要点：

a) 许可证安排、代码所有权和知识产权(见15.1.2)；

b) 所完成工作的质量和准确性的认证；

c) 第三方发生故障时的契约安排；

d) 审核所完成的工作质量和准确性的访问权；

e) 代码质量和安全功能的合同要求；

f) 在安装前，检测恶意代码和特洛伊木马。

12.6 技术脆弱性管理

目标：降低利用公布的技术脆弱性导致的风险。 技术脆弱性管理宜以一种有效的、系统的、可重复的，并可测量以证实其有效性的方式实施。这些考虑事项宜包括使用中的操作系统和任何其他的应用程序。

12.6.1 技术脆弱性的控制

控制措施

宜及时得到现用信息系统技术脆弱性的信息，评价组织对这些脆弱性的暴露程度，并采取适当的措施来处理相关的风险。

实施指南

当前的、完整的资产清单(见7.1)是进行有效技术脆弱性管理的先决条件。支持技术脆弱性管理所需的特定信息包括软件供应商、版本号、部署的当前状态(例如,在什么系统上安装什么软件),以及组织内负责软件的人员。

宜采取适当的、及时的措施以响应潜在的技术脆弱性。建立有效的技术脆弱性管理过程宜遵循下列指南:

a) 组织要定义和建立与技术脆弱性管理相关的角色和职责,包括脆弱性监视、脆弱性风险评估、打补丁、资产追踪和任意需要的协调责任。
b) 用于识别相关的技术脆弱性和维护有关这些脆弱性的认识的信息资源,要被识别用于软件和其他技术(基于资产清单,见7.1.1);这些信息资源要根据清单的变更而更新,或当发现其他新的或有用的资源时,也要更新。
c) 要制定时间表对潜在的相关技术脆弱性的通知做出反映。
d) 一旦潜在的技术脆弱性被确定,组织要识别相关的风险并采取措施;这些措施可能包括对脆弱的系统打补丁和/或应用其他控制措施。
e) 按照技术脆弱性需要解决的紧急程度,要根据变更管理相关的控制措施(见12.5.1),或者遵照信息安全事件响应规程(见13.2),采取措施。
f) 如果有可用的补丁,则要评估与安装该补丁相关的风险(脆弱性引起的风险要与安装补丁带来的风险进行比较)。
g) 在安装补丁之前,要进行测试与评价,以确保它们是有效的,且不会导致不能容忍的负面影响;如果没有可用的补丁,要考虑其他控制措施,例如:
   1) 关闭与脆弱性有关的服务和功能;
   2) 调整或增加访问控制措施,例如在网络边界上添加防火墙(见11.4.5);
   3) 增加监视以检测或预防实际的攻击;
   4) 提高脆弱性意识。
h) 要对所有执行的规程进行审计日志。
i) 要定期对技术脆弱性管理过程进行监视和评价,以确保其有效性和效率。
j) 处于高风险中的系统要首先解决。

其他信息

一个组织的技术脆弱性管理过程的正确实施对许多组织来说是非常重要的,因此宜定期对其进行监视。一个准确的清单对于确保识别潜在的相关技术脆弱性而言,是必要的。

技术脆弱性管理可被看作是变更管理的一个子功能,因此可以利用变更管理的过程和规程(见10.1.2和12.5.1)。

供应商往往是在很大的压力下发布补丁。因此,补丁可能不足以解决该问题,并且可能存在负作用。而且,在某些情况下,一旦补丁被安装后,很难被卸载。

如果不能对补丁进行充分的测试,如由于成本或资源缺乏,那么可以考虑推迟打补丁,以便基于其他用户报告的经验来评价相关的风险。

13 信息安全事件管理

13.1 报告信息安全事态和弱点

目标:确保与信息系统有关的信息安全事态和弱点能够以某种方式传达,以便及时采取纠正措施。

宜有正式的事态报告和上报规程。所有雇员、承包方人员和第三方人员都宜了解这些规程,以便报告可能对组织的资产安全造成影响的不同类型的事态和弱点。宜要求他们尽可能快地将信息安全事态和弱点报告给指定的联系点。

13.1.1 报告信息安全事态

控制措施

信息安全事态宜尽可能快地通过适当的管理渠道进行报告。

实施指南

宜建立正式的信息安全事态报告规程和事件响应及上报规程，以在收到信息安全事态报告时着手采取措施。为了报告信息安全事态，宜建立联系点。宜确保整个组织都知道该联系点，该联系点一直保持可用并能提供充分且及时的响应。

所有雇员、承包方人员和第三方人员都宜知道他们有责任尽可能快地报告任何信息安全事态。他们还宜知道报告信息安全事态的规程和联系点。报告规程宜包括：

a) 适当的反馈过程，以确保在信息安全事态处理完成后，能够将处理结果通知给事态报告人。

b) 信息安全事态报告单，以支持报告行为和帮助报告人员记下信息安全事态中的所有必要的行为。

c) 信息安全事态发生后要采取正确的行为，即：

  1) 立即记录下所有重要的细节(如，不符合或违规的类型、出现的故障、屏幕上显示的消息、异常行为)；

  2) 不要采取任何个人行动，但要立即向联系点报告。

d) 引用一种已制定的正式纪律处理过程，来处理有安全违规行为的雇员、承包方人员或第三方人员。

在高风险环境下，可以提供强迫警报[1)]，借此被强迫的人员可以指出这种问题。对强迫警报的响应规程宜反映该警报所指明的高风险情况。

其他信息

信息安全事态和事件的示例如下：

a) 服务、设备或设施的丢失；

b) 系统故障或超载；

c) 人为差错；

d) 策略或指南的不符合；

e) 物理安全安排的违规；

f) 未加控制的系统变更；

g) 软件或硬件故障；

h) 非法访问。

在注意保密性各方面的情况下，信息安全事件可以在用户意识培训(见 8.2.2)中作为一些例子，这些例子是，可能发生什么事件，如何对该事件进行响应，以及在将来如何避免这些事件。为了正确指出信息安全事态和事件，在其发生后尽可能地收集证据是必要的(见 13.2.3)。

故障或其他异常的系统行为可能是安全攻击和实际安全违规的显示，因此宜将其当作信息安全事态进行报告。

关于信息安全事态的报告和信息安全事件的管理方面的更多信息可以参见 GB/Z 20985—2007。

13.1.2 报告安全弱点

控制措施

宜要求信息系统和服务的所有雇员、承包方人员和第三方人员记录并报告他们观察到的或怀疑的任何系统或服务的安全弱点。

1) 强迫警报是用来秘密地表明一个行为正在“强迫”下发生的方法。

实施指南

为了预防信息安全事件，所有雇员、承包方人员和第三方人员宜尽可能快地将这些事情报告给他们的管理者，或者直接报告给服务提供者。报告机制宜尽可能容易、可访问和可利用。宜告知他们，在任何情况下，他们都不宜试图去证明被怀疑的弱点。

其他信息

宜建议雇员、承包方人员和第三方人员不要试图去证明被怀疑的安全弱点。测试弱点可能被看作是潜在的系统误用，还可能导致信息系统或服务的损害，并引起测试人员的法律责任。

13.2 信息安全事件和改进的管理

目标：确保采用一致和有效的方法对信息安全事件进行管理。 宜有职责和规程，以便一旦信息安全事态和弱点报告上来，就能有效的处理它们。宜使用一个连续的改进过程对信息安全事件进行响应、监视、评价和整体管理。 如果需要证据的话，则宜收集证据以确保符合法律要求。

13.2.1 职责和规程

控制措施

宜建立管理职责和规程，以确保快速、有效和有序地响应信息安全事件。

实施指南

除了对信息安全事态和弱点进行报告（见 13.1）外，还宜利用对系统、报警和脆弱性的监视（见 10.10.2）来检测信息安全事件。信息安全事件管理规程宜考虑下列指南：

a) 宜建立规程以处理不同类型的信息安全事件，包括：
   1) 信息系统故障和服务丢失；
   2) 恶意代码（见 10.4.1）；
   3) 拒绝服务；
   4) 不完整或不准确的业务数据导致的差错；
   5) 违反保密性和完整性；
   6) 信息系统误用。
b) 除了正常的应急计划（见 14.1.3），规程还宜包括（见 13.2.2）：
   1) 事件原因的分析和确定；
   2) 遏制事件影响扩大的策略；
   3) 如果必要，计划和实施纠正措施以防止事件再发生；
   4) 同受到事件影响或涉及事件恢复的人员进行沟通；
   5) 向合适的机构报告所采取的措施。
c) 合适时，宜收集和保护审核踪迹和类似的证据（见 13.2.3），以用于：
   1) 内部问题分析；
   2) 用作关系到对合同或规章要求的潜在违规，或发生民事和刑事程序诉讼（如计算机误用或数据保护法）时的法庭证据；
   3) 同软件和服务提供者谈判赔偿事宜。
d) 恢复安全违规和纠正系统故障的措施宜谨慎地、正式地加以控制，规程宜确保：
   1) 只有明确确定和授权的人员才允许访问正在运行的系统和数据（见 6.2，外部访问）；
   2) 所有采取的应急措施宜详细的形成文件；
   3) 应急措施以有序的方式向管理者报告并进行评审；
   4) 对业务系统和控制措施的完整性以最小时延加以确认。

宜与管理者商定信息安全事件管理的目标，宜确保负责信息安全事件管理的人员理解组织处理信息安全事件的优先顺序。

其他信息

信息安全事件可能超越组织和国家的边界。为了响应这样的事件，适当时，与外部组织协同响应和共享这些事件的信息的需求日益递增。

13.2.2 对信息安全事件的总结

控制措施

宜有一套机制量化和监视信息安全事件的类型、数量和代价。

实施指南

从信息安全事件评价中获取的信息宜用来识别再发生的事件或高影响的事件。

其他信息

对信息安全事件的评价可以指出需要增强的或另外的控制措施，以限制事件未来发生的频率、损害和费用，或者可以用在安全方针评审过程中(见5.1.2)。

13.2.3 证据的收集

控制措施

当一个信息安全事件涉及诉讼(民事的或刑事的)，需要进一步对个人或组织进行起诉时，宜收集、保留和呈递证据，以使其符合相关管辖区域对证据的要求。

实施指南

当为了在组织内进行纪律处理措施而收集和提交证据时，宜制定和遵循内部规程。

总的来说，关于证据的规则包括：

a) 证据的可采纳性：证据是否可在法庭上使用；

b) 证据的权重：证据的质量和完备性。

为了获得被容许的证据，组织宜确保其信息系统符合任何公布的标准或实用规则，以来产生被容许的证据。

提供证据的权重宜符合任何适用的要求。为了获得证据的权重，在该证据的存储和处理的整个时期内，用来正确一致地保护证据(即过程控制证据)的控制措施的质量和完备性，宜通过一种强证据踪迹来证明。一般情况下，这种强踪迹可以在下面的条件下建立：

a) 对于纸质文件：原稿应被安全保存且带有下列信息的记录：谁发现了该文件，文件是在哪儿被发现的，文件是什么时候被发现的，谁来证明这个发现；任何调查宜确保原物没有被篡改过；

b) 对于计算机介质上的信息：宜采用所有可移动介质、硬盘或内存信息的镜像或副本(依赖于适用的要求)，以确保其可用性；复制过程中所有的行为日志都要保存下来，且要有证据证明该过程；原始的介质和日志(如果这是不可能的，则至少有一个镜像或副本)宜安全保存且是未改变的。

任何法律取证工作宜仅在证据材料的副本上进行。所有证据材料的完整性宜得到保护。证据材料的复制宜在可信赖人员的监督下进行，宜将关于复制过程执行时间、地点、人员、工具和程序的信息记入日志。

其他信息

当一个信息安全事态首次被检测到时，这个事态是否会导致法庭起诉可能不是显而易见的。因此，在认识到事件的严重性之前，存在必要的证据被故意或意外毁坏的危险。可取的做法是在任何预期的法律行为中及早聘请一位律师或警察，以获取所需证据的建议。

证据可以超越组织和/或管辖区域的边界。在这样的情况下，宜确保组织有资格去收集要求的信息作证据。还宜考虑不同管辖区域的要求，以使证据跨越相关管辖区域被允许进入的机会最大化。

14 业务连续性管理

14.1 业务连续性管理的信息安全方面

目标：防止业务活动中断，保护关键业务过程免受信息系统重大失误或灾难的影响，并确保它们的及时恢复。

为通过使用预防和恢复控制措施，将对组织的影响减少到最低，并从信息资产的损失（例如，它们可能是自然灾害、意外事件、设备故障和故意行为的结果）中恢复到可接受的程度，宜实施业务连续性管理过程。这个过程宜确定关键的业务过程，并宜将业务连续性的信息安全管理要求同其他的连续性要求如运行、员工、材料、运输和设施等结合起来。

灾难、安全失效、服务丢失和服务可用性的后果宜经受业务影响分析。宜制定和实施业务连续性计划，以确保重要的运行能及时恢复。信息安全宜是整体业务连续性过程和组织内其他管理过程的一个有机组成部分。

除了一般的风险评估过程之外，业务连续性管理宜包括识别和减少风险的控制措施，以限制破坏性事件的后果，并确保业务过程需要的信息便于使用。

14.1.1 在业务连续性管理过程中包含信息安全

<u>控制措施</u>

宜为贯穿于组织的业务连续性开发和保持一个管理过程，以解决组织的业务连续性所需的信息安全要求。

<u>实施指南</u>

这个过程宜包含下列业务连续性管理的关键要素：

a） 根据风险的可能性及其影响，及时理解组织所面临的风险，包括关键业务过程的识别和优先顺序（见 14.1.2）；
b） 识别关键业务过程中涉及的所有资产（见 7.1.1）；
c） 理解由信息安全事件引起的中断可能对业务产生的影响（重要的是找到处理产生较小影响的事件，和可能威胁组织生存的严重事件的解决方案），并建立信息处理设施的业务目标；
d） 考虑购买合适的保险，该保险可以形成业务连续性过程的一部分，也是运行风险管理的一部分；
e） 识别和考虑实施另外的预防和减轻控制措施；
f） 识别足够的财务的、组织的、技术的和环境的资源以处理已确定的信息安全要求；
g） 确保人员的安全（safety）及信息处理设备和组织财产的保护；
h） 按照已商定的业务连续性策略，制定应对信息安全要求的业务连续性计划，并将其形成文件（见 14.1.3）；
i） 定期测试和更新已有的计划和过程（见 14.1.5）；
j） 确保把业务连续性的管理包含在组织的过程和结构中；业务连续性管理过程的职责宜分配给组织范围内的适当级别（见 6.1.1）。

14.1.2 业务连续性和风险评估

<u>控制措施</u>

宜识别能引起业务过程中断的事态，连同这种中断发生的概率和影响，以及它们对信息安全所造成的后果。

<u>实施指南</u>

业务连续性的信息安全方面宜从识别可能导致组织业务过程中断的事态（或一系列事态）开始，例如，设备故障、人为差错、盗窃、火灾、自然灾害和恐怖行为。随后宜是风险评估，根据时间、损坏程度和

恢复周期,确定中断发生的概率和影响。

业务连续性风险评估的执行宜有业务资源和过程责任人的全面参与。这种评估宜考虑所有业务过程,并宜不局限于信息处理设施,但宜包括信息安全特有的结果。重要的是要将不同方面的风险链接起来,以获得一幅完整的组织业务连续性要求的构图。该评估宜按照组织的相关准则和目标,包括关键资源、中断影响、允许中断时间和恢复的优先级,来识别、量化并列出风险的优先顺序。

根据风险评估的结果,宜开发业务连续性策略,以确定整体的业务连续性方法。该策略一旦被制定,就宜由管理者签署,并制定和签署实施该策略的计划。

14.1.3 制定和实施包含信息安全的连续性计划

控制措施

宜制定和实施计划来保持或恢复运行,以在关键业务过程中断或失败后能够在要求的水平和时间内确保信息的可用性。

实施指南

业务连续性规划过程宜考虑下列内容:

a) 识别和商定所有职责和业务连续性规程;
b) 识别可接受的信息和服务的损失;
c) 实施规程以在所要求的时段内恢复和复原业务运行和信息的可用性;特别需要注意对现有的内部和外部业务依赖及合同的评估;
d) 在恢复和复原完成之前遵循的运行规程;
e) 将已商定的规程和过程形成文件;
f) 在已商定的规程和过程中对员工进行适当的教育,包括危机管理;
g) 测试和更新计划。

规划过程宜关注所要求的业务目标,例如,在可接受的时间内恢复到顾客的特定通信服务。宜识别有利于这项工作的服务和资源,包括人员储备、非信息处理资源,以及信息处理设施的基本维持运行的安排。这些基本维持运行的安排可以包括以互惠协议或者以商业捐助服务的形式与第三方的安排。

业务连续性计划宜解决组织的脆弱性,因此可以包含需要适当保护的敏感信息。业务连续性计划的拷贝宜存储在足够远的地方,以免遭主要站点的灾难损害。管理者宜确保业务连续性计划的拷贝保持最新,且受到与主站点相同级别的安全保护。执行连续性计划必需的其他材料也宜在远程存储。

如果使用了可替换的临时场所,则对这些场所实施的安全控制措施的级别宜与主站点相同。

其他信息

宜注意危机管理计划与活动(见 14.1.3 f))可能与业务连续性管理不同;即,危机可能发生,但能被正常的管理规程所涵盖。

14.1.4 业务连续性计划框架

控制措施

宜保持一个唯一的业务连续性计划框架,以确保所有计划是一致的,能够协调地解决信息安全要求,并为测试和维护确定优先级。

实施指南

每个业务连续性计划宜说明实现连续性的方法,例如确保信息或信息系统可用性和安全的方法。每个计划还宜规定上报计划和激活该计划的条件,以及负责执行该计划每一部分的人员。当确定新的要求时,宜相应地修正现有的应急规程,例如,撤离计划或基本维持运行的安排。这些规程宜包括在组织的变更管理程序中,以确保业务连续性事宜总能够得到适当地解决。

每个计划宜有一个特定的责任人。应急规程、人工基本维持运行的计划,以及重新使用计划宜属于相应业务资源或所涉及过程的责任人的职责范围。可替换技术服务,例如信息处理和通信设施的基本维持运行的安排通常宜是服务提供者的职责。

业务连续性计划框架宜提出已确定的信息安全要求，并考虑下列内容：

a) 启动计划的条件，它描述了在启动每个计划之前，要遵循的过程（例如，如何评估这种情况，谁将参与）；
b) 应急规程，它描述在一个危及业务运行的事件之后要采取的措施；
c) 基本维持运行的规程，它描述转移重要的业务活动或支持服务到可替换的临时场所，以及在要求的时段内将业务过程带回到运行状态，需要采取的措施；
d) 在完成恢复和复原之前，要遵循的临时运行规程；
e) 重新使用规程，它描述返回到正常的业务运行需要采取的措施；
f) 维护计划，它规定如何及何时测试计划，以及维护该计划的过程；
g) 意识、教育和培训活动，它被用来创建理解业务连续性过程和确保该过程持续有效；
h) 各人员的职责，描述谁负责执行计划的哪个部分。若要求，宜指定可替换的人；
i) 能够执行紧急的、基本维持运行的和恢复规程所需的关键资产和资源。

14.1.5 测试、维护和再评估业务连续性计划

控制措施

业务连续性计划宜定期测试和更新，以确保其及时性和有效性。

实施指南

业务连续性计划的测试宜确保恢复小组中的所有成员和其他有关人员了解该计划和他们对于业务连续性和信息安全的职责，并知道在计划启动后他们的角色。

业务连续性计划的测试计划安排宜指出如何和何时宜测试该计划的每个部分。计划中的每个要素宜经常测试。

宜使用各种技术，为该计划在实际生存周期中的操作提供保障。这些宜包括：

a) 各种场景的桌面测试（使用中断例子讨论业务恢复安排）；
b) 模拟（特别是培训处于事件处理后/危机管理角色的人员）；
c) 技术恢复测试（确保信息系统可以有效地予以恢复）；
d) 在供替换场地测试恢复（远离主场地，在恢复操作同时运行业务过程）；
e) 供应商设施和服务的测试（确保外部提供的服务和产品将满足合同的承诺）；
f) 完整的演习（测试组织、人员、设备、设施和过程能够应付中断）。

任何组织都可以使用这些技术。宜以一种与特定恢复计划相关的方式来使用这些技术。必要时，宜记录测试结果，并采取措施改进计划。

对于每个业务连续性计划的定期评审宜分配职责。识别了尚未反映在业务连续性计划中的业务安排变更后，宜适当地更新计划。这一正式的变更控制过程宜确保通过整个计划的定期评审来分发和补充已更新的计划。

宜考虑更新业务连续性计划的变更示例包括新设备的获取、系统的升级和以下方面的变更：

a) 人员；
b) 地址或电话号码；
c) 业务策略；
d) 位置、设施和资源；
e) 法律；
f) 承包方、供应商和关键顾客；
g) 过程，或者新的或撤销的过程；
h) 风险（运行的和财务的）。

15 符合性

15.1 符合法律要求

目标：避免违反任何法律、法令、法规或合同义务以及任何安全要求。 信息系统的设计、运行、使用和管理都要受法令、法规，以及合同安全要求的限制。 宜从组织的法律顾问或者合格的法律从业人员处获得特定的法律要求建议。法律要求因国家而异，而且对于在一个国家所产生的信息发送到另一国家（即越境的数据流）的法律要求亦不同。

15.1.1 可用法律的识别

控制措施

对每一个信息系统和组织而言，所有相关的法令、法规和合同要求，以及为满足这些要求组织所采用的方法，宜加以明确地定义、形成文件并保持更新。

实施指南

为满足这些要求的特定控制措施和人员的职责宜同样加以定义并形成文件。

15.1.2 知识产权（IPR）

控制措施

宜实施适当的规程，以确保在使用具有知识产权的材料和具有所有权的软件产品时，符合法律、法规和合同的要求。

实施指南

在保护被认为具有知识产权的材料时，宜考虑下列指南：

a) 发布一个知识产权符合性策略，该策略定义了软件和信息产品的合法使用；

b) 仅通过知名的和声誉好的渠道获得软件，以确保不侵犯版权；

c) 保持对保护知识产权的策略的了解，并通知对违规人员采取惩罚措施的意向；

d) 维护适当的资产登记簿，识别具有保护知识产权要求的所有资产；

e) 维护许可证、主盘、手册等所有权的证明和证据；

f) 实施控制措施，以确保不超过所允许的最大用户数目；

g) 进行核查，确保仅安装已授权的软件和具有许可证的产品；

h) 提供维护适当的许可证条件的策略；

i) 提供处理软件或转移软件给其他人的策略；

j) 使用合适的审核工具；

k) 符合从公共网络获得软件和信息的条款和条件；

l) 不对版权法不允许的商业录音带（胶片、音频）进行复制、格式转换或摘取内容；

m) 不对版权法不允许的书籍、文章、报告或其他文件中进行全部或部分地拷贝。

其他信息

知识产权包括软件或文件的版权、设计权、商标、专利权和源代码许可证。

通常具有所有权的软件产品的供应是根据许可协议进行的，该许可协议规定了许可条款和条件，例如，限制产品用于指定的机器或限制只能拷贝到创建的备份副本上。组织所开发的软件的知识产权情况需要跟员工阐述清楚。

法律、法规和合同的要求可以对具有所有权的材料的拷贝进行限制。特别是，这些限制可能要求只能使用组织自己开发的资料，或者开发者许可组织使用或提供给组织的资料。版权侵害可能导致法律行为，这可能涉及犯罪诉讼。

15.1.3 保护组织的记录

控制措施

宜防止重要的记录的遗失、毁坏和伪造，以满足法令、法规、合同和业务的要求。

实施指南

宜将记录分为记录类型,例如,账号记录、数据库记录、事务日志、审计日志等,和运行规程,每个记录都带有详细的保存周期和存储介质的类型,例如,纸质、缩微胶片、磁介质、光介质。还宜保存与已加密的归档文件或数字签名(见12.3)相关的任何有关密钥材料,以使得记录在保存期内能够解密。

宜考虑存储记录的介质性能下降的可能性。宜按照制造商的建议实施存储和处理规程。对于长期保存,宜考虑使用纸文件和微缩胶片。

若选择了电子存储介质,宜建立规程,以确保在整个保存周期内能够访问数据(介质和格式的可读性),以防护由于未来技术变化而造成的损失。

宜选择数据存储系统,使得所需要的数据能根据要满足的要求,在可接受的时间内、以可接受的格式检索出来。

存储和处理系统宜确保能按照国家或地区法律或法规的规定,清晰地标识出记录及其保存期限。该系统宜允许在保存期后恰当地销毁记录,如果组织不再需要这些记录的话。

为满足这些记录防护目标,宜在组织范围内采取下列步骤:

a) 要颁发关于保存、存储、处理和处置记录和信息的指南;

b) 要起草一个保存时间计划,以标识记录及其要被保存的时间周期;

c) 要维护关键信息源的清单;

d) 要实施恰当的控制措施,以防止记录和信息丢失、损坏和篡改。

其他信息

某些记录可能需要安全地保存,以满足法令、法规或合同的要求,以及支持必要的业务活动。举例来说,可以要求这些记录作为组织在法令或法规规则下运行的证据,以确保充分防御潜在的民事或刑事诉讼,或者和股份持有者、外部方和审核员确认组织的财务状况。可以根据国家法律或规章来设置信息保存的时间和数据内容。

关于管理组织记录的更多信息可以参见ISO 15489-1。

15.1.4 数据保护和个人信息的隐私

控制措施

宜依照相关的法律、法规和合同条款的要求,确保数据保护和隐私。

实施指南

宜制定和实施组织的数据保护和隐私策略。该策略宜通知到涉及私人信息处理的所有人员。

符合该策略和所有相关的数据保护法律法规需要合适的管理结构和控制措施。通常,这一点最好通过任命一个负责人来实现,如数据保护官员,该数据保护官员宜向管理人员、用户和服务提供商提供他们各自的职责以及宜遵守的特定规程的指南。处理个人信息和确保了解数据保护原则的职责宜根据相关法律法规来确定。宜实施适当的技术和组织措施以保护个人信息。

其他信息

许多国家已经具有控制个人数据(一般是指可以从该信息确定生命个体的信息)收集、处理和传输的法律。根据不同的国家法律,这种控制措施可以使那些收集、处理和传播个人信息的人承担责任,而且可以限制将该数据转移到其他国家的能力。

15.1.5 防止滥用信息处理设施

控制措施

宜禁止用户使用信息处理设施用于未授权的目的。

实施指南

管理者宜批准信息处理设施的使用。在没有管理者批准(见6.1.4)的情况下,任何出于非业务或未授权目的使用这些设施,均宜看作不正确的使用设施。如果通过监视或其他手段确定了任何非授权的活动,宜使该活动引起相关管理人员的注意,以考虑合适的惩罚和/或法律行为。

在实施监视规程之前,宜征求法律建议。

所有用户宜知道允许其访问的准确范围和采取监视手段检测非授权使用的准确范围。这一点可以通过下列方式实现:给用户一份书面授权,该授权的副本宜由用户签字,并由组织加以安全地保存。宜通知组织的雇员、承包方人员和第三方人员,除所授权的访问外,不允许任何访问。

登录时,宜出现警告消息,以表明正在进入的信息处理设施是组织所拥有的,并且不允许未授权访问。用户必须确认屏幕上的消息,并对其作出适当反应,以继续登录过程(见11.5.1)。

其他信息

组织的信息处理设施主要或只能用于业务目的。

入侵检测、内容检查和其他监视工具有助于预防和检测信息处理设施的滥用。

许多国家拥有防范计算机滥用的法律。未授权使用计算机是一种刑事犯罪。

监视的合法性因国家而异,可以要求管理者将这种监视通知给所有用户以获得他们同意。当进入的系统被用于公众访问(例如公共网站服务器),且处于安全监控时,宜显示消息说明这一情况。

15.1.6 密码控制措施的规则

控制措施

使用密码控制措施宜遵从相关的协议、法律和法规。

实施指南

为符合相关的协议、法律和法规,宜考虑下面的事项:

a) 限制执行密码功能的计算机硬件和软件的入口和/或出口;

b) 限制被设计用以增加密码功能的计算机硬件和软件的入口和/或出口;

c) 限制密码的使用;

d) 利用国家对硬件或软件加密的信息的授权的强制或任意的访问方法提供内容的保密性。

宜征求法律建议,以确保符合国家法律法规。在将加密信息或密码控制措施转移到其他国家之前,也宜获得法律建议。

15.2 符合安全策略和标准以及技术符合性

目标:确保系统符合组织的安全策略及标准。

宜定期评审信息系统的安全。

这种评审宜按照适当的安全策略进行,宜审核技术平台和信息系统,看其是否符合适用的安全实施标准和文件化的安全控制措施。

15.2.1 符合安全策略和标准

控制措施

管理人员宜确保在其职责范围内的所有安全规程被正确地执行,以确保符合安全策略及标准。

实施指南

管理人员宜对自己职责范围内的信息处理是否符合合适的安全策略、标准和任何其他安全要求进行定期评审。

如果评审结果发现任何不符合,管理人员宜:

a) 确定不符合的原因;

b) 评价确保不符合不再发生的措施需要;

c) 确定并实施适当的纠正措施;

d) 评审所采取的纠正措施。

评审结果和管理人员采取的纠正措施宜被记录,且这些记录宜予以维护。当在管理人员的职责范围内进行独立评审时,管理人员宜将结果报告给执行独立评审的人员(见6.1.8)。

其他信息

10.10中包括了系统使用的运行监视。

15.2.2 技术符合性核查

控制措施

信息系统宜被定期核查是否符合安全实施标准。

实施指南

技术符合性核查宜由有经验的系统工程师手动地(如必要,由适当的软件工具支持)和/或在自动化工具辅助下实施,以产生供技术专家进行后续解释的技术报告。

如果使用渗透测试或脆弱性评估,则宜格外小心,因为这些活动可能导致系统安全的损害。这样的测试宜预先计划,形成文件,且可重复执行。

任何技术符合性核查宜仅由有能力的、已授权的人员来完成,或在他们的监督下完成。

其他信息

技术符合性核查包括运行系统的试验,以确保硬件和软件控制措施被正确实施。这种类型的符合性核查需要专业技术专家。

符合性核查还包括,例如渗透测试和脆弱性评估,该项工作可以由针对此目的而专门签约的独立专家来完成。符合性核查有助于检测系统的脆弱性和核查为预防由于这些脆弱性引起的未授权访问而采取的控制措施的有效性。

渗透测试和脆弱性评估提供系统在特定时间特定状态的简单记录。这个简单记录只限制在渗透企图期间实际被测试系统的那些部分中。渗透测试和脆弱性评估不能代替风险评估。

15.3 信息系统审计考虑

目标:将信息系统审计过程的有效性最大化,干扰最小化。 在信息系统审计期间,宜有控制措施防护运行系统和审计工具。 为防护审计工具的完整性和防止滥用审计工具,也要求有保护措施。

15.3.1 信息系统审计控制措施

控制措施

涉及对运行系统核查的审计要求和活动,宜谨慎地加以规划并取得批准,以便最小化造成业务过程中断的风险。

实施指南

宜遵守下列指南:

a) 要与合适的管理者商定审计要求;
b) 要商定和控制核查范围;
c) 核查要限于对软件和数据的只读访问;
d) 非只读的访问要仅用于对系统文件的单独拷贝,当审计完成时,要擦除这些拷贝,或者按照审计文件要求,具有保留这些文件的义务,则要给予适当的保护;
e) 要明确地识别和提供执行核查所需的资源;
f) 要识别和商定特定的或另外的处理要求;
g) 要监视和记录所有访问,以产生参照踪迹;对关键数据或系统,要考虑使用时间戳参照踪迹;
h) 要将所有的规程、要求和职责形成文件;
i) 执行审计的人员要独立于被审计的活动。

15.3.2 信息系统审计工具的保护

控制措施

对于信息系统审计工具的访问宜加以保护,以防止任何可能的滥用或损害。

实施指南

信息系统审计工具,如软件或数据文件,宜与开发和运行系统分开,并且不能保存在磁带库或用户区域内,除非给予合适级别的附加保护。

其他信息

如果审计涉及第三方,则可能存在审计工具被这些第三方滥用,以及信息被第三方组织访问的风险。像6.2.1(评估风险)和9.1.2(限制物理访问)中的控制措施可以考虑用来解决这种风险,并采取相应行动,如立即改变泄露给审核人员的口令。

参 考 文 献

[1] GB/T 8566—2007 信息技术 软件生存周期过程

[2] GB/T 17901.1—1999 信息技术 安全技术 密钥管理 第1部分:框架(idt ISO/IEC 11770-1:1996)

[3] GB/T 17902.1—1999 信息技术 安全技术 带附录的数字签名 第1部分:概述

[4] GB/T 17903.1—1999 信息技术 安全技术 抗抵赖 第1部分:概述(idt ISO/IEC 13888-1:1997)

[5] GB/T 18336.1—2001 信息技术 安全技术 信息技术安全性评估准则 第1部分:简介和一般模型(idt ISO/IEC 15408-1:1999)

[6] GB/T 19011—2003 质量和(或)环境管理体系审核指南(ISO 19011:2002,IDT)

[7] GB/Z 20985—2007 信息技术 安全技术 信息安全事件管理指南

[8] ISO/IEC 导则 2:1996 标准化和相关行动 通用术语

[9] ISO/IEC 导则 73:2002 风险管理 术语 标准使用指南

[10] ISO/IEC 9796-2:2002 信息技术 安全技术 带消息恢复的数字签名方案 第2部分:基于整形因子分解的机制

[11] ISO/IEC 9796-3:2002 信息技术 安全技术 带消息恢复的数字签名方案 第3部分:基于离散对数的机制

[12] ISO 10007:2003 质量管理体系 配置管理指南

[13] ISO/IEC 13335-1:2004 信息技术 安全技术 信息和通信技术安全管理 第1部分:信息和通信技术安全的概念和模型

[14] ISO/IEC TR 13335-3:1998 信息技术 IT安全管理指南 第3部分:IT安全的管理技术

[15] ISO/IEC 14516:2002 信息技术 安全技术 可信第三方服务的使用和管理指南

[16] ISO 15489-1:2001 信息和文件 记录管理 第1部分:概述

[17] ISO/IEC 18028-4 信息技术 安全技术 IT网络安全 第4部分:保证远程访问的安全

[18] OECD信息系统和网络的安全指南:“关于安全文化”,2002

[19] OECD密码策略指南,1997

[20] IEEE P1363-2000 公钥密码技术的标准规范

ICS 91.100.40
Q 14

中华人民共和国国家标准

GB/T 22082—2008

预制混凝土衬砌管片

Reinforced concrete segments

2008-06-30 发布　　　　2009-04-01 实施

中华人民共和国国家质量监督检验检疫总局
中国国家标准化管理委员会　发布

前　言

本标准附录 A 为规范性附录，附录 B、附录 C 为资料性附录。

本标准由中国建筑材料联合会提出。

本标准由全国水泥制品标准化技术委员会(SAC/TC 197)归口。

本标准由苏州混凝土水泥制品研究院、苏州中材建筑建材设计研究院负责起草。

本标准参加起草单位：北京港创瑞博混凝土有限公司、深圳港创建材股份有限公司、广州市建筑机械施工有限公司、杭州市市政工程集团有限公司、杭州宏图管桩有限公司、辽宁兴荣昌地铁管片有限公司、北京建工混凝土构件有限公司、杭州市政华浙地铁管片有限公司、浙江省天河建材集团有限公司、南京嘉盛水泥制品有限公司、陕西天石实业有限责任公司、重庆拉瑞永固混凝土有限公司、河北众鑫源桥隧设备制造有限公司、上海隧道工程股份有限公司构件分公司、成都金炜制管有限责任公司、杭州市政管业有限公司、南京大地建设(集团)股份有限公司构件厂、浙江永和建材有限公司、南京力高建筑构件有限公司、武汉市市政工程水泥制品有限公司、国家水泥混凝土制品质量监督检验中心。

本标准主要起草人：谈永泉、冯立平、钱明、杨思忠、张永秋、丁昌银、叶彬彬、黄燮明、王建兴、郑勇、啜志强、安晓东、何国金、陈敏、邓寿河、刘洋、喻建中、王茂。

本标准委托苏州混凝土水泥制品研究院、苏州中材建筑建材设计研究院负责解释。

本标准为首次发布。

预制混凝土衬砌管片

1 范围

本标准规定了盾构施工法用预制混凝土衬砌管片(以下简称管片)的术语和定义、分类、形状与规格、标记、原材料及制作要求、技术要求、试验方法、检验规则、标志与出厂证明书、贮存、运输等。

本标准适用于以钢筋、混凝土为主要原材料制成的适用于轨道交通、公路、铁路、水工、电力、市政等隧道工程用的预制混凝土衬砌管片。

2 规范性引用文件

下列文件中的条款通过本标准的引用而成为本标准的条款。凡是注日期的引用文件,其随后所有的修改单(不包括勘误的内容)或修订版均不适用于本标准,然而,鼓励根据本标准达成协议的各方研究是否可使用这些文件的最新版本。凡是不注日期的引用文件,其最新版本适用于本标准。

GB 175 通用硅酸盐水泥

GB/T 701 低碳钢热轧圆盘条

GB 1499.2 钢筋混凝土用钢 第2部分:热轧带肋钢筋

GB/T 1596 用于水泥和混凝土中的粉煤灰

GB 8076 混凝土外加剂

GB/T 18046 用于水泥和混凝土中的粒化高炉矿渣粉

GB 50010 混凝土结构设计规范

GB/T 50080—2002 普通混凝土拌合物性能试验方法标准

GB/T 50081—2002 普通混凝土力学性能试验方法标准

GB 50119 混凝土外加剂应用技术规范

GB 50164 混凝土质量控制标准

GB 50204 混凝土结构工程施工质量验收规范

GBJ 82—1985 普通混凝土长期性能和耐久性能试验方法

GBJ 107—1987 混凝土强度检验评定标准

GBJ 146 粉煤灰混凝土应用技术规范

CECS 53:1993 混凝土碱含量限值标准

JG/T 3064 钢纤维混凝土

JGJ 52 普通混凝土用砂、石质量及检验方法标准

JGJ 55 普通混凝土配合比设计规程

JGJ 63 混凝土用水标准

3 术语和定义

下列术语和定义适用于本标准。

3.1

管片 segment

隧道预制衬砌环的基本单元。管片的类型主要有钢筋混凝土管片、钢纤维混凝土管片、钢管片、铸铁管片、复合管片等。

3.2

预制混凝土衬砌管片 reinforced concrete segment

以钢筋、混凝土为主要原材料制成的管片。

3.3

开模 loosening mould

打开管片侧模的过程。

3.4

出模 demoulding

管片脱离底模的过程。

3.5

检漏试验 testing of leakage

对用于实际工程的管片进行的渗透性检验，以模拟检验管片抗地下水渗透能力。

注：管片检漏试验是在特制的水压抗渗试验台上进行，不同于抗渗试块检验。

3.6

水平拼装检验 testing of horizontall assembly

指通过测量管片水平组装两环或三环后的尺寸精度和形位偏差，对管片和模具进行的检验。

3.7

抗弯性能试验 testing of bending

对管片进行的承载能力试验，以检测其在规定的试验方法下的承载力是符合设计要求。

3.8

抗拔试验 resistance to pull off

对管片中心吊装孔的预埋构件进行拉拔试验，以检测其在外力作用下承受的抗拔力是否符合设计要求。

3.9

裂缝 crack

由表面伸入混凝土内部的缝隙。

注：由于水泥砂浆表面收缩引起的收缩裂纹不是裂缝。

3.10

露筋 exposed steel

钢筋未被混凝土包裹而外露。

3.11

蜂窝 honeycomb

表面因漏浆或缺少水泥砂浆而引起的蜂窝状空洞。

3.12

麻面 pitted surface

表面呈现的密集微孔。

3.13

粘皮 peeling

表面的水泥砂浆层被模具粘去后留下的粗糙表面。

3.14

孔洞 hole

混凝土内孔穴深度和长度均超过保护层厚度。

3.15

夹渣 entrainment

混凝土内夹有杂物且深度超过保护层厚度。

4 分类、形状与规格、标记

4.1 分类

4.1.1 管片按拼装成环后的隧道线型分为：直线段管片(Z)、曲线段管片(Q)及既能用于直线段又能用于曲线段的通用管片(T)三类。曲线段管片又分为左曲管片(ZQ)、右曲管片(YQ)和竖曲管片(SQ)。

4.1.2 根据隧道的直径大小，管片块数可分为4块～10块。

4.1.3 按照管片在环内的拼装位置，分别为：标准块(B)、邻接块(L1,L2)、封闭块(F)。

4.2 形状与规格

4.2.1 形状：根据隧道的断面形状可分为圆形(Y)、椭圆形(TY)、矩形(J)、双圆形(SY)等多种断面。

4.2.2 规格：见表1。

表1 管片规格

单位为毫米

项目名称	厚度	宽度	内径
公称尺寸	300,350,500,550,600,650	1 000,1 200,1 500,1 800,2 000	3 000,5 400,5 500,12 000,13 700
注：本表给出的是常用规格，其他规格可由供需双方确定。			

4.3 标记

管片以隧道形状、分类代号、块数、规格、管片在环内的位置、标准编号编排，标记示例如下：

圆形隧道、直线段管片、6块、厚度为350 mm、宽度为1 200 mm、内径5 400 mm、标准块的管片标记如下：

Y—Z—6—350×1.2×5.4—B GB/T 22082—2008。

5 原材料及制作要求

5.1 水泥

宜采用强度等级不低于42.5的硅酸盐水泥、普通硅酸盐水泥，其性能应符合GB 175的规定。

5.2 集料

5.2.1 细集料宜采用中砂，细度模数为2.3～3.0，含泥量不应大于2%，其他质量应符合JGJ 52的规定。

5.2.2 粗集料宜采用碎石或卵石，其最大粒径不宜大于30 mm且不应大于钢筋骨架最小净间距的3/4，针片状含量不应大于15%，含泥量不应大于1%，其他质量应符合JGJ 52的规定。

5.3 水

混凝土拌合用水应符合JGJ 63中钢筋混凝土用水的规定。

5.4 混凝土外加剂

混凝土外加剂的质量应符合GB 8076的规定，严禁使用氯盐类外加剂或其他对钢筋有腐蚀作用的外加剂。混凝土外加剂的应用应符合GB 50119的规定。

5.5 掺合料

5.5.1 粉煤灰 应采用符合GB/T 1596不低于Ⅱ级技术要求的粉煤灰，粉煤灰的应用应符合GBJ 146的规定。

5.5.2 矿渣粉 应采用符合GB/T 18046的不低于S95级技术要求的矿渣粉。

5.5.3 其他掺合料不得对制品产生有害影响，使用前应进行试验验证。

5.6 钢筋

5.6.1 直径大于10 mm时宜采用热轧螺纹钢筋，其性能应符合GB 1499.2的规定；直径小于或等于

10 mm 时宜采用低碳钢热轧圆盘条，其性能应符合 GB/T 701 的规定。

5.6.2 钢筋加工

5.6.2.1 弧形主筋加工时应防止平面翘曲，成型后表面不应有裂纹，且成型尺寸应正确；

5.6.2.2 钢筋的弯钩和弯折应符合 GB 50204 中的有关规定；

5.6.2.3 除焊接封闭环式箍筋外，箍筋的末端应作弯钩，弯钩形式应符合设计要求；当设计无具体要求时，应符合下列规定：

a) 箍筋弯钩的弯弧内直径应符合 GB 50204 中的有关规定；

b) 箍筋弯钩的弯折角度应为 135°且弯后平直部分长度不应小于箍筋直径的 5 倍。

5.6.2.4 钢筋调直应符合 GB 50204 的相关规定。

5.6.2.5 钢筋弯曲成型后不得出现裂纹、鳞落及撕裂现象。

5.6.2.6 钢筋焊接前须消除焊接部位的铁锈、水锈和油污等，钢筋端部的扭曲处应矫直或切除。施焊后焊缝表面应平整，不得有烧伤、裂纹等缺陷。

5.6.3 钢筋骨架制作

5.6.3.1 钢筋骨架应在靠模上焊接而成，采用 CO_2 保护焊点焊，保证焊接点牢固，要求至少隔点点焊。

5.6.3.2 钢筋骨架内主筋对焊焊接点数量不应超过 2 个，对焊焊接点的位置应在弧面钢筋层上且不在连接面，其他焊接质量还应符合 GB 50204 的规定。

5.6.3.3 钢筋骨架制作偏差应满足表 2 要求。

表 2 骨架制作允许偏差

单位为毫米

序号	项　目	允许偏差
1	主筋间距	±10
2	箍筋间距	±10
3	分布筋间距	±5
4	骨架长、宽、高	$^{+5}_{-10}$

5.7 钢纤维

如使用钢纤维，钢纤维应符合 JG/T 3064 的规定，并应进行相关钢纤维混凝土耐久性试验。

5.8 混凝土

5.8.1 混凝土原材料计量偏差：水泥、水、外加剂、掺合料≤1%，粗细集料≤2%。

5.8.2 混凝土的耐久性设计应符合 GB 50010 的有关规定，氯离子含量不得大于胶凝材料总用量的 0.06%，混凝土的总碱含量应≤3.0 kg/m³。

5.8.3 混凝土生产与运输应符合下列规定：

5.8.3.1 首次使用的混凝土配合比应进行开盘鉴定，其工作性应满足设计配合比的要求。开始生产时应至少留置一组标准养护试件，作为验证配合比的依据；

5.8.3.2 每工作班至少在开拌前测定一次砂石含水率，并据此提出施工配合比；

5.8.3.3 混凝土应搅拌均匀、色泽一致，和易性良好。应在搅拌或浇筑地点检测坍落度，应逐盘作目测检查混凝土粘聚性和保水性；

5.8.3.4 混凝土运输、浇筑及间歇的全部时间不应超过混凝土的初凝时间。

5.8.4 混凝土浇筑应符合下列规定：

5.8.4.1 混凝土应连续浇筑成型；根据生产条件选择适当的振捣方式；振捣时间以混凝土表面停止沉落或沉落不明显、混凝土表面气泡不再显著发生、混凝土将模具边角部位充实表面有灰浆泛出时为宜，不得漏振或过振。

5.8.4.2 钢筋骨架入模位置应保持正确，浇筑混凝土时不得扰动预埋件和钢筋骨架，钢筋骨架在模具内的定位，应采用保护层定位卡，保证混凝土保护层厚度。

5.8.4.3 管片浇筑成型后，在初凝前宜再次进行压面。

5.8.4.4 浇筑混凝土的同时应留置试件。混凝土试件留置应符合本标准的规定，所做试件应具有代表性。

5.8.5 混凝土养护应符合下列规定：

5.8.5.1 混凝土浇筑成型后至开模前，应覆盖保湿，可采用蒸汽养护或自然养护方式进行养护；

5.8.5.2 当采用蒸汽养护时，应经试验确定混凝土养护制度。管片混凝土应进行预养护，升温速度不宜超过 15 ℃/h，降温速度不宜超过 20 ℃/h，恒温最高温度不宜超过 60 ℃。出模后当管片表面温度与环境温差大于 20 ℃时，管片应在室内车间进行降温，直至管片表面温度与环境温差不大于 20 ℃；

5.8.5.3 管片在贮存阶段应进行保湿养护。可采用水中养护、喷淋养护或喷涂养护剂养护，以确保混凝土体不失水分。

5.9 其他材料

预埋件等其他配件应符合设计要求。

5.10 修补

5.10.1 当管片表面出现缺棱掉角、混凝土剥落以及宽度 0.1 mm～0.2 mm 非贯穿性裂缝时，必须进行修补。

5.10.2 管片修补时，修补材料的抗拉强度和抗压强度均不低于管片设计强度。

5.10.3 修补后的管片质量应符合本标准的要求。

6 技术要求

6.1 混凝土

6.1.1 混凝土设计强度等级不低于 C50，抗渗等级应符合工程设计要求。混凝土的配合比设计应符合 JGJ 55 的规定，混凝土的质量控制应符合 GB 50164 的要求；

6.1.2 管片脱模时的混凝土强度，当采用吸盘脱模时应不低于 15 MPa，当采用其他方式脱模时，应不低于 20 MPa。管片出厂时的混凝土强度不低于设计强度；

6.1.3 钢纤维混凝土还应符合 JG/T 3064 的要求。

6.2 外观质量

管片成品的外观质量应符合表 3 的规定。

表 3 外观质量要求

序号	项　目	项目类别	质　量　要　求
1	贯穿裂缝	A	不允许
2	拼接面裂缝	B	拼接面方向长度不超过密封槽、且宽度小于 0.20 mm
3	非贯穿性裂缝	B	内表面不允许，外表面裂缝宽度不超过 0.20 mm
4	内、外表面露筋	A	不允许
5	孔洞	A	不允许
6	麻面、粘皮、蜂窝	B	表面麻面、粘皮、蜂窝总面积不大于表面积的 5% 允许修补
7	疏松、夹渣	B	不允许
8	缺棱掉角、飞边	B	不应有，允许修补
9	环、纵向螺栓孔	B	畅通、内圆面平整，不得有塌孔

6.3 尺寸偏差

管片的尺寸允许偏差应符合表 4 的规定。

表 4 尺寸允许偏差

单位为毫米

序号	项　目	项目类别	允许偏差
1	宽度	A	±1
2	厚度	A	+3 −1
3	钢筋保护层厚度	B	±5

6.4 水平拼装

水平拼装尺寸允许偏差的应符合表 5 的规定。

表 5 水平拼装尺寸允许偏差

单位为毫米

序号	项　目		项目类别	允许偏差
1	环向缝间隙		—	≤2
2	纵向缝间隙		—	≤2
3	成环后内径	≤6 000 mm	—	±5
		>6 000 mm	—	±10

6.5 检漏试验

在设计检漏试验压力的条件下，恒压 2 h，不得出现漏水现象，渗水深度不超过 50 mm。

6.6 抗弯性能

抗弯性能有设计要求时，应符合设计要求。

6.7 抗拔性能

抗拔性能有设计要求时，应符合设计要求。

7 试验方法

7.1 混凝土

7.1.1 混凝土拌合物应在浇筑工序中随机取样，混凝土拌合物性能的试验方法应符合 GB/T 50080—2002 的规定；立方体试件的制作应符合 GB/T 50081—2002 的规定；

7.1.2 每天拌制的同配合比的混凝土，取样不得少于一次，每次至少成型三组。二组试件与管片同条件养护，另一组试件与管片同条件养护脱模后再进行标准养护；

7.1.3 一组与管片同条件养护的试件用于检验脱模强度，另一组与管片同条件养护的试件用于检验出厂强度；经同条件养护脱模后再标准养护的试件用于检验评定混凝土 28 d 抗压强度；

7.1.4 混凝土抗压强度试验方法应符合 GB/T 50081—2002 的规定；

7.1.5 混凝土 28 d 抗压强度的评定应符合 GBJ 107—1987 的规定；

7.1.6 投入生产或混凝土设计配合比有调整时应进行混凝土抗渗试验，抗渗试验按 GBJ 82—1985 进行。

7.1.7 混凝土设计配合比有调整时应进行混凝土总碱量试验，混凝土总碱量按 CECS 53：1993 进行检验。

7.1.8 混凝土设计配合比有调整时应进行混凝土氯离子含量的试验，混凝土氯离子含量的试验按相应组分的氯离子含量试验方法进行检验，总氯离子含量为各组分带入的氯离子含量的总和。

7.2 外观质量、尺寸偏差、水平拼装

外观质量、尺寸偏差、水平拼装检验方法与检验工具见表6。

表6 检验方法与检验工具

序号	检验项目		检验方法	量具分度值/mm
1	外观质量	贯穿裂缝	用20倍读数放大镜测量,精确至0.01 mm	0.01
2		拼接面裂缝	用20倍读数放大镜测量,精确至0.01 mm	0.01
3		非贯穿性裂缝	用20倍读数放大镜测量,精确至0.01 mm	0.01
4		内、外表面露筋	观察	—
5		孔洞	观察、测量孔洞深度和长度	—
6		麻面、粘皮、蜂窝	用钢卷尺(或钢直尺)测量,精确至1 mm	≤1
7		疏松、夹渣	观察	—
8		环、纵向螺栓孔	目测,用螺栓穿孔进行试验	—
9		缺棱掉角、飞边	观察	—
10	尺寸偏差	宽度	用游标卡尺在内外表面端部及中部测量各三点,精确至0.1 mm	≤0.05
11		厚度	用游标卡尺在二个侧面端部及中部测量各三点,取6点的平均值,精确至0.1 mm	≤0.05
12		钢筋保护层厚度	用钢筋保护层厚度测定仪进行测量,在内弧面和外弧面各测量三点,精确至1 mm。有争议时通过凿开混凝土保护层用深度游标卡尺进行	≤0.5
13	水平拼装	内径	用钢卷尺测量在同一测量断面上测量间隔约45°的四个方向直径,计算平均值,精确至1 mm	≤1
14		纵、环向缝间隙	用塞尺测量,每环与环、块与块测定一个最大值,精确至0.1 mm	≤0.05

7.3 检漏试验

见附录A。

7.4 抗弯性能

参见附录B。

7.5 抗拔性能

参见附录C。

8 检验规则

8.1 检验分类

检验分为出厂检验和型式检验二类。

8.2 出厂检验

8.2.1 检验项目

混凝土抗压强度、外观质量、尺寸偏差、水平拼装。

8.2.2 批量与抽样

批量与抽样数量见表7。

表 7 出厂检验批量组成与抽样数量

序号	项目	批量	抽样数量
1	混凝土抗压强度	按本标准 7.1	
2	外观质量	30 环	1 环
3	尺寸偏差	30 环	1 环
4	水平拼装	200 环	二环或三环拼装
5	检漏试验	—	—

8.2.3 判定规则

8.2.3.1 混凝土抗压强度

28 d 混凝土抗压强度按 GBJ 107—1987 检验评定。

8.2.3.2 外观质量

a) 受检样品中:项目所有检查点应全部合格为单项合格。

b) 当批产品 A 类项目全部合格,B 类项目的不合格不超过 2 项,则判定该批产品的外观质量合格。

8.2.3.3 尺寸偏差

a) 受检样品中:宽度、厚度项目所有检查点应全部合格为单项合格。

b) 当批产品宽度、厚度合格,钢筋保护层厚度超差点不超过检查点的 20%,则判定该批产品尺寸偏差合格。

8.2.3.4 水平拼装

受检样品中:超差点不超过检查点的 20%为该项合格,三项全部合格则判定该批产品的水平拼装合格。

8.2.4 总判定

混凝土抗压强度、外观质量、尺寸偏差、水平拼装均符合标准要求时,则判该批产品为合格。

8.3 型式检验

8.3.1 检验项目

混凝土抗压强度、外观质量、尺寸偏差、水平拼装、检漏试验、抗弯性能(如有设计要求)、抗拔性能(如有设计要求)。

8.3.2 当有下列情况之一时,应进行型式检验:

a) 新产品或老产品转厂生产的试制定型鉴定;

b) 正式生产后如产品结构、原材料、生产工艺和管理有较大改变,可能影响产品性能时;

c) 产品长期停产后,恢复生产时;

d) 出厂检验结果与上次型式检验有较大差异时;

e) 当相同产品生产周期达半年或生产达到一定批量时;

f) 国家质量监督检验机构提出进行检验时。

8.3.3 批量与抽样

批量与抽样数量见表 8。

表 8 型式检验批量组成与抽样数量

序号	项目	批量	抽样数量
1	混凝土抗压强度	按本标准 7.1	
2	外观质量	200 环	1 环
3	尺寸偏差	200 环	1 环
4	水平拼装	200 环	二环或三环拼装
5	检漏试验	200 环	1 块,复检 2 块
6	抗弯性能	根据设计方案确定批量、抽样及复检数量。	
7	抗拔性能		

8.3.4 判定规则

8.3.4.1 外观质量、尺寸偏差

同 8.2.3.2、8.2.3.3。

8.3.4.2 水平拼装

同 8.2.3.4。

8.3.4.3 检漏试验

受检样品合格,则判定该批产品的检漏试验合格。若第一块不合格,复检的 2 块均符合标准要求,同样判该批产品的检漏试验合格。

8.3.4.4 抗弯性能

如有抗弯性能设计要求时,抗弯性能检验满足设计要求,则判定该批产品抗弯性能合格。

8.3.4.5 抗拔性能

如有抗拔性能设计要求时,抗拔性能检验满足设计要求,则判定该批产品抗拔性能合格。

8.3.5 总判定

混凝土抗压强度、外观质量、尺寸偏差、水平拼装、检漏试验、抗弯性能(如有要求时)、抗拔性能(如有要求时)均符合标准要求时,则判该批产品为合格,任何一项不合格则判该批产品不合格。

9 标志与出厂证明书

9.1 标志

9.1.1 永久标志

在管片的内弧面标明企业永久标志,其内容为生产厂标识。

9.1.2 临时标志

在管片的弧面或端侧面喷涂标志,该标志在施工现场组装结束之前不得消失,应清晰易识别。标记内容应包括:管片标记、管片编号、模具编号、生产日期、检验状态。每一片管片应独立编号。

9.2 出厂证明书

凡经检验合格的产品,应按规定填写出厂证明书,其内容应包括:

a) 制造厂厂名、商标、厂址、电话;

b) 生产日期、出厂日期;

c) 执行标准;

d) 产品型号、规格;

e) 混凝土抗压强度检验结果;

f) 出厂检验项目检验结果;

g) 制造厂技术检验部门签章。

10 贮存、运输

10.1 贮存

10.1.1 产品堆放场地应坚实平整。

10.1.2 管片应按型号分别码放，可采用侧面立放或内弧面向上平放，管片之间应使用垫木分隔。管片堆放高度，宜根据管片大小、自重计算决定。管片内弧面向上平放超过五层或侧面立放超过三层时应进行受力验算。

10.1.3 管片在吊装过程中应采取适当的防护措施，防止损坏管片。

10.2 运输

产品运输时应放在支垫物上，层与层之间用垫木隔开，每层支承点在同一平面上，各层支垫物在同一直线上。

附 录 A
(规范性附录)
检漏试验方法

本附录适用于管片的检漏试验,包括试验用仪器设备的技术要求和试验结果评定等。

A.1 试件

试件为按规定抽样的样品。

A.2 试验仪器设备

A.2.1 检漏试验架

用于固定试件的支承座,应采用刚性支座,紧固螺杆及试验架钢板应有足够的刚度。密封面与管片应能紧密接触,结合处橡胶密封垫密封。进水口应均匀分布在承水压面的轴线上,标准块检漏试验时进水口不少于 4 个。

密封面积为管片外弧面中部三分之一面积区域,见图 A.1。

图 A.1 管片检漏密封示意图

A.2.2 仪器

试验用仪器其技术要求见表 A.1,压力表、应按规定期限进行检定。

表 A.1 检漏试验仪器技术要求

仪器名称	单位	技术指标		
		量程	分度值	精度
压力表	2.5 MPa	2.5 MPa	0.05 MPa	1.6 级
电子秒表	min	>2 h	0.01	一级
加压泵		能保证均匀加压		

A.3 试验方法

A.3.1 将管片平稳安放在试验架上,检查密封橡胶垫是否紧贴在管片外弧面上;

A.3.2 在管片内弧面轴线上垫上三条橡皮条,中间一条,边沿各一条;管片密封垫距管片边缘的距离为 50 mm。

A.3.3 在管片内弧面宽度方向压上紧固横杆,用螺栓与下支承座上的紧固横杆连接,从中间开始向二边收紧。

A.3.4 打开放气阀门,然后接通进水阀,注入自来水,当排气孔中排出水后,关闭排气阀,启动加压泵,按 0.05 MPa/min 的加压速度,加压到 0.2 MPa,恒压 10 min,检查管片是否有渗漏水现象,观察侧面渗透高度，作好记录；

A.3.5 继续加压到0.4 MPa、0.6 MPa……，每级恒压时间10 min，直至加压到设计抗渗压力，恒压2 h，检查管片是否有渗漏水现象，观察侧面渗透高度，作好记录。

A.4

结果评定按本标准6.5规定判定。

附 录 B
（资料性附录）
抗弯性能试验方法

本附录适用于管片的抗弯性能试验，包括试验用仪器设备的技术要求和试验结果处理，以测定裂缝荷载和破坏荷载值，并在荷重下对管片的挠度和水平位移进行测试。

B.1 试件

试件为按规定抽样的样品。

B.2 试验仪器设备

B.2.1 试验反力架

用于固定试件的反力试验架最大承载能力应满足试验要求。试验装置示意图见图 B.1。

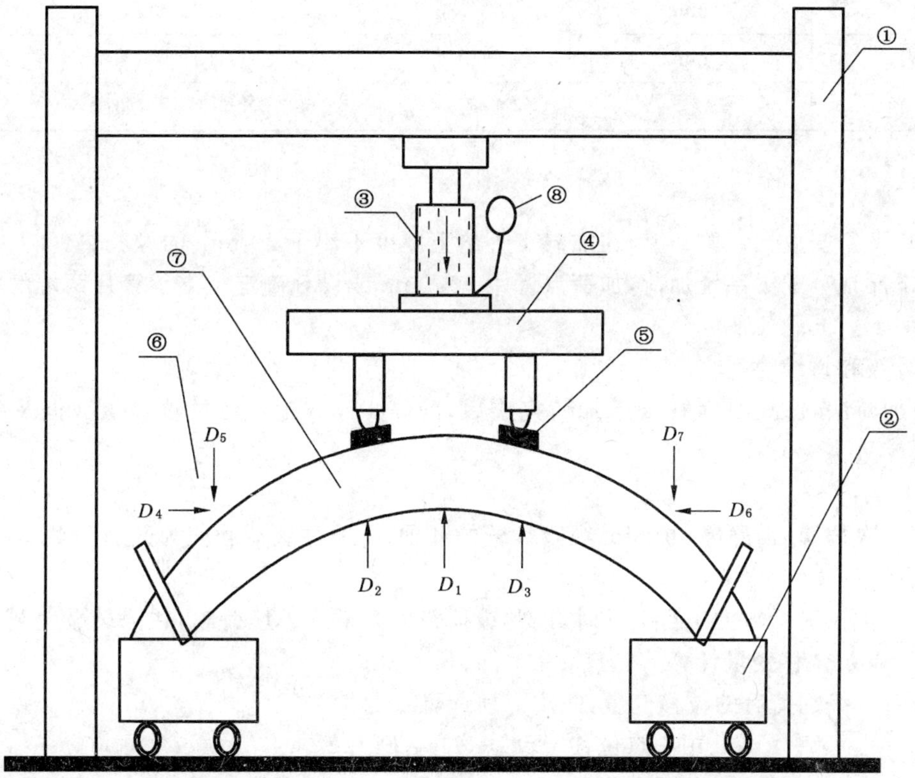

①——试压架；
②——活动小车；
③——千斤顶或压力传感器；
④——分配梁；
⑤——橡胶垫；
⑥——百分表；
⑦——管片；
⑧——压力表；
$D_1 \sim D_7$——测试位移的百分表读数。

图 B.1 抗弯性能试验装置示意图

挠度和水平位移测试点示意图见图 B.2。

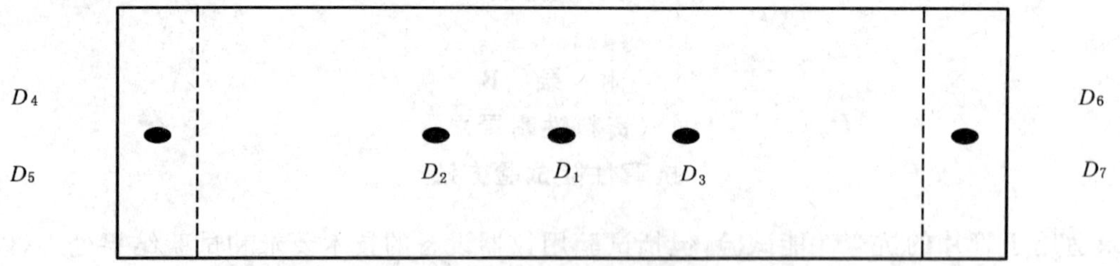

图 B.2 抗弯性能试验位移测试点示意图

B.2.2 试验用仪器，应按规定期限进行检定。其技术要求见表 B.1。

表 B.1 抗弯性能试验仪器技术要求

仪器名称	单位	技术指标		
		量程	分度值	精度
荷载测试仪	kN	500	0.1	1 级
读数显微镜	mm	10	0.01	0.01
百分表	mm	30	0.01	1 级
电子秒表	min	>2 h	1 s	1 级
加压千斤顶		500 kN 能保证均加压		

B.3 试验方法

B.3.1 将管片平稳安放在试验架上，在加载点上垫上厚度不小于 20 mm 的橡胶垫。

B.3.2 采用千斤顶分配梁系统加荷，加荷点标距 900 mm 或设计确定。支承管片两端的小车可沿地面轨道滑动。

B.3.3 荷载分级和持续时间：

采用分级加荷法：每次加荷 10 kN，加荷完成后，静停 1 min 记录测试仪显示数据及中心点和加荷点及水平位置变量。

B.3.4 裂缝荷载：

当出现第一次裂缝后，静停 10 min，观察裂缝的开展，并取本级荷载值为开裂荷载实测值。

B.3.5 破坏荷载

当加荷至测试仪显示数据不再上升时，以此级荷载值为最终破坏荷载，并记录最大裂缝宽度。

B.3.6 试验记录及位移变量计算

a) 记录每一级加荷后的位移变量，并按下列计算：

$$\text{中心点位移} = D_1 - (D_5 + D_7)/2$$

$$\text{载荷点位移} = (D_2 + D_3)/2 - (D_5 + D_7)/2$$

$$\text{水平点位移} = (D_4 + D_6)/2$$

b) 根据位移变量绘制各中心点、荷载点、水平点变量曲线图。

c) 记录在不同荷重情况下裂缝出现的位置和裂缝宽度。

附 录 C
（资料性附录）
抗拔性能试验方法

本附录适用于管片的抗拔性能试验，包括试验用仪器设备的技术要求和试验结果处理，以测定管片吊装孔螺栓最大抗拔力，测定其抗拔性能。

C.1 试件

试件为按规定抽样的样品。

C.2 试验仪器设备

C.2.1 试验反力架

用于固定试件的反力试验架的最大承载能力应满足试验要求。试验装置示意图可参见图 C.1。

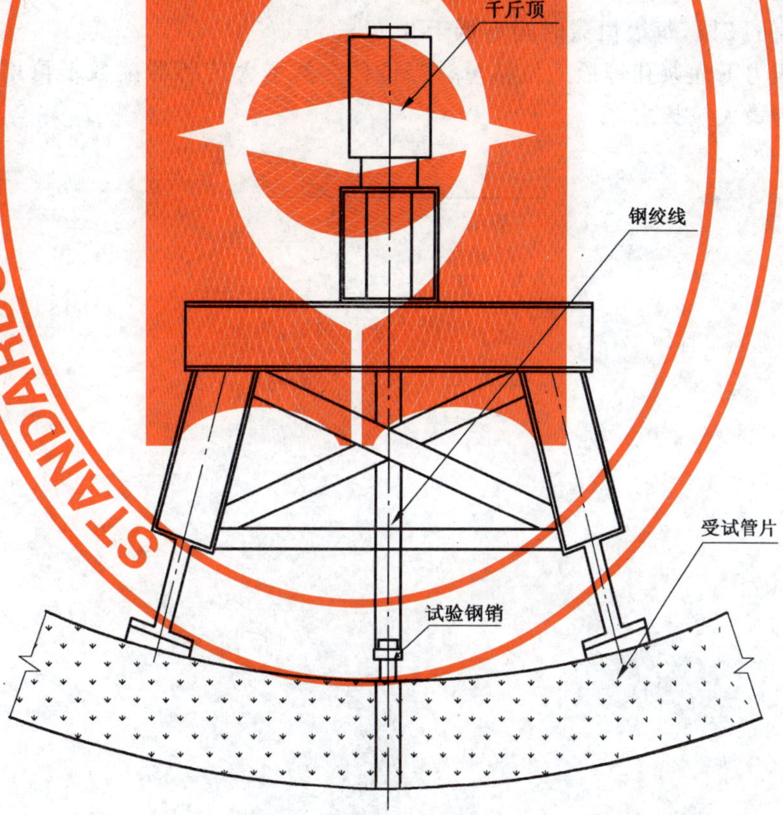

图 C.1 抗拔性能试验装置示意图

C.2.2 试验用仪器,应按规定期限进行检定。其技术要求见表C.1。

表C.1 抗拔性能试验仪器技术要求

仪器名称	单位	技术指标		
		量程	分度值	精度
荷载测试仪	kN	500	0.1	1级
读数显微镜	mm	10	0.01	0.01
电子秒表	min	>2 h	1 s	一级
加压千斤顶		500 kN能保证均匀加压		

C.3 试验方法

C.3.1 将管片平稳安放在试验架上,将拉力螺栓杆旋入灌浆孔中。

C.3.2 将拉力螺栓杆用钢绞线与千斤顶连接。

C.3.3 安装测力传感器,开始加载测试。

C.3.4 荷载分级和持续时间:

采用分级加荷方式。当荷载小于正常使用短期荷载检验值时,每级荷载为该荷载值的20%;当荷载大于该短期荷载值时,每级荷载为该荷载值的10%;当荷载接近承载力荷载检验值时,每级荷载为承载力检验荷载设计值的5%,每级恒载时间不低于3 min。

记录在不同抗拔力下灌浆孔螺栓的位移量。当位移突然增大传感器读数不再增加、螺栓周围混凝土破坏时的荷载即为最大抗拔力。

ICS 91.100.50
Q 24

中华人民共和国国家标准

GB/T 22083—2008

建筑密封胶分级和要求

Classification and requirements for building sealants

(ISO 11600:2002,Building construction—Jointing products—
Classification and requirements for sealants,MOD)

2008-06-30 发布　　　　2009-04-01 实施

中华人民共和国国家质量监督检验检疫总局
中国国家标准化管理委员会　发布

前　言

本标准修改采用 ISO 11600:2002《建筑结构——接缝产品——密封胶分级和要求》(英文版)。

考虑到我国的国情,在采用 ISO 11600:2002 时,本标准作了下列技术性修改:

——将 ISO 11600:2002 引用的国际标准改为相对应的我国国家标准;

——增加了附录 A,对高位移能力弹性密封胶的分级和要求作了规定。

为便于使用,本标准还对 ISO 11600:2002 做了下列编辑性修改:

——对标准的名称作了修改;

——将"本国际标准"一词改为"本标准";

——删除了 ISO 11600:2002 的前言;

——将 ISO 11600:2002 中模量的单位"N/mm^2"修改为"MPa"。

本标准的附录 A 为资料性附录。

本标准由中国建筑材料联合会提出。

本标准由全国轻质与装饰装修建筑材料标准化技术委员会(SAC/TC 195)归口。

本标准负责起草单位:河南建筑材料研究设计院有限责任公司、广州市白云化工实业有限公司、杭州之江有机硅化工有限公司、龙口市宇龙中空玻璃材料有限公司、河南永丽化工有限公司。

本标准参加起草单位:成都硅宝科技实业有限责任公司、郑州中原应用技术研究开发有限公司、广州市高士实业有限公司、波士胶(中国)粘合剂有限公司。

本标准主要起草人:邓超、李谷云、段林丽、张冠琦、刘明、由树明、杨宏生、李步春、崔洪、胡新嵩、刘汉伟。

本标准为首次发布。

本标准委托河南建筑材料研究设计院有限责任公司负责解释。

建筑密封胶分级和要求

1 范围

本标准对建筑用密封胶根据其性能及应用进行分类和分级，并给出了不同级别的要求和相应试验方法。

2 规范性引用文件

下列文件中的条款通过本标准的引用而成为本标准的条款。凡是注日期的引用文件，其随后所有的修改单(不包括勘误的内容)或修订版均不适用于本标准，然而，鼓励根据本标准达成协议的各方研究是否可使用这些文件的最新版本。凡是不注日期的引用文件，其最新版本适用于本标准。

GB/T 13477.1 建筑密封材料试验方法 第1部分：试验基材的规定(GB/T 13477.1—2002, ISO 13640:1999, Building construction—Jointing products—Specifications for test substrates, MOD)

GB/T 13477.6 建筑密封材料试验方法 第6部分：流动性的测定(GB/T 13477.6—2002, ISO 7390:1987, Building construction—Jointing products—Determination of resistance to flow, MOD)

GB/T 13477.8 建筑密封材料试验方法 第8部分：拉伸粘结性的测定(GB/T 13477.8—2002, ISO 8339:1984, Building construction—Jointing products—Sealants—Determination of tensile properties, MOD)

GB/T 13477.9 建筑密封材料试验方法 第9部分：浸水后拉伸粘结性的测定(GB/T 13477.9—2002, ISO 10591:1991, Building construction—Sealants—Determination of adhesion/cohesion properties after immersion in water, MOD)

GB/T 13477.10 建筑密封材料试验方法 第10部分：定伸粘结性的测定(GB/T 13477.10—2002, ISO 8340:1984, Building construction—Jointing products—Sealants—Determination of tensile properties at maintained extension, MOD)

GB/T 13477.11 建筑密封材料试验方法 第11部分：浸水后定伸粘结性的测定(GB/T 13477.11—2002, ISO 10590:1991, Building construction—Sealants—Determination of adhesion/cohesion properties at maintained extension after immersion in water, MOD)

GB/T 13477.12 建筑密封材料试验方法 第12部分：同一温度下拉伸-压缩循环后粘结性的测定(GB/T 13477.12—2002, ISO 9046:1989, Building construction—Jointing products—Determination of adhesion/cohesion properties at constant temperature, MOD)

GB/T 13477.13 建筑密封材料试验方法 第13部分：冷拉-热压后粘结性的测定(GB/T 13477.13—2002, ISO 9047:1989, Building construction—Jointing products—Determination of adhesion/cohesion properties at variable temperatures, MOD)

GB/T 13477.15—2002 建筑密封材料试验方法 第15部分：经过热、透过玻璃的人工光源和水曝露后粘结性的测定(ISO 11431:1993, Building construction—Sealants—Determination of adhesion/cohesion properties after exposure to heat and artificial light through glass and to water, NEQ)

GB/T 13477.16 建筑密封材料试验方法 第16部分：压缩特性的测定(GB/T 13477.16—2002, ISO 11432:1993, Building construction—Sealants—Determination of resistance to compression, MOD)

GB/T 13477.17 建筑密封材料试验方法 第17部分：弹性恢复率的测定(GB/T 13477.17—2002, ISO 7389:1987, Building construction—Jointing products—Determination of elastic recovery, MOD)

GB/T 13477.19 建筑密封材料试验方法 第19部分:质量与体积变化的测定(GB/T 13477.19—2002,ISO 10563:1991,Building construction—Sealants for joints—Determination of change in mass and volume ,MOD)

GB/T 14682 建筑密封材料术语(GB/T 14682—2006,ISO 6927:1981,Building construction—Jointing products—Sealants—Vocabulary,NEQ)

3 术语和定义

GB/T 14682 确立的术语和定义适用于本标准。

4 分类

4.1 类型

按照密封胶用途分为两类:

G类——镶装玻璃接缝用密封胶;

F类——镶装玻璃以外的建筑接缝用密封胶。

4.2 级别

密封胶按照满足接缝密封功能的位移能力进行分级,见表1。高位移能力弹性密封胶的分级和要求见附录A。

表1 密封胶级别

级别[a]	试验拉压幅度/%	位移能力[b]/%
25	±25	25.0
20	±20	20.0
12.5	±12.5	12.5
7.5	±7.5	7.5

[a] 25级和20级适用于G类和F类密封胶,12.5级和7.5级仅适用于F类密封胶。

[b] 在设计接缝时,为了正确解释和应用密封胶的位移能力,应当考虑相关标准与有关文件。

4.3 次级别

4.3.1 25级和20级密封胶按其拉伸模量(见GB/T 14682)划分次级别:

低模量,代号LM

高模量,代号HM

如果拉伸模量测试值超过下述一个或两个试验温度下的规定值,该密封胶应分级为“高模量”。规定值如下(见表2和表3第2项):

在23℃时0.4 MPa;

在-20℃时0.6 MPa。

拉伸模量应取三个测试值的平均值,修约至1位小数。

例如:测量值0.43 MPa、0.40 MPa和0.46 MPa,其平均值0.43 MPa,报告值0.4 MPa。

4.3.2 12.5级密封胶按其弹性恢复率又分级为:

弹性恢复率等于或大于40%,代号E(弹性);

弹性恢复率小于40%,代号P(塑性)。

25级、20级和12.5E级密封胶称为弹性密封胶;12.5P级和7.5P级密封胶称为塑性密封胶。

密封胶的分级见图1。

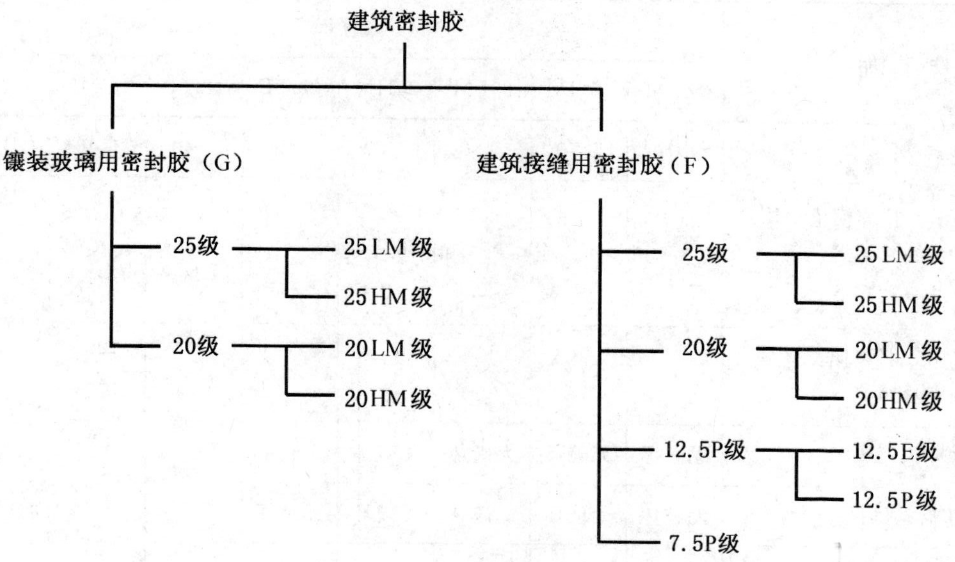

图 1 建筑密封胶分级图

5 要求和试验方法

G类和F类密封胶的要求和试验方法分别见表2和表3，试验条件见表4。高位移能力弹性密封胶的试验条件见附录A。

表 2 镶装玻璃用密封胶（G类）要求

性能	指标				试验方法
	25LM	25HM	20LM	20HM	
弹性恢复率/%	≥60	≥60	≥60	≥60	GB/T 13477.17
拉伸粘结性，拉伸模量/MPa 23℃下 −20℃下	≤0.4 和 ≤0.6	>0.4 或 >0.6	≤0.4 和 ≤0.6	>0.4 或 >0.6	GB/T 13477.8
定伸粘结性	无破坏	无破坏	无破坏	无破坏	GB/T 13477.10
冷拉-热压后粘结性	无破坏	无破坏	无破坏	无破坏	GB/T 13477.13
经过热、透过玻璃的人工光源和水曝露后粘结性[a]	无破坏	无破坏	无破坏	无破坏	GB/T 13477.15—2002
浸水后定伸粘结性	无破坏	无破坏	无破坏	无破坏	GB/T 13477.11
压缩特性	报告	报告	报告	报告	GB/T 13477.16
体积损失/%	≤10	≤10	≤10	≤10	GB/T 13477.19
流动性[b]/mm	≤3	≤3	≤3	≤3	GB/T 13477.6

“无破坏”按第7章确定。

a 所用标准曝露条件见GB/T 13477.15—2002的9.2.1或9.2.2。

b 采用U型阳极氧化铝槽，宽20 mm、深10 mm，试验温度(50±2)℃和(5±2)℃，按步骤A和步骤B试验。如果流动值超过3 mm，试验可重复一次。

表 3 建筑接缝用密封胶(F 类)要求

性能		指标							试验方法
		25LM	25HM	20LM	20HM	12.5E	12.5P	7.5P	
弹性恢复率/%		≥70	≥70	≥60	≥60	≥40	<40	<40	GB/T 13477.17
拉伸粘结性	a) 拉伸模量/MPa 23℃下 −20℃下	≤0.4 和 ≤0.6	>0.4 或 >0.6	≤0.4 和 ≤0.6	>0.4 或 >0.6	— —	— —	— —	GB/T 13477.8
	b) 断裂伸长率/% 23℃下	—	—	—	—	—	≥100	≥25	
定伸粘结性		无破坏	无破坏	无破坏	无破坏	无破坏	—	—	GB/T 13477.10
冷拉-热压后粘结性		无破坏	无破坏	无破坏	无破坏	无破坏	—	—	GB/T 13477.13
同一温度下拉伸-压缩循环后粘结性		—	—	—	—	—	无破坏	无破坏	GB/T 13477.12
浸水后定伸粘结性		无破坏	无破坏	无破坏	无破坏	无破坏	—	—	GB/T 13477.11
浸水后拉伸粘结性，断裂伸长率(23℃下)/%		—	—	—	—	—	≥100	≥25	GB/T 13477.9
体积损失/%		≤10[a]	≤10[a]	≤10[a]	≤10[a]	≤25	≤25	≤25	GB/T 13477.19
流动性[b]/mm		≤3	≤3	≤3	≤3	≤3	≤3	≤3	GB/T 13477.6

"无破坏"按第 7 章确定。

[a] 对水乳型密封胶，最大值 25%。

[b] 采用 U 型阳级氧化铝槽，宽 20 mm、深 10 mm，试验温度(50±2)℃和(5±2)℃。按步骤 A 和步骤 B 试验，如果流动值超过 3 mm，试验可重复一次。

表 4 F 类和 G 类密封胶试验条件

项目	试验方法	级别						
		25LM	25HM	20LM	20HM	12.5E	12.5P	7.5P
伸长率[a]	GB/T 13477.8 GB/T 13477.10 GB/T 13477.11 GB/T 13477.15—2002 GB/T 13477.17	100%	100%	60%	60%	60%	60%	25%
幅度	GB/T 13477.12 GB/T 13477.13	±25%	±25%	±20%	±20%	±12.5%	±12.5%	±7.5%
压缩率	GB/T 13477.16	25%	25%	20%	20%	—	—	—

[a] 伸长率(%)为相对原始宽度的比例：伸长率=[(最终宽度−原始宽度)/原始宽度]×100

6 处理条件、试验步骤和基材

当按本标准要求确定密封胶的分级时，在所有相应试验方法中应使用相同的处理（养护）步骤（仅用A法或B法），详细步骤见试验方法。

每个试验方法对每种基材测试三个试件（见第7章），所有测试中应用同批密封胶和底涂料（若使用），所有测试中采用相同的基材（材料及表面处理）。

基材的选择按GB/T 13477.1，规定如下：

G类密封胶：

要求：玻璃

可选：阳极氧化铝

F类密封胶：

砂浆和/或阳极氧化铝和/或玻璃

7 破坏的确定

7.1 概述

密封胶试件制备后应检查其是否有缺陷，舍弃不适用的试件。试验之后检查试件有无粘结损坏或内聚损坏情况，采用可读至0.5 mm的合适量具测量在任一部位观察到的粘结损坏和/或内聚损坏的深度，报告两者中的最大观测值，并以此作为合格或破坏的判据。

由于试件靠近端部存在较大应力，在试件制备和试验期间，在试件一端或两端2 mm×12 mm×12 mm体积内观察到的粘结或内聚损坏，都不应作为破坏报告（图2）。

每项试验应测试三块试件。在任一测试方法中，如果有二块或更多试件破坏，则报告密封胶该项试验破坏。如仅有一块试件破坏，则重复进行整个试验。如三个重复试验的试件中仍有一块破坏，则密封胶该项试验报告为破坏。

7.2 次级别 P类密封胶的破坏

试验方法按照GB/T 13477.8、GB/T 13477.9、GB/T 13477.12。

如果粘结或内聚损坏扩展至密封胶的整个深度，报告为“破坏”。可采用光线透过损伤部位的方法判定合格或是破坏。

7.3 次级别 E类密封胶的破坏

试验方法按照GB/T 13477.10、GB/T 13477.11、GB/T 13477.13、GB/T 13477.15—2002。

在密封胶表面任何位置，如果粘结或内聚损坏深度超过2 mm，则密封胶试件为破坏（见图2）。

单位为毫米

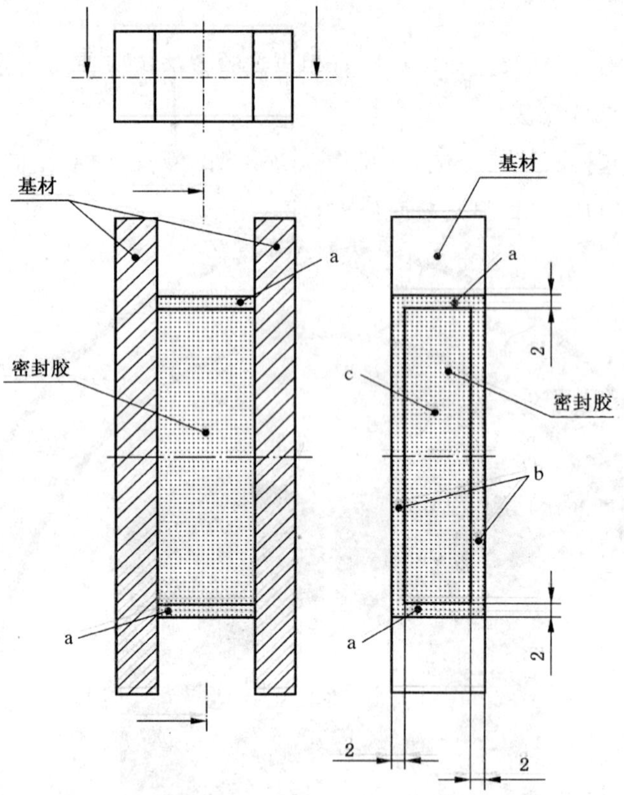

[a] 区域 A：在 2 mm×12 mm×12 mm 体积内的破坏是允许的，且不报告。

[b] 区域 B：对 E 类密封胶，允许破坏不大于 2 mm，但须报告作为试验结果。

[c] 区域 C：对 E 类密封胶，破坏从密封胶表面延伸到此区域（即深度不小于 2 mm）是不允许的，试件为破坏并报告试验结果。

注：仅在 C 区观察到的粘结缺陷或内部孔洞（如通过玻璃基材看到的）在试验报告中不作为破坏，但须报告观察结果。

图 2　密封胶试件截面

8　标记

在符合本标准的情况下，密封胶应以类型、级别的代号标记，若需要，应按第 4 章次级别的代号标记。

即：GB/T 22083—类型—级别—次级别。

包装应标明与密封胶相适应的标记，密封胶的受检应由试验报告（见第 9 章）的持有者负责。试验中所用基材和底涂料也应在包装上标明。使用下述简称：砂浆（M1 或 M2）、玻璃（G）、阳极氧化铝（A）、有底涂（p），或无底涂（up），试验基材的详细说明并非必须标示在包装上，但在技术数据表中应予列出。

例 1：具有 25％位移能力和大于 0.4 MPa（HM）的模量，在有底涂 1 型砂浆上测试的建筑接缝密封胶（F 类）可按下述标记：

GB/T 22083—F—25HM—M1p

或 GB/T 22083—F—25HM，在有底涂 1 型砂浆上测试。

例 2：具有 25％位移能力和小于 0.4 MPa（LM）的模量，在有底涂阳极氧化铝和无底涂玻璃上测试的镶装玻璃密封胶（G 类）可按下述标记：

GB/T 22083—G—25LM—Ap，Gup

或 GB/T 22083—G—25LM，在有底涂阳极氧化铝和无底涂玻璃上测试。

9 试验报告

试验报告应包含以下内容：

a) 试验室名称；

b) 试验日期和试验报告编号；

c) 引用本标准；

d) 试验报告委托方；

e) 密封胶的名称、类型(化学类别)和颜色；

f) 批号；

g) 组份数；

h) 所用基材(如用砂浆,应说明是 M1 型或 M2 型)；

i) 所用底涂料(适当时附批号)；

j) 处理条件(A 法或 B 法)；

k) 所用 GB/T 13477.15—2002 中的程序,包括适当时注明在程序 8.2.1 湿态期间是否仍开启紫外灯；

l) 任何与规定试验条件的不同点；

m) 按本标准预期的级别；

n) 为确定密封胶级别所做各项试验的结果；

o) 达到本标准的级别(若无级别可达到,应说明)。

附 录 A
（资料性附录）
高位移能力弹性密封胶的分级和要求

A.1 概述

高位移能力弹性密封胶是指位移能力大于表1中规定级别的弹性密封胶。此类密封胶适用于大位移量的建筑接缝的密封。

A.2 类型

高位移能力弹性密封胶按4.1的规定分为G类和F类。

A.3 级别

高位移能力弹性密封胶根据其在接缝中的位移能力进行分级，推荐级别见表A.1。

表 A.1 高位移能力弹性密封胶级别

级别	试验拉压幅度/%	位移能力/%
100/50	+100/−50	100/50
50	±50	50
35	±35	35

A.4 要求和试验方法

A.4.1 要求

G类和F类高位移能力弹性密封胶的要求见表A.2。

表 A.2 高位移能力弹性密封胶要求

性能	指标			试验方法
	100/50	50	35	
弹性恢复率/%	≥70	≥70	≥70	GB/T 13477.17
定伸粘结性	无破坏	无破坏	无破坏	GB/T 13477.10
冷拉-热压后粘结性	无破坏	无破坏	无破坏	GB/T 13477.13
经过热、透过玻璃的人工光源和水曝露后粘结性[a]	无破坏	无破坏	无破坏	GB/T 13477.15—2002
浸水后定伸粘结性	无破坏	无破坏	无破坏	GB/T 13477.11
体积损失/%	≤10	≤10	≤10	GB/T 13477.19
流动性[b]/mm	≤3	≤3	≤3	GB/T 13477.6

a 仅G类产品测试此项性能，所用标准曝露条件见GB/T 13477.15—2002的9.2.1或9.2.2。

b 采用U型阳极氧化铝槽，宽20 mm、深10 mm，试验温度(50±2)℃和(5±2)℃，按GB/T 13477.6—2002的6.1.2试验。如果流动值超过3 mm，试验可重复一次。

A.4.2 试验方法

处理条件、试验步骤和基材按第 6 章的规定。试验条件见表 A.3。试件破坏的确定按 7.1 和 7.3 的规定。

表 A.3 试验条件

性能	试验方法	级别		
		100/50	50	35
伸长率[a]	GB/T 13477.10 GB/T 13477.11 GB/T 13477.15—2002 GB/T 13477.17	100%	100%	100%
幅度	GB/T 13477.13	+100/−50	±50%	±35%

[a] 伸长率(%)为相对原始宽度的比例:伸长率=[(最终宽度−原始宽度)/原始宽度]×100

A.5 标记

高位移能力弹性密封胶按第 8 章的规定进行标记。

示例:具有+100/−50 位移能力的镶装玻璃用弹性密封胶标记为:

GB/T 22083—G—100/50

ICS 29.220.10
K 82

中华人民共和国国家标准

GB/T 22084.1—2008/IEC 61951-1:2003

含碱性或其他非酸性电解质的蓄电池和蓄电池组——便携式密封单体蓄电池 第1部分:镉镍电池

Secondary cells and batteries containing alkaline or other non-acid electrolytes—Portable sealed rechargeable single cells—Part 1:Nickel-cadmium

(IEC 61951-1:2003,IDT)

2008-06-18 发布　　　　2008-11-01 实施

中华人民共和国国家质量监督检验检疫总局
中国国家标准化管理委员会　发布

前　言

GB/T 22084《含碱性或其他非酸性电解质的蓄电池和蓄电池组——便携式密封单体蓄电池》分为2个部分：

——第1部分：镉镍电池；

——第2部分：金属氢化物镍电池。

本部分为GB/T 22084的第1部分。本部分等同采用IEC 61951-1:2003《含碱性或其他非酸性电解质的蓄电池和蓄电池组——便携式密封单体蓄电池　第1部分：镉镍电池》(英文版)。

为便于使用，本部分做了下列编辑性修改：

——“本国际标准”一词改为“本部分”；

——用小数点“.”代替作为小数点的逗号“,”；

——删除国际标准的前言；

——规范性引用文件的导言采用GB/T 1.1规定的导言。

本部分代替GB/T 11013—1996《碱性二次电池和电池组——圆柱密封镉镍可充单体电池》。

与GB/T 11013—1996相比，本部分的主要更改有以下几方面：

——增加了小方形电池和扣式电池，并规定了其命名方法(本部分5.1.1和5.1.3)、型号与尺寸(本部分6.1.1和6.2)、相关性能要求(本部分表5、表7、表8、表10、7.4.1.3、7.6.1)和型式批准检验程序(本部分表22和表24)；

——去掉了电池端子要求(原标准2.2)；

——增加了R型圆柱形电池，并规定了其特有的性能要求(本部分7.2.3、7.4.1.2.3、7.6.4)；

——L、M、H、X圆柱形电池的循环寿命由400次提高到500次；

——耐充电寿命试验改称为持续充电耐久性试验；

——T型电池充电接受能力试验温度由40 ℃提高至55 ℃，但未规定试验合格判据；

——机械试验按IEC 61959规定；

——型式批准和批接收检验中去掉了机械试验与高温充电接受能力试验。

本部分由中华人民共和国信息产业部提出。

本部分由全国碱性蓄电池标准化技术委员会归口。

本部分起草单位：广东佳力电源器材制造有限公司、中国电子科技集团公司第十八研究所。

本部分主要起草人：刘远鸿、刘浩杰。

本部分所代替标准的历次版本发布情况为：

——GB 11013—1989；

——GB/T 11013—1996。

含碱性或其他非酸性电解质的蓄电池和蓄电池组——便携式密封单体蓄电池 第1部分:镉镍电池

1 范围

GB/T 22084 的本部分规定了适合于任何方位下使用的便携式小方形、圆柱形和扣式密封镉镍单体蓄电池(简称电池)的型号、标志、尺寸、试验和要求。

2 规范性引用文件

下列文件中的条款通过 GB/T 22084 的本部分的引用而成为本部分的条款。凡是注日期的引用文件,其随后所有的修改单(不包括勘误的内容)或修订版均不适用于本部分,然而,鼓励根据本部分达成协议的各方研究是否可使用这些文件的最新版本。凡是不注日期的引用文件,其最新版本适用于本部分。

GB/T 7676(所有部分) 直接作用的模拟指示电测量仪表及其附件[IEC 60051(所有部分),IDT]

IEC 60050-486 国际电工词汇 第 486 部分:蓄电池和蓄电池组

IEC 60086(所有部分) 原电池

IEC 60410 计数检查抽样方案和程序

IEC 60485 数字直流电压表和直流模数转换器

IEC 61959 含碱性或其他非酸性电解质的蓄电池和蓄电池组——便携式密封蓄电池和蓄电池组的机械试验

3 术语和定义

IEC 60050-486 确立的以及下列术语和定义适用于 GB/T 22084 的本部分。

3.1

小方形电池 small prismatic cell

形状为长方体,宽度和厚度尺寸均不超过 25 mm 的电池。

3.2

圆柱形电池 cylindrical cell

横截面为圆形,高度大于或等于直径的电池。

3.3

扣式电池 button cell

横截面为圆形,高度小于直径的电池。

3.4

密封电池 sealed cell

电池保持密封,当按制造商规定的充电制度和温度范围运行时既不释放气体也不泄漏液体的电池。电池可以安装安全装置以免产生高内压的危险,并设计成在其寿命期间无须补加电解质,以原始的密封状态运行。

3.5

标称电压 nominal cell voltage

密封镉镍单体蓄电池的标称电压:1.2 V。

3.6

便携式电池　portable cell

设计成主要用在便携式电池组内的单体电池。

3.7

额定容量　rated capacity

制造商宣称的单体电池的容量值 C_5 Ah(安培小时)。即按 7.2.1 规定的充电、搁置和放电条件，5 h 所能放出的电量。

4　参数测量公差

参数的控制值或测量值相对于规定值或实际值的准确度应在下列公差范围内：

a)　电压：±1%；

b)　电流：±1%；

c)　容量：±1%；

d)　温度：±2 ℃；

e)　时间：±0.1%。

上述测量公差由测量器具的准确度、使用的测量技术以及测量过程中其他来源的误差组成。

选择测量器具时，对模拟式仪表参阅 GB/T 7676 标准，对数字式仪表参阅 IEC 60485 标准。在每份试验报告中应列出所使用测量器具的详细情况。

5　电池的型号和标志

5.1　电池的型号

5.1.1　小方形电池

小方形密封镉镍单体蓄电池的型号为字母“KF”后接用斜线分开的三组数字。

a)　第一条斜线左边的两位数字表示电池的最大宽度，以 mm 为单位，向上取整数；

b)　中间的两位数字表示电池的最大厚度，以 mm 为单位，向上取整数；

c)　第二条斜线右边的两位数字表示电池的最大高度，以 mm 为单位，向上取整数。

示例：KF18/07/49 表示一个小方形电池，其最大宽度为 18 mm，最大厚度为 7 mm 和最大高度为 49 mm。

5.1.2　圆柱形电池

圆柱形密封镉镍单体蓄电池的型号为字母“KR”后接字母 L、M、H 或 X：

——L 表示低放电率；

——M 表示中放电率；

——H 表示高放电率；

——X 表示超高放电率。

注：这些类型的电池推荐使用(但不限于使用)以下的放电率：

——L 推荐使用小于或等于 $0.5I_t$ A；

——M 推荐使用小于或等于 $3.5I_t$ A；

——H 推荐使用小于或等于 $7.0I_t$ A；

——X 推荐使用小于或等于和大于 $15I_t$ A。

当电池设计成可用于高温下持久充电，通常超过 40 ℃时，在字母 L、M、H 或 X 后面放一个字母“T”。

当电池设计成可以快速充电，通常用 $1.0I_t$ A 充电时，在字母 L、M、H 或 X 后面放一个字母“R”。

在三个(或四个)字母后再接用斜线分开的两组数字。

a)　斜线左边的两位数字表示电池的最大直径，以 mm 为单位，向上取整数；

b） 斜线右边的两位数字表示电池的最大高度，以 mm 为单位，向上取整数。

当电池的尺寸和公差设计成可与原电池互换时，表 2 中的型号也可以标在电池上。

示例 1：KRL33/62 表示一个具有低放电率性能的圆柱形电池，其最大直径为 33 mm，最大高度为 61.5 mm。

示例 2：KRLT33/62 表示一个具有低放电率性能并可在高温下持久充电的圆柱形电池，其最大直径为 33 mm，最大高度为 61.5 mm。

示例 3：KRHR23/43 表示一个具有高放电率性能并可快速充电的圆柱形电池，其最大直径为 23 mm，最大高度为 43 mm。

5.1.3 扣式电池

扣式密封镉镍单体蓄电池的型号为字母“KB”后接字母 L、M 或 H：

——L 表示低放电率；

——M 表示中放电率；

——H 表示高放电率。

随后再接用斜线分开的两组数字。

a） 斜线左边的三位数字表示电池的最大直径，以 0.1 mm 为单位，向上取整数；

b） 斜线右边的三位数字表示电池的最大高度，以 0.1 mm 为单位，向上取整数。

示例：KBL116/055 表示一个具有低放电率性能的扣式电池，其最大直径为 11.6 mm，最大高度为 5.5 mm。

5.2 电池的端子

本部分对电池的端子不作规定。

5.3 标志

5.3.1 小方形电池和圆柱形电池

供货商应在每一个无连接件的单体电池的外套上给出至少具有下列信息的耐久标志：

——密封镉镍蓄电池或 Ni-Cd；

——按 5.1 规定命名的电池型号（此外，允许制造商同时使用自己的型号）；

——额定容量；

——标称电压；

——推荐的充电率和充电时间或高温“T”电池的恒定充电电流；

——极性；

——制造日期（也可以用代码）；

——制造厂或供货商的名称或标识。

注：带有连接片的密封镉镍单体蓄电池如果是构成电池组的部件时，由于电池组本身已有上述信息，故单体电池一般不需要标志。

5.3.2 扣式电池

供货商应在每一个扣式单体电池上给出至少具有下列信息的耐久标志：

——按 5.1 规定命名的电池型号；

——极性；

——制造的日期（也可以用代码）；

——制造厂或供货商的名称或标识。

6 尺寸

6.1 小方形电池和圆柱形电池

6.1.1 小方形电池

表 1 给出了带外套的小方形电池的尺寸。

表1 带外套的小方形电池的尺寸

电池型号	宽度/mm	厚度/mm	总高度/mm
KF18/07/41	17.3 $^{0}_{-1.0}$	6.1 $^{0}_{-0.7}$	40.2 $^{0}_{-1.0}$
KF18/07/49	17.3 $^{0}_{-1.0}$	6.1 $^{0}_{-0.7}$	48.2 $^{0}_{-1.0}$
KF18/09/49	17.3 $^{0}_{-1.0}$	8.3 $^{0}_{-0.7}$	48.2 $^{0}_{-1.0}$
KF18/07/68	17.3 $^{0}_{-1.0}$	6.1 $^{0}_{-0.7}$	67.3 $^{0}_{-1.5}$
KF18/09/68	17.3 $^{0}_{-1.0}$	8.3 $^{0}_{-0.7}$	67.3 $^{0}_{-1.5}$
KF18/11/68	17.3 $^{0}_{-1.0}$	10.5 $^{0}_{-1.0}$	67.3 $^{0}_{-1.5}$
KF18/18/68	17.3 $^{0}_{-1.0}$	17.3 $^{0}_{-1.0}$	67.3 $^{0}_{-1.5}$
KF23/15/68	23.0 $^{0}_{-1.0}$	14.7 $^{0}_{-1.0}$	67.3 $^{0}_{-1.5}$

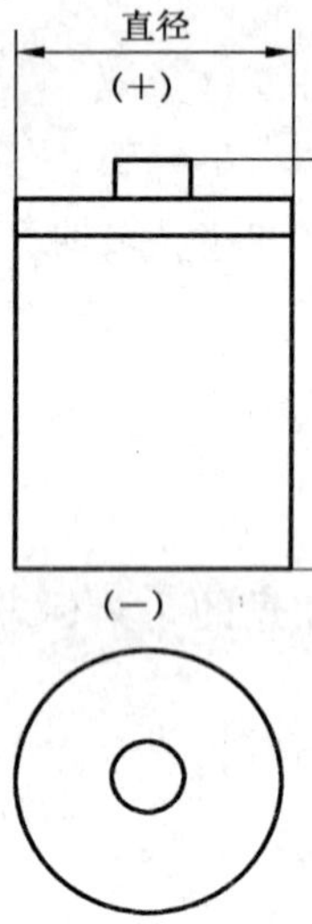

图1 带外套的圆柱形电池

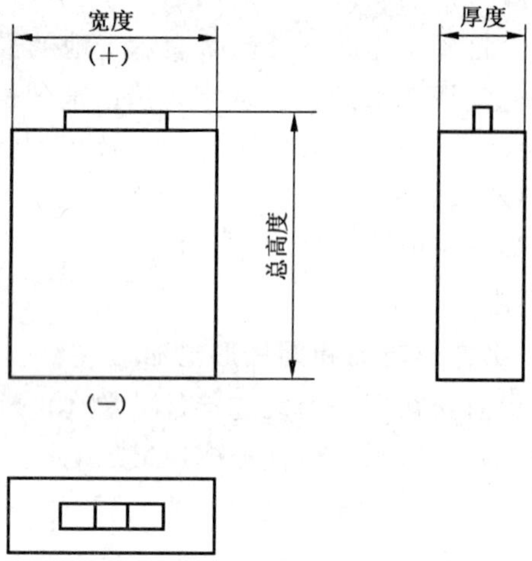

图2 带外套的小方形电池

6.1.2 圆柱形电池

6.1.2.1 在尺寸上可与原电池互换的电池

表2给出了在尺寸上可与原电池互换的带外套的圆柱形电池的尺寸。

表2 在尺寸上可与原电池互换的带外套的圆柱形电池

电池型号[a]	对应的IEC 60086原电池[b]	尺寸
KR03	R03	所有尺寸应与IEC 60086-2一致
KR6	R6	
KR14	R14	
KR20	R20	

[a] 本电池型号符合IEC 60086-1第3章规定的命名规则。

[b] 在一些国家中，这些类型的电池型号也称为AAA(R03)、AA(R6)、C(R14)、D(R20)。

6.1.2.2 在尺寸上不能与原电池互换的电池

表3给出了在尺寸上不能与原电池互换的带外套的圆柱形电池的尺寸。

表 3 在尺寸上不能与原电池互换的带外套的圆柱形电池的尺寸

电池型号[a]	直径/mm	总高度/mm
KR8/43	7.8	42.5
KR11/16	10.5	16.0
KR11/45	10.5	44.5
KR12/30	12.0	30.0
KR15/18	14.5	17.5
KR15/30	14.5	30.0
KR15/43	14.5 $\left.\right\}{}^{\ 0}_{-0.7}$	43.0
KR15/51	14.5	50.5
KR17/18	17.0	17.5 $\left.\right\}{}^{\ 0}_{-1.5}$
KR17/29	17.0	28.5
KR17/43	17.0	43.0
KR17/50	17.0	50.0
KR17/66	17.0	66.0
KR23/27	23.0	26.5
KR23/34	23.0	34.0
KR23/43	23.0	43.0
KR26/31	25.8	31.0
KR26/50	25.8 $\left.\right\}{}^{\ 0}_{-1.0}$	50.0
KR33/37	32.1	36.3
KR33/44	33.0	44.0 $\left.\right\}{}^{\ 0}_{-2.0}$
KR33/62	33.0	61.5
KR33/91	33.0	91.0
KR44/71	43.5	71.0
KR44/91	43.5 $\left.\right\}{}^{\ 0}_{-2.5}$	91.0 $\left.\right\}{}^{\ 0}_{-2.5}$
KR44/146	43.5	146.0

注：直径公差 ${}^{\ 0}_{-0.7}$ 适用于 KR8/43～KR17/66，${}^{\ 0}_{-1.0}$ 适用于 KR23/27～KR33/91，${}^{\ 0}_{-2.5}$ 适用于 KR44/71～KR44/146；总高度公差 ${}^{\ 0}_{-1.5}$ 适用于 KR8/43～KR26/31，${}^{\ 0}_{-2.0}$ 适用于 KR26/50～KR33/62，${}^{\ 0}_{-2.5}$ 适用于 KR33/91～KR44/146（表中以括号标示）。

[a] 适用时，字母 KR 后面可加 L、M、H 或 X 和 T 和/或 R。（见 5.1）

6.2 扣式电池

扣式电池的结构如图样Ⅰ或图样Ⅱ。

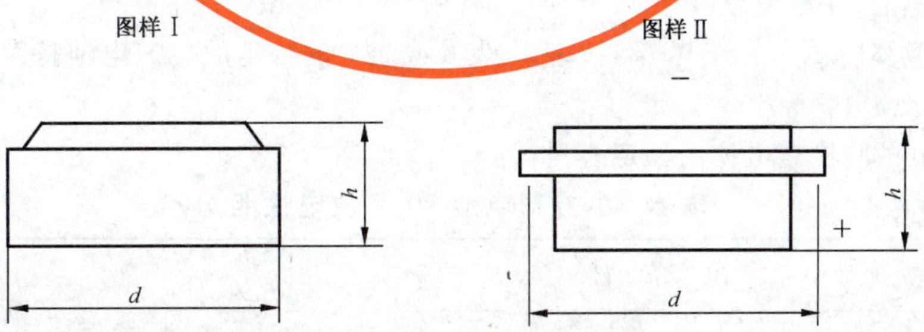

注：图样Ⅰ的极性还没有标准化。

图 3 扣式电池

表 4 列出了扣式密封镉镍单体蓄电池的尺寸。

表 4　扣式电池的尺寸

电池型号[a]	最大直径 d/mm	总高度 h/mm
KB116/055[b]	11.6 $^{0}_{-0.3}$	5.5 $^{0}_{-0.6}$
KB156/048	15.6 $^{0}_{-0.3}$	4.8 $^{0}_{-0.6}$
KB156/061	15.6 $^{0}_{-0.3}$	6.1 $^{0}_{-0.6}$
KB222/050	22.2 $^{0}_{-0.3}$	5.0 $^{0}_{-0.6}$
KB229/055	22.9 $^{0}_{-0.3}$	5.5 $^{0}_{-0.6}$
KB232/030	23.2 $^{0}_{-0.3}$	3.0 $^{0}_{-0.6}$
KB232/055	23.2 $^{0}_{-0.3}$	5.5 $^{0}_{-0.6}$
KB232/067	23.2 $^{0}_{-0.3}$	6.7 $^{0}_{-0.6}$
KB252/064	25.2 $^{0}_{-0.4}$	6.4 $^{0}_{-0.6}$
KB252/077	25.2 $^{0}_{-0.4}$	7.7 $^{0}_{-0.6}$
KB252/095	25.2 $^{0}_{-0.4}$	9.5 $^{0}_{-1.0}$
KB346/055	34.6 $^{0}_{-0.4}$	5.5 $^{0}_{-0.6}$
KB346/098	34.6 $^{0}_{-0.4}$	9.8 $^{0}_{-1.0}$
KB432/081	43.2 $^{0}_{-0.4}$	8.1 $^{0}_{-1.0}$
KB505/105	50.5 $^{0}_{-0.4}$	10.5 $^{0}_{-1.0}$

[a] 适用时，字母后面可加 L、M 或 H。(见 5.1.3)

[b] KB116/055 电池可与原电池 R44 互换。

7　电气试验

按照本章和第 5 章进行的各项试验，其充电和放电电流均以额定容量(C_5 Ah)为基准。试验电流以 I_t A 的倍数表示，I_t A=C_5 Ah/1 h。

除另有规定外，电池在所有试验中都不应出现漏液现象。

7.1　试验的充电程序

除本部分另有规定外，各项试验的充电程序均应在环境温度 20 ℃±5 ℃下，以恒流 0.1I_t A 充电 16 h。

充电之前，电池应先在环境温度 20 ℃±5 ℃下，以恒流 0.2I_t A 放电至终止电压 1.0 V。

7.2　放电性能

按顺序进行下列放电试验。

7.2.1　20 ℃放电性能

电池按 7.1 充电后，在环境温度 20 ℃±5 ℃下搁置 1 h～4 h。

然后电池在环境温度 20 ℃±5 ℃下，按表 5、表 6 或表 7 的规定放电。电池持续放电时间应不少于表 5、表 6 或表 7 的规定。

用 0.2I_t A 放电试验检查电池的额定容量。

表 5　小方形电池 20 ℃放电性能

放电条件		最短持续放电时间
恒流放电率/A	终止电压/V	
0.2I_t[a]	1.0	5 h
1.0I_t	0.9	42 min

[a] 该项试验允许进行 5 次循环。当第一个满足要求的循环结束时，试验即可停止。

表 6　圆柱形电池 20 ℃放电性能

放电条件		最短持续放电时间			
恒流放电率/A	终止电压/V	电池型号			
		L/LT	M/MT	H/HT	X
$0.2I_t$[a]	1.0	5 h	5 h	5 h	5 h
$1.0I_t$	0.9	—	42 min	48 min	54 min
$5.0I_t$[b]	0.8	—	—	6 min	9 min
$10.0I_t$[b]	0.7	—	—	—	4 min

[a] 该项试验允许进行 5 次循环。当第一个满足要求的循环结束时，试验即可停止。

[b] 在进行 $5.0I_t$ A 和 $10.0I_t$ A 放电率试验之前，必要时可先进行一次练习循环。练习循环包括按 7.1 以 $0.1I_t$ A 充电和按 7.2.1 在环境温度 20 ℃±5 ℃下以 $0.2I_t$ A 放电。

表 7　扣式电池 20 ℃放电性能

放电条件		最短持续放电时间		
恒流放电率/A	终止电压/V	电池型号		
		L	M	H
$0.2I_t$[a]	1.0	5 h	5 h	5 h
$1.0I_t$	1.0	—	48 min	51 min
$5.0I_t$[b]	0.8	—	—	6 min

[a] 该项试验允许进行 5 次循环。当第一个满足要求的循环结束时，试验即可停止。

[b] 在进行 $5.0I_t$ A 放电率试验之前，必要时可先进行一次练习循环。练习循环包括按 7.1 以 $0.1I_t$ A 充电和按 7.2.1 在环境温度 20 ℃±5 ℃下以 $0.2I_t$ A 放电。

7.2.2　－18 ℃放电性能

电池按 7.1 充电后，在环境温度－18 ℃±2 ℃下搁置 16 h～24 h。

然后，电池在环境温度－18 ℃±2 ℃下按表 8、表 9 或表 10 的规定放电。电池持续放电时间应不少于表 8、表 9 或表 10 的规定。

表 8　小方形电池－18 ℃放电性能

放电条件		最短持续放电时间
恒流放电率/A	终止电压/V	
$0.2I_t$	1.0	3 h
$1.0I_t$	0.9	15 min

表 9　圆柱形电池－18 ℃放电性能

放电条件		最短持续放电时间					
恒流放电率/A	终止电压/V	电池型号					
		L/LT	M	MT	H	HT	X
$0.2I_t$	1.0	2 h	3 h	2 h	3 h	2 h	4 h
$1.0I_t$	0.9	—	15 min	10 min	30 min	20 min	36 min
$2.0I_t$[a]	0.8	—	—	—	9 min	6 min	13 min
$3.0I_t$[a]	0.8	—	—	—	—	—	7 min

[a] 在进行 $2.0I_t$ A 和 $3.0I_t$ A 放电率试验之前，必要时可先进行一次练习循环。练习循环包括按 7.1 以 $0.1I_t$ A 充电和按 7.2.1 在环境温度 20 ℃±5 ℃下以 $0.2I_t$ A 放电。

表 10 扣式电池 −18 ℃放电性能

放电条件		最短持续放电时间		
恒流放电率/A	终止电压/V	电池型号		
		L	M	H
$0.2I_t$	1.0	—	2 h 45 min	3 h
$1.0I_t$	0.9	—	12 min	30 min
$2.0I_t$[a]	0.8	—	—	9 min

[a] 在进行 $2.0I_t$ A 放电试验之前，必要时可做一次练习循环。练习循环包括按 7.1 以 $0.1I_t$ A 充电和按 7.2.1 在环境温度 20 ℃±5 ℃下以 $0.2I_t$ A 放电。

7.2.3 快充电池(R 电池)放电性能

R 圆柱形电池以恒流 $1.0I_t$ A 充电 1.2 h，或按制造商推荐的其他适当的充电方式快充电后，继续在环境温度 20 ℃±5 ℃下以 $0.1I_t$ A 充电 2 h。然后按 7.2.1 和 7.2.2 的规定进行搁置和放电。

在环境温度 20 ℃±5 ℃下 R 圆柱形电池的持续放电时间应不少于表 6 的规定，在环境温度 −18 ℃±2 ℃下 R 圆柱形电池的持续放电时间应不少于表 9 的规定。

7.3 荷电(容量)保持能力

电池的荷电保持能力用下面的试验进行检验。电池按 7.1 充电后，在平均环境温度 20 ℃±2 ℃下开路搁置 28 天。在搁置期间，允许短时间内环境温度在 20 ℃±5 ℃内变化。

搁置后的电池按 7.2.1 的规定以放电率 $0.2I_t$ A 放电。

20 ℃下搁置 28 d 后的电池的持续放电时间应为：

——小方形电池不少于 3 h；

——圆柱形电池不少于 3 h 15 min；

——H 扣式电池不少于 3 h 15 min；

——L 和 M 扣式电池不少于 3 h 45 min。

7.4 耐久性

7.4.1 循环寿命

进行循环寿命试验之前，电池先以恒流 $0.2I_t$ A 放电至终止电压 1.0 V。

所有型号的电池都在环境温度 20 ℃±5 ℃下进行循环寿命试验。充电和放电按表 11、表 12、表 13、表 14 和表 15 规定的条件始终以恒流进行。试验期间应防止电池壳的温度超过 35 ℃，必要时可采取强制通风措施。

注：决定电池性能的是电池的实际温度，而不是环境温度。

7.4.1.1 小方形电池和圆柱形电池

表 11 小方形电池和圆柱形电池的循环寿命

循环次数	充电	荷电态搁置	放电
1	$0.10I_t$ A 16 h	无	$0.25I_t$ A 2 h 20 min[a]
2～48	$0.25I_t$ A 3 h 10 min	无	$0.25I_t$ A 2 h 20 min[a]
49	$0.25I_t$ A 3 h 10 min	无	$0.25I_t$ A 放电至 1.0 V
50	$0.10I_t$ A 16 h	1 h～4 h	$0.20I_t$ A 放电至 1.0 V[b]

[a] 如果电池电压下降到 1.0 V 以下，放电可以停止。

[b] 电池在第 50 次循环放电完毕后，允许有足够的开路搁置时间，以便在一个方便的时间开始第 51 次循环。在第 100、150、200、250、300、350、400 和 450 次循环放电完毕后，可采用同样的程序。

重复 1 次～50 次循环，直至任一个第 50 次循环的放电时间少于 3 h 为止。这时，按照第 50 次循环的规定再进行一次循环。

当连续两个这样的第 50 次循环的放电时间都少于 3 h 时，寿命试验终止。试验结束时，获得的电池总的循环次数应不少于：

——小方形电池为400次；

——L/LR、M/MR、H/HR或X/XR圆柱形电池为500次；

——LT、MT或HT圆柱形电池为50次。

7.4.1.2 **圆柱形电池(加速试验程序)**

为了加速试验，或使用近似于实际应用的循环条件进行试验，可选择下列两个试验方法之一，以代替7.4.1.1的试验程序。

7.4.1.2.1 **H或X电池**

表12 H或X圆柱形电池的循环寿命

循环次数	充电	荷电态搁置	放电	
			条件	含随后搁置的总时间
1	$0.1I_t$ A 16 h	30 min	$1.0I_t$ A 放电至1.0 V	90 min
2～48	$0.3I_t$ A 4 h	30 min	$1.0I_t$ A 放电至1.0 V	90 min
49	$0.3I_t$ A 4 h	24 h	$1.0I_t$ A 放电至1.0 V	90 min
50	$0.1I_t$ A 16 h	1 h～4 h	$0.2I_t$ A 放电至1.0 V	a

a 电池在第50次循环放电完毕后，允许有足够的开路搁置时间，以便在一个方便的时间开始第51次循环。在第100、150、200、250、300、350、400和450次循环放电完毕后，可采用同样的程序。

重复进行1次～50次循环，直至任一个第49次循环放电至终止电压为1.0 V的时间少于30 min，或任一个第50次循环持续放电至终止电压为1.0 V的时间少于3 h为止。这时，按照第50次循环的规定再进行一次循环，如果放电时间仍然少于3 h时试验终止。

试验结束时，获得的电池总的循环次数应不少于500次。

7.4.1.2.2 **X电池**

表13 X圆柱形电池的循环寿命

循环次数	充电	荷电态搁置	放电	
			条件	含后来搁置的总时间
1	$0.1I_t$ A 16 h	30 min	$5.0I_t$ A 放电至0.8 V	42 min
2～48	$1.0I_t$ A 1 h	30 min	$5.0I_t$ A 放电至0.8 V	42 min
49	$1.0I_t$ A 1 h	24 h	$5.0I_t$ A 放电至0.8 V	42 min
50	$0.1I_t$ A 16 h	1 h～4 h	$0.2I_t$ A 放电至1.0 V	a

a 电池在第50次循环放电完毕后，允许有足够的开路搁置时间，以便在一个方便的时间开始第51次循环。在第100、150、200、250、300、350、400和450次循环放电完毕后，可采用同样的程序。

重复进行1次～50次循环，直至任一个第49次循环放电至终止电压为0.8 V的时间少于5 min，或任一个第50次循环持续放电至终止电压为1.0 V的时间少于3 h为止。这时，按照第50次循环的规定再进行一次循环，如果放电时间仍然少于3 h时试验终止。

试验结束时，获得的电池总的循环次数应不少于500次。

7.4.1.2.3 **HR或XR电池**

重复进行1次～50次循环，直至任一个第49次循环放电至终止电压为1.0 V的时间少于30 min，或任一个第50次循环持续放电至终止电压为1.0 V的时间少于3 h为止。这时，按照第50次循环的规定再进行一次循环，如果放电时间仍然少于3 h时试验终止。

试验结束时，获得的电池总的循环次数应不少于500次。

表 14　HR 或 XR 圆柱形电池的循环寿命

循环次数	充电	荷电态搁置	放　　电	
			条件	含搁置的总时间
1	0.1I_t A　16 h	30 min	1.0I_t A 放电至 1.0 V	90 min
2～48	1.0I_t A[a]	30 min	1.0I_t A 放电至 1.0 V	90 min
49	1.0I_t A[a]	24 h	1.0I_t A 放电至 1.0 V	90 min
50	1.0I_t A[a] 再以 0.1 I_t A 充电 2 h	1 h～4 h	0.2I_t A 放电至 1.0 V	b

[a] 按制造商推荐的适当的充电终止条件，或者在制造商没有推荐时充电 1.2 h。

[b] 电池在第 50 次循环放电完毕后，允许有足够的开路搁置时间，以便在一个方便的时间开始第 51 次循环。在第 100、150、200、250、300、350、400 和 450 次循环放电完毕后，可采用同样的程序。

7.4.1.3　扣式电池

表 15　扣式电池的循环寿命

循环次数	充电	荷电态搁置	放　　电
1	0.1I_t A 16 h	5 h	0.2I_t A 放电 3 h
2～48	0.1I_t A 8 h	1 h	0.2I_t A 放电 3 h
49	0.1I_t A 8 h	1 h	0.2I_t A 放电至 1.0 V[a]
50	0.1I_t A 16 h	1 h	0.2I_t A 放电至 1.0 V[a]

[a] 电池在第 49 次和第 50 次循环放电完毕后，允许有足够的开路搁置时间，以便在一个方便的时间开始下一个循环。在第 100、150、200、250、300 和 350 次循环放电完毕后，可采用同样的程序。

重复 1 次～50 次循环，直至任一个第 50 次循环的放电时间少于 3 h 为止。这时，按照第 50 次循环的规定再进行一次循环。

当连续两个第 50 次循环的放电时间都少于 3 h 时，寿命试验终止。试验结束时，M 和 H 扣式电池总的循环次数应不少于 400 次，L 扣式电池总的循环次数应不少于 300 次。

7.4.2　持续充电耐久性

7.4.2.1　小方形电池

本部分未要求对小方形电池进行持续充电耐久性试验。

7.4.2.2　L、M、H 或 X 圆柱形电池和 L、M 或 H 扣式电池

试验前，电池先以 0.2I_t A 放电至终止电压 1.0 V。

然后，在环境温度 20 ℃±5 ℃下进行以下持续充电耐久性试验。电池充电和放电按照表 16 和表 17规定的条件始终以恒流进行。

表 16　L、M、H 或 X 圆柱形电池的持续充电耐久性

循环次数	充电	放电[a]
1	0.05I_t A　91 d	0.2I_t A 放电至 1.0 V
2	0.05I_t A　91 d	0.2I_t A 放电至 1.0 V
3	0.05I_t A　91 d	0.2I_t A 放电至 1.0 V
4	0.05I_t A　91 d	0.2I_t A 放电至 1.0 V

[a] 充电完成后立即进行放电。

试验期间，应采取预防措施，防止电池外壳温度超过 25 ℃。必要时，可采取强制通风措施。

电池第 4 次循环的放电时间应不少于 3 h。

试验期间，应采取预防措施，防止电池外壳温度超过 30 ℃。必要时，可采取强制通风措施。

电池第 4 次循环的放电时间应不少于 3 h。

表 17　扣式电池的持续充电耐久性

循环次数	L 或 M 电池充电	H 电池充电	放　电[a]
1	0.01I_t A 91 d	0.05I_t A 91 d	0.2I_t A 放电至 1.0 V
2	0.01I_t A 91 d	0.05I_t A 91 d	0.2I_t A 放电至 1.0 V
3	0.01I_t A 91 d	0.05I_t A 91 d	0.2I_t A 放电至 1.0 V
4	0.01I_t A 91 d	0.05I_t A 91 d	0.2I_t A 放电至 1.0 V

[a] 充电完成后立即进行放电。

7.4.2.3　LT、MT 或 HT 圆柱形电池

电池按表 18 规定的条件进行三个步骤的持续充电耐久性能验。

这些步骤是：

——40 ℃下电池充电接受能力试验；

——70 ℃下电池 6 个月老化周期试验；

——最后的电池充电接受能力试验，以检查电池老化周期试验后的性能。

注：选择 70 ℃下电池 6 个月老化周期试验是模拟 40 ℃下电池 4 年的持续充电运作。

试验前，电池先在环境温度 20 ℃±5 ℃下以 0.2I_t A 放电至终止电压 1.0 V，并在环境温度 40 ℃±2 ℃下搁置 16 h～24 h。

然后电池按表 18 规定的条件，分别在环境温度 40 ℃±2 ℃和 70 ℃±2 ℃下进行恒流充电和放电。

表 18　LT、MT 或 HT 圆柱形电池的持续充电耐久性

循环次数	环境温度	充电	放电 A 或 B[a]	最短放电时间
1	40 ℃±2 ℃	0.05I_t A　48 h	A：0.2I_t A 放电至 1.0 V 或 B：1.0I_t A 放电至 1.0V	无要求
2		0.05I_t A　24 h	A：0.2I_t A 放电至 1.0 V 或 B：1.0I_t A 放电至 1.0 V	3 h 45 min 42 min
3		0.05I_t A　24 h	A：0.2I_t A 放电至 1.0 V 或 B：1.0I_t A 放电至 1.0 V	3 h 45 min 42 min
4	70 ℃±2 ℃	0.05I_t A　60 d	A：0.2I_t A 放电至 1.0 V 或 B：1.0I_t A 放电至 1.0 V	无要求
5		0.05I_t A　60 d	A：0.2I_t A 放电至 1.0 V 或 B：1.0I_t A 放电至 1.0 V	
6		0.05I_t A　60 d	A：0.2I_t A 放电至 1.0 V 或 B：1.0I_t A 放电至 1.0 V	
7	40 ℃±2 ℃	0.05I_t A　48 h	A：0.2I_t A 放电至 1.0 V 或 B：1.0I_t A 放电至 1.0 V	无要求
8		0.05I_t A　24 h	A：0.2I_t A 放电至 1.0 V 或 B：1.0I_t A 放电至 1.0 V	2 h 30 min 24 min
9		0.05I_t A　24 h	A：0.2I_t A 放电至 1.0 V 或 B：1.0I_t A 放电至 1.0 V	2 h 30 min 24 min

[a] A：适用于 LT、MT 或 HT 电池；
B：仅适用于 MT 或 HT 电池。

放电条件 A 或 B 可按用户的要求进行选择，电池充电完成后立即进行放电。

在环境温度 40 ℃下完成第一次充电接受能力试验的 3 次循环后，电池应在环境温度 70 ℃±2 ℃

下搁置 16 h～24 h。

电池在 70 ℃下进行 6 个月的老化试验期间，应防止电池外壳温度超过 75 ℃，必要时可采取强制通风措施。

注：实际上决定电池性能的是电池的温度，而不是环境温度。

记录电池在 70 ℃下 3 次循环的放电时间，试验期间电池不应发生漏液现象。

在完成老化周期试验后，电池应在环境温度 40 ℃±2 ℃下搁置 16 h～24 h。然后电池在环境温度 40 ℃下按表 18 规定的条件重复进行充电接受能力试验的 3 次循环。电池放电时间应不少于表 18 的规定。

7.5 恒压充电接受能力

本部分对恒压充电接受能力试验不作规定。

也不推荐使用恒压充电。

7.6 过充电

7.6.1 小方形电池

电池的耐过充电能力通过以下试验进行检测。

试验之前，电池先在环境温度 20 ℃±5 ℃下以恒流 $0.2I_t$ A 放电至终止电压 1.0 V。

电池在环境温度 20 ℃±5 ℃下以恒流 $0.1I_t$ A 充电 48 h。充电后在相同的环境温度下搁置 1 h～4 h。

然后电池在环境温度 20 ℃±5 ℃下以恒流 $0.2I_t$ A 放电至终止电压 1.0 V。

电池放电时间应不少于 5 h。

7.6.2 L、M、H 或 X 圆柱形电池和扣式电池

电池的耐过充电能力通过以下试验进行检测。

试验之前，电池先在环境温度 20 ℃±5 ℃下以恒流 $0.2I_t$ A 放电至终止电压 1.0 V。

电池在环境温度 20 ℃±5 ℃下以恒流 $0.1I_t$ A 充电 28 天。充电后在相同的环境温度下搁置 1 h～4 h。

然后电池在环境温度 20 ℃±5 ℃下以恒流 $0.2I_t$ A 放电至终止电压 1.0 V。

电池放电时间应不少于：

——圆柱形电池 5 h。

——扣式电池 4 h 15 min。

7.6.3 LT、MT 或 HT 圆柱形电池

电池的耐过充电能力应在 0 ℃±2 ℃的循环空气中通过以下试验进行检测。

试验之前，电池在环境温度 20 ℃±5 ℃下以恒流 $0.2I_t$ A 放电至终止电压 1.0 V，并在 0 ℃±2 ℃下搁置 16 h～24 h。

然后电池按表 19 规定的条件始终以恒流进行充电和放电，放电条件 A 或 B 按用户的要求进行选择。

表 19 LT、MT 或 HT 圆柱形电池的 0 ℃过充电

充　电	放电 A[a]	放电 B[a]
	LT、MT、HT 电池	MT、HT 电池
$0.05I_t$ A　28 d	$0.2I_t$ A 放电至 1.0 V	$1.0I_t$ A 放电至 1.0 V

[a] 充电后立即进行放电。

电池放电时间应不少于：

——放电 A：4 h 15 min，或者

——放电 B:36 min。

7.6.4 R 圆柱形电池

电池的耐过充电能力通过以下试验进行检测。

试验之前,电池在环境温度 20 ℃±5 ℃下以恒流 0.2I_t A 放电至终止电压 1.0 V。

电池在环境温度 20 ℃±5 ℃下以恒流 1.0I_t A 充电 1.2 h,或者以其他适当的方法终止充电,例如 $-\Delta V$ 或由制造商推荐的其他方法。然后在同一环境温度下以恒流 0.1I_t A 继续充电 28 天。充电后电池在环境温度 20 ℃±5 ℃下搁置 1 h～4 h。

最后,电池在环境温度 20 ℃±5 ℃下以恒流 0.2I_t A 放电至终止电压 1.0 V。

电池放电时间应不少于 5 h。

7.7 安全装置动作

> **警告:进行本项试验时应十分小心!电池应单独进行试验,并且应注意,不符合要求的电池,即使在切断电流后也可能发生爆炸。**
>
> **因此本项试验应在保护装置内进行。**

对装有安全装置的电池应进行以下试验,以证实当电池内压超过安全装置动作的临界值时,电池的安全装置会动作,使积聚在电池内部的气体能够释放出来。

注:对没有安装安全装置的扣式电池,不进行本项试验。

电池在环境温度 20 ℃±5 ℃下以恒流 0.2I_t A 强制放电至终止电压 0.0 V。

然后,将电流提高到 1.0I_t A,并在相同环境温度下继续强制放电 60 min。

在放电期间及放电结束后,电池不应破裂或爆炸,但允许漏液和变形。

7.8 贮存

电池应依照制造商推荐的方法进行贮存。

试验之前,电池在环境温度 20 ℃±5 ℃下以恒流 0.2I_t A 放电至终止电压 1.0 V。

然后电池在平均环境温度 20 ℃±5 ℃和相对湿度 65%±20%的条件下开路贮存 12 个月。

贮存期间,任何时候环境温度都不应超出 20 ℃±10 ℃的范围。

贮存期满后,电池用相应的电流充电:

——扣式电池、小方形电池和 L、M、H、X、LT、MT、HT 或 HT 圆柱形电池按 7.1;

——R 圆柱形电池按 7.2.3。

然后,电池按 7.2.1 的规定以各个相应的恒流放电率进行放电。以恒流放电率 0.2I_t A 进行的放电试验允许进行 5 次循环,当第一个满足要求的循环结束时,试验即可停止。

圆柱形电池或扣式电池的最短持续放电时间应不少于表 6 或表 7 的规定值,小方形电池以恒流放电率 0.2I_t A 进行放电的最短持续放电时间应不少于 4 h。

注:在电池贮存期间进行的质量检验中,未获得贮存后电池放电的满意结果之前,可暂时认可电池的性能。

7.9 LT、MT 或 HT 圆柱形电池的 55 ℃充电接受能力

本试验不是一个必要的要求。它仅涉及到 LT、MT 或 HT 圆柱形电池的性能和适用性。

电池在环境温度 20 ℃±5 ℃下以恒流 0.2I_t A 放电至终止电压 1.0 V,放电后在环境温度 55 ℃±2 ℃下搁置 16 h～24 h。

然后,电池在环境温度 55 ℃±2 ℃下进行充电接受能力试验。电池按表 20 规定的条件进行恒流充电和放电。放电条件 A 或 B 按用户的要求进行选择。

表 20　LT、MT 或 HT 圆柱形电池的 55 ℃充电和放电

循环次数	充　电	放电 A 或 B[a]
1	$0.05I_t$ A　48 h	A:$0.2I_t$ A 放电至 1.0 V 或 B:$1.0I_t$ A 放电至 1.0 V
2[b]	$0.05I_t$ A　24 h	A:$0.2I_t$ A 放电至 1.0 V 或 B:$1.0I_t$ A 放电至 1.0 V
3[b]	$0.05I_t$ A　24 h	A:$0.2I_t$ A 放电至 1.0 V 或 B:$1.0I_t$ A 放电至 1.0 V

[a] 放电 A 适用于 LT、MT 或 HT 电池；放电 B 适用于 MT 或 HT 电池。

[b] 第 2 次和第 3 次循环的放电持续时间应记录，并且在结果报告中提供。

7.10　内阻

小方形或圆柱形密封镉镍单体蓄电池的内阻可用交流(a.c.)方法或用直流(d.c.)方法进行测试。

若在同一个电池上同时使用交流和直流两种方法测量内阻时，应先用交流法，然后再用直流法。在此情况下，交流法测量和直流法测量之间无须对电池进行充电和放电。

测量前，电池先以 $0.2I_t$ A 放电至终止电压 1.0 V。然后再按 7.1 充电。充电后电池在环境温度 20 ℃±5 ℃下搁置 1 h～4 h。

电池内阻的测量应在环境温度 20 ℃±5 ℃下进行。

7.10.1　交流(a.c.)内阻的测量

对电池施加频率为 1.0 kHz±0.1 kHz 的交流电流 I_a(r.m.s.)1 s～5 s，测量此时间内的交流电压 U_a(r.m.s.)。

电池的交流内阻 R_{ac} 按下式计算：

$$R_{ac} = \frac{U_a}{I_a}\ \Omega$$

式中：

U_a——交流电压有效值，单位为伏(V)；

I_a——交流电流有效值，单位为安(A)。

注 1：应选择适当的交流电流，使峰值电压保持在 20 mV 以下。

注 2：这种方法实际上是测量电池的阻抗；在规定的频率范围内，其值约等于内阻。

注 3：在电池端子上测量电压的触点应与传导电流的触点分开。

7.10.2　直流(d.c)内阻的测量

电池以表 21 规定的恒定电流值 I_1 放电，测量和记录放电至 10 s 末时的负载电压 U_1。然后立即将放电电流增加到表 21 规定的恒定电流值 I_2 继续放电，测量和记录放电至 3 s 末时相应的负载电压 U_2。

测量电压时在电池端子上的触点应与传导电流的触点分开。

电池的直流内阻 R_{dc} 按下式计算：

$$R_{dc} = \frac{U_1 - U_2}{I_2 - I_1}\ \Omega$$

式中：

I_1、I_2——恒定放电电流，单位为安(A)；

U_1、U_2——放电末测得的负载条件下的实际电压值，单位为伏(V)。

表 21　用于测量小方形电池和圆柱形电池直流内阻的恒定放电电流

电流	电　池　型　号		
	KF、KRL[a]	KRM[a]、KRH[a]	KRX
I_1	$0.2I_t$ A	$0.5I_t$ A	$1.0I_t$ A
I_2	$2.0I_t$ A	$5.0I_t$ A	$10.0I_t$ A

[a] 包括相应的高温"T"圆柱形电池和快充"R"圆柱形电池。

8 机械试验

电池的机械试验按 IEC 61959 进行。

9 型式批准和批接收

9.1 型式批准

9.1.1 小方形电池的型式批准

型式批准检验的顺序和样本的大小按表 22 的规定。样品电池分为 A、B、C、D、E 和 F 共六组，分别进行试验。所需样品总数为 27 只，其中包括一只备用电池，以便在发生供应方责任以外的故障时，可以重新进行检验。

各组电池按组内顺序进行各项检验。所有电池先进行 A 组检验，然后按表 22 规定的样本大小将样品随机分为五组。

表 22 规定了每组允许的不合格电池数和允许的不合格电池总数。如果一只电池不符合一组中的全部或部分检验项目的要求，则认为该电池不合格。

表 22 小方形电池的型式批准检验程序

分组	样本大小	章条号	试验方法	允许不合格电池数	
				每组	总数
A	27	5.3 6.1 7.2.1 7.2.1	标志 尺寸 20 ℃下以 $0.2I_t$ A 放电 20 ℃下以 $1I_t$ A 放电	0	3
B	5	7.2.2 7.2.2	−18 ℃下以 $0.2I_t$ A 放电 −18 ℃下以 $1I_t$ A 放电	1	
C	5	7.6 7.7	过充电 安全装置动作	0	
D	5	7.4.1	循环寿命	1	
E	6	7.3	荷电(容量)保持能力	1	
F	5	7.8 7.2.1	贮存 20 ℃下以 $0.2I_t$ A 放电	1	

9.1.2 圆柱形电池和扣式电池的型式批准

型式批准检验的顺序和样本的大小按表 23 和表 24 的规定。样品电池分为 A、B、C、D、E、F 和 G 共七组，分别进行检验。所需样品总数为 32 只，其中包括一只备用电池，以便在发生供应方责任以外的故障时，可以重新进行检验。

各组电池按组内顺序进行各项检验。所有电池先进行 A 组检验。然后按表 23 或表 24 规定的样本大小将样品随机分为六组。

两个表中规定了每组允许的不合格电池数和允许的不合格电池总数。如果一只电池不符合一组中的全部或部分检验项目的要求,则认为该电池不合格。

9.2 批接收

这些检验适用于单独一批电池的交付。

抽样方案按 IEC 60410 标准确定。除非供需双方另有协议,各种检查和试验采用表 25 推荐的检验水平和 AQL(接收质量限)。

表 23 圆柱形电池的型式批准检验程序

分组	样本大小	章条号	试验方法	允许不合格电池数	
				每组	总数
A	32	5.3 6.1 7.2.1 7.2.1	标志 尺寸 20 ℃下以 $0.2I_t$ A 放电 20 ℃下以: $1.0I_t$ A 放电(M、H 和 X 电池)[a] $5.0I_t$ A 放电(H 和 X 电池)[a] $10.0I_t$ A 放电(X 电池)	0	3
B	5	7.2.2 7.2.2	−18 ℃下以 $0.2I_t$ A 放电 −18 ℃下以: $1.0I_t$ A 放电(M、H 和 X 电池)[a] $2.0I_t$ A 放电(H 和 X 电池)[a] $3.0I_t$ A 放电(X 电池)	1	
C	5	7.6 7.7	过充电 安全装置动作	0	
D	5	7.4.1	循环寿命	1	
E	5	7.4.2 7.7	持续充电耐久性 安全装置动作	1 0	
F	6	7.3	荷电(容量)保持能力	1	
G	5	7.8 7.2.1 7.2.1	贮存 20 ℃下以 $0.2I_t$ A 放电 20 ℃下以: $1.0I_t$ A 放电(M、H 和 X 电池)[a] $5.0I_t$ A 放电(H 和 X 电池)[a] $10.0I_t$ A 放电(X 电池)	1	

[a] 包括相应的高温"T"圆柱形电池和快充"R"圆柱形电池。

表 24　扣式电池的型式批准检验程序

分组	样本大小	章条号	试　验　方　法	允许不合格电池数	
				每组	总数
A	32	5.3 6.2 7.2.1 7.2.1	标志 尺寸 20 ℃下以 0.2I_t A 放电 20 ℃下以： 1.0I_t A 放电(M 和 H 电池) 5.0I_t A 放电(H 电池)	0	3
B	5	7.2.2	−18 ℃下以： 0.2I_t A 放电(M 和 H 电池) 1.0I_t A 放电(M 和 H 电池) 2.0I_t A 放电(H 电池)	1	
C	5	7.6 7.7	过充电 安全装置动作	0	
D	5	7.4.1	循环寿命	1	
E	5	7.4.2	持续充电耐久性	1	
F	6	7.3	荷电(容量)保持能力	1	
G	5	7.8 7.2.1 7.2.1	贮存 20 ℃下以 0.2I_t A 放电 20 ℃下以： 1.0I_t A 放电(M 和 H 电池) 5.0I_t A 放电(H 电池)	1	

表 25　推荐的批接收检验程序

分组	章条号	检查/试验	推　荐	
			检验水平	AQL/%
A	按协议	外观检查： ——无机械损伤 ——外壳和极柱无锈蚀 ——连接片数量、安装位置和牢固度 ——外壳和极端上无电解质	 Ⅱ Ⅱ S-3 Ⅱ	 4 4 1 0.65
B	6 按协议 5.3	物理检查： ——尺寸 ——质量 ——标志	 S-3 S-3 S-3	 1 1 1
C	7.2.1 7.2.1	电气检查： ——开路电压和极性 ——20 ℃下以 0.2I_t A 放电 ——20 ℃下以： 1.0I_t 放电(M、MT 和 MR 电池) 5.0I_t A 放电(H、HT 和 HR 电池) 10.0I_t A 放电(X 电池)	 Ⅱ S-3 S-3 S-3 S-3	 0.65 1 1 1 1
注：同一只电池上的两项或多项缺陷不进行累计，只将其计为对应最小 AQL 值的一项缺陷。				

参 考 文 献

[1] IEC 61434 含碱性或其他非酸性电解质的蓄电池和蓄电池组——在碱性单体蓄电池和蓄电池组标准中电流的表示方法指南.

ICS 29.220.10
K 82

中华人民共和国国家标准

GB/T 22084.2—2008/IEC 61951-2:2003

含碱性或其他非酸性电解质的蓄电池和蓄电池组——便携式密封单体蓄电池 第2部分:金属氢化物镍电池

Secondary cells and batteries containing alkaline or other non-acid electrolytes—Portable sealed rechargeable single cells—Part 2:Nickel-metal hydride

(IEC 61951-2:2003,IDT)

2008-06-18 发布 2008-11-01 实施

中华人民共和国国家质量监督检验检疫总局
中国国家标准化管理委员会 发布

前　言

GB/T 22084《含碱性或其他非酸性电解质的蓄电池和蓄电池组——便携式密封单体蓄电池》分为二个部分：

——第1部分：镉镍电池；

——第2部分：金属氢化物镍电池。

本部分为GB/T 22084的第2部分。本部分等同采用IEC 61951-2:2003《含碱性或其他非酸性电解质的蓄电池和蓄电池组——便携式密封单体蓄电池　第2部分：金属氢化物镍电池》(英文版)。

为便于使用，本部分做了下列编辑性修改：

——"本国际标准"一词改为"本部分"；

——用小数点"."代替作为小数点的逗号","；

——删除国际标准的前言；

——规范性引用文件的导言采用GB/T 1.1规定的导言；

——本部分表18中7.4.1和表19中7.4.2对应的IEC 61951-2:2003的章条号分别为7.4和7.4.4，根据这两条检验内容判断，应是IEC 61951-2:2003规定有误，本部分对此进行了更正。

本部分代替国家标准GB/T 15100—2003《碱性或其他非酸性电解液的二次电池和电池组——密封金属氢化物镍可充单体电池》。

与GB/T 15100—2003相比，本部分的主要更改有以下几方面：

——增加了扣式电池，并规定了其命名方法(本部分5.1.3)、型号与尺寸(本部分6.2)、相关性能要求(本部分表6、表8)；

——圆柱形电池按放电率分为L、M、H、X四种类型，M电池的要求与原标准相同，增加了其他三种电池的要求；

——增加了T和R两种特殊类型的圆柱形电池，并规定了其特有的性能要求(本部分7.4.1.2.3、7.4.2.3、7.6.2、7.6.3、7.9)；

——增加了圆柱形电池持续充电耐久性要求和试验方法(本部分7.4.2)；

——机械试验按IEC 61959规定；

——型式批准检验中去掉了机械试验。

本部分由中华人民共和国信息产业部提出。

本部分由全国碱性蓄电池标准化技术委员会归口。

本部分起草单位：广东佳力电源器材制造有限公司、中国电子科技集团公司第十八研究所。

本部分主要起草人：刘远鸿、刘浩杰。

本部分所代替标准的历次版本发布情况为：

——GB 15100—1994；

——GB/T 15100—2003。

含碱性或其他非酸性电解质的蓄电池和蓄电池组——便携式密封单体蓄电池 第2部分:金属氢化物镍电池

1 范围

GB/T 22084 本部分规定了适合于任何方位下使用的便携式小方形、圆柱形和扣式密封金属氢化物镍单体蓄电池(简称电池)的型号、标志、尺寸、试验和要求。

2 规范性引用文件

下列文件中的条款通过 GB/T 22084 的本部分的引用而成为本部分的条款。凡是注日期的引用文件,其随后所有的修改单(不包括勘误的内容)或修订版均不适用于本部分,然而,鼓励根据本部分达成协议的各方研究是否可使用这些文件的最新版本。凡是不注日期的引用文件,其最新版本适用于本部分。

GB/T 7676(所有部分) 直接作用的模拟指示电测量仪表及其附件[IEC 60051(所有部分),IDT]

IEC 60050-486 国际电工词汇 第486部分:蓄电池和蓄电池组

IEC 60086(所有部分) 原电池

IEC 60410 计数检查抽样方案和程序

IEC 60485 数字直流电压表和直流模数转换器

IEC 61959 含碱性或其他非酸性电解质的蓄电池和蓄电池组——便携式密封蓄电池和蓄电池组的机械试验

3 术语和定义

IEC 60050-486 确立的以及下列术语和定义适用于 GB/T 22084 的本部分。

3.1

小方形电池 small prismatic cell

形状为长方体,宽度和厚度尺寸均不超过 25 mm 的电池。

3.2

圆柱形电池 cylindrical cell

横截面为圆形,高度大于或等于直径的电池。

3.3

扣式电池 button cell

横截面为圆形,高度小于直径的电池。

3.4

金属氢化物镍电池 nickel-metal hydride cell

正极为氢氧化镍和负极为金属氢化物的电池。

3.5

密封电池 sealed cell

电池保持密封,当按制造商规定的充电制度和温度范围运行时既不释放气体也不泄漏液体的电池。

电池可以安装安全装置以免产生高内压的危险，并设计成在其寿命期间无须补加电解质，以原始的密封状态运行。

注：密封金属氢化物镍蓄电池到接近其预期寿命的末期，由于电池内部积聚有氢，仍然有可能释放气体。

3.6

标称电压　nominal cell voltage

密封金属氢化物镍单体蓄电池的标称电压：1.2 V。

3.7

便携式电池　portable cell

设计成主要用在便携式电池组内的单体电池。

3.8

额定容量　rated capacity

制造商宣称的容量值 C_5 Ah(安培小时)。即单体电池按 7.2.1 规定的充电、搁置和放电条件，5 h 所能放出的电量。

4　参数测量公差

参数的控制值或测量值相对于规定值或实际值的准确度应在下列公差范围内：

a)　电压：±1%；

b)　电流：±1%；

c)　容量：±1%；

d)　温度：±2℃；

e)　时间：±0.1%。

上述测量公差由测量器具的准确度、使用的测量技术以及测量过程中其他来源的误差组成。

选择测量器具时，对模拟式仪表参阅 GB/T 7676 标准，对数字式仪表参阅 IEC 60485 标准，在每份试验报告中应列出所使用测量器具的详细情况。

5　电池的型号和标志

5.1　电池的型号

5.1.1　小方形电池

小方形密封金属氢化物镍单体蓄电池的型号为字母“HF”后接用斜线分开的三组数字。

a)　第一条斜线左边的两位数字表示电池的最大宽度，以 mm 为单位，向上取整数；

b)　中间的两位数字表示电池的最大厚度，以 mm 为单位，向上取整数；

c)　第二条斜线右边的两位数字表示电池的最大高度，以 mm 为单位，向上取整数。

示例：HF18/07/49 表示一个小方形电池，其最大宽度为 18 mm，最大厚度为 7 mm 和最大高度为 49 mm。

5.1.2　圆柱形电池

圆柱形密封金属氢化物镍单体蓄电池的型号为字母“HR”后接字母 L、M、H 或 X：

——L 表示低放电率；

——M 表示中放电率；

——H 表示高放电率；

——X 表示超高放电率。

注：这些类型的电池推荐使用(但不限于使用)以下放电率：

——L 推荐使用小于或等于 $0.5I_t$ A；

——M 推荐使用小于或等于 3.5I_t A；

——H 推荐使用小于或等于 7.0I_t A；

——X 推荐使用小于或等于和大于 7.0I_t A。

当电池设计成可用于高温下持久充电，通常超过 40℃时，在字母 L、M、H、或 X 后面放一个字母“T”。

当电池设计成可以快速充电，通常用 1.0I_t A 充电时，在字母 L、M、H 或 X 后面放一个字母“R”。

在三个(或四个)字母的后再接用斜线分开的两组数字。

a) 斜线左边的两位数字表示电池的最大直径，以 mm 为单位，向上取整数；

b) 斜线右边的两位数字表示电池的最大高度，以 mm 为单位，向上取整数。

当电池的尺寸和公差设计成可与原电池互换时，表 2 中的型号也可以标在电池上。

示例 1：HRL33/62 表示一个具有低放电率性能的圆柱形电池，其最大直径为 33 mm，最大高度为 61.5 mm。

示例 2：HRLT33/62 表示一个具有低放电率性能、可在高温下持久充电的圆柱形电池，其最大直径为 33 mm，最大高度为 61.5 mm。

示例 3：HRXR23/43 表示一个具有超高放电率性能、可快速充电的圆柱形电池，其最大直径为 23 mm，最大高度为 43 mm。

5.1.3 扣式电池

扣式密封金属氢化物镍单体蓄电池的型号为字母“HB”后接用斜线分开的两组数字。

a) 斜线左边的三位数字表示电池的最大直径，以 0.1 mm 为单位，向上取整数；

b) 斜线右边的三位数字表示电池的最大高度，以 0.1 mm 为单位，向上取整数。

示例：HB116/054 表示一个扣式电池，其最大直径为 11.6 mm，最大高度为 5.4 mm。

5.2 电池的端子

本部分对电池的端子不作规定。

5.3 标志

5.3.1 小方形电池和圆柱形电池

供货商应在每一个无连接件的单体电池的外套上给出至少具有下列信息的耐久标志：

——密封金属氢化物镍蓄电池或 Ni-MH；

——按 5.1 规定命名的电池型号(此外，允许制造商同时使用自己的型号)；

——额定容量；

——标称电压；

——推荐的充电率和时间或高温“T”电池的恒定充电电流；

——极性；

——制造日期(也可以用代码)；

——制造厂或供货商的名称或标识。

注：带有连接片的密封金属氢化物镍单体蓄电池如果是构成电池组的部件时，由于电池组本身已有上述信息，故单体电池一般不需要标志。

5.3.2 扣式电池

供货商应在每一个扣式单位电池给出至少具有下列信息的耐久标志：

——按 5.1 规定命名的电池型号；

——极性；

——制造的日期(也可以用代码)；

——制造厂或供货商的名称或标识。

6 尺寸

6.1 小方形电池和圆柱形电池

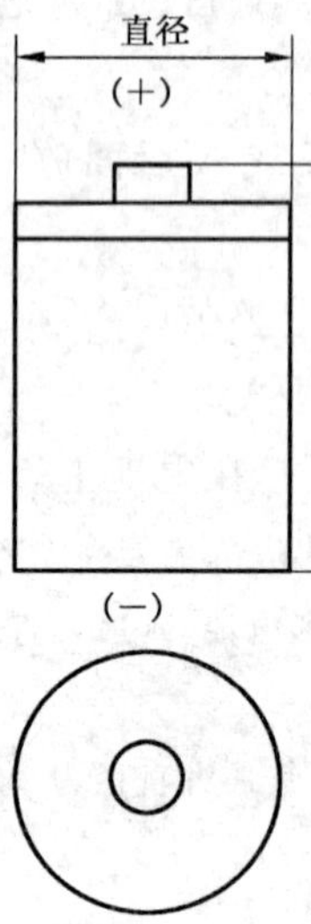

图 1 带外套的圆柱形电池

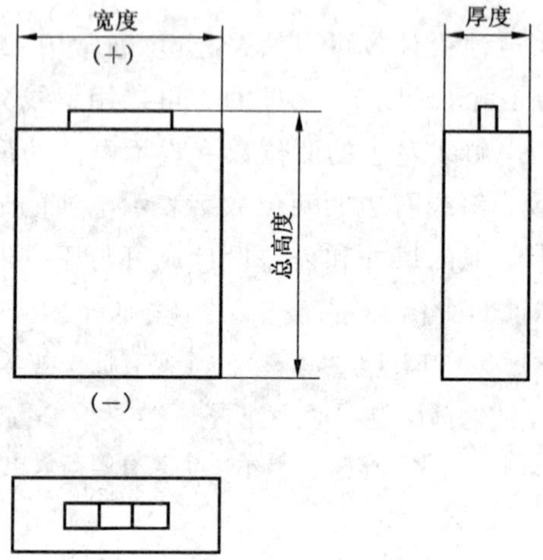

图 2 带外套的小方形电池

6.1.1 小方形电池

表 1 给出了带外套的小方形电池的尺寸。

表 1 带外套的小方形电池的尺寸

电池型号	宽度/mm	宽度公差	厚度/mm	厚度公差	总高度/mm	总高度公差
HF15/08/49	14.5		7.4		48.2	
HF15/09/49	14.5		8.3		48.2	
HF18/07/36	17.3		6.1	$^{0}_{-0.7}$（7.4～6.1）	35.7	$^{0}_{-1.0}$（48.2～48.2）
HF18/07/49	17.3		6.1		48.2	
HF18/09/49	17.3	$^{0}_{-1.0}$（全部）	8.3		48.2	
HF18/07/68	17.3		6.1		67.3	
HF18/11/68	17.3		10.7		67.3	
HF18/18/68	17.3		17.3	$^{0}_{-1.0}$（10.7～14.5）	67.3	$^{0}_{-1.5}$（67.3～67.3）
HF23/11/68	22.7		10.7		67.3	
HF23/15/68	22.7		14.5		67.3	

6.1.2 圆柱形电池

6.1.2.1 在尺寸上可与原电池互换的电池

表 2 给出了在尺寸上可与原电池互换的带外套的圆柱形电池的尺寸要求。

表 2 在尺寸上可与原电池互换的带外套的圆柱形电池

电池型号[a]	对应的 IEC 60086 原电池[b]	尺　寸
HR03	R03	所有尺寸应与 IEC 60086-2 一致
HR6	R6	
HR14	R14	
HR20	R20	

a 本电池型号符合 IEC 60086-1 第 3 章规定的命名规则。

b 在一些国家中，这些类型的电池型号也称为 AAA(R03)、AA(R6)、C(R14)、D(R20)。

6.1.2.2 在尺寸上不能与原电池互换的电池

表 3 给出了在尺寸上不能与原电池互换的带外套的圆柱形电池的尺寸。

表 3 在尺寸上不能与原电池互换的带外套的圆柱形电池的尺寸

电池型号	直径/mm	直径公差	总高度/mm	总高度公差
HR11/45	10.5		44.5	
HR11/51	10.5		50.5	
HR11/67	10.5		67.0	
HR15/43	14.5		43.0	0
HR15/49	14.5	0	49.0	−1.5
HR15/51	14.5	−0.7	50.5	
HR17/29	17.0		28.5	
HR17/43	17.0		43.0	
HR17/50	17.0		50.0	0
HR17/67	17.0		67.0	−2.0
HR23/34	23.0		34.0	
HR23/43	23.0		43.0	0
HR26/47	25.8	0	47.0	−1.5
HR26/50	25.8	−1.0	50.0	
HR33/36	33.0		36.3	0
HR33/62	33.0		61.5	−2.0
HR33/91	33.0		91.0	0 −2.5

注：适用时，字母 HR 后面可加 L、M、H 或 X 和 T 和/或 R。(见 5.1)

6.2 扣式电池

扣式电池的结构如图样 I 或图样 II。

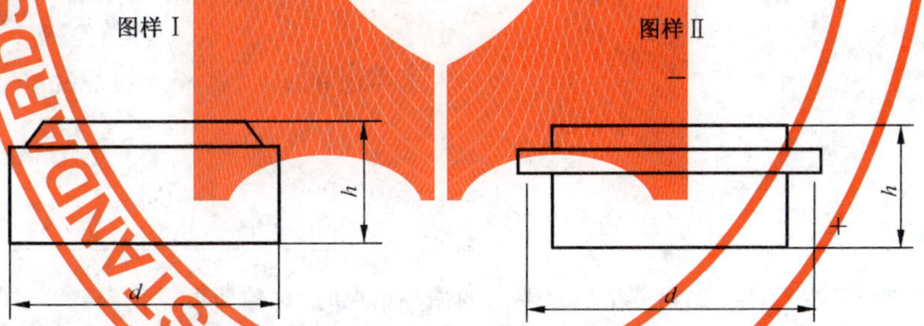

注：图样 I 的极性还没有标准化。

图 3 扣式电池

表 4 列出了扣式密封金属氢化物镍单体蓄电池的尺寸。

表 4 扣式电池的尺寸

电池型号	最大直径 d/mm	直径公差	总高度 h/mm	总高度公差
HB079/054	$7.9^{0}_{-1.0}$		5.4	
HB116/054	11.6		5.4	
HB156/064	15.6		6.4	
HB222/048	22.2		4.8	0
HB252/061	25.2	0	6.1	−0.6
HB252/065	25.2	−0.3	6.5	
HB252/078	25.2		7.8	
HB347/060	34.7		6.0	

7 电气试验

按照本章和第5章进行的各项试验，其充电和放电电流均以额定容量(C_5 Ah)为基准。试验电流以 I_t A 的倍数表示，I_t A=C_5 Ah/1 h。

除另有规定外，在所有试验中电池都不应出现漏液现象。

7.1 试验的充电程序

除本部分另有规定外，各项试验的充电程序应在环境温度20 ℃±5 ℃下，电池以恒流0.1I_t A充电16 h。

充电之前，电池应先在环境温度20 ℃±5 ℃下，以恒流0.2I_t A放电至终止电压1.0 V。

7.2 放电性能

按顺序进行下列放电试验。

7.2.1 20 ℃放电性能

电池按7.1充电后，在环境温度20 ℃±5 ℃下搁置1 h～4 h。

然后电池在环境温度20 ℃±5 ℃下，按表5或表6的规定放电。电池持续放电时间应不少于表5或表6的规定。

用0.2I_t A放电试验检查电池的额定容量。

表5 小方形电池和圆柱形电池20 ℃放电性能

放电条件		最短持续放电时间			
		电池型号			
恒流放电率/A	终止电压/V	L/LT	HF、M/MT	H/HT	X
0.2I_t[a]	1.0	5 h	5 h	5 h	5 h
1.0I_t	0.9	—	42 min	48 min	54 min
5.0I_t[b]	0.8	—	—	6 min	9 min
10.0I_t[b]	0.7	—	—	—	4 min

a 该项试验允许进行5次循环。当第一个满足要求的循环结束时，试验即可停止。

b 在进行5I_t A和10I_t A放电率试验之前，必要时可先进行一次练习循环。练习循环包括按7.1以0.1I_t A充电和按7.2.1在环境温度20 ℃±5 ℃下以0.2I_t A放电。

表6 扣式电池20 ℃放电性能

放电条件		最短放电持续时间
恒流放电率/A	终止电压/V	
0.2I_t[a]	1.0	5 h
1.0I_t	0.9	35 min

a 该项试验允许进行5次循环。当第一个满足要求的循环结束时，试验即可停止。

7.2.2 0 ℃放电性能

电池按7.1充电后，在环境温度0 ℃±2 ℃下搁置16 h～24 h。

然后，电池在环境温度 0 ℃±2 ℃下按表 7 或表 8 的规定放电。持续放电时间应不少于表 7 或表 8 的规定。

表 7　小方形电池和圆柱形电池 0 ℃放电性能

放电条件		最短持续放电时间			
恒流放电率/A	终止电压/V	电　池　型　号			
		L/LT	HF、M/MT	H/HT	X
$0.2I_t$	1.0	2 h	4 h	4 h	4 h 30 min
$1.0I_t$	0.9	—	36 min	42 min	48 min
$2.0I_t$ [a]	0.8	—	—	15 min	21 min
$3.0I_t$ [a]	0.8	—	—	—	12 min

[a] 在进行 $2I_t$ A 和 $3I_t$ A 放电率试验前，必要时可先进行一次练习循环。练习循环包括按 7.1 以 $0.1I_t$ A 充电和按 7.2.1 在环境温度 20 ℃±5 ℃下以 $0.2I_t$ A 放电。

表 8　扣式电池 0 ℃放电性能

放　电　条　件		最短放电持续时间
恒流放电率/A	终止电压/V	
$0.2I_t$	1.0	4 h
$1.0I_t$	0.9	27 min

7.2.3　快充电池（R 电池）放电性能

R 圆柱形电池以恒流 $1.0I_t$ A 充电 1.2 h，或按制造商推荐的其他适当的充电方式快充电后，继续在环境温度 20 ℃±5 ℃下以 $0.1I_t$ A 充电 2 h。然后按 7.2.1 和 7.2.2 的规定进行搁置和放电。

在环境温度 20 ℃±5 ℃下 R 圆柱形电池的持续放电时间应不少于表 5 的规定，在环境温度 0 ℃±2 ℃下 R 圆柱形电池的持续放电时间应不少于表 7 的规定。

7.3　荷电（容量）保持能力

电池的荷电保持能力用下面的试验进行检验。电池按 7.1 充电后，在平均环境温度 20 ℃±2 ℃下开路搁置 28 天。在搁置期间，允许短时间内环境温度在 20 ℃±5 ℃内变化。

搁置后的电池按 7.2.1 的规定以放电率 $0.2I_t$ A 放电。

20 ℃下搁置 28 d 后的电池的持续放电时间应为：

——小方形电池和圆柱形电池不少于 3 h；

——扣式电池不少于 3 h 45 min。

7.4　耐久性

7.4.1　循环寿命

进行循环寿命试验之前，电池先以恒流 $0.2I_t$ A 放电至终止电压 1.0 V。

所有型号的电池都在环境温度 20 ℃±5 ℃下进行循环寿命试验。充电和放电按表 9、表 10、表 11、表 12 规定的条件始终以恒流进行。试验期间应防止电池壳的温度超过 35 ℃，必要时可采取强制通风措施。

注：决定电池性能的是电池的实际温度，而不是环境温度。

7.4.1.1 小方形电池、扣式电池和圆柱形电池

表 9 小方形电池、扣式电池和圆柱形电池的循环寿命

循环次数	充 电	荷电态搁置	放 电
1	$0.1I_t$ A 16 h	无	$0.25I_t$ A 20 h 20 min[a]
2～48	$0.25I_t$ A 3 h 10 min	无	$0.25I_t$ A 2 h 20 min[a]
49	$0.25I_t$ A 3 h 10 min	无	$0.25I_t$ A 放电至 1.0 V
50	$0.1I_t$ A 16 h	1 h～4 h	$0.2I_t$ A 放电至 1.0 V[b]

a 如果电池电压下降到 1.0 V 以下，放电可以停止。

b 电池在第 50 次循环放电完毕后，允许有足够的开路搁置时间，以便在一个方便的时间开始第 51 次循环。在第 100、150、200、250、300、350、400 次和 450 次循环放电完毕后，可采用同样的程序。

重复 1～50 次循环，直至任一个第 50 次循环的放电时间少于 3 h 为止。这时，按照第 50 次循环的规定再进行一次循环。

当连续两个这样的第 50 次循环的放电时间都少于 3 h 时，寿命试验终止。试验结束时，获得的电池总的循环次数应不少于：

——L/LR、M/MR、H/HR 或 X/XR 圆柱形电池为 500 次；

——LT、MT 或 HT 圆柱形电池为 50 次；

——小方形电池和扣式电池为 500 次。

7.4.1.2 圆柱形电池(加速试验程序)

为了加速试验，或使用近似于实际应用的循环条件进行试验，可选择下列两个试验方法之一，以代替 7.4.1.1 的试验程序。

7.4.1.2.1 H 或 X 电池

表 10 H 或 X 圆柱形电池的循环寿命

循环次数	充电	荷电态搁置	放 电	
			条件	含后来搁置的总时间
1	$0.1I_t$ A 16 h	30 min	$1I_t$ A 放电至 1.0 V	90 min[a]
2～48	$0.3I_t$ A 4 h	30 min	$1I_t$ A 放电至 1.0 V	90 min[a]
49	$0.3I_t$ A 4 h	24 h	$1I_t$ A 放电至 1.0 V	90 min
50	$0.1I_t$ A 16 h	1 h～4 h	$0.2I_t$ A 放电至 1.0 V	[b]

a 或者使用制造商推荐的适当的充电终止方法。

b 电池在第 50 次循环放电完毕后，允许有足够的开路搁置时间，以便在一个方便的时间开始第 51 次循环。在第 100、150、200、250、300、350、400 和 450 次循环放电完毕后，可采用同样的程序。

重复进行 1～50 次循环，直至任一个第 49 次循环放电至终止电压为 1.0 V 的时间少于 30 min，或任一个第 50 次循环持续放电至终止电压为 1.0 V 的时间少于 3 h 为止。这时，按照第 50 次循环的规定再进行一次循环，如果放电时间仍然少于 3 h 时试验终止。

试验结束时，获得的电池总的循环次数应不少于 500 次。

7.4.1.2.2 **X 电池**

表 11　X 圆柱形电池的循环寿命

循环次数	充电	荷电态搁置	放电	
			条件	含后来搁置的总时间
1	0.1I_t A　16 h	30 min	5I_t A 放电至 0.8 V	42 min
2～48	1I_t A　1 h[a]	30 min	5I_t A 放电至 0.8 V	42 min
49	1I_t A　1 h[a]	24 h	5I_t A 放电至 0.8 V	42 min
50	0.1I_t A　16 h	1 h～4 h	0.2I_t A 放电至 1.0 V	[b]

a　或者使用制造商推荐的适当的充电终止方法。

b　电池在第 50 次循环放电完毕后，允许有足够的开路搁置时间，以便在一个方便的时间开始第 51 次循环。在第 100、150、200、250、300 和 350 次循环放电完毕后，可采用同样的程序。

重复进行 1 次～50 次循环，直至任一个第 49 次循环放电至终止电压为 1.0 V 的时间少于 5 min，或任一个第 50 次循环持续放电至终止电压为 1.0 V 的时间少于 3 h 为止。这时，按照第 50 次循环的规定再进行一次循环，如果放电时间仍然少于 3 h 时试验终止。

试验结束时，获得的电池总的循环次数应不少于 500 次。

7.4.1.2.3 **HR 或 XR 电池**

表 12　HR 或 XR 圆柱形电池的循环寿命

循环次数	充电	荷电态搁置	放电	
			条件	含后来搁置的总时间
1	0.1I_t A　16 h	30 min	1.0I_t A 放电至 1.0 V	90 min
2～48	1.0I_t A[a]	30 min	1.0I_t A 放电至 1.0 V	90 min
49	1.0I_t A[a]	24 h	1.0I_t A 放电至 1.0 V	90 min
50	1.0I_t A[a] 再以 0.1 I_t A 充电 2 h	1 h～4 h	0.2I_t A 放电至 1.0 V	[b]

a　按制造商推荐的适当的充电终止条件，例如使用 $-\Delta V$ 或 $\Delta T/\Delta t$ 控制方法。

b　电池在第 50 次循环放电完毕后，允许有足够的开路搁置时间，以便在一个方便的时间开始第 51 次循环。在第 100、150、200、250、300、350、400 和 450 次循环放电完毕后，可采用同样的程序。

重复进行 1 次～50 次循环，直至任一个第 49 次循环放电至终止电压为 1.0 V 的时间少于 30 min，或任一个第 50 次循环持续放电至终止电压为 1.0 V 的时间少于 3 h 为止。这时，按照第 50 次循环的规定再进行一次循环，如果放电时间仍然少于 3 h 时试验终止。

试验结束时，获得的电池总的循环次数应不少于 500 次。

7.4.2 **持续充电耐久性**

7.4.2.1 **小方形电池和扣式电池**

本部分未要求对小方电池和扣式电池进行持续充电耐久性试验。

7.4.2.2 **L、M、H 或 X 圆柱形电池**

试验前，电池先以 0.2I_t A 放电至终止电压 1.0 V。

然后，在环境温度 20 ℃±5 ℃下进行以下持续充电耐久性试验。电池充电和放电按照表 13 规定的条件始终以恒流进行。

表 13　L、M、H 或 X 圆柱形电池的持续充电耐久性

循环次数	充　电	放　电[a]
1	0.05I_t A　91 d	0.2I_t A 放电至 1.0 V
2	0.05I_t A　91 d	0.2I_t A 放电至 1.0 V
3	0.05I_t A　91 d	0.2I_t A 放电至 1.0 V
4	0.05I_t A　91 d	0.2I_t A 放电至 1.0 V

[a] 充电完成后立即进行放电。

试验期间，应采取预防措施，防止电池外壳温度超过 25 ℃。必要时，可采取强制通风措施。

电池第 4 次循环的放电时间应不少于 3 h。

7.4.2.3　LT、MT 或 HT 圆柱形电池

电池按表 14 规定的条件进行三个步骤的持续充电耐久性试验。

这些步骤是：

——40 ℃下电池充电接受能力试验；

——70 ℃下电池 6 个月老化周期试验；

——最后的电池充电接受能力试验，以检查电池老化周期试验后的性能。

注：选择 70 ℃下电池 6 个月老化周期试验是模拟 40 ℃下电池 4 年的持续充电运作。

试验前，电池先在环境温度 20 ℃±5 ℃下以 0.2I_t A 放电至终止电压 1.0 V，并在环境温度 40 ℃±2 ℃下搁置 16 h～24 h。

然后电池按表 14 规定的条件，分别在环境温度 40 ℃±2 ℃和 70 ℃±2 ℃下进行恒流充电和放电。

表 14　LT、MT 或 HT 圆柱形电池的持续充电耐久性

循环次数	环境温度	充电	放电 A 或 B[a]	最短放电时间
1	40 ℃±2 ℃	0.05I_t A　48 h	A:0.2I_t A 放电至 1.0 V 或 B:1.0I_t A 放电至 1.0 V	无要求
2		0.05I_t A　24 h	A:0.2I_t A 放电至 1.0 V 或 B:1.0I_t A 放电至 1.0 V	3 h 45 min 42 min
3		0.05I_t A　24 h	A:0.2I_t A 放电至 1.0 V 或 B:1.0I_t A 放电至 1.0 V	3 h 45 min 42 min
4	70 ℃±2 ℃	0.05I_t A　60 d	A:0.2I_t A 放电至 1.0 V 或 B:1.0I_t A 放电至 1.0 V	无要求
5		0.05I_t A　60 d	A:0.2I_t A 放电至 1.0 V 或 B:1.0I_t A 放电至 1.0 V	
6		0.05I_t A　60 d	A:0.2I_t A 放电至 1.0 V 或 B:1.0I_t A 放电至 1.0 V	
7	40 ℃±2 ℃	0.05I_t A　48 h	A:0.2I_t A 放电至 1.0 V 或 B:1.0I_t A 放电至 1.0 V	无要求
8		0.05I_t A　24 h	A:0.2I_t A 放电至 1.0 V 或 B:1.0I_t A 放电至 1.0 V	2 h 30 min 24 min
9		0.05I_t A　24 h	A:0.2I_t A 放电至 1.0 V 或 B:1.0I_t A 放电至 1.0 V	2 h 30 min 24 min

[a] A:适用于 LT、MT 或 HT 电池；

B:仅适用于 MT 或 HT 电池。

放电条件A或B可按用户的要求进行选择，电池充电完成后立即进行放电。

在环境温度40 ℃下完成第一次充电接受能力试验的3次循环后，电池应在环境温度70 ℃±2 ℃下搁置16 h～24 h。

电池在70 ℃下进行6个月的老化试验期间，应防止电池外壳温度超过75 ℃，必要时可采取强制通风措施。

注：实际上决定电池性能的是电池的温度，而不是环境温度。

记录电池在70 ℃下3次循环的放电时间，试验期间电池不应发生漏液现象。

在完成老化周期试验后，电池应在环境温度40 ℃±2 ℃下搁置16 h～24 h。然后电池在环境温度40 ℃下按表14规定的条件重复进行充电接受能力试验的3次循环。电池放电时间应不少于表14的规定。

7.5 恒压充电接受能力

本部分对恒压充电接受能力试验不作规定。

也不推荐使用恒压充电。

7.6 过充电

7.6.1 L、M、H或X圆柱形电池、小方形电池和扣式电池

电池的耐过充电能力通过以下试验进行检测。

试验之前，电池先在环境温度20 ℃±5 ℃下以恒流0.2I_t A放电至终止电压1.0 V。

电池在环境温度20 ℃±5 ℃下以恒流0.1I_t A充电48 h。充电后在相同的环境温度下搁置1 h～4 h。

然后电池在环境温度20 ℃±5 ℃下以恒流0.2I_t A放电至终止电压1.0 V。

电池放电时间应不少于5 h。

7.6.2 LT、MT或HT圆柱形电池

电池的耐过充电能力应在0 ℃±2 ℃的循环空气中通过以下试验进行检测。

试验之前，电池在环境温度20 ℃±5 ℃下以恒流0.2I_t A放电至终止电压1.0 V，并在0 ℃±2 ℃下搁置16 h～24 h。

然后电池按表15规定的条件始终以恒流进行充电和放电，放电条件A或B按用户的要求进行选择。

表15 LT、MT或HT圆柱形电池的0 ℃过充电

充　电	放电A[a]	放电B[a]
	LT、MT、HT电池	MT、HT电池
0.05I_t A　28 d	0.2I_t A放电至1.0 V	1.0I_t A放电至0.9 V

[a] 充电后立即进行放电。

放电时间应不少于表7的规定。

7.6.3 R圆柱形电池

电池的耐过充电能力通过以下试验进行检测。

试验之前，电池在环境温度20 ℃±5 ℃下以恒流0.2I_t A放电至终止电压1.0 V。

电池在环境温度20 ℃±5 ℃下以恒流1.0I_t A充电1.2 h，或者以其他适当的方法终止充电，例如$-\Delta V$或由制造商推荐的其他方法。然后在同一环境温度下以恒流0.1I_t A继续充电48 h。充电后在环境温度20 ℃±5 ℃下搁置1 h～4 h。

最后电池在环境温度20 ℃±5 ℃下以恒流0.2I_t A放电至终止电压1.0 V。

电池放电时间应不少于5 h。

7.7 安全装置动作

> **警告：进行本项试验时应十分小心！电池应单独进行试验，并且应注意，不符合要求的电池，即使在切断电流后也可能发生爆炸。**
>
> **因此本项试验应在保护装置内进行。**

对装有安全装置的电池应进行以下试验，以证实当电池内压超过安全装置动作的临界值时，电池的安全装置会动作，使积聚在电池内部的气体能够释放出来。

注：对没有安装安全装置的扣式电池，不进行本项试验。

电池在环境温度 20 ℃±5 ℃下以恒流 $0.2I_t$ A 强制放电至终止电压 0.0 V。

然后，将电流提高到 $1.0I_t$ A，并在相同环境温度下继续强制放电 60 min。

在放电期间及放电结束后，电池不应破裂或爆炸，但允许漏液和变形。

7.8 贮存

电池应依照制造商推荐的方法进行贮存。

试验之前，电池在环境温度 20 ℃±5 ℃下以恒流 $0.2I_t$ A 放电至终止电压 1.0 V。再用相应的程序充电：

——扣式电池、小方形电池和 L、M、H、X、LT、MT、HT 或 HT 圆柱形电池按 7.1；

——R 圆柱形电池按 7.2.3。

然后电池在平均温度 20 ℃±5 ℃和相对湿度 65%±20%的条件下开路贮存 12 个月。

贮存期间，任何时候环境温度都不应超出 20℃±10℃的范围。

贮存期满后，电池在环境温度 20 ℃±5 ℃下以恒流 $0.2I_t$ A 放电至终止电压 1.0 V，再用相应的程序充电：

——扣式电池、小方形电池和 L、M、H、X、LT、MT、HT 或 HT 圆柱形电池按 7.1；

——R 圆柱形电池按 7.2.3。

然后，电池按 7.2.1 的规定以各个相应的恒流放电率进行放电。以恒流放电率 $0.2I_t$ A 进行的放电试验允许进行 5 次循环，当第一个满足要求的循环结束时，试验即可停止。

电池各个恒流放电率的最少持续放电时间应不少于表 5 或表 6 规定值的 80%。

注：在电池贮存期间进行的质量检验中，未获得贮存后电池放电的满意结果之前，可暂时认可电池的性能。

7.9 LT、MT 或 HT 圆柱形电池的 55 ℃充电接受能力

本试验不是一个必要的要求。它仅涉及 LT、MT 或 HT 圆柱形电池的性能和适用性。

电池在环境温度 20 ℃±5 ℃下以恒流 $0.2I_t$ A 放电至终止电压 1.0 V，放电后在环境温度 55 ℃±2 ℃下搁置 16 h～24 h。

然后，电池在环境温度 55 ℃±2 ℃下进行充电接受能力试验。电池按表 16 规定的条件进行恒流充电和放电。放电条件 A 或 B 按用户的要求进行选择。

表 16 LT、MT 或 HT 圆柱形电池的 55 ℃充电和放电

循环次数	充　电	放电 A 或 B[a]
1	$0.05I_t$ A　48 h	A：$0.2I_t$ A 放电至 1.0 V 或 B：$1.0I_t$ A 放电至 1.0V
2[b]	$0.05I_t$ A　24 h	A：$0.2I_t$ A 放电至 1.0 V 或 B：$1.0I_t$ A 放电至 1.0V
3[b]	$0.05I_t$ A　24 h	A：$0.2I_t$ A 放电至 1.0 V 或 B：$1.0I_t$ A 放电至 1.0V

a 放电 A 适用于 LT、MT 或 HT 电池；放电 B 适用于 MT 或 HT 电池。

b 第 2 次和第 3 次循环的放电持续时间应记录，并且在结果报告中提供。

7.10 内阻

小方形或者圆柱形密封金属氢化物镍单体蓄电池的内阻可用交流(a.c)方法或用直流(d.c)方法进行测试。

若在同一个电池上同时使用交流和直流两种方法测量内阻时，应先用交流法，然后再用直流法。在此情况下，交流法测量和直流法测量之间无须对电池进行充电和放电。

测量前，电池先以 $0.2I_t$ A 放电至终止电压 1.0 V。然后再按 7.1 充电。充电后电池在环境温度 20 ℃±5 ℃下搁置 1 h～4 h。

电池内阻的测量应在环境温度 20 ℃±5 ℃下进行。

7.10.1 交流(a.c)内阻的测量

对电池施加频率为 1.0 kHz±0.1 kHz 的交流电流 I_a(r.m.s.)1 s～5 s，测量此时间内的交流电压 U_a(r.m.s.)。

电池的交流内阻 R_{ac} 按下式计算：

$$R_{ac}=\frac{U_a}{I_a}\quad\Omega$$

式中：

U_a——交流电压有效值，单位为伏(V)；

I_a——交流电流有效值，单位为安(A)。

注 1：应选择适当的交流电流，使峰值电压保持在 20 mV 以下。

注 2：这种方法实际上是测量电池的阻抗；在规定的频率范围内，其值约等于内阻。

注 3：在电池端子上测量电压的触点应与传导电流的触点分开。

7.10.2 直流(d.c)内阻的测量

电池以表 17 规定的恒定电流值 I_1 放电，测量和记录放电至 10 s 末时的负载电压 U_1。然后立即将放电电流增加到表 17 规定的恒定电流值 I_2，并测量和记录放电至 3 s 末时相应的负载电压 U_2。

测量电压时在电池端子上的触点应与传导电流的触点分开。

电池的直流内阻 R_{dc} 按下式计算：

$$R_{dc}=\frac{U_1-U_2}{I_2-I_1}\quad\Omega$$

式中：

I_1、I_2——恒流放电电流，单位为安(A)；

U_1、U_2——放电末测得的负载条件下的实际电压值，单位为伏(V)。

表 17 用于测量电池直流内阻的恒定放电电流

电流	电池型号		
	FH、HRL[a]	HRM[a]、HRH[a]	HRX
I_1	$0.2I_t$ A	$0.5I_t$ A	$1.0I_t$ A
I_2	$2.0I_t$ A	$5.0I_t$ A	$10.0I_t$ A

[a] 包括相应的高温“T”圆柱形电池和快充“R”圆柱形电池。

8 机械试验

电池机械试验按 IEC 61959 进行，并作为批准和接收的条件之一。

9 型式批准和批接收

9.1 型式批准

9.1.1 小方形电池和扣式电池的型式批准

型式批准检验的顺序和样本的大小按表 18 的规定。样品电池分为 A、B、C、D、E 和 F 共六组，分别进行试验。所需样品总数为 27 只，其中包括一只备用电池，以便在发生供应方责任以外的故障时，可以重新进行检验。

各组电池按组内顺序进行各项检验。所有电池先进行A组检验，然后按表18规定的样本大小将样品随机分为五组。

表18规定了每组允许的不合格电池数和允许的不合格电池总数。如果一只电池不符合一组中的全部或部分检验项目的要求，则认为该电池不合格。

表18 小方形电池和扣式电池的型式批准检验程序

分组	样本大小	章条号	试验方法	允许不合格电池数	
				每组	总数
A	27	5.3 6 7.2.1 7.2.1	标志 尺寸 20 ℃下以 $0.2I_t$ A 放电 20 ℃下以 $1I_t$ A 放电	0	3
B	5	7.2.2 7.2.2	0 ℃下以 $0.2I_t$ A 放电 0 ℃下以 $1I_t$ A 放电	1	
C	5	7.6 7.7	过充电 安全装置动作	0	
D	5	7.4.1	循环寿命	1	
E	6	7.3	荷电(容量)保持能力	1	
F	5	7.8 7.2.1	贮存 20 ℃下以 $0.2I_t$ A 放电	1	

9.1.2 圆柱形电池的型式批准

型式批准检验的顺序和样本的大小按表19的规定。样品电池分为A、B、C、D、E、F和G共七组，分别进行检验。所需样品总数为32只，其中包括一只备用电池，以便在发生供应方责任以外的故障时，可以重新进行检验。

各组电池按组内顺序进行各项检验。所有电池先进行A组检验。然后按表19规定的样本大小将样品随机分为六组。

表19中规定了每组允许的不合格电池数和允许的不合格电池总数。如果一只电池不符合一组中的全部或部分检验项目的要求，则认为该电池不合格。

表19 圆柱形电池的型式批准检验程序

分组	样本大小	章条号	试验方法	允许不合格电池数	
				每组	总数
A	32	5.3 6.1 7.2.1 7.2.1	标志 尺寸 20 ℃下以 $0.2I_t$ A 放电 20 ℃下以： $1.0I_t$ A 放电(M、H和X电池)[a] $5.0I_t$ A 放电(H和X电池)[a] $10.0I_t$ A 放电(X电池)	0	3
B	5	7.2.2 7.2.2	0 ℃下以 $0.2I_t$ A 放电 0 ℃下以： $1.0I_t$ A 放电(M、H和X电池)[a] $2.0I_t$ A 放电(H和X电池)[a] $3.0I_t$ A 放电(X电池)	1	

表 19（续）

分组	样本大小	章条号	试　验　方　法	允许不合格电池数	
				每组	总数
C	5	7.6 7.7	过充电 安全装置动作	0	3
D	5	7.4.1	循环寿命	1	
E	5	7.4.2 7.7	持续充电耐久性 安全装置动作	1 0	
F	6	7.3	充电(容量)保持能力	1	
G	5	7.8 7.2.1 7.2.1	贮存 20 ℃下以 0.2I_t A 放电 20 ℃下以： 1.0I_t A 放电(M、H 和 X 电池)[a] 5.0I_t A 放电(H 和 X 电池)[a] 10.0I_t A 放电(X 电池)	1	

[a] 包括相应的高温“T”圆柱形电池和快充“R”圆柱形电池。

9.2 批接收

这些检验适用于单独一批电池的交付。

抽样方案按 IEC 60410 标准确定。除非供需双方另有协议，各项检查和试验采用表 20 推荐的检验水平和 AQL(接收质量限)。

表 20　推荐的批接收检验程序

分组	章条号	检查/试验	推　荐	
			检验水平	AQL/%
A	 — — 按协议 —	外观检查： ——无机械损伤 ——外壳和极柱无锈蚀 ——连接片数量、安装位置和牢固度 ——外壳和极端上无电解质	 Ⅱ Ⅱ S-3 Ⅱ	 4 4 1 0.65
B	 6 按协议 5.3	物理检查： ——尺寸 ——质量 ——标志	 S-3 S-3 S-3	 1 1 1
C	 按协议 7.2.1 7.2.1	电气检查： ——开路电压和极性 ——20 ℃下以 0.2I_t A 放电 ——20 ℃下以 1.0I_t A 放电(M、MT 和 MR 电池)	 Ⅱ S-3 S-3	 0.65 1 1

注：同一只电池上的两项或多项缺陷不进行累计，只将其计为对应最小 AQL 值的一项缺陷。

参 考 文 献

IEC 61434 含碱性或其他非酸性电解质的蓄电池和蓄电池组——在碱性单体蓄电池和蓄电池组标准中电流的表示方法指南

ICS 25.160.40
J 33

中华人民共和国国家标准

GB/T 22085.1—2008/ISO 13919-1:1996

电子束及激光焊接接头缺欠质量分级指南 第1部分:钢

Electron and laser beam welded joints—Guidance on quality levels for imperfections—Part 1:Steel

(ISO 13919-1:1996,Welding—Electron and laser-beam welded joints—Guidance on quality levels for imperfections—Part 1:Steel,IDT)

2008-06-26 发布 2009-01-01 实施

中华人民共和国国家质量监督检验检疫总局
中国国家标准化管理委员会 发布

前　言

GB/T 22085《电子束及激光焊接接头　缺欠质量分级指南》分为如下两部分：

——第1部分：钢；

——第2部分：铝及铝合金。

本部分为GB/T 22085的第1部分。

本部分等同采用ISO 13919-1:1996《焊接　电子束及激光焊接接头　缺欠质量分级指南　第1部分：钢》（英文版）。

本部分等同翻译ISO 13919-1:1996。为了便于使用，本部分做了下列编辑性改动：

——删除了国际标准的前言；

——将标准名称改为“电子束及激光焊接接头　缺欠质量分级指南　第1部分：钢”；

——对ISO 13919-1:1996中引用的其他国际标准，有被等同采用为我国标准的用我国标准代替对应的国际标准；

——将ISO 13919-1:1996中的“说明”合并入附录A。

本部分的附录A为资料性附录。

本部分由全国焊接标准化技术委员会提出并归口。

本部分起草单位：哈尔滨焊接研究所。

本部分主要起草人：朴东光、王旭友、王威、雷振。

电子束及激光焊接接头
缺欠质量分级指南　第1部分:钢

1　范围

GB/T 22085 的本部分规定了钢电子束及激光焊接接头的缺欠质量分级。

本部分适用于厚度为 0.5 mm 以上的钢材。

2　规范性引用文件

下列文件中的条款通过 GB/T 22085 的本部分的引用而成为本部分的条款。凡是注日期的引用文件,其随后所有的修改单(不包括勘误的内容)或修订版均不适用于本部分,然而,鼓励根据本部分达成协议的各方研究是否可使用这些文件的最新版本。凡是不注日期的引用文件,其最新版本适用于本部分。

GB/T 6417.1—2005　金属熔化焊接头缺欠分类及说明(ISO 6520-1:1998,IDT)

GB/T 19418—2003　钢的弧焊接头 缺陷质量分级指南(ISO 5817 : 1992,IDT)

3　符号

表 1 采用了以下符号:

ΔL——两缺欠(气孔、缩孔)之间的距离;

b——焊缝宽度;

d——缺欠(气孔、缩孔)的最大尺寸;

f——气孔或缩孔的投影面积比率;

g——偏离 T 型接头中心线的距离;

h——缺欠尺寸 (高度、宽度);

h_1;h_2——焊缝熔透偏差;

l——缺欠长度(从任何方向测量);

L——焊缝受检长度;

L_c——受组合气孔影响的焊缝长度;

s——焊缝熔深;

s_1——T 型接头焊缝熔深;

t——母材厚度。

4　焊缝评估

表 1 规定了缺欠及限值。

一个焊接接头通常应针对各种缺欠类型分别进行评估。如果不同种类的缺欠出现在同一横截面上,需要做专门评估。

表 1　缺欠及限值

序号	缺欠名称	GB/T 6417.1 代号	说　明	缺欠质量等级限值		
				一般 D	中等 C	严格 B
1	裂纹	100	除微裂纹(裂纹长度和宽度均小于 1 mm)外的所有裂纹,弧坑裂纹参见序号 2	不允许	不允许	不允许

表 1（续）

序号	缺欠名称	GB/T 6417.1代号	说明	缺欠质量等级限值		
				一般 D	中等 C	严格 B
2	弧坑裂纹	104		允许局部弧坑裂纹	不允许	不允许
3	气孔及多个气孔	200	应满足下述条件及缺欠限值： a） 单个气孔的最大尺寸 l（l_1、l_2 或 h）。 b） 投影区域内缺欠总和的最大尺寸。 投影方向平行于焊缝表面并垂直于焊缝轴线。因此投影区域实际上就是 $t \times L$。这里的焊缝受检长度 L 应为焊缝的实际长度（或按 100 mm 计），取两者中的较小值 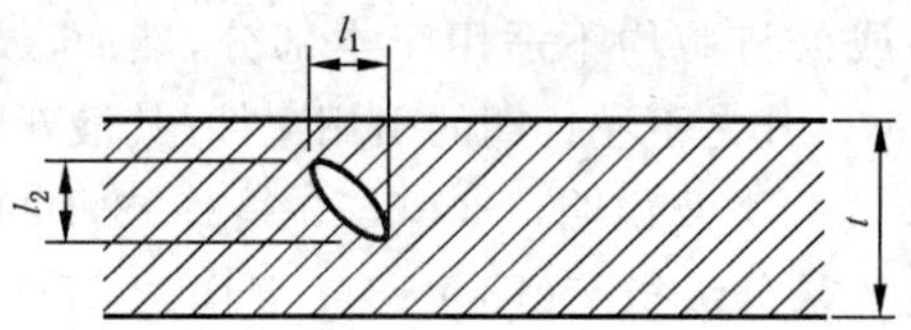	l 或 $h \leqslant 0.5t$，且不大于 5 mm $f \leqslant 6\%$	l 或 $h \leqslant 0.4t$，且不大于 3 mm $f \leqslant 2\%$	l 或 $h \leqslant 0.3t$，且不大于 2 mm $f \leqslant 0.7\%$
4	局部密集气孔链状气孔	2013 2014	应满足下述条件及缺欠限值： a） 单个气孔的最大尺寸 l（l_1、l_2 或 h）。 b） 投影区域缺欠总和的最大尺寸。 投影方向平行于焊缝表面并垂直于焊缝轴线。因此投影区域实际上就是 $t \times L$。这里的焊缝受检长度 L 应为焊缝的实际长度（或按 100 mm 计），取两者中的较小值。 c） 对于局部密集气孔或链状气孔，应考虑相邻气孔的间距 ΔL。间距 ΔL 小于规定值时应作为一个组合气孔评估。 d） 受气孔影响的焊缝长度 L_c 小于规定值时，允许组合气孔存在： 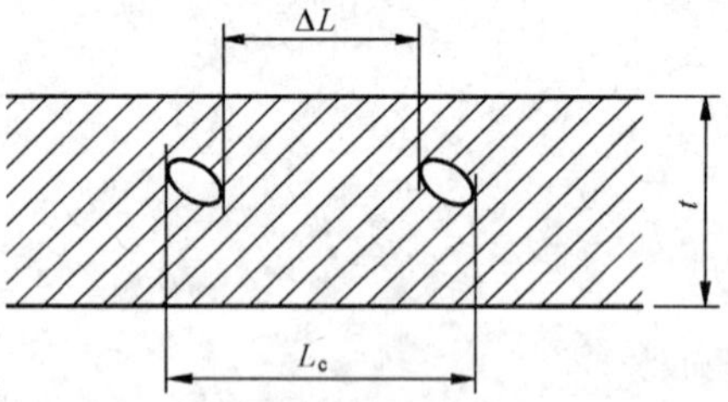	l 或 $h \leqslant 0.5t$，且不大于 5 mm $f \leqslant 6\%$ $\Delta L \leqslant 0.25t$ 且不大于 5 mm $L_c \leqslant 2t$	l 或 $h \leqslant 0.4t$，且不大于 3 mm， $f \leqslant 2\%$ $\Delta L \leqslant 0.5t$， 且不大于 10 mm $L_c \leqslant t$	l 或 $h \leqslant 0.3t$，且不大于 2 mm $f \leqslant 0.7\%$ $\Delta L \leqslant 0.5t$， 且不大于 15 mm $L_c \leqslant t$
5	缩孔 弧坑缩孔	202 2024		限值规定与气孔相同		
6	固体夹杂	300		—		
7	未熔合	401		$h \leqslant 0.25\ s$，且不大于 1 mm	不允许	不允许

表 1（续）

序号	缺欠名称	GB/T 6417.1 代号	说明	缺欠质量等级限值		
				一般 D	中等 C	严格 B
8	未焊透	402	对于全熔透焊缝而言，未焊透 h_1 最大尺寸为：  有些情况下可能会规定部分熔透。下述示图提供了示例。这时未焊透的偏差 h_1 应当小于规定数值，熔深过大也可能成为缺欠。h_2 的限值取决于具体应用条件，而且应当针对特殊情况做规定。h_1 的最大尺寸： 焊至衬垫： 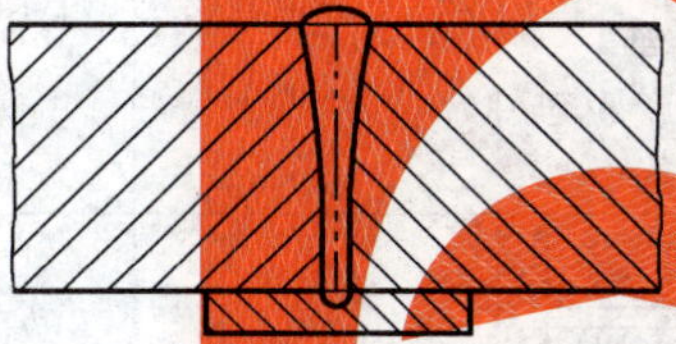 密封焊道： 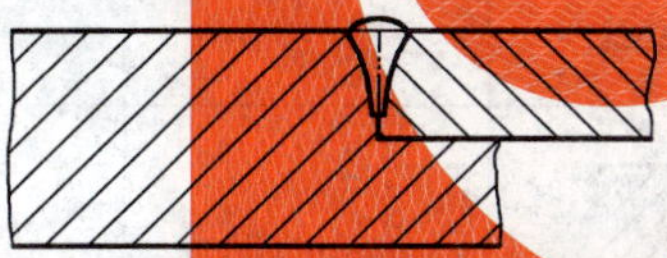 复合材料的焊接：对复合层进行气刨后，用弧焊焊接 	$h_1 \leqslant 0.15s$，且不大于 1 mm $h_1 \leqslant 0.25s$，且不大于 1 mm	不允许 $h_1 \leqslant 0.2s$，且不大于 0.7 mm	不允许 $h_1 \leqslant 0.15s$，且不大于 0.5 mm
9	角焊缝缺欠		参见 GB/T 19418—2003 中的序号 10、13、14、15、20。角焊缝装配不良（GB/T 19418—2003 序号 10）取决于具体条件，并应针对各种特殊情况做规定	采用弧焊的限值，详见 GB/T 19418—2003 的 D 级	采用弧焊的限值，详见 GB/T 19418—2003 的 C 级	采用弧焊的限值，详见 GB/T 19418—2003 的 B 级
10	咬边	5011 5012	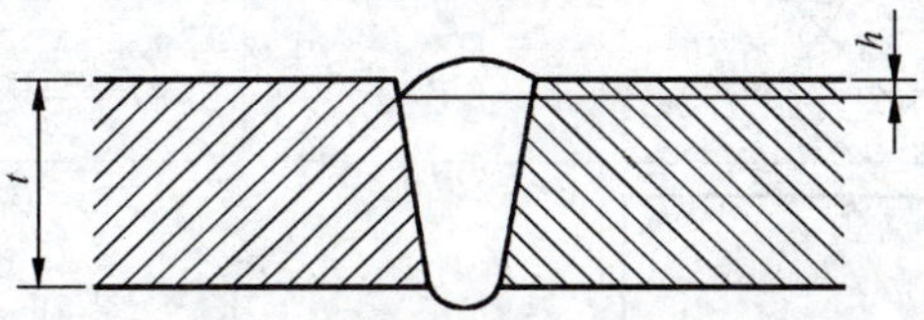	$h \leqslant 0.15t$，且不大于 1 mm	$h \leqslant 0.1t$，且不大于 0.5 mm	$h \leqslant 0.05t$，且不大于 0.5 mm
11	焊缝超高	502	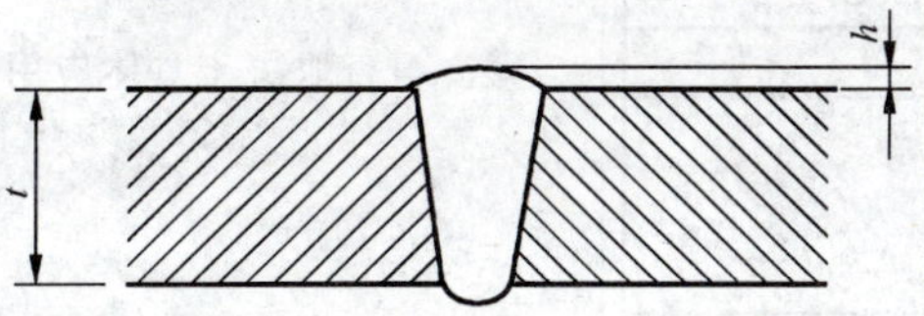	$h \leqslant 0.2\ \text{mm} + 0.3t$，且不大于 5 mm	$h \leqslant 0.2\ \text{mm} + 0.2t$，且不大于 5 mm	$h \leqslant 0.2\ \text{mm} + 0.15t$，且不大于 5 mm

表 1（续）

序号	缺欠名称	GB/T 6417.1 代号	说　明	缺欠质量等级限值		
				一般 D	中等 C	严格 B
12	下塌	504	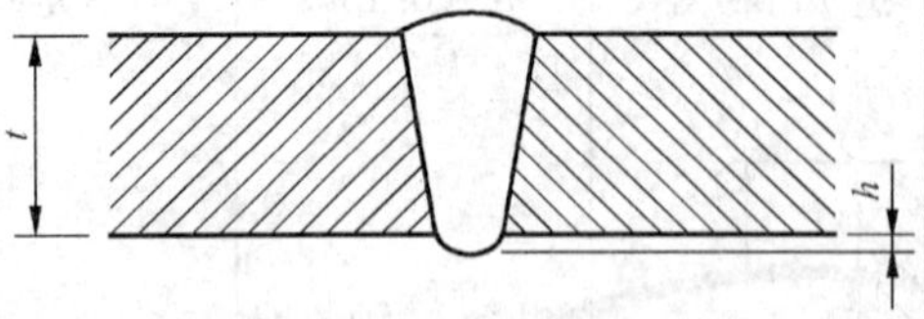	$h \leqslant 0.2$ mm$+0.3t$，且不大于 5 mm	$h \leqslant 0.2$ mm$+0.2t$，且不大于 5 mm	$h \leqslant 0.2$ mm$+0.15t$，且不大于 5 mm
13	错边	507	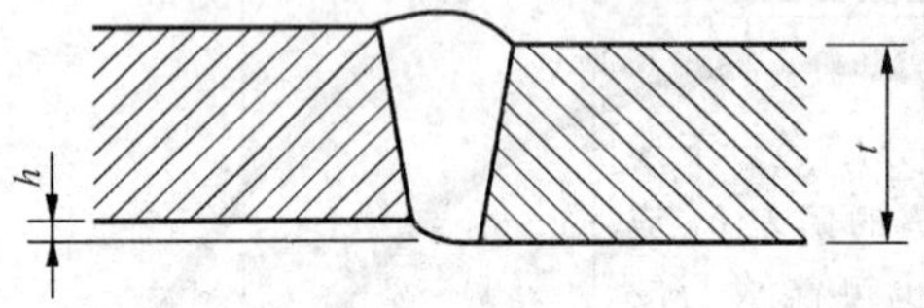	$h \leqslant 0.25t$，且不大于 3 mm	$h \leqslant 0.15t$，且不大于 2 mm	$h \leqslant 0.1t$，且不大于 2 mm
14	下垂	509	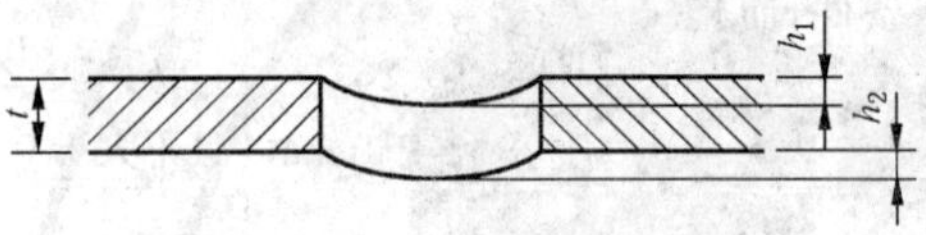 过度熔透在一定程度上可能造成下垂。仅适用于厚度小于 2 mm，焊缝宽度小于 0.5 t 的薄板焊接	$h_1 \leqslant 0.3t+h_2$，且不大于 $0.5t$	$h_1 \leqslant 0.2t+h_2$，且不大于 $0.3t$	$h_1 \leqslant 0.1t+h_2$，且不大于 $0.2t$
15	未焊满	511	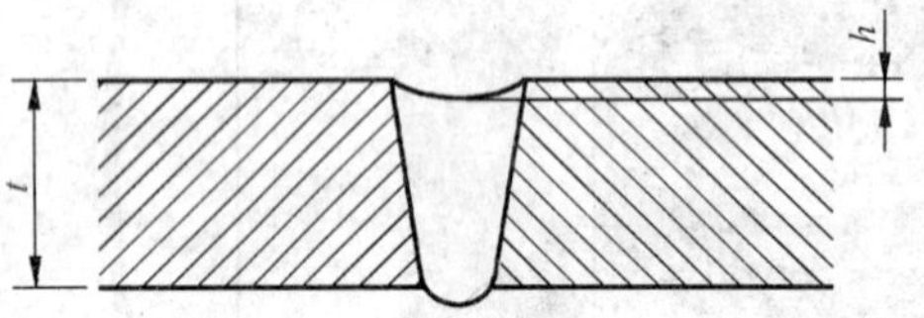	$h \leqslant 0.3t$，且不大于 1 mm	$h \leqslant 0.2t$，且不大于 0.5 mm	$h \leqslant 0.1t$，且不大于 0.5 mm
16	根部收缩缩沟	515 5013	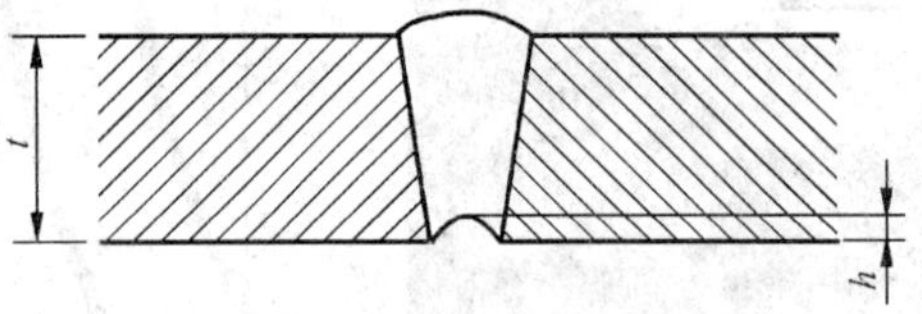	$h \leqslant 0.3t$，且不大于 1 mm	$h \leqslant 0.2t$，且不大于 0.5 mm	$h \leqslant 0.1t$，且不大于 0.5 mm
17	焊缝偏移规定的接头轴线		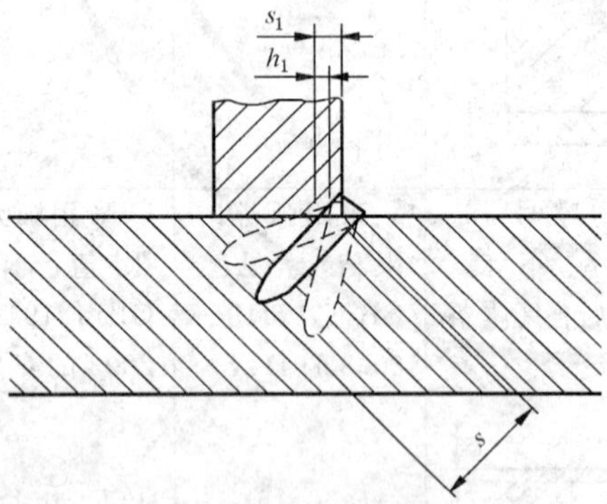	$h_1 \leqslant 0.15s_1$，且不大于 1 mm	$h_1 \leqslant 0.1s_1$，且不大于 0.5 mm	$h_1 \leqslant 0.05s_1$，且不大于 0.3 mm
18	飞溅	602	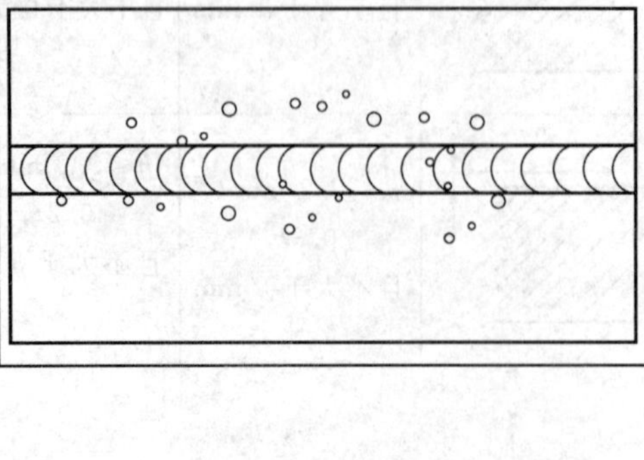	允许与否取决于具体应用条件		

附 录 A
(资料性附录)
标准应用指南

A.1 总则

本部分可作为制定应用规程及(或)其他应用标准的参考文本。它可用于某个生产合格焊接接头的完整质量体系中。本部分规定了三个质量等级,从中可针对具体应用做选择。具体的质量等级要求应由应用标准或受雇于制造商的设计负责人员、用户及(或)其他相关方确定。质量等级应在生产开始之前(最好是在咨询和订货阶段)予以明确。出于某些特殊目的,可能需要规定附加细节。

本部分给出的这些质量等级目的在于提供基本的参考数据,与任何特定应用无特殊关联。这些质量等级仅涉及到了焊接接头,而与整个产品或构件无直接关联。因此,在一个产品或构件中,各个焊接接头可能采用不同的质量等级。表 A.1 列出了质量等级。

表 A.1 缺欠质量等级

等级符号	质量等级
D	一般
C	中等
B	严格

这些质量等级划分为 B、C、D 三级,力求适用于大多数的实际应用需求。

如果需要更高的焊缝要求(如动载),可以通过焊后焊缝表面机加工或打磨处理,去除表面缺欠来实现。

对于某个焊接接头而言,通常希望用一个质量等级来限定所有缺欠尺寸。然而,在某些情况下,例如某些钢种、结构及疲劳载荷或对密封性有要求的条件,同一个焊接接头中的不同缺欠,可能需要规定不同的质量等级,或者给定附加条件。

在应用过程中选择质量等级时应考虑设计因素、工艺因素(例如表面处理、静态或动态的应力状态)、制造成本、服役条件(如温度、环境)以及失效造成的后果等。

尽管本部分包含了电子束和激光焊的所有焊接缺欠,但是在实际应用过程中,应当考虑那些可能出现的缺欠种类。

焊接缺欠以其实际尺寸进行衡量,但缺欠的检测和评估可能需要使用一种或多种无损检测方法。缺欠的检验及测量取决于应用标准或合同所规定的检验方法和范围。

本部分未包含检验及测量方法的细节内容,因此,在应用中应当根据需要对检查测试方法加以补充。需要明确的是:对于表 1 所列的某些缺欠,无损检测方法可能无法测到,或者测出缺欠的特征和尺寸。

电子束焊缝厚度超过 50 mm,激光焊缝厚度超过 12 mm 时,通常认为是安全的。正因为如此,这些缺欠的限值要求就有些偏低,可能需要采取特殊的措施,如对焊道做修饰,使余高或咬边满足规定限值。在焊接工艺评定过程中特别要注意这类特殊措施,必要时,可规定特殊要求。

A.2 其他附加说明

不同构件通常应用目的不同,但却具有相类似的制造要求。因此,为了保证采用相同的标准条件进行生产,在不同车间生产的类似构件应具有相同的要求。共同使用本标准是用于焊接结构生产质量保证体系的基础之一。

在理论上存在着单个缺欠相叠加的可能性。这时所有允许偏差的总和应当由不同质量等级的规定值限定。

本部分可以与无损检测合格等级标准结合使用。

ICS 25.160.40
J 33

中华人民共和国国家标准

GB/T 22085.2—2008/ISO 13919-2:2001

电子束及激光焊接接头缺欠质量分级指南 第2部分:铝及铝合金

Electron and laser beam welded joints—Guidance on quality levels for imperfections—Part 2: Aluminium and its weldable alloys

(ISO 13919-2:2001, Welding—Electron and laser beam welded joints—Guidance on quality levels for imperfections—Part 2: Aluminium and its weldable alloys, IDT)

2008-06-26 发布　　　　2009-01-01 实施

中华人民共和国国家质量监督检验检疫总局
中国国家标准化管理委员会　发布

前　言

GB/T 22085《电子束及激光焊接接头　缺欠质量分级指南》分为如下两部分：

——第1部分：钢；

——第2部分：铝及铝合金。

本部分为GB/T 22085的第2部分。

本部分等同采用ISO 13919-2:2001《焊接　电子束及激光焊接接头　缺欠质量分级指南　第2部分：铝及铝合金》(英文版)。

本部分等同翻译ISO 13919-2:2001。为了便于使用，本部分做了下列编辑性改动：

——删除了国际标准的前言；

——将标准名称改为“电子束及激光焊接接头　缺欠质量分级指南　第2部分：铝及铝合金”；

——对ISO 13919-2:2001中引用的其他国际标准，有被等同采用为我国标准的用我国标准代替对应的国际标准；

——将ISO 13919-2:2001中的“说明”合并入附录A。

本部分的附录A为资料性附录。

本部分由全国焊接标准化技术委员会提出并归口。

本部分起草单位：哈尔滨焊接研究所。

本部分主要起草人：朴东光、王旭友、雷振、王威。

电子束及激光焊接接头
缺欠质量分级指南
第2部分:铝及铝合金

1 范围

GB/T 22085 的本部分规定了铝及铝合金电子束及激光焊接接头的缺欠质量分级。

本部分适用于厚度为 1 mm 以上的铝及铝合金。

2 规范性引用文件

下列文件中的条款通过 GB/T 22085 的本部分的引用而成为本部分的条款。凡是注日期的引用文件,其随后所有的修改单(不包括勘误的内容)或修订版均不适用于本部分,然而,鼓励根据本部分达成协议的各方研究是否可使用这些文件的最新版本。凡是不注日期的引用文件,其最新版本适用于本部分。

GB/T 6417.1—2005 金属熔化焊接头缺欠分类及说明(ISO 6520-1:1998,IDT)

GB/T 22087—2008 铝及铝合金的弧焊接头 缺欠质量分级指南(ISO 10042:2005,IDT)

3 符号

表1采用了以下符号:

ΔL——两缺欠(气孔、缩孔)之间的距离;

b——焊缝宽度;

b_r——焊缝根部宽度;

d——缺欠(气孔、缩孔)的最大尺寸;

f——气孔或缩孔的投影面积比率;

h——缺欠尺寸(高度、宽度);

h_1,h_2——焊缝熔透偏差;

l——缺欠长度(从任何方向测量);

L——焊缝受检长度;

L_c——受组合气孔影响的焊缝长度;

s——焊缝熔深;

s_1——T型接头焊缝熔深;

t——母材厚度。

4 焊缝评估

表1规定了缺欠及限值。

一个焊接接头通常应针对各种缺欠类型分别进行评估。如果不同种类的缺欠出现在同一横截面上,需要做专门评估。

表 1 缺欠及限值

序号	缺欠名称	GB/T 6417.1 代号	说明	缺欠质量等级限值		
				一般 D	中等 C	严格 B
1	裂纹	100	除微裂纹（裂纹长度和宽度均小于 1 mm）外的所有裂纹，弧坑裂纹参见序号 2	不允许	不允许	不允许
2	弧坑裂纹	104		允许局部弧坑裂纹	允许局部弧坑裂纹	不允许
3	气孔及多个气孔	200	应满足下述条件及缺欠限值： a) 单个气孔的最大尺寸 l(l_1、l_2 或 h)。 b) 投影区域内缺欠总和的最大尺寸。 投影方向平行于焊缝表面并垂直于焊缝轴线。因此投影区域实际上就是 $t \times L$。这里的焊缝受检长度 L 应为焊缝的实际长度（或按 100 mm 计），取两者中的较小值 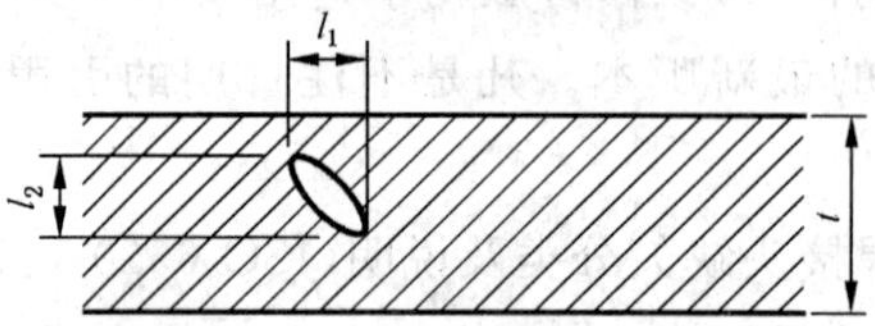	l 或 $h \leqslant 0.5\,t$，且不大于 6 mm。 电子束焊： $f \leqslant 6\%$； 激光焊： $f \leqslant 10\%$	l 或 $h \leqslant 0.4\,t$，且不大于 5 mm。 电子束焊： $f \leqslant 3\%$； 激光焊： $f \leqslant 6\%$	l 或 $h \leqslant 0.3\,t$，且不大于 4 mm。 电子束焊： $f \leqslant 1.5\%$； 激光焊： $f \leqslant 3\%$
4	局部密集气孔 链状气孔	2013 2014	应满足下述条件及缺欠限值： a) 单个气孔的最大尺寸 l(l_1、l_2 或 h)。 b) 投影区域缺欠总和的最大尺寸。 投影方向平行于焊缝表面并垂直于焊缝轴线。因此投影区域实际上就是 $t \times L$。这里的焊缝受检长度 L 应为焊缝的实际长度（或按 100 mm 计），取两者中的较小值。 c) 对于局部密集气孔或链状气孔，应考虑相邻气孔的间距 ΔL。 间距 ΔL 小于规定值时应作为一个组合气孔评估。 d) 受气孔影响的焊缝长度 L_c 小于规定值时，允许组合气孔存在： 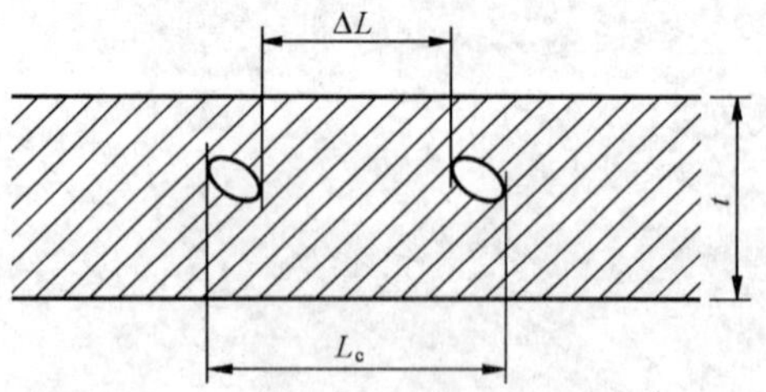	l 或 $h \leqslant 0.5\,t$，且不大于 6 mm。 $f \leqslant 15\%$。 $\Delta L \leqslant 0.25\,t$，且不大于5 mm。 $L_c \leqslant 2\,t$	l 或 $h \leqslant 0.4\,t$，且不大于 5 mm。 $f \leqslant 5\%$。 $\Delta L \leqslant 0.5\,t$，且不大于 10 mm。 $L_c \leqslant t$	l 或 $h \leqslant 0.3\,t$，且不大于 4 mm。 $f \leqslant 2\%$。 $\Delta L \leqslant 0.5\,t$，且不大于 15 mm。 $L_c \leqslant t$
5	缩孔	202		限值规定与气孔相同		
6	弧坑缩孔	2024		$h \leqslant 0.15\,t$，且不大于 2 mm	$h \leqslant 0.1\,t$，且不大于 1.5 mm	$h \leqslant 0.05\,t$，且不大于 1 mm
7	固体夹杂	300	仅允许氧化物夹杂	限值规定与气孔相同		

表 1（续）

序号	缺欠名称	GB/T 6417.1 代号	说　明	缺欠质量等级限值 一般 D	中等 C	严格 B
8	未熔合	401		$h \leqslant 0.25\ s$，且不大于 1 mm	不允许	不允许
9	未焊透	402	对于全熔透焊缝而言，未焊透 h_1 应小于： 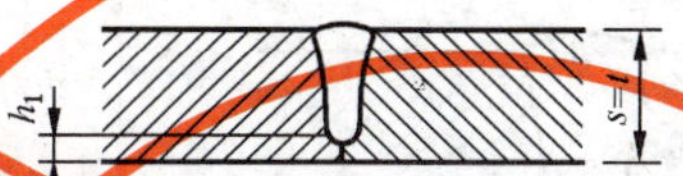 焊至衬垫： 	$h_1 \leqslant 0.25\ s$，且不大于 1 mm。	不允许	不允许
			有些情况下可能会规定部分熔透。下述示图提供了示例。这时未焊透的偏差 h_1 应当小于规定数值，熔深过大也可能成为缺欠。h_2 的限值取决于具体应用条件，而且应当针对特殊情况做规定。h_1 的最大偏差： 密封焊道： 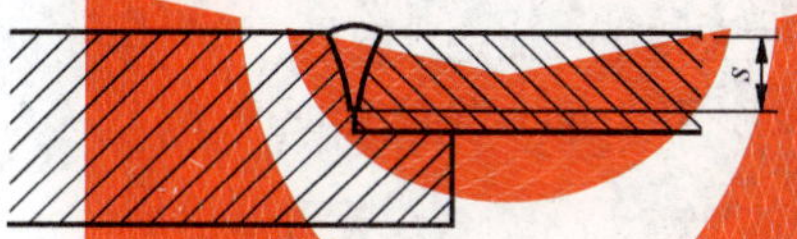 复合材料的焊接：对复合层进行气刨后，用弧焊焊接 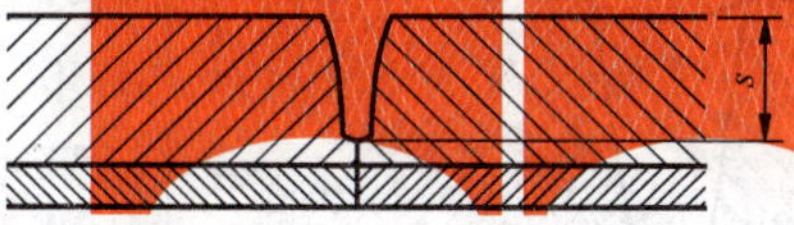	$h_1 \leqslant 0.25\ s$，且不大于 1 mm	$h_1 \leqslant 0.2\ s$，且不大于 0.7 mm	$h_1 \leqslant 0.15\ s$，且不大于 0.5 mm
10	角焊缝缺欠		仅允许带填充金属的焊接。缺欠规定（凸度过大、下榻、下垂、未焊满、焊脚不对称、根部收缩、缩沟等）参见 GB/T 22087—2008。角焊缝厚度不足取决于具体条件，并应针对各种特殊情况做规定	采用弧焊的限值，详见 GB/T 22087—2008 的 D 级	采用弧焊的限值，详见 GB/T 22087—2008 的 C 级	采用弧焊的限值，详见 GB/T 22087—2008 的 B 级
11	咬边	5011 5012	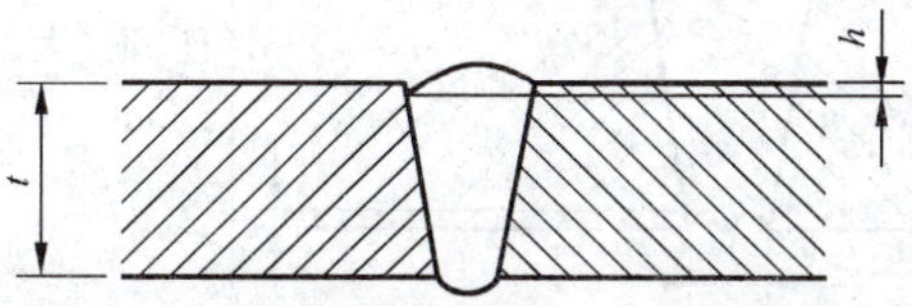	$h \leqslant 0.15\ t$，且不大于 2 mm。	$h \leqslant 0.1\ t$，且不大于 1.5 mm。	$h \leqslant 0.05\ t$，且不大于 1 mm。
			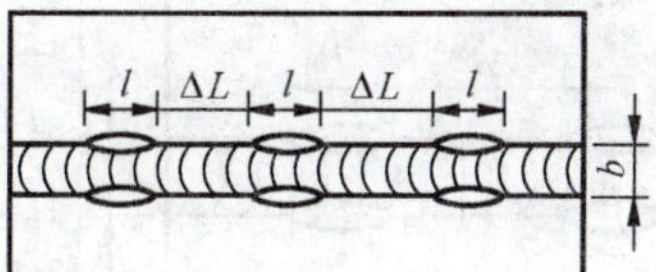	当 $l \leqslant 2\ b$，且 $\Delta L \geqslant 5\ b$ 时，$h \leqslant 0.3\ t$，且不大于 2.5 mm	当 $l \leqslant 2\ b$，且 $\Delta L \geqslant 5\ b$ 时，$h \leqslant 0.2\ t$，且不大于 2 mm	当 $l \leqslant 2\ b$，且 $\Delta L \geqslant 5\ b$ 时，$h \leqslant 0.1\ t$，且不大于 1.5 mm

表 1（续）

序号	缺欠名称	GB/T 6417.1 代号	说　明	缺欠质量等级限值		
				一般 D	中等 C	严格 B
12	焊缝超高	502	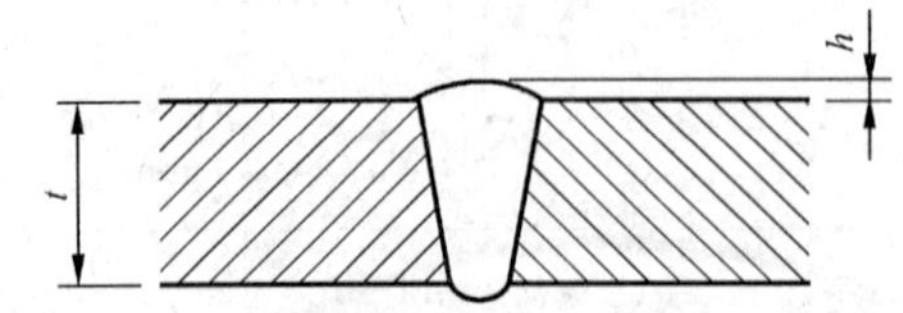	$h\leqslant 0.2$ mm $+0.3\ t$，且不大于 5 mm	$h\leqslant 0.2$ mm $+0.2\ t$，且不大于 5 mm	$h\leqslant 0.2$ mm $+0.15\ t$，且不大于 5 mm
13	下塌	504	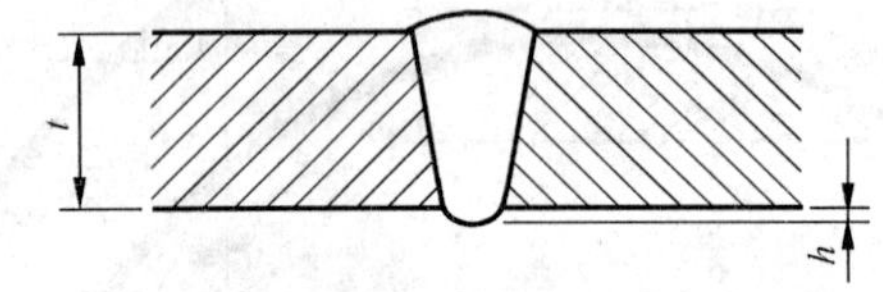	$h\leqslant 0.2$ mm $+0.3\ t$，且不大于 5 mm	$h\leqslant 0.2$ mm $+0.2\ t$，且不大于 5 mm	$h\leqslant 0.2$ mm $+0.15\ t$，且不大于 5 mm
14	错边	507	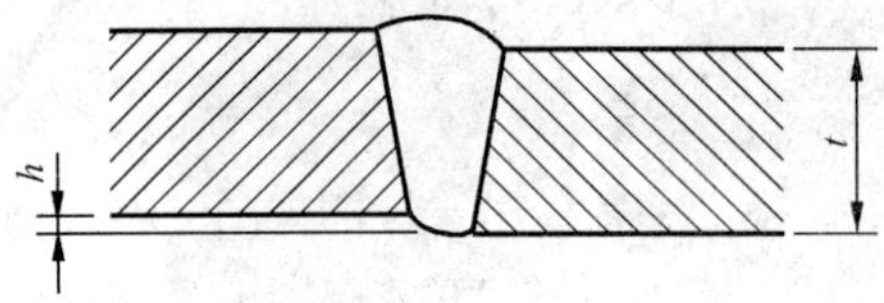	$h\leqslant 0.25\ t$，且不大于 3 mm	$h\leqslant 0.15\ t$，且不大于 2 mm	$h\leqslant 0.1\ t$，且不大于 1 mm
15	下垂	509	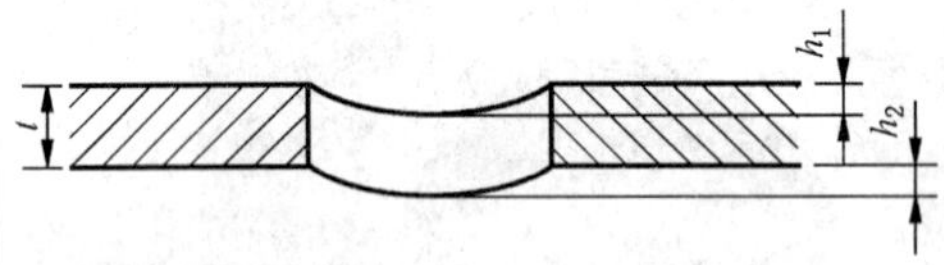 过度熔透在一定程度上可能造成下垂。 仅适用于厚度小于 2 mm，焊缝宽度小于 0.5 t 的薄板焊接	$h_1\leqslant 0.3\ t+h_2$，且不大于 0.5 t	$h_1\leqslant 0.2\ t+h_2$，且不大于 0.3 t	$h_1\leqslant 0.1\ t+h_2$，且不大于 0.2 t
16	未焊满	511	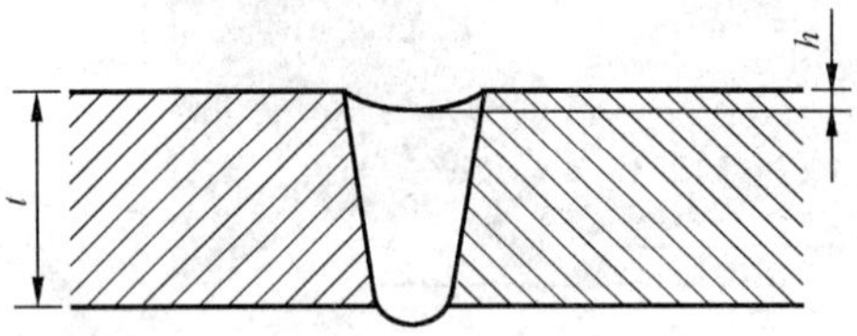	$h\leqslant 0.15\ t$，且不大于 2 mm	$h\leqslant 0.1\ t$，且不大于 1.5 mm	$h\leqslant 0.05\ t$，且不大于 1 mm
17	根部收缩	515	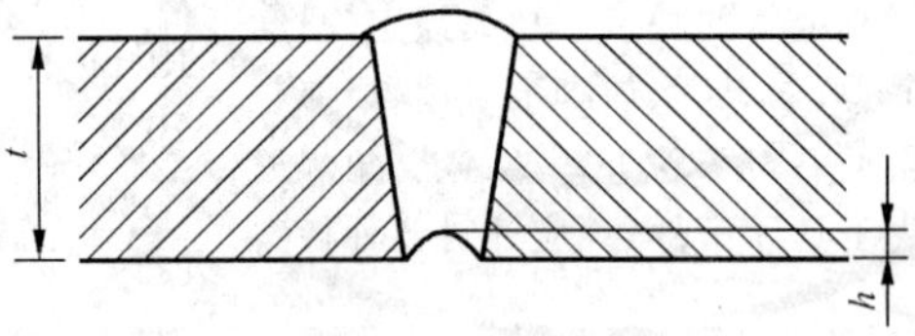	$h\leqslant 0.3\ t$，且不大于 1 mm	$h\leqslant 0.2\ t$，且不大于 0.5 mm	$h\leqslant 0.1\ t$，且不大于 0.5 mm
18	缩沟	5013	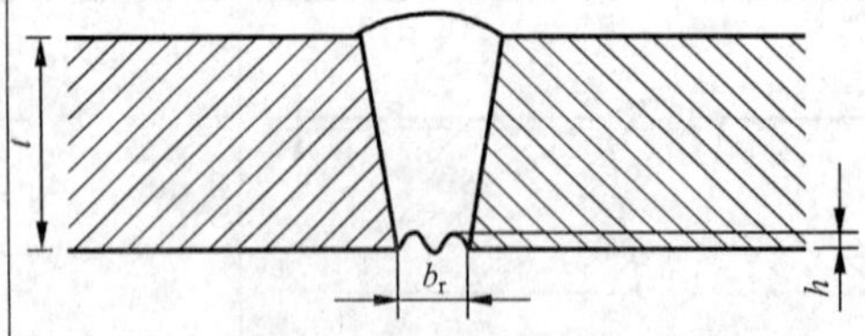 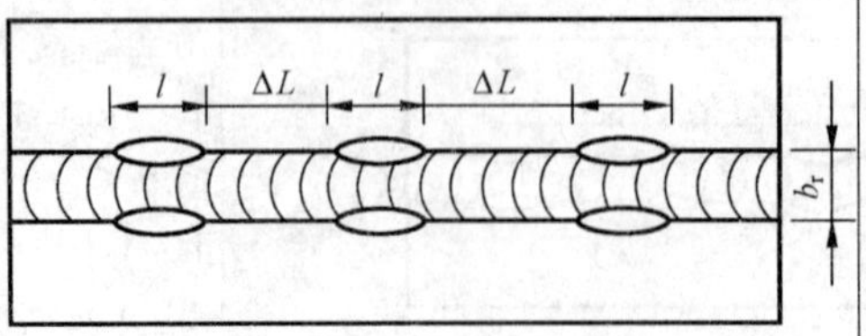	$h\leqslant 0.15\ t$，且不大于 2 mm 当 $l\leqslant 2\ br$，且 $\Delta L\geqslant 5\ br$ 时，$h\leqslant 0.3\ t$，且不大于 2.5 mm	$h\leqslant 0.1\ t$，且不大于 1.5 mm 当 $l\leqslant 2\ br$，且 $\Delta L\geqslant 5\ br$ 时，$h\leqslant 0.2\ t$，且不大于 2 mm	$h\leqslant 0.05\ t$，且不大于 1 mm 当 $l\leqslant 2\ br$，且 $\Delta L\geqslant 5\ br$ 时，$h\leqslant 0.1\ t$，且不大于 1.5 mm

表 1（续）

序号	缺欠名称	GB/T 6417.1 代号	说明	缺欠质量等级限值		
				一般 D	中等 C	严格 B
19	焊缝偏移规定的接头轴线		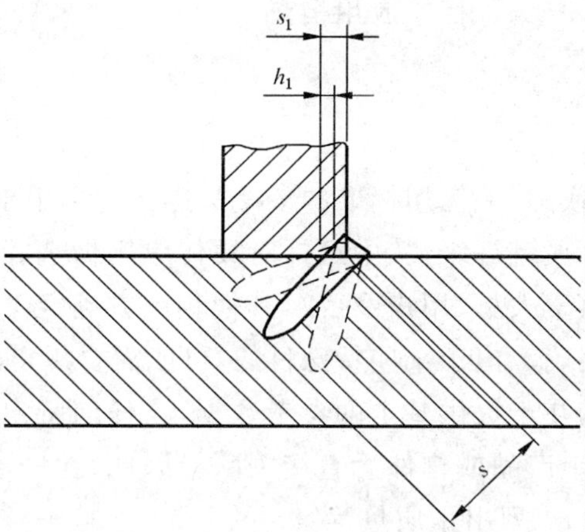	$h_1 \leqslant 0.15s_1$，且不大于 1 mm	$h_1 \leqslant 0.1s_1$，且不大于 0.5 mm	$h_1 \leqslant 0.05s_1$，且不大于 0.3 mm
20	飞溅	602	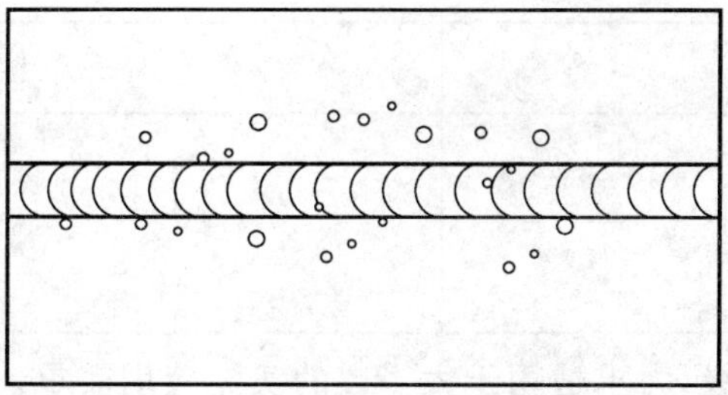	允许与否取决于具体应用条件		

附 录 A
（规范性附录）
标准应用指南

A.1 总则

本部分可作为制定应用规程及(或)其他应用标准的参考文本。它可用于某个生产合格焊接接头的完整质量体系中。本部分规定了三个质量等级,从中可针对具体应用做选择。具体的质量等级要求应由应用标准或受雇于制造商的设计负责人员、用户及(或)其他相关方确定。质量等级应在生产开始之前(最好是在咨询和订货阶段)予以明确。出于某些特殊目的,可能需要规定附加细节。

本部分给出的这些质量等级目的在于提供基本的参考数据,与任何特定应用无特殊关联。这些质量等级仅涉及到了焊接接头,而与整个产品或构件无直接关联。因此,在一个产品或构件中,各个焊接接头可能采用不同的质量等级。表 A.1 列出了质量等级。

表 A.1 缺欠质量等级

等级符号	质量等级
D	一般
C	中等
B	严格

这些质量等级划分为 B、C、D 三级,力求适用于大多数的实际应用需求。

如果需要更高的焊缝要求(如动载),可以通过焊后焊缝表面机加工或打磨处理,去除表面缺欠来实现。

对于某个焊接接头而言,通常希望用一个质量等级来限定所有缺欠尺寸。然而,在某些情况下,例如某些铝合金种类、结构及疲劳载荷或对密封性有要求的条件,同一个焊接接头中的不同缺欠,可能需要规定不同的质量等级,或者给定附加条件。

在应用过程中选择质量等级时应考虑设计因素、工艺因素(例如表面处理、静态或动态的应力状态)、制造成本、服役条件(如温度、环境)以及失效造成的后果等。

尽管本标准包含了电子束和激光焊的所有缺欠种类,但是在实际应用过程中,应当考虑那些可能出现的缺欠。

焊接缺欠以其实际尺寸进行衡量,而缺欠的检测和评估可能需要使用一种或多种无损检测方法。缺欠的检验及测量取决于应用标准或合同所规定的检验方法和范围。

本部分未包含检验及测量方法的细节内容,因此,在应用中应当根据需要对检查测试方法加以补充。需要明确的是:对于表 1 所列的某些缺欠,无损检测方法可能无法测到,或者测出缺欠的特征和尺寸。

尽管本部分规定了激光焊和电子束焊的材料厚度(熔深)为 1 mm 以上,但值得注意的是:所有缺欠种类的允许值是有上限规定的。

电子束焊缝厚度超过 50 mm,激光焊缝厚度超过 12 mm 时,通常认为是安全的。正因为如此,这些缺欠的限值要求就有些偏低,可能需要采取特殊的措施,如对焊道做修饰,使余高或咬边满足规定限值。在焊接工艺评定过程中特别要注意这类特殊措施,必要时,可规定特殊要求。

本部分也可能适用于 1 mm 以下的厚度,但对某些缺欠的要求可能过低。

A.2　其他附加说明

不同构件通常应用目的不同，但却具有相类似的制造要求。因此，为了保证采用相同的标准条件进行生产，在不同车间生产的类似构件应具有相同的要求。共同使用本标准是用于焊接结构生产质量保证体系的基础之一。

在理论上存在着单个缺欠相叠加的可能性。这时所有允许偏差的总和应当由不同质量等级的规定值限定。

本部分可以与无损检测合格等级标准结合使用。

ICS 25.160.10
J 33

中华人民共和国国家标准

GB/T 22086—2008

铝及铝合金弧焊推荐工艺

Recommendations for welding of aluminium and aluminim alloys

(ISO/TR 17671-4:2002,Welding—Recommendations for welding of metallic materials—Part 4:Arc welding of aluminium and aluminium alloys,MOD)

2008-06-26 发布　　2009-01-01 实施

中华人民共和国国家质量监督检验检疫总局
中国国家标准化管理委员会　发布

前　言

本标准修改采用 ISO/TR 17671-4：2002《焊接　金属材料焊接推荐工艺　第 4 部分：铝及铝合金的弧焊》（英文版）。

本标准根据 ISO/TR 17671-4：2002 重新起草。本标准与 ISO/TR 17671-4：2002 相比，技术内容修改如下：

——增加了附录 A（资料性附录），用于说明铝及铝合金合金母材的类组划分，并将原标准附录 A 改为附录 B，附录 B 改为附录 C。

为了便于使用，本部分做了下列编辑性修改：

——删除了国际标准的前言；

——将标准名称改为“铝及铝合金弧焊推荐工艺”；

——对 ISO/TR 17671-4：2002 中引用的其他国际标准，有被等同采用为我国标准的用我国标准代替对应的国际标准，未被等同采用为我国标准的直接引用国际标准；

——删除了规范性引用文件中的欧洲铝及铝合金母材标准。

本标准附录 A、附录 B、附录 C 为资料性附录。

本标准由全国焊接标准化技术委员会提出并归口。

本标准起草单位：长春轨道客车股份有限公司。

本标准主要起草人：宫文彪、王炎金、刘俊峰、陈永刚、劭力、王俊玖。

铝及铝合金弧焊推荐工艺

1 范围

本标准规定了铝及铝合金弧焊的推荐方法及工艺。

本标准适用于铝及铝合金材料的焊接。

2 规范性引用文件

下列文件中的条款通过本标准的引用而成为本标准的条款。凡是注日期的引用文件，其随后所有的修改单(不包括勘误的内容)或修订版均不适用于本标准，然而，鼓励根据本标准达成协议的各方研究是否可使用这些文件的最新版本。凡是不注日期的引用文件，其最新版本适用于本标准。

GB/T 985.3　铝及铝合金气体保护焊的推荐坡口(GB/T 985.3—2008，ISO 9692-3:2000，MOD)

GB/T 5185　焊接及相关工艺方法代号(GB/T 5185—2005，ISO 4063:1998，IDT)

GB/T 6417.1　金属熔化焊接头缺欠分类及说明(GB/T 6417.1—2005，ISO 6520-1:1998，IDT)

GB/T 16672—1996　焊缝　工作位置　倾角和转角的定义(idt ISO 6947:1993)

GB/T 18591—2001　焊接　预热温度、道间温度及预热维持温度的测量指南(ISO 13916:1996，IDT)

GB/T 22087　铝及铝合金弧焊接头　缺欠质量分级指南(GB/T 22087—2008，ISO 10042:2005，IDT)

ISO/TR 15608　焊接　金属材料分类体系指南

3 母材

3.1 概述

用于焊接的铝及铝合金母材应符合附录A的要求，此外，还应结合具体焊接条件，对母材规定特殊要求(包括化学成分、力学性能、表面光洁要求等)。

焊接永久性或临时性附加物(如加工工艺梁/定位板、引弧板和收弧板等)应与母材相匹配。

3.2 储存及保管

为防止腐蚀或污染，铝及铝合金储存时应避免与碳钢、铜等材料接触，并做清晰的标记。

4 影响焊接结构及构件性能的因素

附录B列出了因焊接可能产生的不利因素，这些因素仅限于一般的铝及铝合金冶金技术方面，同时也列出了其形成原因及解决措施。

在焊接结构的设计过程中，应考虑焊接对热影响区和焊缝性能的影响，热影响区和焊缝的力学性能一般低于母材。

在操作时，更应注意避免出现任何设计以外的热影响区，诸如临时附件的焊接、电弧擦伤等。

5 弧焊方法

焊接铝及铝合金时，可以采用如下焊接方法(焊接方法代号参见GB/T 5185)：

——131 熔化极惰性气体保护焊(MIG)；

——141 钨极惰性气体保护焊(TIG)；

——15 等离子弧焊。

也可考虑采用其他焊接方法(如激光焊、激光-MIG 复合焊、冷丝焊等)。

6 焊接材料

6.1 填充金属

填充金属(焊条或焊丝等)应与母材相匹配,参见附录 C。

填充金属应按相关标准或供应商推荐要求,储存在原包装内,置于在各种气候下能保持干燥的环境中。

在车间和生产现场拆开包装但未使用完的焊接材料应作标识,并作适当包装,妥善保管,以免混用、受潮或污染。

6.2 保护气体

铝及铝合金焊接通常采用氩气作为保护气体,也可以采用氦气、氦氩混合气体、氦氩氮混合气体保护以改善熔深、提高焊接速度、减少焊接缺欠。

保护气体应按照气体标准或相关的规程选择使用。

7 设备

铝及铝合金焊接所采用的设备应定期维护保养,确保其处于正常的状态。焊接回路部分的导线规格应大于或等于引出部分的导线规格。

8 接头形式

8.1 通则

铝及铝合金焊接的推荐坡口参见 GB/T 985.3,坡口间隙过大可能导致缺欠产生(诸如烧穿、变形等),因此,应尽量采用最小的间隙。

8.2 对接接头

8.2.1 通则

对接接头包括板对接、管对接和管-板对接要求焊透(包括 T 型接头在内)的接头。

8.2.2 完全熔透

8.2.2.1 单面焊

可采用如下方法焊接:

a) 不带衬垫;

b) 带临时衬垫;

c) 带永久衬垫;

d) 其他合适的方法。

8.2.2.2 双面焊

可采用如下方法焊接:

a) 第一面焊完后,再焊第二面;

b) 两面交替焊接,最后以两面对称的顺序完成焊接,这种方法变形量最小;

c) 先在背面施焊打底焊焊道(相当于衬垫),然后在正面清根,焊接;

d) 其他合适的方法。

8.2.3 部分熔透

8.2.3.1 单面焊

可采用如下方法焊接:

a) 焊至规定的熔深,但不焊透至另一面;

b) 其他合适的方法。

8.2.3.2 双面焊

可采用如下方法焊接：

a) 从一面焊至要求的熔深，然后从另一面焊至要求的熔深；

b) 从两面进行部分焊接，再以对称的次序焊至要求的熔深，这种方法变形量最小；

c) 从一面焊至要求的熔深，然后从另一面焊接密封焊道来完成焊接过程；

d) 其他合适的方法。

8.3 角焊缝

连接面的根部间隙要尽可能的小。

9 衬垫材料

9.1 永久衬垫材料

永久衬垫的材料型号参见附录A。

9.2 临时衬垫材料

临时衬垫可采用不锈钢、铜或陶瓷材料。但应注意防止铜或其他材料粘着或衬垫过热。采用不锈钢做衬垫时，仅考虑采用奥氏体不锈钢。

10 支管连接

10.1 通则

这种类型的接头一般用在圆形(或椭圆形)管的完全熔透焊缝和/或非完全熔透焊缝。所有的这些管连接的细节内容(例如：接头形式、构件之间的角度、坡口角、根部间隙等)应合理安排，以便采用合适的焊接工艺。

10.2 对接接头

由于支管连接的特点，支管接头通常为不同几何形状的单面坡口，坡口形状取决于主管和支管的尺寸及组对角度。是否采用衬垫应按工艺选择。

焊接骑座式支管接头时，应考虑保证整个支管上的焊缝厚度(或者设计图样规定的尺寸)；焊接插入式(或穿透式)支管接头时，应保证焊缝厚度不小于主管壁厚。

10.3 角接接头

支管连接处应该采用角焊缝，以使得整个接头尺寸满足设计要求。主管和支管的连接面尽量紧密结合、减少间隙，以免出现诸如烧穿和气孔过多等有害现象。

11 清根

对于完全熔透的双面对接焊，打底焊的背面焊缝需要清根。

清根推荐采用铣、刨等机械加工方法。加工时应采用非油质性润滑剂。如果采用打磨方法，砂轮应该为铝合金的专用类型。清根后应保证待焊部位清洁，无缺欠。

12 焊接坡口

坡口应采用机械方法，或采用激光、等离子、水射流或其他合适的方法加工。

当切割对相邻区域的性能产生有害影响时，应去除切割后的受损材料。切割之后首先应检查并确认切割面无裂纹。

为了避免对焊缝的不利影响，坡口表面和边缘应适合焊接工艺要求。坡口应当无裂纹、划痕，且干燥、无氧化、油污、油脂、油漆及水分等。在组对和焊接之前，坡口的熔化面及临近区域表面应该去油污和氧化层。为了避免再次污染及氧化，清理与焊接的间隔时间应尽可能短。

使用溶剂或其他方法去除油污后应采用机械方法去除表面的氧化层。去油污的化学试剂也可能会去除原始的表面氧化层。

13 焊接位置

焊接铝及铝合金时，尽量采用PA、PB焊接位置，但因条件限制也可采用PC、PD、PE和PF位置。焊接位置参见GB/T 16672。

14 错边

应按照GB/T 22087的相应质量等级控制错边，必要时，可确定更严格的限值要求。

15 预热温度及道间温度

表1推荐了各类铝合金的焊接预热温度及道间温度。此外，预热时间也应做适当控制，以免产生不利影响。

表1 推荐的预热温度和道间温度

母 材	预热温度/℃	道间温度/℃
非热处理强化铝合金 1××× 3××× 5××× AlSi 铸件 AlMg 铸件	≤120[a]	≤120[a]
热处理强化铝合金 6××× AlSiMg 铸件 AlSiCu 铸件	≤120[a]	≤100
7×××	≤100[a]	≤80

注1：表中温度值仅为指南。这些数值可以经合同双方协商修改，并在焊接工艺规程中说明。

注2：Mg>3.5%的合金组22.4(5×××)和合金组23.2(7×××)，在某些使用环境下会出现相析出，这些析出会增加剥落腐蚀和应力腐蚀裂纹敏感性。

[a] 延长加热时间会导致加工硬化铝合金发生局部退火，也会使可热处理强化铝合金产生过时效。

预热温度和道间温度的测量应参照GB/T 18591—2001的有关规定。

16 其他要求

16.1 焊道间的清理

每一焊道表面在施焊下一焊道之前，应使用不锈钢丝刷(或采用其他机械方法)清理。

16.2 检查

焊缝在被检之前，建议不要在其上画粉笔、涂漆或做其他类似的处理。

16.3 质量等级及不符合项纠正

焊接缺欠的验收等级应按照GB/T 22087(或者产品设计规范)的要求确定。缺陷的修复及不符合项的纠正应按照有关程序进行，并保持其可追溯性。

附 录 A
（资料性附录）
铝及铝合金母材的分类说明

根据 ISO/TR 15608 的铝及铝合金分类见表 A.1。

表 A.1 铝及铝合金母材的分类

类别	组别	主 要 成 分
21		杂质（或合金含量）≤1%的纯铝
22		非热处理强化铝合金
	22.1	铝锰合金
	22.2	Mg≤1.5%的铝镁合金
	22.3	1.5%<Mg≤3.5%的铝镁合金
	22.4	Mg>3.5%的铝镁合金
23		热处理强化铝合金
	23.1	Al-Mg-Si 合金
	23.2	Al-Zn-Mg 合金
24		Cu≤1%的 Al-Si 合金
	24.1	Cu≤1%，5%<Si≤15%的 Al-Si 合金
	24.2	Cu≤1%，5%<Si≤15%，0.1%<Mg≤0.80%的 Al-Si-Mg 合金
25		5.0%<Si≤14%；1.0%<Cu≤5.0%，Mg≤0.8%的 Al-Si-Cu 合金
26		2.0%<Cu≤6.0%的 Al-Cu 合金

注：21、22、23 一般为锻件，24、25、26 为铸件。

附 录 B
(资料性附录)
缺欠的产生及防止

虽然通过选择正确的工艺和焊接材料,可以比较容易地焊接多数铝及铝合金,但是在某些环境下,还可能出现某些缺欠。缺欠的出现可能是由于焊接材料的选取、焊接工艺参数的选择或者是母材/焊接材料结合的冶金效果造成。因而,可以通过选择合适的焊接参数或焊接材料减少或消除这些缺欠。表B.1给出了铝合金焊接常见的典型缺欠、产生原因及其防止措施。在安全要求较高的动载结构中,特别需要防止产生这些缺欠。

就焊缝质量而言,设计不足对焊缝的正常使用会带来不利影响。这些不利影响可能包括由于材料厚度不均匀导致的应力集中、由于接头过密和接近产生较高的残余应力。

对于加工硬化铝合金或可热处理强化铝合金而言,进行设计计算时,应该考虑焊接热影响区力学性能下降这一因素。但是,在焊接过程中还是应注意避免热输入过高导致热影响区软化区范围扩大。

保持焊枪和工件间正确的角度和距离也可以防止一些有害缺欠。送丝装置使用的材料应该与焊丝相匹配以避免污染和损坏焊丝。铝合金焊接使用的焊枪、电缆和导线,体积大且不容易在狭窄空间内操作,焊接结构设计人员就要考虑给焊枪和焊工足够的空间来进行所有接头的焊接。在某些场合,只能采用合适的坡口(带永久衬垫或临时衬垫)进行单面焊。

表 B.1 缺欠的产生及防止

缺欠	主要原因	防止措施
气孔 例如: 线状气孔(2014)或团状气孔群(2013)	有污迹的焊丝。 焊丝表面潮湿。	改善焊丝清洁度,存储于工作区域露点以上的清洁环境中。
	焊缝区有油污。 连接表面潮湿。	焊接前清洁和干燥焊缝区,如:预热、焊前确保材料处于室温。
	焊丝/或母材含氢量过高。	如有必要,联系焊丝或母材的供应商或生产商解决。
	接头间隙过小。	改善焊接间隙,促进气体从熔池逸出。
	不合适的焊接位置PC、PD、PE、PG。	焊接位置尽可能采用PA、PB。
	气体析出时间太短。	提高热输入量或预热,改变焊缝前处理工艺。
	由于冷却水或气体供应系统泄漏,造成保护气体不纯。	消除泄漏现象。
	由于湿气侵入,造成保护气体不纯。 不合适的软管质量。	气体按相关标准或技术要求确定采用。确保软管质量,更换损坏的软管,软管应尽量短,尽可能采用铝合金专用软管。
	保护气流速太大或太小产生非层流气流。	采用合适的气体流量,避免紊流和空气卷入。
	电弧电压太高。	改善峰值电弧电压。
	焊枪角度太小	使用正确的焊枪角度

表 B.1（续）

缺 欠	主 要 原 因	防 止 措 施
氧化夹杂物(303)	由于焊接中断或不充足的保护气流，使氧侵入电弧或熔池内导致氧化物形成。 焊缝区或前一道焊缝清理不彻底。 预热火焰含过多氧气。 TIG 焊添丝操作不正确	见气孔部分要求。 采用合适的气体流量，避免空气进入。 确保焊缝区域和前一道焊缝的清洁度。改善电弧条件。 可采用中性火焰。 不要将焊丝从保护气中移出
裂纹(100) 凝固裂纹 例：热裂纹(104) 例：液化裂纹	焊缝中存在低熔点共晶体。 内应力。 HAZ 晶界析出的低熔点共晶体	选择能确保焊接性能的填充材料。 使用收弧板，将收弧结束于工件之外，或收弧时采用适当的操作措施填满弧坑。 选择合适的焊接顺序可降低内应力和变形。 降低热输入和层间温度。 通过采用单道焊焊接技术降低裂纹敏感性。 降低内应力。 选择适合的焊丝(例如：4×××系列)
金属夹杂(304) 钨夹杂(3041)	钨夹杂(TIG：141 和等离子弧焊：15)是由于焊接电流过高或在焊接过程中钨极接触到了熔池	根据钨极的类型和直径选择合适的焊接电流。 不要将钨极侵入到熔池中
铜夹杂(3042)	铜夹杂(MIG：131)：由于焊嘴过热或熔断。 来自铜制衬垫	选择适合的焊炬和焊嘴。 采用短弧焊接。 如果必要，可用不锈钢、铝合金或陶瓷代替铜作为熔池衬垫
注：缺欠代号参见 GB/T 6417.1。		

附 录 C
（资料性附录）
焊接材料的选择建议

C.1 填充金属

选择焊丝通常基于以下几方面因素：

——与母材的化学成分相兼容，例如：焊接裂纹倾向；

——焊缝力学性能要求（需要将焊接热影响区和焊缝金属性能统一计算）；

——焊接部件或构件的后续处理，例如表面处理，阳极氧化和装饰抛光；

——焊缝要求的抗腐蚀能力；

——最佳焊接性。

最终的选择将根据产品实际需要，在上述几方面做综合平衡。

表 C.1 提供了各类铝及铝合金焊丝的相关信息。表 C.2 推荐了若干条件下铝及铝合金焊丝的选择建议。

表 C.1 铝及铝合金焊丝

类别	型号	化学成分代号	备注
1×××	SAL1450 SAL1080A	Al99.5Ti Al99.8	Ti 通过晶界强化降低了焊缝金属的裂纹倾向
3×××	SAL3103	AlMn1	
4×××	SAL4043A SAL4046 SAL4047A SAL4018	AlSi5 AlSi10Mg AlSi12(A) AlSi7Mg	4×××类焊丝在阳极氧化或暴露于空气中时会变成暗灰色，其强度会随 Si 的增加而提高。该种焊丝焊接后的焊缝颜色和铸造铝合金母材不搭配。 这种合金专门应用在预防由于高稀释及高收缩而形成的凝固裂纹
5×××	SAL5249 SAL5754	AlMg2Mn0.8Zr AlMg3	当良好抗腐蚀性和颜色匹配是重要要求时，焊丝的 Mg 含量必须和母材搭配。 当焊缝金属的高屈服点和高断裂强度是重要要求时，应使用含 Mg 量为 4.5%～5%的焊丝。
	SAL5556A SAL5183 SAL5087 SAL5356	AlMg5.2Mn AlMg4.5Mn0.7(A) AlMg4.5MnZr AlMg5Cr(A)	Cr 和 Zr 通过晶界强化降低了焊缝金属的裂纹倾向。 Zr 降低热裂倾向

表 C.2 焊丝选择

母材									
Al	4 1 4								
AlMn	4 或 5 1 4	3 或 4 3 4							
AlMg <1%[a]	4 或 5 1 4	4 4 4	4 4 4						
AlMg 3%	4 或 5 5[b] 4 或 5	5 5[b] 或 3 4	5 5[b] 4	5 5[b] 5					
AlMg 5%[c]	5 5 5	5 5 5	5 5 5	5 5 5	5 5 5				
AlMgSi[d]	4 或 5 5 4	4 或 5 5 4	4 或 5 5 4	5 5 4	5 5 4	5 或 4 5 4			
AlZnMg	5 5 5	5 5 5	5 5 5	5 5 5	5 5 5	5 5 5	5 5 5		
AlSiCu <1%[e,f]	4 4 4	4 4 4	4 4 4	4 4 4	4 4 4	4 4 4	4 4 4	4 4 4	
AlSiMg[e]	4 4 4	4 4 4	4 4 4	4 4 4	4 4 4	4 4 4	4 4 4	4 4 4	4 4 4

表 C.2（续）

AlSiCu[e,f]	4 4 4	4 4 4	4 4 4	4 4 4	4 4 4	4 4 4	4 4 4	4 4 4	4 4 4	4 4 4	
AlCu[c]	Nr[g]	Nr[g]	Nr[g]	Nr[g]	Nr[g]	4 4 4	4 4 4	4 4 4	4 4 4	4 4 4	Nr[g] Nr[g] 4
母材	Al	AlMn	AlMg <1%	AlMg 3%	AlMg 5%	AlMgSi	AlZnMg	AlSiCu <1%	AlSiMg	AlSiCu	AlCu

注1：当母材含 Mg≥2%时，使用型号为 AlSi5 或 AlSi10 的焊丝焊接时（或当母材含 Si≥2%，使用型号为 AlMg5 的焊丝焊接时），过多的 Mg2Si 相会在焊接熔合线处沉淀析出，从而使焊缝产生脆化现象。这种母材和焊丝的组合不推荐在承受动载荷或冲击载荷的结构使用。如果这种搭配不可避免，应该使用 AlMg5 或 AlSi5 型焊丝。

注2：表中母材取决于化学成分，而与材料形式无关。

注3：每栏焊丝类别的选择出于如下考虑：

第一行：最佳力学性能；

第二行：最佳耐腐蚀性能；

第三行：最佳焊接性能。

a 在无焊丝焊接的条件下，这种合金极易形成凝固裂纹。这种情况下，可通过压紧夹具或在熔池内提高 Mg 含量为 3%以上的方法来预防。

b 表 B.1 中的 5×××类焊丝在 Mg≤3%时具有较好的抗晶间腐蚀和/或应力腐蚀能，在有潜在晶间腐蚀和/或应力腐蚀的环境中，焊丝金属中 Mg 含量应等于或不明显超过母材的 Mg 含量。

c 在确定的环境条件下，如温度范围≥65 ℃，含 Mg>3%的铝合金可能易产生晶间腐蚀和/或应力腐蚀。这种易腐蚀性随含 Mg 量和/或冷作硬化程度的提高而升高。应该考虑到这种焊缝稀释带来的耐腐蚀性能降低的影响。

d 这类合金不推荐采用不填充焊丝的自熔焊（如 TIG 焊），因为这样易形成凝固裂纹。

e 焊丝中 Si 含量的选择应该与铸态母材金属严格搭配。

f 当铸造铝合金为压铸件时，由于气体含量较高而不适合焊接。

g 不推荐，与母材金属不匹配。

C.2 保护气体

当进行铝及铝合金焊接时，焊接保护气体的选择对其生产效率和最终焊缝质量都有着重要影响。

由于铝及铝合金对气体的敏感性，特别是氢和氧，因此应当采用诸如氩和氦做保护气体。

虽然氩气是铝及铝合金焊接时广泛使用的保护气体，但是使用氦气、氦氩混合气体、氦氩氮混合气体也有如下优点(纯氦气只限于直流的 TIG 焊中)：

——增加熔深和改善焊缝成形；

——提高焊接速度；

——可焊接厚度范围大；

——降低预热温度；

——减少诸如气孔等焊接缺陷。

当提高氦氩混合气体中氦的含量时，焊缝熔深将会增加、变宽，焊缝余高将会降低。

对于任何厚度的材料，都可以通过向氩气中添加氦气来提高焊接速度。这是由于氦从电弧中导热的能力要高于氩。提高焊接速度也可以减小焊接热影响区的尺寸。

使用含氦较高的混合气所产生的高热量输入促进了对较厚工件的焊接。然而，除了自动焊以外，高氦含量的混合气通常不推荐使用在厚度小于 3 mm 的材料上。

使用含氦的混合气所产生的附加热量集中也可以减少诸如气孔和未熔合等缺陷的产生。

ICS 25.160.40
J 33

GB

中华人民共和国国家标准

GB/T 22087—2008/ISO 10042:2005

铝及铝合金的弧焊接头缺欠质量分级指南

Arc-welded joints in aluminium and its alloys—Guidance on quality levels for imperfection

(ISO 10042:2005, Welding—Arc-welded joints in aluminium and its alloys—Quality levels for imperfections, IDT)

2008-06-26 发布　　2009-01-01 实施

中华人民共和国国家质量监督检验检疫总局
中国国家标准化管理委员会　发布

前　言

本标准等同采用 ISO 10042:2005《焊接　铝及铝合金的弧焊接头　缺欠质量分级指南》(英文版)。

本标准根据 ISO 10042:2005 重新起草。为了便于使用，本部分做了下列编辑性修改：

——删除了国际标准的前言；

——将标准名称改为“铝及铝合金的弧焊接头　缺欠质量分级指南”；

——“范围”按照我国标准的编写要求做了调整，并将 ISO 10042:2005 中“范围”的部分内容并入了附录 B；

——对 ISO 10042:2005 中引用的其他国际标准，有被等同采用为我国标准的用我国标准代替对应的国际标准。

本标准附录 A 和附录 B 为资料性附录。

本标准由全国焊接标准化技术委员会提出并归口。

本标准起草单位：长春轨道客车股份有限公司。

本标准主要起草人：王炎金、宫文彪、陈永刚、刘庆祝、张红艳、胡立国。

铝及铝合金的弧焊接头
缺欠质量分级指南

1 范围

本标准规定了铝及铝合金弧焊接头的缺欠质量等级。

本标准适用于母材厚度 0.5 mm 以上的铝及铝合金。

2 规范性引用文件

下列文件中的条款通过本标准的引用而成为本标准的条款。凡是注日期的引用文件，其随后所有的修改单(不包括勘误的内容)或修订版均不适用于本标准，然而，鼓励根据本标准达成协议的各方研究是否可使用这些文件的最新版本。凡是不注日期的引用文件，其最新版本适用于本标准。

GB/T 5185 焊接及相关工艺方法代号(GB/T 5185—2005,ISO 4063:1998,IDT)

GB/T 6417.1—2005 金属熔化焊接头缺欠分类及说明(ISO 6520-1:1998,IDT)

3 术语及定义

下列术语和定义适用于本标准。

3.1

质量等级 quality level

根据特定缺欠的种类、尺寸和数量，划分的焊缝质量级别。

3.2

适用性 fitness for purpose

在特定条件下，某个产品或方法适用于规定目的的能力。

3.3

短缺欠 short imperfections

焊缝长度大于或等于 100 mm 时，100 mm 范围内总长小于 25 mm 的缺欠为短缺欠；

焊缝长度小于 100 mm 时，总长小于焊缝长度 25%的缺欠为短缺欠。

3.4

系统性缺欠 systematic imperfection

在焊缝长度方向重复出现的缺欠，且每一个缺欠的长度都在规定的限值内。

3.5

横截面 cross-sectional area

垂直于焊缝长度方向的截面，一般为焊缝断裂或截断后，接受检验的断面区域。

3.6

投影面 projected area

焊缝在二维空间成像后观察到的缺欠所分布的平面。

注：与横截面不同，投影面在 X 射线照射下，其缺欠的显现取决于焊缝的厚度(见图 1)。

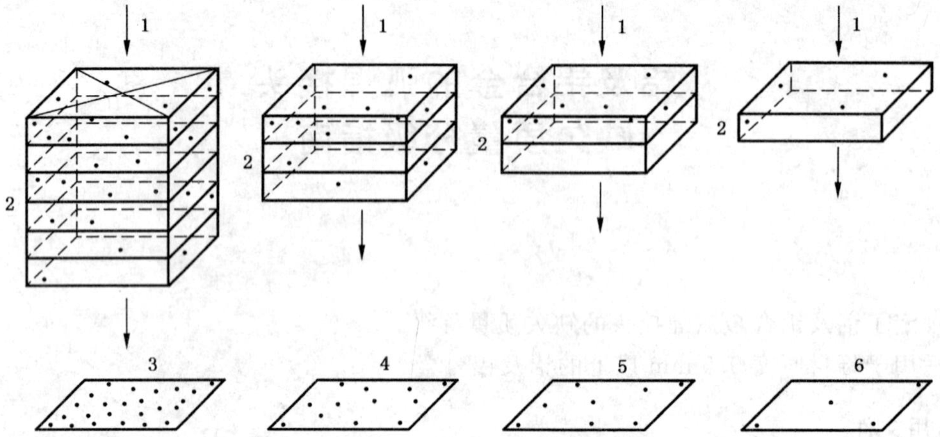

1——X 射线的方向；

2——每个单位体积上 4 个气孔；

3——6 层厚度；

4——3 层厚度；

5——2 层厚度；

6——1 层厚度。

图 1 单位面积不同厚度试样的 X 射线底片

4 符号

表 1 采用了下列符号：

A——气孔涉及的面积；

a——焊缝计算厚度；

b——焊缝余高的宽度；

d——气孔的直径；

d_A——气孔涉及区域的直径；

d_{Ac}——整个气孔区域的圆周直径；

h——缺欠的高度或宽度；

l——焊缝纵向上的缺欠长度；

l_p——投影面或横截面的长度；

s——对接焊缝厚度；

t——板厚或壁厚(名义尺寸)；

w_p——焊缝宽度，或横截面的宽度或高度；

z——焊脚尺寸。

5 缺欠的评定

表 1 规定了缺欠的限值。

宏观检测应只考虑用肉眼或 10 倍以下放大镜可观察到的那些缺欠，但微裂纹除外(具体参见表 1 中 2.2)。

在满足表 1 其他要求(参见表 1 中 1.1～3.2)的前提下，仅 D 级质量等级允许系统性缺欠。

在接头横截面出现的不同缺欠种类需做特殊考虑(参见表 1 中 4.1 的多重缺欠)。

多重缺欠的限值(见表 1)只有在单个缺欠不超标时才合格。

两个相邻缺欠，当其之间的距离小于较小缺欠的主要尺寸时，可视为一个缺欠。

表 1　缺欠的限值

序号	GB/T 6417.1 代号	缺 欠 名 称	说　　明	t/mm	缺欠质量等级限值		
					D	C	B
1　表面缺欠							
1.1	100	裂纹		≥0.5	不允许	不允许	不允许
1.2	104	弧坑裂纹	h:高度或宽度	≥0.5	$h \leq 0.4s$ 或 $0.4a$ $l \leq 0.4s$ 或 $0.4a$	不允许	不允许
1.3	2012	不均匀气孔	气孔的评估参见附录 A	≥0.5	≤2%	≤1%	≤0.5%
1.4	2013	局部密集气孔	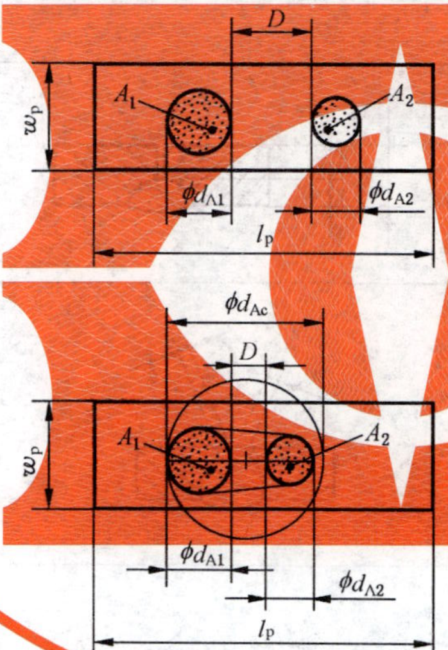 整个密集气孔区域用包括所有气孔的直径为 d_A 的圆表示。 该圆区内的所有气孔应满足单个气孔的要求。 允许的多孔区必须是局部的。应该考虑到密集气孔可能掩盖其他缺欠的可能。 如果 D 小于 d_{A1} 或 d_{A2} 中的较小者，整个气孔区域应当用直径为 d_{Ac} 的圆表示 $d_{Ac} = d_{A1} + d_{A2} + D$ 系统性的密集气孔不允许	≥0.5	$d_A \leq 25$ mm 或 $d_{Amax} \leq w_p$ d_A 对应 d_{A1}、d_{A2} 或 d_{Ac}	不允许	不允许

表 1（续）

序号	GB/T 6417.1 代号	缺欠名称	说明	t/mm	缺欠质量等级限值 D	C	B
1.5	2014	链状气孔	—	≥0.5	不允许	不允许	不允许
1.6	2017	表面气孔	单个气孔的最大尺寸	0.5～3； >3	$d\leqslant0.3s$ 或 $0.3a$； $d\leqslant0.4s$ 或 $0.4a$， 且不大于 3 mm	$d\leqslant0.2s$ 或 $0.2a$； $d\leqslant0.3s$ 或 $0.3a$， 且不大于 1.5 mm	$d\leqslant0.1s$ 或 $0.1a$； $d\leqslant0.2s$ 或 $0.2a$， 且不大于 1 mm
1.7	2025	末端弧坑缩孔	—	≥0.5	$h\leqslant0.4t$，且不大于 3 mm	$h\leqslant0.2t$，且不大于 1.5 mm	不允许
					短缺欠		
1.8	401	未熔合	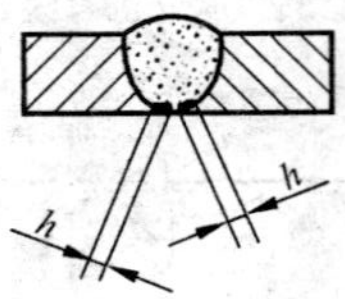	≥0.5	$h\leqslant0.1s$ 或 $0.1a$， 最大 3 mm	不允许	不允许
					非系统性的短缺欠		
1.9	4021	根部未焊透	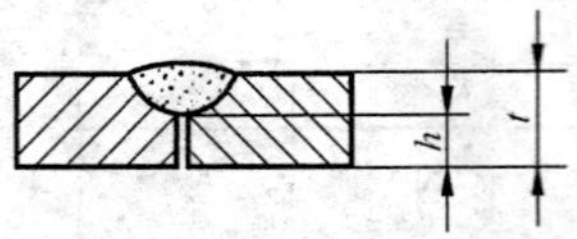	≥0.5	$h\leqslant0.2s$， 且不大于 2 mm	不允许	不允许
1.10	5011	连续咬边	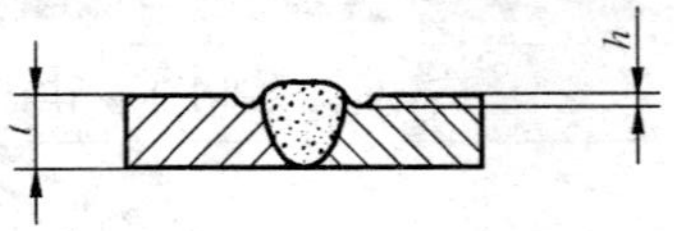	0.5～3； >3	$h\leqslant0.2t$； $h\leqslant0.2t$， 且不大于 1 mm	$h\leqslant0.1t$； $h\leqslant0.1t$， 且不大于 0.5 mm	不允许； 不允许
	5012	间断咬边（短缺欠）	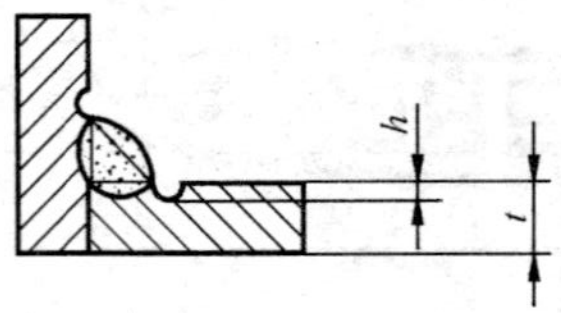 焊缝应和母材圆滑过渡，但这类缺欠不视为系统性缺欠	0.5～3； >3	$h\leqslant0.2t$； $h\leqslant0.2t$， 且不大于 1.5 mm	$h\leqslant0.1t$； $h\leqslant0.1t$， 且不大于 1 mm	$h\leqslant0.1t$； $h\leqslant0.1t$， 且不大于 0.5 mm

表 1（续）

序号	GB/T 6417.1 代号	缺欠名称	说明	t/mm	缺欠质量等级限值		
					D	C	B
1.11	502	焊缝超高	要求焊缝应和母材圆滑过渡 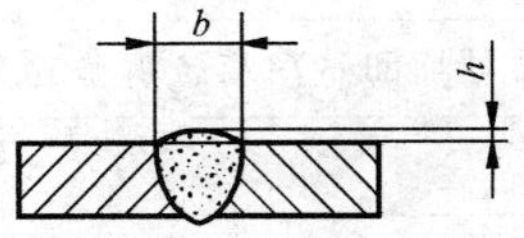	≥0.5	h≤1.5 mm+ 0.2 b，且不大于 10 mm	h≤1.5 mm+ 0.15 b，且不大于 8 mm	h≤1.5 mm+ 0.1 b，且不大于 6 mm
1.12	503	凸度过大	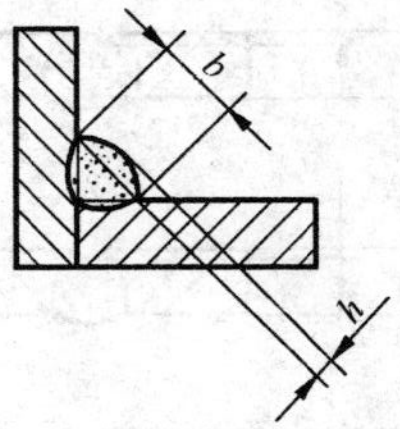	≥0.5	h≤1.5 mm+ 0.3 b，且不大于 5 mm	h≤1.5 mm+ 0.15 b，且不大于 4 mm	h≤1.5 mm+ 0.1 b，且不大于 3 mm
1.13	5213	焊缝有效厚度不足	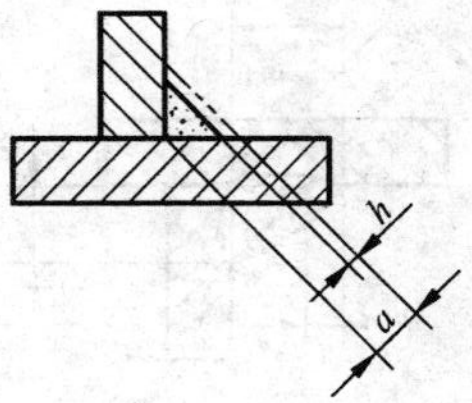	≥0.5	短缺欠		
					h≤0.3 a，且不大于 2 mm	h≤0.2 a，且不大于 1.5 mm	h≤0.1 a，且不大于 1 mm
1.14	504	下塌	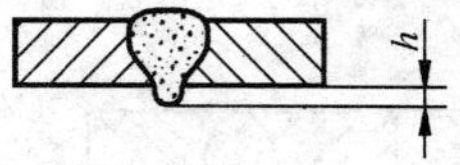	≥0.5	h≤5 mm	h≤4 mm	h≤3 mm
1.15	506	焊瘤	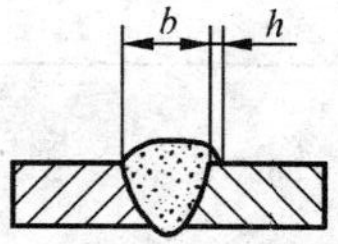	≥0.5	短缺欠，h≤0.2 b	不允许	不允许

表 1（续）

序号	GB/T 6417.1 代号	缺欠名称	说明	t/mm	缺欠质量等级限值		
					D	C	B
1.16	509 511	下垂 未焊满	要求过渡光滑  	≥0.5	$h \leqslant 0.2t$， 且不大于 2 mm	$h \leqslant 0.1t$， 且不大于 1 mm	$h \leqslant 0.05t$， 且不大于 0.5 mm
1.17	512	焊脚不对称	在未规定焊脚不对称的场合下 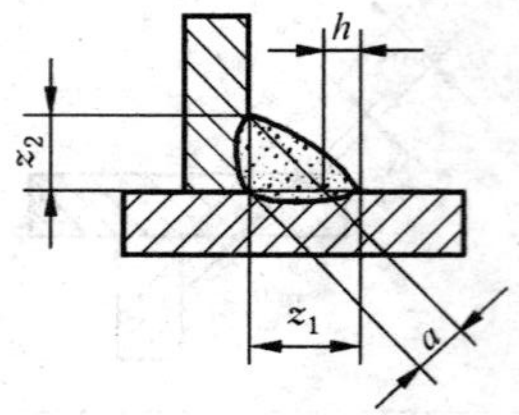 	≥0.5	$h \leqslant 3\ \text{mm}+0.3a$	$h \leqslant 2\ \text{mm}+0.25a$	$h \leqslant 1.5\ \text{mm}+0.2a$
					短缺欠		
1.18	515 5013	根部收缩 缩沟	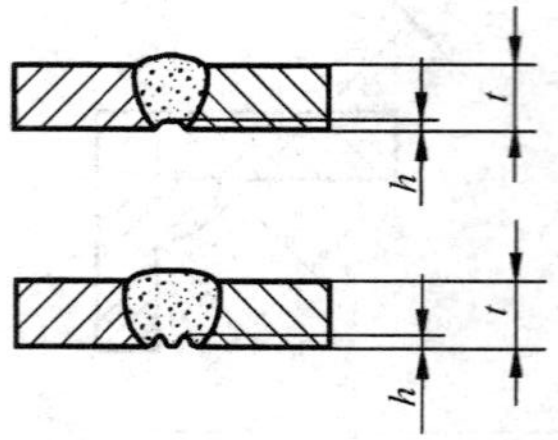 	≥0.5	$h \leqslant 0.2t$， 且不大于 1.5 mm	$h \leqslant 0.1t$， 且不大于 1.0 mm	$h \leqslant 0.05t$， 且不大于 0.5 mm
2　内部缺欠							
2.1	100	裂纹	除微观裂纹和弧坑裂纹以外的所有裂纹	≥0.5	不允许	不允许	不允许
2.2	1001	微观裂纹	只能在显微镜下(50 倍)观察到的裂纹	≥0.5	允许	是否允许，根据母材种类和裂纹敏感性决定	
2.3	2011	球形气孔	单个气孔的最大尺寸	≥0.5	$d \leqslant 0.4s$ 或 $0.4a$， 且不大于 6 mm	$d \leqslant 0.3s$ 或 $0.3a$， 且不大于 5 mm	$d \leqslant 0.2s$ 或 $0.2a$， 且不大于 4 mm

表 1（续）

序号	GB/T 6417.1 代号	缺欠名称	说明	t/mm	缺欠质量等级限值 D	缺欠质量等级限值 C	缺欠质量等级限值 B
2.4	2012	均布气孔	气孔评估相对横截面，示例参见附录 A	≥0.5	≤6%	≤2%	≤1%
			缺欠评估相对投影面，示例参见附录 A	0.5～3 >3～12 >12～30 >30	≤6% ≤10% ≤15% ≤20%	≤2% ≤4% ≤6% ≤8%	≤1% ≤2% ≤3% ≤4%
2.5	2013	局部密集气孔	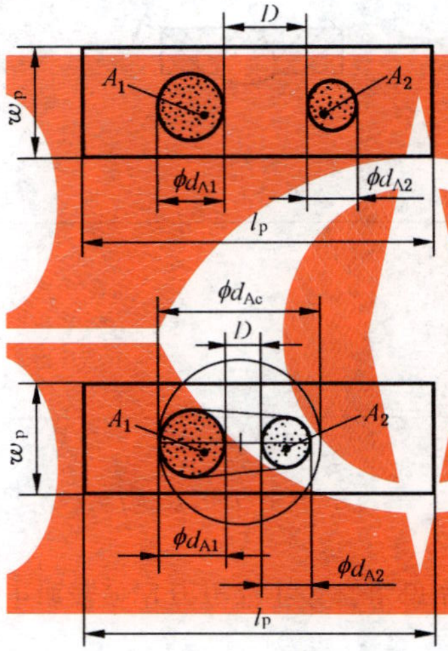 密集区内的整个气孔面积用包含所有气孔在内直径为 d_A 的圆表示。 该区域内的所有气孔应符合单个气孔的要求。 允许的多孔区应为局部的。应该考虑到密集气孔可能掩盖其他缺欠。 如果 D 小于 d_{A1} 或 d_{A2} 中的较小者，整个气孔区域应当用直径为 d_{Ac} 的圆表示 $d_{Ac}=d_{A1}+d_{A2}+D$ 系统性的密集气孔不允许	≥0.5	$d_A \leqslant 25$ mm 或 $d_{Amax} \leqslant w_p$ d_A 对应 d_{A1}、d_{A2} 或 d_{Ac}	$d_A \leqslant 20$ mm 或 $d_{Amax} \leqslant w_p$ d_A 对应 d_{A1}、d_{A2} 或 d_{Ac}	$d_A \leqslant 15$ mm 或 $d_{Amax} \leqslant w_p/2$ d_A 对应 d_{A1}、d_{A2} 或 d_{Ac}

表 1（续）

序号	GB/T 6417.1 代号	缺欠名称	说明	t/mm	缺欠质量等级限值 D	C	B
2.6	2014	链状气孔		≥0.5	允许短缺欠	不允许	
2.7	2015 2016	条形气孔 虫形气孔		≥0.5	l≤0.4s 或 0.4 a，且不大于 6 mm	l≤0.3s 或 0.3 a，且不大于 4 mm	l≤0.2s 或 0.2 a，且不大于 3 mm
2.8	303	氧化物夹杂	如果一个横截面内存在若干个氧化物夹杂，则总计为： $l=l_1+l_2+l_3+\cdots+l_n$	≥0.5	短缺欠 l≤s 或 a，且不大于 10 mm	l≤0.5s 或 0.5 a，且不大于 5 mm	l≤0.2s 或 0.2 a，且不大于 2 mm
2.9	3041	夹钨		≥0.5	l≤0.4s 或 0.4 a，且不大于 6 mm	l≤0.3s 或 0.3 a，且不大于 5 mm	l≤0.2s 或 0.2 a，且不大于 4 mm
2.10	401	未熔合	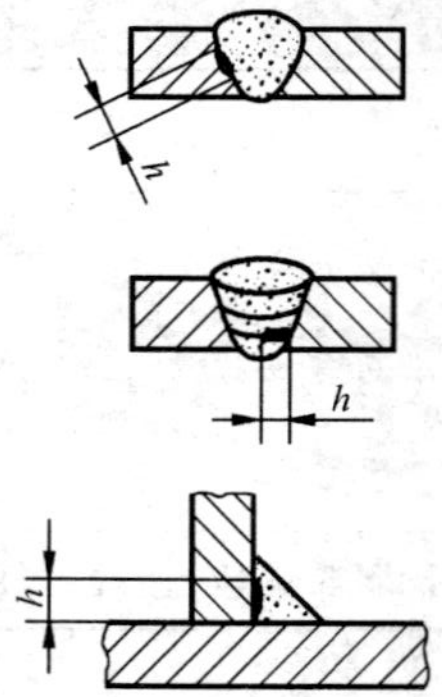	≥0.5	允许短缺欠 l≤0.3s 或 0.3 a，且不大于 3 mm	不允许	不允许

表 1（续）

序号	GB/T 6417.1 代号	缺 欠 名 称	说　　明	t/mm	缺欠质量等级限值		
					D	C	B
2.11	402	未焊透	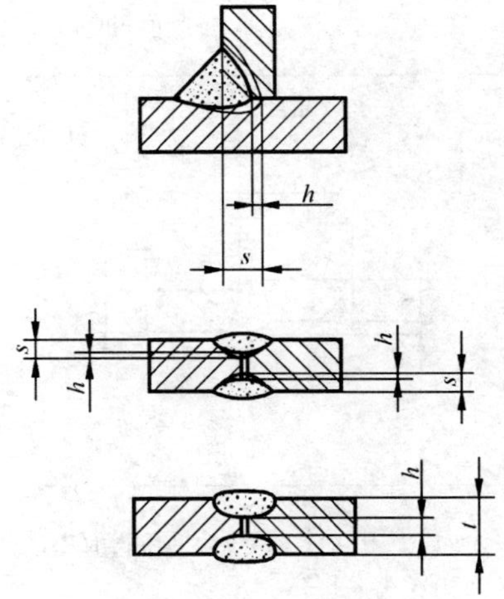	≥0.5	允许短缺欠存在，但不允许系统性缺欠存在 $h \leqslant 0.4s$， 且不大于 3 mm	$h \leqslant 0.2s$， 且不大于 2 mm	不允许
2.12	402	未焊透（角焊缝）	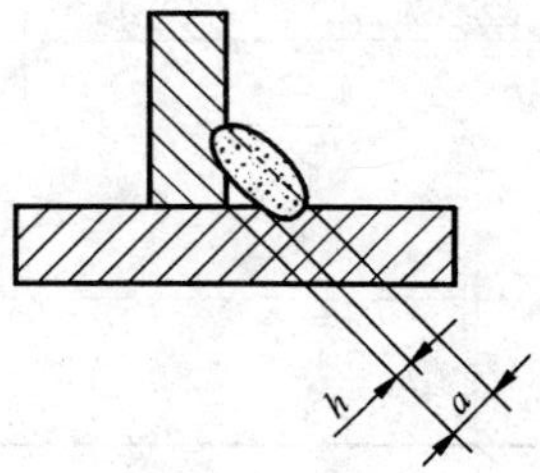	≥0.5	短缺欠 $h \leqslant 0.3a$， 且不大于 2 mm	$h \leqslant 0.2a$， 且不大于 1.5 mm	$h \leqslant 0.1a$， 且不大于 1 mm

表 1（续）

<table>
<tr><th rowspan="2">序号</th><th rowspan="2">GB/T 6417.1
代号</th><th rowspan="2">缺 欠 名 称</th><th rowspan="2">说　　明</th><th rowspan="2">t/mm</th><th colspan="3">缺欠质量等级限值</th></tr>
<tr><th>D</th><th>C</th><th>B</th></tr>
<tr><td colspan="8">3　接头的几何缺欠</td></tr>
<tr><td rowspan="2">3.1</td><td rowspan="2">507</td><td rowspan="2">错边</td><td>板材及纵焊缝
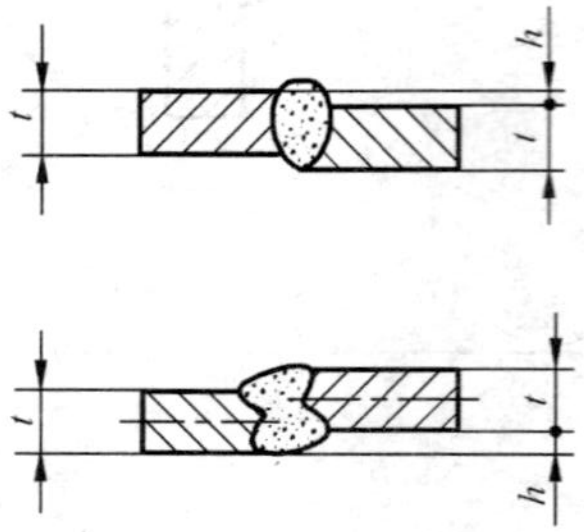

t 为较小的厚度</td><td>≥0.5</td><td>$h \leqslant 0.4t$，
且不大于 8 mm</td><td>$h \leqslant 0.3t$，
且不大于 4 mm</td><td>$h \leqslant 0.2t$，
且不大于 2 mm</td></tr>
<tr><td>环缝
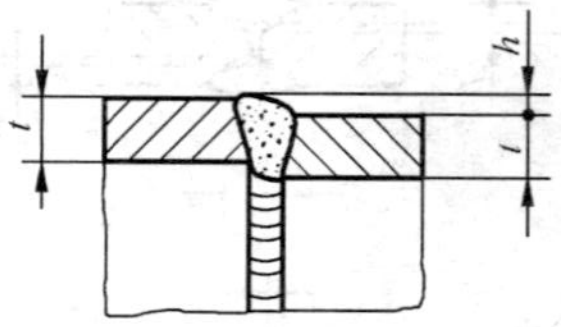

t 为较小的厚度</td><td>≥0.5</td><td>$h \leqslant 0.4t$，
且不大于 10 mm</td><td>$h \leqslant 0.3t$，
且不大于 6 mm</td><td>$h \leqslant 0.2t$，
且不大于 4 mm</td></tr>
<tr><td>3.2</td><td>617</td><td>根部间隙不良</td><td>被焊件之间的间隙
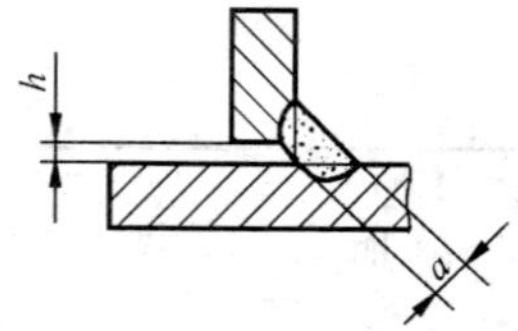
</td><td>≥0.5</td><td>$h \leqslant 1\ \text{mm} + 0.2a$，
且不大于 5 mm</td><td>$h \leqslant 0.5\ \text{mm} + 0.15a$，
且不大于 4 mm</td><td>$h \leqslant 0.5\ \text{mm} + 0.1a$，
且不大于 3 mm</td></tr>
</table>

表 1（续）

序号	GB/T 6417.1 代号	缺欠名称	说明	t/mm	缺欠质量等级限值 D	C	B
4 多重缺欠							
					横截面内所有符合要求的单个缺欠的总和不得超过：		
4.1		横截面内的多重缺欠	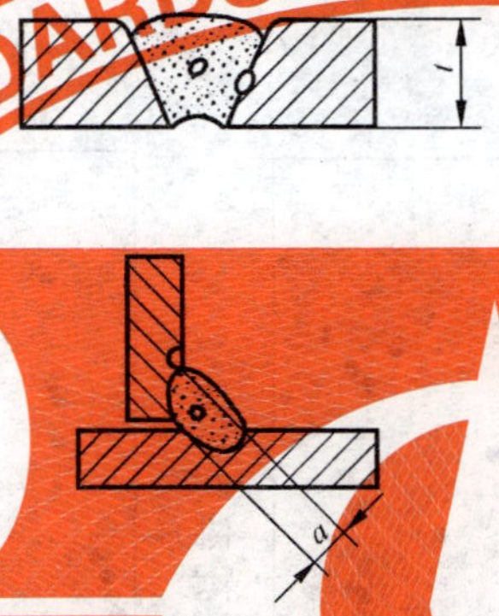	≥0.5	0.4 t 或 0.4 a	0.3 t 或 0.3 a	0.2 t 或 0.2 a

附　录　A
（资料性附录）
气孔率评定示例

图 A.1～图 A.10 表示不同的气孔率。这些图例可用于评估横截面或射线投影面上的气孔。

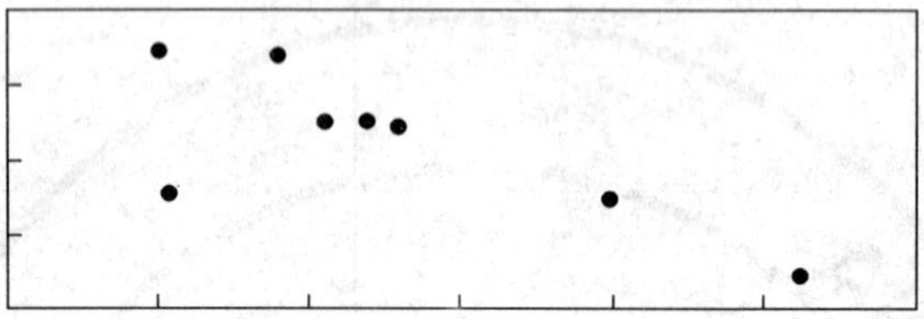

图 A.1　气孔率为 0.5%

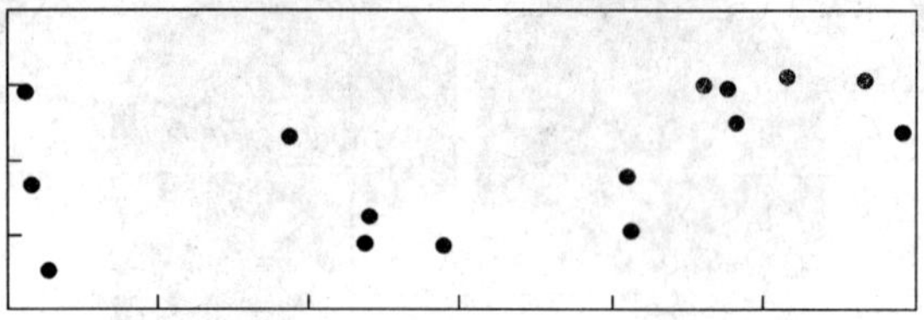

图 A.2　气孔率为 1%

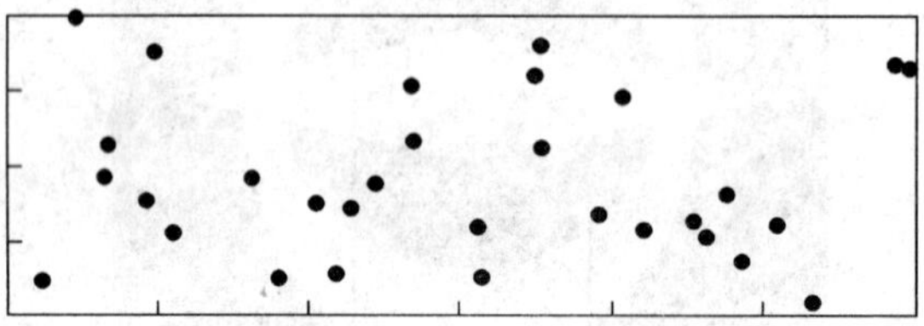

图 A.3　气孔率为 2%

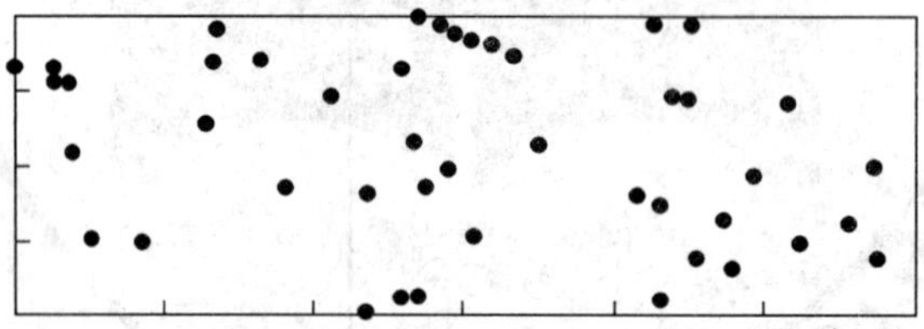

图 A.4　气孔率为 3%

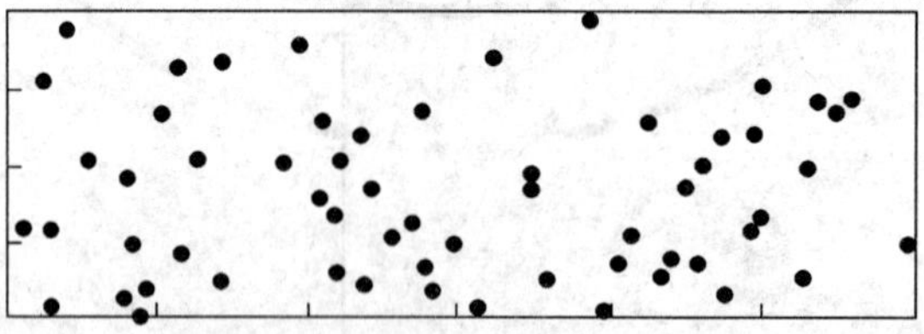

图 A.5　气孔率为 4%

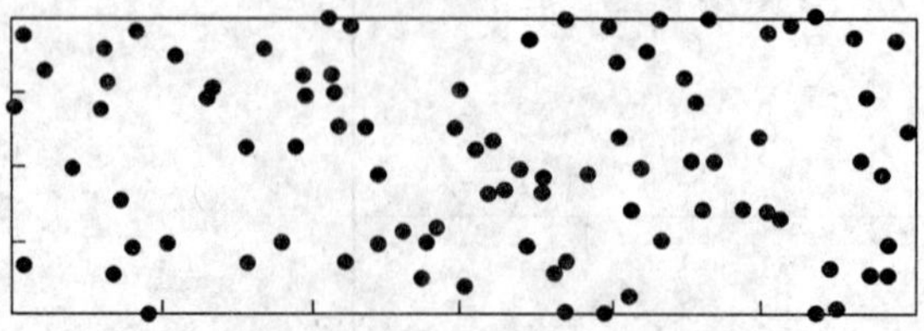

图 A.6　气孔率为 6%

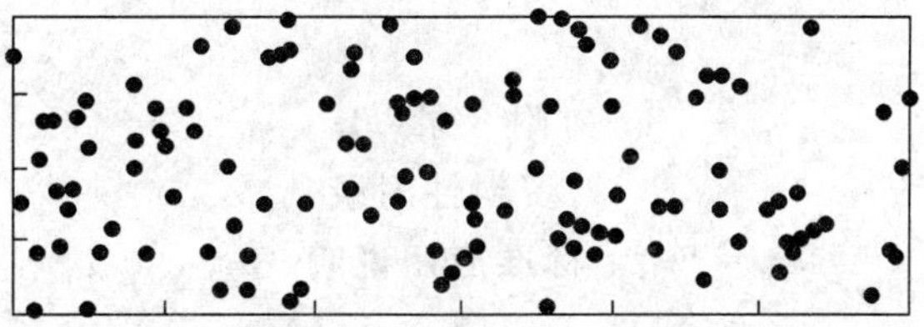

图 A.7　气孔率为 8%

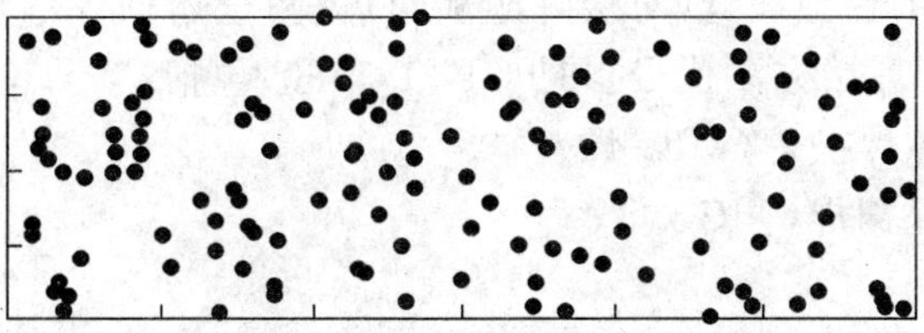

图 A.8　气孔率为 10%

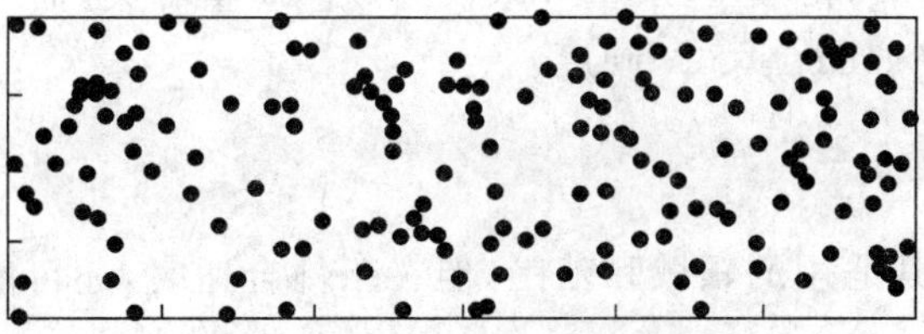

图 A.9　气孔率为 15%

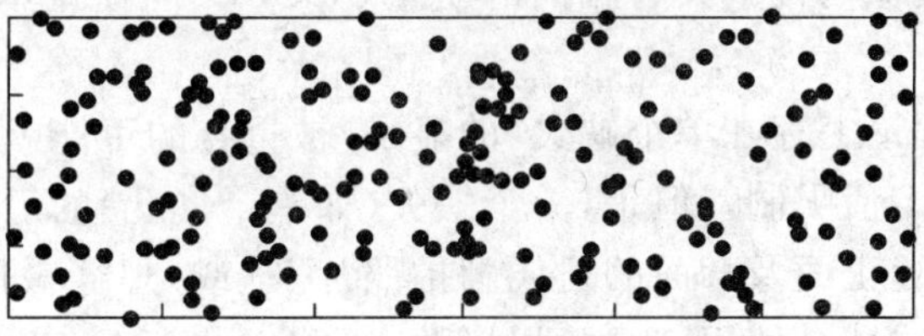

图 A.10　气孔率为 20%

附　录　B
（资料性附录）
标准应用说明

B.1　适用范围及等级说明

本标准适用于各种铝及铝合金焊缝(对接焊缝和角焊缝;全熔透焊缝和不完全熔透焊缝)的缺欠评定。本标准适用的焊接方法(焊接方法代号参见 GB/T 5185)包括:

——131 熔化极惰性气体保护焊(MIG 焊);

——141 钨极惰性气体保护焊(TIG 焊);

——15 等离子弧焊。

本标准没有焊接位置方面的限定。

本标准规定了三个级别的质量分级以适用于大范围的焊接结构。这三个级别分别为 B、C、D 级。B 级为最高级,焊缝质量要求最高。这些质量等级仅与产品质量有关,而与制造产品的适用性无关。

本标准未考虑冶金因素(如晶粒尺寸、硬度)。

B.2　应用指南

本标准虽然明确规定了其适用的领域和范围,但在条件合适时,还可能适用于其他熔焊方法或焊缝厚度。

不同构件通常应用目的不同,但却具有相类似的制造要求。因此,为了保证采用相同的标准条件进行生产,在不同车间生产的类似构件应具有相同的质量要求。共同使用本标准是用于焊接结构生产质量保证体系的基础之一。

当累计多种缺欠时,在理论上存在单个缺欠(的显示)被重合的可能。在这种情况下,所有偏差的总和应当由不同质量等级的规定值限制。但是,单个缺欠(如单个气孔)的尺寸值可能超过 h 值。

本标准可能与某种以焊缝正面及背面的射线翻拍照片及(或)焊缝截面显微照片,显示各质量等级允许缺欠尺寸的实际应用手册结合使用。国际焊接学会(IIW)出版的《根据 ISO 5817 评定焊缝缺欠的参照射线底片》就是这样一种手册。可参照该手册用做评估各种缺欠,而且在对缺欠允值存在争议时作为仲裁。

ICS 97.060
Y 62

GB

中华人民共和国国家标准

GB/T 22088—2008

家用电动洗衣机
不用洗衣粉洗衣机性能测试方法及限值

The measuring performance's method and limiting values for detergent free household electric washing machine

2008-06-26 发布 2009-05-01 实施

中华人民共和国国家质量监督检验检疫总局
中国国家标准化管理委员会 发布

前　言

本标准应与 GB/T 4288—2003《家用电动洗衣机》配合使用。

本标准对家用不用洗衣粉的洗衣机的定义、洗净、漂洗的测试方法和限定值做出了具体规定。关于不用洗衣粉洗衣机的其他指标依据 GB/T 4288—2003《家用电动洗衣机》进行测试。

本标准的附录 A、附录 B 和附录 C 均为规范性附录。

本标准由中国轻工业联合会提出。

本标准由全国家用电器标准化技术委员会归口。

本标准起草单位：中国家用电器研究院、青岛海尔洗衣机有限公司、无锡小天鹅股份有限公司、合肥荣事达洗衣设备制造有限公司、博西华电器（江苏）有限公司、惠而浦（中国）投资有限公司、宁波新乐电器有限公司。

本标准主要起草人：鲁建国、王瑞贤、李宏、王喜雨、丁旭东、钟华、邬烈勤、孙鹏。

本标准为首次发布。

引　言

GB/T 4288—2003《家用电动洗衣机》已经实施，它为我国家用电动洗衣机的发展起到了重要的指导作用。随着科技进步，目前越来越多地出现了使用其他方式进行洗涤的洗衣机。为规范市场行为，提供平等竞争的平台，保护生产企业和消费者的合法权益，特制定本标准。

近年来，国内市场上出现了多种型式的不用洗衣粉洗衣机，例如：电解水、超声波、臭氧等技术。但是对于其定义和相关技术要求一直没有能够形成统一，行业内迫切需要出台相关标准进行规范。

为了适应家用洗衣机的发展和我国加入 WTO 的需要，进一步提高我国家用电动洗衣机产品的综合质量水平和国际市场竞争力，引导消费者正确选用家用电动洗衣机产品，指导生产企业制造出更符合消费者需要的家用电动洗衣机产品，有必要对“不用洗衣粉”的洗衣机的定义、洗净性能等检测方法进行规范，以保障我国家用洗衣机行业的健康发展。

家用电动洗衣机
不用洗衣粉洗衣机性能测试方法及限值

1 范围

本标准规定了家用电动不用洗衣粉洗衣机(以下简称“不用洗衣粉洗衣机”)的术语和定义、产品分类、技术要求、试验方法。

本标准适用于额定洗涤容量在 13 kg 及 13 kg 以下的不用洗衣粉洗衣机。如果有使用洗衣粉的程序,在该程序下应满足 GB/T 4288—2003 的要求。

2 规范性引用文件

下列文件中的条款通过本标准的引用而成为本标准的条款。凡是注日期的引用文件,其随后所有的修改单(不包括勘误的内容)或修订版均不适用于本标准,然而,鼓励根据本标准达成协议的各方研究是否可使用这些文件的最新版本。凡是不注日期的引用文件,其最新版本适用于本标准。

GB/T 4288—2003 家用电动洗衣机

GB/T 13171—2004 洗衣粉

3 术语和定义

下列术语和定义及 GB/T 4288—2003 中的相关术语和定义适用于本标准。

3.1

不用洗衣粉洗衣机 detergent free household electric washing machine

洗涤全过程中不使用洗衣粉(剂)洗涤的家用电动洗衣机。

注:是指含表面活性剂、酶制剂及聚磷酸盐、4A 沸石等助洗剂、分散剂和添加剂等配方生产的洗衣粉(剂)。

4 产品分类

除下述内容外 GB/T 4288—2003 该章均适用。

4.1 型号

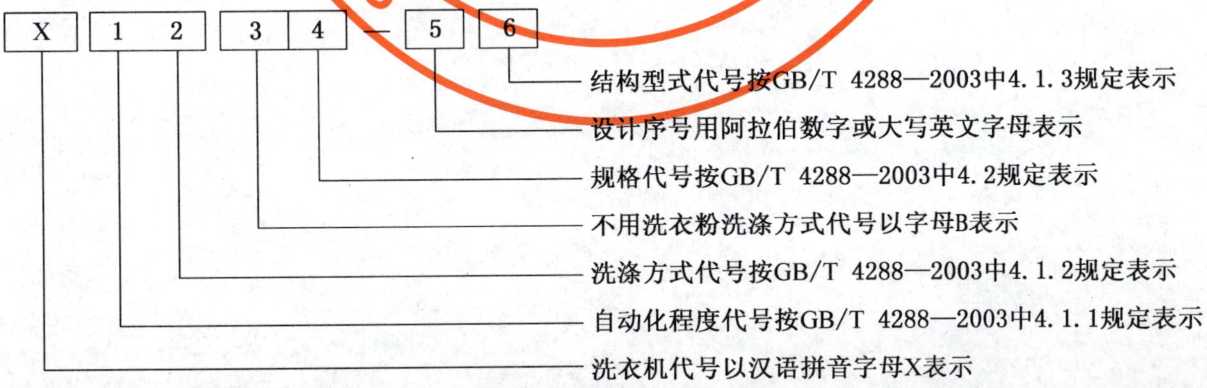

5 技术要求

除下述内容外,GB/T 4288—2003 中的该章均适用。

5.1 洗净性能

洗净比应不小于 0.70。

5.2 漂洗性能

不用洗衣粉洗衣机洗涤物上残留漂洗液相对于试验用水碱度应不大于 0.04×10^{-3} mol/L(摩尔浓度)。

注：如使用有洗衣粉程序洗涤时，洗衣机应符合 GB/T 4288—2003 中 5.7 的要求。

5.3 排放水

不用洗衣粉洗衣机洗涤过程中排放液应符合环境保护要求，含磷浓度应不大于 0.03 mg/L。

6 试验方法

除下述内容外，GB/T 4288—2003 中的该章均适用。

6.1 洗净性能

不用洗衣粉洗衣机按照 GB/T 4288—2003 中附录 A 进行洗净性能试验，不添加洗衣粉(剂)，应符合 5.1 的要求。

6.2 漂洗性能

6.2.1 试验方法

不用洗衣粉洗衣机按照附录 C 漂洗性能试验方法测试，应符合 5.2 的要求。

6.3 排放水

在不用洗衣粉洗衣机洗涤试验过程中，收集洗涤液。按照附录 B 要求测试，应符合 5.3 的规定。

附　录　A
（规范性附录）
洗涤性能试验方法

除下述内容外，GB/T 4288—2003 中的附录 A 均适用。

A.1　被测洗衣机不使用洗衣粉（剂）进行试验。

附 录 B
（规范性附录）
洗涤液中磷浓度测试试验方法

B.1 试验原理

样品溶液滤去水不溶物后，取一定提及试液加入钼酸铵-硫酸溶液和抗坏血酸溶液，在沸水浴中加热 45 min，聚磷酸盐水解成正磷酸盐并生成磷钼蓝，用分光光度计在波长 650 nm 下测试吸光度 A，由标准曲线上求出相应吸光度的五氧化二磷量，计算相对样品的含量。

B.2 试剂

试剂的要求按照 GB/T 13171—2004 附录 A 中的 A.2。

B.3 仪器

仪器的要求按照 GB/T 13171—2004 附录 A 中的 A.3。

B.4 试验用水取样

被测洗衣机处于额定状态，洗衣机运转一个常用洗涤程序，洗涤结束排水，进入脱水时取样 100 mL 作为试样。

B.5 测定

取试样 1.0 mL（精确至 0.1 mL）于 150 mL 烧杯中，加水溶解并转移至 500 mL 容量瓶中，再加水至刻度，混匀。将溶液通过定性慢干滤纸过滤，用干烧杯收集滤液，弃去前 10.0 mL，然后收集约 50.0 mL 滤液备用。

移取滤液 25.0 mL 至试管中进行测试。

B.6 分析结果计算

计算公式如下：

$$X(\%)=\frac{m}{m_0}\times\frac{500}{25}\times10^{-4} \qquad \cdots\cdots(\text{B.1})$$

式中：

X——五氧化二磷含量，以%表示；

m——试验溶液净吸光度相当于五氧化二磷质量，单位为微克（μg）；

m_0——试样的质量，单位为克（g）；

以两次平行测定的算术平均值表示至小数点后一位为测定结果。

附 录 C
（规范性附录）
漂洗性能试验方法

除下述内容外，GB/T 4288—2003 中的附录 C 均适用。

C.1 被测洗衣机不使用洗衣粉(剂)进行试验。

ICS 97.040.01
Y 63

中华人民共和国国家标准

GB/T 22089—2008

电水壶性能要求及试验方法

Performance requirements and measuring methods for electric kettles

2008-06-26 发布　　　　2009-05-01 实施

中华人民共和国国家质量监督检验检疫总局
中国国家标准化管理委员会　发布

前 言

本标准的附录A为规范性附录。

本标准由轻工业联合会提出。

本标准由全国家用电器标准化技术委员会归口。

本标准起草单位：广东新宝电器股份有限公司、广东美的股份有限公司、思瑞克斯（广州）电器有限公司、中国家用电器研究院、中国家用电器协会、广东省家用电器行业协会、广州电器科学研究院、广东亿龙电器股份有限公司、山东九阳小家电有限公司、苏州爱普电器有限公司、广东佛山东菱电热材料有限公司、佛山市顺德区三春电器实业有限公司、宁波圣莱达电器有限公司、广东天际电器有限公司、宁波西摩电器有限公司、浙江苏泊尔家电制造有限公司。

本标准主要起草人：曾展晖、郭正春、左祥贵、杨彬、胡春艳、周娟、王巧东、赖梓源、凌宏浩、谢瑞利、骆世才 、彭加政、叶焕春、邵锦仪、杨宁恩、郑文龙、郑志新、蔡才德、张文浩。

本标准为首次发布。

电水壶性能要求及试验方法

1 范围

本标准规定了家用和类似用途的电水壶性能要求及试验方法。

本标准适用于额定电压不超过交流 250 V、额定容量不超过 2.5 L 的电水壶。

注 1：

——类似用途是指非家庭所使用，例如旅馆、咖啡屋、茶室、酒店等与家庭用途相当的场合；

——不适用于打算在周围空气中存在易燃、易爆和腐蚀性气体及导电尘埃的使用环境；

——额定容量为 2.5 L 以上的电水壶的性能要求及测试方法还在考虑中。

注 2：本标准只适用于海拔 800 m 以下使用的电水壶。

2 规范性引用文件

下列文件中的条款通过本标准的引用而成为本标准的条款。凡是注日期的引用文件，其随后所有的修改单(不包括勘误的内容)或修订版均不适用于本标准，然而，鼓励根据本标准达成协议的各方研究是否可使用这些文件的最新版本。凡是不注日期的引用文件，其最新版本适用于本标准。对产品的卫生和环保要求按国家的相关标准条款执行。

GB/T 2423.17 电工电子产品基本环境试验规程试验 Ka：盐雾试验方法(GB/T 2423.17—2008，IEC 60068-2-11:1981，IDT)

GB 4706.1 家用和类似用途电器的安全 第 1 部分 通用要求(GB 4706.1—2005，IEC 60335-1:2004(Ed 4.1)，IDT)

GB 4706.19 家用和类似用途电器的安全 液体加热器的特殊要求(GB 4706.19—2004，IEC 60335-2-15:2000，IDT)

IEC 60530 家用和类似用途电水壶和电水罐性能的测量方法

3 术语和定义

下列术语和定义适用于本标准。

3.1

电水壶 electric kettles

用于将水加热至沸点，可通过出水口倒水的便携式电加热器具。例如，电水壶、电水杯、电茶壶、电水煲。

3.2

正常工作 normal operation

电水壶在额定功率下，其容器内注入额定容积的水，并在盖上盖子的条件下工作。

3.3

额定容积 rated capacity

制造厂规定的电水壶的最大容积。

3.4

煮沸自动断电功能 boil switch off

电水壶加热水至沸腾后自动断电的功能。

3.5

沸水　boiling water

经过加热达到沸腾状态的水。

3.6

沸水断电时间　break time

在规定的试验条件下，从达到沸水温度开始到电水壶自动断电所需时间。

3.7

复位时间　reset time

水沸腾断电后到温度控制装置复位重新通电所需要的最短时间。

3.8

热效率　thermal efficiency

指在规定条件下测得的水的升温所吸收热量(Q)与这一过程所耗电量(E)的比值。

4　试验的条件

除非另有规定，以下性能要求和试验方法均在此条件下进行。

试验在 96 kPa～106 kPa，无强制对流空气且环境温度为(20±5)℃，相对湿度为小于 85%的场所进行。如果在某一部位的温度受到温度敏感装置的限制或被相变温度所影响(例如当水沸腾时)，若有疑问时，则环境温度保持在(23±2)℃。

测量仪表的准确度要求见表 1。

表 1　测量仪表的准确度要求

名称	准确度要求
电气测量仪表	测量值的±0.5%
温度测量仪表	测量值的±0.5 ℃
时间测量仪表	测量值的±0.2%
质量测量器具	测量值的±1.0%
其他仪表	准确度应满足试验条件要求

5　性能要求

5.1　容积偏差

电水壶的实际容积与额定容积的偏差在±5%范围内。

5.2　提示功能

电水壶应具有不同工作状态的提示功能，例如加热、保温状态，以声或光信息提示用户。

5.3　沸水性能

5.3.1　沸水断电温度

电水壶的温度控制装置切断电源时的水温应不低于 98 ℃。

5.3.2　沸水断电时间

电水壶的温度控制装置应在以下时间内切断电源：

——25 s，当电水壶的额定功率大于 1 500 W 时；

——30 s，当电水壶的额定功率小于或等于 1 500 W 时。

5.3.3　复位时间

电水壶温度控制装置的复位时间应小于 60 s。

5.4　提起断电功能

带有提起断电功能的电水壶，在壶身离开底座后重新放回时，加热回路仍能处于断开状态。

壶身提离底座时不能将底座带起。

5.5 壶嘴出水性能

电水壶正常倒水时，水只能从壶嘴顺畅流出。

5.6 抗盐雾腐蚀性能

电水壶壶身内外可视表面，不得有斑点、针孔、气泡，生锈腐蚀痕迹等现象。

5.7 热效率

电水壶的热效率应不小于80%。

电水壶的热效率分级遵照附录A的规定进行。

5.8 使用寿命

使用寿命不低于3 000个工作周期。

电水壶的寿命分级遵照附录A的规定进行。

6 试验方法

6.1 容积偏差的测量

电水壶注水达到标称最大刻度，然后将水倒出，使用量杯测量实际容积。

6.2 提示功能检查

通过视检观察是否合格。

6.3 沸水性能试验

6.3.1 沸水断电温度试验

将热电偶放置于电水壶内底部中心上方10 mm处。

对于电热元件浸入水中的电水壶，热电偶放置在电热元件最高端上方10 mm处。

测量温度控制装置动作时所对应的水温。

6.3.2 沸水断电时间测量

按6.3.1试验的方法，测量水温达到98 ℃至温度控制装置动作的时间。

6.3.3 复位时间测量

使电水壶在正常工作条件下工作，直到水沸腾并自动断开电源后，用手动方式反复闭合温度控制器，直到恢复通电，然后立即人工切断电源。

记录电水壶自动断开电源到恢复通电的最短时间间隔。

按照上述程序再重复试验四次。其中最后两次试验间隔为5 min，其余试验之间间隔为30 s。

6.4 提起断电功能检查

通过观察和手动操作检查其是否符合要求。

6.5 壶嘴出水性能试验

向电水壶中注入标称最大刻度的水，盖好盖子。

将电水壶垂直提起，使壶嘴处于接水容器上沿上方5 cm±1 cm处，平稳倾斜壶身使水从壶嘴倒出，并尽可能快地倾斜至90°。

观察水是否只能从壶嘴顺畅流出，是否存在沿电水壶侧壁连续流水的现象。

存在水滴流出和断续水流的现象是允许的。

注入二分之一额定容量的水，重复上述试验。

6.6 抗盐雾腐蚀性能试验

按GB/T 2423.17的要求进行24 h盐雾试验。锐边上的锈迹或可以擦去的黄色锈膜可忽略不计。

6.7 热效率试验

通过以下方法检测电水壶的热效率。

将热电偶放置于电水壶内底部中心上方10 mm处(对于电热元件浸入水中的电水壶，放置在电热元件最高端上方10 mm处)测量水温。量取额定容积的水并称其质量(M)后全部注入电水壶中，测量

初始水温为 T_1(尽可能使初始水温与环境温度一致)。以额定电压供电,当水温到达 80 ℃(T_2)时立即断开电源,读取这一过程的耗电量(E)。

热效率的计算公式如下：

$$\eta = \frac{Q}{E} \times 100\% \quad \cdots\cdots(1)$$

其中 $Q= C\times M\times (T_2 - T_1)$；

式中：

η——热效率；

C——水的比热,4.187×103 J/(kg・K)；

M——水的质量,单位为千克(kg)；

T_1——水的初始温度,单位为摄氏度(℃)；

T_2——水的结束温度,单位为摄氏度(℃)；

Q——水的升温所吸收热量,单位为焦耳(J)；

E——耗电量,单位为千瓦时(kW・h)。

电水壶的热效率分级遵照附录 A 的规定进行。

6.8 寿命试验

电水壶在额定电压下,装入额定容量的水,加热至水沸腾,然后倒出并注入常温水充分冷却后,重新启动工作为一个循环,当有明显水垢时应及时清洁。

试验后,电水壶应能正常工作。

电源开关应动作顺畅,无卡滞、动作不到位的现象,提示功能正常。

壶盖应开启顺畅、扣合正常,无断裂和明显晃动。

对带有铰链结构的壶盖,在壶身倾斜 60°状态时,壶盖不应自动打开。

附 录 A
（规范性附录）
电水壶主要性能分级

A.1 电水壶主要性能分级

A.1.1 电水壶主要性能的分级按热效率、寿命分为 A 级、B 级、C 级。

A.1.2 表 A.1 中的等级指标是在电水壶的其他项目必须符合本标准要求的前提下进行的。

A.1.3 表 A.1 中的高等级指标，只有所有检测项目达到高等级的要求，该等级才是有效的。

表 A.1

检测项目	单位	A 级	B 级	C 级
热效率	%	≥93	≥85	≥80
寿命（循环）	次	≥8 000	≥5 000	≥3 000

ICS 97.030
Y 61

中华人民共和国国家标准

GB/T 22090—2008

冷 热 饮 水 机

Cold and hot water dispenser

2008-06-26 发布　　　　2009-05-01 实施

中华人民共和国国家质量监督检验检疫总局
中国国家标准化管理委员会　发布

前　言

本标准由轻工业联合会提出。

本标准由全国家用电器标准化技术委员会归口。

本标准主要起草单位：美的集团有限公司、宁波沁园集团有限公司、奇迪电器集团有限公司、深圳安吉尔饮水产业集团有限公司。

本标准参加起草单位：中国家用电器研究院、宁波市产品质量监督检验所、浙江方圆检测集团股份有限公司、先锋电器集团有限公司、TCL家庭电器（南海）有限公司、宁波博强电器有限公司、浙江司迈特电器有限公司、杭州耐德制冷电器厂、浪木电器集团有限公司、中国家用电器协会。

本标准主要起草人：余智敏、李明举、周奇迪、沈钧、李一、鲍俊、赵奇、朱永国、李世潮、管锦春、周立军、罗志刚、薛大峰、姜风、赵彩芬。

本标准为首次发布。

冷 热 饮 水 机

1 范围

本标准适用于家用和类似用途的饮水机,具有特殊功能要求的或具有其他产品功能的组合型饮水机可参照相关特殊要求标准或相关产品标准要求进行评价。

本标准规定的饮水机所使用的水为可直接饮用水。

2 规范性引用文件

下列文件中的条款通过本标准的引用而成为本标准的条款。凡是注日期的引用文件,其随后所有的修改单(不包括勘误内容)或修订版均不适用于本标准,然而,鼓励根据本标准达成协议的各方研究是否可使用这些文件的最新版本。凡是不注日期的引用文件,其最新版本适用于本标准。

GB/T 191 包装储运图示标志(GB/T 191—2008,ISO 780:1997,MOD)

GB/T 1019 家用电器包装通则

GB/T 2828.1 计数抽样检验程序 第1部分:按接收质量限(AQL)检索的逐批检验抽样计划(GB/T 2828.1—2003,ISO 2859-1:1999,IDT)

GB/T 3785 声级计的电、声性能及测试方法

GB/T 4214.1 声学 家用电器及类似用途器具噪声测试方法 第1部分:通用要求(GB/T 4214.1—2000,eqv IEC 60704-1:1997)

GB 4706.1 家用和类似用途电器的安全 第1部分:通用要求(GB 4706.1—2005,IEC 60335-1:2004(Ed4.1),IDT)

GB 4706.13 家用和类似用途电器的安全 制冷器具、冰淇淋机和制冰机的特殊要求(GB 4706.13—2004,IEC 60335-2-24:2000,IDT)

GB 4706.19 家用和类似用途电器的安全 液体加热器的特殊要求(GB 4706.19—2004,IEC 60335-2-15:2000,IDT)

GB/T 4857.3 包装 运输包装件 基本试验 第3部分:静载荷堆码试验方法

GB/T 4857.7 包装 运输包装件 基本试验 第7部分:正弦定频振动试验方法

GB/T 4857.10 包装 运输包装件 基本试验 第10部分:正弦变频振动试验方法

GB/T 5009.81 不锈钢食具容器卫生标准的分析方法

GB 5296.1 消费品使用说明 总则

GB 5296.2 消费品使用说明 家用和类似用途电器的使用说明

GB 5749 生活饮用水卫生标准

GB/T 5750 生活饮用水标准检验方法

GB 9684 不锈钢食具容器卫生标准

GB/T 16288 塑料制品的标志(GB/T 16288—2008,ISO 11469:2000,MOD)

卫生部 《生活饮用水输配水设备及防护材料卫生安全评价规范》(2001)

3 术语和定义

下列术语和定义适用于本标准。

3.1

饮水机 water dispenser

一种可直接饮用的水通过消耗电能的方法进行加热、制冷并进行分发的器具。

3.1.1

冷热饮水机 cold and hot water dispenser

既提供冷饮用水又提供热饮用水和(或)常温水的饮水机。

3.1.2

单热饮水机 hot and normal water dispenser

只提供热饮用水,也可同时直接提供常温水的饮水机。

3.1.3

单冷饮水机 cold and normal water dispenser

只提供冷饮用水,也可同时直接提供常温水的饮水机。

3.1.4

压缩机制冷式饮水机 compression-type water dispenser

利用蒸汽压缩制冷,通过热交换制备冷水的饮水机。

3.1.5

电子(半导体)制冷式饮水机 semi-conductor refrigeration-type water dispenser

利用半导体珀耳帖效应制冷,通过热交换制备冷水的饮水机。

3.2

出水阀 faucet

用于终端输出冷水、热水及常温水的控制装置。

3.3

水路 water way

饮水机内部饮用水流经过的规定路径。

3.4

制冷水能力 capacity of cooling water

在规定测试环境条件下,单位时间内饮水机能制备符合规定出水温度的冷水的量,单位为升每小时(L/h)。

3.5

制热水能力 capacity of heating water

在规定测试环境条件下,单位时间内饮水机能制备符合规定出水温度的热水的量,单位为升每小时(L/h)。

3.6

耗电量 energy consumption

在规定的测试环境中,饮水机稳定工作后保持所有功能的电源接通,在不取水的情况下,所测得饮水机 24 h 的耗电量,单位为千瓦时每 24 小时(kW·h/24 h)。

3.7

冰堵 icing stop

在正常使用过程中水路因出现结冰而将水路堵塞(即打开出水阀,当出水阀 10 s 之内无连续出水则认为水路堵塞)的现象。

3.8

窜温 temperature disturbance of normal temperature water

不同容器内的水由于热交换造成常温水水温改变的现象。

3.9

出水流量　flow rate

饮水机在单位时间内从出水阀流出水的量。

3.10

冷藏柜　refrigerator

与饮水机制作为一体的绝热箱体，用消耗电能的手段来制冷，可作为保存或冷藏饮料使用。

3.11

保洁柜　storage cabinet

与饮水机制作为一体的具有保洁、储藏功能的密闭箱体。

4　分类及命名

4.1　产品分类

可分为冷热饮水机、单冷饮水机、单热饮水机等类型。

4.2　型号命名

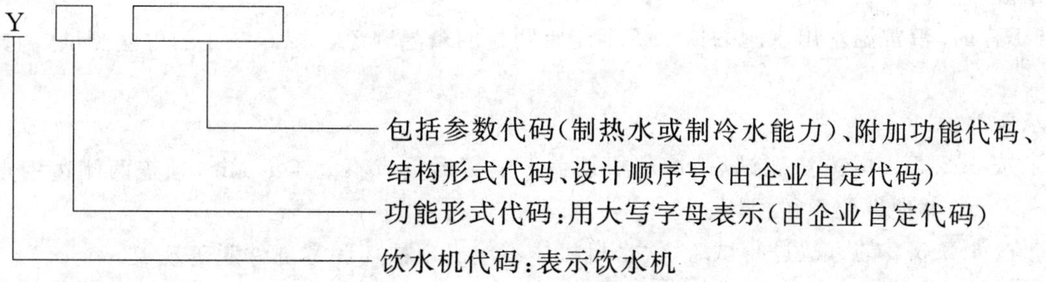

5　要求

饮水机应符合本标准和 GB 4706.1、GB 4706.13、GB 4706.19、GB 5749、GB 9684 的要求，并按照规定程序批准的图样和技术文件制造。

5.1　使用性能

5.1.1　使用环境

在下列条件下，饮水机应能使用。

5.1.1.1　环境温度

亚温带型(SN)、温带型(N)	10 ℃～32 ℃，
亚热带型(ST)	18 ℃～38 ℃，
热带型(T)	18 ℃～43 ℃。

5.1.1.2　环境湿度

相对湿度不应大于 90%。

5.1.1.3　电源

额定电压：220 V；

额定频率：50 Hz。

5.1.2　制热水性能

5.1.2.1　热水出水温度

按 6.2.1.1 的方法测试，饮水机热水出水温度应不低于 90 ℃，且当次 90 ℃以上水流出量不少于 0.2 L。

5.1.2.2 制热水能力

按6.2.1.2的方法测试,饮水机制热水能力应不小于标称值,并且制热水能力标称值不得低于3 L/h。

5.1.3 制冷水性能

5.1.3.1 冷水出水温度

按6.2.2.1的方法测试,压缩机制冷式饮水机冷水出水温度应不高于10 ℃,电子制冷式饮水机冷水出水温度应不高于15 ℃,且在此温度下当次的饮用水出水量不少于0.2 L。

5.1.3.2 制冷水能力

按6.2.2.2的方法测试,饮水机制冷水能力应不小于标称值。并且压缩机制冷式饮水机制冷水能力标称值不得低于1.5 L/h,带冰箱式饮水机制冷水能力标称值不得低于1.0 L/h,电子制冷式饮水机制冷水能力标称值不得低于0.5 L/h。

5.1.4 出水阀流量

饮水机出水阀应有足够的流量,按6.2.3的方法测试,不小于0.8 L/min,所测得的出水量应不小于标称值。

5.1.5 窜温

正常工作时,带常温水出水阀的饮水机不能有明显的窜温现象。按6.2.4的方法测试,温升不超过10 K。

5.1.6 承重能力

5.1.6.1 按6.2.5.1的方法测试后,饮水机顶盖下陷变形量应不大于5 mm,顶盖两侧边中点变形量应不大于3 mm,其他部位不得损坏。

5.1.6.2 按6.2.5.2的方法进行试验,饮水机机体不应出现损坏和零部件脱落现象。

5.1.7 密封性能

5.1.7.1 水路密封性能

按6.2.6.1的方法测试,饮水机的水路及水路连接部位不应有漏水现象。

5.1.7.2 制冷系统密封性能

按6.2.6.2的方法测试,压缩机制冷系统应密封,任何部位制冷剂年泄漏量应不大于0.5 g。

5.1.8 防冰堵能力

按6.2.7的方法测试,饮水机的水路中不应出现冰堵。

5.1.9 噪声和振动

5.1.9.1 饮水机运行时,不应产生异常的噪声。按6.2.8的方法测试,温热式饮水机的噪声声功率级应不大于45 dB(A),其他类型的噪声声功率级应不大于50 dB(A)。

5.1.9.2 饮水机工作时,不应产生异常的振动,按6.2.9的方法测试,振动速度的有效值应不大于0.71 mm/s。

5.2 防烫伤要求

饮水机应设置有效防止幼童开启热水出水阀的装置,或安装有防止幼童直接接触到热水出水阀的装置。

5.3 耐久要求

饮水机的控制元件应有一定的耐久性,应满足以下要求。

5.3.1 按6.4.1的方法测试,用于饮水机加热功能的控温元件,经过100 000次测试后,元件应能正常工作,并在温控精度内。

5.3.2 按6.4.2的方法测试,用于饮水机加热功能的限温元件(热断路器),按1 000次测试,元件应能正常工作,并在限温精度内。

5.3.3 按6.4.3的方法测试，用于饮水机制冷功能的控温元件，按100 000次测试，元件应能正常工作，并在允许的温控范围内。

5.3.4 按6.4.4的方法测试，饮水机出水阀在正常使用温度下开闭50 000次，元件应能正常工作。

5.3.5 按6.4.5的方法测试，饮水机发热元件连续工作时间应达3 000 h，元件应能正常工作。

5.4 耗电量要求

按6.5进行试验，耗电量的实测值应不大于额定值。

5.5 卫生要求

5.5.1 饮水机零部件及防护材料的卫生要求

按6.6.1.1和6.6.2的方法测试，饮水机内与水直接接触的不锈钢材料的部件应符合GB 9684的规定，其他与水直接接触的部件及防护材料，应符合《生活饮用水输配水设备及防护材料卫生安全评价规范》(2001)的规定。

5.5.2 饮水机整机的卫生要求

按6.6.1.2和6.6.2的方法测试，饮水机整机卫生要求应满足：微生物指标应符合GB 5749的规定，其他卫生指标应符合《生活饮用水输配水设备及防护材料卫生安全评价规范》(2001)的规定。

5.5.3 饮水机应具有对所有与水接触部件进行抑菌和清洁的功能，或者由制造商提供清洁服务或清洁操作说明。

5.6 环保要求

5.6.1 饮水机制冷系统和各部件中含有环境管理要求的物质种类或浓度应符合国家相关环保法律法规的规定要求。

5.6.2 饮水机塑料部件及包装制品必须有明确回收标识，标识要求按GB/T 16288的规定进行。

5.7 附加功能要求

5.7.1 带冷藏柜附加功能的饮水机，其技术要求应符合附录A的要求。

5.7.2 带保洁柜附加功能的饮水机，其技术要求应符合附录B的要求。

6 试验方法

除试验项目中有特殊规定外，本标准试验都应在下列条件下进行。

6.1 一般试验条件

6.1.1 试验室

环境温度在10 ℃～43 ℃范围内可调。

环境温度、环境相对湿度和空气流动速度等参数，以在饮水机两侧壁中平面上，距侧壁350 mm，距地面1 m处的2个点上测得的值来代表。若多台饮水机同时试验，上述参数应是各饮水机规定点测得值的算术平均值。

若多台饮水机同时试验，其环境参数应是各台饮水机规定点测得值的算术平均值。

6.1.1.1 试验温度

试验温度在(25±1)℃。

6.1.1.2 环境湿度

环境相对湿度无特别注明时，一般应为45%～75%。

6.1.1.3 环境空气流速

空气流速应不大于0.25 m/s。

6.1.1.4 试验电源

电源电压偏差控制在±1.5%以内，频率为(50±1)Hz。

6.1.2 试验前的准备

6.1.2.1 饮水机的安置

饮水机(放置盛满水的桶)应放置在一个涂黑色无光泽的木制坚固的试验平台上。平台下面敞开以使空气自由流通,平台顶面应比试验室地面高出300 mm,平台向外延伸,比饮水机的两侧壁及前壁伸出至少300 mm,但不超过600 mm,平台后边则应伸至饮水机背面的垂直隔板处。

饮水机周围的空气流通应受到围绕饮水机的三块涂黑色无光泽的垂直隔板所限制。后隔板与饮水机背面平行,且与饮水机背面的限位器相近,或按制造厂规定要求与饮水机背面保持的距离。左、右的隔板与饮水机两侧壁平行并相距300 mm,隔板宽为300 mm,见图1。

3块垂直隔板应连续无间断,并固定在试验平台上。隔板的高度应至少比饮水机顶部高出300 mm。

饮水机的安置应防止试验室内冷源和热源的直接辐射。

饮水机应远离实验室内其他物体,以消除与环境温度不相同的物体的影响。

单位为毫米

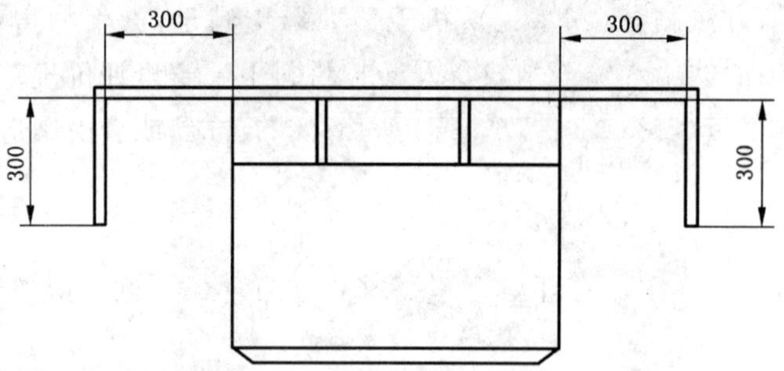

图1 试验平台示意图

6.1.2.2 温控器调定

温控器的调定按下列规定进行。

a) 如温控器可调,则按该项试验要求,调定到符合规定的位置上;

b) 如温控器不可调(制造厂已经调好,不允许用户自行调节),则按照交货状态进行试验;

c) 如制造厂说明书已有规定,则按说明书调定。

6.1.3 测量仪器

6.1.3.1 温度测量仪器

温度测量应采用K型热电偶,或者采用同等精度的其他测量装置。

测量温度的仪器,型式检验时要精确到±0.3 K,出厂检验时精确到±1 K。

6.1.3.2 湿度测量仪器

相对湿度的测量采用干湿球温度仪,或者采用同等精度的其他测量装置。型式检验时要精确到±0.3 K,出厂检验时精确到±1 K。

6.1.3.3 电气测试仪器

电工仪表中电流表、电压表、功率表等,型式检验时要精确不低于0.5级,出厂检验时精确不低于1.0级。

6.1.3.4 其他测试仪器

噪声测试仪器,采用GB/T 3785中规定的1型或1型以上的声级计或准确度相当的其他测试仪器。

机身表面振动的测试仪器要求频率响应范围为10 Hz~1 000 Hz,在其频率范围内的相对灵敏度以80 Hz的相对灵敏度为基准,其他频率的相对灵敏度不应超过-10%~+20%。

检漏仪的灵敏度要达到年漏量应不大于0.5 g。

带刻度的玻璃容器体积测量精度应不低于10 mL。

6.2 使用性能测试方法

6.2.1 制热水性能测试方法

6.2.1.1 热水出水温度测试

在环境温度为(25±1)℃下进行该试验。初始水温与对应的环境温度一致。饮水机盛满水后，在不通电情况下在实验室内放置 2 h。

启动饮水机加热系统，在第一次制热工作停止，即控温器断开，测在距出水口 10 mm 处水的即时温度，当即时温度达到 90 ℃以上时，立即用容量大于 0.25 L 带刻度的玻璃容器接水，当水的即时温度低于 90 ℃时，立即停止接水，计算容器内水的总体积，单位 L，其结果保留小数点后 2 位小数。

6.2.1.2 制热水能力测试

初始水温为(25±1)℃。

饮水机盛满水后放置在实验室内，闭合制热开关，每次在制热停止时，用容量大于 0.50 L 带刻度的玻璃容器接水，并测量和记录在距出水口 10 mm 处的水温。当水温低于 90 ℃时停止放水。第一次加热时间和热水排水量均不计算。从第二次制热开始，测量在 4 个加热整周期内的总排水量(先排除开始水温低于 90 ℃的水)和总时间，折算成：升每小时(L/h)，其结果保留小数点后 1 位小数。

6.2.2 制冷水性能测试方法

6.2.2.1 冷水出水温度测试

在环境温度为(25±1)℃下进行该试验。初始水温与对应的环境温度一致。

饮水机盛满水后，在不通电情况下在实验室内放置 2 h。

启动饮水机的制冷系统，在第一次制冷工作停止时，测在距出水口 10 mm 处水的即时温度，当即时温度低于 5.1.3.1 规定温度以下时，立即用容量大于 0.25 L 带刻度的玻璃容器接水，当水的即时温度高于 5.1.3.1 规定温度以上时，立即停止接水，计算容器内水的总体积，单位为升(L)。其结果保留小数点后 2 位小数。

6.2.2.2 制冷水能力测试

初始水温为(25±1)℃。

饮水机装满水后放置在实验室内，闭合加热、制冷开关，稳定运行规定时间(压缩机制冷式饮水机稳定运行 2 h，电子制冷式饮水机稳定运行 3h)后，在制冷系统第一次停机保温时，用容量大于 1 L 带刻度的玻璃容器接水，并测量和记录在距出水口 10 mm 处的水温。当水温高于 5.1.3.1 的要求时停止放水。第一次制冷时间和冷水放水量均不计算。从第二次制冷开始，测量在 4 个制冷整周期内的总排水量(先排除开始水温高于 5.1.3.1 要求的水)和总时间，折算成：升每小时(L/h)，其结果保留小数点后 1 位小数。

6.2.3 出水阀流量测试

饮水机装上盛满水的水桶放置在实验室内，闭合制热(或制冷)开关，每次在制热(或制冷)停止时，打开热水(或冷水)出水阀，用容量大于 1.50 L 带刻度的玻璃容器接水，记录 1 min 的出水量，折算成：升每分钟(L/min)。

6.2.4 窜温测试

将盛满(25±1)℃水的水桶装于饮水机上，使饮水机在单独加热或单独制冷状态连续运行 8 h，打开常温水出水阀，放 0.17 L 水，连放 3 次，测每杯水温，减去初始水温，取最大差值。

6.2.5 承重能力测试

6.2.5.1 将 2 倍额定负载的重物放到饮水机顶部上，静置 72 h，卸载后检查饮水机的变形、损坏等异常情况。通过视检检查其是否符合 5.1.6.1 的要求。

6.2.5.2 先拆除饮水机聪明头，然后使用额定负载，使其从离机体顶部 300 mm 的高度自由垂直跌落到饮水机顶部正上方。移开水桶后通过视检检查其是否符合 5.1.6.2 的要求。

注 1：额定负载为密封盛有 5 加仑水的标准水桶(市售 5 加仑纯净水桶)。

注 2：1 加仑(美)=3.78 L 。

6.2.6 密封性测试

6.2.6.1 水路密封测试

关闭饮水机所有功能性排水口，取下其余可拆卸部件，用水充满所有水路，直至不外溢。静置 1 h 后，检查饮水机内部是否有漏水痕迹。

6.2.6.2 制冷系统密封性能

将饮水机置于正压室内，插上电源通电制冷，用卤素检漏仪对制冷系统的任何部位进行检漏。断掉电源，再次用卤素检漏仪对制冷系统的任何部位进行检漏。

6.2.7 防冰堵测试

在饮水机标称环境温度值的上下限，只开制冷功能，连续运行 72 h，中途不排水，检查水路中是否出现冰堵现象。

6.2.8 噪声测试

饮水机装上盛满水的罐后，置于噪声测试室地面几何中心处，并在底部垫上 5 mm～6 mm 厚的弹性橡胶垫层，在制冷系统和加热系统同时工作 3 min 后开始测量。单热饮水机或单冷饮水机均应在工作状态下测量，噪声测试环境为半消声室，测试及计算方法按照 GB/T 4214.1。

6.2.9 机身表面振动测试

饮水机装上盛满水的罐后，平稳地置于 5 mm～6 mm 厚的弹性橡胶垫上，在制冷系统和加热系统同时工作 3 min 后开始测量，将振动测试仪振头牢固地粘贴于箱体表面上，测量箱体前、左、右三面的几何中心位置处的振动速度有效值。取最大值作为考核指标。

6.3 防烫伤测试

按说明书安装饮水机后，以最不利的方向施加力于热出水阀的按键上(但不能作用在防烫装置上)，并持续 10 s，但不得用猛力。施加的力按如下规定：

1) 推力：15 N。

2) 拉力：如果部件的形状使得指尖不能容易滑脱的，15 N；如果部件被抓持的突起部分在正常用力方向少于 10 mm，5 N。

做完以上试验，不得有水流出。

或检查是否安装有可以防止幼童直接接触到热出水阀的装置。

6.4 耐久性测试方法

6.4.1 将用于饮水机加热功能的控温元件装在模拟工装上(要带额定负载)，让控制元件进行开闭动作，以 2 次/min～3 次/min 的速度，一开一闭为一个循环。让控制元件一直进行开闭动作，直至达到 5.3.1 规定的次数。取下元件检查是否能正常动作，检查温控点是否在元件的允许范围内。

6.4.2 将用于饮水机加热功能的限温元件装在模拟工装上(要带额定负载)，让控制元件进行开闭动作，以 2 次/min～3 次/min 的速度，一开一闭为一个循环。让控制元件一直进行开闭动作，直至达到 5.3.2 规定的次数。取下元件检查是否能正常动作，检查温控点是否在元件的允许范围内。

6.4.3 将用于饮水机制冷功能的控温元件在模拟工装上(要带额定负载)，让控制元件进行开闭动作，以 2 次/min～3 次/min 的速度，一开一闭为一个循环。让控制元件一直进行开闭动作，直至达到 5.3.3 规定的次数。取下元件检查是否能正常动作，检查温控点是否在元件的允许范围内。

6.4.4 将出水阀装在模拟工装上，通水(热水出水阀通水温为 90 ℃热水，冷水出水阀通水温为 10 ℃的水，其他出水阀通水温为 25 ℃的常温水)，让控制元件进行开闭动作，以 15 次/min～20 次/min 的速度，一开一闭为一个循环。让控制元件一直进行开闭动作，直至达到 5.3.4 规定的次数。在试验过程中，检查出水阀是否能正常工作。

6.4.5 在正常使用条件下通电 1 h，冷却 0.5 h 到室温(允许采用强迫冷却)，累计工作时间达 3 000 h。取下元件检查是否能正常工作。

6.5 耗电量测试方法

本项试验要在饮水机的冷热水出水温度符合 5.1.2.1、5.1.3.1 的要求后进行。

在试验环境温度及罐装水温保持在(25±1)℃,使饮水机制冷系统和(或)制热系统处于工作状态,且保持不取水的条件下:

a) 对于单冷饮水机,从制冷系统第一次停止工作开始记时;

b) 对于单热饮水机,从加热系统第一次停止工作开始记时;

c) 对于冷热饮水机,从第一次加热和制冷均停止时开始计时。

记录饮水机在约 24 h 的整周期的总电能消耗,然后依据实际总时间和总电能消耗折算成:千瓦时每 24 小时(kW·h/24 h),其结果保留小数点后 2 位小数。且结果应符合本标准的 5.4 规定。

6.6 卫生要求测试方法

6.6.1 试验样品的制备

6.6.1.1 饮水机内与水直接接触的不锈钢材料的部件,按照 GB/T 5009.81 中 3.3 规定的方法进行浸泡。其他与水直接接触的器件(包括管道和容器等)及防护材料,按照《生活饮用水输配水设备及防护材料卫生安全评价规范》(2001)附录 A 和附录 B 的规定进行浸泡。

6.6.1.2 饮水机整机的浸泡方法是按照说明书要求,先用纯水注入饮水机,并从各出水阀排水(1±0.05)L,然后停止注水,旋开排水塞,让饮水机内部余水全部排尽。然后再旋上排水塞,继续用纯水注入饮水机,并保证纯水尽可能的充满整个水路。再开启电源,保证饮水机在[(25±5)℃条件下]正常工作状态下运行(24±1)h。

6.6.2 卫生要求试验方法

6.6.2.1 按 6.6.1.1 方法浸泡后,取样品浸泡后溶液与原溶液分别进行测试,各检验项目限值增加量应满足 5.5.1 的规定要求。检验方法分别按照 GB/T 5009.81 和 GB/T 5750 中规定方法进行。

6.6.2.2 按 6.6.1.2 方法浸泡后,取各出水阀出水与原纯水分别进行测试,各检验项目限值增加量应满足 5.5.2 的规定要求。检验方法按照 GB/T 5750 中规定方法进行。

6.6.3 检查饮水机说明书中是否注明清洁服务的承诺或清洁操作方法说明,或者检查饮水机是否具有对水路清洁的功能。

6.7 环保要求

6.7.1 饮水机各部件所使用材料中含有环境管理物质要求的浓度测试按照国家相关环保法律法规中规定或推荐的方法进行,并符合规定要求。

6.7.2 检查饮水机塑料部件和包装制品是否有回收标识及标识是否符合 GB/T 16288 的规定要求。

6.8 附加功能要求

6.8.1 带冷藏柜附加功能的饮水机,其试验方法按附录 A 的规定进行。

6.8.2 带保洁柜附加功能的饮水机,其试验方法按附录 B 的规定进行。

7 检验规则

饮水机由制造厂检验部门根据本标准及 GB 4706.1、GB 4706.19、GB 4706.13、GB 5749、GB 9684 相关要求测试检验合格后方能批量投产。每台饮水机须经制造厂检验部门检验合格并附有质量检验合格证、使用说明书、产品保修单等后允许出厂。

检验分出厂检验和型式试验。

7.1 出厂检验

7.1.1 凡提出交货的饮水机,均应进行出厂检验。出厂检验的项目、要求和方法见表 1。

7.1.2 出厂检验的抽检项目、批量、抽样方案、检验水平及合格质量水平等可由制造厂质检部门按企业的自订规范或企标执行。

7.1.3 出厂检验中的安全检验项目,均属致命缺陷,只要出现一台项不合格,即判该批产品不合格。

7.1.4 经出厂检验后,凡合格的样品可作为合格品交付订货方。

表 1　出厂检验

序号	试验项目	本标准		GB 4706.13 GB 4706.19		不合格分类			致命缺陷
		技术要求	试验方法	技术要求	试验方法	A	B	C	
1	热水出水温度	5.1.2.1	6.2.1.1				√		
2	冷水出水温度	5.1.3.1	6.2.2.1				√		
3	水路密封性能	5.1.7.1	6.2.6.1			√			
4	制冷系统密封性能	5.1.7.2	6.2.6.2			√			
5	防触电保护			见第 8 章	见第 8 章				√
6	泄漏电流和电气强度			见第 13 章	见第 13 章				√
7	接地措施			见第 27 章	见第 27 章				√
8	资料文件	8.2.1.3	视检			√		√	

7.2 型式检验

饮水机在下列情况之一时，应进行型式检验。

a) 试制的新产品；

b) 设计、工艺或所用材料有重大改变时；

c) 连续生产中的产品，每年不少于一次；

d) 停产后，时隔 1 年以上再生产时。

7.2.1 型式检验应包括表 2 所列各项和 GB 4706.1、GB 4706.13、GB 4706.19 、GB 5749 及 GB 9684 中规定的全部检验项目。

表 2　型式检验

序号	项目	本标准		不合格分类		
		要求	试验方法	A	B	C
1	热水出水温度	5.1.2.1	6.2.1.1		√	
2	制热水能力	5.1.2.2	6.2.1.2		√	
3	冷水出水温度	5.1.3.1	6.2.2.1		√	
4	制冷水能力	5.1.3.2	6.2.2.2		√	
5	出水阀流量	5.1.4	6.2.3		√	
6	窜温	5.1.5	6.2.4		√	
7	承重能力	5.1.6	6.2.5	√		
8	水路密封性能	5.1.7.1	6.2.6.1	√		
9	制冷系统密封性能	5.1.7.2	6.2.6.2	√		
10	噪声	5.1.9.1	6.2.8		√	
11	振动	5.1.9.2	6.2.9		√	
12	耐久要求	5.3	6.4		√	
13	耗电量	5.4	6.5		√	
14	卫生要求	5.5	6.6	√		
15	环保要求	5.6	6.7	√		

7.2.2 型式检验的抽样应在出厂检验合格的成品中随机抽取，抽样方案见表3。

表3 型式检验抽样方案

判定方案	抽样方案	样本大小	不合格质量水平					
			A类 RQL=30		B类 RQL=65		C类 RQL=100	
			Ac	Re	Ac	Re	Ac	Re
1	一次	$n=3$	0	1	1	2	2	3

7.2.3 型式检验项目见表2，型式检验的安全项目均属致命缺陷，安全项目判定要100%合格，若出现一台项不合格即判该批次产品不合格。

7.2.4 型式检验的样品一律不能作为合格品交付订货方。

7.3 验收

订货方有权检验产品质量是否符合本标准要求，交货时订货方按出厂检验项目验收，也可按合同规定要求进行验收。

根据订货方的要求，供货方应提供一年内完整的型式检验报告，验收的质量指标和抽样方案由生产方和订货方共同商定。抽样方案按GB/T 2828.1进行，如订货方对产品质量有疑问时，可由订货方和生产方共同商定，增加型式检验中部分项目或全部检验项目。如仍有争议，由法定部门进行仲裁。

8 标志、包装、使用说明书、贮存、运输

8.1 标志、使用说明书

8.1.1 产品标志

在每台饮水机的外部适当和明显位置处应有耐久性的铭牌、电器原理图；警告标志或说明、合格证、制造日期等。

其中铭牌内容应至少包括：

a) 产品名称、型号；

b) 额定电压(V)、频率(Hz)、电源性质符号；

c) 加热系统的输入功率(W)；

d) 额定输入功率(W)或额定电流(A)，压缩机制冷式饮水机除外，它只要求标额定电流(A)；

e) 额定制热水能力(L/h)；

f) 额定制冷水能力(L/h)；

g) 制冷剂名称或编号/灌注量(g)；

h) 耗电量(kW·h/24 h)；

i) 防触电保护类型；

j) 使用环境；

k) 制造商名称或商标。

8.1.2 包装标志

包装箱外表应清晰地标明下列各项标志：

a) 制造商名称、地址、服务热线、邮编；

b) 商标；

c) 产品名称、型号；

d) 产品数量及颜色；

e) 批件号、发证单位(如销售地区没有强制要求时可不标注)；

f) 执行标准号；

g) 制造日期或生产批号；

h) 额定电压、频率；

i) 体积(长×宽×高)(m^3)、净重(kg)、毛重(kg)；

j) 储运注意事项应符合 GB/T 191 的规定；

k) 条形码。

8.1.3 标签、使用说明书

饮水机应有出厂合格证和使用说明书，使用说明书应符合 GB 5296.1 和 GB 5296.2 的要求。

8.1.3.1 合格证应有如下标志：

a) 生产厂名、地址；

b) 检验日期；

c) 检验员代号。

8.1.3.2 使用说明书应标注如下内容：

a) 产品名称、型号、规格包装；

b) 生产厂名、地址；

c) 商标；

d) 产品的主要性能；

e) 售后运输、贮存条件；

f) 安放、组装说明；

g) 使用方法、注意事项；

h) 售后服务。

8.2 包装、运输、贮存

8.2.1 包装

饮水机包装应符合 GB/T 1019 的规定。

8.2.1.1 产品应用牢固的包装箱包装，并有防潮保护措施。

8.2.1.2 包装应保证产品在正常运输和保管条件下不致因受震、装卸、受潮和侵入灰尘而使产品损伤，产品及附件在包装箱内应固定可靠，必要时加适当衬垫。

8.2.1.3 包装后的产品应随带如下文件：

a) 产品说明书；

b) 产品保修卡；

c) 合格证书。

8.2.1.4 包装件防护性能试验

8.2.1.4.1 堆码试验

堆码试验按 GB/T 4857.3 的规定进行。

8.2.1.4.2 振动试验

振动试验按 GB/T 4857.7 和 GB/T 4857.10 的规定进行。

8.2.1.4.3 跌落试验

根据产品不同质量选择相应的跌落高度(见以下产品质量与跌落高度对应关系)，按规定将产品提升到规定跌落高度，保证初速度为零的情况下突然释放，依次跌落底部一角(选取最薄弱的一个角)、构成此底角的三条棱以及除顶面之外的五个面各一次。

不同产品质量(毛重)与跌落高度对应关系见表 4。

表 4 不同产品质量(毛重)与跌落高度对应关系

产品质量 W/kg	$W \leqslant 9.0$	$9.0 < W \leqslant 18.0$	$18.0 < W \leqslant 27.0$	$W > 27.0$
跌落高度 H/m	0.75	0.60	0.45	0.30

经过跌落试验后的产品，拆除包装后检查，通电后应能正常工作，且各项性能指标和电气安全指标均能符合要求。

8.2.2 运输

在运输和装卸过程中，应轻拿轻放，防止碰撞划伤和损坏产品及附件，防止被雨雪淋袭，严禁将压缩机制冷型产品倾斜大于45°，严禁在运输、贮存过程中，将产品倒置或横放。

8.2.3 贮存

产品应放在通风、干燥、相对湿度不大于85%，周围无腐蚀性气体的仓库。

附 录 A
（规范性附录）
饮水机冷藏柜的技术要求与试验方法

A.1 技术要求

饮水机冷藏柜应符合本标准和GB 4706.13的要求，并按照规定程序批准的图样和技术文件制造。

A.1.1 使用环境

在A.2.1.1.1的使用环境下，饮水机冷藏柜应能使用。

A.1.2 储藏温度

储藏温度见表A.1。

表 A.1 储藏温度

环境温度/℃		饮水机冷藏柜 t_1、t_2
亚温带型(SN)、温带型(N)	10 ℃～32 ℃	0 ℃≤t_1、t_2≤13 ℃
亚热带型(ST)	18 ℃～38 ℃	
热带型(T)	18 ℃～43 ℃	
注：t_1、t_2 是按A.2.1.4规定的测点上在铜质圆柱内测得的内部平均温度。		

A.1.3 饮水机冷藏柜搁架和柜底部承重部件均应具有足够的机械强度，经A.2.3规定试验后，不应发生失去原来功能的变形。

A.2 试验方法

A.2.1 一般试验条件

A.2.1.1 试验室

试验室内的环境温度在10 ℃～43 ℃范围内可调。

A.2.1.1.1 环境温度

在要求达到稳定运行状态和试验期间，在规定的每个测点处的温度(A.1.2)应保持规定的环境温度，其波动范围在±1 K。

A.2.1.1.2 环境湿度

试验室内环境相对湿度无特别注明时，一般应为45%～75%。

A.2.1.1.3 环境空气流速

试验室内空气流速应不大于0.25 m/s。

A.2.1.2 试验前准备工作

电源电压为180 V～250 V可调，偏差控制在±1.5%以内，频率为(50±1)Hz。

试验前，饮水机应放在规定的环境条件下自然静置(打开饮水机冷藏柜门)，使饮水机各部件和环境温度达到平衡，其间的温差最大不超过±1 K。达到平衡后，饮水机才能开始进行试验。

A.2.1.3 测量仪器

A.2.1.3.1 温度测量仪器

温度测量应采用热电偶，或者采用同等精度的其他测量装置。

感温部分应插入镀锡铜质圆柱中心内。镀锡铜质圆柱的质量为25 g，直径和高均约为15.2 mm。

测量温度的仪器，型式检验时要精确到±0.3 K，出厂检验时精确到±1 K。

A.2.1.3.2 湿度测量仪器

相对湿度的测量采用干湿球温度仪。型式检验湿精确到±0.3 K，出厂检验时精确到±1 K。

A.2.1.3.3 电气测量仪器

电工仪表中电流表、电压表、功率表等，型式检验湿准确度不低于0.5级，出厂检验时准确度不低于1.0级。

A.2.1.3.4 其他测试工具

秒表、0.5 L带刻度玻璃量具。

A.2.1.4 冷藏柜温度的测定

温度 t_1、t_2 应在铜质圆柱内测定。应将铜质圆柱悬挂安放在冷藏柜后内壁和门(关闭时)内壁之间中心位置的2个测点 T_1、T_2(见图A.1)。

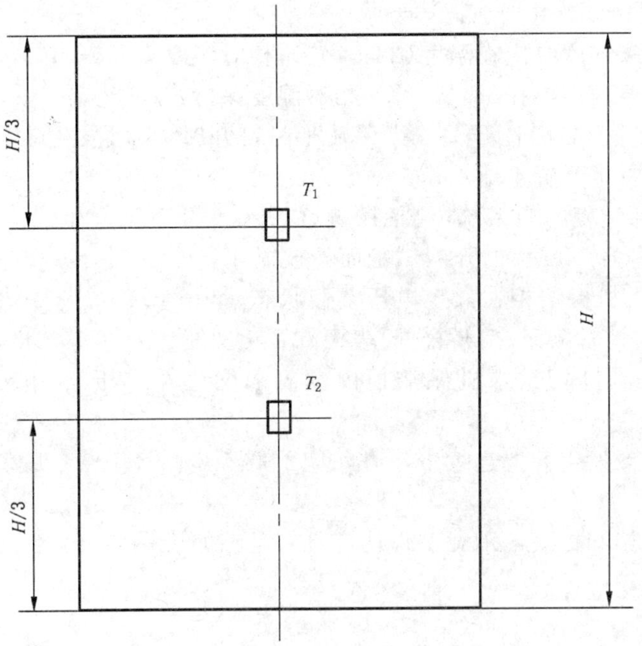

图 A.1

A.2.2 性能试验

饮水机放置在试验室内，试验条件应符合A.2.1规定。饮水机冷藏柜按A.2.1.4放置铜质圆柱，按不同的环境温度(A.1.2)进行试验。

饮水机至少通电运行12 h后，再待饮水机冷藏柜达到稳定的运行状态时，测定冷藏柜温度，其测定值应符合A.1.2的要求。

A.2.3 负载试验

饮水机在室温且不通电的状态下放置，在搁架上依次的放置直径80 mm，质量1 000 g的圆柱负荷，正常使用中，如搁架上方净空小于100 mm，则采用直径相同质量为500 g的圆柱负荷。如有多层搁架，则每层搁架分别进行测试。

圆柱负荷应按其轴线垂直的放置，应尽量多放，负荷不能互相重叠，也不能伸出部件的边缘，但距部件边缘空位应小于80 mm。

所有装满负荷的搁架经静置1 h后，取走全部圆柱负荷，然后观察搁架的变形情况。

取开搁架，按照上述同样方法对柜底部承载部件进行试验。

附 录 B
（规范性附录）
饮水机保洁柜技术要求与试验方法

B.1 技术要求

B.1.1 总体要求

应符合 GB 4706.1 的要求。

B.1.2 试验中的一般条件

应符合 GB 4706.1 的要求，并增加下述要求。

测量臭氧泄漏量、臭氧浓度时应在温度(23±2)℃，相对湿度为(50±10)%密闭房间内进行，若对测量结果有疑问时，则环境温度保持在(23±2)℃，相对湿度保持在(50±5)%。

B.1.3 饮水机保洁柜均应安装门控开关。当保洁柜门打开时，臭氧发生装置应立即停止工作。当门重新关上时，才能使臭氧发生装置重新工作。

B.1.4 门系统耐久性：保洁柜的门系统，包括铰链、门开关、门缝压条和其他有关部件，必须经正常使用中的正常磨损。应经过 10 000 次的开门试验而不被损坏。

B.1.5 臭氧泄漏量：饮水机保洁柜在额定电压空载状态下，按 B.2.4 进行试验，在工作周期内和工作结束 10 min 内，在距保洁柜右侧面(门开合处)表面 0.2 m 处的最高臭氧浓度应不超过 0.2 mg/m^3。

B.1.6 臭氧浓度和消毒时间：饮水机保洁柜内臭氧浓度应不小于 10 mg/m^3，消毒时间应不小于 20 min。

B.1.7 饮水机保洁柜臭氧发生装置连续工作时间应不低于 100 h，100 h 后仍能达到 B.1.6 规定的臭氧浓度要求。

B.1.8 饮水机保洁柜搁架和柜底部承载部件均应具有足够的机械强度，经 B.2.7 规定试验后，不应发生失去原来功能的变形。

B.2 试验方法

B.2.1 饮水机保洁柜门控开关是否合格，通过视检和手动试验来确定。

B.2.2 门系统耐久性试验

将门打开到最大行程，开门的频率应不大于 30 次/min，试验时应接通保洁柜的电源。1 次开门是把门关上再打开。完成 B.1.4 试验要求次数后，任何机械或电气方面的部件都不应有影响安全的失效。

B.2.3 臭氧浓度的测试方法

在一个密闭的房间内进行试验，房间的尺寸为：(宽×长×高)2.5 m×3.5 m×3.0 m，墙壁表面覆盖聚乙烯板，饮水机按照说明书在房间中央放置或安装好，用紫外线法测量臭氧浓度。

房间温度保持在(23±2)℃和相对湿度(50±10)%，试验时首先测量原来空气中的臭氧浓度，以便将试验中测得的最大浓度减去原来空气中的臭氧浓度。

B.2.4 臭氧泄漏量试验

饮水机保洁柜在额定电压空载状态下，按 B.2.3 进行试验，在工作周期内和工作结束 10 min 内，测量距保洁柜右侧面(门开合处)表面 0.2 m 处的最高臭氧浓度。

B.2.5 臭氧浓度和消毒时间的试验

试验在按说明书规定摆放最大的质量或体积的器具状态下进行。饮水机保洁柜在额定电压下工作，按照 B.2.3 规定方法测量柜内中心部分的臭氧浓度，当柜内中心部位臭氧浓度达到 10 mg/m^3 时开始计时，直到臭氧发生装置停止工作，柜内臭氧浓度低于 20 mg/m^3 时终止计时，其时间为消毒时间。

B.2.6 臭氧发生装置寿命试验

将饮水机保洁柜臭氧发生装置单独接通电源后，持续工作 100 h，100 h 后将此臭氧发生装置重新正确安装在饮水机保洁柜内，按照 B.2.5 方法进行测试。

B.2.7 负载试验

饮水机在室温且不通电的状态下放置，在搁架上依次的放置直径 80 mm、质量 1 000 g 的圆柱负荷，正常使用中，如搁架上方净空小于 100 mm，则采用直径相同质量为 500 g 的圆柱负荷。如有多层搁架，则每层搁架分别进行测试。

圆柱负荷应按其轴线垂直的放置，应尽量多放，负荷不能互相重叠，也不能伸出部件的边缘，但距部件边缘空位应小于 80 mm。

所有装满负荷的搁架经静置 1 h 后，取走全部圆柱负荷，然后观察搁架的变形情况。

取开搁架，按照上述同样方法对柜底部承载部件进行试验。

ICS 17.040.30
J 42

中华人民共和国国家标准

GB/T 22091.1—2008

55°密封管螺纹量规　第1部分：用于检验圆柱内螺纹与圆锥外螺纹

Gauges for pipe threads with 55 degree thread angle where pressure-tight joints are made on the threads—Part 1: Verification of parallel internal and taper external threads

(ISO 7-2:2000, Pipe threads where pressure-tight joints are made on the threads—Part 2: Verification by means of limit gauges, MOD)

2008-06-25 发布　　2009-01-01 实施

中华人民共和国国家质量监督检验检疫总局
中国国家标准化管理委员会　发布

前　言

GB/T 22091—2008《55°密封管螺纹量规》分为二个部分：

——第1部分：用于检验圆柱内螺纹与圆锥外螺纹；

——第2部分：用于检验圆锥内螺纹与圆锥外螺纹。

本部分为GB/T 22091—2008的第1部分，修改采用ISO 7-2:2000《用螺纹密封的管螺纹　第2部分：用极限量规验收》(英文版)。

本部分与ISO 7-2:2000的差异如下：

——与GB/T 7306.1—2000对应，修改了标准名称；

——增加第4章，用表格形式阐述了量规名称和代号、功能、特征及使用规则(本版的第4章)；

——符号、量规设计、量规尺寸和制造公差、量规检验、量规标记的章节重新编排(ISO 7-2:2000的4、5、7.1、7.2、7.3；本版的第5章～第9章)；

——螺纹牙底、螺纹倒角的章节重新编排(ISO 7-2:2000的7.1.1.1a)和b)，7.1.1.1第3段；本版的6.6、6.7)；

——量规使用和螺纹的检验纳入附录A(ISO 7-2:2000的第6章；本版的附录A)。

本部分的附录A为规范性附录。

本部分由中国机械工业联合会提出。

本部分由全国量具量仪标准化技术委员会(SAC/TC 132)归口。

本部分负责起草单位：成都工具研究所。

本部分参加起草单位：哈尔滨量具刃具集团有限责任公司、成都成量工具有限公司。

本部分主要起草人：姜志刚、朱鸿杰、王莺、陈瑜。

55°密封管螺纹量规　第1部分：用于检验圆柱内螺纹与圆锥外螺纹

1　范围

GB/T 22091的本部分规定了55°密封管螺纹量规的设计、尺寸和制造公差、检验、标记等。

本部分规定的量规体系[1)]适用于检验GB/T 7306.1-2000规定的圆柱内螺纹和圆锥外螺纹。

2　规范性引用文件

下列文件中的条款通过GB/T 22091的本部分的引用而成为本部分的条款。凡是注日期的引用文件，其随后所有的修改单(不包括勘误的内容)或修订版均不适用于本部分，然而，鼓励根据本部分达成协议的各方研究是否可使用这些文件的最新版本。凡是不注日期的引用文件，其最新版本适用于本部分。

GB/T 7306.1—2000　55°密封管螺纹　第1部分：圆柱内螺纹与圆锥外螺纹(eqv ISO 7-1:1994)

3　术语和定义

GB/T 7306.1—2000中确立的、图1所示的以及下列术语和定义适用于本部分。

3.1

容纳长度　accommodation length

内螺纹工件端面到与外螺纹工件配合时将遇到的第一个障碍物之间的距离，见图1。

注：图1适用于圆柱内螺纹(Rp)和圆锥内螺纹(Rc)。

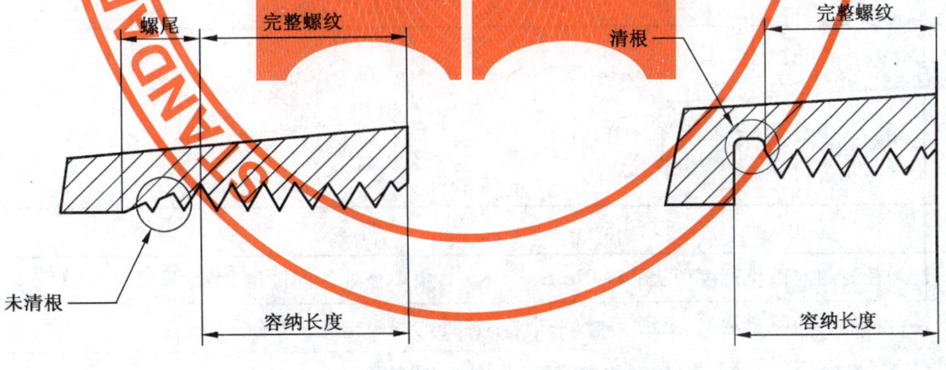

图1　容纳长度

4　量规的名称和代号、功能、特征及使用规则

表1中所列的量规名称和代号、功能、特征及使用规则适用于本部分。

1)　未经特别提示，本部分规定的量规体系不可以用于注塑零件上螺纹的检验。

表 1

名　　称	代号	功　　能	特　　征	使用规则
全牙型圆锥螺纹塞规	No.1	检验圆柱内螺纹(Rp)基准平面上的大径(D)和中径(D_2)	锥度为1∶16、完整的外螺纹牙型	见附录A.2和图A.2
带空刀的全牙型圆锥螺纹塞规	No.2	检验圆柱内螺纹(Rp)基准平面上的大径(D)和中径(D_2),以及其容纳长度	锥度为1∶16、完整的外螺纹牙型	见附录A.2和图A.3
全牙型圆柱螺纹环规	No.3	检验圆锥外螺纹(R_1)基准平面上的小径(d_1)和中径(d_2)	完整的内螺纹牙型	见附录A.3和图A.4
光滑圆锥环规	No.4	检验圆锥外螺纹(R_1)的大径(d)和有效螺纹长度	锥度为1∶16的光滑内圆锥	见附录A.3和图A.5
截短牙型圆锥螺纹校对塞规	No.5	检验No.3规制造和磨损的尺寸	锥度为1∶16、截短的外螺纹牙型	见8.1.2和图11,及见8.2.2和图14
截短牙型圆柱螺纹校对环规	No.6	检验No.1规、No.2规制造和磨损的尺寸	截短的内螺纹牙型	见8.1.1和图10,及见8.2.2和图13

注1:在制造No.1规和No.2规时,是否用No.6规来检验由量规制造者决定;而用No.6规来检验No.1规和No.2规是否磨损由量规使用者决定。

注2:当对No.1规或No.2规的中径精度有争议时,用直接测量法所获得的结果将优于用No.6规检验所得到的结果。

5　符号及说明

表2中所列的符号及说明适用于本部分。

表 2

符号	说　　明
b_1	No.3规大径处的间隙槽宽度(见图4),No.1规、No.2规小径处的间隙槽宽度(见图2、图3)
b_2	No.6规大径处的间隙槽宽度(见图7),No.5规小径处的间隙槽宽度(见图6)
c	No.1规、No.2规、No.5规上公差台阶的高度(见图2、图3、图6)
D	内螺纹在基准平面上的大径(见GB/T 7306.1—2000)
D_1	内螺纹在基准平面上的小径(见GB/T 7306.1—2000)
D_2	内螺纹在基准平面上的中径(见GB/T 7306.1—2000)
D_4	No.3规、No.4规的沉孔直径(见图4、图5)
d	外螺纹在基准平面上的大径(见GB/T 7306.1—2000)
d_1	外螺纹在基准平面上的小径(见GB/T 7306.1—2000)

表 2（续）

符号	说　　明
d_2	外螺纹在基准平面上的中径(见 GB/T 7306.1—2000)
F	No.5 规、No.6 规螺纹中径至被截断面的径向距离(见图 6、图 7)，在螺纹轮廓中线处测量
l_0	No.1 规、No.5 规的全长(见图 2、图 6)
l_1	No.1 规、No.2 规端面至基准平面的长度(见图 2、图 3)
l_2	No.1 规、No.2 规、No.5 规上公差台阶的长度(见图 2、图 3、图 6)
l_3	No.3 规、No.6 规的全长(见图 4、图 7)，No.4 规的基准平面至小端面的长度(见图 5)
l_4	No.3 规、No.4 规上公差台阶的长度(见图 4、图 5)
l_5	No.3 规的沉孔深度(见图 4)
l_6	No.2 规的全长(见图 3)
l_7	No.2 规的空刀宽度(见图 3)
l_8	No.2 规的空刀至量规端面的长度(见图 3)
l_9	No.4 规的全长(见图 5)
l_{10}	No.4 规的沉孔深度(见图 5)
l_{11}	当检验新制 No.1 规、No.2 规的中径时，No.1 规、No.2 规的公差台阶至 No.6 规端面的距离(见图 10)
l_{12}	当检验新制 No.6 规的中径时，No.5 规的公差台阶至 No.6 规端面的距离(见图 12)
l_{13}	当检验 No.1 规、No.2 规的中径磨损时，No.1 规、No.2 规的公差台阶至 No.6 规端面的距离(见图 13)
l_{14}	当检验 No.3 规的中径磨损时，No.5 规的公差台阶至 No.3 规端面的距离(见图 14)
P	螺距(见 GB/T 7306.1—2000)
$T_{\alpha 1}/2$	No.1 规、No.2 规、No.3 规螺纹牙型的牙侧角偏差(见表 12)
$T_{\alpha 2}/2$	No.5 规、No.6 规螺纹牙型的牙侧角偏差(见表 12)
T_{CP}	No.5 规、No.6 规的中径公差(见表 14)
T_P	螺距公差(见表 12)
T_{PL}	No.1 规、No.2 规的螺纹直径公差(见表 10)
T_R	No.3 规的螺纹直径公差(见表 10)，No.4 规的直径公差(见表 10)
T_1	外螺纹基准距离(基准平面位置)公差(见 GB/T 7306.1—2000)
T_2	内螺纹基准平面位置公差(见 GB/T 7306.1—2000)
W	除了 No.5 规外，所有量规的直径允许磨损量(见表 17)

6　量规的设计

6.1　全牙型圆锥螺纹塞规(No.1 规和 No.2 规)

6.1.1　全牙型圆锥螺纹塞规(No.1 规)

No.1 规带有一台阶，其长度 l_2 等于 GB/T 7306.1—2000 中规定的内螺纹基准平面位置公差 T_2；为了允许内螺纹倒角，台阶相对于基准平面位移 $0.5P$，这样内螺纹工件就能以其表面作为参考来进行检验。

No.1 规的大端面用“＋”号(正)标记，公差台阶的表面用“－”号(负)标记。

注：对于螺纹尺寸代号小于 1/2 的，其“＋”和“－”标记允许省略。

No.1 规的型式及尺寸见图 2 和表 3。

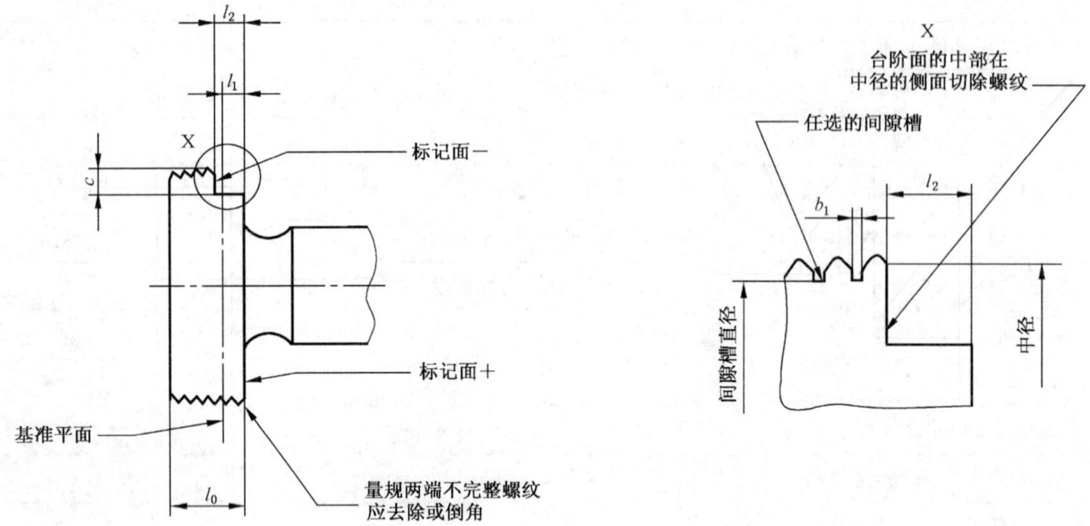

图 2　全牙型圆锥螺纹塞规(No.1 规)

表 3

单位为毫米

螺纹尺寸代号	螺距 P	基准平面上的尺寸			量规的全长 l_0	端面至基准平面的长度 l_1	公差台阶的长度 l_2	间隙槽宽度 b_1 max	台阶的高度 c
		大径 d、D	中径 d_2、D_2	小径 d_1、D_1					
1/16	0.907	7.723	7.142	6.561	5.6	1.588	2.268	0.3	1.8
1/8	0.907	9.728	9.147	8.566	5.6	1.588	2.268	0.3	1.8
1/4	1.337	13.157	12.301	11.445	8.4	2.339	3.342	0.4	2.4
3/8	1.337	16.662	15.806	14.950	8.8	2.339	3.342	0.4	2.4
1/2	1.814	20.955	19.793	18.631	11.4	3.175	4.536	0.5	3.3
3/4	1.814	26.441	25.279	24.117	12.7	3.175	4.536	0.5	4.5
1	2.309	33.249	31.770	30.291	14.5	4.041	5.773	0.6	5.8
1¼	2.309	41.910	40.431	38.952	14.5	4.041	5.773	0.6	5.8
1½	2.309	47.803	46.324	44.845	14.5	4.041	5.773	0.6	5.8
2	2.309	59.614	58.135	56.656	15	4.041	5.773	0.6	5.8
2½	2.309	75.184	73.705	72.226	17.5	4.618	6.927	0.6	6.9
3	2.309	87.884	86.405	84.926	18.5	4.618	6.927	0.6	6.9
4	2.309	113.030	111.551	110.072	20	4.618	6.927	0.6	6.9
5	2.309	138.430	136.951	135.472	24	4.618	6.927	0.6	10
6	2.309	163.830	162.351	160.872	24	4.618	6.927	0.6	10
注：大径、中径和小径列中给出的值为基本数值，用于计算 7.1.1 中基准平面上的直径。									

6.1.2　带空刀的全牙型圆锥螺纹塞规(No.2 规)

No.2 规带有一台阶，其长度 l_2 等于 GB/T 7306.1—2000 中规定的内螺纹基准平面位置公差 T_2；为了允许内螺纹倒角，台阶相对于基准平面位移 0.5P，这样内螺纹工件就能以其表面作为参考来进行检验。

对于螺纹尺寸代号等于或大于 1/4 的 No.2 规带有一螺纹空刀，既减少了螺纹扣数，也减少了与内螺纹工件接触时的摩擦力。

No.2 规的全长 l_6 等于最大基准距离的有效螺纹长度加上 0.5P。

No.2 规的大端面用“＋”号(正)标记，公差台阶的表面用“－”号(负)标记。

注：对于螺纹尺寸代号小于 1/2 的，其“＋”和“－”标记允许省略。

No.2 规的型式及尺寸见图 3 和表 4。

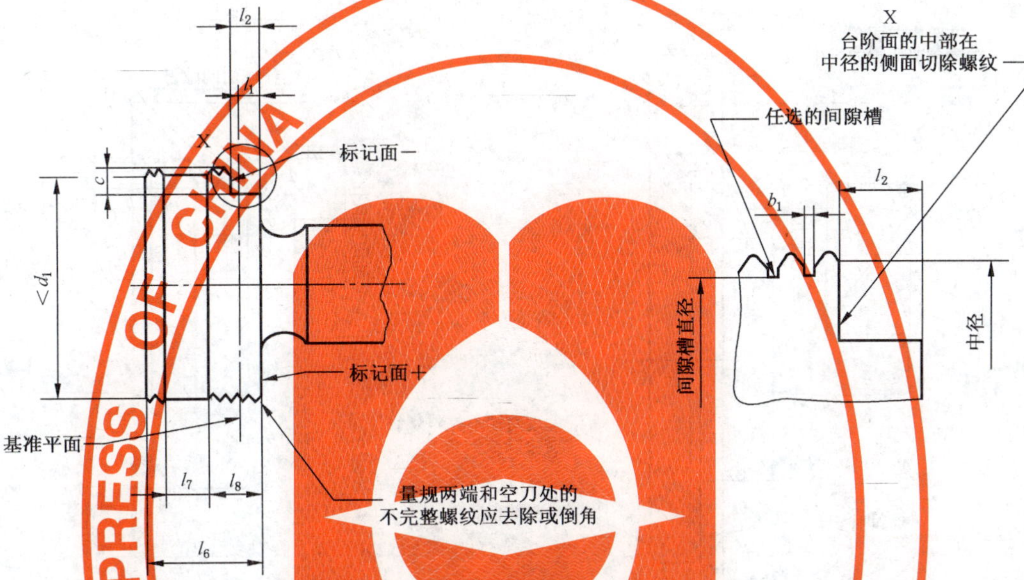

图 3　带空刀的全牙型圆锥螺纹塞规(No.2 规)

表 4

单位为毫米

螺纹尺寸代号	螺距 P	基准平面上的尺寸 大径 d、D	基准平面上的尺寸 中径 d_2、D_2	基准平面上的尺寸 小径 d_1、D_1	端面至基准平面的长度 l_1	公差台阶的长度 l_2	量规的全长 l_6	空刀宽度 l_7	空刀至量规端面的距离 l_8	间隙槽宽度 b_1 max	台阶的高度 c
1/16	0.907	7.723	7.142	6.561	1.588	2.268	7.823	—	—	0.3	1.8
1/8	0.907	9.728	9.147	8.566	1.588	2.268	7.823	—	—	0.3	1.8
1/4	1.337	13.157	12.301	11.445	2.339	3.342	11.699	2.3	5.3	0.4	2.4
3/8	1.337	16.662	15.806	14.950	2.339	3.342	12.033	2.7	5.3	0.4	2.4
1/2	1.814	20.955	19.793	18.631	3.175	4.536	15.872	3.2	7.3	0.5	3.3
3/4	1.814	26.441	25.279	24.117	3.175	4.536	17.233	4.5	7.3	0.5	4.5
1	2.309	33.249	31.770	30.291	4.041	5.773	20.204	4.1	9.2	0.6	5.8
1¼	2.309	41.910	40.431	38.952	4.041	5.773	22.513	6.4	9.2	0.6	5.8
1½	2.309	47.803	46.324	44.845	4.041	5.773	22.513	6.4	9.2	0.6	5.8
2	2.309	59.614	58.135	56.656	4.041	5.773	26.842	10.7	9.2	0.6	5.8
2½	2.309	75.184	73.705	72.226	4.618	6.927	31.316	14	10.4	0.6	6.9
3	2.309	87.884	86.405	84.926	4.618	6.927	34.491	17.1	10.4	0.6	6.9
4	2.309	113.030	111.551	110.072	4.618	6.927	40.407	23.1	10.4	0.6	6.9
5	2.309	138.430	136.951	135.472	4.618	6.927	44.737	27.4	10.4	0.6	10
6	2.309	163.830	162.351	160.872	4.618	6.927	44.737	27.4	10.4	0.6	10

注：大径、中径和小径列中给出的值为基本数值，用于计算 7.1.1 中基准平面上的直径。

6.2 全牙型圆柱螺纹环规(No.3 规)

No.3 规带有一台阶，其长度 l_4 等于 GB/T 7306.1—2000 中规定的外螺纹基准距离公差 T_1；台阶处于按基准平面测量的基准距离的最大值和最小值之间，台阶处的沉孔直径为 D_4、深度为 l_5。

No.3 规基准平面定位在与台阶相对应的量规端面。

No.3 规的全长 l_3 与最大基准距离相一致。

No.3 规公差台阶的外、内表面用"＋"号(正)和"－"号(负)标记。"＋"和"－"符号表示最大基准距离和最小基准距离，分别对应外螺纹的最大和最小允许尺寸。

No.3 规的型式及尺寸见图 4 和表 5。

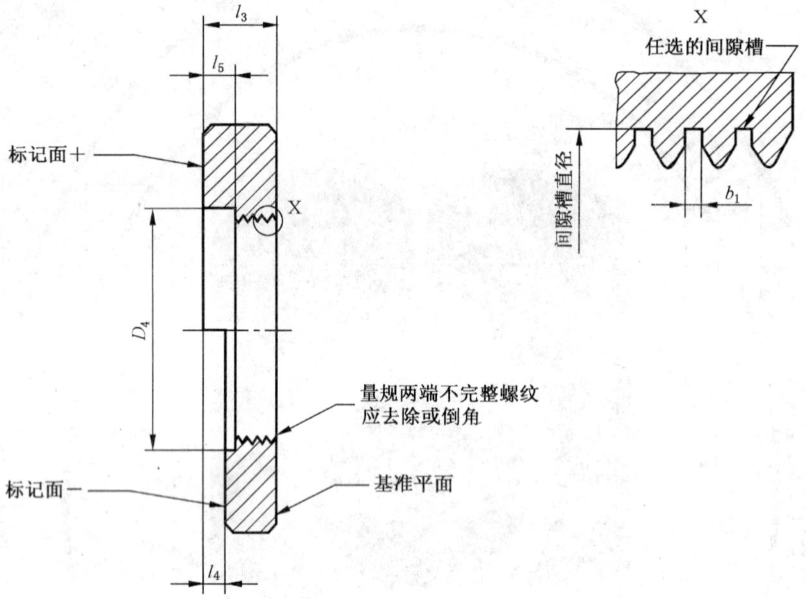

图 4 全牙型圆柱螺纹环规(No.3 规)

表 5

单位为毫米

螺纹尺寸代号	螺距 P	基准平面上的尺寸 大径 d、D	中径 d_2、D_2	小径 d_1、D_1	间隙槽宽度 b_1 max	沉孔直径 D_4	量规的全长 l_3	公差台阶的长度 l_4	沉孔深度 l_5
1/16	0.907	7.723	7.142	6.561	0.3	9.5	4.876	1.814	2
1/8	0.907	9.728	9.147	8.566	0.3	11.5	4.876	1.814	2
1/4	1.337	13.157	12.301	11.445	0.4	15.5	7.353	2.674	3
3/8	1.337	16.662	15.806	14.950	0.4	19	7.687	2.674	3.2
1/2	1.814	20.955	19.793	18.631	0.5	23.5	9.979	3.628	4
3/4	1.814	26.441	25.279	24.117	0.5	29	11.339	3.628	4.6
1	2.309	33.249	31.770	30.291	0.6	36	12.700	4.618	5.3
1¼	2.309	41.910	40.431	38.952	0.6	44.5	15.009	4.618	6.4
1½	2.309	47.803	46.324	44.845	0.6	50.5	15.009	4.618	6.4
2	2.309	59.614	58.135	56.656	0.6	62	18.184	4.618	8
2½	2.309	75.184	73.705	72.226	0.6	77.5	20.926	6.927	9.2
3	2.309	87.884	86.405	84.926	0.6	90.5	24.101	6.927	10.4
4	2.309	113.030	111.551	110.072	0.6	115.5	28.884	6.927	12.8
5	2.309	138.430	136.951	135.472	0.6	141	32.039	6.927	14.4
6	2.309	163.830	162.351	160.872	0.6	166.5	32.039	6.927	14.4

注：大径、中径和小径列中给出的值为基本数值，用于计算 7.1.1 中基准平面上的直径。

6.3 光滑圆锥环规(No.4 规)

No.4 规带有一台阶,其长度 l_4 等于 GB/T 7306.1—2000 中规定的外螺纹基准距离公差 T_1;台阶处于按基准平面测量的基准距离的最大值和最小值之间。台阶处的沉孔直径为 D_4、深度为 l_{10}。

No.4 规的全长 l_9 与最大基准长度的有效螺纹长度相一致。

No.4 规的小端面用"+"号(正)标记,公差台阶的表面用"−"号(负)标记。"+"和"−"符号表示最大基准距离和最小基准距离,分别对应外螺纹的最小和最大允许大径。

No.4 规的型式及尺寸见图 5 和表 6。

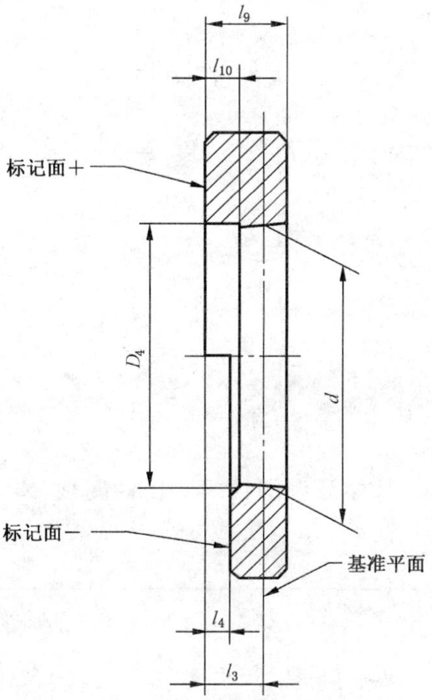

图 5 光滑圆锥环规(No.4 规)

表 6

单位为毫米

螺纹尺寸代号	基准平面上的尺寸 d	沉孔直径 D_4	基准平面至量规小端面的长度 l_3	公差台阶的长度 l_4	量规的全长 l_9	沉孔深度 l_{10}
1/16	7.723	9.5	4.876	1.814	7.369	2.3
1/8	9.728	11.5	4.876	1.814	7.369	2.3
1/4	13.157	15.5	7.353	2.674	11.030	3.3
3/8	16.662	19	7.687	2.674	11.364	3.3
1/2	20.955	23.5	9.979	3.628	14.965	4.5
3/4	26.441	29	11.339	3.628	16.326	4.5
1	33.249	36	12.700	4.618	19.049	5.8
1¼	41.910	44.5	15.009	4.618	21.358	5.8
1½	47.803	50.5	15.009	4.618	21.358	5.8
2	59.614	62	18.184	4.618	25.688	5.8
2½	75.184	77.5	20.926	6.927	30.161	8.1
3	87.884	90.5	24.101	6.927	33.336	8.1
4	113.030	115.5	28.864	6.927	39.253	8.1
5	138.430	141	32.039	6.927	43.582	8.1
6	163.830	166.5	32.039	6.927	43.582	8.1

注:基准平面上的尺寸列中给出的值为基本数值,用于计算 7.2.1 中基准平面上的直径。

6.4 截短牙型圆锥螺纹校对塞规(No.5 规)

No.5 规是在 No.1 规的基础上进行设计的。公差台阶被保留,但相对于基准平面,其位置完全地处在正公差带内。

No.5 规的螺纹在牙顶处被截断,并在螺纹牙底处开有间隙槽,以确保在测量时中径能啮合上。

No.5 规的型式及尺寸见图 6 和表 7。

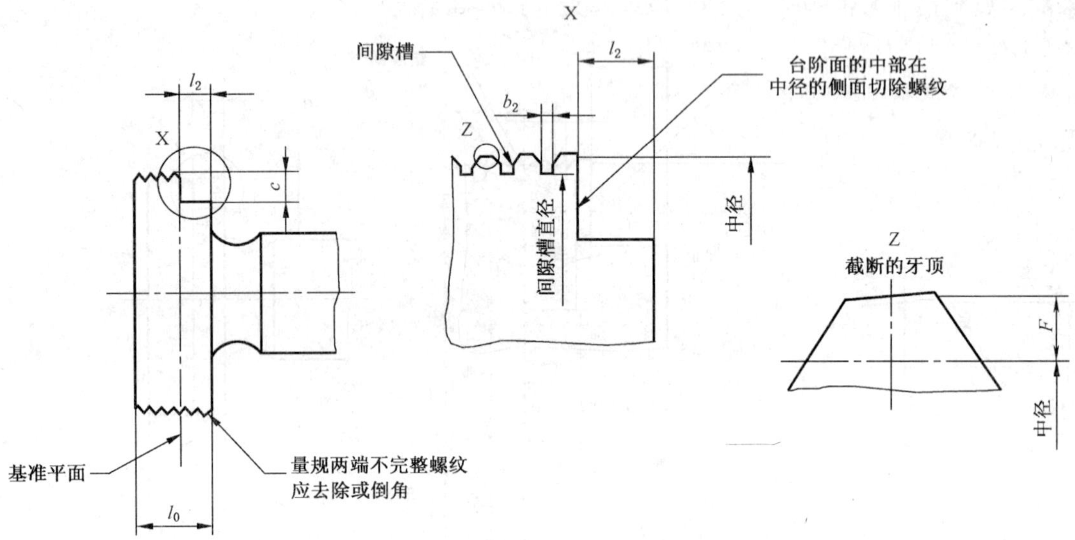

图 6 截短牙型圆锥螺纹校对塞规(No.5 规)

表 7

单位为毫米

螺纹尺寸代号	螺距 P	基准平面上的尺寸			间隙槽宽度 b_2	台阶的高度 c	量规的全长 l_0	公差台阶的长度 l_2	中径至被截断面的径向距离 F
		大径 d、D	中径 d_2、D_2	小径 d_1、D_1					
1/16	0.907	7.723	7.142	6.561	0.3	1.8	5.6	2.268	0.145
1/8	0.907	9.728	9.147	8.566	0.3	1.8	5.6	2.268	0.145
1/4	1.337	13.157	12.301	11.445	0.4	2.4	8.4	3.342	0.214
3/8	1.337	16.662	15.806	14.950	0.4	2.4	8.8	3.342	0.214
1/2	1.814	20.955	19.793	18.631	0.5	3.3	11.4	4.536	0.290
3/4	1.814	26.441	25.279	24.117	0.5	4.5	12.7	4.536	0.290
1	2.309	33.249	31.770	30.291	0.8	5.8	14.5	5.773	0.369
1¼	2.309	41.910	40.431	38.952	0.8	5.8	14.5	5.773	0.369
1½	2.309	47.803	46.324	44.845	0.8	5.8	14.5	5.773	0.369
2	2.309	59.614	58.135	56.656	0.8	5.8	15	5.773	0.369
2½	2.309	75.184	73.705	72.226	0.8	6.9	17.5	6.927	0.369
3	2.309	87.884	86.405	84.926	0.8	6.9	18.5	6.927	0.369
4	2.309	113.030	111.551	110.072	0.8	6.9	20	6.927	0.369
5	2.309	138.430	136.951	135.472	0.8	10	24	6.927	0.369
6	2.309	163.830	162.351	160.872	0.8	10	24	6.927	0.369

注:大径、中径和小径列中给出的值为基本数值,用于计算 7.3.1 中基准平面上的直径。

6.5　截短牙型圆柱螺纹校对环规(No.6 规)

No.6 规是在 No.3 规的基础上进行设计的,只是没有公差台阶。

No.6 规的螺纹在牙顶处被截断,并在螺纹牙底处开有间隙槽,以确保在测量时中径能啮合上。

No.6 规的某一端面进行标记来表示基准平面的位置,该标记应为"基准平面"或其他词或由量规制造商和购买方双方协商认可的符号。

No.6 规的型式及尺寸见图 7 和表 8。

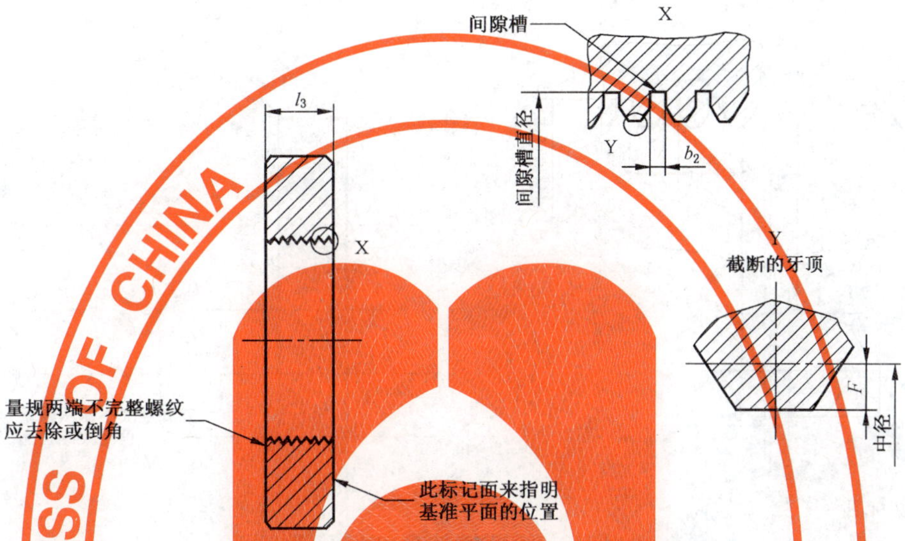

图 7　截短牙型圆柱螺纹校对环规(No.6 规)

表 8

单位为毫米

螺纹尺寸代号	螺距 P	基准平面上的尺寸			间隙槽宽度 b_2	量规的全长 l_3	中径至被截断面的径向距离 F
		大径 d、D	中径 d_2、D_2	小径 d_1、D_1			
1/16	0.907	7.723	7.142	6.561	0.3	4.8	0.145
1/8	0.907	9.728	9.147	8.566	0.3	4.8	0.145
1/4	1.337	13.157	12.301	11.445	0.4	7.3	0.214
3/8	1.337	16.662	15.806	14.950	0.4	7.6	0.214
1/2	1.814	20.955	19.793	18.631	0.5	9.9	0.290
3/4	1.814	26.441	25.279	24.117	0.5	11.3	0.290
1	2.309	33.249	31.770	30.291	0.8	12.7	0.369
1¼	2.309	41.910	40.431	38.952	0.8	15	0.369
1½	2.309	47.803	46.324	44.845	0.8	15	0.369
2	2.309	59.614	58.135	56.656	0.8	18.1	0.369
2½	2.309	75.184	73.705	72.226	0.8	20.9	0.369
3	2.309	87.884	86.405	84.926	0.8	24.1	0.369
4	2.309	113.030	111.551	110.072	0.8	28.8	0.369
5	2.309	138.430	136.951	135.472	0.8	32	0.369
6	2.309	163.830	162.351	160.872	0.8	32	0.369

注:大径、中径和小径列中给出的值为基本数值,用于计算 7.4.1 中基准平面上的直径。

6.6 螺纹牙底

No.1 规、No.2 规和 No.3 规的螺纹牙底为一圆角，半径为 0.137 329P。

No.5 规和 No.6 规的螺纹牙底带一间隙槽或牙底半径小于 0.137 329P 的 V 形角，间隙槽中心线允许相对于螺纹牙型中心线有一定偏差，其极限见图 8。

注：若 No.5 规(或 No.6 规)螺纹牙底的半径被减少，而确保与 No.3 规(或 No.1 规、No.2 规)的螺纹牙顶不会产生干涉时，则 No.5 规(或 No.6 规)间隙槽可省去。

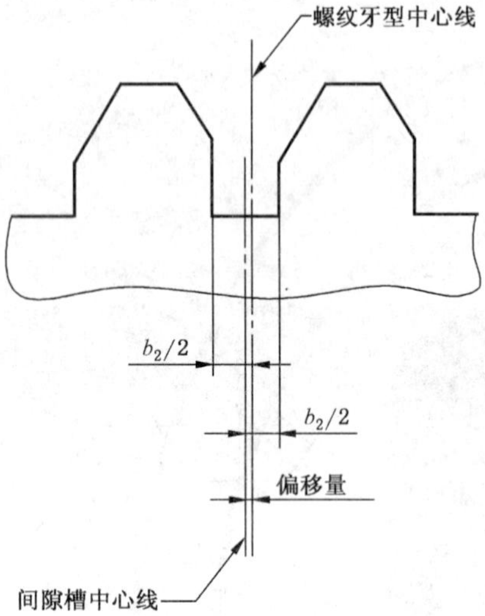

螺纹尺寸代号	偏移量/mm max
1/16～3/8	0.04
1/2～6	0.05

图 8 间隙槽的允许偏移量

6.7 螺纹倒角

量规两端的不完整螺纹及 No.2 规空刀的两端螺纹应去除或倒角见图 9 所示。

注：量规不完整螺纹(包括已被倒角的螺纹)在使用中可能被损伤。

不完整螺纹的去除量宜在(0.5～1)P 之间。

在 No.2 规上空刀和公差台阶间至少应保留一个完整螺纹。

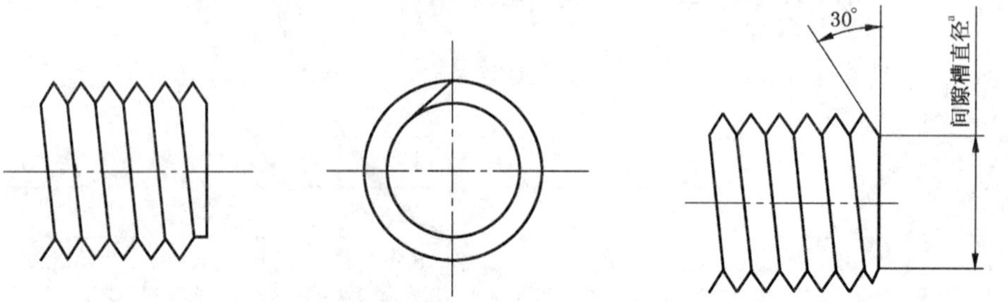

a) 不完整螺纹的去除　　b) 不完整螺纹的倒角

注 1：图 a)表示被去除的一个完整螺纹。

注 2：图 a)和图 b)表示外螺纹，对内螺纹同样适用。

[a] 在小径处(外螺纹)或在大径处(内螺纹)。

图 9 不完整螺纹的去除或倒角

7 量规尺寸和制造公差

7.1 全牙型圆锥螺纹塞规(No.1 规和 No.2 规)和全牙型圆柱螺纹环规(No.3 规)

7.1.1 量规尺寸

No.1 规、No.2 规和 No.3 规的尺寸见表 3、表 4 和表 5。

No.1 规、No.2 规和 No.3 规基准平面上的螺纹直径计算公式见表 9。

表 9

基准平面上的直径	全牙型圆锥螺纹塞规 （No.1 规、No.2 规）	全牙型圆柱螺纹环规 （No.3 规）
大径（No.1 规、No.2 规）或 间隙槽直径（No.3 规）	$(D+T_{PL})\pm T_{PL}$	$>d$
中径	$(D_2+T_{PL})\pm 0.5T_{PL}$	中径由 No.5 规来控制（见 8.1.2）
小径（No.3 规）或 间隙槽直径（No.1 规、No.2 规）	$<D_1$	$(d_1-T_R)\pm T_R$
注 1：No.1 规、No.2 规的大径比 No.4 规上的基本直径增加一个 T_{PL} 值来提供一个磨损允许量（见表 10）。 注 2：No.3 规的小径比 No.4 规上的基本直径减少一个 T_R 值来提供一个磨损允许量（见表 10）。		

7.1.2 量规制造公差

7.1.2.1 螺纹直径公差：No.1 规、No.2 规和 No.3 规的的螺纹直径公差见表 10。

表 10

螺纹尺寸代号	螺纹直径公差/μm	
	T_{PL}	T_R
1/16 和 1/8	8	12
1/4 和 3/8	8	14
1/2 和 3/4	10	14
1～2	12	18
2½～6	16	24

7.1.2.2 长度尺寸偏差：No.1 规、No.2 规和 No.3 规的长度尺寸偏差见表 11。

表 11

螺纹尺寸代号	长度尺寸偏差/mm			
	l_0、l_6、l_9	l_1、l_2、l_4	l_3	b_2
1/16～3/8	$^{+0.013}_{0}$	±0.013	$^{0}_{-0.013}$	±0.04
1/2 和 3/4	$^{+0.013}_{0}$	±0.013	$^{0}_{-0.013}$	±0.05
1	$^{+0.013}_{0}$	±0.025	$^{0}_{-0.025}$	±0.05
1¼～6	$^{+0.025}_{0}$	±0.025	$^{0}_{-0.025}$	±0.05

7.1.2.3 螺距公差：No.1 规、No.2 规和 No.3 规的螺距公差见表 12。

7.1.2.4 牙型半角偏差：No.1 规、No.2 规和 No.3 规的牙型半角偏差 $T_{\alpha 1}/2$ 见表 12。

表 12

螺纹尺寸代号	螺距公差 T_P/μm	牙侧角偏差/(′)	
		$T_{\alpha1}/2$	$T_{\alpha2}/2$
1/16 和 1/8	8	±15	±16
1/4 和 3/8	8	±13	±16
1/2 和 3/4	8	±11	±14
1～2	10	±10	±14
2½～6	12	±10	±14
注：牙侧角为 27.5°。			

7.1.2.5 锥度公差：No.1 规和 No.2 规的锥度公差在直径上测量，为：$(5+l)$ μm。

注 1：锥度公差适用于公差值将倾向于增大锥度，即锥角变大。

注 2：式中 l 是相关量规（l_0，l_1，l_2 等）的全长（单位为毫米），但不包括量规两端的第一个完整螺纹。例：螺纹尺寸代号为 2 的 No.1 规的直径公差为：$(5+l_0)$ μm＝(5＋15) μm＝20 μm。

7.2 圆锥光滑环规（No.4 规）

7.2.1 量规尺寸

No.4 规的尺寸见表 6。

No.4 规的基准平面上的直径＝$(d-T_R)\pm0.75\ T_R$。

注：No.4 规的直径比基准平面上的直径减少一个 T_R 值来提供一个磨损允许量（见表 10）。

7.2.2 量规制造公差

7.2.2.1 直径公差：No.4 规的的直径公差见表 10。

7.2.2.2 长度尺寸偏差：No.4 规的长度尺寸偏差见表 11。

7.2.2.3 锥度公差：No.4 规的锥度公差在直径上测量，为：$(10+l)$ μm。

注 1：锥度公差适用于公差值将倾向于减小锥度，即锥角变小。

注 2：式中 l 是相关量规（l_0，l_1，l_2 等）的全长（单位为毫米），但不包括量规小端处的沉孔。

7.3 截短牙型圆锥螺纹校对塞规（No.5 规）

7.3.1 量规尺寸

No.5 规的尺寸见表 7。

No.5 规基准平面上的螺纹直径计算公式见表 13。

表 13

基准平面上的直径	截短牙型圆锥螺纹校对塞规（No.5 规）
大径	$(d_2-T_R+2F)\pm T_{CP}$
中径	$(d_2-T_R)\pm0.5T_{CP}$
间隙槽直径	$>(d_1-T_R-0.75T_R)$
注：除了螺纹直径应比基准平面上的基准直径减少一个 T_R 值与 No.3 规尺寸相同减少一致外；截断牙型的大径和间隙槽牙型的小径应进一步减少，以确保使用时在牙顶和牙底有间隙。	

7.3.2 量规制造公差

7.3.2.1 螺纹直径公差：No.5 规的螺纹直径公差见表 14。

表 14

螺纹尺寸代号	螺纹直径公差 T_{CP}/μm
1/16 和 1/8	8
1/4 和 3/8	8
1/2 和 3/4	8
1～2	10
2½～6	12

7.3.2.2　长度尺寸偏差：No.5 规的长度尺寸偏差见表 11。

7.3.2.3　螺距公差：No.5 规的螺距公差见表 12。

7.3.2.4　牙侧角偏差：No.5 规的牙侧角偏差 $T_{\alpha2}/2$ 见表 12。

7.3.2.5　锥度公差：No.5 规的锥度公差在直径上测量，为：$(5+l)$ μm。

注 1：锥度公差适用于公差值将倾向于增大锥度，即锥角变大。

注 2：式中 l 是相关量规(l_0，l_1，l_2 等)的全长(单位为毫米)，但不包括量规两端的第一个完整螺纹。例：螺纹尺寸代号为 2 的 No.5 规的直径公差为：$(5+l_0)$ μm＝$(5+15)$ μm＝20 μm。

7.4　截短牙型圆柱螺纹校对环规(No.6 规)

7.4.1　量规尺寸

No.6 规的尺寸见表 8。

No.6 规基准平面上的螺纹直径计算公式见表 15。

7.4.2　量规制造公差

7.4.2.1　螺纹直径公差：No.6 规的螺纹直径公差见表 14。

7.4.2.2　长度尺寸公差：No.6 规的长度尺寸公差见表 11。

7.4.2.3　螺距公差：No.6 规的螺距公差见表 12。

7.4.2.4　牙侧角偏差：No.6 规的牙侧角偏差 $T_{\alpha2}/2$ 见表 12。

表 15

基准平面上的直径	截短牙型圆柱螺纹校对环规(No.6 规)
间隙槽直径	$>(d+2T_{PL})$
中径	中径由 No.5 规来控制(见 8.1.5)
小径	$(D_2-2F)\pm T_{PL}$
注：除了中径被调整外，如 No.5 规的中径允许变动；加工间隙槽或截断牙型使大径和小径改变，以确保使用时在牙顶和牙底有间隙。	

8　量规的检验

8.1　新制量规的检验

8.1.1　全牙型圆锥螺纹塞规(No.1 规和 No.2 规)

No.1 规和 No.2 规应采用直接测量法检验且与 7.1.1 和 7.1.2 中规定的尺寸和公差相符，但中径除外。中径可以用 No.6 规进行检验，通常由制造者来实施，除非有专门的规定才由购买方进行。

No.1 规和 No.2 规的台阶面应落在图 10 所示的、相对于 No.6 规的端面极限范围内。No.6 规的基准平面位置应有标记。

注：当对 No.1 规和 No.2 规的中径精度有争议时，用直接测量法所获得的结果将优于用 No.6 规所得到的结果。

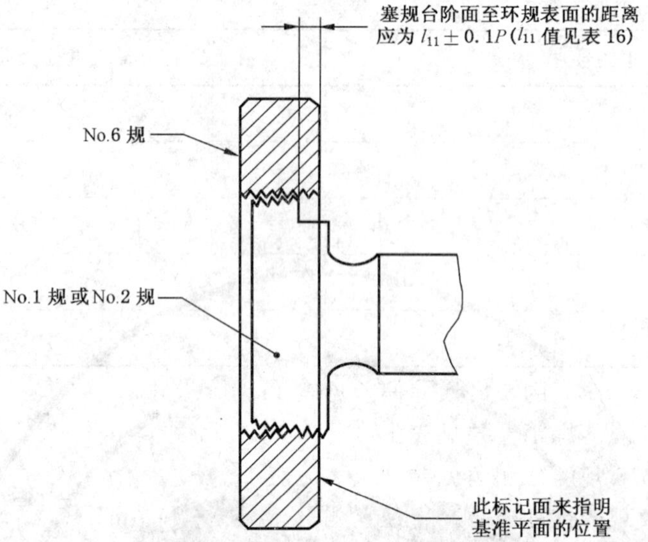

图 10　用 No.6 规来检验新制 No.1 规或 No.2 规的中径

表 16

螺纹尺寸代号	尺寸/mm			
	l_{11}	l_{12}	l_{13}	l_{14}
1/16	0.326	0.064	0.681	0.419
1/8	0.326	0.064	0.681	0.419
1/4	0.680	0.064	1.142	0.558
3/8	0.680	0.064	1.142	0.558
1/2	1.009	0.064	1.622	0.677
3/4	1.009	0.064	1.622	0.677
1	1.265	0.080	2.035	0.865
1¼	1.265	0.080	2.035	0.865
1½	1.265	0.080	2.035	0.865
2	1.265	0.080	2.035	0.865
2½	1.705	0.096	2.539	0.961
3	1.705	0.096	2.539	0.961
4	1.705	0.096	2.539	0.961
5	1.705	0.096	2.539	0.961
6	1.705	0.096	2.539	0.961

注：$l_{11}=0.5T_2-0.5P-\frac{(T_{PL}+T_R)}{0.0625\times10^3}$ (mm)；$l_{12}=\frac{T_{CP}}{2\times0.0625\times10^3}$ (mm)；$l_{13}=0.5T_2-0.5P-\frac{T_R}{0.0625\times10^3}+0.25P$(mm)；$l_{14}=\frac{T_R}{0.0625\times10^3}+0.25P$ (mm)

式中：T_2 和 P 的单位为毫米；T_{PL}、T_R 和 T_{CP} 单位为微米。

8.1.2 全牙型圆柱螺纹环规(**No.3 规**)

No.3 规中径应采用 No.5 规或直接测量法进行检验;其他尺寸用直接测量法进行检验且与 7.1.1 和 7.1.2 中规定的尺寸和公差相符。

No.5 规的台阶面应落在 No.3 规表面的 ±0.1P 范围内,见图 11 所示。此表面为其台阶的相反面。

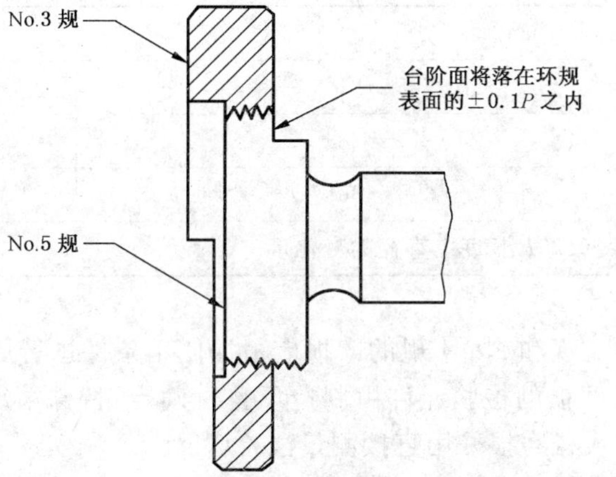

图 11 用 **No.5** 规来检验新制 **No.3** 规的中径

8.1.3 光滑圆锥环规(**No.4 规**)

No.4 规应采用直接测量法检验且与 7.2.1 和 7.2.2 中规定的尺寸和公差相符。

8.1.4 截短牙型圆锥螺纹校对塞规(**No.5 规**)

No.5 规应采用直接测量法检验且与 7.3.1 和 7.3.2 中规定的尺寸和公差相符。

8.1.5 截短牙型圆柱螺纹校对环规(**No.6 规**)

No.6 规中径应采用 No.5 规进行检验;其他尺寸用直接测量法进行检验且与 7.4.1 和 7.4.2 中规定的尺寸和公差相符。No.5 规的台阶面应落在 No.6 规表面的极限范围内,见图 12 所示。

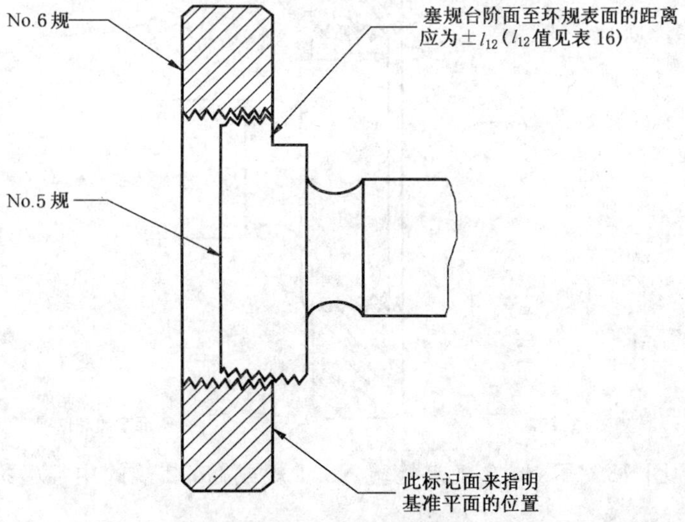

图 12 用 **No.5** 规来检验新制 **No.6** 规的中径

8.2 量规磨损的检验

8.2.1 尺寸的允许磨损量

No.1 规、No.2 规和 No.3 规基准平面上的基本直径的允许磨损量见表 17。

No.5 规在任何时候都应落在 7.3.1 规定的公差带内，而 No.6 规在任何时候都应落在 7.4.1 规定的公差带内。

表 17

螺纹尺寸代号	允许磨损量 $W/\mu m$	
	全牙型圆锥螺纹塞规(No.1 规和 No.2 规)	全牙型圆柱螺纹环规(No.3 规)
1/16 和 1/8	−14	+14
1/4 和 3/8	−21	+21
1/2 和 3/4	−28	+28
1～6	−36	+36
注：W 值为相对于圆锥螺纹 0.25P 长度上直径的变化量。		

8.2.2 量规磨损的检验

No.1 规、No.2 规、No.3 规和 No.4 规的磨损应根据使用条件进行周期性检验。

No.1 规、No.2 规中径磨损的检验允许由制造厂自行确定；特殊情况下，由用户规定用 No.6 规进行检验。No.1 规、No.2 规大径磨损采用直接测量法检验。

当 No.1 规、No.2 规采用直接测量法检验时，若量规大径和(或)中径落在基本大径和(或)基本中径下一个 W 值(见表 17)之外时，该量规报废。

当 No.1 规、No.2 规采用 No.6 规检验时，若 No.1 规或 No.2 规的台阶面相对于 No.6 规上标有基准平面位置标记的表面超过图 13 所示的极限时，该量规也报废。

注：当对 No.1 规或 No.2 规的中径精度有争议时，用直接测量法所获得的结果将优于用 No.6 规所得到的结果。

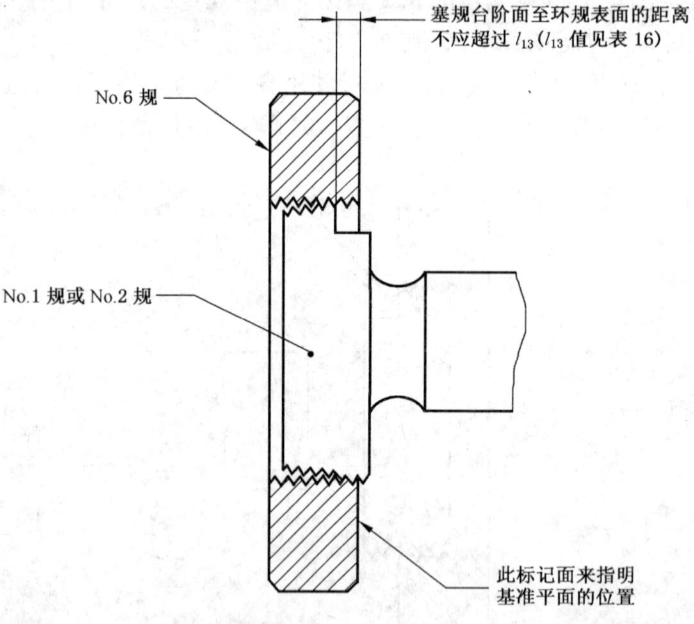

图 13 用 No.6 规来检验 No.1 规或 No.2 规的中径磨损

No.3 规中径磨损应采用 No.5 规进行检验，小径应采用直接测量法检验。

若 No.5 规的台阶进入到 No.3 规的相对于台阶的一端，其值超过图 14 所示的极限，和(或)在 No.3规相对于台阶的那一端的第一个全牙螺纹的小径上磨损超过基本小径一个 W 值(见表 17)，则 No.3 规应报废。

No.4 规应采用直接测量法进行检验，在量规两端处不超过 1P 或更少长度上有局部磨损是可以接受的。

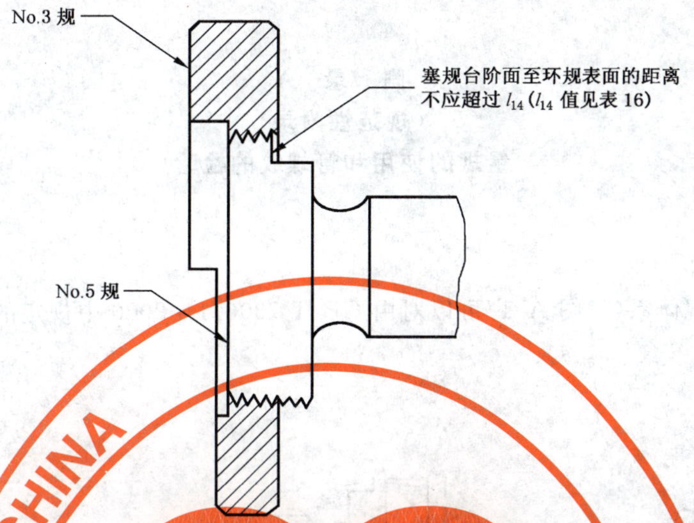

图 14　用 No.5 规来检验 No.3 规的中径磨损

9　量规的标志与包装

9.1　量规上应标志：

a)　制造厂厂名或注册商标；

b)　被检螺纹的螺纹特征代号和尺寸代号(见 GB/T 7306.1—2000)；

c)　量规代号(见表 1)；

d)　公差台阶标记(见 6.1～6.3)和基准平面标记(见 6.5)；

e)　出厂年号。

9.2　量规包装盒上至少应标志：

a)　制造厂厂名或注册商标；

b)　被检螺纹的螺纹特征代号和尺寸代号(见 GB/T 7306.1—2000)；

c)　量规代号。

9.3　量规在包装前应经防锈处理并妥善包装。不得出现因包装不善导致在运输过程中损坏产品的情况。

9.4　量规经检验符合本标准要求的，应附有产品合格证。产品合格证上应标有本标准的标准号和出厂日期。

附　录　A
（规范性附录）
量规的使用和管螺纹的检验

A.1　概述

本部分规定的量规体系（见图 A.1）可以对由 GB/T 7306.1—2000 中规定的要求进行控制和检验。

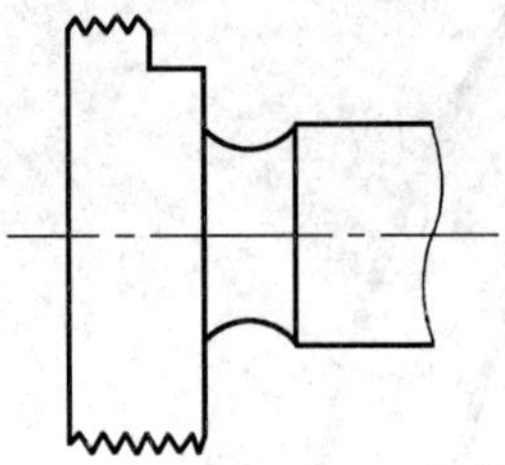

全牙型圆锥螺纹
塞规 No.1 规

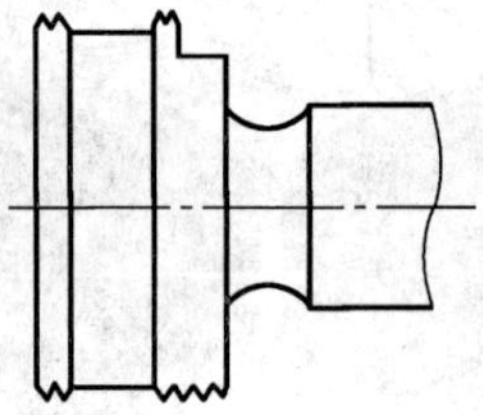

带空刀的全牙型圆锥
螺纹塞规 No.2 规

全牙型圆柱螺纹
环规 No.3 规

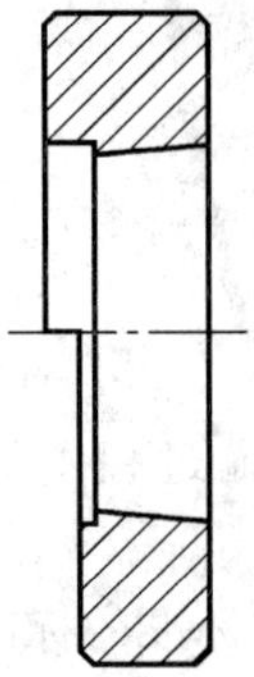

光滑圆锥环规
No.4 规

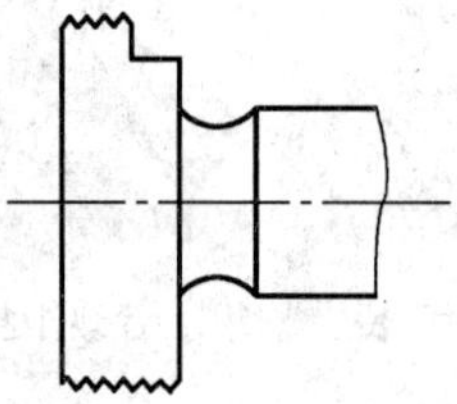

截短牙型圆锥螺纹
校对塞规 No.5 规

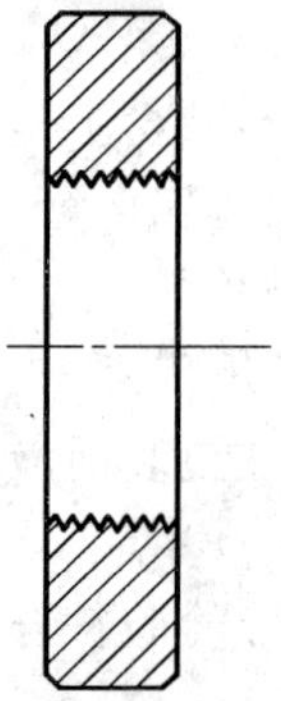

截短牙型圆柱螺纹
校对环规 No.6 规

图 A.1　量规体系和量规名称

当检验螺纹工件时，宜选择表 A.1 中规定的量规。当检验发生争议时，若判定工件为合格的量规是符合本标准要求的，则该工件应作为合格处理。

表 A.1

工件螺纹		中径公差与大径	容纳长度	中径公差与小径	有效螺纹长度	大径
内螺纹	圆柱，R_P	No.1 规和(或)No.2 规	No.2 规	—	—	—
外螺纹	圆锥，R_1	—	—	No.3 规	No.4 规[a]	No.4 规

[a] 在适配允许区域内的螺纹应采用目视或其他方法检验。

A.2 圆柱内螺纹(R_P)的检验

当需要对工件内螺纹的尺寸和容纳长度同时进行一次检验时，应采用本条款的检验程序；当工件设计时已确保了足够的容纳长度，No.2规可省去，但应指出不用No.2规是检验不出螺纹是否具备足够的容纳长度。

如果检验的每一个步骤都能满足要求，并且量规台阶的位置相对于螺纹工件的端面在每一个步骤中都是同样处在0.5P读数的总范围内，则内螺纹达到了GB/T 7306.1—2000的要求。

注1：当制造商和购买方同意在工件装配时，使用螺纹密封介质来补偿检测结果中增大的差值的情况下，No.1规和No.2规的量规台阶的相对位置的变动量允许超过0.5P但不应大于1P。

注2：对于圆柱内螺纹(R_P)，若在螺纹大径处的倒角深度大于或小于0.5P，则对量规的检测结果会略受影响。

第一步：将No.1规用手旋紧至内螺纹中，若螺纹工件的端面处于台阶面之间或刚好与量规的任一台阶面相齐平(见图A.2)，则该内螺纹处于允许公差带内。

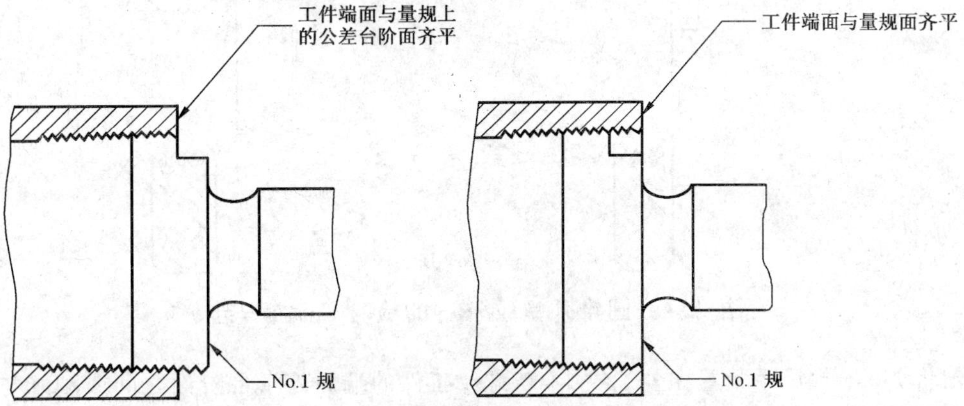

图 A.2 圆柱内螺纹(R_P)的检验——第一步

第二步：将No.2规用手旋紧至内螺纹中，若螺纹工件的端面处于台阶面之间或刚好与量规的任一台阶面相齐平(见图A.3)，则该内螺纹处于允许公差带内。

注3：若工件被No.2规拒收，但被No.1规接收，则可能表明容纳长度不够。

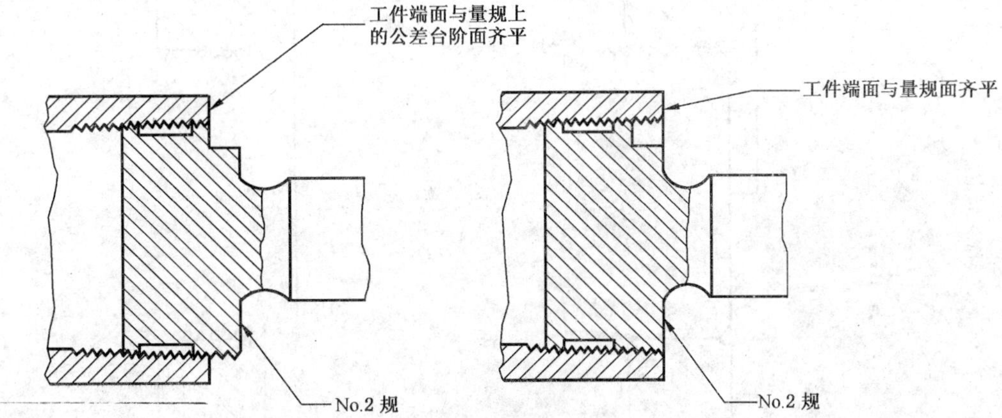

图 A.3 圆柱内螺纹(R_P)的检验——第二步

A.3 圆锥外螺纹(R_1)的检验

当需要对工件外螺纹进行全面检验时，应采用本条款的检验程序。

如果检验的每一个步骤都能满足要求，并且量规台阶的位置相对于螺纹工件的端面在每一个步骤中都是同样处在 0.5P 读数的总范围内，则外螺纹达到了 GB/T 7306.1—2000 的要求。

注：当制造商和购买方同意在工件装配时，使用螺纹密封介质来补偿的检测结果中增大的差值的情况下，No.3 规和 No.4 规的量规台阶的相对位置的变动量允许超过 0.5P 但不应大于 1P。

第一步：将 No.3 规用手旋紧至外螺纹中，若螺纹工件的端面处于台阶面之间或刚好与量规的任一台阶面相齐平（见图 A.4），则该外螺纹处于允许公差带内。

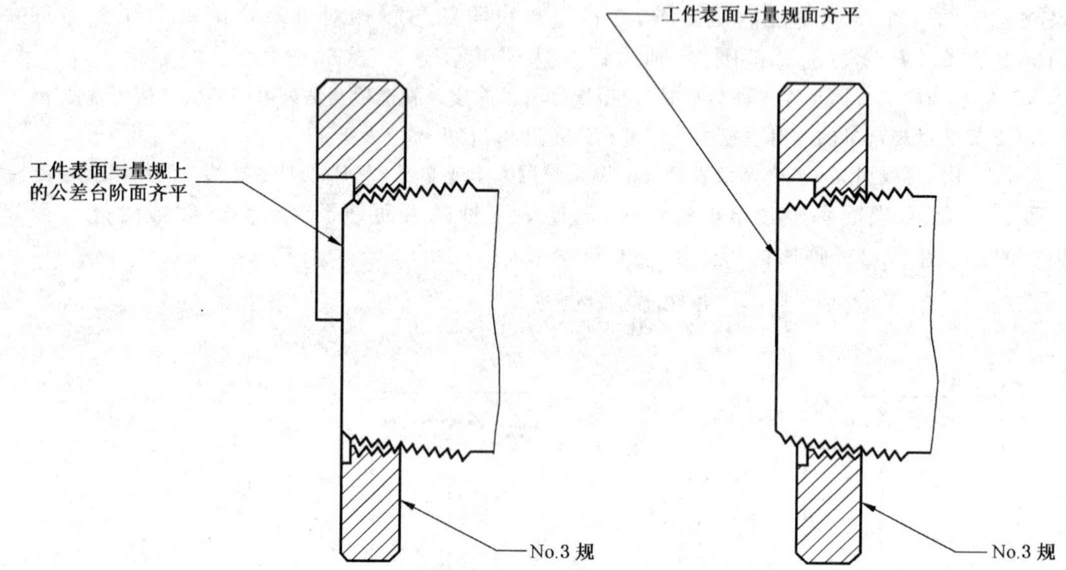

图 A.4　圆锥外螺纹（R_1）的检验——第一步

第二步：将 No.4 规用手紧置在外螺纹上，若螺纹工件的端面处于台阶面之间或刚好与量规的任一台阶面相齐平（见图 A.5），则该外螺纹处于允许公差带内。

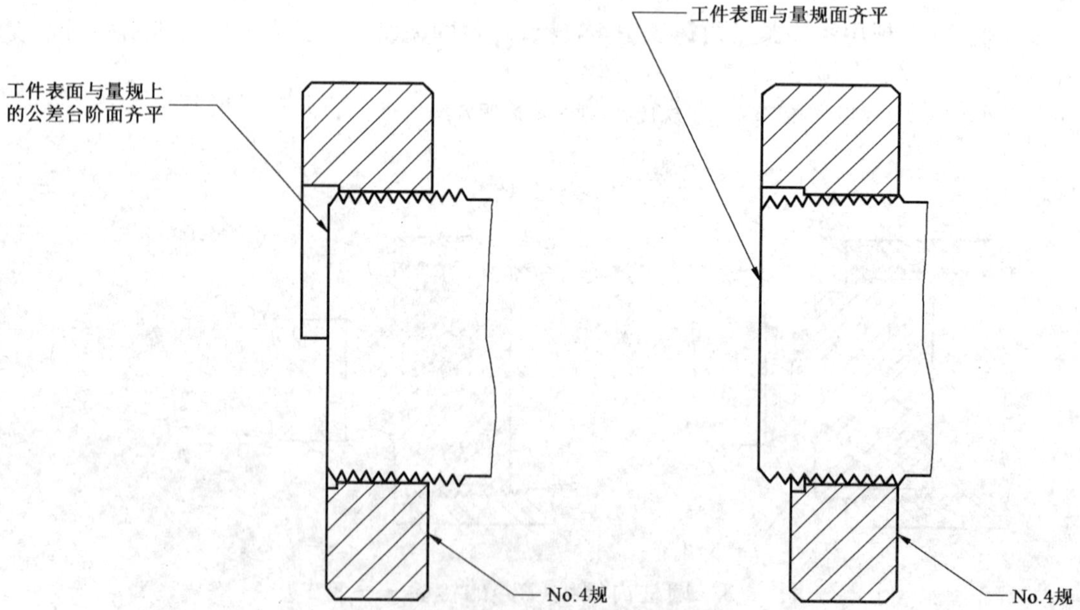

图 A.5　圆锥外螺纹（R_1）的检验——第二步

ICS 17.040.30
J 42

GB

中华人民共和国国家标准

GB/T 22092—2008

电子数显测微头和深度千分尺

Fixed micrometer and depth micrometer with electronic digital display

2008-06-25 发布　　2009-01-01 实施

中华人民共和国国家质量监督检验检疫总局
中国国家标准化管理委员会　发布

前　言

本标准的附录 A 为资料性附录。

本标准由中国机械工业联合会提出。

本标准由全国量具量仪标准化技术委员会(SAC/TC 132)归口。

本标准负责起草单位:苏州麦克龙测量技术有限公司。

本标准参加起草单位:成都工具研究所。

本标准主要起草人:黄晓宾、张洪玲、姜志刚。

电子数显测微头和深度千分尺

1 范围

本标准规定了电子数显测微头和深度千分尺的术语和定义、型式与基本参数、要求、试验方法、检验方法、标志与包装等。

本标准适用于分辨力高于或等于 0.001 mm，量程小于或等于 30 mm 的电子数显测微头和深度千分尺。量程等于 50 mm 的电子数显测微头和深度千分尺参见附录 A。

2 规范性引用文件

下列文件中的条款通过本标准的引用而成为本标准的条款。凡是注日期的引用文件，其随后所有的修改单(不包括勘误的内容)或修订版均不适用于本标准，然而，鼓励根据本标准达成协议的各方研究是否使用这些文件的最新版本。凡是不注日期的引用文件，其最新版本适用于本标准。

GB/T 1216—2004　外径千分尺

GB/T 2423.3—2006　电工电子产品环境试验　第 2 部分：试验方法　试验 Cab：恒定湿热试验(IEC 60068-2-78：2001，IDT)

GB/T 2423.22—2002　电工电子产品环境试验　第 2 部分：试验方法　试验 N：温度变化(IEC 60068-2-14：1984，IDT)

GB 4208—2008　外壳防护等级(IP 代码)

GB/T 17163　几何量测量器具术语　基本术语

GB/T 17164　几何量测量器具术语　产品术语

GB/T 17626.2—2006　电磁兼容　试验和测量技术　静电放电抗扰度试验(IEC 61000-4-2：2001，IDT)

GB/T 17626.3—2006　电磁兼容　试验和测量技术　射频电磁场辐射抗扰度试验(IEC 61000-4-3：2002，IDT)

3 术语和定义

GB/T 17163 和 GB/T 17164 中确立的以及下列术语和定义适用于本标准。

3.1

电子数显千分尺数显装置　electronic digital indicating devices for micrometer

利用角度传感器、电子和数字显示技术，计算并显示电子数显千分尺的螺旋副位移的装置。以下简称“电子数显装置”。

3.2

最大允许误差(MPE)　maximum permissible error

由技术规范、规则等对电子数显测微头和深度千分尺规定的误差极限值。

3.3

浮动零位　floating zero

在测量范围内任意位置设定零位。

4 型式与基本参数

4.1 型式

电子数显测微头的型式见图1所示；电子数显深度千分尺的型式见图2所示。图示仅供图解说明，不表示详细结构。

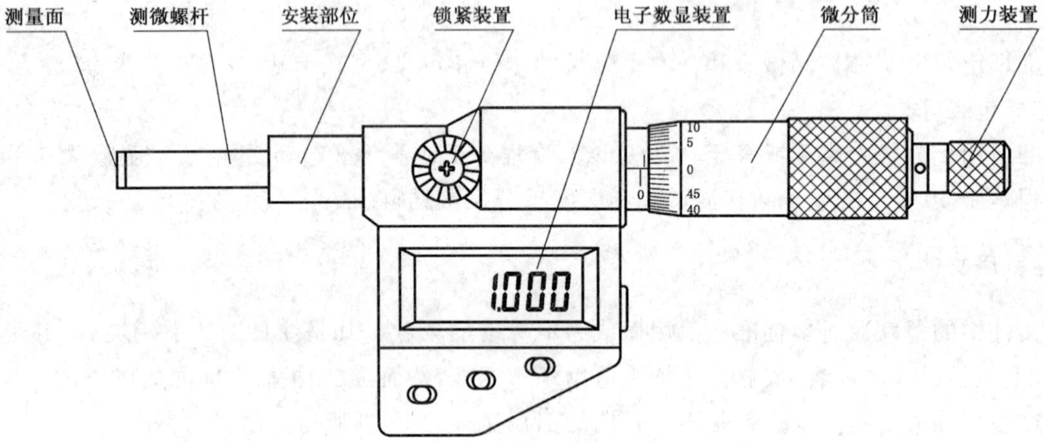

图1 电子数显测微头的型式示意图

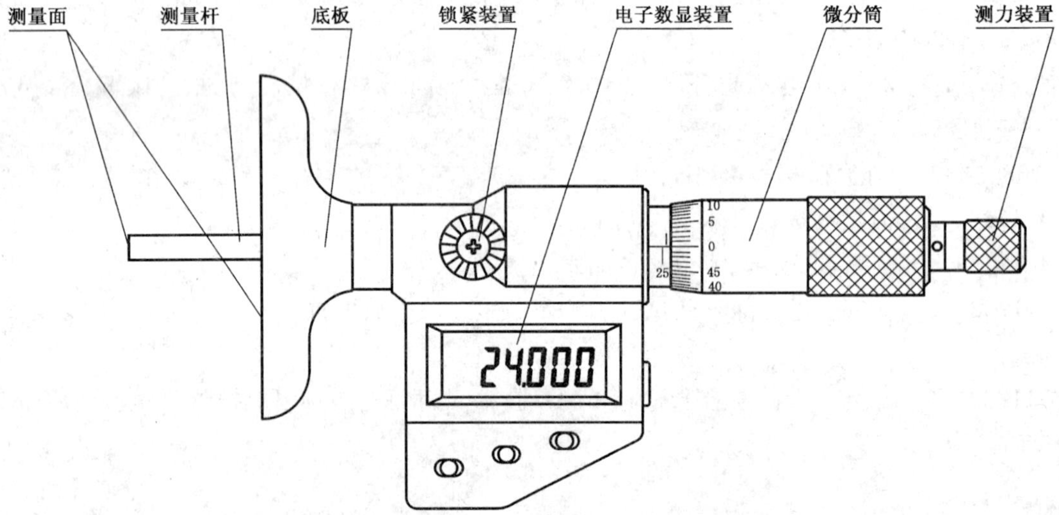

图2 电子数显深度千分尺的型式示意图

4.2 基本参数

4.2.1 电子数显测微头和深度千分尺测微螺杆的螺距宜为0.5 mm或1 mm。

4.2.2 电子数显测微头和深度千分尺的量程宜为25 mm或30 mm。

4.2.3 电子数显测微头安装部位的直径宜为ϕ12h6。

4.2.4 电子数显深度千分尺的测量范围的下限宜为0或25 mm的整数倍。

5 要求

5.1 外观

5.1.1 电子数显测微头和深度千分尺表面不应有影响外观和使用性能的裂痕、划伤、碰伤、锈蚀、毛刺等缺陷。

5.1.2 电子数显测微头和深度千分尺表面的镀、涂层不应有脱落和影响外观的色泽不均等缺陷。

5.1.3 电子数显装置的数字显示屏应透明、清洁，无划痕、气泡等影响读数的缺陷。

5.2 材料

5.2.1 底板应选择合金工具钢、不锈钢或其他性能类似的材料制造。

5.2.2 测微螺杆和测量杆应选择合金工具钢、不锈钢或其他性能类似的材料制造；测量面宜镶硬质合金或为其他耐磨材料。

5.3 相互作用

5.3.1 测微螺杆和螺母之间在全量程范围内应充分啮合，配合良好，不应出现卡滞和明显窜动。

5.3.2 测微螺杆伸出的光滑圆柱部分与轴套之间的配合应良好，不应出现明显摆动。

5.4 测力装置

电子数显测微头和深度千分尺宜具有测力装置。通过测力装置作用到测量面的测量力应在 4 N～10 N 之间，测量力变化不应大于 2 N。

5.5 锁紧装置

电子数显测微头和深度千分尺宜有锁紧装置。锁紧装置应能有效地锁紧测微螺杆。锁紧后测量面的距离变化应不大于 2 μm。

5.6 底板

底板的长度宜为 50 mm 或 100 mm。

5.7 测量杆

测量杆相互之间的长度差等于量程，应成套检测。更换测量杆后的对零误差应不大于表 1 的规定。

5.8 测量面

5.8.1 合金工具钢测量面的硬度不应小于 760 HV1(或 61.8 HRC)；不锈钢测量面的硬度不应小于 575 HV(或 53 HRC)。

5.8.2 测微螺杆和测量杆的测量面应为平面或球面。平测量面的平面度误差不应大于 0.3 μm。

5.8.3 长度为 50 mm 的底板测量面的平面度误差应不大于 1.5 μm，长度为 100 mm 的底板测量面的平面度误差应不大于 2.0 μm。

5.8.4 电子数显测微头的测微螺杆测量面对其轴线的垂直度误差应不大于 0.6 μm。

5.9 标尺

如电子数显测微头和深度千分尺有标尺，其要求按 GB/T 1216—2004 中 5.9 的规定。

5.10 电子数显装置

5.10.1 功能键

电子数显装置的功能键应灵活、可靠，标注的符号或图文应清晰且含义准确。

5.10.2 数字显示屏

电子数显装置的数字显示应清晰、完整，无闪跳现象。

5.10.3 角度传感器

电子数显装置的角度传感器宜为二等分、四等分、五等分。

5.10.4 分度误差

电子数显装置的分度误差不应大于 0.002 mm。

5.10.5 数值漂移

电子数显装置的数值漂移不应大于其分辨力。

5.10.6 电源

电子数显装置的电源电压应为 1.5 V 或 3 V。

5.10.7 通讯接口

5.10.7.1 电子数显装置宜设置通讯接口。

5.10.7.2 电子数显装置的通讯接口宜为 RS-232 或 USB。制造商应能够提供电子数显装置与其他设备之间的通讯电缆和通讯软件。

5.10.8 防护等级(IP)

电子数显装置应具有防水、防尘能力,其防护等级不得低于IP40(见GB 4208—2008)。

5.10.9 工作环境

电子数显装置应能在环境温度0 ℃~40 ℃、相对湿度不大于80%的条件下,进行正常工作。

5.10.10 抗静电干扰能力和抗电磁干扰能力

电子数显装置的抗静电干扰能力和抗电磁干扰能力均不应低于1级(见GB/T 17626.2—2006、GB/T 17626.3—2006)。

5.11 最大允许误差

5.11.1 电子数显测微头的最大允许误差为3 μm。

5.11.2 电子数显深度千分尺的最大允许误差应符合表1的规定;安装同一套测量杆中的任意一个测量杆,均应符合表1的规定。

表 1

测量范围/mm	最大允许误差/μm	对零误差/μm
0~25	±4	—
25~50	±5	±2
50~100	±6	±3
100~150	±7	±4
150~200	±8	±5
200~250	±9	±6
250~300	±10	±7

5.12 重复性

电子数显测微头和深度千分尺的重复性不应大于0.001 mm。

6 检验方法

6.1 测量面

6.1.1 测量面的平面度可用二级光学平晶检验。平晶应调整到使其干涉带的数量尽可能的少或使其产生干涉环。测微螺杆和测量杆测量面边缘的0.4 mm区域内、底板测量面边缘的1 mm区域内的平面度忽略不计。

6.1.2 测量面的硬度可在测量面上或距测量面1 mm的部位处检定;对于镶硬质合金或其他耐磨材料的测量面,其硬度可不做检定。

6.1.3 电子数显测微头的测微螺杆测量面的垂直度误差可用自准直仪检验。

6.2 对零误差

检验时,先安装0 mm~25 mm测量杆并校准电子数显深度千分尺的零位,然后更换测量杆,测量相应测量杆下限尺寸的量块,电子数显深度千分尺显示值与量块实际尺寸之差即为对零误差。

6.3 电子数显装置

6.3.1 分度误差

分度误差在1圈内沿测量方向均匀检25点。检验时,分别读出各受检点的电子数显装置显示值与微分筒读数值之差,做出误差曲线,其最高点与最低点之差,即为电子数显装置的分度误差。对于没有微分筒的电子数显测微头和深度千分尺,可以将分度误差不大于20分的鼓轮固定在角度传感器的传动轴上,检验方法同上。

注 1:如果把电子数显测微头和深度千分尺的最大允许误差的检验点投影到角度传感器的同一等分上时有不少于 4 个独立点,此时最大允许误差的检验结果已包含了角度传感器的分度误差,允许不检验分度误差。

注 2:当电子数显装置的角度传感器为二等分或四等分,采用表 2 中的尺寸系列检验最大允许误差时,允许不检验分度误差。当电子数显装置的角度传感器为五等分,采用 5.12 mm、10.24 mm、15.36 mm、21.5 mm、25 mm 尺寸系列检验最大允许误差时,允许不检验分度误差。

6.3.2 数值漂移

在任意位置下使测微螺杆固定,并保持 1 h。观察电子数显装置显示数值的变化。

6.4 最大允许误差

6.4.1 电子数显测微头的最大允许误差

用准确度为 1 级的量块或测长仪检验,检验点见表 2。检验应排除安装的影响,用浮动零位原则判定。

用量块检验时将电子数显测微头紧固在夹具上,并在最小量限处安装一个球测量面的测砧,在两测量面间放入量块进行检验。将各受检点的电子数显测微头显示值与量块尺寸的差值绘制成误差曲线,曲线上最高点与最低点在纵坐标上的差值即为电子数显测微头的示值误差。

6.4.2 电子数显深度千分尺的最大允许误差

将电子数显深度千分尺在其下限尺寸处校准,在精密平板上放置一对等于其上限尺寸的量块,使深度千分尺的底板测量面贴合在量块上,然后在深度千分尺测量杆和精密平板之间放入一组准确度为 1 级的量块(尺寸系列见表 2)进行检验,得出电子数显深度千分尺显示值与量块尺寸的差值,其中绝对值最大的差值为电子数显深度千分尺的示值误差。

对于测量范围的下限大于 25 mm 电子数显深度千分尺,需采用适合于其测量范围的专用量块或将量块研合进行检验。误差的计算方法同上。

表 2

单位为毫米

量　程	量块的尺寸系列
25	2.5;5.1;7.7;10.3;12.9;15;17.6;20.2;22.8;25
30	2.5;5.1;7.7;10.3;12.9;15;17.6;20.2;22.8;25;30

6.5 重复性

在完全相同的测量条件下,重复测量 5 次,其 5 次显示值间的最大差异即为电子数显测微头和深度千分尺的重复性。

7 试验方法

7.1 防水、防尘试验

电子数显测微头和深度千分尺的防水、防尘试验应符合 GB 4208—2008 的规定。

7.2 温度变化试验

电子数显测微头和深度千分尺的温度变化试验应符合 GB/T 2423.22—2002 的规定。

7.3 湿热试验

电子数显测微头和深度千分尺的湿热试验应符合 GB/T 2423.3—2006 的规定。

7.4 抗静电干扰试验

电子数显测微头和深度千分尺的抗静电干扰试验应符合 GB/T 17626.2—2006 的规定。

7.5 抗电磁干扰试验

电子数显测微头和深度千分尺的抗电磁干扰试验应符合 GB/T 17626.3—2006 的规定。

8 标志与包装

8.1 电子数显测微头和深度千分尺上应标志：

a) 制造厂厂名或注册商标；

b) 测量范围；

c) 分辨力；

d) 产品序号；

e) 防护等级高于 IP40 时，宜标有防护等级标志。

如果受尺寸的限制，电子数显测微头允许不标志 a)、b)、c)、e)项。

8.2 测量杆上应标有其长度标称尺寸。

8.3 电子数显测微头和深度千分尺包装盒上至少应标志：

a) 制造厂厂名或注册商标；

b) 产品名称；

c) 测量范围。

8.4 电子数显测微头和深度千分尺在包装前应经防锈处理并妥善包装，不得因包装不善而在运输过程中损坏产品。

8.5 电子数显测微头和深度千分尺经检验符合本标准要求的应附有产品合格证及使用说明书，产品合格证上应标有本标准的标准号、产品序号和出厂日期。

附 录 A
（资料性附录）
量程等于 50 mm 的电子数显测微头和深度千分尺

量程等于 50 mm 的电子数显测微头和深度千分尺的最大允许误差不应大于表 1 的规定值加 1 μm。

量程等于 50 mm 的电子数显测微头和深度千分尺的最大允许误差检验量块的尺寸系列为：5.12 mm，10.24 mm，15.36 mm，21.5 mm，25 mm，30.12 mm，35.24 mm，40.36 mm，46.5 mm，50 mm。

ICS 17.040.30
J 42

中华人民共和国国家标准

GB/T 22093—2008

电子数显内径千分尺

Internal micrometer with electronic digital display

2008-06-25 发布 2009-01-01 实施

中华人民共和国国家质量监督检验检疫总局
中国国家标准化管理委员会 发布

前言

本标准的附录A、附录B均为资料性附录。

本标准由中国机械工业联合会提出。

本标准由全国量具量仪标准化技术委员会(SAC/TC 132)归口。

本标准负责起草单位:苏州麦克龙测量技术有限公司。

本标准参加起草单位:成都工具研究所。

本标准主要起草人:黄晓宾、张洪玲、姜志刚。

电子数显内径千分尺

1 范围

本标准规定了电子数显内径千分尺的术语和定义、型式与基本参数、要求、试验方法、检验方法、标志与包装等。

本标准适用于分辨力高于或等于 0.001 mm，量程小于或等于 100 mm，测量范围上限至 500 mm 的电子数显内径千分尺。测量范围 500 mm～6 000 mm 的电子数显内径千分尺参见附录 B。

2 规范性引用文件

下列文件中的条款通过本标准的引用而成为本标准的条款。凡是注日期的引用文件，其随后所有的修改单(不包括勘误的内容)或修订版均不适用于本标准，然而，鼓励根据本标准达成协议的各方研究是否可使用这些文件的最新版本。凡是不注日期的引用文件，其最新版本适用于本标准。

GB/T 1216—2004 外径千分尺

GB/T 1800.4—1999 极限与配合 标准公差等级和孔、轴的极限偏差表(eqv ISO 286-2:1988)

GB/T 2423.3—2006 电工电子产品环境试验 第 2 部分：试验方法 试验 Cab：恒定湿热试验(IEC 60068-2-78:2001，IDT)

GB/T 2423.22—2002 电工电子产品环境试验 第 2 部分：试验方法 试验 N：温度变化(IEC 60068-2-14:1984，IDT)

GB 4208—2008 外壳防护等级(IP 代码)

GB/T 17163 几何量测量器具术语 基本术语

GB/T 17164 几何量测量器具术语 产品术语

GB/T 17626.2—2006 电磁兼容 试验和测量技术 静电放电抗扰度试验(IEC 61000-4-2:2001，IDT)

GB/T 17626.3—2006 电磁兼容 试验和测量技术 射频电磁场辐射抗扰度试验(IEC 61000-4-3:2002，IDT)

3 术语和定义

GB/T 17163、GB/T 17164 中确立的以及下列术语和定义适用于本标准。

3.1

电子数显千分尺数显装置 electronic digital indicating devices for micrometer

利用角度传感器、电子和数字显示技术，计算并显示电子数显千分尺的螺旋副位移的装置。以下简称“电子数显装置”。

3.2

最大允许误差(MPE) maximum permissible error

由技术规范、规则等对电子数显内径千分尺规定的误差极限值。

4 型式与基本参数

4.1 型式

电子数显内径千分尺的型式见图 1、图 2。图示仅供图解说明，不表示详细结构。

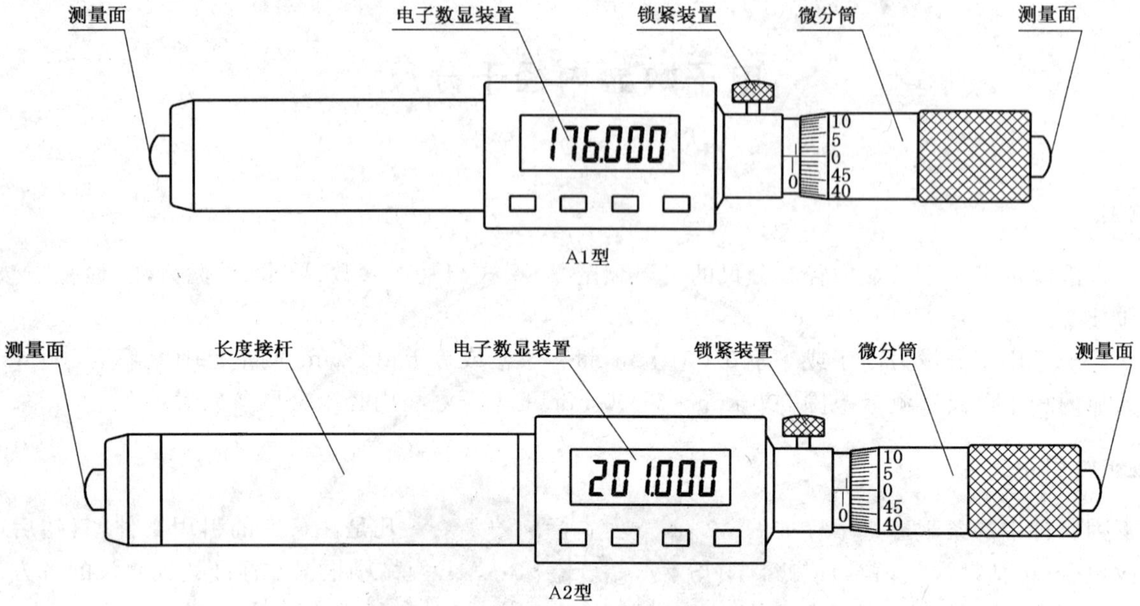

A 型:电子数显 2 点内径千分尺,测微螺杆轴线与角度传感器的轴线和测量面的位移同轴

a)

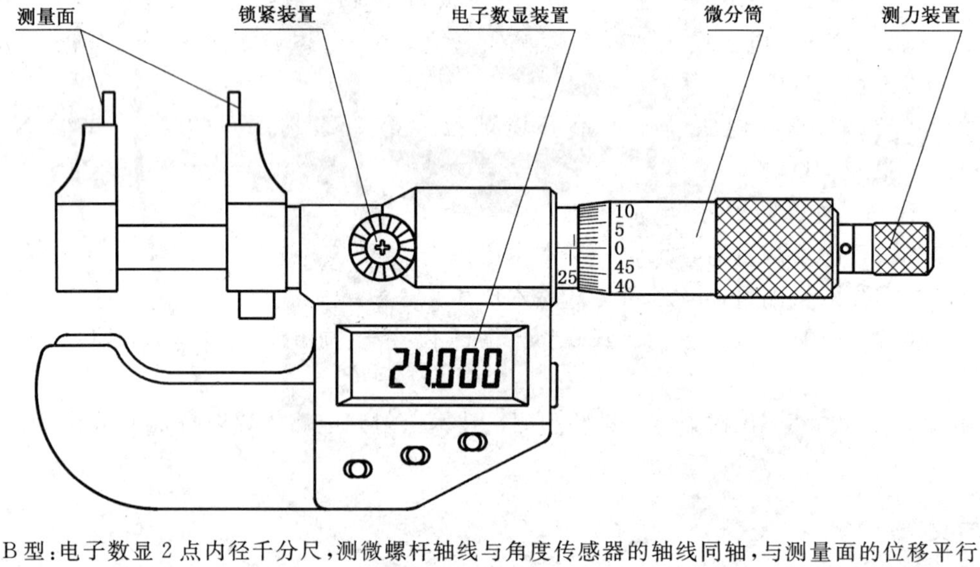

B 型:电子数显 2 点内径千分尺,测微螺杆轴线与角度传感器的轴线同轴,与测量面的位移平行

b)

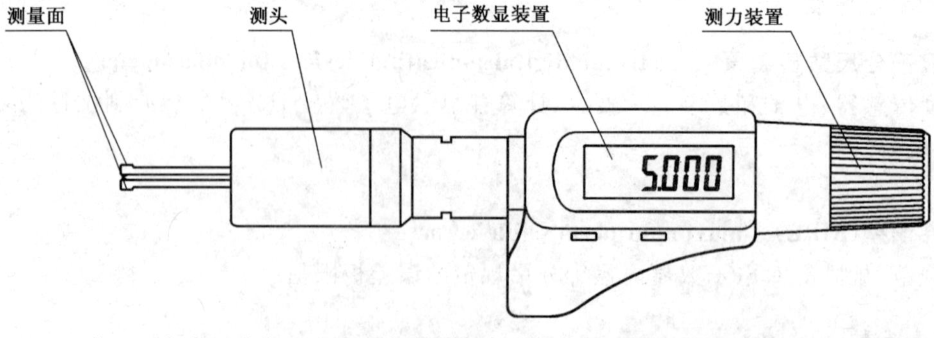

C 型:电子数显 2 点内径千分尺,测微螺杆轴线与角度传感器的轴线同轴,与测量面的位移垂直

c)

图 1　电子数显 2 点内径千分尺的型式示意图

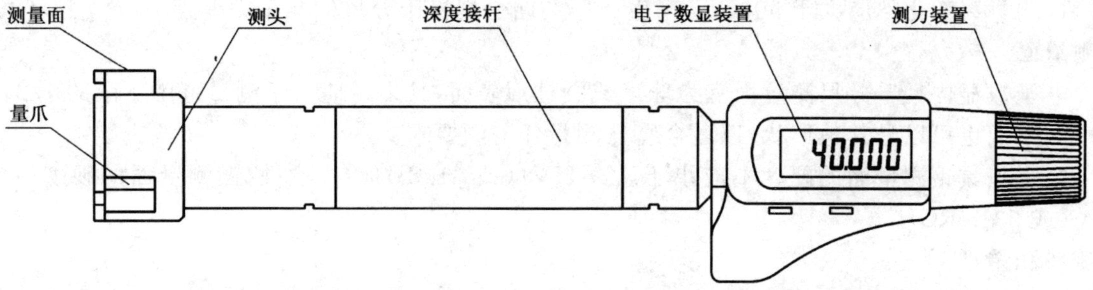

D 型：电子数显 3 点内径千分尺，测微螺杆轴线与角度传感器的轴线同轴，与测量面的位移垂直

a)

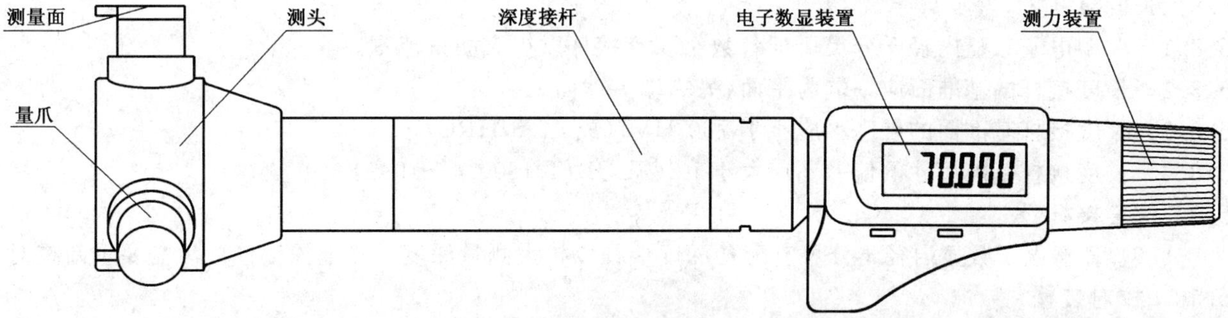

E 型：电子数显 3 点内径千分尺，测微螺杆轴线与测量面的位移同轴，与角度传感器的轴线垂直

b)

图 2　电子数显 3 点内径千分尺的型式示意图

4.2　基本参数

4.2.1　电子数显内径千分尺测微螺杆的螺距宜为 0.5 mm 或 1 mm。

4.2.2　A 型、B 型电子数显内径千分尺的量程宜为 25 mm，测量范围的下限宜为 5 mm 或 25 mm 的整数倍。

4.2.3　C 型、D 型、E 型电子数显内径千分尺的测量范围的下限宜为整数。

5　要求

5.1　外观

5.1.1　电子数显内径千分尺表面不应有影响外观和使用性能的裂痕、划伤、碰伤、锈蚀、毛刺等缺陷。

5.1.2　电子数显内径千分尺表面的镀、涂层不应有脱落和影响外观的色泽不均等缺陷。

5.1.3　电子数显装置的数字显示屏应透明、清洁，无划痕、气泡等影响读数的缺陷。

5.2　材料

测微螺杆应选择合金工具钢、不锈钢或其他性能类似的材料制造；测量面宜镶硬质合金或其他耐磨材料。

5.3　相互作用

5.3.1　测微螺杆和螺母之间在全量程范围内应充分啮合，配合良好，不应出现卡滞和明显窜动。

5.3.2　D 型、E 型电子数显内径千分尺的量爪与槽或孔之间的配合应良好，且移动自如，不应出现卡滞，沿测量面轴线方向不应有明显摆动。

5.4　锁紧装置

A 型电子数显内径千分尺应具有锁紧装置。锁紧装置应能有效地锁紧测微螺杆。锁紧前后，两测量面间距离变化应不大于 2 μm。

5.5　测力装置

B 型、C 型、D 型、E 型电子数显内径千分尺应具有测力装置。通过测力装置作用到测量面的测量力应一致，测量力变化不应大于30%，同一生产厂的同一规格千分尺的测量力差别不应大于50%。

5.6 测量面

5.6.1 电子数显内径千分尺测量面宜为球形或圆柱形表面，其半径应小于测量范围下限的1/2。

5.6.2 测量面也可以是其他形状，以适合特殊测量任务的要求。

5.6.3 合金工具钢测量面的硬度不应小于760 HV1(或61.8 HRC)；不锈钢测量面的硬度不应小于575 HV(或53 HRC)。

5.7 测头和量爪

C型、D型、E型电子数显内径千分尺可以配备数个测头或量爪，通过更换测头或量爪扩大测量范围。

5.8 长度接杆

5.8.1 A型电子数显内径千分尺可配备数个长度接杆以扩大测量范围。

5.8.2 长度接杆的基准面应一端为平面，另一端为球面。

5.8.3 长度接杆基准面的硬度不应小于760 HV1(或61.8 HRC)。

5.8.4 长度接杆基准尺寸的偏差不应大于js2(见GB/T 1800.4—1999)。

5.9 深度接杆

D型、E型电子数显内径千分尺宜配备深度接杆以扩大测量深度。接上深度接杆后需要重新校对。

5.10 校对装置

5.10.1 电子数显内径千分尺应提供校对环规或校对卡规。

5.10.2 校对环规或校对卡规基准面的硬度不应小于760 HV1(或61.8 HRC)。

5.10.3 校对环规或校对卡规上的标注尺寸的不确定度和圆柱度或平行度不应大于表1的规定。

表1

单位为毫米

公称尺寸 D	标注尺寸的不确定度	圆柱度或平行度
$1 \leqslant D < 10$	±0.001 3	0.001
$10 \leqslant D < 50$	±0.001 5	0.001
$50 \leqslant D < 100$	±0.001 5	0.001 5
$100 \leqslant D < 200$	±0.002	0.002
$200 \leqslant D \leqslant 300$	±0.002 5	0.002 5

5.11 标尺

如电子数显内径千分尺有标尺，其要求按GB/T 1216—2004中5.9的规定。

5.12 电子数显装置

5.12.1 功能键

电子数显装置的功能键应灵活、可靠，标注的符号或图文应清晰且含义准确。

5.12.2 数字显示屏

电子数显装置的数字显示应清晰、完整，无闪跳现象。

5.12.3 角度传感器

电子数显装置的角度传感器宜为二等分、四等分、五等分。

5.12.4 分度误差

电子数显装置的分度误差不应大于0.002 mm。

5.12.5 数值漂移

电子数显装置的数值漂移不应大于其分辨力。

5.12.6 电源

电子数显装置的电源电压应为1.5 V或3 V。

5.12.7 **通讯接口**

5.12.7.1 电子数显装置宜设置通讯接口。

5.12.7.2 电子数显装置的通讯接口宜为 RS-232 或 USB。制造商应能够提供电子数显装置与其他设备之间的通讯电缆和通讯软件。

5.12.8 **防护等级(IP)**

电子数显装置应具有防水、防尘能力,其防护等级不得低于 IP40(见 GB 4208—2008)。

5.12.9 **工作环境**

电子数显装置应能在环境温度 0 ℃~40 ℃、相对湿度不大于 80%的条件下,进行正常工作。

5.12.10 **抗静电干扰能力和抗电磁干扰能力**

电子数显装置的抗静电干扰能力和抗电磁干扰能力均不应低于 1 级(见 GB/T 17626.2—2006、GB/T 17626.3—2006)。

5.13 **最大允许误差**

5.13.1 电子数显内径千分尺的最大允许误差应符合表 2 的规定。

5.13.2 A 型电子数显内径千分尺组装任意一个长度接杆后的最大允许误差都应符合表 2 的规定。

5.14 **重复性**

D 型、E 型电子数显内径千分尺的重复性不应大于表 2 的规定。

表 2

测量范围/mm	最大允许误差/μm			重复性/μm
	A 型、E 型	C 型、D 型	B 型	D 型、E 型
1~50	±4	±4	±5	4
50~100	±5	±5	±6	4
100~150	±6	±6	±7	5
150~200	±7	±7	±8	5
200~250	±8	±8	±9	6
250~300	±9	±9	±10	6
300~350	±10	—	—	6
350~400	±11	—	—	7
400~450	±12	—	—	7
450~500	±13	—	—	7

注:测量范围跨越表 2 分档时,按测量范围的上限查表。例如:测量范围 200 mm~300 mm 的 A 型最大允许误差为 9 μm。

6 检验方法

6.1 **测量面的硬度**

对于未镶硬质合金或其他耐磨材料的测量面,可在该测量面上或距测量面 1 mm 处检定。

对于镶硬质合金或其他耐磨材料的测量面,其硬度可不做检定。

6.2 **电子数显装置**

6.2.1 **分度误差**

分度误差在 1 圈内沿测量方向均匀检 25 点。检验时,分别读出各受检点的电子数显装置显示值与微分筒读数值之差,做出误差曲线,其最高点与最低点之差,即为电子数显装置的分度误差。对于没有微分筒的电子数显内径千分尺，可以将分度误差不大于20分的鼓轮固定在角度传感器的传动轴上，检验方法同上。

注1：如果把电子数显内径千分尺的最大允许误差的检验点投影到角度传感器的同一等分上时有不少于4个独立点，此时最大允许误差的检验结果已包含了角度传感器的分度误差，允许不检验分度误差。

注2：当电子数显装置的角度传感器为二等分或四等分，采用6.3.1中的尺寸系列检验最大允许误差时，允许不检验分度误差。当电子数显装置的角度传感器为五等分，采用5.12 mm、10.24 mm、15.36 mm、21.5 mm、25 mm尺寸系列检验最大允许误差时，允许不检验分度误差。

6.2.2 数值漂移

在任意位置下使测微螺杆固定，并保持1 h。观察电子数显装置显示数值的变化。

6.3 最大允许误差

6.3.1 A型、B型电子数显内径千分尺可以用测长机、准确度为1级的量块与量块附件组成的内尺寸、卡规或环规检验。检验的尺寸宜为：L，$L+2.5$ mm，$L+5.1$ mm，$L+7.7$ mm，$L+10.3$ mm，$L+12.9$ mm，$L+15$ mm，$L+17.6$ mm，$L+20.2$ mm，$L+22.8$ mm，$L+25$ mm。L为内径千分尺测量范围的下限。

6.3.2 C型、D型、E型电子数显内径千分尺用环规检验。检验环规的尺寸应包括测量范围的上下限，并尽量在测量范围内和1/5的圆周内均匀分布。检验环规的精度按表1规定，数量不得少于表3的要求。

表3

量程/mm	≤1	≤2	≤5	≤30	≤50	≤100
检验环规数量	3	4	5	6	8	10

6.3.3 用量块和环规检验时在每个检验点连续测量3次（剔除粗大误差后），计算电子数显内径千分尺显示的平均值与标准器尺寸的差值，其中绝对值最大的差值为电子数显内径千分尺的示值误差。

6.4 重复性

用环规检验D型、E型电子数显内径千分尺的重复性。在完全相同的测量条件下，重复测量5次（剔除粗大误差后），其5次显示值间的最大差异即为电子数显内径千分尺的重复性。

7 试验方法

7.1 防水、防尘试验

电子数显内径千分尺的防水、防尘试验应符合GB 4208—2008的规定。

7.2 温度变化试验

电子数显内径千分尺的温度变化试验应符合GB/T 2423.22—2002的规定。

7.3 湿热试验

电子数显内径千分尺的湿热试验应符合GB/T 2423.3—2006的规定。

7.4 抗静电干扰试验

电子数显内径千分尺的抗静电干扰试验应符合GB/T 17626.2—2006的规定。

7.5 抗电磁干扰试验

电子数显内径千分尺的抗电磁干扰试验应符合GB/T 17626.3—2006的规定。

8 标志与包装

8.1 电子数显内径千分尺上至少应标志：

a) 制造厂厂名或注册商标；

b) 测量范围；

c) 分辨力；

d) 产品序号；

e) 防护等级高于 IP40 时，宜标有防护等级标志。

8.2 校对环规或校对卡规上应标有其实际尺寸。

8.3 A 型电子数显内径千分尺的长度接杆上应标有其标称尺寸。

8.3 电子数显内径千分尺包装盒上至少应标志：

a) 制造厂厂名或注册商标；

b) 产品名称；

c) 测量范围。

8.4 电子数显内径千分尺在包装前应经防锈处理并妥善包装，不得因包装不善而在运输过程中损坏产品。

8.5 电子数显内径千分尺经检验符合本标准要求的应附有产品合格证及使用说明书(A 型电子数显内径千分尺的支撑参见附录 A)，产品合格证上应标有本标准的标准号、产品序号和出厂日期。

附 录 A
（资料性附录）
A 型电子数显内径千分尺的支撑

为了最大限度的减小 A 型电子数显内径千分尺的弯曲变形，应按图 A.1 所示位置设置支撑。

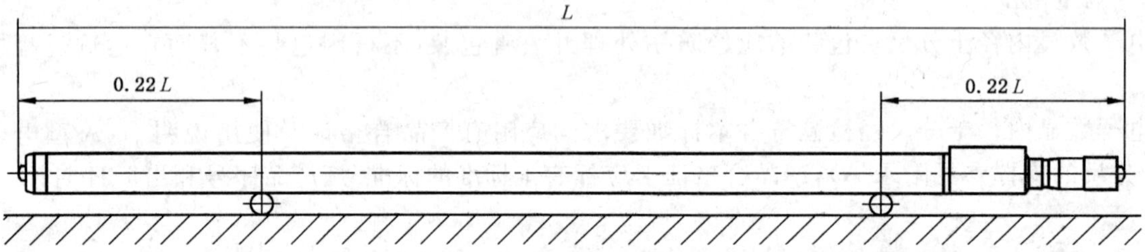

图 A.1

附　录　B
（资料性附录）
测量范围 500 mm～6 000 mm 的电子数显内径千分尺

测量范围 500 mm～6 000 mm 的电子数显内径千分尺的最大允许误差和重复性应符合表 B.1 的规定。

距两端 0.22 *L* 处支撑与距两端 200 mm 处支撑的长度变化应符合表 B.1 的规定。

表 B.1

测量范围/mm	最大允许误差/μm		重复性/μm	长度变化允许值 A型/μm
	A型	E型	E型	
500～600	±14	±14	8	
600～700	±15	±15	8	
700～800	±16	±16	9	
800～1 000	±18	±19	9	
1 000～1 200	±21			
1 200～1 400	±24			
1 400～1 600	±27			
1 600～2 000	±32			±10
2 000～2 500	±40			±15
2 500～3 000	±50			±25
3 000～4 000	±62			±40
4 000～5 000	±75			±60
5 000～6 000	±90			±80

ICS 17.040.30
J 42

中华人民共和国国家标准

GB/T 22094—2008

电子数显测高仪

Height measuring instrument with electronic digital display

2008-06-25 发布 2009-01-01 实施

中华人民共和国国家质量监督检验检疫总局
中国国家标准化管理委员会 发布

前　言

本标准由中国机械工业联合会提出。

本标准由全国量具量仪标准化技术委员会(SAC/TC 132)归口。

本标准起草单位:成都工具研究所、马尔精密量仪(苏州)有限公司。

本标准主要起草人:李维国、姜志刚、唐以杰、何东星、王春。

电子数显测高仪

1 范围

本标准规定了电子数显测高仪的术语和定义、型式与基本参数、工作条件、要求、试验方法、检验方法、标志与包装等。

本标准适用于分辨力为0.1 μm、0.2 μm、0.5 μm和1 μm，量程不超过1 000 mm的电子数显测高仪（以下简称“测高仪”）。

2 规范性引用文件

下列文件中的条款通过本标准的引用而成为本标准的条款。凡是注日期的引用文件，其随后所有的修改单（不包括勘误的内容）或修订版均不适用于本标准，然而，鼓励根据本标准达成协议的各方研究是否使用这些文件的最新版本。凡是不注日期的引用文件，其最新版本适用于本标准。

GB/T 2423.3—2006 电工电子产品环境试验 第2部分：试验方法 试验Cab：恒定湿热试验（IEC 60068-2-78:2001，IDT）

GB/T 2423.22—2002 电工电子产品环境试验 第2部分：试验方法 试验N：温度变化（IEC 60068-2-14:1984，IDT）

GB 4208—2008 外壳防护等级（IP代码）（eqv IEC 529:1989）

GB/T 17163 几何量测量器具术语 基本术语

GB/T 17626.2—2006 电磁兼容 试验和测量技术 静电放电抗扰度试验（IEC 61000-4-2:2001，IDT）

GB/T 17626.3—2006 电磁兼容 试验和测量技术 射频电磁场辐射抗扰度试验（IEC 61000-4-3:2002，IDT）

3 术语和定义

GB/T 17163中确立的以及下列术语和定义适用于本标准。

3.1

电子数显测高仪 height measuring instrument with electronic digital display

利用传感技术和电子技术进行测量的立式数字化几何量测量仪器。用来测量平行平面之间距离、孔和轴直径、中心距以及相关的形位误差等。

3.2

正面垂直度 frontal perpendicularity

测高仪测头安装面与底座的垂直度为正面垂直度。

4 型式与基本参数

4.1 测高仪的型式见图1所示。图示仅供图解说明，不表示详细结构。

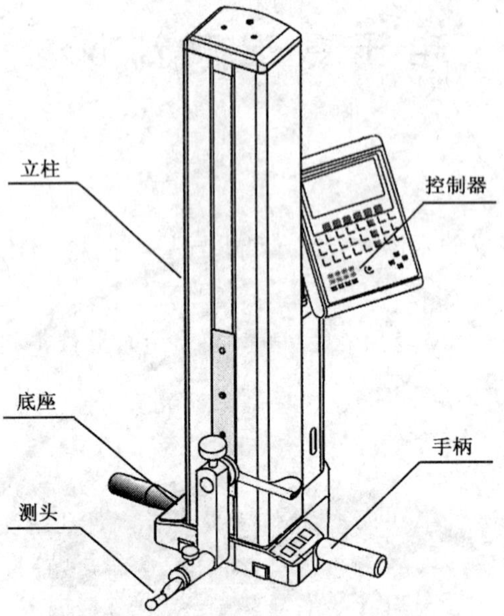

图 1 测高仪型式示意图

4.2 测高仪分辨力和测量范围见表 1 的规定。

表 1

分辨力/μm	测量范围/mm
0.1	≤400
0.2 0.5	≤600
1.0	≤1 000

5 要求

5.1 外观

测高仪不应有锈迹、碰伤、划痕以及其他影响使用性能的外部缺陷。

5.2 相互作用

5.2.1 测高仪在正常使用状态下，测头上下移动平稳，无阻滞，可停稳在量程内任意位置。

5.2.2 对于含有气泵托浮功能的测高仪，启动气泵后，可在光滑平板上轻松移动。

5.2.3 电气部分的开关、按键应灵敏可靠，工作正常。

5.3 控制器

5.3.1 功能键

测高仪控制器的功能键应灵活、可靠；标注的符号或图文应清晰且含义准确。

5.3.2 数字显示屏

测高仪控制器数字显示屏的数字显示应清晰、完整、无闪跳现象。

5.3.3 数值漂移

测高仪控制器数字显示屏的数值漂移不应大于其分辨力。

5.3.4 通讯接口

测高仪控制器宜设置通讯接口；制造商应能够提供控制器与其他设备之间的通讯电缆和通讯软件。

5.3.5 防护等级(IP)

测高仪控制器应具有防水、防尘能力，其防护等级不得低于IP40(见GB 4208—2008)。

5.3.6 工作环境

测高仪控制器应能在环境温度10 ℃～40 ℃，相对湿度不大于65%的条件下，进行正常工作。

测高仪储存环境温度为－40 ℃～60 ℃。

5.3.7 抗静电干扰能力和抗电磁干扰能力

测高仪控制器抗静电干扰能力和抗电磁干扰能力均不应低于1级(见GB/T 17626.2—1998、GB/T 17626.3—1998)。

5.4 测量力

测高仪的测量力范围和测量力变化见表2的规定。

表2

分辨力/μm	测量范围/mm	测量力范围/N	测量力变化/N	正面垂直度误差/μm	最大允许误差/μm	重复性/μm 平面	重复性/μm 曲面
0.1 0.2 0.5	≤400	0.5～1.8	0.2	6	±(2+L/300)	1.0	1.5
	≤600			8			
	≤1 000			10			
1	≤400	0.5～2.1	0.5	10	±(5+L/300)	2.0	3.0
	≤600			15			
	≤1 000			25			
1	≤700	0.5～2.1	0.5	25	±8	3.0	5.0

5.5 正面垂直度误差

测高仪正面垂直度误差不应大于表2的规定。

5.6 最大允许误差

在满足检验环境要求，并使用出厂附带的标准测头条件下，测高仪示值误差不应大于表2的规定。

5.7 重复性

测高仪重复性不应大于表2的规定。

5.8 最大响应速度

测高仪的最大响应速度不应小于300 mm/s。

5.9 底座

测高仪底座表面粗糙度不应大于Ra 0.4；平面度不应大于5 μm，中间不应凸起。

6 试验方法

6.1 防水、防尘试验

测高仪的防水、防尘试验应符合GB 4208—2008的规定。

6.2 温度变化试验

测高仪的温度变化试验应符合GB/T 2423.22—2002的规定。

6.3 湿热试验

测高仪的湿热试验应符合GB/T 2423.3—1993的规定。

6.4 抗静电干扰试验

测高仪控制器的抗静电干扰试验应符合GB/T 17626.2—1998的规定。

6.5 抗电磁干扰试验

测高仪控制器的抗电磁干扰试验应符合 GB/T 17626.3—1998 的规定。

7 检验方法

7.1 外观

目力观察。

7.2 相互作用

7.2.1 上下移动滑块，要求顺畅无阻滞，并能停稳在任一位置，保持平衡。

7.2.2 启动气泵，移动测高仪是否平稳。

7.2.3 检查电气部分的开关、按键，要求灵敏可靠；控制器应工作正常。

7.3 数值漂移

测头停在任意位置下，观察控制器数字显示屏数值在 1 h 内的变化。

7.4 测量力

使用分辨力小于 0.01 N 的电子测力计，在量程范围内上下位置各测量 5 次测量力，取 5 次测量数据的平均值作为测量力；取 5 次测量数据的极差值作为测量力变化。要求测量力及测量力变化符合表 2 的规定。

7.5 垂直度误差

将被检测高仪和垂直度小于 0.006 mm 的直角尺放置于 0 级平板上，根据直角尺的检定数据对其修正；再将最大允许误差小于 0.001 mm 的指示类仪器安装在测高仪上，使测头与直角尺正面接触，上下移动测头，取其最大变化值作为测高仪的垂直度，误差不应超过表 2 的规定。

注：带电子补偿功能的测高仪，经过电子修正后，满足表 2 中垂直度误差要求，也视作垂直度合格。

7.6 示值误差

在温度为 20 ℃±0.5 ℃、温度变化小于 0.3 ℃/h，湿度为 50%～60%的检验条件下使用出厂附带的标准测头进行检验。

将被检测高仪和 0 级量块或同等精度的其他长度标准器同时置于平面度小于 $2\times(1+L/1\,000)\mu m$ 的岩石平板上，要求等温时间不小于 24 h。在每一检测点测量 3 次（取其平均值为测得值），测得值与标准实际值代数差为示值误差，示值误差不应大于表 2 中最大允许误差要求。推荐检测点见表 3。

注：在测量范围内的任意位置，示值误差都应不大于表 2 中最大允许误差值。

表 3

单位为毫米

测量范围	推荐检测点(量块尺寸)
≤400	1.02,1.04,1.06,1.08,1.1,1.3,1.5,1.7,1.9,20,60,100,200,300,350,400
≤600	1.02,1.04,1.06,1.08,1.1,1.3,1.5,1.7,1.9,20,60,100,200,300,400,500,600
≤1 000	1.02,1.04,1.06,1.08,1.1,1.3,1.5,1.7,1.9,20,60,100,200,300,400,500,600,700,800,900,1 000

7.7 重复性

平面测量重复性：在测量范围内，重复测量同一平面同一点 5 次，所得的最大值与最小值之差为平面测量重复性，其误差不应超过表 2 的要求。

曲面测量重复性：在测量范围内，重复测量同一曲面同一点 5 次，所得的最大值与最小值之差为曲面测量重复性，其误差不应超过表 2 的要求。

7.8 最大响应速度

上下移动测头，在速度为 300 mm/s 的情况下，测高仪能正常工作。

8 标志与包装

8.1 测高仪上至少应标志：

a) 制造厂厂名或注册商标；

b) 测量范围；

c) 分辨力；

d) 产品序号；

e) 防护等级高于 IP40 时，宜标有防护等级标志。

8.2 测高仪包装盒上至少应标志：

a) 制造厂厂名或注册商标；

b) 产品名称；

c) 测量范围。

8.3 测高仪在包装前应经防锈处理并妥善包装，不得因包装不善而在运输过程中损坏产品。

8.4 测高仪应附有产品使用说明书及标准附件。

8.5 测高仪经检验符合本标准要求的应附有产品合格证，产品合格证上应标有本标准的标准号、产品序号和出厂日期。

ICS 17.040.30
J 42

中华人民共和国国家标准

GB/T 22095—2008/ISO 8512-1:1990

铸 铁 平 板

Cast iron surface plates

(ISO 8512-1:1990,Surface plates—Part 1:Cast iron,IDT)

2008-06-25 发布 2009-01-01 实施

中华人民共和国国家质量监督检验检疫总局
中国国家标准化管理委员会 发布

前　言

本标准等同采用 ISO 8512-1:1990《平板　第 1 部分:铸铁》(英文版)。

本标准将 ISO 8512-1:1990 中第 3 章、第 4 章合并为本版的第 3 章,其余第 5～12 章相应变更为本版的第 4～11 章。

本标准自实施之日起,废除 JB/T 7974—1999《铸铁平板》。

本标准的附录 A、附录 B、附录 C 和附录 D 均为资料性附录。

本标准由中国机械工业联合会提出。

本标准由全国量具量仪标准化技术委员会(SAC/TC 132)归口。

本标准起草单位:中国计量学院、成都工具研究所。

本标准主要起草人:赵军、姜志刚、陈瑜。

铸 铁 平 板

1 范围

本标准规定了准确度等级为0、1、2和3级,尺寸范围从160 mm×100 mm到2500 mm×1 600 mm的长方形和方形铸铁平板的要求。

本标准适用于新制的、使用中的,以及被修复到原等级的铸铁平板(以下简称"平板")。

2 规范性引用文件

下列文件中的条款通过本标准的引用而成为本标准的条款。凡是注日期的引用文件,其随后所有的修改单(不包括勘误的内容)或修订版均不适用于本标准,然而,鼓励根据本标准达成协议的各方研究是否可使用这些文件的最新版本。凡是不注日期的引用文件,其最新版本适用于本标准。

GB/T 9439[1) 灰铸铁件

GB/T 17164 几何量测量器具术语 产品术语

3 术语和定义

GB/T 17164中确立的、图1所示的以及下列术语和定义适用于本标准。

3.1

工作面的平面度误差 deviation from flatness of the working surface

包容工作面的两平行平面间的最小距离。

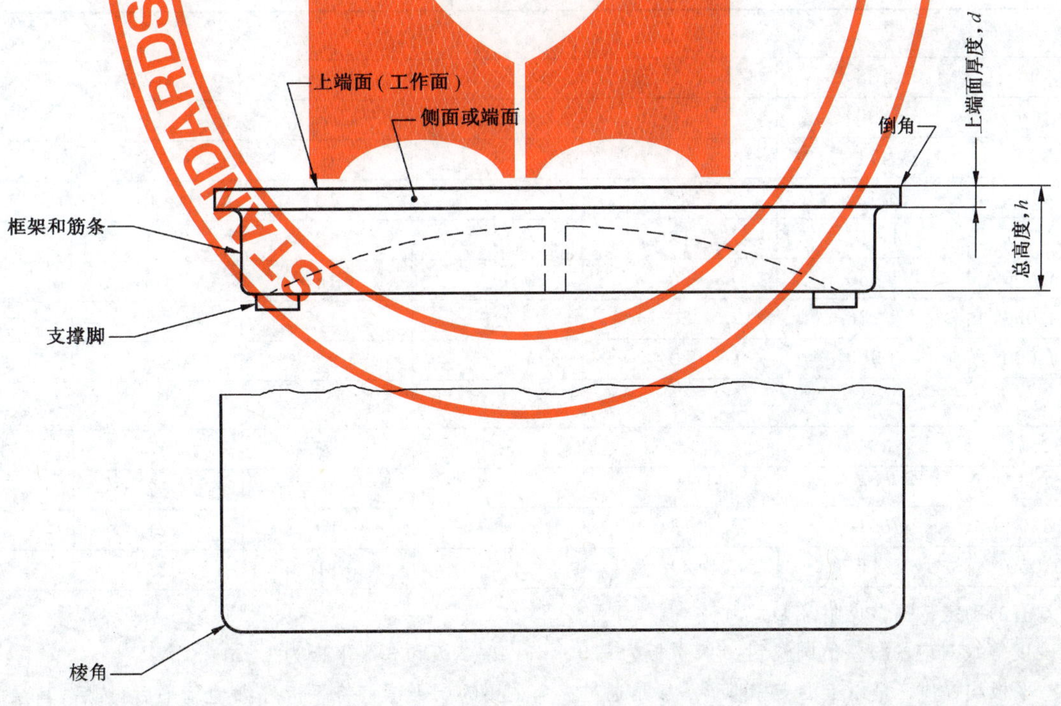

图1 术语

1) GB/T 9439—1988《灰铸铁件》正在修订,修订原则:修改采用ISO 185:1988。

4 材料

平板应采用不低于 GB/T 9439 中 250 级的优质、结构细密的普通铸铁或合金铸铁制作；材料外部应无缺陷，内部应无气孔和疏松。

准确度等级为 2 级和 3 级平板工作面上的细微缺陷允许用与平板成分相同的材料来填补。

5 应力消除

小于或等于 400 mm×250 mm 的 0 级和 1 级平板在铸造和粗加工之后，均应进行适当的稳定性处理，来保证在精加工之前消除内部应力。

大于 400 mm×250 mm 的平板在铸造和粗加工之后，均应进行适当的稳定性处理，来保证在精加工之前消除内部应力。若无处理设备，制造方可与购买方协商，采用自然时效的方式对其进行稳定性处理。

若购买方要求时，制造方应向购买方提供该平板消除应力处理过程报告单。

6 优选尺寸

平板的优选尺寸见表 1。若要求采用表 1 中未规定的平板尺寸，本标准的要求仍然适用。

平板表面两边长的实际尺寸不应超过其公称尺寸的±5%。

注：平板表面公称长度除 2 000 不是 R5 优选数字外，都是优选数字的 R5 系列。但由于尺寸为 2 000 mm×1 000 mm 的平板是一种已有且广泛使用的，故本标准将其列入。

表 1 平板整个工作面的平面度公差

平板尺寸（公称尺寸）	对角线长度（近似值）	边缘区域（宽度）	准确度等级对应的整个工作面平面度公差值[a,b]/μm			
mm			0	1	2	3
长方形：						
160×100	188	2	3	6	12	25
250×160	296	3	3.5	7	14	27
400×250	471	5	4	8	16	32
630×400	745	8	5	10	20	39
1 000×630	1 180	13	6	12	24	49
1 600×1 000[c]	1 880	20	8	16	33	66
2 000×1 000[c]	2 236	20	9.5	19	38	75
2 500×1 600[c]	2 960	20	11.5	23	46	92
方形：						
250×250	354	5	3.5	7	15	30
400×400	566	8	4.5	9	17	34
630×630	891	13	5	10	21	42
1 000×1 000[c]	1 414	20	7	14	28	56

a 公差值的确定依据参见附录 D。

b 准确度等级对应的公差值圆整到：0 级平板为 0.5 μm，1 级、2 级和 3 级平板为 1 μm。

c 这些平板均提供三个以上的支撑脚。一般是通过三个主要的调平螺钉将平板仔细地调平后；然后，其余的支撑脚可调整得与平板刚好接触，且不影响已调整好的水平位置，或把其余的支撑脚调整得使平板平面度误差为最小。此误差适用于用户和制造商之间以协议方式在安装并调整好得到确认后。这些平板应作周期性检查，以确保调整好的状态一直不变。

7 刚度

平板应具有适宜的筋条,其工作面的厚度和边框的高度均应满足在平板工作面中央区域施加载荷时,该承载区域相对于其他区域的变形量不应大于 1 μm/200 N,此变形量要求适用于尺寸为 400 mm×250 mm 或更大的平板。

注:刚度的测试方法参见附录 B。

8 工作面的精加工

准确度等级为 0 级和 1 级的平板工作面应采用刮研法(或效果与刮研法类似的其他工艺方法)进行精加工;准确度等级为 2 级和 3 级平板的工作面允许采用机械加工法进行精加工。

准确度等级为 0 级的平板支承面积的比例不应低于 20%,1 级平板支承面积的比例不应低于 15%,2 级和 3 级平板支承面积的比例均不应低于 10%。支承点应分布均匀,支承面积的百分比不应高到引起研合的程度。

注:支承面积的评定方法见附录 B。

9 一般性能

9.1 平板的支撑脚

各种尺寸的平板都宜具有三个支撑脚,尺寸大于 1 000 mm×630 mm 的平板还应具有辅助支撑脚;支撑脚应位于工作面边界范围内且平板变形量为最小的位置。

注:调整可调支撑脚可能会影响工作面的平面度偏差,可调支撑脚的说明见表 1 中的脚注 c。

支撑脚应加工平整。但支撑脚平面的加工是否平行于工作面,则由供需双方协商确定。

9.2 工作面相对于框架的突出部分

大于 400 mm×250 mm 的平板工作面的侧面和/或端面均应超过框架,突出部分不应小于 25 mm,突出部分底面应适当的平整以便安装夹具。

小于或等于 400 mm×250 mm 的平板工作面的侧面和/或端面是否超过框架,由制造商确定。若超过框架,突出部分不应小于 20 mm,突出部分底面应适当地平整以便安装夹具。

9.3 其他表面

若用户需要平板工作面的侧面(或端面)平直、相互平行或相互垂直,其要求应在购买合同中规定。

平板工作面的侧面和端面应加工平整,所有尖角和棱边应圆滑,其曲率半径应不小于 2 mm,尖角和棱边也可以倒角 45°给出。

9.4 手柄

平板应具有便于移动的手柄。

9.5 夹紧方式(即:螺孔或槽)

平板上用螺孔或槽作为夹紧方式时,若施加的夹紧力较大,能引起平板工作面的变形。因此,平板上是否需要螺孔或槽,用户应在购买合同上确定。

10 平面度公差

10.1 概述

平板平面度公差适用于两种,即:一种适用于平板的整个工作面,另一种适用于平板上的任意 250 mm×250 mm 局部工作面。

在宽度不超过短边的 2%、最大值为 20 mm 的边缘区域内的任意点,若其不高出区域外工作面的点,则此边缘区域的平面度可不予要求。

10.2 整个工作面的平面度

平板整个工作面的平面度误差不应大于表1规定。

注：平面度公差的检验方法参见附录B。

优选范围内不同形式的尺寸平板(表1中所列)，其整个工作面平面度公差的确定参见附录D。

10.3 任意250 mm×250 mm局部工作面的平面度

平板任意250 mm×250 mm局部工作面的平面度误差不应大于以下规定：

a) 0级平板为3.5 μm；

b) 1级平板为7 μm；

c) 2级平板为15 μm；

d) 3级平板为30 μm。

注1：以上规定的公差值与表1中250 mm×250 mm平板的整个工作面的平面度公差值相同。

注2：工作面对角线长度小于354 mm的平板不可能有250 mm×250 mm的检验面积，其检验的整个工作面的平面度公差也适于表示任意局部工作面的平面度公差。

11 标志

每块平板都应提供一块符合下列要求并附加在一侧面上的标志牌，标志牌上的字高应不小于3 mm：

a) 制造商名称或注册商标；

b) 本标准的标准编号；

c) 尺寸和准确度等级。

例如：

制造商名称或注册商标 GB/T 22095—2008 1 000 mm×630 mm 0级

附 录 A
（资料性附录）
铸铁平板的使用和保养

A.1 平板宜安置在恒温和湿度受控的空调房间内，而其宜避免阳光直射或通风；尤其重要的是不宜有铅垂方向的温差或温度梯度，导致平板工作面与底面具有不同的温度。例如，一块长 1 000 mm、厚 250 mm平板的工作面与底面之间若具有 1 ℃的恒定差异，就能产生约 5 μm 的变形，该变形量是 1 000 mm×630 mm 的 0 级平板的全部制造偏差的 80%。

注：当周围温度恢复均匀时，由于铸铁平板框架和筋条的格形结构，较薄的平板工作面及其导热性都有助于使铸铁平板迅速适应外界环境。

A.2 平板宜牢固地支承和调平。支撑宜位于稳固的基础上。

A.3 要注意平板的调整程序(见表 1 中的脚注 c)。

A.4 第 7 章和 B.3 都谈到平板的刚度，注意不宜使平板超载。建议按附录 C 考虑适当的载荷。

A.5 由于表面局部的不平，平板不允许点接触(使用)。接触宜通过起媒介作用的精密量块，其厚度最好不超过 10 mm，或具有相同精度的垫块。

A.6 平板宜使用整个有效面积，而不宜总是集中在一个面积内使用。

A.7 因平板是基准面应避免损坏，而应经常把工作面的灰尘或其他颗粒擦洗干净。进行测量时，应铺一块擦拭布在平板上，以放置小工具或量块。

A.8 平板损坏的常见征兆是表面出现划痕，使用完后应把其工作面遮盖起来。

A.9 平板使用后总会有磨损，用户可通过以下方法检测出磨损迹象：用一个高等级平板来研磨该平板，然后研究研磨后的外观状态；使用基准规检测平板各方向的直线度(见附录 B 的检测方法)。

A.10 建议用户利用平板制造商的专业检修的有利条件，将平板交予制造商进行修复。

附 录 B
（资料性附录）
铸铁平板的检测

技术书籍中载有各种检测方法的详细说明，本附录精选的具有代表性的方法概述如下。

B.1 整个工作面的平面度误差

B.1.1 检测具有磨削加工表面的平板时，可将其与一块大尺寸的较高级的平板进行比较。操纵比较仪台架在大平板的工作面区域内移动选出最小的平面度误差。测力很小的测头安装在比较仪台架的刚性延伸臂上，并在检测过程中与平板上移动的量块或类似的垫块相接触（见 A.5）。这种方法适用于小平板。

B.1.2 检测较大的经磨削加工的平板时，可以沿着平行于该平板各边的一些直线和对角线与一基准平尺比较，测量出各个直线度误差来检测其平面度误差；然后把平板的中心点（即两条对角线的交点）的结果和其他被检线许多交点处的结果联系起来，综合为平面度误差。

B.1.3 也可以这样检测平板，用一个桥板检测平板上一些直线的直线度，当桥板沿某一直线移动时，就随直线度误差变化而产生倾斜。

倾斜度可用气泡水平仪或电子水平仪测出。桥板的尺寸应能适合于测量平板的底部，但还应足够大以安放水平仪。平板本身必须足够坚固，不会由于水平仪和桥板的重量产生变形。基础也必须十分稳固，不会由于检测人员和装置的移动而产生倾斜。

另一方面，称为自准直仪的光学仪器适用于观测检测桥板在本标准中任一规格平板上的倾斜量。0 级平板要求仪器分辨力/分度值为 1 s；对于较低准确度级别的平板，也允许使用分辨力/分度值较低的仪器更方便。

B.2 局部工作面平面度误差

B.2.1 要求检测新平板的局部平面度误差；此外，若估计平板有磨损或工作面不成一个完整的基准时尤其需要这项检测。

B.2.2 尽管按 B.1 所述方法可以采用 50 或更多的测量点作出平板等高线图，但仍有局部位置（大平板上为局部面积）不可能都测量到。为此，可仍使用 B.1 所述方法来测量数量更多的点，但这种解决方法是很麻烦的。另一个变通方法是：由于局部平面度误差影响平板作为基准，可用一种图 B.1 所示的典型基准规对其进行检验。该基准规是一个可自由移动的划针盘底座，它的三个固定接触垫就体现基准，其凸出部分带有一个灵敏的指示表，该指示表通过与平板成弹性接触的垫块相接触。建议在基准规上安装绝缘手柄，以隔绝手上的热量传递上去，也便于使用。

B.2.3 建议使用以下方法：

a) 首先查看工作面，注意外观平整性。对平面度误差的测量结果进行研究，以确定什么地方产生了突然的和大的轮廓变化。用基准规迅速地扫描整个平板，以确定最大误差区域。

b) 对于用基准规检测而读数值超过公差，可采用 B.1 所述的方法检测区域。

单位为毫米

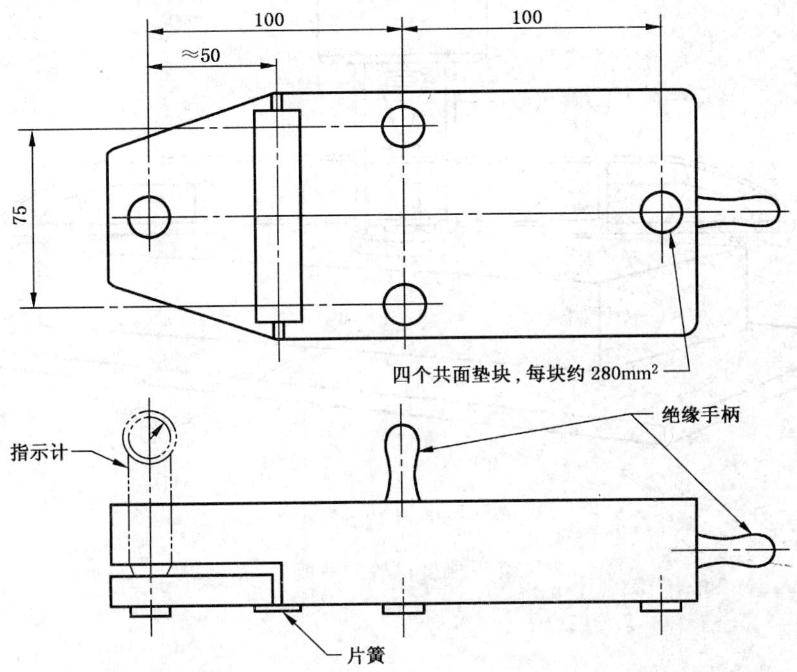

图 B.1 典型基准规

B.3 刚度试验

B.3.1 图 B.2 表示一块受刚度试验的平板。该装置主要由下列部分组成：

a) 装有灵敏指示表Ⓕ的梁式比较仪Ⓐ；

b) 与横梁无关的中心质量块支架Ⓑ；

c) 所需质量块Ⓒ[图 B.2b)]中只画了一块。

图 B.2b)表示该装置的端视图，中心支架Ⓑ是空载的。平板支承在它的三个支脚上。

梁式比较仪是刚性结构，有两个支承脚Ⓓ，均可沿横梁长度方向调正位置。第三个支承脚Ⓔ[见图 B.2b)]横向偏移地处于横梁中央，以使横梁保持稳定。灵敏指示表Ⓕ刚性地固定在横梁中心，其测头触点压在平板上。

中心质量块支架与横梁无关，而且可以在极限范围内、在平板上相对于横梁移动。偏置支承脚Ⓔ除了起稳定作用的基本功能外，若使指示表Ⓕ的安装位置稍微偏离两支承Ⓓ的中心连线，还可将其有效地用作仪器的零位微调（如果要求把测量误差缩小至最低程度，则该偏置量相对于支承Ⓔ的偏置量而言必须相当微小）。

所施加的载荷应与平板的尺寸成适当的比例，通常不应大到使平板的变形量超过平面度公差的一半。

施加载荷的中心区域直径应为 120 mm（对小平板）至 300 mm（对大平板）的范围内变化。

B.3.2 按受检平板对角线跨度调整横梁支承脚。当横梁确定适当位置后，在平板上调整指示计并记下其读数值，然后在中心质量块支架上加载，并再次观察指示计的读数值，之后再重复最初的空载读数值。

B.3.3 承载与空载时指示表的读数值之差就是承受所施加载荷的平板的变形量。

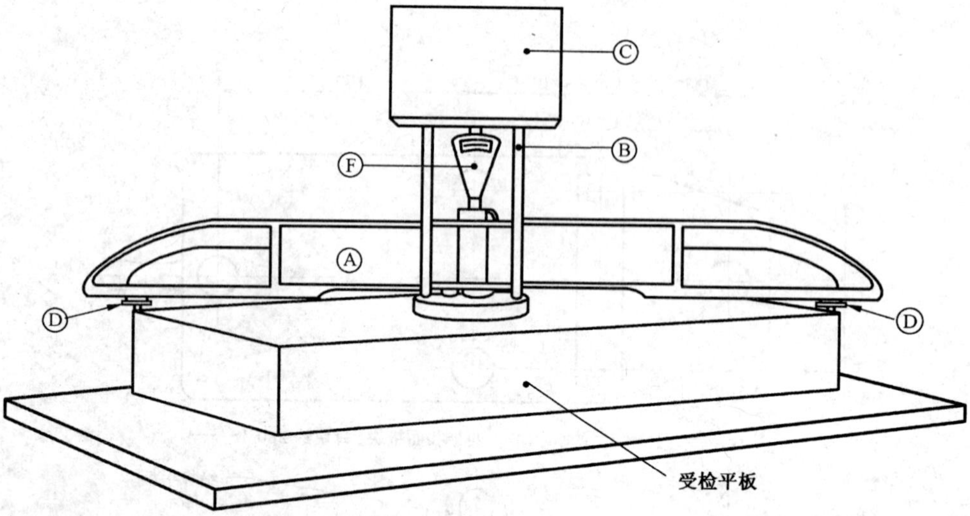

a）受刚度试验的平板

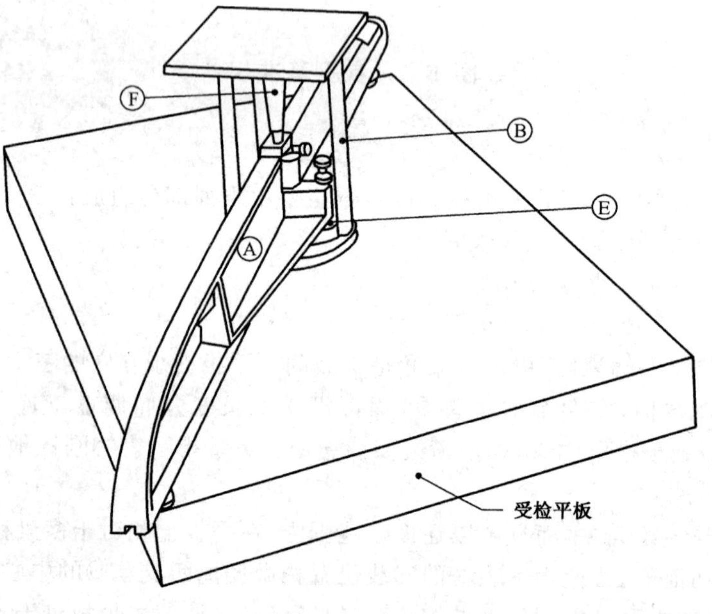

b）端视图

Ⓐ——梁式比较仪；
Ⓑ——中心质量块支架；
Ⓒ——质量块；
Ⓓ——支撑脚(2个)；
Ⓔ——第三个支撑脚；
Ⓕ——灵敏指示计。

图 B.2 刚度试验的检测装置

B.4 支承面积的评定

确定一块刮研平板支承面积比例的方法是：在平板上涂色，用另一块相适的平板同它一起研磨直到能清晰地看见各小支承面出现。然后把一块小玻璃板[1]放到被检表面上。在这个小玻璃板上，一块 50 mm×50 mm 的面积被划为 400 个 2.5 mm×2.5 mm[2]的小方格，依次观察每一个小方格，估算其平板表面“高点”所占面积的分数（以 1/10 为单位），并记录结果。

所有这些分数之和再除以 4，就得到整个被检表面支承面积的百分比。

根据用此方法检测几次之后所得结果，结合支承面积的总体情况能把只凭总体外观确定的支承面积比例估算得相当精确可信。

1) 生产这些玻璃平板可以像制作幻灯片一样容易，方法是把绘在纸上的表格拍摄下来。

2) 只要所有的方格尺寸相同，则方格的名义尺寸稍有变化并不防碍。

附　录　C
（资料性附录）
受载铸铁平板的抗变形能力

第 7 章规定的极限变形量（即：1 μm/200 N）适用于尺寸为 400 mm×250 mm 或更大的所有等级平板。

铸铁平板的厚度、边框和筋条应按要求的刚度进行设计。然而，用户可能很想得到与平板承载能力相对应的载荷，表 C.1 中给出的数值，是以 kg·f 表示的集中载荷质量的大概值，此值可能引起的最大变形量为整个工作面的平面度公差的 1/2。

注：对于表 C.1 应理解为是用来控制加载和对附录 A.4 的补充。相对而言，低等级平板整个工作面的平面度公差范围较宽，会导致极限载荷增大而超过基本载荷。因此，把表 C.1 中的最大值定为 500 kg·f。只要条件许可，最好在有效面积上分散布置载荷。

表 C.1　平板的最大集中载荷（也见 D.2）

平板尺寸/mm	准确度等级对应的平板的最大集中载荷质量[a]/kg·f			
	0	1	2	3
长方形：				
400×250	40	80	160	320
630×400	50	100	200	390
1 000×630	60	120	240	490
1 600×1 000	80	160	320	500
2 000×1 000	90	190	380	500
2 500×1 600	115	230	460	500
方形：				
400×400	45	90	170	340
630×630	50	100	210	420
1 000×1 000	70	140	280	500

[a] 集中载荷质量所引起的最大变形量为表 1 中对应等级平板整个工作面的平面度公差的 1/2。

附　录　D
（资料性附录）
平面度公差的计算方法

D.1　表 1 中公差值的计算方法

D.1.1　表 1 中规定值按下式计算：

$$t = c_1 \times l + c_2$$

式中：

t——整个工作面的平面度公差，单位为微米（μm）；

l——以毫米计的平板对角线的公称长度，向上圆整到 100；

c_1、c_2——与平板准确度等级有关的系数，见表 D.1。

表 D.1　c_1 和 c_2 值

平板准确度等级	c_1	c_2
0	0.003	2.5
1	0.006	5
2	0.012	10
3	0.024	20

D.1.2　选择表 1 中未规定的不同范围的平板尺寸，其整个工作面的平面度公差应按 D.1.1 的规定计算。

D.2　表 C.1 的计算方法

表 C.1 规定的最大载荷值与平板的尺寸和准确度等级相对应，其变形量不应大于整个工作面的平面度公差的 1/2。

例如：

表 1 中 400 mm×250 mm 的 0 级平板整个工作面的平面度公差值为 4 μm，当公差值的 1/2（即：2 μm）定为最大允许变形量时，它相当于 400 N（即：2×200 N，见第 7 章）的力或为 40 kg·f 的载荷质量作用于平板（见表 C.1）。

ICS 17.040.30
J 42

GB

中华人民共和国国家标准

GB/T 22096—2008

刀具预调测量仪

The tool presetting and measuring instrument

2008-06-25 发布　　2009-01-01 实施

中华人民共和国国家质量监督检验检疫总局
中国国家标准化管理委员会 发布

前　　言

本标准的附录 A 为资料性附录。

本标准由中国机械工业联合会提出。

本标准由全国量具量仪标准化技术委员会(SAC/TC 132)归口。

本标准负责起草单位:哈尔滨量具刃具集团有限责任公司。

本标准参加起草单位:成都工具研究所。

本标准主要起草人:崔鸿烈、刘世滨、李文义、武英、霍炜、姜志刚、韩春阳。

刀具预调测量仪

1 范围

本标准规定了刀具预调测量仪的术语和定义、型式与基本参数、要求、检验方法、标志与包装等。

本标准适用于在机床外使用的刀具预调测量仪(简称“刀调仪”)。

2 规范性引用文件

下列文件中的条款通过本标准的引用而成为本标准的条款。凡是注日期的引用文件,其随后所有的修改单(不包括勘误的内容)或修订版均不适用于本标准,然而,鼓励根据本标准达成协议的各方研究是否可使用这些文件的最新版本。凡是不注日期的引用文件,其最新版本适用于本标准。

GB/T 191—2008 包装储运图示标志(ISO 780:1997,MOD)

GB/T 1182—2008 产品几何技术规范(GPS) 几何公差 形状、方向、位置和跳动公差标准(ISO 1101:2004,IDT)

GB/T 4879—1999 防锈包装

GB/T 5048—1999 防潮包装

GB/T 6388—1986 运输包装收发货标志

GB 9969.1—1998 工业产品使用说明书 总则

GB/T 11334—2005 产品几何量技术规范(GPS) 圆锥公差

GB/T 14436—1993 工业产品保证文件 总则

GB/T 17163—1997 几何量测量器具术语 基本术语

3 术语和定义

GB/T 1182—2008、GB/T 11334—2008 和 GB/T 17163—1997 中确立的以及下列术语和定义适用于本标准。

3.1

刀具预调测量仪 the tool presetting and measuring instrument

用于在机外预调中测量和(或)调整各种加工中心、数控机床带轴镗铣刀具切削刃径向和轴向尺寸的测量仪器。被测刀具固定于仪器主轴且可绕其轴线回转,根据直接测量法,以瞄准装置定位对零,沿被测刀具径向、轴向移动测量,由相应的测量系统给出测量结果。

4 型式与基本参数

4.1 型式

刀调仪的型式与主要部分名称见图 1 所示。图示仅供图解说明,不表示具体结构。

4.2 基本参数

刀调仪的基本参数及其数值应符合表 1 的规定。

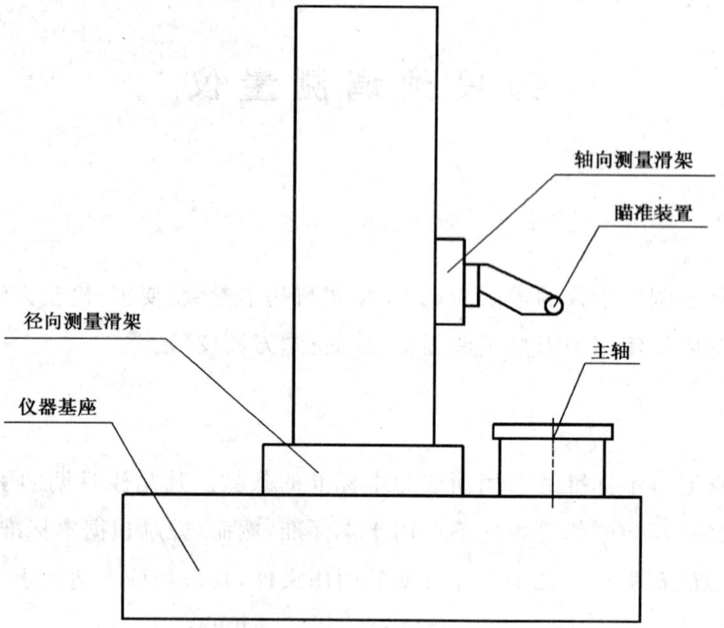

图1 刀调仪的型式与主要部分名称

表1

基本参数	单位	数值
径向测量范围的下限值[a]	mm	≤0
轴向测量范围的下限值[b]	mm	≤40

a 径向测量值为“0”时，其瞄准装置的瞄准轴线通过主轴回转中心。
b 轴向测量值为“0”时，其瞄准装置的瞄准轴线通过主轴锥孔大端直径截面。

5 要求

5.1 外观

刀调仪各工作表面不应有锈蚀、碰伤、显著划痕等缺陷。非工作表面应有防护涂层、镀层或其他防护性处理。各涂层不应有脱落、斑点、颜色不均等其他影响外观质量的缺陷。

5.2 相互作用

刀调仪的所有紧固件应保持紧固可靠，不得有松动。刀调仪各活动部分的移动和转动应平稳灵活，不应有卡滞、松动和急跳现象。

5.3 仪器示值误差

刀调仪按示值误差分为：精密级、普通级、简易级三个等级。

不同示值误差等级的刀调仪，其径向和轴向坐标示值误差的推荐值见表2。

表2

刀调仪的示值误差等级	径向坐标的示值误差	轴向坐标的示值误差
	μm	
精密级	$5+R_x/25$	$10+L_y/25$
普通级	$15+R_x/15$	$30+L_y/15$
简易级	$30+R_x/10$	$60+L_y/10$

注1：R_x 为刀调仪径向测量的坐标位置，L_y 为刀调仪轴向测量的坐标位置。
注2：检验示值误差时，径向和轴向测量滑架在任意位置上都应符合本表的要求。
注3：R_x 和 L_y 的取值单位均为 mm。

5.4 主轴的要求

5.4.1 刀调仪主轴锥孔及校验棒(刀调仪零位的标定附件)锥柄的锥角偏差和形状误差不大于表3的要求。

表 3

刀调仪的示值误差等级	锥角偏差	形状误差
精密级	±AT3/2	AT3(AT_D 值)/3
普通级	±AT4/2	AT4(AT_D 值)/3
简易级	±AT4/2	AT4(AT_D 值)/3
注：AT3、AT4 和 AT_D 见 GB/T 11334—2005。		

5.4.2 刀调仪主轴轴向窜动误差不大于表4中的要求。

5.4.3 刀调仪主轴径向圆跳动误差不大于表4中的要求。

5.4.4 刀调仪瞄准装置沿轴向运动与主轴的平行度误差不大于表4中的要求。

5.4.5 刀调仪瞄准装置沿径向运动与主轴的垂直度误差不大于表4中的要求。

表 4

刀调仪的示值误差等级	轴向窜动误差	径向圆跳动误差	轴向运动与主轴的平行度误差	径向运动与主轴的垂直度误差
	μm			
精密级	3	$1.5+L_y/80$	$L_c/40$	任意 150 mm 行程不大于 5 μm
普通级	5	$3+L_y/40$	$L_c/20$	任意 150 mm 行程不大于 10 μm
简易级	10	$6+L_y/20$	$L_c/10$	任意 150 mm 行程不大于 20 μm

注1：L_y 为刀调仪轴向测量的坐标位置。当轴向量程≤500 mm 时，主轴径向圆跳动允许在 $L_y=300$ mm 处检验；当轴向量程>500 mm 时，允许在 $L_y=400$ mm 处检验；当轴向量程>800 mm 时，允许在 $L_y=600$ mm 处检验。

注2：L_c 为刀调仪轴向运动与主轴平行度的检验长度，其选用长度参考本栏"注1"中 L_y 的相应数值。

注3：L_c 和 L_y 的取值单位均为 mm。

5.5 仪器的重复性

5.5.1 刀调仪径向的重复性不大于表5中的要求。

5.5.2 刀调仪轴向的重复性不大于表5中的要求。

表 5

刀调仪的示值误差等级	径向的重复性	轴向的重复性
	μm	
精密级	3	5
普通级	6	10
简易级	12	20

6 检验条件

6.1 检验仪器示值误差时，"精密级"室内温度应为 20 ℃±3 ℃；"普通级"和"简易级"室内温度应为

20 ℃±5 ℃。温度变化 1 ℃/h,受检仪器在检验室内温度平衡时间不少于 24 h,检验工具在室内温度平衡时间不少于 6 h。

6.2 检验室内应保持清洁,振动及电源电压符合要求。

7 检验方法

7.1 主轴锥孔及校验棒锥柄的锥角偏差和形状误差

采用与标准锥度量规着色对研的方法检验,或满足其精度要求的其他方法检验。

7.2 主轴轴向窜动

将顶端中心孔装有钢球的校验棒(或芯轴)装入主轴锥孔中,保证定位良好后,用最大允许误差不大于 0.001 mm 带平测头的指示表,沿主轴轴线方向检验。转动主轴不少于 2 周,其指示表的最大与最小读数之差为检验值。

7.3 主轴径向圆跳动

将检验芯轴(见附录 A 中图 A.1 所示)装入主轴锥孔中,保证定位良好后,用最大允许误差不大于 0.001 mm 的指示表检验。转动主轴不少于 2 周,且至少重复装入 4 次,每次使检验芯轴相对锥孔转动 90°,指示表的最大与最小读数之差的最大值为检验值。

7.4 瞄准装置沿轴向运动与主轴的平行度

将检验芯轴(见附录 A 中图 A.1 所示)装入主轴锥孔中,保证定位良好后,用最大允许误差不大于 0.001 mm 的指示表与瞄准装置沿轴向同步运动,指示表分别在检验芯轴的正面和侧面两个方向进行检验,在测量范围内指示表的最大与最小读数之差的最大值为检验值。

注 1:检验芯轴应转到一个使主轴径向圆跳动对测量影响最小的位置进行检验,检验时径向测量滑架可处在任意的坐标位置。

注 2:正面为指示表测量方向与径向测量滑架移动的方向平行;侧面为指示表测量方向与径向测量滑架移动的方向垂直。

7.5 瞄准装置沿径向运动与主轴的垂直度

将检验圆盘(见附录 A 中图 A.2 所示)装入主轴锥孔中,保证定位良好后,用最大允许误差不大于 0.001 mm 的指示表与瞄准装置沿径向同步运动,指示表测量检验圆盘上表面。径向测量滑架可处在任意的坐标位置,测量行程在 150 mm 范围内,指示表的最大与最小读数之差的最大值为检验值。

注:检验圆盘应转到一个使圆盘轴向跳动对测量影响最小的位置上进行检验。

7.6 仪器的重复性

将校验棒装入主轴锥孔中,对其测量刃口(或其他形式零位标定装置的轮廓)重复测量其半径和长度,各不少于 5 次,分别取其测量的最大与最小值之差为检验值。

7.7 仪器的示值误差

用最大允许误差不大于 0.002 mm 的专用检具,在刀调仪的测量范围内任意位置上进行检验,刀调仪示值与专用检具标定值之差的绝对值为检验值。

8 标志与包装

8.1 标志

8.1.1 刀调仪上应标志:

a) 制造厂厂名或注册商标;

b) 名称和型号;

c) 产品制造日期及产品序号。

8.1.2 刀调仪外包装的标志应符合 GB/T 191—2008 和 GB/T 6388—1986 的规定。

8.2 包装

8.2.1 刀调仪的包装应符合 GB/T 4879—1999 和 GB/T 5048—1999 的规定。

8.2.2 刀调仪经检验符合本标准要求的应具有符合 GB/T 14436—1993 规定的产品合格证。产品合格证上应标有本标准的标准号、产品序号和出厂日期，以及符合 GB 9969.1—1998 规定的使用说明书，装箱单。

附　录　A
（资料性附录）
检验芯轴和检验圆盘样式

A.1　检验芯轴

检验芯轴见图A.1，其一端为与刀调仪主轴锥孔相匹配的锥柄，另一端为圆柱。圆柱长度（Z）分别为：300 mm；400 mm；600 mm。圆柱的直径（D）应保证检验芯轴有足够的刚度。

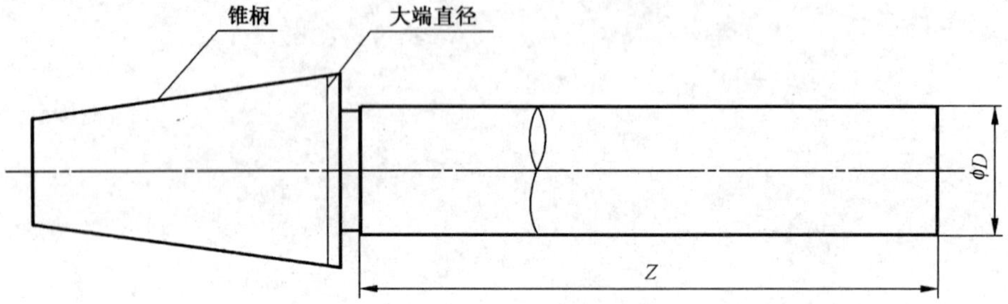

图A.1　检验芯轴

A.2　检验圆盘

检验圆盘见图A.2，其一端为与刀调仪主轴锥孔相匹配的锥柄，另一端为圆盘。圆盘直径（D）不小于150 mm。圆盘的厚度（H）应保证检验圆盘有足够的刚度。

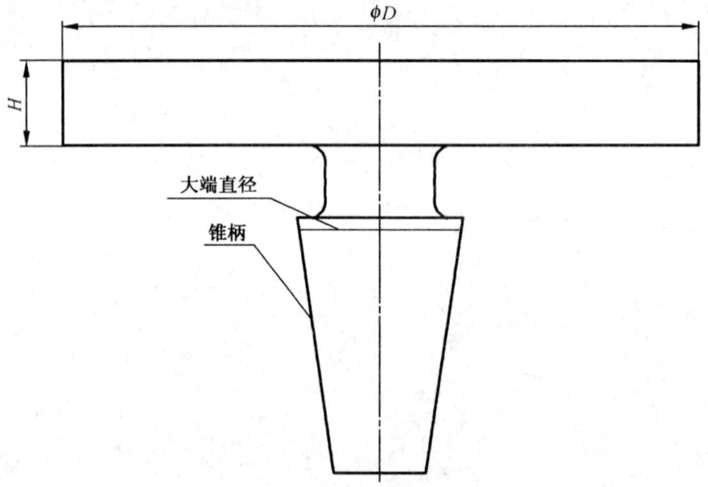

图A.2　检验圆盘

ICS 17.040.30
J 42

GB

中华人民共和国国家标准

GB/T 22097—2008

齿轮测量中心

Gear measuring center

2008-06-25 发布　　2009-01-01 实施

中华人民共和国国家质量监督检验检疫总局
中国国家标准化管理委员会　发布

前　言

本标准由中国机械工业联合会提出。

本标准由全国量具量仪标准化技术委员会(SAC/TC 132)归口。

本标准负责起草单位:哈尔滨量具刃具集团有限责任公司。

本标准参加起草单位:哈尔滨精达测量仪器有限公司、成都工具研究所、中国计量学院以及北京中科恒业中自技术有限公司。

本标准主要起草人:黄杰、魏天水、白雪飞、武英、姜志刚、赵军、陈洪安、霍炜。

齿 轮 测 量 中 心

1 范围

本标准规定了齿轮测量中心的术语和定义、型式与基本参数、要求、安全性能、检验方法、标志与包装等。

本标准适用于可测量齿轮0.5模数以上，顶圆直径不大于600 mm的齿轮测量中心(以下简称“测量中心”)。

2 规范性引用文件

下列文件中的条款通过本标准的引用而成为本标准的条款，凡是注日期的引用文件，其随后所有的修改单(不包括勘误的内容)或修改版均不适用于本标准，然而，鼓励根据本标准达成协议的各方研究是否可使用这些文件的最新版本。凡是不注日期的引用文件，其最新版本适用于本标准。

GB/T 191—2008 包装储运图示标志(ISO 780:1997,MOD)

GB/T 4879—1999 防锈包装

GB/T 5048—1999 防潮包装

GB/T 6388—1986 运输包装收发货标志

GB/T 6467—2001 齿轮渐开线 样板

GB/T 6468—2001 齿轮螺旋线 样板

GB 9969.1—1998 工业产品使用说明书 总则

GB/T 10095.1—2001 渐开线圆柱齿轮 精度 第1部分:轮齿同侧齿面偏差的定义和允许值(ISO 1328-1:1997,IDT)

GB/T 10095.2—2001 渐开线圆柱齿轮 精度 第2部分:径向综合偏差与径向跳动的定义和允许值(ISO 1328-2:1997,IDT)

GB/T 14436—1993 工业产品保证文件 总则

GB/T 17163—1997 几何量测量器具术语 基本术语

ISO/TR 10064-5:2005 圆柱齿轮 实用检验规则 第5部分:与齿轮测量仪器的评价相关的建议

3 术语和定义

GB/T 10095.1—2001、GB/T 10095.2—2001和GB/T 17163—1997中确立的以及下列术语和定义适用于本标准。

3.1

齿轮测量中心 gear measuring center

齿轮测量中心是一种带有计算机数字控制系统(CNC)和计算机数据采集、评值处理系统的圆柱坐标系式齿轮测量仪器。它用于齿轮、齿轮刀具等回转体多参数测量。

4 型式与基本参数

4.1 型式

测量中心的型式见图1所示。图示仅供图解说明，不表示详细结构。

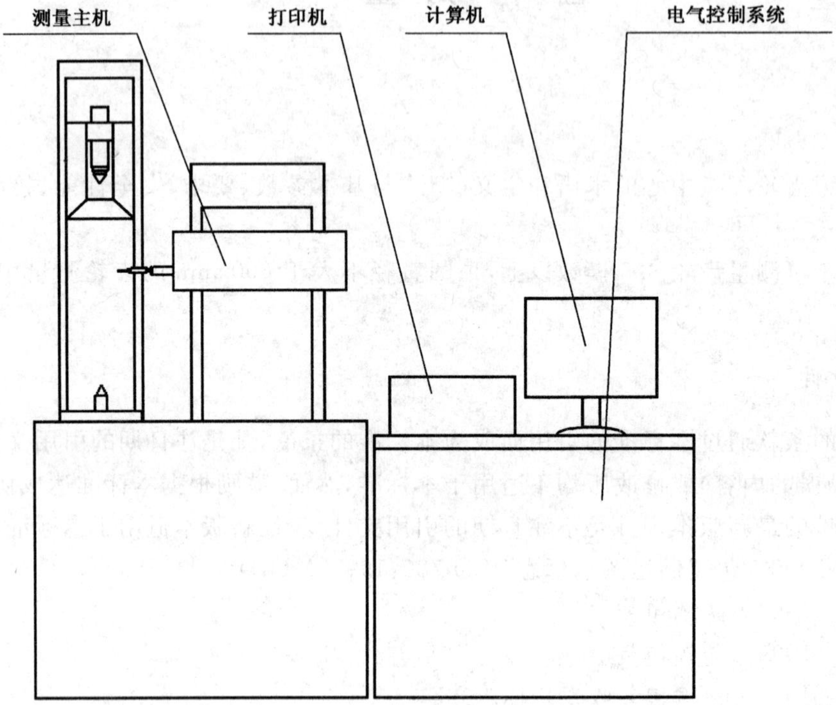

图 1

4.2 基本参数

测量中心的基本参数参照表1的规定。

表 1 基本参数

基本参数	单位	参数值
可测齿轮的模数	mm	0.5～20
可测齿轮的最大顶圆直径		不大于600
螺旋角测量范围	°	0±90

5 要求

5.1 外观

测量中心各工作面不应有锈蚀、碰伤、显著划痕等缺陷；非工作表面应有防护涂层、镀层或其他防护性处理；防护涂层或镀层应色泽均匀、平整光滑，无脱皮或凹凸不平等缺陷。

5.2 相互作用

测量中心运动部分应灵活、平稳，无卡滞现象，紧固部分应牢固可靠。

5.3 下顶尖斜向圆跳动公差参见表2的规定。

5.4 测头上下移动对上下顶尖连线的平行度公差参见表2的规定。

5.5 上顶尖对主轴回转中心的同轴度参见表2的规定。

表 2

齿轮精度等级 ISO 1328-1 ISO 1328-2	下顶尖斜向圆跳动公差/μm	在任意 200 mm 范围内测头上下移动对上下顶尖连线的平行度公差		每 200 mm 范围内上顶尖对主轴回转中心的同轴度/μm
		正面/μm	侧面/μm	
2	1	1	2	2
3	1	2	2	2
4	1	2	3	3
5	2	3	4	4
6	2	4	6	6
7	3	5	6	6
8	4	5	6	6
9	5	7	6	6
10	7	10	8	8
11	10	10	12	12
12	10	10	12	12
注：表中规定值及编辑格式等同 ISO/TR 10064-5:2005 中表 1(Recommended guidelines for deviations when checking instrument alignment)。				

5.6 测量中心测量符合 GB/T 6467—2001 规定的渐开线样板齿廓时的最大示值误差不应大于供应商规定的数值。

5.7 测量中心测量符合 GB/T 6468—2001 规定的螺旋线样板时的最大示值误差不应大于供应商规定的数值。

5.8 测量中心测量齿距累积总偏差时的最大示值误差不应大于供应商规定的数值。

5.9 测量中心测量渐开线样板齿廓时的示值变动性不应大于 1 μm。

5.10 测量中心测量螺旋线样板时的示值变动性不应大于 1 μm。

5.11 测量中心测量齿距累积总偏差时的示值变动性不应大于 2 μm(用标准齿轮检验)。

6 安全性能

6.1 绝缘电阻

测量中心绝缘电阻不应小于 2 MΩ。

6.2 接地电阻

测量中心接地装置到接地端子接地电阻应不大于 0.2 Ω。

7 检验条件

7.1 检验时室内温度在 20 ℃±1 ℃，温度变化 0.5 ℃/h，受检仪器在检验室内平衡温度时间不小于 12 h，检验工具在室内平衡温度不小于 6 h。

7.2 检验室内保持清洁，振动和电源电压符合要求。

8 检验方法

8.1 外观

目力观测。

8.2 相互作用

目测和手感检测。

8.3 下顶尖斜向圆跳动

将装有扭簧比较仪的磁力表座固定在机座上，使扭簧比较仪的测头与下顶尖锥面垂直接触，转动主轴720°，取比较仪示值最大变化量。

8.4 测头上下移动对上、下顶尖连线的平行度

在上、下顶尖间安装精密心轴，将装有扭簧的磁力表座固定在垂直滑板，使测头与心轴外圆垂直接触，移动垂直滑板进行检验，取比较仪示值的最大变化量。

8.5 上顶尖对主轴回转中心的同轴度

在上、下顶尖间安装长度为200 mm的精密心轴，将装有扭簧比较仪的磁力表座固定在下圆盘上，使比较仪测头垂直与心轴上端外圆接触，转动主轴720°，取比较仪的示值最大变化量。

8.6 测量渐开线齿廓偏差时的示值误差

在上、下顶尖间安装一渐开线样板，按计算机渐开线齿廓测量程序，测头与齿面接触，测量样板齿面，取测得值与样板实际值之差。

8.7 测量螺旋线偏差时的示值误差

在上、下顶尖间安装螺旋线样板，按计算机螺旋线程序，测头与齿面接触，测量齿面，取测得值与样板实际值之差。

8.8 测量齿距累积总偏差时的示值误差

测头与标准齿轮齿面中部接触，按计算机齿距测量程序从标记齿进行测量，取一转所测得的齿距累积总偏差值与标准齿轮的实际值的最大差值。

8.9 测量渐开线齿廓偏差时的示值变动性

用8.6同样方法，在一次装夹中，连续测量渐开线样板齿面五次，取各条曲线示值的最大差值。

8.10 测量螺旋线偏差时的示值变动性

用8.7同样方法，在一次装夹中连续测量螺旋线样板五次，取各条曲线示值的最大差值。

8.11 测量齿距累积总偏差时的示值变动性

用8.9同样方法，在一次装夹中，从标记齿正或反连续测量五转，取各转齿距累积总偏差的最大差值。

8.12 安全性能

8.12.1 绝缘电阻

应使用相应精度等级的兆欧表，测量带电极和可触及金属壳体间的绝缘电阻值。

8.12.2 接地电阻

应使用电桥或毫欧表测定。

9 标志与包装

9.1 标志

9.1.1 测量中心上应标志：

a) 制造厂厂名或注册商标；

b) 名称和型号；

c) 产品制造日期及产品序号。

9.1.2 测量外包装的标志应符合 GB/T 191—2008 和 GB/T 6388—1986 的规定。

9.2 包装

9.2.1 测量中心包装应符合 GB/T 4879—1999、GB/T 5048—1999 的规定。

9.2.2 测量中心经检查符合本标准要求的应具有符合 GB/T 14436—1993 规定的产品合格证，产品合格证上应标有本标准的标准号、产品序号和出厂日期，以及符合 GB 9969.1—1998 规定的使用说明书、装箱单。

ICS 67.160.10;67.160.20
X 61

中华人民共和国国家标准

GB/T 22098—2008

啤酒企业HACCP实施指南

Practical guidance of HACCP for breweries

2008-06-25 发布　　　　2009-06-01 实施

中华人民共和国国家质量监督检验检疫总局
中国国家标准化管理委员会　发布

前　言

本标准参照了食品法典委员会(CAC)在《食品卫生总则》附件中的“HACCP体系及其应用准则”；参考欧洲啤酒委员会(EBC)《通过HACCP原理的应用在欧洲酿酒行业实行食品安全管理》、欧盟《啤酒工业食品安全实用指南》等文件。

本标准的附录A、附录B、附录C、附录D、附录E、附录F、附录G、附录H为资料性附录。

本标准由全国食品工业标准化技术委员会酿酒分技术委员会提出并归口。

本标准起草单位：中国食品发酵工业研究院、中国酿酒工业协会啤酒分会、杭州西湖啤酒朝日(股份)有限公司、广州珠江啤酒集团有限公司、北京燕京啤酒股份有限公司、深圳金威啤酒有限公司、重庆啤酒(集团)有限责任公司。

本标准主要起草人：熊正河、杜绿君、叶青、李惠萍、贾凤超、宋常欣、弋宁、张蔚。

引　言

本标准为啤酒生产企业建立HACCP食品安全保障体系提供指导，帮助企业理解并有效应用HACCP原理，企业可以根据实际情况，参考相应标准将HACCP体系与其他体系有效整合。

本标准附录为应用举例，企业可以根据实际情况，进行形式或内容的变化。

啤酒生产企业应能够识别生产过程中保证食品安全的所有步骤，并在应用HACCP原理，包括食品卫生的一般原理以及相关食品安全法律、法规的基础上建立、实施、保持并确认所采取的安全措施。

啤酒企业 HACCP 实施指南

1 范围

本标准规定了啤酒企业 HACCP 实施指南的术语和定义、总要求、体系的建立(十二个步骤)。

本标准适用于啤酒企业涉及的产品和生产过程中对重要危害的鉴别、评价和控制(HACCP)的应用。

具体实施时,鼓励企业在本标准的基础上根据生产实际情况添加或更改部分内容,以确保 HACCP 体系适用于企业的目的产品。

2 规范性引用文件

下列文件中的条款通过本标准的引用而成为本标准的条款。凡是注日期的引用文件,其随后所有的修改单(不包括勘误的内容)或修订版均不适用于本标准,然而,鼓励根据本标准达成协议的各方研究是否可使用这些文件的最新版本。凡是不注日期的引用文件,其最新版本适用于本标准。

GB/T 20942　啤酒企业良好操作规范

3 术语和定义

下列术语和定义适用于本标准。

3.1

危害　hazard

使终产品对人们消费引起不安全或操作过程给消费者带来伤害的生物、化学、物理因素。

3.2

显著危害　critical hazard

在自然生产状态下,产生的可能性较大,应防止、去除、减低或控制在可接受水平,且一旦发生对人体伤害较为严重的危害。

3.3

关键控制点　critical control point

能够施加控制,并且该控制对防止或消除食品安全危害或将其降低到可接受水平是所必需的某一步骤。

3.4

流程图　flow diagram

以图解的方式系统地表达啤酒生产各环节间的顺序及相互作用。

3.5

关键限值　critical limit

区分可接受和不可接受的判定值。

注:设定关键限值保证关键控制点(CCP)受控。当超出或违反关键限值时,受影响产品应视为潜在不安全产品进行处理。

3.6

纠偏行动　corrective action

为消除已发现的不合格或其他不期望情况的原因所采取的措施。

注 1:一个不合格可以有若干个原因。

注 2:纠偏行动包括原因分析和采取措施防止再发生及对已造成的不合格(品)进行处理的措施。

3.7

控制措施 control measure

能够用于防止或消除食品安全危害或将其降低到可接受水平的行动或活动。

3.8

监控 monitoring

为评估控制措施是否按预期运行，对控制参数进行策划并实施的一系列观察或测量活动。

3.9

确认 validation

通过提供客观证据对特定的预期用途或应用要求已得到满足的认定。包括证明 HACCP 计划中各要素有效性的证据。

3.10

验证 verification

通过提供客观证据对规定要求已得到满足的认定。

3.11

风险 risk

危害的影响程度和发生概率的组合。

3.12

原位清洗 cleaning in place

生产厂通过自动清洗去除残留物和包括污垢、油脂、产品废物及其他物质在内的外来物的过程。

3.13

酿造用水 process water

经处理符合酿造要求的可饮用水。

3.14

直接包装 primary packaging

啤酒成品包装中直接与啤酒接触的封闭材料和容器，如啤酒桶、玻璃瓶、易拉罐及其封盖等。

3.15

间接包装 secondary packaging

啤酒成品包装中的不直接与啤酒接触的材料和容器，如标签、纸箱、塑料周转箱等。

3.16

可追溯性 traceability

对原辅料及其啤酒从生产、加工、销售的所有阶段的追溯和跟踪的能力。

4 总要求

针对每一特定产品 HACCP 体系的建立，都应符合 HACCP 的七个原理及 HACCP 实施的十二个步骤。

4.1 啤酒生产企业实施 HACCP 的前提方案

啤酒生产企业为了有效地建立和实施 HACCP 体系，应满足法律、法规的要求，并考虑顾客的要求，同时应考虑以下前提方案的内容。

4.1.1 符合良好操作规范(GMP)

啤酒企业应遵守 GB/T 20942 的规定。

4.1.2 建立卫生标准操作程序(SSOP)

4.1.2.1 啤酒生产企业应根据本企业实际情况，建立文件化的卫生标准操作程序，并严格执行。

4.1.2.2 卫生标准操作程序具体应包括但不仅限于以下方面：

a) 与产品接触的水(汽、气)的安全;

b) 与产品接触表面的清洁和卫生;

c) 防止交叉污染;

d) 洗手、手消毒和卫生间等设施的维护;

e) 防止外来物污染;

f) 有毒化合物的标识、贮存和使用;

g) 员工健康状况的控制;

h) 害虫和鼠类控制;

i) 结构和布局;

j) 废物处理。

4.1.2.3 啤酒企业应对 SSOP 进行充分的监控。卫生监控记录应予以保持并进行评估。应对 SSOP 执行的情况进行验证。

4.1.3 食品安全方针

啤酒生产企业应有食品安全方针以保证产品符合承诺的安全要求,应制定相应的目标支持方针,食品安全方针和相应目标应形成文件。员工应了解企业的食品安全方针。

4.1.4 沟通和产品召回

4.1.4.1 应确保与整个啤酒生产链信息沟通的畅通,建立包括采购、生产、贮存、运输以及产品饮用等安全信息在内的沟通计划。

4.1.4.2 啤酒企业应建立处理潜在不安全产品的程序,并形成文件,能够快速完全地从市场上召回所涉及的所有产品。其他相似条件下生产的产品和可能存在相似危害的产品应进行评估或召回。

召回产品用作其他消费或销毁前,需进行评估,且应在监督下实施,并有相应的记录。

编写召回程序应包含以下内容:

a) 产品应通过生产日期或批量编码加以识别。

b) 啤酒的销售记录在超过保质期后仍应保存一定时间。保存周期要经过评估和确认。

c) 记录并保留所有与健康和安全有关的投诉,所采取的处理措施应归档。

d) 召回小组中至少有一名 HACCP 小组的成员,召回小组成员的责任和角色应清晰定义。

e) 召回事件中的每一程序都应详细描述。

f) 清晰定义危害类型并应通告给受影响的消费者。

g) 产品召回的控制方法。

h) 对召回产品进行分级管理,对每一级别召回产品应有明确定义、评估、处理措施、原因分析及改进。

i) 召回事件的每一处理过程要有相应的记录。

4.1.5 可追溯性

要求建立本企业的产品识别及代码体系,确保从原料到成品啤酒的消费终端的所有阶段均可追溯,应建立本企业的供应商和分销商的管理和评价体系,定期评估原辅料供货商和啤酒分销商的资质和能力。

4.2 建立 HACCP 体系的准备

4.2.1 建立 HACCP 体系应有企业最高管理者的支持和承诺,HACCP 小组应被充分的授权,相关职责和权限应予以记录。

4.2.2 应根据不同的产品类型、工艺过程、生产线和生产地点分别制定相应的 HACCP 计划。

4.2.3 所有参与 HACCP 计划的人员应经过 HACCP 知识及相关实践操作培训,并有相应记录。

4.3 HACCP 方法(七个原理)

4.3.1 进行危害分析。

4.3.2 确定关键控制点。

4.3.3 建立关键限值。

4.3.4 建立关键控制点的监控系统。

4.3.5 建立纠正措施。

4.3.6 建立验证程序。

4.3.7 建立所有程序和记录的文件系统。

5 HACCP 体系的建立(十二个步骤)

5.1 成立 HACCP 小组

5.1.1 最高管理者应任命 HACCP 小组组长。

5.1.2 HACCP 小组成员应来自与生产有关的部门,具备良好的啤酒及生产方面的知识,并具有足够的经验与能力完成所赋予的工作。HACCP 小组成员的构成应科学合理,可由企业中生产(技术)部门人员、卫生部门人员、设备部门人员、品控及食品微生物部门人员、酿造车间、罐装车间人员、营销管理人员等组成,必要时应外聘顾问。

5.1.3 应保持 HACCP 小组成员能力、经验方面的记录。

5.1.4 应规定 HACCP 小组的以下职责,并形成文件:

a) 确定 HACCP 计划的范围;
b) 收集有关资料并完成潜在危害分析;
c) 制定 HACCP 书面计划;
d) 定期对 HACCP 计划的合理性进行评审并修正;
e) HACCP 计划运行效果的确认与评估;
f) 与外部检查结果相互比对;
g) 定期更新收集的外来文件、危害分析表和 HACCP 计划,确保 HACCP 计划的适宜性和有效性。

5.2 产品的描述

HACCP 小组应对产品特性进行完整的描述,描述内容至少包括以下项目:原料特性、辅料特性、产品名称、产品特性、产品预期用途、包装方式、有效期和保存条件、储运要求、销售地点、注意事项、相关的安全信息(如产品成分、可能存在的致敏性、消费对象等)。

注:产品描述举例参见附录 A。

5.3 产品预期用途及消费对象

HACCP 小组应识别啤酒产品预期的用途,并应考虑到可能受到损害的群体,以及不当操作可能带来的潜在危害。

注:5.2 和 5.3 可以合并。

5.4 绘制流程图

HACCP 小组应绘制已确定范围的生产过程中包含每一加工步骤的流程图,应给出前后步骤特定的操作。

5.4.1 HACCP 小组应绘制特定产品啤酒生产的工艺流程图,流程图中包括啤酒生产过程中所有步骤,并对主要步骤说明所涉及的原辅料、生产条件(主要指所有步骤的处理温度及时间关系资料)等。

5.4.2 基本的流程图应包括每一个执行的生产步骤,包括辅助生产线,所有原辅料的添加和相关维护。

5.4.3 工艺流程图是对加工步骤提供清楚且简单的描述,以便能实际的管理,如果有可能,需要附外加工过程、转包工程,再加工、回收和废物去除等工序及人员流向、物资流通、气体流通和包含机械器具等设施的厂房平面配置简图。

注:生产流程图举例参见附录 B。

5.5 确认流程图

HACCP 小组应在现场对照流程图对生产过程进行确认，可以按生产线进行，也可以对负责相应生产线的人员进行询问和讨论，不符之处要进行修改，并有相应记录。

情况变化时(如改进配方、改进工艺、改变设备等)，要注意修正流程图并重新确认。经过验证的流程图应作为记录予以保存。

5.6 进行危害分析[1)]（原理 1）

HACCP 小组成员应对啤酒生产的不同产品类型、不同生产线，涵盖原辅料、糖化、发酵、包装、成品的贮存运输和消费等环节中可能产生的所有危害进行分析。当主要原料、包装材料、啤酒组成成分、设备、生产线、管路布局发生变化时，应重新进行危害分析。

5.6.1 分类列出啤酒生产每一生产步骤(从原料接收、主要生产步骤贮存到消费的每一环节)、过程产品和终产品潜在的生物性、物理性及化学性的危害。

5.6.2 评估每一潜在危害，确认危害的可接受水平。每一潜在危害可按下述方式进行评估：

——危害产生的激烈或严重程度；

——产生的可能(相似)性；

——结合经验、流行病学数据、微生物存在和增殖、化学品的存在状态、毒性、敏感的配料清单和其他数据综合考虑；

——消费者的投诉；

——现有控制方法的有效性(包括 SSOP 和作业指导书)；

——把危害的严重程度与发生的可能性作为判定显著性危害的依据(判定见表 1、表 2)。

表 1 危害的重要性

影响等级	影 响	定 义
1	低度	可能引起消费者厌恶，但不会有任何明显的不利于身体健康的影响
3	中度	可能引起轻微的不利于身体健康的影响，或是指消费者不断的暴露在危害下很长一段时间以后产生的健康影响
5	严重	可能引起一些人或所有人严重的身体问题

表 2 危害的发生频率

可能等级	可 能 性	定 义
1	低度	危害是间歇的，如果在这一点对产品加以控制危害就不再存在，危害只存在于一批产品的某一部分
3	中度	危害是间歇的，如果在这一点对产品加以控制危害就不再存在，危害存在于一批产品的整个过程
5	严重	危害持续出现，如果在这一点对产品加以控制危害就不再存在，危害会影响若干批次的产品

5.6.3 应记录相关评估方法和依据。

---

1) 危害分析表参见附录 C。

即使是专业人士，对潜在食品安全危害发生的可能性和严重性会有不同的判断，HACCP 小组可参考专家意见建立 HACCP 计划。

相同或相似产品在不同生产线由于设备的不同，维护程序有效性的不同，啤酒瓶质量的不同等因素，会有不同的显著危害。

5.7 确定关键控制点(原理2)

关键控制点是啤酒酿造过程中的一步或一个操作,是阻止、消除或将危害减小到可接受水平的一个工序,可以通过应用判断树(见图1)评估每一显著危害控制点是否为关键控制点,经验、文献、客户要求等因素也可作为决定关键控制点的依据。

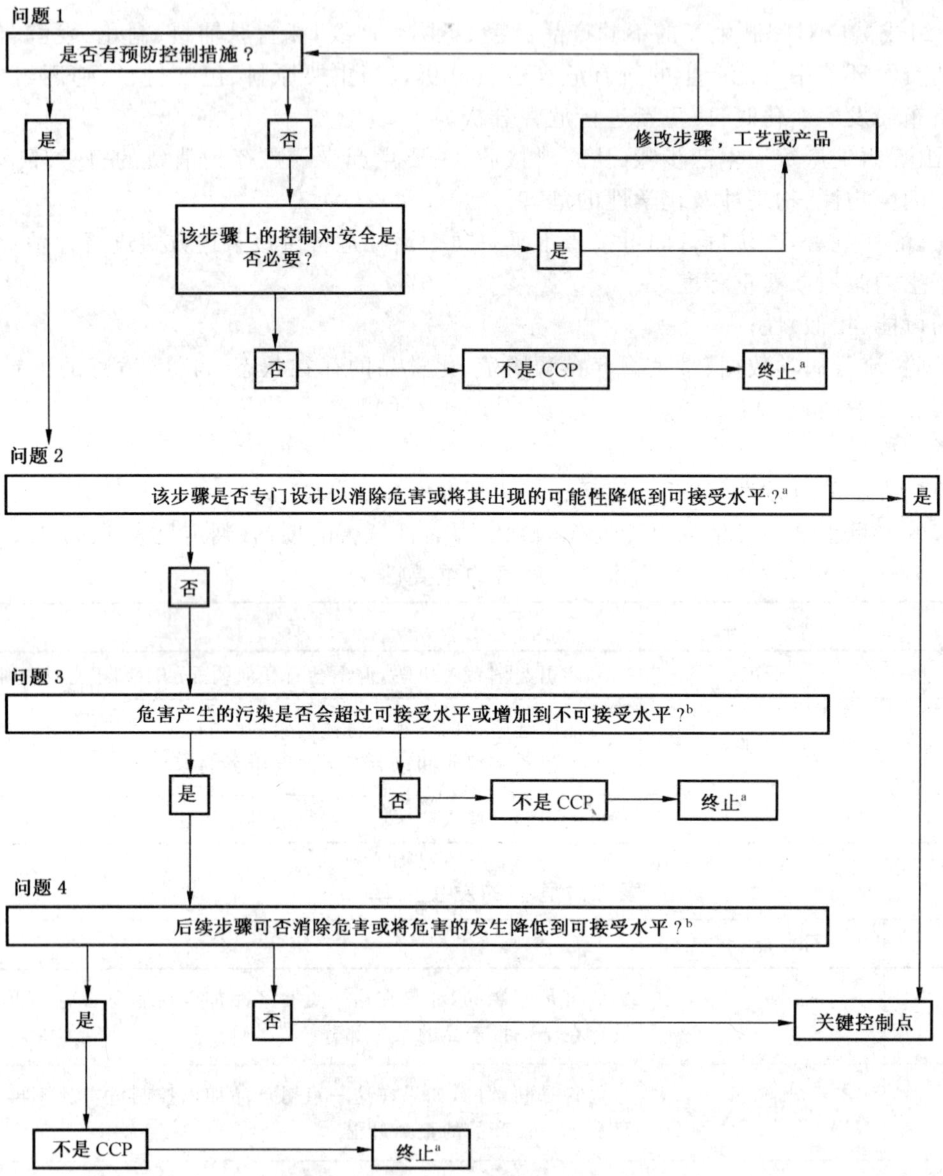

[a] 按描述的过程进行至下一个危害。

[b] 在识别HACCP计划的关键控制点的总体目标范围内,需对可接受水平和不可接受的水平作出定义。

注:判断数只是判断原则之一,企业可根据实际情况灵活运用,结合多种因素综合判断。判断树举例参见附录D。

图1 关键控制点判断树

每个显著危害都应通过一个或多个关键控制点(CCP)来控制。

关键控制点不一定设在发生显著危害的环节,有可能在以后工序的某一点或某几点来控制。

如果哪一步也不能控制显著危害,则需要修改工艺流程。

5.8 **确定关键限值(原理 3)**

HACCP 小组应对每一关键控制点设立关键限值,关键限值需建立在科学的基础上且可测量,关键限值是实现阻止、消除或将危害减小到可接受水平的最低要求,关键限值不是产品中污染物必须的法定限值,限值是应用于控制方法而不是危害。关键限值应能够快速测定以便快速采取纠偏行为(如有可能,每一个关键限值,设立相应的操作限值和目标值,以便及时监控控制值的变化,减少发生偏离关键限值的情况)。

5.8.1 列出所有关键控制点的关键限值,若有操作限值(操作界限或操作员的管理标准)应予以标明。

5.8.2 关键限值可来源于企业的要求、受控标准、经验数值或专家建议。

5.8.3 当某一危害被监控时,应完整监控该危害所对应的每一关键限值,如果其中任何一项关键限值发生变更,则其他关键限值应重新讨论与考虑。

5.9 **建立每一关键控制点的监测系统(原理 4)**

每一关键控制点应建立文件化的监控程序,包括:

——列出与关键控制点的关键限值有关的物理的、化学的或微生物的测定值或观察值以确保过程受控;

——关键控制点失控的确定以及监控方法;

——由具备专业知识的专门人员评估监控数据并执行纠正行动;

——有效的监控频率,如为非连续监控应确保 CCP 点受控并有文件记录。

注:所有监控数据和文件需标注日期和监控人姓名;监控人应充分了解监控的目的和重要性,并就他们的监控工作经过专门技术培训。

5.10 **建立纠偏行动(原理 5)**

当关键限值超出时应马上采取相应的纠偏行动以使关键控制点回到控制范围,纠偏行为应说明怎样做使关键控制点恢复控制和怎样处理受影响的产品,纠偏行动应记录。

纠偏计划可在 HACCP 计划表中体现各个关键控制点特定的纠正措施,以便出现偏离时进行处理,内容可包括:

——偏离发生时怎样做;

——对受影响的产品如何处理;

——纠偏行动实施的负责人;

——建立并保存纠偏行动的记录和结果。

注:HACCP 计划举例参见附录 E。

5.11 **建立验证程序(原理 6)**

验证程序应包括:

——危害分析文件的复审;

——验证结果、数据的审核;

——审核监控数据以确保关键控制点受控;

——审核偏离值、纠偏行动、产品处理和消费者投诉;

——校正监控设施;

——HACCP 小组交流验证结果。

5.12 **建立文件和记录保持系统(原理 7)**

啤酒企业建立 HACCP 体系中涉及的所有制度、计划、程序、方法、记录等都应文件化。

5.12.1 需要形成的文件可包括但不限于以下内容:

5.12.1.1 HACCP 小组的组织、会议记录及职责分配。

5.12.1.2 原材料特性说明。

5.12.1.3 产品特性的说明。

5.12.1.4 工艺流程图。

5.12.1.5 要求的程序文件。

5.12.1.6 前提方案。

5.12.1.7 危害分析所使用的各项资料。

5.12.1.8 危害分析表及制作危害分析表时的讨论经过。

5.12.1.9 卫生标准操作程序(SSOP)。

5.12.1.10 关键控制点和关键限值确定的讨论及依据资料。

5.12.1.11 支持关键控制点有效的相关资料。

5.12.1.12 针对关键控制点的所有措施的具体内容。

5.12.1.13 成品检验结果资料。

5.12.1.14 HACCP计划文件。

5.12.1.15 厂区灭鼠点的分布图、厂区平面图、人流图、物流图。

5.12.2 记录包括：

——原料和设备运作以及产品在控制中的静态记录(如原料验收与仓储、产品生产与储存条件、设备操作条件与维修等)；

——分析产品生产过程及确认HACCP计划有效性的动态记录(如关键控制点的监控，纠正、确认以及操作卫生管理记录等)。

与HACCP有关的记录可包括但不限于以下内容：

——监测的结果记录；

——纠偏措施的实施结果记录；

——一般的卫生管理计划实施结果记录；

——确认的实施结果记录；

——HACCP体系的验证结果记录。

与产品直接相关的记录保存期应超过相应产品保质期1年；其他记录至少保存1年。所有文件应标明日期和参与文件的相关人员，属于记录等执行文件的，应有参与执行的人员、审核或监督人员及主管或负责人签名。

HACCP研究的结果就是确定了啤酒生产中的危害、成因、风险等级、控制方法、监控措施和纠偏行动的“HACCP计划”。它可作为人们执行监控和纠偏行为的工作指导和HACCP实施阶段的培训文件。

附 录 A
(资料性附录)
产品描述(示例)

加工类别:冷灌装巴氏杀菌
产品类型:普通××啤酒

产品定义	以麦芽、水为主要原料,加啤酒花(包括酒花制品),经酵母发酵酿制而成的、含有二氧化碳的、起泡的、低酒精度的发酵酒
主要原辅料	酿造用水、麦芽、大米、酒花及酒花制品
产品特性	浊度≤0.9EBC;泡持性≥200 s(瓶装)、泡持性≥170 s(罐装);二氧化碳:0.40%~0.65%(质量分数);酒精度≥2.5%vol;双乙酰≤0.10 mg/L;色度 3 EBC~40 EBC;有明显的酒花香气,口味纯正,爽口,酒体协调,柔和,无异香、异味,清亮透明
计划用途 (主要的消费对象,分销方法)	主要为 18 岁以上成年人,酒精过敏者慎用 批发,零售
食用方法	保质期内开瓶或罐即可饮用
包装类型	直接包装:玻璃瓶,易拉罐 间接包装:纸箱或塑料箱
保质期	6 个月或 12 个月
标签说明	5 ℃~25 ℃,避光贮存,切勿撞击,防止爆瓶
销售地点	中国境内,出口国或地区
特殊运输要求	5 ℃~25 ℃储运,严防日晒、雨淋或冰冻,搬运时轻拿轻放,运输工具卫生清洁

日期: 审核:

附 录 B
(资料性附录)
流 程 图

图 B.1 为啤酒酿造工艺流程图,给出瓶装啤酒工艺流程图目的在于在本标准中相关附录基于如下流程图给出酿造全过程的 HACCP 应用示例。

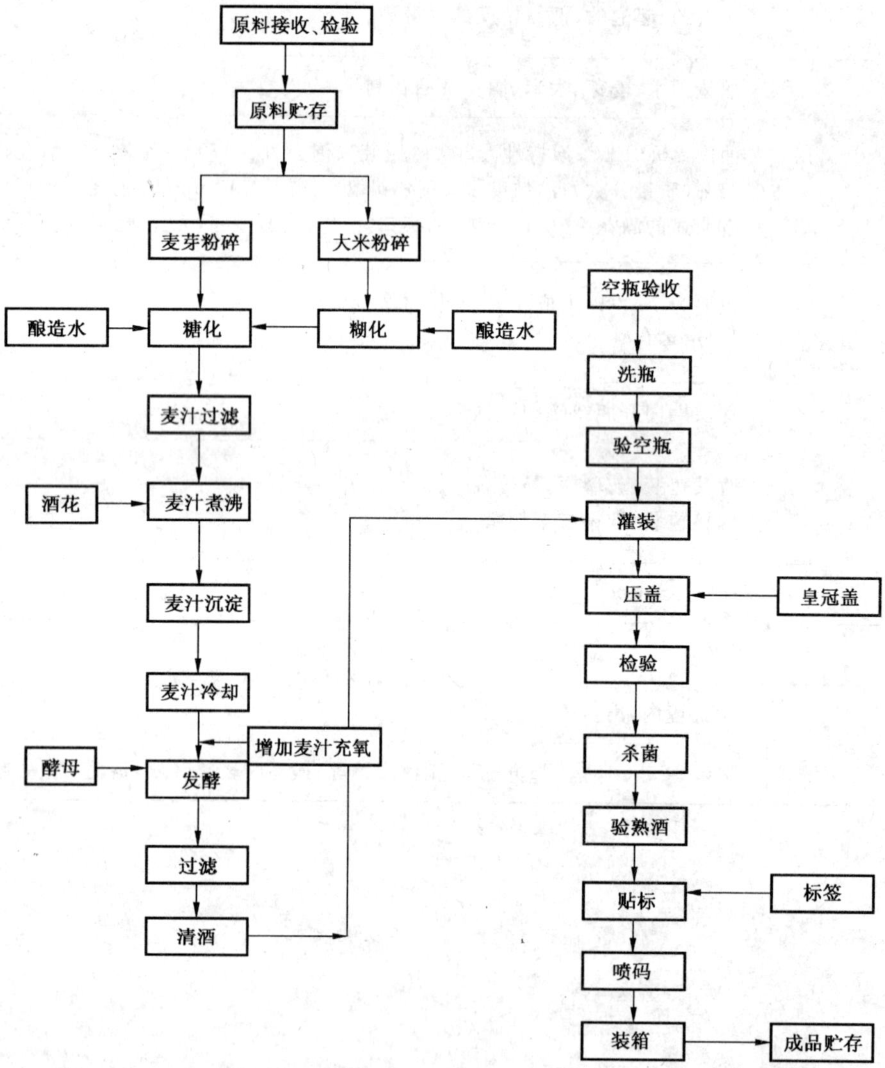

图 B.1 啤酒酿造工艺流程图

啤酒企业应根据各自产品特性及生产情况按要求给出尽可能详细的流程图。基本的流程图应包括每一个执行的生产步骤,包括辅助生产线,所有原辅料的添加和相关维护。如图 B.2 所示:

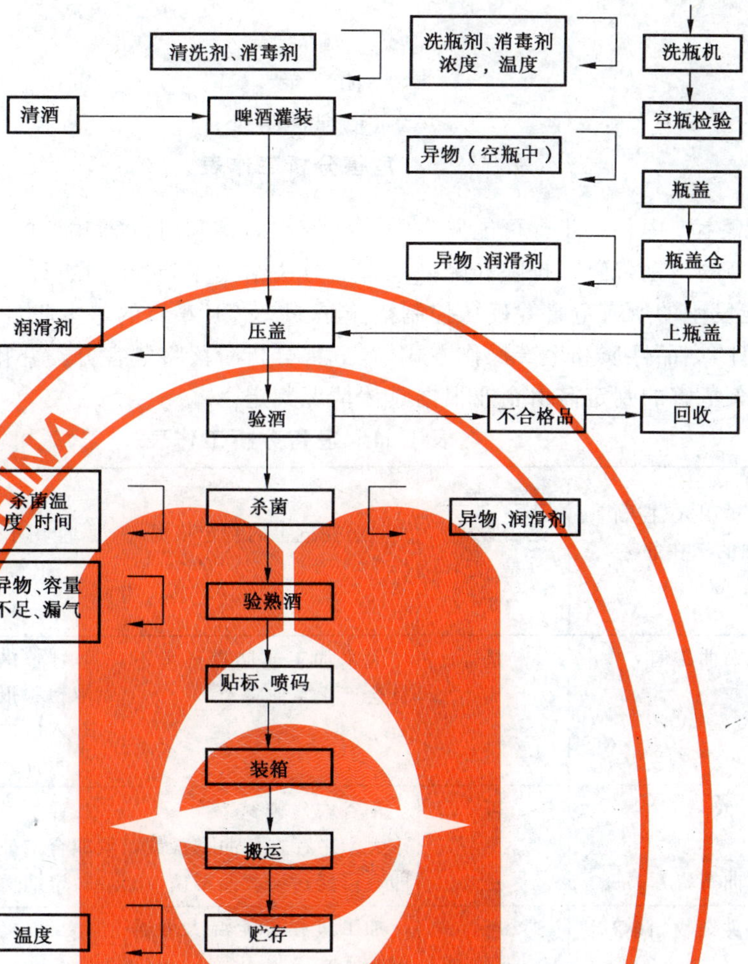

注：带拐角的箭头表示对应的生产步骤可能带入的危害或需进行的相关维护控制点。

图 B.2　灌装流程图

附　录　C
（资料性附录）
危害分析工作表

列出了啤酒生产中每一步骤可能发生的一些潜在危害和对危害建议的相应控制方法，对帮助潜在可能发生的危害的识别，确认、排除和降低危害的方法给出了指导，但也许没有能识别所有需要控制的危害，识别可能发生的所有危害并确认控制措施是HACCP小组的基本职责，其他危害是否存在取决于生产过程的设计，产品性质和生产操作方式，在危害分析阶段将危害分类并排除非显著危害是非常有用的。是否为显著危害的判定需由企业根据具体情况判定。

表 C.1　危害分析工作表

加工工序 (1)	本工序被引入、控制或增加的潜在危害 (2)	潜在的危害是否显著？（是/否） (3)	对潜在危害的判定依据 (4)	能用于显著危害的预防措施 (5)	该工序是不是关键控制点？（是/否） (6)
大米验收	生物的：黄曲霉菌	是	大米加工或储存环境不良会产生黄曲霉	1.评估供应商，向供应商索取检验报告； 2.入厂抽查检验； 3.每批入厂目视检验	是
	化学的：农残（六六六、DDT） 其他：黄曲霉毒素 B_1	否 是	稻谷农残较少 大米中存在黄曲霉毒素，即有可能污染黄曲霉菌	1.评估供应商，向供应商索取合格证明； 2.定期送检	否 是
	物理的：夹杂物如小石块	否	加工过程可能混入可通过筛选除去		否
麦芽验收	生物的：黄曲霉菌	是	加工和贮存环境不良会产生黄曲霉	1.评估供应商，向供应商索取检验报告； 2.入厂抽查检验； 3.每批入厂目视检验	是
	化学的：农残（六六六、DDT） 其他：黄曲霉毒素 B_1	否 是	大麦种植时会使用农药，但目前稻谷农残很少 原料储存黄曲霉菌污染	1.评估供应商，向供应商索取合格证明； 2.定期送检	否 是
	物理的：夹杂物，如小石块	否	加工过程可能混入可通过筛选除去		否
原料贮存	生物的：黄曲霉菌	是	加工和贮存环境不良会产生黄曲霉	啤酒企业良好操作规范控制	否
	化学的：无				
	物理的：夹杂物，如小石块	否	可通过筛选除去		否
酿造用水	生物的：致病菌	是	地下水可能引入微生物	水处理措施控制微生物	否
	化学的：重金属离子	否	地下水含有重金属离子。可选择良好的水源或水处理措施控制		否
	物理的：无				

表 C.1(续)

加工工序(1)	本工序被引入、控制或增加的潜在危害(2)	潜在的危害是否显著?(是/否)(3)	对潜在危害的判定依据(4)	能用于显著危害的预防措施(5)	该工序是不是关键控制点?(是/否)(6)
啤酒花	生物的:无				
	化学的:农残	是	种植时会使用农药,但很低	选择合格供方,供方提供合格证明	否
	物理的:无				否
麦芽/大米粉碎	生物的:无				
	化学的:润滑油	否	设备加油时带入,设备SSOP可以控制		否
	物理的:金属碎片	否	粉碎过程中设备可能带入,磁选或麦汁过滤可以除去		否
糊化	生物的:微生物致病菌	否	糊化温度可杀死大多微生物,后续煮沸也可控制		否
	化学的:清洗剂残留	否	设备 SSOP 控制		
	物理的:无				
糖化	生物的:微生物	否	后道煮沸工艺也可以控制		
	化学的:清洗剂残留	否	设备 SSOP 控制		否
	物理的:无				
麦汁过滤	生物的:微生物	否	过滤温度 75 ℃,不宜生长微生物		否
	化学的:清洗剂残留	否	设备和管道 SSOP 控制		否
	物理的:小石块、金属碎片	否	原料引入,此步骤可去除		否
麦汁煮沸	生物的:微生物	是	微生物残留可能造成发酵时产生有害物质	控制煮沸时间及温度	是
	化学的:清洗剂残留	否	设备和管道 SSOP 控制		
	物理的:无				
麦汁沉淀	生物的:微生物致病菌	否	设备杀菌不彻底导致微生物的存在,麦汁本身沉淀温度不适宜微生物生长;设备 SSOP 控制		否
	化学的:清洗剂残留	否	设备和管道 SSOP 控制		否
	物理的:无				

表 C.1(续)

加工工序 (1)	本工序被引入、控制或增加的潜在危害 (2)	潜在的危害是否显著? (是/否) (3)	对潜在危害的判定依据 (4)	能用于显著危害的预防措施 (5)	该工序是不是关键控制点? (是/否) (6)
麦汁冷却	生物的:微生物致病菌	是	设备杀菌不彻底,造成微生物生长,影响后道发酵工艺,造成染菌	严格按工艺操作进行	是
	化学的:清洗剂残留	否	设备和管道 SSOP 控制		否
	物理的:无				
发酵	生物的:致病菌	是	1. 麦汁充氧时压缩空气不纯引入微生物; 2. 发酵罐及管道杀菌不严引入杂菌,影响发酵质量	对发酵罐进行 CIP 清洗,检测微生物	是
	化学的:清洗剂残留	否	设备和管道 SSOP 控制		
	物理的:无				
过滤	生物的:微生物	是	设备和管道清洗不净,可能引入微生物	由后序巴氏杀菌可以控制	否
	化学的:无				
	物理的:无				
清酒	生物的:微生物	否	设备杀菌不彻底导致微生物的存在,设备 SSOP 控制		否
	化学的:清洗剂残留	否	设备和管道 SSOP 控制		否
	物理的:无				
洗瓶	生物的:微生物	是	回收瓶贮存中产生细菌,新瓶也有存在微生物的可能	洗瓶机中高温碱液可杀灭致病菌	否
	化学的:清洗剂残留	是	操作不当引起清洗剂残留	加强末道水的冲洗	否
	物理的:异物	是	空瓶可能带入	瓶子在清洗过程中高压清水喷淋可冲洗掉,破瓶在验瓶剔除	否
验空瓶	生物的:无				
	化学的:无				
	物理的:瓶中异物、破损瓶	是	前面工序带入	由验瓶人员检出	是
灌装	生物的:微生物	是	酒阀、设备中的微生物引入酒中	后道杀菌工序杀死	否
	化学的:残碱	是	设备管道清洗不彻底引入,对酒质量有影响	CIP 末道水测定 pH 值	否
	物理的:无				

表 C.1（续）

加工工序（1）	本工序被引入、控制或增加的潜在危害（2）	潜在的危害是否显著？（是/否）（3）	对潜在危害的判定依据（4）	能用于显著危害的预防措施（5）	该工序是不是关键控制点？（是/否）（6）
压盖	生物的：微生物	是	瓶盖生产、包装、贮存时引入	后道杀菌工序杀死	否
	化学的：重金属，聚乙烯等	是	原料中会带入	选择符合食品卫生标准的瓶盖	否
	物理的：灰尘、金属屑	是	压盖时破碎	后道验酒去除	否
杀菌	生物的：致病菌	是	空瓶、酒中带入	高温瞬时杀菌	是
验熟酒	生物的：无				
	化学的：无				
	物理的：玻璃渣、微小杂物	是	空瓶及清酒中带入	人工验瓶	是
贴标	生物的：无				
	化学的：有害化合物	否	使用符合国家标准的蛋白胶		否
	物理的：无				
喷码	生物的：无				
	化学的：油墨	否	购买合格的油墨		否
	物理的：无				
装箱	生物的：无				
	化学的：无				
	物理的：无				

日期：　　　　　　　　　　　　审核：

附 录 D
（资料性附录）
判断树举例表

表 D.1 判断举例表

有显著危害的加工步骤	危害包括： 生物的：B 化学的：C 物理的：P 危害描述	在本步骤及后续工序中对确定的危害是否有预防措施？ 如果否＝不是CCP，确定该危害如何及在哪步骤被控制。 如果是＝进行至下一个问题	本步骤是否将可能发生的危害消除或减少至可接受水平？ 如果否＝进行至下一个问题。 如果是＝CCP	所确定的危害的污染是否能超过可接受水平或增加至不可接受水平？ 如果否＝不是CCP。 如果是＝进行至下一个问题	随后的步骤是否将确定的危害消除或使可能发生的危害减少至可能接受水平？ 如果否＝CCP。 如果是＝不是一个CCP	CCP 是/否
大米验收	B：黄曲霉菌	是	是			是
	C：农药残留 黄曲霉毒素 B_1	是	是			是
	P：夹杂物，如小石块					
麦芽验收	B：黄曲霉菌	是	是			是
	C：农药残留 黄曲霉毒素 B_1	是	是			是
	P：夹杂物，如小石块					
啤酒花	B：无					
	C：农残	否				否
	P：无					
麦汁煮沸	B：微生物引入	是	是			是
	C：无					
	P：无					
发酵	B：控制微生物	是	是			是
	C：无					
	P：无					
清酒过滤	B：控制微生物	是	否	是	是	否
	C：无					
	P：无					
洗瓶	B：微生物	是	是			是
	C：清洗剂残留					
	P：异物	是	否	是	是	否

表 D.1（续）

有显著危害的加工步骤	危害包括： 生物的：B 化学的：C 物理的：P 危害描述	在本步骤及后续工序中对确定的危害是否有预防措施？ 如果否＝不是CCP，确定该危害如何及在哪步骤被控制。 如果是＝进行至下一个问题	本步骤是否将可能发生的危害消除或减少至可接受水平？ 如果否＝进行至下一个问题。 如果是＝CCP	所确定的危害的污染是否能超过可接受水平或增加至不可接受水平？ 如果否＝不是CCP。 如果是＝进行至下一个问题	随后的步骤是否将确定的危害消除或使可能发生的危害减少至可能接受水平？ 如果否＝CCP。 如果是＝不是一个CCP	CCP 是/否
验瓶	B：无					
	C：无					
	P：爆瓶	是	是			是
清酒引入	B：微生物	否				否
	C：清洗剂	否				否
	P：无					
灌酒	B：微生物	否				否
	C：无					
	P：无					
压盖						
杀菌	B：控制微生物	是	是			是
	C：无					
	P：无					
验酒	B：致病菌	是	否	是	是	否
	C：无					
	P：无					

附 录 E
（资料性附录）
HACCP 计划表

表 E.1 HACCP 计划表

1 关键控制点	2 显著危害	3 各预防措施的关键限值	监控 4 对象	5 方法	6 频率	7 执行人	8 纠偏行动	9 记录	10 验证
麦芽大米采购	控制农残	供方选择及合格证明	供方	评价检查	1次/年 每次供货时	采购员 检验员	评价不合格的供方不采购； 无合格证明的原料不接收	供方评价表	1.记录复查； 2.1次/年委托检验
麦汁煮沸	控制微生物、保证稳定性	温度100 ℃ 时间90 min	温度 时间	温度计	每锅	操作工	温度<100 ℃时，调整温度达到100 ℃，且在此温度下煮沸时间超过90 min	糖化记录	1.对记录复查； 2.麦汁微生物检测； 3.仪表定期校正
发酵	控制微生物、保证发酵罐无菌	碱水浓度2%	碱水浓度	电导率或浓度测定仪	每罐	操作工	浓度没到，加入一定量碱水达到应具备浓度	CIP记录	1.对记录复查； 2.麦汁微生物检测； 3.仪表定期校正
机器验瓶	瓶中异物	8个样品瓶全部通过	空瓶	样品瓶校正	6次/班	操作工	调整设备达到工艺要求	验瓶机操作记录	记录复查
杀菌	控制致病菌	高温区温度：≥62 ℃ 杀菌总时间≥45 min	温度 时间	温度计 计时器	每小时 每天	操作工	调整设备以达到工艺要求 应说明对偏离关键值时段的产品如何处理	杀菌机操作记录	1.记录复查； 2.成品酒检测； 3.仪表定期校正
验酒	异物残留	泄漏瓶异物残留瓶	经灭菌的瓶	肉眼观察或验瓶机监控	每个瓶	操作工	每两小时对成品进行一次抽检 每日成品检验 每日审核监控记录	成品泄漏瓶或异物瓶监控记录 纠偏行动记录	将发现的泄漏瓶异物瓶剔除

日期： 审核：

附　录　F
（资料性附录）
啤酒工业潜在危害

该附录列出了可能的危害，生产过程不一定出现，但确保生产过程中一定的操作以避免他们的发生是很重要的。该附录帮助啤酒企业确定影响程度。同时应注意的是该附录不是一个详尽的列表，将来随着分析水平的提高更多潜在危害会被发现，HACCP小组应确保能考虑到所有的潜在危害。可能存在的潜在危害举例见表F.1。

F.1　生物危害

由于微生物而产生的毒素。生产过程人的接触会引起染菌。

注：大部分普通食品致病菌不会在啤酒中生长，列表中包括了致病菌的预防性的测定，低醇啤酒风险评估时应修正不恰当的操作（如巴氏灭菌）。

F.2　化学危害

有意识或意外加入的或酿造过程产生的化学物质（如乙基氨基甲酸酯）。

F.3　物理危害

存在于原材料的物理物质（如石子、玻璃、金属）或酿造、包装及生产过程中意外掉入的（如笔、工具）。

表F.1　啤酒工业潜在危害例举表

潜在危害	影响	来源	要求限量或法定限量
隐单孢子	5	水	推荐处理方式而没有限量值限制，举例来说，如果大量产生，将水煮沸
大肠杆菌	5	水、麦芽、辅料、过滤助剂、辅助灌装线	100 mL水中不得检出
有毒霉菌	5	原材料潮湿时形成	无可见霉菌。该指标应包含在样品协议中。霉菌和毒素的直接关系还不确定。限值的确定取决于霉菌
霉菌毒素（不包括黄曲霉毒素）	3	来自谷物、香味物质和添加剂的霉菌感染，如曲霉、青霉、镰刀菌霉	EU规范中有对原材料霉菌毒素的最大限值要求，规定了原材料中一些霉菌毒素的最大限值
黄曲霉毒素	3	大部分限制于适宜霉菌生长的热带谷物、玉米	谷物4 μg/kg，黄曲霉毒素B_1不超过2 μg/kg
多环芳香碳氢化合物	3	主要为热解过程中的产物，特别是有机物的不完全分解	WHO建议饮用水中不超过0.7 μg/L
亚硝胺	3	水和麦芽处理时产生	NDMA要求和其他挥发性亚硝胺限值麦芽不超过5 μg/kg
重金属	3	来自土壤中的矿物质、水和原材料	欧盟规定了水、谷物、添加剂和加工助剂中特定重金属的最大限值

表 F.1（续）

潜在危害	影响	来源	要求限量或法定限量
杀虫剂或农用化学品	3	水和原材料	欧洲规定水中总杀虫剂不超过0.5 μg/L；单项不超过0.1 μg/L，还规定了谷物和酒花中的限量
三卤甲磺酸	3	水中氯离子和有机成分反应	水中不超过100 μg/L
氯消毒剂	3	产生于洗剂和马达中的脱脂溶剂，可在水中发现	氯乙烷 30 μg/L 四氯乙烷 10 μg/L
冷却剂	3	乙二醇可用于食品添加剂但不允许添加到啤酒中	欧洲规定食品限量1 g/kg
氯丙醇	3	黑麦芽和麦芽抽提物中可检测到3-MCPD。由本身含有的氯化物和脂类物质反应产生	从工艺条件上控制含量，例如控制谷物中黑麦和麦芽抽提物的比例
苯	3	环境污染，二氧化碳是潜在来源	欧洲规定水中苯不超过1 μg/L
清洁剂	5	清洗液	饮用水EEC要求pH6.6～8.5，世界卫生组织规定标准pH6.5～9.2，检查生产商COSHH供给细节。卫生要求产品信息，使用说明
丙烯酰胺	3	高温下谷物中的胺和糖反应产生	欧盟食品安全机构声明含量在适度范围内应尽可能低
润滑剂	1	泵	无法定限制，应是食品级
外来物	5	玻璃	美国FDA健康危害评估委员会对食品中玻璃内容物无危害率＜5 mm
外来物	3	金属、橡胶、塑料、木屑等	美国FDA健康危害评估委员会对食品中金属或塑料内容物无危害率为金属＜5 mm，塑料＜4.2 mm

附　录　G
（资料性附录）
HACCP 检查表

表 G.1　HACCP 检查表

HACCP 原则	检　查　表
准备	1. 有什么凭证是用来管理承担 HACCP 的使用？ 2. HACCP 小组： ——小组成员都有谁？ ——是否能表现所有相应的纪律？ ——每个人可能的技术水平是什么？ ——是否有需要的外部的专家（培训凭证，资格，经验等）？ ——HACCP 小组领导人制造杠杆作用的决定是什么？ 3. HACCP 体系： ——该体系是怎样适应整个食品安全控制计划的？ ——公司是否有食品安全政策？ ——是否清晰定义了范围？ ——体系怎样构建？
原理 1 实施危害分析	1. 产品是否被正确描述？ ——是否识别了原有的控制方法？ 2. 生产流程图（PFD）是否全面？ ——怎样核对流程图的准确度，谁来核对？ ——是否所有的原材料和生产/储存行动都包括在流程图中？（修订工作可作为一个因素包含在内） ——是否所有的活动都包含了？ ——PFD 是否正确？ ——PFD 绘制后流程是否有过变化？ ——HACCP 小组怎样通告生产过程或生产系数的变化？ ——怎样记录和批准生产过程或生产系数的改变？ ——变化实施前是否和 HACCP 小组讨论？ ——是否有修订的机会，他们是怎样被包含在内的？ 3. 危害分析怎样实施？ ——是否只识别重要危害？ ——所有的原材料（含再加工的）都包含在内了吗？ ——考虑到所有的加工步骤了吗？ ——危害被按类型和来源明确识别了吗，形成概念了吗？ ——小组怎样评估发生的可能性？ ——利用了什么信息来源？ 4. 每一危害是否确定了相应控制方法？ ——控制方法能控制危害吗？怎样进行确认的？ ——所有的控制方法是否在工厂水平的合适位置？
原理 2 确定关键控制点（CCPS）	1. 怎样确定 CCPS？ ——由专家判断？ ——通过判断树的使用？（判断树是否被正确使用） ——通过顾问判断？ ——所有必须的关键控制点都被确定了吗？ 2. 每一确定的关键控制点都经过系统的考虑吗？ 3. 不有 CCPS 控制的危害是怎样运做的？

表 G.1（续）

HACCP 原则	检查表
原理 3 建立关键限值	1. 关键限值怎样建立？ ——有依据吗？（试验数据，文献参考等） ——有什么验证存在证实关键限值控制了识别的危害？ ——是否每个 CCP 点都建立了关键限值？ 2. 和操作限值有什么不同？
原理 4 建立关键控制点的监控体系	1. 是否建立了实际的监控计划表？ ——是否涵盖所有的 CCPS？ ——监控程序的可靠性是否被适当评估？ ——监控设备的状态如何？ ——是否有相应的凭证和适当的校准？ ——CCP 记录表是否被用于所有的 CCP 点？ ——程序没有连续进行是否有证据？ ——监控频率是否充分确认？ ——取样计划是否正确统计？ ——统计过程控制记录是否被用于说明日常的生产过程是在控制中的？ ——检查记录与声明的活动是否一致？ 2. 监控人员及其职责是否适当确定和培训？ ——怎样培训的？ ——监控记录是否由指定的相应的检查人进行检查？
原理 5 建立纠偏行动	1. 纠偏行动是否被正确定义？ ——有什么证据说明 CCP 点发生背离是纠偏行动起作用了？ ——纠偏行动是否记录，怎样验证有效性？ 2. 纠偏行动的专家是怎样指派的？ 3. 不合格的产品怎样控制是否有清晰的记录？ 4. 处置行为是否清晰列出？
原理 6 对这些原理和他们的应用的程序和记录建立文档	使用的文件系统的格式是什么？ ——文档是否涵盖了所有 HACCP 体系操作？ ——文档怎样控制（更新和发布）？ ——记录是否易于理解？ ——HACCP 记录是否可通过独特的参考数字清晰识别？ ——所有文档是否准确且代表当前状况？ ——验证程序是否文件化？ ——变化控制怎样管理？
原理 7 建立验证程序确保 HACCP 有效运作	1. 验证程序是否被清晰恰当建立？ ——验证程序的可靠性是否分配（确认）？ ——是否有效执行？ ——验证程序是否包括了所有的 CCP 点？ ——HACCP 控制表的信息是否是最新的？ ——是否有正式体系启动修正？ ——是否获得控制参数？ 2. 在验证体系中消费者投诉数据是怎样使用的？ 3. 是否有 CCP 失效和产品不合格的正常复检？

附 录 H
（资料性附录）
啤酒企业 HACCP 体系所需记录及相关表格格式汇总表

表 H.1 啤酒企业 HACCP 体系所需记录及相关表格格式汇总表

序 号	文 件 名 称
1	文件收发记录
2	外来文件登记表
3	文件修订申请表
4	文件更改通知单
5	文件或记录销毁登记表
6	管理评审计划
7	管理评审报告
8	年度培训计划
9	培训记录表
10	履历表
11	主要生产设备一览表
12	设备运行状况记录表
13	年度设备维修保养计划表
14	检验仪器一览表
15	测量装置校验记录
16	顾客意见处理表
17	顾客满意度调查表
18	顾客满意度调查统计表
19	供方调查表
20	合格供方名录
21	采购申请单
22	原料验收记录
23	添加剂使用记录
24	生产日报表
25	不合格品报告
26	产品回收通知单
27	产品回收记录
28	有毒有害物品一览表
29	有毒有害物品领用记录
30	洗消剂使用记录
31	每日卫生检查记录

表 H.1(续)

序号	文件名称
32	厂区环境卫生检查记录
33	灭鼠情况记录
34	每月卫生考核
35	环境卫生检测报告
36	水质检验报告单
37	质量检验报告单
38	微生物检验原始记录
39	理化检验原始记录
40	内部审核计划
41	审核检查表
42	不符合项报告
43	内部审核报告
44	纠正和预防措施记录表
45	会议记录及签到表
46	CCP 点验证记录
47	HACCP 体系验证记录
48	HACCP 计划修改记录

ICS 67.220.10
X 66

中华人民共和国国家标准

GB/T 22099—2008

酿造醋酸与合成醋酸的鉴定方法

Identification method for biogenic acetate acid and synthetic acetate acid

2008-06-25 发布　　2009-06-01 实施

中华人民共和国国家质量监督检验检疫总局
中国国家标准化管理委员会　发布

前　言

本标准的附录A为资料性附录。

本标准由全国食品工业标准化技术委员会工业发酵分技术委员会提出并归口。

本标准起草单位:复旦大学放射医学研究所、中国食品发酵工业研究院、河南天冠企业集团有限公司。

本标准主要起草人:朱国英、张蔚、翟光校、王志强、康永璞。

酿造醋酸与合成醋酸的鉴定方法

1 范围

本标准规定了区别酿造醋酸与合成醋酸的方法。

本标准适用于酿造醋酸与合成醋酸的鉴定。

2 规范性引用文件

下列文件中的条款通过本标准的引用而成为本标准的条款。凡是注日期的引用文件，其随后所有的修改单(不包括勘误的内容)或修订版均不适用于本标准，然而，鼓励根据本标准达成协议的各方研究是否可使用这些文件的最新版本。凡是不注日期的引用文件，其最新版本适用于本标准。

GB/T 6682 分析实验室用水规格和试验方法(GB/T 6682—2008，ISO 3696:1987，MOD)

3 术语和定义

下列术语和定义适用于本标准。

3.1

酿造醋酸 biogenic acetic acid

以粮谷、薯类、水果等为原料，经发酵法生产制得的醋酸(冰乙酸)。

3.2

合成醋酸 synthetic acetic acid

以碳氢化合物乙炔、乙烯、甲醇等石化产品为原料，经合成法生产制得的醋酸(冰乙酸)。

4 原理

酿造醋酸中^{14}C的含量是稳定在一定范围内，而合成醋酸中的^{14}C大量衰变，只有微量残存。基于碳的同位素^{14}C在酿造醋酸与合成醋酸中的含量有明显不同，用液体闪烁法测定醋酸中^{14}C含量，以酿造醋酸的^{14}C为100，合成醋酸的^{14}C为0，^{14}C在二者混合物中的含量为其中间值，可以定量地测定二者的比率，以此作为鉴定方法。

5 试剂和溶液

5.1 甲苯闪烁液：称取2,5-二苯基恶唑 4 g(PPO，闪烁纯)和双[2-(5-苯基恶唑基)]苯(POPOP，闪烁纯) 0.1 g，用甲苯溶解，并定容至1 000 mL。

5.2 内部标准放射源：

5.2.1 标准放射源：碳-14(正十六烷)标准溶液(GBWO 4319，一级)，活度/浓度为39 075 Bq/g。

5.2.2 配制：称取1g标准放射源(精确至0.000 1 g)，用甲苯定容至500 mL，并计算出每毫升甲苯中标准放射源含量(dpm/mL)。

5.3 甲苯。

5.4 酿造醋酸标样。

5.5 合成醋酸标样。

6 仪器

6.1 低本底液体闪烁分析仪。

6.2 移液管:1 mL 、10 mL。

7 分析步骤

7.1 试样的制备

将醋酸样品用水(应符合 GB/T 6682 的规定)稀释到 95%,以防止淬灭。

7.2 ^{14}C 比活度的测定(以计数效率表示)——内标法

取两只闪烁杯,吸取 10 mL 试样 (7.1)、9 mL 甲苯闪烁液(5.1)和 1 mL 甲苯于一只闪烁杯中,于另一闪烁杯吸入 10 mL 试样(7.1) 、9 mL 甲苯闪烁液(5.1)和 1 mL 内部标准放射源(5.2),混合。

用低本底液体闪烁分析仪的^{3}H 通道计测 100 min,据此求出每分钟衰变数的计数值(dpm),计算计数效率。

7.3 结果计算

7.3.1 计数效率按式(1)计算。

$$E = \frac{B - A}{P} \qquad \cdots\cdots(1)$$

式中:

E——计数效率;

B——试样+甲苯闪烁液+内部标准放射源 (10 mL+9 mL+1 mL)的每分钟衰变数计数值,单位为每分钟衰变数(dpm);

A——试样+甲苯闪烁液+甲苯(10 mL+9 mL+1 mL)的每分钟衰变数计数值,单位为每分钟衰变数(dpm);

P——每毫升内部标准放射源的每分钟衰变数计数值(已知),单位为每分钟衰变数(dpm)。

7.3.2 试样中的表观计数值(dpm)按式(2)计算。

$$D = \frac{A - C}{E} \qquad \cdots\cdots(2)$$

式中:

D——试样中的表观计数值,单位为每分钟衰变数(dpm);

A——试样+甲苯闪烁液+甲苯(10 mL+9 mL+1 mL)的每分钟衰变数计数值,单位为每分钟衰变数(dpm);

C——甲苯闪烁液+甲苯(9 mL+1 mL)的每分钟衰变数计数值,单位为每分钟衰变数(dpm);

E——计数效率。

7.3.3 试样中每克碳的表观每分钟衰变数计数值(dpm)按式(3)计算。

$$D = \frac{D_1}{m \times 0.4} \qquad \cdots\cdots(3)$$

式中:

D——试样中每克碳的表观每分钟衰变数计数值,单位为每分钟衰变数(dpm);

D_1——试样中的表观每分钟衰变数计数值,单位为每分钟衰变数(dpm);

m——闪烁杯中醋酸的质量,单位为克(g);

0.4——醋酸中含碳量折算系数。

7.3.4 试样中酿造醋酸的比率按式(4)计算。

$$P = \frac{D - D_h}{D_p - D_h} \times 100 \qquad \cdots\cdots(4)$$

式中:

P——试样中酿造醋酸的比率;

D——试样中每克碳的表观每分钟衰变数计数值,单位为每分钟衰变数(dpm);

D_h——合成醋酸标样中的表观每分钟衰变数计数值，单位为每分钟衰变数(dpm)；

D_p——酿造醋酸标样中的表观每分钟衰变数计数值，单位为每分钟衰变数(dpm)。

注 1：以酿造醋酸标样、合成醋酸标样代替试样即可测定并计算 D_p、D_h。

注 2：食醋中酿造醋酸比率的测定参见附录 A。

7.4 精密度

在重复性条件下获得的两次独立测定结果的绝对差值不得超过 5%。

附 录 A
（资料性附录）
食醋中酿造醋酸比率的测定

A.1 原理

同第 4 章。

A.2 试剂和溶液

A.2.1 焦磷酸。

A.2.2 碳酸钙(作沉降用)。

其余试剂同第 5 章。

A.3 仪器

A.3.1 低本底液体闪烁分析仪。

A.3.2 旋转蒸发器。

A.3.3 蒸发皿:直径 120 mm。

A.3.4 减压蒸馏装置:带有冷阱。

A.3.5 抽气过滤装置。

A.3.6 分析天平:感量 0.1 mg。

A.3.7 电热干燥箱。

A.3.8 恒温水浴。

A.3.9 移液管:1 mL、10 mL。

A.3.10 干燥器:用变色硅胶作干燥剂。

A.4 用食醋制备醋酸的步骤

吸取一定量食醋(醋酸制备量应大于 20 mL),置于 1 000 mL 蒸馏瓶中,45 ℃减压蒸馏。弃去初始馏分 10 mL～20 mL,取中间馏分,残液为 20 mL 左右时停止蒸馏。

收集蒸馏液,缓缓搅拌加入约 40 g 碳酸钙(应过量使反应完全),加热沸腾 10 min 以促进反应。冷却后抽气过滤,滤液用旋转蒸发器浓缩,看到析出醋酸钙时即停止。

将上述浓缩液倾倒至蒸发皿中,置于水浴上(98 ℃～100 ℃)蒸发干涸,呈白色结晶状后,将蒸发皿中的醋酸钙转移入称量皿中,置于电热干燥箱内,于 130 ℃干燥 15 h(称量至恒量停止干燥)。

在干燥后的醋酸钙中加入 3 倍量的焦磷酸,充分搅拌,浸润后移入 500 mL 蒸馏烧瓶中,于水浴中静置 20 min～30 min。连接冷阱,减压蒸馏 60 min～90 min,收集结冰的醋酸。

A.5 食醋中酿造醋酸比率的测定

A.5.1 试样的制备

同 7.1。

A.5.2 ^{14}C 比活度的测定

同 7.2。

A.5.3 结果计算

同7.3。

A.5.4 精密度

同7.4。

ICS 59.060
W 04

中华人民共和国国家标准

GB/T 22100—2008

异形纤维形态试验方法　定量法

Test method for the profiled fibre modality—Quantitative method

2008-06-17 发布　　　　2008-10-01 实施

中华人民共和国国家质量监督检验检疫总局
中国国家标准化管理委员会　发布

前　言

本标准参照采用美国纺织化学师与印染师协会标准 AATCC 20A—2000《纤维定量分析》使用显微镜和图像分析系统测定异形纤维含量，方法较为简单、快捷。

本标准结合国内情况，采用了 AATCC 20A—2000《纤维定量分析》的如下内容：

——纤维横截面面积与纤维分类计数测量的试验方法和测量总根数；

——纤维纵向切断长度参数。

修改了 AATCC 20A—2000《纤维定量分析》纤维截面面积测量根数，增加了纤维长度测量方法，并计入结果。

本标准附录 A 为规范性附录。

本标准由中国纤维检验局提出。

本标准由中国纤维检验局归口。

本标准起草单位：陕西省纤维检验局。

本标准主要起草人：负秀琴、段朝霞。

本标准首次发布。

异形纤维形态试验方法　定量法

1　范围

本标准规定了应用显微镜和计算机图像分析系统测定异形纤维含量的试验方法。

本标准适用于絮用异形纤维混合物。

2　规范性引用文件

下列文件中的条款通过本标准的引用而成为本标准的条款。凡是注日期的引用文件，其随后所有的修改单(不包括勘误的内容)或修订版均不适用于本标准，然而，鼓励根据本标准达成协议的各方研究是否可使用这些文件的最新版本。凡是不注日期的引用文件，其最新版本适用于本标准。

GB/T 2910　纺织品　二组分纤维混纺产品定量化学分析方法

GB/T 2911　纺织品　三组分纤维混纺产品定量化学分析方法

GB 6529　纺织品的调湿和试验用标准大气

GB/T 8170　数值修约规则

FZ/T 01057(所有部分)　纺织纤维鉴别试验方法

FZ/T 01026　四组分纤维混纺产品定量化学分析方法

3　术语和定义

下列术语和定义适用于本标准。

3.1

批样　lot sample

按规定从一批产品中随机抽取的一个或多个包装单元，作为实验室样品的来源。

3.2

实验室样品　laboratory sample

按规定取自批样的产品单元或部分材料，作为试验样品的来源。

3.3

试验样品　test sample

从批样或实验室样品中抽取的材料，作为试样的来源。

3.4

试样　specimen

从试验样品中抽取的用于一次试验的样品。

3.5

多点取样法　multipoint sample method

将样品平铺为厚度较均匀的纤维层，并分为具有代表性和大致相同的多个区域，随机从每个区域正反面抽取样品的方法。

4　方法原理

将纤维纵、横向片段经透射式光学显微镜放大后，由视频摄像头采集纤维显微图像，然后通过图像分析技术，在显示器上根据异形纤维截面形态，分辨各类纤维、测量其截面面积、记录其根数，以计算不同截面形态纤维的含量(以质量百分率计)。

5 仪器、工具及试剂

5.1 仪器

由透射式光学显微镜、视频摄像头或数码相机、计算机和具有图像获取及数据分析处理功能的软件系统组成的仪器。仪器技术要求:总放大倍数不低于800倍,仪器像素不低于30万像素,测量面积误差不大于5%。

5.2 工具

5.2.1 切片器,可将纤维切成片段长度0.2 mm~1 mm、厚度10 μm~30 μm的装置。

5.2.2 载玻片、盖玻片、刀片、钢板尺(测量精度0.5 mm)。

5.3 试剂

火棉胶、杉木油或液体石蜡。

6 调湿和试验用标准大气

调湿和试验用标准大气按GB 6529规定。调湿和试验用的温度、相对湿度选用二级标准。

7 取样及其制备

7.1 批样

按产品标准抽取批样。

7.2 实验室样品

7.2.1 在每一样品上按多点取样法抽取实验室样品。将样品分8个区域,每区域正反各取1个样,并混合为一个约10 g的样品,组成第一组的8个混合样品。

7.2.2 按图1所示,将第一组混合样品中的第1个样品与第2个样品合并混合,再分成两半,丢弃一半,保留一半;第3个样品与第4个样品合并混合,同样分成两半,丢弃一半,保留一半……第7个样品与第8个样品合并混合,再分成两半,丢弃一半,保留一半。组成第二组的4个混合样品。

7.2.3 将第二组混合样品中的第1个样品与第2个样品合并混合,分成两半,丢弃一半,保留一半;第3个样品与第4个样品合并混合,再分成两半,丢弃一半,保留一半。组成第三组的2个混合样品。

7.2.4 将第三组的混合样按第二组方法分样,最后得到一个约10 g的实验室样品。

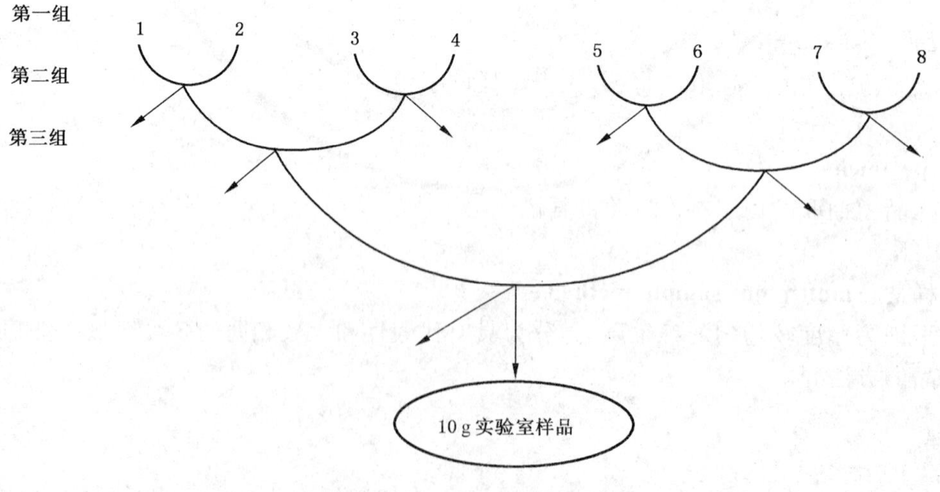

图1 实验室样品制备

7.3　试验样品(按图2所示)

7.3.1　先将10 g纤维对分、平行合并,再对分、平行合并,如此反复混合后,平铺为厚薄均匀、面积约为400 cm^2 纤维层,正反面各20点,均匀抽取共约1 g样品。

7.3.2　将1 g样品充分混合后,均匀分成三份。

7.3.3　将每份样品用手扯方式使纤维再次充分混合,解开打结纤维,切勿丢弃。将整理平直的纤维纵向再分成三份,依次编为1、2、3号。

7.3.4　分别合并三个同号样品,手扯整理混合。三份整理平直的样品为两个平行样和一个备样的试验样品。

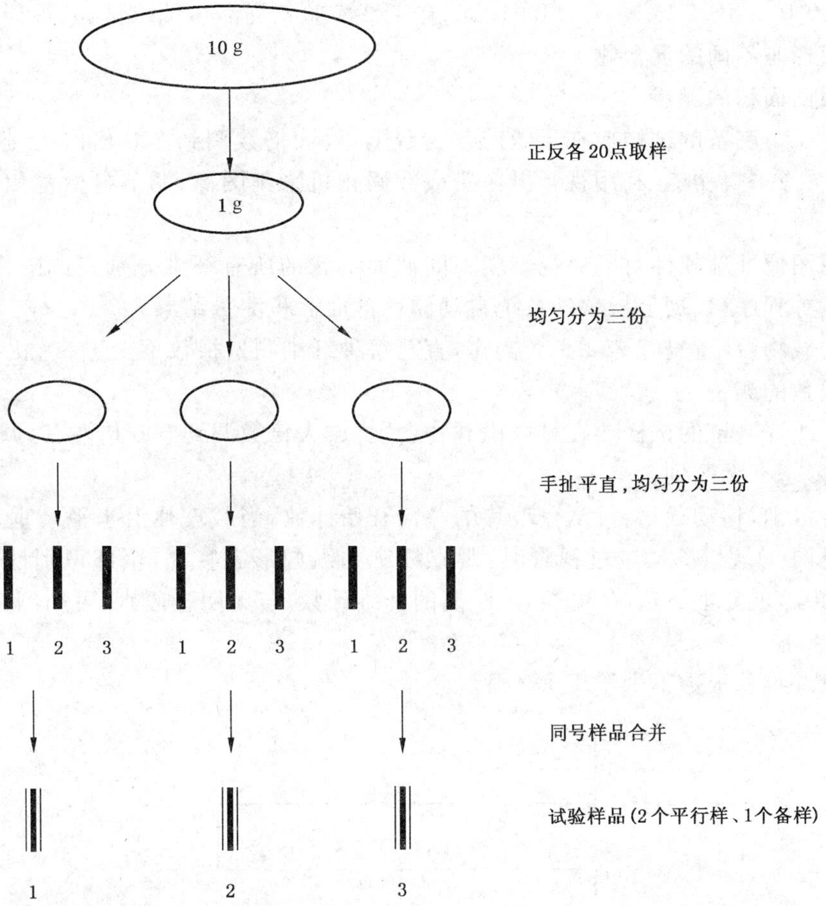

图2　试验样品制备

7.4　试样

7.4.1　试验样品调湿

按第6章规定条件对试验样品调湿。

7.4.2　纤维截面面积试样制备

试验样品整理成平行束状,纵向取适量样品放入切片器中,切去露出的样品,旋转切片器旋钮露出适当厚度(如10 μm～30 μm),涂上火棉胶,均匀切取横截面切片,使纤维的截面形态在显微镜下能清楚辨认,放置滴有杉木油或液体石蜡的载玻片上,盖上盖玻片,供测量纤维截面面积用。

7.4.3　纤维根数试样制备

将7.4.2切片器中剩余纤维或从试验样品中纵向取适量纤维,切取0.5 mm～1 mm长的纤维束,放入载玻片上，盖上盖玻片，供测量纤维根数用。

7.4.4 纤维长度试样制备

从备样中纵向抽取约100根纤维供长度测量用。

8 试验步骤

8.1 定性分析

按照FZ/T 01057确定样品的纤维种类及其纤维截面形态。

8.2 定量分析

8.2.1 纤维截面形态相同的不同化学性质的混合物

按照GB/T 2910、GB/T 2911、FZ/T 01026，在7.2实验室样品中抽取试样，进行定量分析。

8.2.2 纤维截面形态不同的混合物

8.2.2.1 纤维截面面积的测量

8.2.2.1.1 将7.4.2制备的试样放在显微镜载物台上，放大倍数调到800倍以上，选择图像软件系统中正确的标尺和图像采集功能，利用视频摄像头或数码相机采集图像，调节显微镜焦距，使显示器上的图像清晰。

8.2.2.1.2 利用图像处理软件对同一视野中不同截面形状的所有纤维分别完成图像二值化、冻结、边缘修补、面积测量等程序，数据分析软件系统自动储存截面面积测量结果。

8.2.2.1.3 移动载物台，重复8.2.2.1.2操作，直至每种纤维测量根数不少于30根。

8.2.2.2 纤维根数的测量

8.2.2.2.1 将7.4.3制备的试样放在显微镜载物台上，放大倍数调到500倍左右，调节显微镜焦距，观察异形纤维纵向形态有无区别。

8.2.2.2.2 如有区别，移动载物台，从盖玻片的一角开始计数，当载玻片沿水平及垂直方向以0.5 mm间隔"之"字形（见图3）缓缓移动越过视野时，观察纤维的纵向形态特征，全部识别计数，不应对同一根纤维重复计数和距盖玻片上下边缘0.5 mm距离的纤维计数；若无明显区别，可用测量截面面积的切片进行计数。

8.2.2.2.3 测量纤维总根数不少于1 000根。

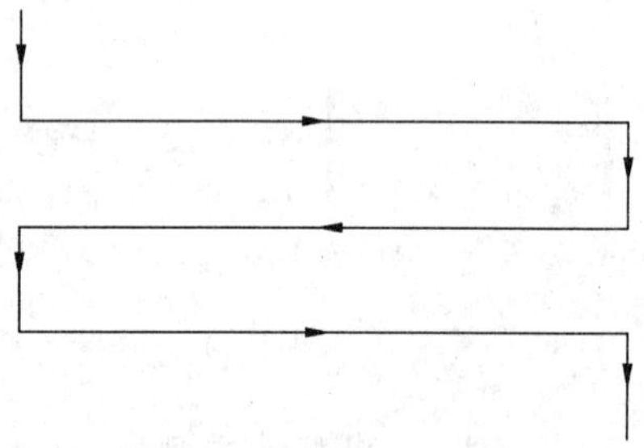

图3 检测次序示意

8.2.2.3 纤维长度测量

8.2.2.3.1 将7.4.4的长度测量试样均匀铺放在黑绒板上。在显微镜下依据纤维形态识别纤维种类，按照下列任一方法测量纤维长度。

a) 仪器测量。按照附录A规定执行。

b) 手工测量。按照附录A中A.3.1.1规定的预加张力，随机选取一根纤维，用预加张力夹夹持纤维的一端，镊子夹持另一端（夹持点距纤维两端各1 mm），垂直提起纤维，用钢板尺测量纤维长度，同时逐根记录各类纤维长度读数，分别计算平均长度。

8.2.2.3.2 每种纤维测量10根，计算不同异形纤维平均长度的差异。当差异超过10 mm时，测量根数增加到25根，计算平均长度；若差异小于10 mm时，长度不计入最终结果计算。

9 计算

9.1 平均截面面积

平均截面面积计算见式(1)。

$$\overline{A}=\frac{\sum_{i=1}^{n}a_i}{n} \quad \cdots\cdots(1)$$

式中：

$\overline{A}$——纤维的平均截面面积，单位为平方微米(μm^2)；

a_i——第i根纤维截面面积，单位为平方微米(μm^2)；

n——纤维截面面积测量根数，根。

9.2 平均长度

平均长度计算见式(2)。

$$\overline{L}=\frac{\sum_{i=1}^{n'}l_i}{n'} \quad \cdots\cdots(2)$$

式中：

$\overline{L}$——纤维的平均长度，单位为毫米(mm)；

l_i——第i根纤维长度，单位为毫米(mm)；

n'——纤维长度的测量根数，根。

9.3 纤维含量

纤维含量计算见式(3)。

$$P_i=\frac{N_i\cdot\overline{A}_i\cdot\overline{L}_i\cdot r_i}{\sum_{i=1}^{m}(N_i\cdot\overline{A}_i\cdot\overline{L}_i\cdot r_i)}\times 100 \quad \cdots\cdots(3)$$

式中：

P_i——第i种纤维的含量，%；

N_i——第i种纤维的根数，根；

$\overline{A}_i$——第i种纤维的平均截面面积，单位为平方微米(μm^2)；

$\overline{L}_i$——第i种纤维的平均长度，单位为毫米(mm)；

r_i——第i种纤维的密度，单位为克每立方厘米(g/cm^3)；

m——纤维种类数量。

纤维含量计算到小数点后两位，按照GB/T 8170规定修约到小数点后一位。

结果以两个平行试样测试结果的平均值表示。若两者测得的结果差异大于5%时，测量第三个试样(备样)，最终结果取三个试样测试结果的平均值。

10 试验报告

试验报告包括以下内容：

a) 样品及名称；

b) 使用仪器名称及型号；

c) 试验日期及试验人员；

d) 标准编号；

e) 试验各组分纤维的含量。

附　录　A
（规范性附录）
单纤维长度测量法

A.1　原理

在单纤维长度测量仪上，施加规定的预加张力，使纤维伸直而不伸长，自动测量纤维的长度。

A.2　仪器和工具

a）　单纤维长度测量仪，最大测量范围 150 mm；测量精度 0.1 mm；

b）　镊子、黑绒板等。

A.3　试验步骤

A.3.1　试验条件

A.3.1.1　预加张力

三维卷曲涤纶短纤维：0.147 cN/dtex；

腈纶、涤纶短纤维：0.075 cN/dtex；

丙纶、氯纶、维纶、锦纶短纤维：0.05 cN/dtex。

注：线密度可根据已测试的纤维截面面积结果利用公式　线密度（dtex）＝0.01$\overline{A}r$ 计算。$\overline{A}$ 为纤维截面积，单位为平方微米（μm^2）；r 为纤维密度，单位为克每立方厘米（g/cm^3）。

A.3.1.2　仪器隔距

按试样估计长度减去个位数的数值，再减 2 mm。如：试样估计长度为 65 mm，则仪器的隔距为 65－5－2＝58 mm。

A.3.1.3　试验根数

按照 8.2.2.3.2 规定执行。

A.3.2　仪器隔距的调整

按仪器说明书要求和 A.3.1.2 规定调整单纤维长度测量仪的隔距。

A.3.3　长度测量

A.3.3.1　用上夹持器夹取一根纤维悬挂于单纤维长度测量仪的天平平衡臂上，然后用镊子将纤维的另一端置于下夹持器中（上、下夹持器中的夹持长度各为 1 mm）。按 A.3.1.1 规定施加预加张力。

A.3.3.2　开启扭力天平，按下降键，平衡后记下读数（准确到 0.01 mm）。

A.3.3.3　关闭天平，按上升键，平衡灯亮后取下已测试样。

A.3.3.4　重复 A.3.3.1～A.3.3.3，测量完要求的试样。

ICS 65.020
B 16

中华人民共和国国家标准

GB/T 22101.1—2008

棉花抗病虫性评价技术规范 第1部分:棉铃虫

Technical specification for evaluating resistance of cotton to disease and insect pests—Part 1:Cotton bollworm

2008-06-18 发布　　2008-12-01 实施

中华人民共和国国家质量监督检验检疫总局
中国国家标准化管理委员会　发布

前　言

GB/T 22101《棉花抗病虫性评价技术规范》分为以下五部分：

——第 1 部分：棉铃虫；

——第 2 部分：棉蚜；

——第 3 部分：红铃虫；

——第 4 部分：枯萎病；

——第 5 部分：黄萎病。

本部分是 GB/T 22101 的第 1 部分。

本部分的附录 A、附录 B 为资料性附录。

本部分由中华人民共和国农业部提出并归口。

本部分起草单位：中国农业科学院植物保护研究所、全国农业技术推广服务中心。

本部分主要起草人：王武刚、张永军、吴孔明、郭荣。

棉花抗病虫性评价技术规范
第1部分：棉铃虫

1 范围

GB/T 22101 的本部分规定了转基因棉花、杂交棉花和常规棉花抗棉铃虫性鉴定方法和抗虫性评价标准。

本部分适用于棉花育种、棉花生产和植保单位对转基因棉花、杂交棉花和常规棉花抗棉铃虫性鉴定和抗虫性评价。

2 术语和定义

下列术语和定义适用于 GB/T 22101 的本部分。

2.1

幼虫死亡率　larval mortality

棉铃虫幼虫取食棉花后死亡幼虫数占供试幼虫总数的百分率。

2.2

蕾铃受害率　damaged rates of square and boll

棉铃虫幼虫危害棉花蕾铃数占棉花植株蕾铃总数的百分率。

2.3

初孵幼虫　neonate

刚从卵中孵化出的棉铃虫幼虫。

2.4

双重皿　petri dish

大小一致的培养皿相对扣在一起。

2.5

标准感虫棉花品种　cotton cultival for susceptibility to cotton bollworm

棉铃虫幼虫取食供试棉叶状况达到4级的非转基因相同棉种的棉花品种。

3 供试棉铃虫的饲养

3.1 饲养棉铃虫的基本设施和条件

具有调温和光照设备的养虫室，温度保持在25 ℃～28 ℃之间和保证≥14 h光照时间。培养皿（直径9 cm）、养虫管（直径2.5 cm，高8 cm）、养虫架、饲喂幼虫的人工饲料（人工饲料配制参见附录A和附录B）。饲养成虫用铁纱笼、纱布、剪子、镊子、毛笔等养虫用具和存放饲料的冰箱及操作台。

3.2 棉铃虫成虫饲养

将羽化后的雌、雄成虫混合放入铁纱笼内，饲喂以5%蔗糖水或蜂蜜水，由其自由交配，在铁纱笼上覆盖纱布，使雌蛾产卵于纱布上。

3.3 卵的处理

将同日产卵的纱布放在同一培养皿内，然后放在养虫室的养虫架上，等待卵的孵化。

3.4 幼虫饲养

孵化后幼虫接在人工饲料上，刚孵化幼虫用培养皿集体饲养，2 龄～3 龄后分管单虫饲养。

3.5 供鉴定用棉铃虫

室内鉴定用孵化后在人工饲料上饲养 2 d 的 1 龄幼虫。网室鉴定用棉铃虫成虫和卵或初孵幼虫。

3.6 对照材料

3.6.1 转基因棉花鉴定以对应的非转基因棉花受体亲本为对照。

3.6.2 转基因杂交棉花鉴定以对应的非转基因亲本为对照。

3.6.3 常规杂交棉花鉴定以标准感虫棉花为对照。

3.6.4 常规棉花鉴定以标准感虫棉花为对照。

4 转基因棉花植株抗棉铃虫性室内鉴定

4.1 供试棉叶

供试转基因棉株的叶片为从植株顶部展开的第 3 片棉叶。

4.2 供试棉铃虫

1 龄幼虫，即从卵孵化后在人工饲料上饲养 2 d 的幼虫。

4.3 鉴定方法

4.3.1 双重皿集体饲虫

将棉叶放在双重皿内（大叶放 1 片，小叶放 2 片），每皿接 1 龄幼虫 8 头，重复 3 次，皿底放置 1 张湿滤纸，用小湿棉球包紧叶柄底部，保持棉叶在供试期内不干。接虫后用纸条或封口膜将双重皿封严，防止幼虫逃逸和保持皿内湿度。放入 25 ℃～28 ℃的养虫室或培养箱中饲养。

4.3.2 分管单头饲养

将碎叶块放在管内，每管接 1 头 1 龄幼虫，每处理接 24 管。放入 25 ℃～28 ℃的养虫室或培养箱中饲养。

4.4 鉴定结果调查

调查 2 次，第 1 次调查在接虫后第 3 天，第 2 次调查在第 6 天，调查记录内容如下。

4.4.1 幼虫死亡状况

统计幼虫死亡数和活虫数，计算幼虫死亡率。需继续观察时将死亡虫挑出累计。

4.4.2 幼虫取食状况

以目测分 4 个等级：叶片未取食或取食很少（叶片被食的小孔或痕迹很少）记为“＋”，即为 1 级；叶片上有一些被食孔但不多，记为“＋＋”，即为 2 级；叶片上有许多被食孔但未出现大片叶片被食缺口，记为“＋＋＋”，即为 3 级；叶片大部被食或所剩无几为大量取食，记为“＋＋＋＋”，即为 4 级。

4.4.3 幼虫生长状况

以目测法观察幼虫生长情况，幼虫没有生长发育记为“－”，生长发育比正常个体小记为“＋/－”，正常生长记为“＋”。另外，可用分析天平（精确度 1 mg）称幼虫体重并计算各处理平均单头幼虫体重，以幼虫体重比较幼虫生长情况。

4.5 鉴定结果计算与分析

每次鉴定均须设置非转基因棉株为对照。若对照组幼虫死亡率在 5％以上，处理组的幼虫死亡率需要进行校正。若对照组死亡率超过 20％，则需要分析原因，重新进行试验。幼虫校正死亡率 m，数值以％表示，按式（1）计算：

$$m = \frac{m_t - m_c}{1 - m_c} \times 100 \qquad \cdots\cdots(1)$$

式中：

m_t——处理组幼虫死亡率；

m_c——对照组幼虫死亡率。

计算结果精确到小数点后一位。

以幼虫校正死亡率、取食量（棉花被害程度）和幼虫生长发育情况综合评价转基因棉株对棉铃虫有无抗虫性和抗虫性程度。

5 棉花品种抗棉铃虫性田间网室鉴定

5.1 鉴定方法

采用罩笼接虫法，通过对棉株受害调查，以蕾铃受害率与对照品种相比较评价鉴定材料的抗虫性级别。

5.2 田间罩笼设计

罩笼高 1.8 m，面积在 50 m^2 以上，每品种 25 株，不设重复，以 HG-BR-8 为对照品种，罩笼四周设有保护行。罩笼内棉花栽培方式同大田，苗期可以防治棉蚜，防治棉蚜药剂不可影响后期棉铃虫的存活，后期不防治棉铃虫。

5.3 供试虫源和接虫量

供试昆虫为采自田间并经室内饲养的棉铃虫成虫，在养虫笼内任其自由交配，并喂以 5% 的蜂蜜水。3 d 后选择活动力强的成虫释放于种植鉴定材料的罩笼内。接虫量为每 10 m^2 4 对（雌雄比 1∶1）接虫后分别在第 3 天、第 7 天分两次调查卵量，第 7 天如果每 100 株累计卵量不足 500 粒，要进行补接卵，每株补足 5 粒卵，补接的卵粒用稀浆糊粘接在棉株顶部。接卵时期与棉田 2 代棉铃虫的发生期一致，棉花生育期为现蕾或开花结铃期。

5.4 调查方法

接虫后第 7 天至第 10 天和第 15 天至第 20 天分两次调查各材料的被害蕾铃数、健蕾铃数和顶尖受害株数（以生长点受害为准），分别计算蕾铃受害百分率和顶尖受害率，并计算两次调查的均值。

5.5 调查结果计算

5.5.1 蕾铃（顶尖）受害率 d，数值以 % 表示，按式（2）计算：

$$d = \frac{n_d}{n_t} \times 100 \qquad \cdots\cdots（2）$$

式中：

n_d——调查棉株蕾铃（顶尖）被害数；

n_t——调查棉株蕾铃（顶尖）总数。

计算结果精确到小数点后两位。

5.5.2 蕾铃（顶尖）受害减退率 X，数值以 % 表示，按式（3）计算：

$$X = \left(\frac{d_c - d_t}{d_c}\right) \times 100 \qquad \cdots\cdots（3）$$

式中：

d_c——对照品种蕾铃（顶尖）受害率；

d_t——鉴定材料蕾铃（顶尖）受害率。

计算结果精确到小数点后两位。

6 抗虫性评价和分级

根据田间网室和室内抗虫性鉴定结果进行鉴定材料抗虫性综合评定，并按照表 1 评价棉花材料抗棉铃虫的级别。

表 1　棉花品种抗棉铃虫性评价标准

抗虫性级别	按照蕾铃(顶尖)受害减退率(X)的分级/%	按照室内幼虫 3 d 校正死亡率的分级/%	按照室内幼虫 6 d 校正死亡率的分级/%
Ⅰ(高抗)	$X \geqslant 50$	>50	>70
Ⅱ(抗)	$50 > X \geqslant 30$	31～50	41～70
Ⅲ(中抗)	$30 > X \geqslant 10$	21～30	21～40
Ⅳ(低抗)	$10 > X \geqslant -60$	≤20	≤20
Ⅴ感	$X < -60$	同对照品种	同对照品种

注：转基因棉花抗棉铃虫性评价依据室内幼虫取食嫩叶的校正死亡率和大田网室内蕾铃(顶尖)受害减退率(X),综合评判其抗虫性程度。常规棉花品种抗棉铃虫性评价依据大田网室内蕾铃(顶尖)受害减退率(X),按照分级标准进行评定。

附 录 A
（资料性附录）
棉铃虫幼虫人工饲料配方

表 A.1 棉铃虫幼虫人工饲料配方

主要成分	配方
玉米粉	200 g
黄豆粉	100 g
酵母粉	90 g
蔗糖	50 g
山梨酸	1.8 g
对羟基苯甲酸甲酯(尼泊金)	1.8 g
维生素 C	6.2 g
复配维生素液	15 mL
氢氧化钾(11.2 g/50 mL)	18 mL
乙酸(10 mL/50 mL)	40 mL
甲醛(10 mL/30 mL)	15 mL
水	912 mL

附 录 B
（资料性附录）
复配维生素配方

表 B.1 复配维生素配方

维生素种类	含量
烟酸(V_{B_5})	1.528 g
泛酸钙(V_{B_3})	1.525 g
核黄素(V_{B_2})	0.764 g
维生素 B_1	0.382 g
维生素 B_6	0.382 g
叶酸(V_{BC})	0.382 g
生物素 H(V_H)	0.305 g
氰钴胺素($V_{B_{12}}$)	0.003 g
水	500 mL

ICS 65.020
B 71

中华人民共和国国家标准

GB/T 22102—2008

防腐木材

Preservative-treated wood

2008-06-27 发布　　　　2008-12-01 实施

中华人民共和国国家质量监督检验检疫总局
中国国家标准化管理委员会　发布

前　言

本标准是在参考了美国木材防腐协会相关标准(AWPA standard2004)及资料和我国林业相关行业标准的基础上,结合我国防腐木材的实际情况制定的。

本标准的附录A为规范性附录。

本标准由中华人民共和国商务部提出并归口。

本标准起草单位:木材节约发展中心、上海大不同木业科技有限公司。

本标准主要起草人:陈人望、喻迺秋、李惠明、马守华、陶以明。

本标准为首次制定。

防 腐 木 材

1 范围

本标准规定了以水载型防腐剂和有机溶剂型防腐剂处理的木材的外观、材质、防腐处理等要求，以及检验方法与规则，运输与贮存的要求。

本标准适用于建筑与装饰、工农业、矿业、船舶、港口、交通、园林景观等使用的防腐木材。

2 规范性引用文件

下列文件中的条款通过本标准的引用而成为本标准的条款。凡是注日期的引用文件，其随后所有的修改单(不包括勘误的内容)或修订版均不适用于本标准，然而，鼓励根据本标准达成协议的各方研究是否可使用这些文件的最新版本。凡是不注日期的引用文件，其最新版本适用于本标准。

GB/T 144 原木检验

GB/T 153 针叶树锯材

GB 449 锯材材积表

GB 4814 原木材积表

GB/T 4817 阔叶树锯材

GB/T 4822 锯材检验

GB/T 12684—2006 工业硼化物 分析方法

GB 50005—2003 木结构设计规范

GB/T 50329—2002 木结构试验方法标准

LY/T 1636—2005 防腐木材的使用分类和要求

SB/T 10383 商用木材及其制品标志

SB/T 10404—2006 水载型防腐剂和阻燃剂主要成分的测定

SB/T 10405—2006 防腐木材化学分析前的湿灰化方法

AWPA A5-05 油载防腐剂分析的标准方法

AWPA A9-01 用X-射线能谱分析防腐处理木材和处理溶液的标准方法

AWPA A11-93 用原子吸收光谱分析防腐处理木材和处理溶液的标准方法

AWPA A18-05 两相滴定法测定防腐木材中季胺化合物的方法

AWPA A21-00 用电感耦合等离子体发射光谱法分析防腐处理木材和处理溶液的标准

AWPA A28-05 用高效液相色谱测定防腐木材和水载型防腐剂中丙环唑和戊唑醇的标准方法

AWPA A29-00 用电位溴化滴定法测定防腐处理木材和处理溶液中8-羟基喹啉铜的标准

AWPA A31-06 用气相色谱测定防腐处理木材和处理溶液中唑类化合物的标准方法

AWPA A36-04 用十二烷基硫酸钠和海明1622按电位反滴定法测定防腐木材中季胺化合物的标准

AWPA A37-05 用四苯硼钠按电位滴定法测防腐木材和防腐处理溶液中季胺化合物的标准

3 技术条件

3.1 外观

3.1.1 针叶树锯材尺寸及偏差按GB/T 153规定执行，或按供需双方的约定执行。

3.1.2 阔叶树锯材尺寸及偏差按GB/T 4817规定执行，或按供需双方的约定执行。

3.1.3 圆木的尺寸及偏差按供需双方的约定执行。

3.1.4 防腐木材表面应洁净，无明显沉积物。

3.2 材质

3.2.1 材质指标

防腐锯材材质指标及缺陷允许限度应符合 GB/T 153 和 GB/T 4817 的规定或按供需双方的约定执行。

3.2.2 承重结构木材材质

承重结构的防腐木材应符合 GB 50005—2003 中第 A.1 章的规定。

3.3 防腐处理

3.3.1 防腐木材的使用环境分级见表 1。

表 1 防腐木材使用环境分级

使用分类	使用条件	应用环境	主要生物败坏因子	典型用途
C1	户内,且不接触土壤	在室内干燥环境中使用,但不受气候和水分的影响。	蛀虫	建筑内部及装饰、家具
C2	户内,且不接触土壤	在室内环境中使用,有时受潮湿和水分的影响,但不受气候的影响。	蛀虫、白蚁、木腐菌	建筑内部及装饰、家具、地下室、卫生间
C3	户外,但不接触土壤	在室外环境中使用,暴露在各种气候中,包括淋湿,但不长期浸泡在水中。	蛀虫、白蚁、木腐菌	(平台、步道、栈道)的甲板、户外家具、(建筑)外门窗
C4A	户外,且接触土壤或浸在淡水中	在室外环境中使用,暴露在各种气候中,且与地面接触或长期浸泡在淡水中。	蛀虫、白蚁、木腐菌	围栏支柱、支架、木屋基础、冷却水塔、电杆、矿柱(坑木)
C4B	户外,且接触土壤或浸在淡水中	在室外环境中使用,暴露在各种气候中,且与地面接触或长期浸泡在淡水中。难于更换或关键结构部件。	蛀虫、白蚁、木腐菌	(淡水)码头护木、桩木、矿柱(坑木)
C5	浸在海水(咸水)中	长期浸泡在海水(咸水)中。	海生钻孔动物	海水(咸水)码头护木、桩木、木质船舶
[引自 LY/T 1636—2005 中表 1]				

3.3.2 防腐剂边材透入率和心材透入深度要求见表 2。

表 2 防腐木材防腐剂边材透入率和心材透入深度要求

		边材透入率/%	心材透入深度/mm
C1		≥85	—
C2		≥85	—
C3		≥90	—
C4	A	≥90	—
	B	≥95	—
C5		≥95	≥8[a]
注:"—"指不作要求。			
[a] 指外露心材。			

3.3.3 防腐剂(总活性成分)最低保持量要求见表3。各活性成分最低保持量要求见表4。

表3 各类条件下使用的防腐木材及其制品应达到的最低总活性成分保持量

单位为千克每立方米

防腐剂	硼化合物[a]	铜氨(胺)季铵盐(ACQ)				铜唑(CuAz)		氨溶砷酸铜锌(ACZA)	酸性铬酸铜(ACC)	铜铬砷(CCA-C)	8-羟基喹啉铜(Cu8)
		ACQ-A	ACQ-B	ACQ-C	ACQ-D	CBA-A	CA-B				
有效成分	三氧化二硼	氧化铜 DDAC[b]	氧化铜 DDAC	氧化铜 BAC[c]	氧化铜 DDAC	铜 硼酸 戊唑醇	铜 戊唑醇	氧化铜 氧化锌 五氧化二砷	氧化铜 三氧化铬	氧化铜 三氧化铬 五氧化二砷	铜
C1类	2.8	4.0	4.0	4.0	4.0	3.3	1.7	NR	NR	NR	0.32
C2类	4.5	4.0	4.0	4.0	4.0	3.3	1.7	NR	4.0	NR	0.32
C3类	NR	4.0	4.0	4.0	4.0	3.3	1.7	4.0	4.0	4.0	0.32
C4A类	NR	6.4	6.4	6.4	6.4	6.5	3.3	6.4	NR	6.4	NR
C4B类	NR	9.6	9.6	9.6	9.6	9.8	5.0	9.6	NR	9.6	NR
C5类	NR	NR	NR	NR	NR	NR	NR	24.0	NR	24.0	NR

注：NR表示不推荐使用。

[a] 硼化合物:包括硼酸、四硼酸钠、八硼酸钠、五硼酸钠等及其混合物。

[b] DDAC:双癸基二甲基氯化铵或双癸基二甲基碳酸铵。

[c] BAC:十二烷基苄基二甲基氯化铵或十二烷基苄基二甲基碳酸铵。

表 4 各类条件下使用的防腐木材及其制品各活性成分应达到的最低保持量

单位为千克每立方米

防腐剂	硼化合物	铜氨(胺)季铵盐(ACQ)								铜唑(CuAz)					氨溶砷酸铜锌(ACZA)			酸性铬酸铜(ACC)		铜铬砷(CCA-C)			8-羟基喹啉铜(Cu8)
		ACQ-A		ACQ-B		ACQ-C		ACQ-D		CBA-A			CA-B										
有效成分	三氧化二硼	氧化铜	DDAC	氧化铜	DDAC	氧化铜	BAC	氧化铜	DDACb	铜	硼酸	戊唑醇	铜	戊唑醇	氧化铜	氧化锌	五氧化二砷	氧化铜	三氧化铬	氧化铜	三氧化铬	五氧化二砷	铜
C1 类	2.8	1.6	1.6	2.1	1.1	2.1	1.1	2.1	1.1	1.3	1.3	0.053	1.3	0.053	NR	NR	NR	NR	NR	NR	NR	NR	0.32
C2 类	4.5	1.6	1.6	2.1	1.1	2.1	1.1	2.1	1.1	1.3	1.3	0.053	1.3	0.053	NR	NR	NR	1.0	2.2	NR	NR	NR	0.32
C3 类	NR	1.6	1.6	2.1	1.1	2.1	1.1	2.1	1.1	1.3	1.3	0.053	1.3	0.053	1.6	0.8	0.8	1.0	2.2	0.67	1.7	1.2	0.32
C4A 类	NR	2.6	2.6	3.4	1.8	3.4	1.8	3.4	1.8	2.6	2.6	0.11	2.6	0.11	2.6	1.3	1.3	NR	NR	1.1	2.7	2.0	NR
C4B 类	NR	3.8	3.8	5.1	2.6	5.1	2.6	NR	NR	3.8	3.8	0.16	3.8	0.16	3.8	1.9	1.9	NR	NR	1.6	4.2	2.9	NR
C5 类	NR	NR	NR	NR	NR	NR	NR	NR	NR	NR	NR	NR	NR	NR	9.6	4.8	4.8	NR	NR	4.0	10	7.4	NR

注：NR 表示不推荐使用。

4 检验方法与规则

4.1 尺寸检量

按 GB/T 4822 和 GB/T 144 中有关规定执行。以防腐后检量的尺寸为准，若用户来料加工可以例外。

4.2 材积计算

按 GB 449 和 GB 4814 中的要求确定，或按其体积公式计算。

4.3 材质等级评定

以防腐后评定的等级为准，按 GB/T 4822 的有关规定和要求执行，来料加工例外。

4.4 防腐质量检验

4.4.1 取样

检测区段钻孔采样数量按 LY/T 1636—2005 中 5.1.4 条规定执行。

4.4.2 防腐剂边材透入率

木材防腐剂边材透入率测定方法按 GB/T 50329—2002 中 E3 的有关规定执行。如以锯切法取防腐木材样品，检测防腐剂边材透入率可在防腐木材横切面上使用求积仪分别测出其边材面积和防腐剂透入面积，两个面积值相比即为防腐剂边材透入率。

4.4.3 防腐剂心材透入深度

心材透入深度按 GB/T 50329—2002 中 E3 的有关规定执行。

4.4.4 测定防腐剂保持量样品的制备

参照 SB/T 10405 的相关规定。

4.4.5 防腐剂保持量检测

防腐剂保持量检测见附录 A。

4.5 出厂检验

4.5.1 产品出厂前应由生产企业的质检部门按本标准或合同规定抽样检验，检验项目为外观、材质、防腐处理质量、固着等。

4.5.2 对不合格项目应双倍抽样复检，复检符合要求为合格品，否则判为不合格品。

4.5.3 尺寸超过偏差时应改锯或由供需双方议定解决。

4.5.4 材质指标或缺陷超过允许限度时，可降等处理。

4.5.5 防腐不合格，应重新处理，经复检合格后方可出厂。

4.5.6 合格产品应出具质量合格证。

4.6 型式检验

4.6.1 型式检验包括本标准第 3 章规定的全部技术条件要求。产品遇有下列情况之一时，应进行型式检验：

a) 新产品的试制定型鉴定；

b) 产品结构、工艺、材料有重大改变时；

c) 连续生产中的产品每年进行一次；

d) 产品间隔半年再次生产时；

e) 国家技术监督机构提出进行型式检验的要求时。

4.6.2 用作型式检验的产品应从出厂检验合格的产品中抽取。抽样数量按 LY/T 1636—2005 中 5.1.4 条规定执行。若抽检产品防腐质量或尺寸检量中出现不合格项目，应双倍抽样复检，如仍不合格，则判该批产品为不合格。

4.6.3 型式检验应选择具有承检资格的检验中心进行。

5 标识

出厂防腐木材应按 SB/T 10383 标识，并应有使用分类代码、储运图示等。

附 录 A
（规范性附录）
防腐木材保持量检测方法

A.1 防腐木材保持量检测方法见表A.1。

表 A.1 防腐材保持量检测方法

防腐剂	活性成分					
	氧化铜	三氧化铬	五氧化二砷	季胺盐	唑类化合物	硼化合物
CCA	SB/T 10404* AWPA A11-93* AWPA A21-00* AWPA A9-01	SB/T 10404* AWPA A11-93* AWPA A21-00* AWPA A9-01	SB/T 10404* AWPA A21-00* AWPA A9-01			
ACQ	同上			AWPA A18-05* AWPA A36-04 AWPA A37-05		
CA-B	同上				AWPA A28-05* AWPA A31-06*	
CBA	同上				同上	SB/T 10404* GB/T 12684*
Cu8	AWPA A29-00*					
CuN	AWPA A5-05*					
注：“*”表示仲裁法或按顺序优先选用方法。						

ICS 13.020.40
Z 05

中华人民共和国国家标准

GB/T 22103—2008

城市污水再生回灌农田安全技术规范

Technology code for municipal wastewater reuse in agriculture

2008-06-27 发布　　　　2008-10-01 实施

中华人民共和国国家质量监督检验检疫总局
中国国家标准化管理委员会　发布

前　言

本标准由中华人民共和国农业部提出并归口。

本标准起草单位:农业部环境保护科研监测所。

本标准主要起草人:王德荣、张泽、刘凤枝、师荣光、杨德芬、贾兰英、蔡彦明。

城市污水再生回灌农田安全技术规范

1 范围

本标准规定了城市再生水用于灌溉农田的水质要求、规划要求、具体使用、控制原则、监测及环境影响评价。

本标准适用于以城市再生水为水源的农田灌溉区。

2 规范性引用文件

下列文件中的条款通过本标准的引用而成为本标准的条款。凡是注日期的引用文件，其随后所有的修改单(不包括勘误的内容)或修订版均不适用于本标准，然而，鼓励根据本标准达成协议的各方研究是否可使用这些文件的最新版本。凡是不注日期的引用文件，其最新版本适用于本标准。

GB 2762 食品中污染物限量

GB/T 14848 地下水质量标准

GB 15618 土壤环境质量标准

GB 20922 城市污水再生利用 农田灌溉用水水质

NY/T 395 农田土壤环境质量监测技术规范

NY/T 396 农用水源环境质量监测技术规范

NY/T 398 农、畜、水产品污染监测技术规范

3 术语和定义

下列术语和定义适用于本标准。

3.1

城市污水 municipal wastewater

排入国家按行政建制设立的市、镇污水收集系统的污水统称。

注：它由综合生活污水、工业废水和地下渗水三部分组成，在合流制排水系统中，还包括截留的雨水。

3.2

城市再生水 reclaimed water from municipal wastewater

城市污水经再生工艺处理后达到使用功能的水。

3.3

污水一级强化处理 enhanced primary treatment of sewage

城市污水在常规一级处理(重力沉降)基础上，增加化学混凝处理、机械过滤或不完全生物处理等，以提高一级处理效果的处理工艺。

3.4

污水二级处理 secondary treatment of sewage

城市污水在一级处理的基础上，采用生物处理工艺去除污水中有机污染物，使污水得到进一步净化，二级处理通常作为生物处理的同义语使用。

3.5

露地蔬菜 open-air vegetables

除温室、大棚蔬菜外的陆地露天生长的需加工、烹调及去皮的蔬菜。

4 水质要求

按 GB 20922 规定执行。

5 规划要求

5.1 城市再生水在规划用于灌溉之前，应对拟定的灌溉区农田土壤进行调查、取样、分析、评价。

5.2 规划的内容包括该地城市再生水水量、水质及灌溉的作物种类，城市再生水的输送，储存及净化措施，农田管网配制。

5.3 根据供水水量、作物灌溉制度，确定灌溉面积和储存塘容量。

5.4 灌溉区与居民区之间应有 200 m 的卫生防护带。

5.5 使用喷灌的地区应距离居民区 500 m 以上，避免水雾中的病原体向居民区扩散。

5.6 在集中式水源保护区、泉水出露区、岩石裂隙及碳酸岩溶发育区、淡水的地下水位距地表小于 1 m 的地区、经常受淹的河滩和洼涝地，不应设置城市污水再生利用的灌溉区。

5.7 城市污水处理厂和住宅区的污泥严禁进入灌区。

6 具体使用

6.1 灌溉纤维作物、旱地谷物其水质处理应达到污水处理厂一级强化处理的要求；灌溉水田谷物、露地蔬菜其水质处理应达到污水处理厂二级处理的要求。

6.2 城市再生水应由专门的管道(或渠道)输送到农业灌区的储存地，在输水过程中应有防渗措施。

6.3 在灌溉农田之前，应根据当地的气候条件、作物的种植种类及土壤类别进行灌溉试验，确定适合当地的灌水定额及灌水时间。

6.4 露地蔬菜在采摘前 1 周应停止灌溉。

7 回用控制原则

7.1 城市再生水应经过储存净化达到农田灌溉水质要求后，方可用于灌溉。

7.2 在使用城市再生水的灌溉中出现作物生长异常、地下水中污染物增多，应立即停灌，查明原因。

7.3 灌溉区非食用农产品按其未来用途执行相关标准；灌溉区食用农产品质量达不到国家食品中污染物限量标准的，应立即停灌，查明原因。

8 监测

8.1 水质监测

8.1.1 水质监测包括城市再生水灌溉农田跟踪监测和灌溉区地下水的水质监测。

8.1.2 一类污染物的监测项目为：镉、汞、铅、砷、铬。

该类项目应为必测项目，灌溉露地蔬菜每月监测一次，灌溉纤维、旱地、水田为每两个月监测一次。

8.1.3 二类污染物的水质监测项目(常规水质控制项目)和时间见表 1。

表 1 二类污染物的监测时间

项目	pH	化学需氧量 (COD_{cr})	悬浮物 (SS)	溶解性总固体 (TDS)	溶解氧 (DO)	石油类	挥发酚	余氯	粪大肠菌群数	蛔虫卵
纤维作物	每月	每月	每月	两月	—	—	—	—	—	—
旱地谷物	每月	每月	每月	两月	—	—	—	—	—	—
水田谷物	每月	每月	每月	两月	每月	每月	每月	每月	每月	每月

表 1（续）

项目	pH	化学需氧量（COD_{cr}）	悬浮物（SS）	溶解性总固体（TDS）	溶解氧（DO）	石油类	挥发酚	余氯	粪大肠菌群数	蛔虫卵
露地蔬菜	每月	每月	每月	两月	每月	15 天	15 天	15 天	每月	每月

注 1：若采用喷灌方式，SS 需 2 天测一次。

注 2：灌溉水田的 5 日生化需氧量（BOD_5）、硫化物、氯化物可每三个月监测一次。

注 3：灌溉纤维、旱地作物的石油类、挥发酚、余氯在作物苗期监测一次。

注 4：表中取样样品为日均值计。

注 5：表中项目为必测的项目。

8.1.4 选择性控制项目的监测，由地方市政和农业行政主管部门，根据污水处理厂接纳的工业污染物类别和农业用水水质要求，进行选择控制，其控制标准按 GB 20922 规定执行。选择项目每月监测一次（日均值）。

8.1.5 取样要求，按每 2 h 一次，取 24 h 混合样，以日均值计。

8.1.6 监测项目采样布点按 NY/T 396 规定执行。

8.2 土壤监测

8.2.1 监测项目的采样点及监测频率按 NY/T 395 规定执行。

8.2.2 土壤监测应有对照地的样品，以便分析污染趋势及评价。

8.3 农产品监测

采样布点及样品处置按 NY/T 398 规定执行。

9 环境评价

9.1 评价参数

9.1.1 食用农产品质量按 GB 2762 规定执行。

9.1.2 土壤环境质量按 GB 15618 规定执行。

9.1.3 地下水环境质量按 GB/T 14848 规定执行。

9.2 评价方法

评价采用单项污染指数，按式(1)计算。

$$P_i = \frac{C_i}{S_i} \quad \cdots\cdots(1)$$

式中：

P_i——农产品、环境空气、地下水和土壤中污染物 i 的单项污染指数；

C_i——农产品、环境空气、地下水和土壤中污染物 i 的实测值；

S_i——农产品、环境空气、地下水和土壤中污染物 i 的评价标准。

对于有幅度限制的指标如 pH 值，单项污染指数按式(2)、式(3)和式(4)计算。

$$P_i = \frac{C_i - \bar{S}_i}{S_{i\,\max} - \bar{S}_i} \quad \cdots\cdots(2)$$

$$P_i = \frac{C_i - \bar{S}_i}{S_{i\,\min} - \bar{S}_i} \quad \cdots\cdots(3)$$

$$\bar{S}_i = \frac{S_{i\,\max} + S_{i\,\min}}{2} \quad \cdots\cdots(4)$$

式中：

P_i——有幅度限制污染物 i 的单项污染指数；

C_i——有幅度限制污染物 i 的实测值；

$\overline{S}_i$——有幅度限制污染物 i 允许幅度平均值；

$S_{i\max}$——有幅度限制污染物 i 允许幅度最高值；

$S_{i\min}$——有幅度限制污染物 i 允许幅度最低值。

9.3 评价分析与结论

单项污染指数≤1，定为合格，可继续灌溉；单项污染指数＞1，定为不合格，不能继续使用处理后的城市污水灌溉。

9.4 评价时间

每年春季(开春)农业大量用水之前，对前一年的农田土壤、地下水、农产品进行一次全面的监测与评价；城市再生水的水质均在灌溉季节进行监测与评价。以上评价均为年度评价。

ICS 13.080.05
Z 18

中华人民共和国国家标准

GB/T 22104—2008

土壤质量　氟化物的测定
离子选择电极法

Soil quality—Analysis of fluoride—Ion selective electrometry

2008-06-27 发布　　2008-10-01 实施

中华人民共和国国家质量监督检验检疫总局
中国国家标准化管理委员会　发布

前　言

本标准由中华人民共和国农业部提出并归口。

本标准起草单位：农业部环境保护科研监测所、广西壮族自治区农业环境监测管理站。

本标准主要起草人：刘凤枝、徐亚平、战新华、蔡彦明、刘岩、刘铭。

土壤质量　氟化物的测定
离子选择电极法

1　范围

本标准规定了测定土壤中氟化物的离子选择电极法。

本标准适用于离子选择电极法测定土壤中氟化物的含量。

本标准方法的检出限为2.5 μg。

2　原理

当氟电极与试验溶液接触时，所产生的电极电位与溶液中氟离子活度的关系服从能斯特(Nernst)方程：

$$E = E_0 - S \log c_{F^-}$$

式中：

E——测得的电极电位；

E_0——参比电极的电位(固定值)；

S——氟电极的斜率；

c_{F^-}——溶液中氟离子的浓度。

当控制试验溶液的总离子强度为定值时，电极电位就随试液中氟离子浓度的变化而变化，E与$\log c_{F^-}$呈线性关系。为此通常加入总离子强度缓冲溶液，以消除或减少不同浓度的离子间引力大小的差异，使其活度系数为1，用浓度代替活度。

样品用氢氧化钠在高温熔融后，用热水浸取，并加入适量盐酸，使有干扰作用的阳离子变为不溶的氢氧化物，经澄清除去后调节溶液的pH至近中性，在总离子强度缓冲溶液存在的条件下，直接用氟电极法测定。

3　试剂

本标准所用试剂除另有说明外，均为分析纯试剂，所用水为去离子水或无氟蒸馏水。

3.1　(1+1)盐酸溶液。

3.2　氢氧化钠(固体)：粒片状。

3.3　0.2 mol/L氢氧化钠溶液：称取0.80 g氢氧化钠，溶于水后，用水稀释至100 mL。

3.4　0.04%溴甲酚紫指示剂：称取0.10 g溴甲酚紫，溶于9.25 mL氢氧化钠溶液(3.3)中，用水稀释至250 mL。

3.5　总离子强度缓冲溶液(TISAB)

3.5.1　1 mol/L柠檬酸钠(TISABⅠ)：称取294 g柠檬酸钠($Na_3C_6H_5O_7 \cdot 2H_2O$)于1 000 mL烧杯中，加入约900 mL水溶解，用盐酸溶液(3.1)调节pH至6.0～7.0，转入1 000 mL容量瓶中，用水稀释至标线，摇匀。

3.5.2　1 mol/L六次甲基四胺－1 mol/L硝酸钾－0.15 mol/L钛铁试剂(TISABⅡ)：称取140.2 g六次甲基四胺[$(CH_2)_6N_4$]、101.1 g硝酸钾(KNO_3)和49.8 g钛铁试剂($C_6H_4Na_2O_8S_2 \cdot H_2O$)，加水溶解，调节pH至6.0～7.0，转入1 000 mL容量瓶中，用水稀释至标线，摇匀。

3.6 氟标准储备溶液：准确称取基准氟化钠（NaF，105 ℃～110 ℃烘干 2 h）0.221 0 g，加水溶解后，转入 1 000 mL 容量瓶中，用水稀释至标线，摇匀。贮于聚乙烯瓶中，此溶液每毫升含氟 100 μg。

3.7 氟标准使用溶液：用无分度吸管吸取氟标准储备溶液（3.6）10.00 mL，放入 100 mL 容量瓶中，用水稀释至标线，摇匀。此溶液每毫升含氟 10.0 μg。

4 仪器

4.1 氟离子选择电极及饱和甘汞电极。

4.2 离子活度计或 pH 计（精度±0.1 mV）。

4.3 磁力搅拌器及包有聚乙烯的搅拌子。

4.4 聚乙烯烧杯：100 mL。

4.5 容量瓶：50 mL、100 mL、1 000 mL。

4.6 镍坩埚：50 mL。

4.7 高温电炉：温度可调（0 ℃～1 000 ℃）。

5 样品

将采集的土壤样品（约 500 g），摊在聚乙烯薄膜或清洁的纸上，放在通风避光的室内自然风干。风干后用木棒压碎，去除石子和动植物残体等异物，过 2 mm 尼龙筛，过筛样品全部置于聚乙烯薄膜上，充分混匀，用四分法缩分为约 100 g。用玛瑙研钵研磨土样至全部通过 0.149 mm 尼龙筛，混匀后备用。

6 分析步骤

6.1 试液的制备

准确称取过 0.149 mm 筛的土样 0.2 g（准确至 0.000 2 g）于 50 mL 镍坩埚中，加入 2 g 氢氧化钠（3.2），放入高温电炉中加热，由低温逐渐缓缓加热升至 550 ℃～570 ℃后，继续保温 20 min。取出冷却，用约 50 mL 煮沸的热水分几次浸取，直至熔块完全溶解，全部转入 100 mL 容量瓶中，再缓缓加入 5 mL 盐酸（3.1），不停摇动。冷却后加水至标线，摇匀。放置澄清，待测。

6.2 测定

6.2.1 准确吸取样品溶液的上清液 10.0 mL，放入 50 mL 容量瓶中，加 1 滴～2 滴溴甲酚紫指示剂（3.4），边摇边逐滴加入盐酸（3.1），直至溶液由蓝紫色刚变为黄色为止。加入 15.0 mL 总离子强度缓冲溶液（3.5），用水稀释至标线，摇匀。

6.2.2 将试液倒入聚乙烯烧杯中，放入搅拌子，置于磁力搅拌器上，插入氟离子选择电极和饱和甘汞电极，测量试液的电位，在搅拌状态下，平衡 3 min，读取电极点位值（mV）。每次测量之前，都要用水充分冲洗电极，并用滤纸吸去水分。根据测量毫伏数计算出相应的氟化物含量。

6.3 空白试验

不加样品按 6.1 制备全程序试剂空白溶液，并按步骤 6.2 进行测定。每批样品制备两个空白溶液。

6.4 标准曲线的绘制

准确吸取氟标准使用溶液（3.7）0.00、0.50、1.00、2.00、5.00、10.0、20.0 mL，分别于 50 mL 容量瓶中，加入 10.0 mL 试剂空白溶液，以下按 6.2 所述步骤，从空白溶液开始由低浓度到高浓度顺序依次进行测定。以毫伏数（mV）和氟含量（μg）绘制对数标准曲线。

7 结果表示

土壤中氟含量 c（mg/kg）按式（1）计算：

$$c=\frac{m-m_0}{w}\times\frac{V_{总}}{V} \qquad \cdots\cdots(1)$$

式中：

m——样品氟的含量，单位为微克（μg）；

m_0——空白氟的含量，单位为微克（μg）；

w——称取试样质量，单位为克（g）；

$V_{总}$——试样定容体积，单位为毫升（mL）；

V——测定时吸取试样溶液体积，单位为毫升（mL）。

8 精密度和准确度

按照本标准测定土壤中氟化物，其相对误差的绝对值不得超过10%。在重复条件下，获得的两次独立测定结果的相对偏差不得超过10%

9 注释

9.1 电极法测定的是游离氟离子，能与氟离子形成稳定络合物的高价阳离子及氢离子干扰测定。根据络合物的稳定常数及实验研究证明，Al^{3+} 的干扰最严重，Zr^{4+}、Sc^{3+}、Th^{4+}、Ce^{4+} 等次之，Fe^{3+}、Ti^{4+}、Ca^{2+}、Mg^{2+} 等也有干扰。其他阳离子和阴离子均不干扰。

9.2 在碱性溶液中，当 OH^- 的浓度大于 F^- 浓度的1/10时也有干扰。

9.3 加入总离子强度缓冲溶液可消除干扰，使试液的pH保持在6.0～7.0时，氟电极就能在理想的范围内进行测定。

ICS 13.080.05
Z 18

GB

中华人民共和国国家标准

GB/T 22105.1—2008

土壤质量 总汞、总砷、总铅的测定 原子荧光法
第1部分:土壤中总汞的测定

Soil quality—Analysis of total mercury, arsenic and lead contents—
Atomic fluorescence spectrometry—
Part 1: Analysis of total mercury contents in soils

2008-06-27 发布　　2008-10-01 实施

中华人民共和国国家质量监督检验检疫总局
中国国家标准化管理委员会　发布

前　言

GB/T 22105《土壤质量　总汞、总砷、总铅的测定　原子荧光法》分为三个部分：

——第 1 部分：土壤中总汞的测定；

——第 2 部分：土壤中总砷的测定；

——第 3 部分：土壤中总铅的测定。

本部分为 GB/T 22105 的第 1 部分。

本部分由中华人民共和国农业部提出并归口。

本部分起草单位：农业部环境保护科研监测所。

本部分主要起草人：刘凤枝、刘岩、蔡彦明、刘铭、徐亚平、战新华、刘传娟。

土壤质量　总汞、总砷、总铅的测定 原子荧光法 第1部分:土壤中总汞的测定

1　范围

GB/T 22105 的本部分规定了土壤中总汞的原子荧光光谱测定方法。

本部分适用于土壤中总汞的测定。

本部分方法检出限为 0.002 mg/kg。

2　原理

采用硝酸-盐酸混合试剂在沸水浴中加热消解土壤试样,再用硼氢化钾(KBH_4)或硼氢化钠($NaBH_4$)将样品中所含汞还原成原子态汞,由载气(氩气)导入原子化器中,在特制汞空心阴极灯照射下,基态汞原子被激发至高能态,在去活化回到基态时,发射出特征波长的荧光,其荧光强度与汞的含量成正比。与标准系列比较,求得样品中汞的含量。

3　试剂

本部分所使用的试剂除另有说明外,均为分析纯试剂,试验用水为去离子水。

3.1　盐酸(HCl):ρ=1.19 g/mL,优级纯。

3.2　硝酸(HNO_3):ρ=1.42 g/mL,优级纯。

3.3　硫酸(H_2SO_4):ρ=1.84 g/mL,优级纯。

3.4　氢氧化钾(KOH):优级纯。

3.5　硼氢化钾(KBH_4):优级纯。

3.6　重铬酸钾($K_2Cr_2O_7$):优级纯。

3.7　氯化汞($HgCl_2$):优级纯。

3.8　硝酸-盐酸混合试剂[(1+1)王水]:取1份硝酸(3.2)与3份盐酸(3.1)混合,然后用去离子水稀释一倍。

3.9　还原剂[0.01%硼氢化钾(KBH_4)+0.2%氢氧化钾(KOH)溶液]:称取0.2 g氢氧化钾(3.4)放入烧杯中,用少量水溶解,称取0.01 g硼氢化钾(3.5)放入氢氧化钾溶液中,用水稀释至100 mL,此溶液现用现配。

3.10　载液[(1+19)硝酸溶液]:量取25 mL硝酸(3.2),缓缓倒入放有少量去离子水的500 mL容量瓶中,用去离子水定容至刻度,摇匀。

3.11　保存液:称取0.5 g重铬酸钾(3.6),用少量水溶解,加入50 mL硝酸(3.2),用水稀释至1 000 mL,摇匀。

3.12　稀释液:称取0.2 g重铬酸钾(3.6),用少量水溶解,加入28 mL硫酸(3.3),用水稀释至1 000 mL,摇匀。

3.13　汞标准贮备液:称取经干燥处理的0.135 4 g氯化汞(3.7),用保存液(3.11)溶解后,转移至1 000 mL容量瓶中,再用保存液(3.11)稀释至刻度,摇匀。此标准溶液汞的浓度为100 μg/mL(有条件的单位可以到国家认可的部门直接购买标准贮备溶液)。

3.14　汞标准中间溶液:吸取10.00 mL汞标准贮备液(3.13)注入1 000 mL容量瓶中,用保存液

(3.11)稀释至刻度,摇匀。此标准溶液汞的浓度为 1.00 μg/mL。

3.15 汞标准工作溶液:吸取 2.00 mL 汞标准中间溶液(3.14)注入 100 mL 容量瓶中,用保存液(3.11)稀释至刻度,摇匀。此标准溶液汞的浓度为 20.0 ng/mL(现用现配)。

4 仪器及设备

4.1 氢化物发生原子荧光光度计。

4.2 汞空心阴极灯。

4.3 水浴锅。

5 分析步骤

5.1 试样制备

称取经风干、研磨并过 0.149 mm 孔径筛的土壤样品 0.2 g～1.0 g(精确至 0.000 2 g)于 50 mL 具塞比色管中,加少许水润湿样品,加入 10 mL(1+1)王水(3.8),加塞后摇匀,于沸水浴中消解 2 h,取出冷却,立即加入 10 mL 保存液(3.11),用稀释液(3.12)稀释至刻度,摇匀后放置,取上清液待测。同时做空白试验。

5.2 空白试验

采用与 5.1 相同的试剂和步骤,制备全程序空白溶液。每批样品至少制备 2 个以上空白溶液。

5.3 校准曲线

分别准确吸取 0.00,0.50,1.00,2.00,3.00,5.00,10.00 mL 汞标准工作液(3.15)置于 7 个 50 mL 容量瓶中,加入 10 mL 保存液(3.11),用稀释液(3.12)稀释至刻度,摇匀,即得含汞量分别为 0.00,0.20,0.40,0.80,1.20,2.00,4.00 ng/mL 的标准系列溶液。此标准系列适用于一般样品的测定。

5.4 仪器参考条件

不同型号仪器的最佳参数不同,可根据仪器使用说明书自行选择。表 1 列出了本部分通常采用的参数。

表 1 仪器参数

负高压/V	280	加热温度/℃	200
A 道灯电流/mA	35	载气流量/(mL/min)	300
B 道灯电流/mA	0	屏蔽气流量/(mL/min)	900
观测高度/mm	8	测量方法	校准曲线
读数方式	峰面积	读数时间/s	10
延迟时间/s	1	测量重复次数	2

5.5 测定

将仪器调至最佳工作条件,在还原剂(3.9)和载液(3.10)的带动下,测定标准系列各点的荧光强度(校准曲线是减去标准空白后的荧光强度对浓度绘制的校准曲线),然后测定样品空白、试样的荧光强度。

6 结果表示

土壤样品总汞含量 w 以质量分数计,数值以毫克每千克(mg/kg)表示,按式(1)计算:

$$w=\frac{(c-c_0)\times V}{m\times(1-f)\times 1\,000} \quad \cdots\cdots(1)$$

式中:

c——从校准曲线上查得汞元素含量,单位为纳克每毫升(ng/mL);

c_0——试剂空白液测定浓度，单位为纳克每毫升(ng/mL)；

V——样品消解后定容体积，单位为毫升(mL)；

m——试样质量，单位为克(g)；

f——土壤含水量；

1 000——将“ng”换算为“μg”的系数。

重复试验结果以算术平均值表示，保留三位有效数字。

7 精密度和准确度

按照本部分测定土壤中总汞，其相对误差的绝对值不得超过5%。在重复条件下，获得的两次独立测定结果的相对偏差不得超过12%。

8 注释

8.1 操作中要注意检查全程序的试剂空白，发现试剂或器皿玷污，应重新处理，严格筛选，并妥善保管，防止交叉污染。

8.2 硝酸-盐酸消解体系不仅由于氧化能力强使样品中大量有机物得以分解，同时也能提取各种无机形态的汞。而盐酸存在条件下，大量 Cl^- 与 Hg^{2+} 作用形成稳定的 $[HgCl_4]^{2-}$ 络离子，可抑制汞的吸附和挥发。但应避免使用沸腾的王水处理样品，以防止汞以氯化物的形式挥发而损失。样品中含有较多的有机物时，可适当增大硝酸-盐酸混合试剂的浓度和用量。

8.3 由于环境因素的影响及仪器稳定性的限制，每批样品测定时须同时绘制校准曲线。若样品中汞含量太高，不能直接测量，应适当减少称样量，使试样含汞量保持在校准曲线的直线范围内。

8.4 样品消解完毕，通常要加保存液并以稀释液定容，以防止汞的损失。样品试液宜尽早测定，一般情况下只允许保存2 d～3 d。

ICS 13.080.05
Z 18

中华人民共和国国家标准

GB/T 22105.2—2008

土壤质量　总汞、总砷、总铅的测定　原子荧光法
第2部分：土壤中总砷的测定

Soil quality—Analysis of total mercury, arsenic and lead contents—Atomic fluorescence spectrometry—Part 2: Analysis of total arsenic contents in soils

2008-06-27 发布　　　　2008-10-01 实施

中华人民共和国国家质量监督检验检疫总局
中国国家标准化管理委员会　发布

前 言

GB/T 22105《土壤质量　总汞、总砷、总铅的测定　原子荧光法》分为三个部分：

——第1部分：土壤中总汞的测定；

——第2部分：土壤中总砷的测定；

——第3部分：土壤中总铅的测定。

本部分为GB/T 22105的第2部分。

本部分由中华人民共和国农业部提出并归口。

本部分起草单位：农业部环境保护科研监测所。

本部分主要起草人：刘凤枝、刘岩、蔡彦明、刘铭、徐亚平、战新华、刘传娟。

土壤质量 总汞、总砷、总铅的测定 原子荧光法 第2部分:土壤中总砷的测定

1 范围

GB/T 22105 的本部分规定了土壤中总砷的原子荧光光谱测定方法。

本部分适用于土壤中总砷的测定。

本部分方法检出限为 0.01 mg/kg。

2 原理

样品中的砷经加热消解后,加入硫脲使五价砷还原为三价砷,再加入硼氢化钾将其还原为砷化氢,由氩气导入石英原子化器进行原子化分解为原子态砷,在特制砷空心阴极灯的发射光激发下产生原子荧光,产生的荧光强度与试样中被测元素含量成正比,与标准系列比较,求得样品中砷的含量。

3 试剂

本部分所使用的试剂除另有说明外,均为分析纯试剂,试验用水为去离子水。

3.1 盐酸(HCl):ρ=1.19 g/mL,优级纯。

3.2 硝酸(HNO_3):ρ=1.42 g/mL,优级纯。

3.3 氢氧化钾(KOH):优级纯。

3.4 硼氢化钾(KBH_4):优级纯。

3.5 硫脲(H_2NCSNH_2):分析纯。

3.6 抗坏血酸($C_6H_8O_6$):分析纯。

3.7 三氧化二砷(As_2O_3):优级纯。

3.8 (1+1)王水:取1份硝酸(3.2)和3份盐酸(3.1)混合均匀,然后用水稀释一倍。

3.9 还原剂[1%硼氢化钾(KBH_4)+0.2%氢氧化钾(KOH)溶液]:称取 0.2 g 氢氧化钾(3.3)放入烧杯中,用少量水溶解,称取 1.0 g 硼氢化钾(3.4)放入氢氧化钾溶液中,溶解后用水稀释至 100 mL,此溶液用时现配。

3.10 载液[(1+9)盐酸溶液]:量取 50 mL 盐酸(3.1),加水定容至 500 mL,混匀。

3.11 硫脲溶液(5%):称取 10 g 硫脲(3.5),溶解于 200 mL 水中,摇匀。用时现配。

3.12 抗坏血酸(5%):称取 10 g 抗坏血酸(3.6),溶解于 200 mL 水中,摇匀。用时现配。

3.13 砷标准贮备液:称取 0.660 0 g 三氧化二砷(3.7)(在 105 ℃烘 2 h)于烧杯中,加入 10 mL 10%氢氧化钠溶液,加热溶解,冷却后移入 500 mL 容量瓶中,并用水稀释至刻度,摇匀。此溶液砷浓度为 1.00 mg/mL(有条件的单位可以到国家认可的部门直接购买标准贮备溶液)。

3.14 砷标准中间溶液:吸取 10.00 mL 砷标准贮备液(3.13)注入 100 mL 容量瓶中,用(1+9)盐酸溶液(3.10)稀释至刻度,摇匀。此溶液砷浓度为 100 μg/mL。

3.15 砷标准工作溶液:吸取 1.00 mL 砷标准中间溶液(3.14)注入 100 mL 容量瓶中,用(1+9)盐酸溶液(3.10)稀释至刻度,摇匀。此溶液砷浓度为 1.00 μg/mL。

4 仪器及设备

4.1 氢化物发生原子荧光光度计。

4.2 砷空心阴极灯。

4.3 水浴锅。

5 分析步骤

5.1 试液的制备

称取经风干、研磨并过 0.149 mm 孔径筛的土壤样品 0.2 g～1.0 g(精确至 0.000 2 g)于 50 mL 具塞比色管中,加少许水润湿样品,加入 10 mL(1+1)王水(3.8),加塞摇匀于沸水浴中消解 2 h,中间摇动几次,取下冷却,用水稀释至刻度,摇匀后放置。吸取一定量的消解试液于 50 mL 比色管中,加 3 mL 盐酸(3.1)、5 mL 硫脲溶液(3.11)、5 mL 抗坏血酸溶液(3.12),用水稀释至刻度,摇匀放置,取上清液待测。同时做空白试验。

5.2 空白试验

采用和 5.1 相同的试剂和步骤,制备全程序空白溶液。每批样品制备 2 个以上空白溶液。

5.3 校准曲线

分别准确吸取 0.00,0.50,1.00,1.50,2.00,3.00 mL 砷标准工作溶液(3.15)置于 6 个 50 mL 容量瓶中,分别加入 5 mL 盐酸(3.1)、5 mL 硫脲溶液(3.11)、5 mL 抗坏血酸溶液(3.12),然后用水稀释至刻度,摇匀,即得含砷量分别为 0.00,10.0,20.0,30.0,40.0,60.0 ng/mL 的标准系列溶液。此标准系列适用于一般样品的测定。

5.4 仪器参考条件

不同型号仪器的最佳参数不同,可根据仪器使用说明书自行选择。表 1 列出了本部分通常采用的参数。

表 1 仪器参数

负高压/V	300	加热温度/℃	200
A 道灯电流/mA	0	载气流量/(mL/min)	400
B 道灯电流/mA	60	屏蔽气流量/(mL/min)	1 000
观测高度/mm	8	测量方法	校准曲线
读数方式	峰面积	读数时间/s	10
延迟时间/s	1	测量重复次数	2

5.5 测定

将仪器调节至最佳工作条件,在还原剂(3.9)和载液(3.10)的带动下,测定标准系列各点的荧光强度(校准曲线是减去标准空白后荧光强度对浓度绘制的校准曲线),然后依次测定样品空白、试样的荧光强度。

6 结果表示

土壤样品总砷含量 w 以质量分数计,数值以毫克每千克(mg/kg)表示,按式(1)计算:

$$w = \frac{(c - c_0) \times V_2 \times V_{总} / V_1}{m \times (1 - f) \times 1\,000} \quad \cdots\cdots(1)$$

式中:

c——从校准曲线上查得砷元素含量,单位为纳克每毫升(ng/mL);

c_0——试剂空白溶液测定浓度,单位为纳克每毫升(ng/mL);

V_2——测定时分取样品溶液稀释定容体积,单位为毫升(mL);

$V_{总}$——样品消解后定容总体积,单位为毫升(mL);

V_1——测定时分取样品消解液体积,单位为毫升(mL);

m——试样质量，单位为克(g)；

f——土壤含水量；

1 000——将“ng”换算为“μg”的系数。

重复试验结果以算术平均值表示，保留三位有效数字。

7 精密度和准确度

按照本部分测定土壤中总砷，其相对误差的绝对值不得超过5%。在重复条件下，获得的两次独立测定结果的相对偏差不得超过7%。

ICS 13.080.05
Z 18

中华人民共和国国家标准

GB/T 22105.3—2008

土壤质量　总汞、总砷、总铅的测定　原子荧光法
第3部分:土壤中总铅的测定

Soil quality—Analysis of total mercury, arsenic and lead contents—Atomic fluorescence spectrometry—Part 3: Analysis of total lead contents in soils

2008-06-27 发布　　　　2008-10-01 实施

中华人民共和国国家质量监督检验检疫总局
中国国家标准化管理委员会　发布

前　言

GB/T 22105《土壤质量　总汞、总砷、总铅的测定　原子荧光法》分为三个部分：

——第 1 部分：土壤中总汞的测定；

——第 2 部分：土壤中总砷的测定；

——第 3 部分：土壤中总铅的测定。

本部分为 GB/T 22105 的第 3 部分。

本部分由中华人民共和国农业部提出并归口。

本部分起草单位：农业部环境保护科研监测所。

本部分主要起草人：刘凤枝、刘岩、蔡彦明、刘铭、徐亚平、战新华、刘传娟。

土壤质量 总汞、总砷、总铅的测定 原子荧光法 第3部分:土壤中总铅的测定

1 范围

GB/T 22105的本部分规定了土壤中总铅的原子荧光光谱测定方法。

本部分适用于土壤中总铅的测定。

本部分方法检出限为0.06 mg/kg。

2 原理

采用盐酸-硝酸-氢氟酸-高氯酸全消解的方法,消解后的样品中铅与还原剂硼氢化钾反应生成挥发性铅的氢化物(PbH_4)。以氩气为载体,将氢化物导入电热石英原子化器中进行原子化。在特制铅空心阴极灯照射下,基态铅原子被激发至高能态,在去活化回到基态时,发射出特征波长的荧光,其荧光强度与铅的含量成正比,最后根据标准系列进行定量计算。

3 试剂

本部分所使用的试剂除另有说明外,均为分析纯试剂,试验用水为去离子水。

3.1 盐酸(HCl):ρ=1.19 g/mL,优级纯。

3.2 硝酸(HNO_3):ρ=1.42 g/mL,优级纯。

3.3 氢氟酸(HF):ρ=1.49 g/mL,优级纯。

3.4 高氯酸($HClO_4$):ρ=1.68 g/mL,优级纯。

3.5 氢氧化钾(KOH):优级纯。

3.6 硼氢化钾(KBH_4):优级纯。

3.7 铁氰化钾($K_3Fe(CN)_6$):优级纯。

3.8 盐酸溶液(1+1):取一定体积的盐酸(3.1),加入同体积的水配制。

3.9 盐酸溶液(1+66):量取1.5 mL盐酸(3.1),加水定容至100 mL,混匀。

3.10 硝酸溶液(1+1):取一定体积的硝酸(3.2),加入同体积的水配制。

3.11 草酸溶液(100 g/L):称取10 g草酸,加水溶解,定容至100 mL。

3.12 铁氰化钾溶液(100 g/L):称取10 g铁氰化钾(3.7),加水溶解,定容至100 mL。

3.13 还原剂[2%硼氢化钾(KBH_4)+0.5%氢氧化钾(KOH)溶液]:称取0.5 g氢氧化钾(3.5)放入烧杯中,用少量水溶解,称取2.0 g硼氢化钾(3.6)放入氢氧化钾溶液中,溶解后用水稀释至100 mL,此溶液现用现配。

3.14 载液:取3 mL盐酸溶液(3.8)、2 mL草酸溶液(3.11)、4 mL铁氰化钾溶液(3.12)放入烧杯中,用水稀释至100 mL,混匀。

3.15 铅标准贮备溶液:称取0.500 0 g光谱纯金属铅,分次少量加入(1+1)硝酸溶液(3.10),必要时加热,直至溶解完全。移入500 mL容量瓶中,用水稀释至刻度,摇匀。此标准溶液铅的浓度为1.00 mg/mL(有条件的单位可以到国家认可的部门直接购买标准贮备溶液)。

3.16 铅标准中间溶液:吸取10.00 mL铅标准贮备液(3.15)注入1 000 mL容量瓶中,用盐酸溶液(3.9)稀释至刻度,摇匀。此标准溶液铅的浓度为10.00 μg/mL。

3.17 铅标准工作溶液：吸取 2.00 mL 铅标准中间溶液(3.16)注入 100 mL 容量瓶中，用盐酸溶液(3.9)稀释至刻度，摇匀。此标准溶液铅的浓度为 0.20 μg/mL。

4 仪器及设备

4.1 氢化物发生原子荧光光度计。

4.2 铅双阴极空心阴极灯。

4.3 电热板。

5 分析步骤

5.1 试液的制备

称取经风干、研磨并过 0.149 mm 孔径筛的土壤样品 0.2 g～1.0 g(精确至 0.000 2 g)于 25 mL 聚四氟乙烯坩埚中，用少许的水湿润样品，加入 5 mL 盐酸(3.1)、2 mL 硝酸(3.2)摇匀，盖上坩埚盖，浸泡过夜，然后置于电热板上加热消解，温度控制在 100℃左右，至残余酸量较少时(约 2 mL～3 mL)，取下坩埚稍冷后加入 2 mL 氢氟酸(3.3)，继续低温加热至残余酸液为 1 mL～2 mL 时取下，冷却后加入 2 mL～ 3 mL 高氯酸(3.4)，将电热板温度升至约 200℃左右，继续消解至白烟冒净为止。加少许盐酸(3.1)淋洗坩埚壁，加热溶解残渣，将盐酸赶尽，加入 15 mL(1+1)盐酸溶液(3.8)于坩埚中，在电热板上低温加热，溶解至溶液清澈为止。取下冷却后转移至 50 mL 容量瓶中，用水稀释至刻度，摇匀后取5 mL 溶液于 50 mL 容量瓶中，加入 2 mL 草酸溶液(3.11)、2 mL 铁氰化钾溶液(3.12)，然后用水稀释至刻度，摇匀，放置 30 min 待测。同时做空白试验。

5.2 空白试验

采用与 5.1 相同的试剂和步骤，制备全程序空白溶液。每批样品至少制备 2 个以上空白溶液。

5.3 校准曲线

分别准确吸取 0.00，1.00，2.00，3.00，5.00，7.50，10.00 mL 铅标准工作液(3.17)置于 7 个 50 mL 容量瓶中。用少量水稀释后，加 1.5mL 盐酸溶液(3.8)、2 mL 草酸溶液(3.11)、2 mL 铁氰化钾溶液(3.12)，最后用水稀释至刻度，摇匀。此标准系列相当于铅的浓度分别为 0.00，4.00，8.00，12.0，20.0，30.0，40.0 ng/mL，适用于一般样品的测定。

5.4 仪器参考条件

不同型号仪器的最佳参数不同，可根据仪器使用说明书自行选择。表 1 列出了本部分通常采用的参数。

表 1 仪器参数

负高压/V	280	加热温度/℃	200
A 道灯电流/mA	80	载气流量/(mL/min)	400
B 道灯电流/mA	0	屏蔽气流量/(mL/min)	1 000
观测高度/mm	8	测量方法	校准曲线
读数方式	峰面积	读数时间/s	10
延迟时间/s	1	测量重复次数	2

5.5 测定

将仪器调至最佳工作条件，在还原剂(3.13)和载液(3.14)的带动下，测定标准系列各点的荧光强度(校准曲线是减去标准空白后的荧光强度对浓度绘制的)，然后依次测定样品空白、试样的荧光强度。

6 结果表示

土壤样品总铅含量 w 以质量分数计，数值以毫克每千克(mg/kg)表示，按式(1)计算：

$$w=\frac{(c-c_0)\times V_2\times V_{总}/V_1}{m\times(1-f)\times 1\ 000} \quad \cdots\cdots(1)$$

式中：

c——从校准曲线上查得元素含量，单位为纳克每毫升(ng/mL)；

c_0——试剂空白溶液测定浓度，单位为纳克每毫升(ng/mL)；

V_2——测定时分取样品溶液稀释定容体积，单位为毫升(mL)；

$V_{总}$——样品消解后定容总体积，单位为毫升(mL)；

V_1——测定时分取样品消化液体积，单位为毫升(mL)；

m——试样质量，单位为克(g)；

f——土壤含水量；

1 000——将“ng”换算为“μg”的系数。

重复试验结果以算术平均值表示，保留三位有效数字。

7 精密度和准确度

按照本部分测定土壤中总铅，其相对误差的绝对值不得超过5%。在重复条件下，获得的两次独立测定结果的相对偏差不得超过5%。

8 注释

8.1 GB/T 22105的本部分对测定溶液中盐酸的浓度要求比较严格，所以样品消解至赶酸时，应特别注意务必将酸赶尽，然后再准确加入15 mL(1+1)盐酸溶液(3.8)，低温加热溶解完全。取下冷却后转移至50 mL容量瓶中，用水稀释至刻度，摇匀后取5 mL溶液于50 mL容量瓶中，加入2 mL草酸溶液(3.11)，加入2 mL铁氰化钾溶液(3.12)，然后用水稀释至刻度，摇匀。这一步是为确保待测溶液的盐酸浓度在0.18 mol/L～0.24 mol/L的范围内。同样，标准系列的盐酸浓度也应控制在0.18 mol/L～0.24 mol/L的范围内。

8.2 制备好的样品试液应放置30 min后再测定，以确保试液中的二价铅全部被氧化为四价铅，标准系列也同样放置30 min后测定。

ICS 67.060
X 11

中华人民共和国国家标准

GB/T 22106—2008

非发酵豆制品

Non-fermented soybean product

2008-06-25 发布

2009-01-01 实施

中华人民共和国国家质量监督检验检疫总局
中国国家标准化管理委员会 发布

前　　言

本标准由中国商业联合会提出并归口。

本标准由中国商业联合会商业标准中心、北京市豆制品协会、上海市豆制品行业协会负责起草。

本标准参加起草单位：杭州华源豆制品有限公司、杭州豆制食品有限公司、上海清美绿色食品有限公司、上海福生豆制食品有限公司、上海汉康豆类食品有限公司、北京二商希杰食品有限责任公司、温州市豆制品厂、江苏雨润食品产业集团有限公司、深圳市福荫食品有限公司、深圳市计量质量检测研究院、河北高碑店豆豆食品(集团)有限公司、北京香香唯一食品厂、北京市甜水园食品有限公司。

本标准主要起草人：张丽君、张振山、徐宗义、戚亚江、汪生建、王春杰、张小宝、周汉康、季凯、许生友、徐宝才、林榆生、杨万颖、李祥波、张玺麟、陈新昌、张同升。

非发酵豆制品

1 范围

本标准规定了非发酵豆制品的术语和定义、分类、试验方法 、技术要求、检验规则和包装、标签、运输与贮存的要求。

本标准适用于3.1定义产品的生产、销售和检验，不适用于未经制浆工艺制成的豆制品，非大豆的其他豆类加工的产品可参照执行。

2 规范性引用文件

下列文件中的条款通过本标准的引用而成为本标准的条款。凡是注日期的引用文件，其随后所有的修改单（不包括勘误的内容）或修订版均不适用于本标准，然而，鼓励根据本标准达成协议的各方研究是否可使用这些文件的最新版本。凡是不注日期引用文件，其最新版本适用于本标准。

GB 317 白砂糖

GB 1352 大豆

GB 2711 非发酵性豆制品及面筋卫生标准

GB 2760 食品添加剂使用卫生标准

GB/T 5009.3 食品中水分的测定

GB/T 5009.5 食品中蛋白质的测定

GB/T 5009.6—2003 食品中脂肪的测定

GB/T 5009.183 植物蛋白饮料中脲酶的定性测定

GB 5461 食用盐

GB 5749 生活饮用水卫生标准

GB 7718 预包装食品标签通则

GB 9683 复合食品包装袋卫生标准

JJF 1070 定量包装商品净含量计量检验规则

定量包装商品计量监督管理办法 国家质量监督检验检疫总局令 第75号(2005)

3 术语和定义

下列术语和定义适用于本标准。

3.1

非发酵豆制品 non-fermented soybean product

以大豆和水为主要原料，经过制浆工艺，凝固（或不凝固），调味或不调味等加工工艺制成的产品。

4 产品分类

4.1.1 豆浆类

4.1.1.1 纯豆浆

以大豆和水为原料，经制浆、杀菌等工艺加工而成的液态产品。

4.1.1.2 调味豆浆

在豆浆中添加了风味物质的液态产品。

4.1.2 豆腐类

4.1.2.1 豆腐花

熟豆浆经添加凝固剂使蛋白质凝固，制成的没有固定形状的产品。

4.1.2.2 内酯豆腐

以葡萄糖酸-δ-内酯为凝固剂制成的豆腐。

4.1.2.3 老豆腐（北豆腐）

以盐卤为主要凝固剂制成的豆腐。

4.1.2.4 嫩豆腐（南豆腐）

以石膏为主要凝固剂制成的豆腐。

4.1.2.5 调味豆腐

以豆腐为原料，经炸、卤、炒、烤、熏等工艺中的一种或多种和（或）添加调味料加工而成的产品。

4.1.2.6 冷冻豆腐

以豆腐或调味豆腐为原料，经冷冻而成的产品。

4.1.2.7 脱水豆腐

以豆腐或调味豆腐为原料，经脱水、干燥而成的干质产品。

4.1.3 豆腐干类

4.1.3.1 豆腐干

熟豆浆经添加凝固剂，挤压脱水而成的含水分较低的各种形状的产品。

4.1.3.2 熏制豆腐干

以豆腐干为原料，经烟熏及相关工艺加工而成的具有熏香味的产品。

4.1.3.3 炸制豆腐干

以豆腐干为原料，经植物油炸制而成的产品。

4.1.3.4 调味豆腐干

以豆腐干、熏制豆腐干或炸制豆腐干为原料，添加调味料，经卤、炒等工艺中的一种或多种制成的产品。

4.1.3.5 脱水豆腐干

以豆腐干或调味豆腐干为原料，经过脱水、干燥而成的干质产品。

4.1.4 腐竹类

4.1.4.1 腐皮

从熟豆浆静止表面揭起的凝结薄膜，经干燥而成的产品。

4.1.4.2 腐竹

从熟豆浆静止表面揭起的凝结厚膜折叠成条状，经干燥（或不干燥）而成的产品。

5 技术要求

5.1 原料

5.1.1 大豆应符合 GB 1352 的规定。

5.1.2 水应符合 GB 5749 的规定。

5.2 辅料

5.2.1 食盐应符合 GB 5461 的规定。

5.2.2 白砂糖应符合 GB 317 的规定。

5.2.3 其他辅料应符合相关的规定及标准。

5.3 食品添加剂

5.3.1 质量应符合相应的标准和有关规定。

5.3.2 使用的品种和用量应符合 GB 2760 的规定。

5.4 质量要求

5.4.1 豆浆类

5.4.1.1 感官要求

应具有该类产品特有的颜色、香气、味道,无异味,并应符合表 1 的要求。

表 1 豆浆类产品的感官要求

类型	形态	质地
纯豆浆	无可见外来杂质,均匀乳白色液状。	质地细腻,无可见外来杂质,允许有少量沉淀和脂肪析出。
调味豆浆	具有添加物颜色,均匀乳液状。	

5.4.1.2 理化指标

应符合表 2 的规定。

表 2 豆浆类产品的理化指标

类型	蛋白质/(g/100 g) ≥	脂肪/(g/100 g) ≥
纯豆浆	2.0	0.8
调味豆浆	1.8	0.8

5.4.1.3 卫生指标

5.4.1.3.1 应符合 GB 2711 的规定。

5.4.1.3.2 产品进行脲酶试验的结果应为阴性。

5.4.2 豆腐类

5.4.2.1 感官要求

应具有该类产品特有的颜色、香气、味道,无异味,无可见外来杂质,并还应符合表 3 的要求。

表 3 豆腐类产品的感官要求

类型	形态	质地
豆花	呈无固定形状的凝胶状。	细腻滑嫩。
内酯豆腐	呈固定形状,无析水和气孔。	柔软细嫩,剖面光亮。
嫩豆腐	呈固定形状,柔软有劲,块形完整。	细嫩,无裂纹。
老豆腐	呈固定形状,块形完整。	软硬适宜。
调味豆腐	呈固定形状,具有特定的调味效果或加工效果,块形完整。	软硬适宜。
冷冻豆腐	冷冻彻底,块形完整	解冻后呈海绵状,蜂窝均匀。
脱水豆腐	颜色纯正,块形完整。	孔状均匀,无霉点,组织松脆复水后不碎。

5.4.2.2 **理化指标**

应符合表4的规定。

表4 豆腐类产品的理化指标

类型	水分/(g/100 g) ≤	蛋白质/(g/100 g) ≥
豆腐花	—	2.5
内酯豆腐	92.0	3.8
嫩豆腐	90.0	4.2
老豆腐	85.0	5.9
调味豆腐	85.0	4.5
冷冻豆腐	80.0	6.0
脱水豆腐	10.0	35.0

5.4.2.3 **卫生指标**

应符合GB 2711的规定。

5.4.3 **豆腐干类**

5.4.3.1 **感官要求**

应具有该类产品特有的颜色、香气、味道，无异味，无可见外来杂质，并还应符合表5的规定。

表5 豆腐干类产品的感官要求

类型	形态	质地
豆腐干	产品特有色泽，薄厚均匀、块形完整。	质地密实，有韧性(对角90°不断)。
熏制豆腐干	块形完整，无焦糊。	有韧性，表皮与内芯不分离。
炸制豆腐干	色泽均匀，无焦边，块形完整。	表面结皮，内呈蜂窝状。
调味豆腐干	符合产品特有的形状形态。	符合产品特有的质地。
脱水豆腐干	颜色纯正，形状完整，大小薄厚均匀。	孔状均匀，无霉点，组织松脆。

5.4.3.2 **理化指标**

应符合表6的规定。

表6 豆腐干类产品的理化指标

类型	水分/(g/100 g) ≤	蛋白质/(g/100 g) ≥
豆腐干	75.0	13.0
熏制豆腐干	70.0	15.0
油炸豆腐干	63.0	17.0
调味豆腐干	75.0	13.0
脱水豆腐干	10.0	40.0

5.4.3.3 **卫生指标**

应符合GB 2711的规定。

5.4.4 **腐竹类**

5.4.4.1 **感官要求**

应具有该类产品特有的颜色、香气、味道，无异味，无可见外来杂质，并还应符合表7的要求。

表 7 腐竹类产品的感官要求

类型		形态	质地
腐皮		薄膜状,薄厚均匀,形状完整。	有韧性。
腐竹	未经干燥	形状完整。	有韧性。
	干燥	浅黄色,有光泽,枝条粗细均匀,无并条。	稍有空心,复水后有韧性、弹性。

5.4.4.2 **理化指标**

应符合表 8 的规定。

表 8 腐竹类产品的理化指标

类型		水分/(g/100 g) ≤	蛋白质/(g/100 g) ≥
腐皮		20.0	43.0
腐竹	未经干燥	40	20
	干燥	12.0	45.0

5.4.4.3 **卫生指标**

应符合 GB 2711 的规定。

5.5 **净含量**

应符合《定量包装商品计量监督管理办法》的规定。

6 检验方法

6.1 感官性状

6.1.1 外观和色泽:将样品置于白色搪瓷盘中,在自然光下或相当于自然光的感官评定室用视觉鉴别法鉴别。

6.1.2 气味滋味:用嗅觉鉴别法鉴别气味,用味觉鉴别法鉴别滋味。

6.1.3 组织形态:用触觉鉴别法鉴别。

6.2 净含量负偏差

按 JJF 1070 规定执行。

6.3 水分

按 GB /T 5009.3 的方法测定。

6.4 蛋白质

按 GB /T 5009.5 的方法测定,换算系数按 5.71 计。

6.5 脂肪

按 GB/T 5009.6—2003 中第二法的酸水解法。

6.6 脲酶试验

按 GB/T 5009.183 规定执行。

7 检验规则

7.1 出厂检验

出厂检验项目包括感官和净含量。

7.2 定期检验

菌落总数、大肠菌群检验应不少于每 10 d 一次,水分、蛋白质检验不应少于每月一次。

7.2.1 组批抽样

以一次投料为一批次，随机抽样，最低不少于 6 个包装单元（不含净含量抽样），样品量不少于 300 g，等量分成检验试样和备检样。

7.2.2 判定

出厂检验项目全部符合本标准要求时，判定为合格；检验结果不符合本标准要求时，使用备检样品对不合格项目进行复检（微生物指标不合格不得复检），如复验结果仍不合格，则该批产品判定为不合格。

7.3 型式检验

7.3.1 有下列情况之一时应进行型式检验：

a） 产品投产定型鉴定；

b） 产品原料来源或生产工艺有较大改变；

c） 停产一年以上又恢复生产；

d） 距上次型式检验已满 6 个月；

e） 出厂检验结果与上次型式检验有较大差异时；

f） 国家质量监督部门提出要求时。

7.3.2 型式检验项目

包括本标准第 5 章中相应产品类型的感官要求、理化指标、卫生指标。

7.3.3 型式检验抽样

随机抽取同一批次不少于 12 个包装样品（不含净含量抽样），样品量不低 900 g。均匀分为三份，一份作微生物检验，一份作感官和其他指标的测定，一份备查。

7.3.4 判定

检验结果不符合本标准要求时，使用备检样品对不合格项目进行复检（微生物指标不合格时不得复检），复验结果符合本标准要求则判定为合格；如复验仍不符合标准要求，则该批产品判定为不合格。

8 包装、标签、运输和贮存

8.1 包装

使用复合包装材料应符合 GB 9683 和有关规定的要求。

8.2 标签

8.2.1 定量预包装产品标签应符合 GB 7718 的规定。

8.2.2 如使用转基因大豆为原料，需在标签中明示。

8.3 运输

8.3.1 产品运输应避免日晒、雨淋，不得与有毒、有害、有异味的物品混装运输。

8.3.2 除干制品及采用高温灭菌的豆制品外，预包装产品宜采用专用冷藏设施运输。

8.4 贮存

8.4.1 产品应贮存在清洁、干燥、通风良好的场所。不得与有毒、有害、有异味的物品同处贮存。

8.4.2 除干制品及采用高温灭菌的豆制品外，预包装产品宜低温贮存，销售环节宜低于 10℃。

ICS 23.100.50
J 20

中华人民共和国国家标准

GB/T 22107—2008/ISO 12238:2001

气动方向控制阀　切换时间的测量

Pneumatic fluid power—Directional control valves—Measurement of shifting time

(ISO 12238:2001,IDT)

2008-06-25 发布　　2009-01-01 实施

中华人民共和国国家质量监督检验检疫总局
中国国家标准化管理委员会　发布

前　　言

本标准等同采用ISO 12238:2001《气压传动　方向控制阀　切换时间的测量》。

本标准等同翻译ISO 12238:2001。为便于使用本标准做了下列编辑性修改：

——在“2 规范性引用文件”中以被引用部分技术内容与相应国际标准一致的国家标准替代国际标准；

——删除国际标准的参考文献。

本标准附录A、附录B为资料性附录。

本标准由中国机械工业联合会提出。

本标准由全国液压气动标准化技术委员会(SAC/TC 3)归口。

本标准起草单位：无锡气动技术研究所有限公司、清华大学、无锡市产品质量监督检验所、济南华能气动元器件公司。

本标准主要起草人：张连仁、杨燧然、何枫、方政、陈宁、杨丽。

引　　言

在气动系统中,动力是通过闭合回路中的压缩空气来传递和控制的。在某些应用场合,气动系统的设计人员需要了解气动方向控制阀的动作及其产生一个输出信号所需的时间。

气动方向控制阀　切换时间的测量

1　范围

本标准规定了电控或气控方向控制阀和逻辑元件的切换时间的定义、测量方法以及测试结果报告的方法，以便气动系统应用。

2　规范性引用文件

下列文件中的条款通过本标准的引用而成为本标准的条款。凡是注日期的引用文件，其随后所有的修改单(不包括勘误的内容)或修订版均不适用于本标准，然而，鼓励根据本标准达成协议的各方研究是否可使用这些文件的最新版本。凡是不注日期的引用文件，其最新版本适用于本标准。

GB/T 786.1—1993　液压气动图形符号(eqv ISO 1219-1:1991)

GB 3100　国际单位制及其应用(GB 3100—1993，eqv ISO 1000:1992)

GB/T 17446—1998　流体传动系统及元件　术语(idt ISO 5598:1985)

ISO 6358　气压传动　可压缩流体元件　流量特性的测定

3　术语和定义

GB/T 17446 确立的以及下列术语和定义适用于本标准。

3.1

切换时间　shifting time

出气口只有一个压力传感器连接时，从电或者气的控制信号变化开始，到相关出气口的压力变化了规定压力的 10%时所对应的滞后时间。

注：本定义和 GB/T 17446—1998 中 4.0.7.1.1 和 4.0.7.1.2 所定义的“纯滞后时间”的含义非常接近，这两个定义之间区别仅在于对出口压力变化的规定。

3.2

切换开始时间　shifting on-time

施加控制信号时的切换时间。

3.3

切换终止时间　shifting off-time

撤销控制信号时的切换时间。

4　符号和单位

4.1　在表 1 中给出了本标准所使用参数的符号和单位。

表 1　符号和单位

符　　号	参　　数	单位(和 GB 3100 一致)
D	压力测量管内径	mm
p_1	供气容器压力	kPa
p_3	控制压力	kPa
t_0	时间测量基准	ms
t_E	排气切换时间	ms
t_F	充气切换时间	ms
θ_1	供气容器温度	℃

4.2 本标准中应用的图形符号符合 GB/T 786.1—1993 的规定。

5 测量仪器

5.1 基本测量仪器

基本测量仪器如图 1 和图 2 所示。

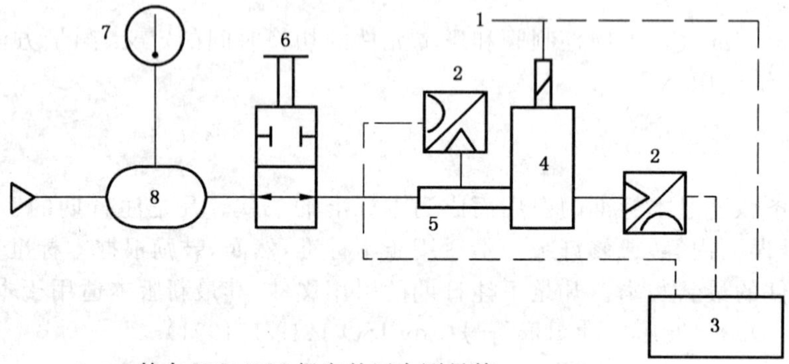

1——控制信号；
2——压力传感器；
3——输出记录仪；
4——被测试阀；
5——符合 ISO 6358 规定的压力测量管；
6——截止阀(任选)；
7——温度计；
8——供气容器。

图 1 电控阀测试装置

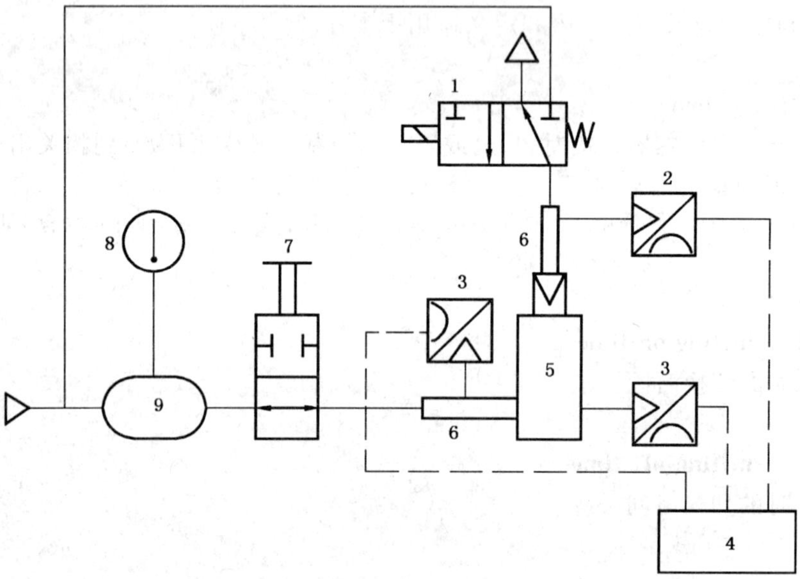

1——控制阀；
2——控制压力传感器；
3——压力传感器；
4——输出记录仪；
5——被测试阀；
6——符合 ISO 6358 规定的压力测量管；
7——截止阀(任选)；
8——温度计；
9——供气容器。

图 2 气控阀测试装置

5.2 压力测量管

5.2.1 压力测量管路应该与阀进口螺纹连接，也可连接到阀的先导口，并且应该和 ISO 6358 规定一致。

5.2.2 选择和安装压力测量管，其螺纹和被测量阀的每个气路的气口尺寸相符合，对于阀的先导口也如此。

5.3 压力传感器

5.3.1 在每个要测量的出气口内直接安装压力传感器，若传感器的螺纹尺寸与出气口的不一致需要连接件时，应尽可能减少连接后传感器与出气口之间的容积。同样，进气口的压力测量管也应安装压力传感器。

5.3.2 当测试气控换向阀时，把压力传感器安装在先导压力测量管上。

5.3.3 所用的压力传感器、放大器以及记录仪器均满足系统频率响应在 2 000 Hz 时，下降不大于 3.0 dB 以内，并且其参照时间的基本分辨率要小于 0.1 ms。

5.3.4 由于测试仪器负电压峰值局限性所造成的切换时间的变化不应超过 0.1 ms。

5.4 供气容器

5.4.1 应使用足够容量的供气容器，以便测试过程中在管道内流动所产生的压降不超过供气压力的 3%。较大的压力降是允许的，但较大的压力降会导致切换时间增大，引起对产品不利的评价。与供气容器的连接长度应是压力测量管道长度的数倍，同时也应尽可能地短，这样可以减少压降。

5.4.2 应使用带有内部空气温度测量装置的供气容器。

5.4.3 安装选用合适的截止阀和控制阀，使其尽可能的靠近供气容器的出口。选用的阀的流通面积要大于压力测量管，因为小的阀会使流量受到限制并且增加被测阀的切换时间。

5.5 控制信号

5.5.1 先导电磁阀（见图 1）的供气压力选取阀供气压力和最大允许先导压力中较小的。

5.5.2 交流电磁阀采用触发装置是在电压过零点时所产生的触发控制信号。保持电压在额定电压值 ±5% 以内。

5.5.3 直流电磁阀保持电压稳定在额定值 ±5% 以内。

5.5.4 气控阀（见图 2）保持先导压力为供气容器的压力或最大允许先导压力，选两者中较小的。

5.6 数据记录系统

在测量过程中，记录系统中所有传感器的压力随时间变化的数据。图 3 给出一个模拟信号记录仪如何得到数据的例子。其他的数据记录技术，包括数字式方法，都可以使用。

6 测量精度

保持测试条件，得到的数据精度应在表 2 规定的范围内。

表 2 参数测试精度

测量仪器参数	允许的系统误差
压力	±10 kPa（±0.1 bar）
温度	±2℃
时间	±0.4 ms

7 测量方法

7.1 按照图 1 或图 2 建立测试回路，所用元件按照第 5 章规定。

7.2 无论是切换开始还是切换终止时间，每个出气口的充气和排气时间测试，应该根据阀的运行能力，记录下列数据：

——进气口到出气口的充气时间；

——出气口到排气口的排气时间。

阀门流道的其他数据也尽可能记录下来。

7.3 充气时间的测试按以下规定进行：

7.3.1 保持供气容器压力为表压 630 kPa（6.3 bar），或者为最大允许压力，选两者中较小的。

7.3.2 将被测试的出气口和大气相连通。

7.3.3 保持供气容器的温度在 18℃～30℃ 之间。

7.3.4 对电控阀预先进行初步的加电和断电切换试验，或操作控制阀的气动先导控制机构预先进行初步的供压和卸压切换试验。

7.3.5 对每个流道测试3次，每一次测量后出气口排气，并且在下一次测试前至少等待1 min，保证温度稳定。

7.4 排气时间测试按以下规定进行：

7.4.1 供给所测试气口压力为表压630 kPa(6.3 bar)，或者为最大允许压力，选两者中较小的。

7.4.2 保持供气容器的温度在18℃～30℃之间。

7.4.3 对电控阀预先进行初步的加电和断电切换试验，或操作控制阀的气动先导控制机构进行初步的供压和泄压切换试验。

7.4.4 对每个流道进行3次测试，每一次测量后出气口充气，并且在下一次测试前至少等待1 min，保证温度稳定。

7.5 排气、充气时间的测试可以在一起依次测试。

8 数据处理

8.1 对于电控阀，将电压明显变化了的点定义为时间基准(t_0)(见图3)。

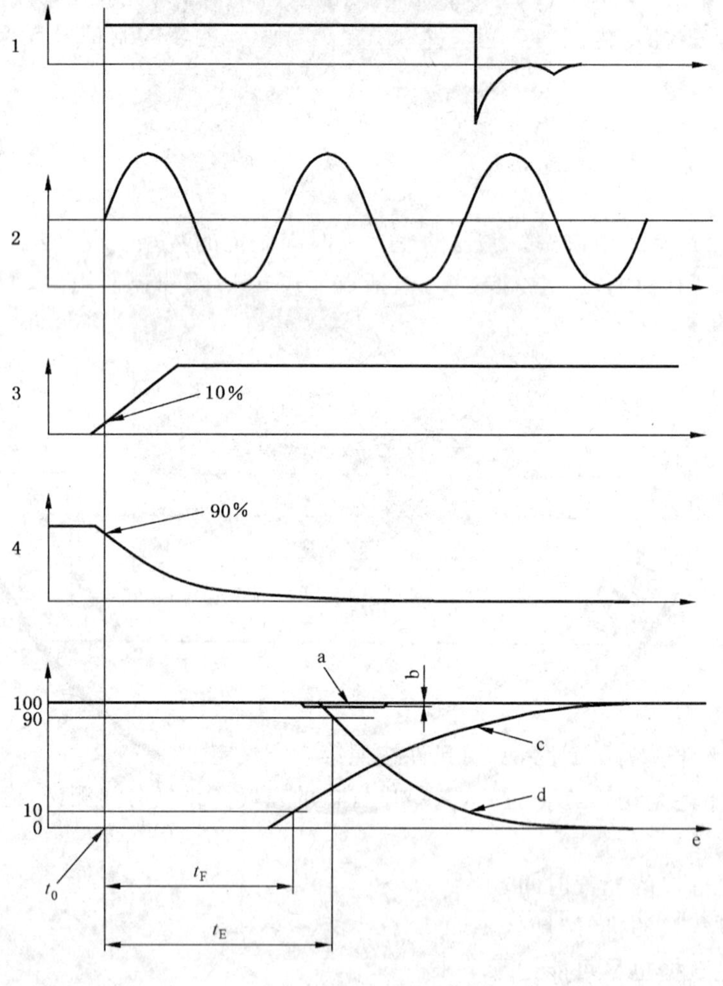

1——控制方式-直流电磁铁(V)；
2——控制方式-交流电磁铁(V)；
3——控制方式-压力先导(kPa)；
4——控制方式-排气先导(kPa)；
5——供气压百分比(%)。

a p_1；
b 3%推荐最大压降值；
c 充气测试；
d 排气测试；
e 时间(ms)。

图3 模拟记录仪的典型数据记录

8.2 对于气控阀，将记录中先导压力变化了10%的点定义为时间基准(t_0)(见图3)。

8.3 对一个气口每次充气测试时，测量从 t_0 开始直到压力升到供气容器压力值的10%时为止的充气时间 t_F。对多次测试数据进行平均，即为该出气口的充气时间(表B.1给出了测试数据的实例)。

8.4 对一个气口每次排气测试时，测量从 t_0 开始直到压力降到供气容器压力值的90%为止时的排气时间 t_E。对多次测试数据进行平均，即为该出气口的排气切换时间(表B.1给出了测试数据的实例)。

9 测试数据报告

9.1 说明阀的各个流道的平均切换时间；参见表B.1中此类型说明中标注着“各个气路”这一列。

9.2 与9.1不同的是，说明一个阀中所有气路的平均切换时间，指明双向公差，其中要包括所记录数据的最大最小值；参见表B.1中此类型实例说明中标注着“整个阀”的这一列。

10 标注说明

当遵守本标准时，在检验报告、产品样本和销售文件中可使用下列声明：

“气动方向控制阀或可动式逻辑元件的切换时间的测量符合GB/T 22107—2008《气动方向控制阀 切换时间的测量》。”

附 录 A
（资料性附录）
其他国际标准、地区标准以及国家标准中关于切换性质的条款及定义

A.1 来自 ISO 5598:1985

响应时间(2.2.9.5)

操作的起始时间点和终止时间点之间的时间差，这些时间点的定义适合于每个类型的元件。

阀响应时间(4.0.7.1)

起始时间点定义为先导压力上升/降低到某一个给定值时刻；终止时间点定义是出口压力或者流动达到某一个给定值时刻。

气控方向控制阀中的时滞(4.0.7.1.1)

起始时间点定义为先导压力上升/降低到某一个给定值时刻；终止时间点定义是出口压力达到最大值的额定百分率的时刻，出气口连通零容量(出气口关闭)。

电控气动方向控制阀的时滞(4.0.7.1.2)

起始时间点定义为电路连通(关闭)时刻；终止时间点定义是出口压力达到最大值的额定百分率的时刻，出气口连通零容量(出气口关闭)。

切换时间(4.0.7.1.3)

输出的开通时间从 0 状态变到 1 状态；输出的关闭时间从 1 状态变到 0 状态。

切换压力(4.0.8.1)

引起出气口的状态发生变化的最低的先导压力。

切换时间(4.0.8.2)

起始时间点是控制或先导压力达到切换压力水平；终止时间点是出口压力达到一个给定值。

A.2 来自 CETOP RP111P-1989-11-01

切换临界值

一方面是压力信号，另一方面电压信号的上升或下降，两个极限值的共同效应，引起切换。

切换时间

在常规的操作条件下，从初始状态到终止状态的完全的切换可以由制造商预估(无振荡、正确密封，常规流动值等)。

切换时间(3.2.2)

在电回路的关或开与出口压力到最大值的 50%之间所经过的时间，封堵阀体上的出口，如果阀安装到底板上，封堵阀体上的出口。

A.3 来自 JIS B8375-1981

响应时间(4.3)

对阀、回路和类似的对象的输入信号抵达时刻，与输出达到特定值之间持续的时间(根据 JIS B0142)。

动力学特性(10.3)

由测试样本阀得到的响应时间表征，而它的值应符合表 3。

动力学特性测试

P 口输入 5 kgf/cm^2(500 kPa)的压力，一个压力传感器和 A 口或 B 口相连，在施加或者撤销额定

电压后，或从触发电路的发出信号后，在压力被传感器检测到之前所需要的时间。

A.4 来自 ANSI(NFPA)T3.21.8-1990

响应时间(3.1)

该响应时间，是与气动方向控制阀的出气口相连的测量腔室中的压力在额定压力水平下变化90%，以响应此阀的控制信号的变化。

附　录　B
（资料性附录）
测量数据及结果报告举例

表 B.1　5/2 单稳态阀切换时间测试数据和结果报告

气路 （符合 ISO 11727）	每次测试的 切换时间数据	平均切换时间	报告的切换时间	
			各个气路	整个阀
信号接通，气口 1 到气口 4 充气	31 ms	32 ms	32 ms	35 ms±4 ms
	32 ms			
	33 ms			
信号接通，气口 2 到气口 3 排气	37 ms	38 ms	38 ms	
	38 ms			
	39 ms			
信号断开，气口 1 到气口 2 充气	33 ms	34 ms	34 ms	
	34 ms			
	35 ms			
信号断开，气口 4 到气口 5 排气	35 ms	36 ms	36 ms	
	36 ms			
	37 ms			

ICS 23.100.60
J 20

中华人民共和国国家标准

GB/T 22108.1—2008/ISO 5782-1:1997

气动压缩空气过滤器 第1部分:商务文件中包含的主要特性和产品标识要求

Pneumatic fluid power—Compressed air filters—Part 1:Main characteristics to be included in supplier's literature and product-marking requirements

(ISO 5782-1:1997,IDT)

2008-06-25 发布 2009-01-01 实施

中华人民共和国国家质量监督检验检疫总局
中国国家标准化管理委员会 发布

前　言

GB/T 22108 在《气动压缩空气过滤器》的总标题下，包括以下部分：

——第 1 部分：商务文件中包含的主要特性和产品标识要求；

——第 2 部分：评定商务文件中包含的主要特性的测试方法。

本部分是 GB/T 22108 的第 1 部分。

本部分等同采用 ISO 5782-1:1997《气压传动　压缩空气过滤器　第 1 部分：商务文件中包含的主要特性及产品标识要求》(英文版)。

本部分等同翻译 ISO 5782-1:1997。为便于使用，本部分做了下列编辑性修改：

——在“2　规范性引用文件”中以被引用部分技术内容与相应国际标准一致的国家标准替代国际标准。

本标准自实施之日起，JB/T 7374—1994《气动空气过滤器　技术条件》作废。

本部分由中国机械工业联合会提出。

本部分由全国液压气动标准化技术委员会(SAC/TC3)归口。

本部分起草单位：威海博胜气动液压有限公司、上海大学机电学院、SMC(中国)有限公司。

本部分主要起草人：张志清、王庆、邢科礼、徐炳辉、蔡茂林。

引　　言

在气动系统中,动力是通过闭合回路中压缩空气来传递和控制的。当要求对压缩空气进行机械过滤时,压缩空气过滤器是为了除去固体和液体污染物而设计的元件。

气动压缩空气过滤器
第1部分：商务文件中包含的
主要特性和产品标识要求

1 范围

GB/T 22108 的本部分规定了在商务文件中包含的气动压缩空气过滤器的主要特性和产品标识要求。

GB/T 22108 的本部分适用于用轻合金（铝等）、压铸锌合金、黄铜、钢和塑料制造的气动压缩空气过滤器。其额定压力在 1.6 MPa 以下、最高温度为 80℃，采用机械方法除去压缩空气中的固体和液体污染物。

2 规范性引用文件

下列文件中的条款通过 GB/T 22108 的本部分的引用而成为本部分的条款。凡是注日期的引用文件，其随后所有的修改单（不包括勘误的内容）或修订版均不适用于本部分，然而，鼓励根据本部分达成协议的各方研究是否可使用这些文件的最新版本。凡是不注日期的引用文件，其最新版本适用于本部分。

GB/T 2346—2003 流体传动系统及元件 公称压力系列（ISO 2944：2000，MOD）

GB/T 17446—1998 流体传动系统及元件 术语（idt ISO 5598：1985）

GB/T 22108.2—2008 气动压缩空气过滤器 第2部分：评定商务文件中包含的主要特性的测试方法（ISO 5782-2：1997，IDT）

3 术语和定义

GB/T 17446 确立的以及下列术语适用于 GB/T 22108 的本部分。

3.1

额定压力 rated pressure

通过测试确认的压力值，设计气动元件或管路时能在该压力下重复运行足够次数以确保适当的工作寿命。

4 技术要求

涉及气动压缩空气过滤器的说明文件包括下列特性。

4.1 一般性能

4.1.1 外形尺寸

图1所表示的外形尺寸的单位为毫米（mm）。关于气口的尺寸见 4.1.2。

4.1.2 气口型式

用非密封管螺纹时按 GB/T 7307 选择；用密封管螺纹时按 GB/T 7306.1 和 GB/T 7306.2 选择。

用法兰安装的设计，其连接的界面可以是平面接口和沉孔以容纳O形密封圈。

某些特殊应用和连接也可以采用其他气口型式。

4.1.3 额定压力

气动压缩空气过滤器依据其额定压力加以分类，额定压力按 GB/T 2346—2003 选择。

额定压力按 GB/T 22108.2—2008 中 6 规定的测试程序进行校验。

4.1.4 工作温度范围

4.1.4.1 规定一个温度范围，使气动压缩空气过滤器的材料在这个温度范围内使用时不受损害。

4.1.4.2 特定结构设计需要在不同工作条件下工作时，应说明各自的最大工作压力和温度。

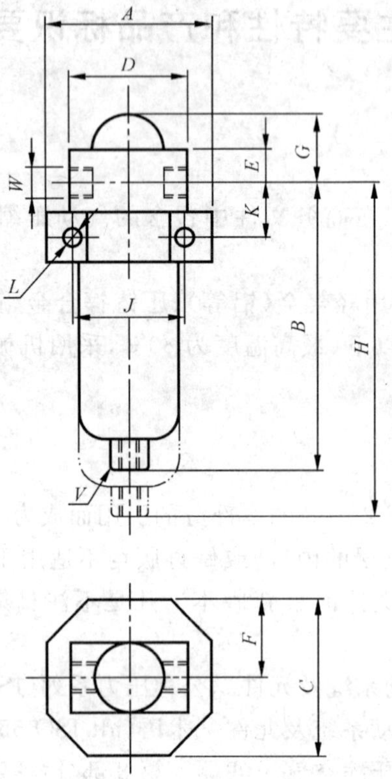

A——最大总宽度；

B——气口中心线以下的总安装高度；

C——最大总厚度，(不包括压力表)；

D——压缩空气输入、输出接口平面之间的距离；

E——孔口中心线以上的最大高度(除去任选的压降指示表)；

F[a]——自气口中心线起的最大安装距离；

G——任选的压降指示表；

H——自气口中心线至可拆卸点的最小间距；

J[b]——两安装孔的间距；

K[b]——气口中心线与安装孔的间距；

L[b]——安装孔或推荐的安装螺栓的最小直径；

V——排放口说明；

W——气口说明。

a 使用托架时提供。

b 尺寸 J、K 和 L 仅在规定托架安装时注明。

图 1 气动压缩空气过滤器的尺寸

4.2 特殊要求

供应商提供的资料应有助于用户选择最适合特定应用的气动压缩空气过滤器。

4.2.1 压力降-流量特性

对每个通径、过滤元件类型(清洁和干燥的)和储液杯尺寸，按 GB/T 22108.2—2008 中第 7 章，在三种不同进口压力情况下，即 250 kPa、630 kPa、1 000 kPa 或不同于 1 000 kPa 的额定压力下测试压降和流量关系。在其他的进口压力下，例如按 GB/T 2346—2003 或别的压力下，也可以记录其压降。测试结果应用图或表格表示。图 2 和表 1 为典型实例。

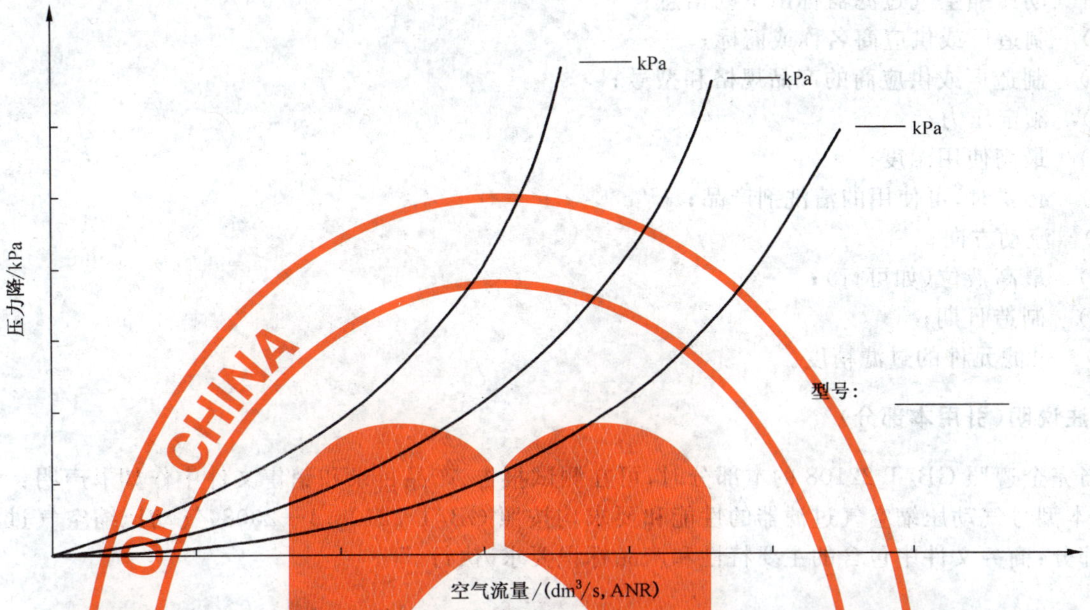

图 2 气动压缩空气过滤器特性

4.2.2 储液杯容量

对每一种过滤器的储液杯，其容量按照 GB/T 22108.2—2008 中第 8 章进行测量。其结果与过滤器的其他文字说明一起发表。

4.2.3 排水装置

说明排水方式(手动、自动或其他)。

表 1 当压力降等于进口压力 5% 时的空气流量

气动压缩空气过滤器型号__________

进口压力/kPa	通径						
	空气流量/(dm³/s,ANR)						
250							
630							
1 000[a]							

a 或与 1 000 kPa 不等的其他额定压力。

4.2.4 结构材料

列出结构件的常用材料名称(例如壳体、弹簧罩、底部旋塞和内部零件、橡塑件、储液杯)。

5 操作和维护

提供有关应用、操作、检查和维护的资料，包括：

a) 提供过滤元件需更换时的压降值以避免故障；

b) 用以清洗过滤元件的备品(例如：工具、元件、容器等)；

c) 若用于低温，应提供最低使用温度和注意冷凝水的冻结等事项；

d) 操作排水机构的最低压力。

6 标识

对气动压缩空气过滤器标出下列信息：

a) 制造厂或供应商名称或商标；

b) 制造厂或供应商的产品规格和型号；

c) 额定压力；

d) 最高使用温度；

e) 必要时，可使用的清洗剂产品；

f) 流动方向；

g) 最高液位(如可行)；

h) 制造日期；

i) 过滤元件的过滤精度。

7 标注说明(引用本部分)

当完全遵照 GB/T 22108 的本部分时，可在测试报告、产品目录和销售文件中作如下声明：

“本型号气动压缩空气过滤器的性能和要求均按照 GB/T 22108.1—2008《气动压缩空气过滤器 第1部分：商务文件中包含的主要特性和产品标识要求》执行。”

参 考 文 献

[1] GB/T 7306.1—2000 55°密封管螺纹 第1部分:圆柱内螺纹与圆锥外螺纹(eqv ISO 7-1:1994)

[2] GB/T 7306.2—2000 55°密封管螺纹 第2部分:圆锥内螺纹与圆锥外螺纹(eqv ISO 7-1:1994)

[3] GB/T 7307 55°非密封管螺纹(GB/T 7307—2001,eqv ISO 228-1:1994)

ICS 23.100.60
J 20

中华人民共和国国家标准

GB/T 22108.2—2008/ISO 5782-2:1997

气动压缩空气过滤器 第2部分:评定商务文件中包含的主要特性的测试方法

Pneumatic fluid power—Compressed air filters—Part 2: Test methods to determine the main characteristics to be included in supplier's literature

(ISO 5782-2:1997,IDT)

2008-06-25 发布　　2009-01-01 实施

中华人民共和国国家质量监督检验检疫总局
中国国家标准化管理委员会　发布

前　言

GB/T 22108 在《气动压缩空气过滤器》的总标题下，包括以下部分：

——第 1 部分：商务文件中包含的主要特性和产品标识要求；

——第 2 部分：评定商务文件中包含的主要特性的测试方法。

本部分是 GB/T 22108 的第 2 部分。

本部分等同采用 ISO 5782-2:1997《气压传动　压缩空气过滤器　第 2 部分：评定商务文件中包含的主要特性的试验方法》(英文版)。

本部分等同翻译 ISO 5782-2:1997，为便于使用，本部分做了下列编辑性修改：

——在"规范性引用文件"中以被引用部分技术内容与相应国际标准一致的国家标准替代国际标准。

本标准自实施之日起，JB/T 7374—1994《气动空气过滤器　技术条件》作废。

本部分由中国机械工业联合会提出。

本部分由全国液压气动标准化技术委员会(SAC/TC 3)归口。

本部分起草单位：威海博胜气动液压有限公司、上海大学机电学院、SMC(中国)有限公司。

本部分主要起草人：张志清、王庆、邢科礼、徐炳辉、蔡茂林。

引　　言

在气动系统中,动力是通过闭合回路中压缩空气来传递和控制的。当要求对压缩空气进行机械过滤时,压缩空气过滤器是为了除去固体和液体污染物而设计的元件。

气动压缩空气过滤器
第2部分:评定商务文件中包含的主要特性的测试方法

1 范围

GB/T 22108 的本部分规定了按 GB/T 22108.1 气动压缩空气过滤器在商务文件中包含的主要特性进行测试的测试项目、测试装置、测试程序以及测试结果报告的方法。

本部分的目的是:

——将测试方法和测试数据表达方式标准化,从而使气动压缩空气过滤器的性能对比简单明了;

——有助于在气动系统中对气动压缩过滤器的合理使用。

本部分规定的测试项目,是为了在不同类型的气动压缩空气过滤器之间进行对比,而并非针对每件制造的过滤器都进行生产性检验。

2 规范性引用文件

下列文件中的条款通过 GB/T 22108 的本部分的引用而成为本部分的条款。凡是注日期的引用文件,其随后所有的修改单(不包括勘误的内容)或修订版均不适用于本部分,然而,鼓励根据本部分达成协议的各方研究是否可使用这些文件的最新版本。凡是不注日期的引用文件,其最新版本适用于本部分。

GB/T 321—2005 优先数和优先数系(ISO 3:1973,IDT)

GB/T 2346—2003 流体传动系统及元件 公称压力系列(ISO 2944:2000,MOD)

GB/T 3141—1994 工业用液体润滑剂 ISO 粘度分类(eqv ISO 3448:1992)

GB/T 17446—1998 流体传动系统及元件 术语(idt ISO 5598:1985)

GB/T 22108.1—2008 气动压缩空气过滤器 第1部分:商务文件中包含的主要特性和产品标识要求(ISO 5782-1:1997,IDT)

ISO 6358 气压传动 可压缩流体的元件 流量特性的测定

3 术语和定义

在 GB/T 17446 中和 GB/T 22108.1 中给出的术语和定义适用于 GB/T 22108 的本部分。

4 单位

在气动系统中,通常采用 GB 3100 的单位,它们是:

表压力用 kPa 表示;

温度用摄氏度(℃)表示;

流量用立方分米每秒(dm^3/s,ANR)表示。

5 测试条件

5.1 温度

对所有的测试,工作介质、设备和周围环境温度均应维持在25℃±10℃范围内。

5.2 压力

规定压力的相对变化保持在±2% 以内。推荐的测试压力是 GB/T 22108.1—2008 中 4.2.1 规定的数值；或由 GB/T 2346—2003 确定的系列中选取。在要求其他测试压力的场合，压力值按 GB/T 321—2005 从优先数值 R5 系列中选取。

6 验证额定压力的测试程序

6.1 对 3 件随机样品实施此项测试。

6.2 在本测试中，可以改进密封手段以防止泄漏，并且允许密封件发生结构性破坏。但任何改进措施不得增加承压容器的结构强度。

6.3 按照 GB/T 3141—1994 用不超出 ISO VG32 的液体注满这些样品，并将它们安装在 5.1 所规定的环境温度中。

6.4 在温度稳定后，缓慢加压至设定额定压力的 1.5 倍水平，保压 2 min，观察泄漏或破坏(按 6.6 中规定)。

6.5 如果未出现泄漏或破损，再增加其设定额定压力的一半左右，保压 2 min，并观察泄漏或破坏(按 6.6 中规定)。

如果仍未出现泄漏或破坏，则按下列不同材质分别处理：

a) 轻合金、黄铜和钢结构的产品，按上述规定继续升压，直至达到设定额定压力 4 倍的水平。

b) 压铸锌合金或塑料结构的产品，

——工作温度不超过 50℃，按上述规定继续升压，直至达到额定压力 4 倍的水平；

——工作温度在 50℃～80℃之间，按上述规定继续升压，直至达到设定压力 5 倍的水平。

6.6 破坏的标准是断裂、部件分离或达到有足够液体渗出压力容器以至湿润外表面的程度。气口螺纹的泄漏并不构成破坏，除非因断裂或裂缝造成泄漏。

6.7 如果 3 个样品全部通过各自的测试项目，则设定的额定压力得到验证。

6.8 当元件中有部件或附件(如：存水杯、视孔玻璃)用不同的材料制造时，其验证宜适当提高压力倍数。适用的压力可能受限于不同材料之间的界面区域。

6.9 在市场内，当受压外壳的设计要求遵守压力容器法规的场合，则法规的要求优先于 GB/T 22108 中本部分规定的要求。

7 流量测试

7.1 试验回路应完全遵照 ISO 6358 中所规定的要求。

7.2 测压管应完全遵照 ISO 6358 中所规定的要求。

7.3 在规定条件下每当达到稳态时，立即记录测试结果。进行记录应仔细，并且以足够缓慢的周期变换工况，以避免在稳态特性中出现漂移。应进行定期检查以确认测量仪器的压力摄取数值未受到固体或液体微粒的影响。

7.4 设定进口压力为 250 kPa，630 kPa，1 000 kPa 或不同于 1 000 kPa 的适当压力。在流量测试过程中，调整进口压力以保持为设定值。

7.5 在测试回路中接通压缩空气，记录流量和压力降，直至达到对应的压力降略小于 80 kPa 或等于 20%进口压力的最大流量为止。

7.6 数据结果按 GB/T 22108.1—2008 中 4.2.1 的图 2 描绘，并记录过滤器的气口尺寸和型号。或按照表 1，用表格列出压力降为进口压力 5%时的流量。

8 储液杯容量测定

8.1 本测试方法适用于确定手动排水式过滤器的储液杯容量，也适用于半自动排水式。

8.2 对每种过滤器储液杯尺寸从其一批过滤器产品中随机抽出 3 件作为试样。

8.3 当装配好的过滤器关闭排水阀后，将所需液体注入杯中直至触及挡水板末端时，测得流体总量，若不设挡水板，当液体注到容许的最高液面标记时，精确测定容量，该标记在杯上划线标明。

8.4 求出每组 3 件试样的平均值。此值即是对某一给定尺寸存储液杯或组合件的额定容量。

参 考 文 献

[1] GB 3100—1993 国际单位制及其应用(eqv ISO 1000:1992)

ICS 67.140.10
X 55

中华人民共和国国家标准

GB/T 22109—2008

地理标志产品　政和白茶

Product of geographical indication—Zhenghe white tea

2008-06-25 发布　　　　2008-10-01 实施

中华人民共和国国家质量监督检验检疫总局
中国国家标准化管理委员会　发布

前言

本标准根据国家质量监督检验检疫总局颁布的2005第78号令《地理标志产品保护规定》及GB 17924—1999《原产地域产品通用要求》制定。

本标准的附录A为规范性附录,附录B和附录C为资料性附录。

本标准由全国原产地域产品标准化工作组提出并归口。

本标准起草单位:福建省政和县质量技术监督局、福建省技术监督情报研究所、政和县茶叶总站、政和县生产力促进中心、福建省政和科技示范茶场、福建省政和瑞茗茶业有限公司。

本标准主要起草人:梁廉健、陈明生、林臻毅、周师清、许大全、叶乃兴、吴邦顺、高清火、刘乾刚、张见明。

地理标志产品　政和白茶

1　范围

本标准规定了政和白茶的地理标志产品保护范围、术语和定义、分类、要求、试验方法、检验规则、标志、标签、包装、运输和贮存。

本标准适用于国家质量监督检验检疫行政主管部门根据《地理标志产品保护规定》批准保护的政和白茶。

2　规范性引用文件

下列文件中的条款通过本标准的引用而成为本标准的条款。凡是注日期的引用文件，其随后所有的修改单(不包括勘误的内容)或修订版均不适用于本标准，然而，鼓励根据本标准达成协议的各方研究是否可使用这些文件的最新版本。凡是不注日期的引用文件，其最新版本适用于本标准。

GB/T 191　包装储运图示标志

GB/T 5009.12　食品中铅的测定

GB/T 5009.19　食品中六六六、滴滴涕残留量的测定

GB/T 5009.20　食品中有机磷农药残留量的测定

GB/T 5009.103　植物性食品中甲胺磷和乙酰甲胺磷农药残留量的测定

GB/T 5009.146　植物性食品中有机氯和拟除虫菊酯类农药多种残留的测定

GB/T 5009.176　茶叶、水果、食用植物油中三氯杀螨醇残留量的测定

GB 7718　预包装食品标签通则

GB/T 8302　茶　取样

GB/T 8304　茶　水分测定(GB/T 8304—2002,eqv ISO 1573:1980)

GB/T 8305　茶　水浸出物测定(GB/T 8305—2002,eqv ISO 9768:1994)

GB/T 8306　茶　总灰分测定(GB/T 8306—2002,eqv ISO 1575:1987)

GB/T 8311　茶　粉末和碎茶含量测定

GB/T 8321.1～8321.6　农药合理使用准则

GB 14881　食品企业通用卫生规范

NY/T 787　茶叶感官审评通用方法

SB/T 10035　茶叶销售包装通用技术条件

国家质量监督检验检疫总局令[2005]第75号《定量包装商品计量监督管理办法》

3　地理标志产品保护范围

政和白茶地理标志产品保护范围限于国家质量监督检验检疫行政主管部门根据《地理标志产品保护规定》批准的范围，即福建省政和县管辖的行政区域内，见附录A。

4　术语和定义

下列术语和定义适用于本标准。

4.1

政和白茶 Zhenghe white tea

在地理标志产品保护范围内的自然生态环境条件下，选用适制白茶的茶树品种的鲜叶为原料，按照不杀青、不揉捻的独特加工工艺制作而成，具有清鲜、纯爽、毫香品质特征的白茶。

5 产品分类

政和白茶分为：白毫银针、白牡丹。

6 要求

6.1 自然环境

6.1.1 地理特征

政和县地形地貌属东南沿海丘陵区，呈东高西低走势，由东北向西南倾斜。境内多山，政和白茶种植区主要分布在海拔 200 m～800 m 地带。

政和县境内溪流密布，纵横交错，溪流密度为 0.25 km/km^2，年平均径流量 19.8 亿 m^3。

6.1.2 气候特征

属中亚热带季风湿润气候区，具有干湿季分明，雨热同步季风气候特点。年平均气温为 18.9 ℃，年平均无霜期 282 d，年平均降雨量 1 600 mm～2 000 mm 之间，年平均日照时数 1 952 h。

6.1.3 土壤与植被

土壤分布呈明显的地域性分布，红壤占 73.4%，土壤剖面发育完整，土层深厚，大都在 1 m 以上。土壤有机质平均含量 4.44%，pH 值在 5.4～6.2。政和县植被属中亚热带常绿阔叶林地带性植被，全县有林地 12.79 万 hm^2，森林覆盖率 71.7%。

6.2 政和白茶茶树品种

政和大白茶、福安大白茶等适制政和白茶的茶树品种。

6.3 栽培技术

栽培技术参见附录 B。

6.4 加工工艺

加工环境应符合 GB 14881 的规定。加工技术参见附录 C。

6.5 成品茶质量

6.5.1 感官品质

6.5.1.1 茶叶品质正常，无异味、无霉变、无劣变、不着色，不添加任何添加剂，不含非茶类夹杂物。

6.5.1.2 白毫银针感官指标应符合表 1 的规定。

表 1 白毫银针感官指标

项目	外形				内质			
	嫩度	色泽	形态	净度	香气	滋味	汤色	叶底
感官指标	毫芽肥壮	毫芽银白或灰白	单芽肥壮，满披茸毛	净	鲜嫩清纯，毫香明显	清鲜纯爽，毫味显	浅杏黄，清澈明亮	全芽，肥嫩，明亮

6.5.1.3 白牡丹感官指标应符合表 2 的规定。

表 2　白牡丹感官指标

项目		级　别		
		特级	一级	二级
外形	嫩度	芽肥壮,毫显	毫芽显,叶张匀嫩	有毫芽,叶张尚嫩
	色泽	毫芽银白,叶面灰绿,叶背有白茸毛,灰绿透银白色	毫芽银白,叶面灰绿或暗绿,部分叶背有茸毛,有嫩绿片	叶面暗绿,稍带少量黄绿叶或暗褐叶
	形态	叶抱芽,芽叶连枝,匀整,叶缘垂卷	芽叶连枝,尚匀整,有破张,叶缘垂卷	部分芽叶连枝,破张稍多
	净度	无蜡叶和老梗,净	无蜡叶和老梗,较净	无蜡叶和老梗,有少量嫩绿片和轻片
内质	香气	鲜嫩清纯,毫香明显	清鲜,有毫香	尚清鲜,略有毫香
	滋味	清鲜纯爽,毫味显	尚清鲜、有毫味	醇和
	汤色	浅杏黄,明亮	黄,明亮	黄,尚亮
	叶底	毫芽肥壮,叶张嫩,叶芽连枝,色淡绿,叶梗、叶脉微红,叶底明亮	毫芽稍多,叶张嫩,尚完整,叶脉微红,叶底尚明亮	稍有毫芽,叶张尚软,叶脉稍红,有破张

6.5.2　理化指标

政和白茶理化指标应符合表 3 的规定。

表 3　理化指标

项　目		指　标
水分/%	≤	7.0
碎茶/%	≤	10.0
粉末/%	≤	1.5
灰分/%	≤	7.0
水浸出物/%	≥	32.0

6.5.3　质量安全指标

政和白茶质量安全指标应符合表 4 的规定。

表 4　质量安全指标

项　目		指　标
铅(以 Pb 计)/(mg/kg)	≤	5.0
氰戊菊酯/(mg/kg)	≤	0.1
联苯菊酯/(mg/kg)	≤	5.0
氯氰菊酯(mg/kg)	≤	0.5
溴氰菊酯/(mg/kg)	≤	5.0
三氯杀螨醇/(mg/kg)	≤	0.1
乐果/(mg/kg)	≤	1.0
敌敌畏/(mg/kg)	≤	0.1
滴滴涕/(mg/kg)	≤	0.2
杀螟硫磷/(mg/kg)	≤	0.5
喹硫磷/(mg/kg)	≤	0.2
乙酰甲胺磷/(mg/kg)	≤	0.1
稀土总量/(mg/kg)	≤	2.0

6.5.4 净含量允差

单件定量包装茶叶的净含量允差应符合国家质量监督检验检疫总局令[2005]第75号《定量包装商品计量监督管理办法》的规定。

7 试验方法

7.1 感官指标

按NY/T 787规定执行。

7.2 理化指标

7.2.1 水分

按GB/T 8304规定执行。

7.2.2 碎茶、粉末

按GB/T 8311规定执行。

7.2.3 灰分

按GB/T 8306规定执行。

7.2.4 水浸出物

按GB/T 8305规定执行。

7.3 安全指标

7.3.1 铅

按GB/T 5009.12规定执行。

7.3.2 三氯杀螨醇

按GB/T 5009.176规定执行。

7.3.3 氰戊菊酯、联苯菊酯、氯氰聚酯和溴氰聚酯

按GB/T 5009.146规定执行。

7.3.4 乐果、敌敌畏、杀螟硫磷和喹硫磷

按GB/T 5009.20规定执行。

7.3.5 乙酰甲胺磷

按GB/T 5009.103规定执行。

7.3.6 滴滴涕

按GB/T 5009.19规定执行。

7.4 净含量

用感量为1.0 g的计量器具进行测定。

8 检验规则

8.1 组批与取样

抽样以“批”为单位，在生产和加工拼配过程中形成的独立数量的产品为一个批次，同批产品品质规格一致。

取样按GB/T 8302规定执行，应同时从取样点加倍抽取复检样。

8.2 检验分类

检验分为交收(出厂)检验和型式检验。

8.3 交收(出厂)检验

每批产品交收(出厂)前，生产单位应进行检验，经检验合格并附有合格证方可出厂和销售。交收检验项目为净含量、感官品质、水分和标签。

8.4 型式检验

型式检验的周期为一年，项目为本标准 6.5 规定的所有项目。有以下情形之一应进行型式检验：

a) 新产品投产时；

b) 原料、工艺、机具等有较大改变，可能影响产品质量时；

c) 人为或自然因素使生产发生较大变化时；

d) 国家质量监督机构提出型式检验要求时。

8.5 判定规则

8.5.1 感官品质、理化指标、质量安全指标和净含量的每个项目均符合本标准要求，则判定该批产品合格。

8.5.2 质量安全指标任一项目不符合本标准要求时，则判定该批不合格。

8.5.3 感官指标、理化指标和净含量任一项目首检不符合本标准要求时，可用复检样对不符合的项目进行复检。若复检结果符合本标准要求，则判定该批产品合格。若复检结果有任一项目不符合本标准要求，则判定该批产品不合格。

8.5.4 对检验结果有争议时，应依法选定检验机构，用复检样对所争议的项目进行复检，以复检结果为准。

9 标志、标签、包装、运输、贮存

9.1 标志、标签

9.1.1 标签应符合 GB 7718 的规定。

9.1.2 获得批准使用地理标志产品专用标志的企业，可以在其产品外包装上使用地理标志产品专用标志。

9.1.3 运输包装箱的图示标志应符合 GB/T 191 的规定。

9.2 包装

9.2.1 包装容器应清洁、干燥、无异味、无毒。

9.2.2 接触茶叶的包装材料应符合 SB/T 10035 的规定。

9.3 运输

运输时应轻装轻放，防潮，避免剧烈撞击、重压，严禁与有毒、有味的物品混装、混运。

9.4 贮存

贮存仓库应通风、干燥、卫生、阴凉、无阳光直射，防潮性能好，空气湿度不大于 70%，严禁与有毒、有异味(气)、潮湿、易生虫、易污染的物品混存。

附　录　A
（规范性附录）
政和白茶地理标志产品保护范围图

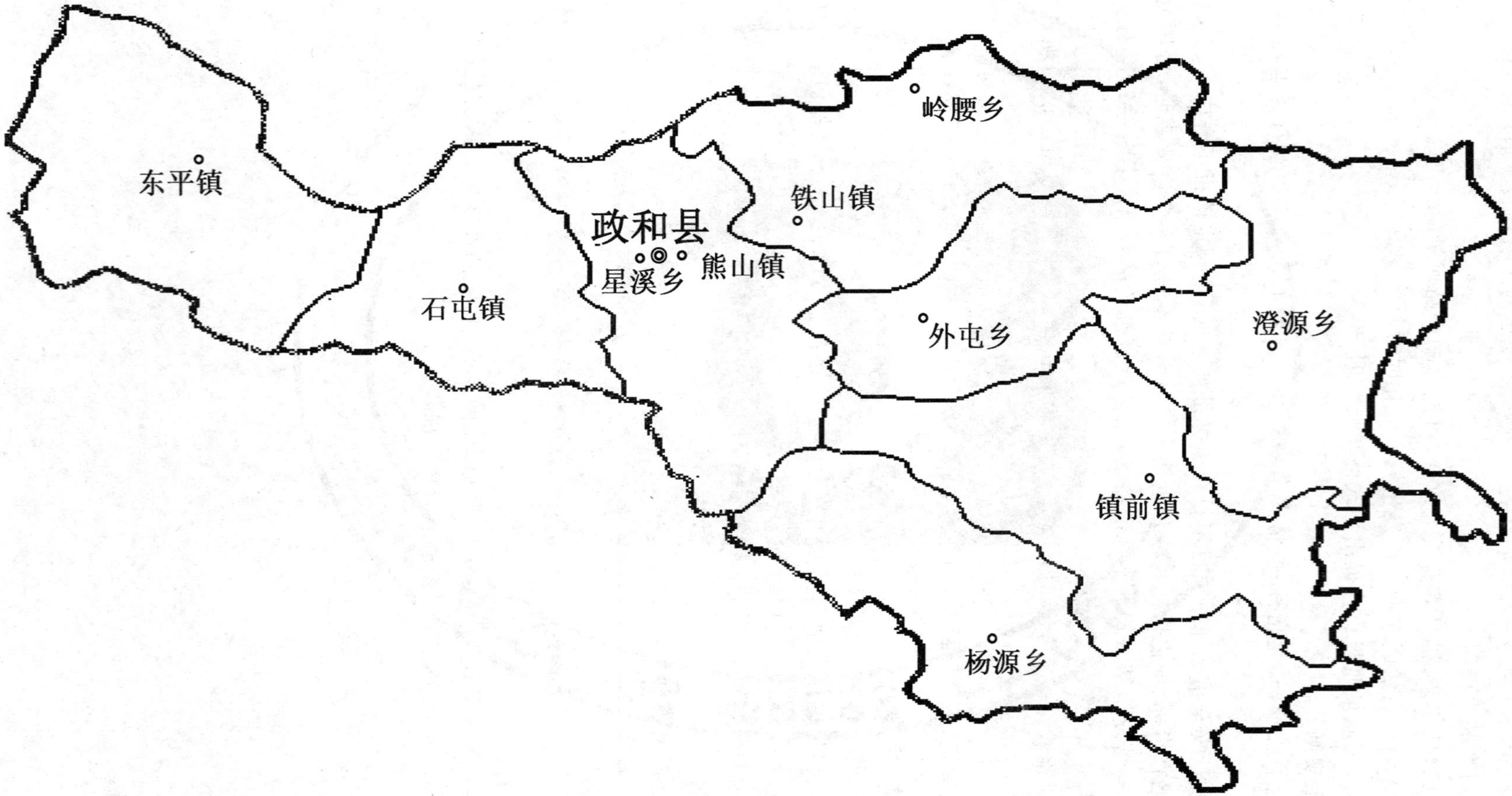

图 A.1　政和白茶地理标志产品保护范围图

附 录 B
（资料性附录）
政和白茶栽培技术规范

B.1 茶树品种

政和白茶采用的茶树品种有：政和大白茶、福安大白茶等适制政和白茶的茶树品种。

B.2 扦插育苗

茶树种苗采用扦插育苗。

B.2.1 选择母树

选择纯种、良种，生长健壮，树龄较年轻或重修剪，台刈更新复壮，无病虫害茶树。

B.2.2 母树与插枝培养

a) 修剪：夏留秋插，秋梢翌年春插。供秋插的青壮年或更新复壮母树，应在夏茶前修剪；冬插或翌年春插的，在秋茶前修剪；幼龄茶树以定型修剪替代。

b) 施肥：适当增施磷钾肥，在秋末冬初结合深翻每公顷施厩肥、土杂肥 30 t～37.5 t，过磷酸钙 375 kg～450 kg；修剪后萌芽前，施尿 120 kg～150 kg；留养前期用 7.5%～15%尿素溶液进行根外喷肥。

B.2.3 苗圃地选择和整理

a) 苗圃地选择：宜选择微酸性，地下水位应在 1 m 以下，排灌、交通方便，向阳避风的水田或农地。土壤要求结构疏松，保水、透水、通气良好。

b) 苗床规格：苗地经深翻平整后，做成宽 110 cm～120 cm，高 13 cm～16 cm，苗床长依地形而定，一般 10 m～15 m 为宜，床向东西，苗床间沟宽 45 cm～50 cm。苗地四周开排灌沟，苗床东西侧挖蓄水坑。

c) 下基肥：根据土壤肥力情况，一般每公顷施厩肥、堆肥 10 500 kg～15 000 kg 或发酵饼肥 11 500 kg 拌过磷酸钙 225 kg。

d) 铺盖培养土：苗床平整后，选用质地疏松，无草根、砂砾的红壤土，用孔径 1 cm 竹筛过筛后，取筛下土均匀铺于面上，用木板适当拍打紧实，厚约 4 cm～5 cm。床面应做成中稍高，边稍低的“馒头型”。

e) 搭盖遮荫棚：苗床两边每隔 1.5 m 打木桩，并在木桩上搭棚架，上盖遮荫网。

B.2.4 插穗选取

a) 插穗应选红棕色，半木质化，健壮，叶片完整，腋芽饱满，无病虫害枝梢。

b) 从母树上剪取插枝，最好在清晨进行。不同品种应分别剪取，去除劣种、异种和病虫枝梢。

c) 剪下枝条应及时剪取插穗，摊放阴凉避风处，随时喷水保持湿润，避免堆压、日晒、风吹和损伤。

B.2.5 扦插时间

9 月～12 月。霜冻期以及大雨天气不宜扦插。

B.2.6 扦插方法

a) 扦插前，先将苗床充分喷湿，待稍干后进行划行，行距根据品种叶片大小而定。以叶片互不重叠为宜，每公顷插 225 万株～300 万株。

b) 插穗长 5 cm 左右，两端剪口平行。

c) 插穗直插或斜插（60°）入土；叶片腋芽露出土面，边插边将插枝周旁表土稍加压实，使插枝与床土紧贴。插后即喷足水,遮荫。

B.2.7 苗圃管理

B.2.7.1 浇灌水

苗穗生根前,保持苗畦湿润状态,除阴雨天外,早晚各浇一次水。苗穗生根后,可隔日浇水一次或隔数日沟灌一次,沟灌掌握灌到畦高3/4,以苗畦湿透为宜。

B.2.7.2 追肥

插枝生根后第一次施肥时,以稀薄腐熟人粪尿掺水(1∶5)或尿素溶液(1∶300)施用。以后每1个～2个月追肥一次。

B.2.7.3 拔草摘蕾

苗床应及时除草,并随时注意摘除花蕾。

B.2.7.4 遮荫调节

扦插后遮荫应适度,即"见天不见日"。苗高10 cm以上时,选择阴雨天全部拆除遮荫棚。

B.2.8 出圃和运输

B.2.8.1 茶苗出圃

苗高达25 cm以上,在适宜栽植季节即可起苗出土。起苗前应灌水湿透苗床,小心挖出苗木,应多带土,勿伤根群。

掘起茶苗,去除劣株、异株、病虫株,并按生长好坏、大小分级,分别移栽。

B.2.8.2 运输

a) 茶苗分级整理后,每100株一小捆,500株一大捆。
b) 茶苗若太高,可将上部适当修剪,但留下高度不应低于18 cm。
c) 茶苗应分品种包装。挂牌标明品种、株数、苗龄、起苗时间、育苗单位等。
d) 茶苗应随装随运,尽量缩短途中时间,防止装车时因茶苗太多堆压,发热、损伤、风吹、日晒。

B.3 定植

B.3.1 栽植规格

种植行距约1.2 m,株距30 cm～40 cm,单行条栽或双行条栽。

B.3.2 栽植时间

秋栽10月份,春栽以2月至3月上旬为宜。

B.3.3 栽植方法

在适宜栽植季节,按不同品种行、株距要求,选择雨后土壤滋润天气栽植。茶苗栽入沟中应保持原来姿态,根系不得与肥料接触,先复以松土,随即将茶苗稍稍向上提起,以利根群舒展,然后再压实踩紧,最后覆一层松土。茶苗入土深度应比在苗圃时稍深些,同时保持种植沟低于行间土面10 cm～15 cm。栽后铺草覆盖。

B.4 栽培管理

B.4.1 茶园耕锄

中耕除草:每年进行三次,时间在2月～3月(春茶前),5月～6月(夏茶前),7月～8月(夏茶后),中耕深度7 cm～12 cm。

秋季深翻:深耕宜于9月～10月进行,深度要求30 cm左右。

B.4.2 施肥

a) 基肥一般施用迟效性肥料,以有机肥为主。
b) 追肥:通常结合茶园耕锄时进行,一般一年追肥2次～3次。第一次催芽肥在每年2月下旬至3月上旬施用,占全年施肥量50%左右,第二次5月中、下旬,施30%左右;第三次7月下旬至

8 月上旬，施 20%左右。

c) 施肥方法：在离茶树基部 15 cm～45 cm 处开条形沟，施化肥时，挖沟深 10 cm～15 cm，施有机肥时，挖沟深 20 cm～30 cm，施后盖土。

B.4.3 防旱

在伏旱出现前，可因地制宜，就地取材，用稻草、芦苇、绿肥、芒萁等铺于茶园行间。

B.5 病、虫害防治

B.5.1 防治病虫害

优先采用生物防治、物理防治；必要时选取高效、低毒、低残留农药，做到科学用药、适时用药、对症下药、适量用药、交替用药。

B.5.2 用药注意事项

使用农药应严格遵守 GB/T 8321.1～8321.6 的规定，不得使用国家明令禁止在茶树上使用的农药，应严格执行农药安全间隔期。

B.6 茶树修剪

B.6.1 幼龄茶树定型修剪

a) 幼龄茶树需经 3 次～4 次定型修剪，具体根据茶树品种、株高、肥管水平合理掌握。一般 1 年～2 年生足龄茶树，株高超过 30 cm，并有 1 个～2 个侧枝时，即可进行第一次修剪，定剪时剪口应平滑，以利伤口愈合。

b) 定剪时期以春茶萌芽前进行较适宜。若土壤肥力高，长势旺盛品种，亦可于夏茶后再次定剪。

c) 定剪后管理：每次定剪后，应加强肥培管理，防治病虫害，并注意留养。

B.6.2 茶树轻修剪

a) 修剪对象和方法：茶树定型修剪后，经过两年采摘，枝梢越来越细，育芽能力逐渐减弱时，采取平剪或略带弧形修剪，剪去鸡爪枝、病虫枝、细弱枝。

b) 修剪高度：一般是在上年采摘面上提高 3 cm～5 cm，保留春夏新梢部 1 节～2 节间。

c) 修剪时期：每年或隔年进行，以春茶萌发前二、三月份修剪为好。

B.6.3 茶树重修剪

茶树树势趋向衰老或未老先衰，分枝稀疏、枝条细弱、新梢萌发无力，对夹叶增多，产量逐步下降的，应在离地面 30 cm～45 cm 处进行剪除。时间安排在立春前或春茶后。

B.6.4 台刈

对茶树树势严重衰老，多枯枝、病虫枝、细弱枝，披生地衣、苔藓，芽叶稀少细弱，产量严重下降的，在离地 5 cm～10 cm 处进行台刈。

B.7 采摘

B.7.1 采摘时间

每年春、夏、秋各季采摘。春茶在春分至谷雨前后采摘，夏茶在小满至夏至采摘，秋茶在小暑至秋分采摘。

B.7.2 采摘条件

a) 春茶：新梢一芽二叶达到 10%～20%。

b) 夏、秋茶：肥壮单芽，一芽一、二叶，一芽二、三叶，即可开采。

B.7.3 采摘方法

分批勤采：根据新梢生长速度和产品品种对原料要求，春茶 3 d～5 d，夏茶和秋茶前期 5 d～7 d，秋茶后期8 d～10 d 采摘一批次，每轮采收 4 批～6 批次。

B.8 鲜叶质量

B.8.1 白毫银针鲜叶质量要求

B.8.1.1 壮年茶树新梢上的肥壮芽。

B.8.1.2 壮年大白茶一芽一叶，嫩芽连枝全采，然后“抽针”。

B.8.2 白牡丹鲜叶质量要求

白牡丹鲜叶质量要求见表B.1。

表B.1 白牡丹鲜叶质量等级

级别	芽叶组成	占总量/%	质量要求
一级	一芽一叶或一芽二叶初展	≥95	芽叶肥壮，青壮年茶第一轮茶
二级	一芽二叶	≥70	芽叶肥壮，青壮年茶第二轮茶

B.9 鲜叶归堆、验收

a) 扦样：每100 kg鲜叶各扦取上、中、下鲜叶2 kg，拌匀成混合样品，然后再从混合样品中用“切半”扦取1 kg作为定等的依据。

b) 鲜叶检验：取鲜叶样品0.5 kg按白牡丹鲜叶质量等级要求进行芽叶分析，按质量要求确定等级。

c) 鲜叶归堆：按等级归堆。

d) 对有红变、异味的鲜叶应严格分开，单独付制。

e) 鲜叶应及时付制，不积压。

B.10 鲜叶的运输与贮存

a) 鲜叶应使用清洁卫生、透气良好的篮篓进行盛装，不得挤压，不得与有异味、有毒物品混装。

b) 鲜叶运回初制厂前应存放在清净、阴凉、通风的地方。

c) 鲜叶采摘后应在4 h内运到初制厂内，运输过程中应避免日晒、雨淋，并注意保质、保鲜。

d) 鲜叶盛装、运输、贮存应轻放、轻翻。

附　录　C
（资料性附录）
加工工艺技术规范

C.1　白茶初制技术

C.1.1　白茶初制工艺流程

茶青→萎凋→烘焙→毛茶

C.1.2　萎凋

C.1.2.1　萎凋工具

C.1.2.1.1　水筛：系竹制，呈圆形，直径约 980 mm，边高约 25 mm。

C.1.2.1.2　萎凋帘：系竹片编制，呈长方形，长约 2 000 mm，宽约 900 mm。

C.1.2.1.3　晾青架：竹木构造，分 8 层～10 层。

C.1.2.2　摊晾场所

坐南朝北，空气流通，干燥清洁。应防止日光照射，同时防雨、防雾。加工厂应离开垃圾场、畜牧场、粪池 50 m 以上，离开交通主干道 20 m 以上。

C.1.2.3　加工人员

a）　加工人员每年应进行健康检查，取得健康证明后方能上岗。

b）　加工人员进入工作场所应洗手、更衣、换鞋、戴帽、消毒。

C.1.2.4　摊晾数量

水筛每筛摊晾鲜叶量 400 g～500 g；萎凋筛每筛摊晾鲜叶量 1 200 g～1 500 g。

C.1.2.5　开青

将摊晾鲜叶放在水筛上，用两手持水筛加速转动，使叶子均匀散开，摊叶要均匀。

C.1.2.6　萎凋步骤

C.1.2.6.1　萎凋方式

a）　自然萎凋：将开筛后萎凋叶放置于通风的晾青架上，静置于室内自然萎凋；在萎凋过程中，筛内萎凋叶不得翻动。

b）　复式萎凋：春茶在早晨或傍晚日照不强烈或天气变幻无常的情况下，可采用复式萎凋：将萎凋叶放置在阳光下日照。一般春茶前期每日日照可重复 2 次～4 次，每次日照不得超过半个小时。

c）　加温萎凋：在不能进行自然萎凋和复式萎凋的情况下，可采用加温萎凋：将春茶放在萎凋房内，用加温槽萎凋，风温达到 40 ℃～45 ℃，保持 16 h～20 h，同时进行通风降温排湿，直至茶叶水分降到 20%以下。

C.1.2.6.2　并筛

萎凋程度达到“6 成至 7 成干”，萎凋叶毫色发白，叶色由浅绿转向深绿或灰绿，芽尖和嫩梗呈“翘尾”，叶缘垂卷时即可并筛，2 筛并为 1 筛，在筛中堆厚 10 cm～15 cm，成“凹”形，并筛后仍放置于晾青架上继续萎凋，待 8 成干时再 2 筛并 1 筛。

C.1.2.6.3　萎凋时间

萎凋时间按表 C.1 规定进行。

表 C.1 萎凋时间

类别	温度/℃	相对湿度/%	含水量/%	历时/h	备　注
不正常天气	19	90	36	60	超过 60 h 下筛烘焙
晴天	20	85	14	60	萎凋时间以不超过 60 h,不低于 48 h 为宜
	23	85	14	54	
	27	70	14	48	

C.1.3　烘焙

C.1.3.1　操作程序

生火烧炉→开动鼓风机→调定转速→检查温度→进茶烘干→检查品质

C.1.3.2　烘焙温度平稳,变化量不超过 5 ℃,防止忽高忽低。

C.1.3.3　在连续低温高湿气候条件下,萎凋时间超过 60 h,萎凋叶含水量 35%左右时,萎凋叶立即进行烘焙,烘焙分两次进行。

C.1.3.4　烘干后毛茶水分含量掌握在 8%～9%,白毫银针在 8%以下。

C.1.4　白毛茶质量

C.1.4.1　感官指标

白毫银针、白牡丹毛茶感官指标应符合表 C.2 的规定。

表 C.2　白毫银针、白牡丹毛茶感官指标

项目		级别		
		特级	一级	二级
外形	嫩度	一芽一叶,毫心多而肥壮明显	一芽二叶展,稍肥壮	一芽二叶≥70%开展,有部分毫心但稍瘦
	色泽	叶面翠绿透银白色,匀润,叶背有白茸毛,毫心银白、灰白	叶面翠绿或灰绿,尚匀润,叶背有白茸毛,毫心银白、灰白	部分嫩叶灰绿或暗绿,少部分青绿,少量红张
	形态	芽叶连枝,叶态平伏伸展,叶缘垂卷;叶尖翘起,叶面纹隆起,不断碎	芽叶连枝,叶态平伏伸展,叶缘垂卷;叶尖起翘,叶面纹隆起	芽叶连枝,叶面摊展

C.1.4.2　理化指标

白毛茶理化指标应符合表 C.3 的规定。

表 C.3　白毛茶理化指标

项　目	指　标
水分/%	≤8.0
粉末/%	≤1.3
灰分/%	≤7.0

C.1.4.3　白毛茶等级评定

白毛茶等级评定以感官指标为依据。

C.2　白茶精制技术

C.2.1　毛茶定级、归堆、拼配、付制

C.2.1.1　定级:对进厂毛茶应进行全面品质评审,对照加工级别标准,确定加工级别。

C.2.1.2　归堆：在定级的基础上，把原料分成季节堆、品种堆，便于拼配选料掌握。

C.2.1.3　拼配：拼配的各批毛茶原料应全面评审，内外品质兼顾，以嫩度、色泽、形态为主，按不同季节毛茶分片拼堆。

C.2.1.4　付制：白茶付制按嫩度不同、色泽不同严格分开，以高、中、低级产品为序分别付制。

C.2.2　精制工艺

白毫银针、白牡丹精制工艺流程：毛茶→拣剔（手拣）→正茶→匀堆→烘焙→装箱

C.2.3　捡剔质量要求

a)　根据各级产品质量要求进行捡剔；

b)　茶叶捡出物：枯红片、红花片、老梗、蜡片、非茶类夹杂物。

C.2.4　拼配

a)　经品质鉴定的各堆号茶，应按级（批）、按堆、按号放置。注明标志后，每号扦取 500 g～1 000 g 小样待拼。

b)　以本批加工的各堆各筛号茶为主，结合其他批上升、下降后符合本批质量要求的各堆号、各筛号茶进行拼配。

c)　对按比例拼配的样品，先取 500 g 样品置烘干箱内，温度 120 ℃烘焙 15 min，然后再取 150 g 左右对照标准样，对各项品质因子的高、低或匀称进行调整，达到符合标准样后按比例拼堆；对于不能拼入本级的堆号茶待后处理。

C.2.5　匀堆

按半成品匀堆比例进行匀堆，数量大的堆号茶分两次错开进堆，做到各堆号茶的上、中段茶分散均匀一致。

C.2.6　烘焙

白茶装箱前应经过烘焙。烘焙温度掌握在 110 ℃～130 ℃，烘焙时间 10 min～15 min，茶层厚度 40 mm，连续烘干。

C.2.7　包装

白茶采用热装法，即匀堆茶随烘随装。装箱操作应轻，用“三倒三摇”法、分层抖动、压实。

ICS 67.050
X 04

中华人民共和国国家标准

GB/T 22110—2008

食品中反式脂肪酸的测定
气相色谱法

**Determination of trans fatty acids in foods—
Gas chromatographic method**

2008-06-25 发布　　2009-01-01 实施

中华人民共和国国家质量监督检验检疫总局
中国国家标准化管理委员会　发布

前言

本标准由全国食品工业标准化技术委员会提出并归口。

本标准起草单位：杭州市质量技术监督检测院、雀巢亚洲质量保证中心。

本标准主要起草人：芮昶、肖海龙、崔雪泓、李康、赵凯。

食品中反式脂肪酸的测定
气相色谱法

1 范围

本标准规定了用气相色谱法测定食品中反式脂肪酸的条件和详细分析步骤。

本标准适用于植物油和含植物油食品中反式脂肪酸含量的测定，不适用于动物油脂和含动物油脂食品中反式脂肪酸的测定。

本标准样品中反式脂肪酸最低检测限为0.05%（以脂肪计）。

2 规范性引用文件

下列文件中的条款通过本标准的引用而成为本标准的条款。凡是注日期的引用文件，其随后所有的修改单（不包括勘误的内容）或修订版均不适用于本标准，然而，鼓励根据本标准达成协议的各方研究是否可使用这些文件的最新版本。凡是不注日期的引用文件，其最新版本适用于本标准。

GB/T 5009.6—2003 食品中脂肪的测定

GB/T 6682 分析实验室用水规格和试验方法（GB/T 6682—1992，neq ISO 3696:1987）

3 方法提要

用有机溶剂提取食品中的植物油脂。提取物（植物油脂）在碱性条件下与甲醇进行酯交换反应，生成脂肪酸甲酯。采用气相色谱法分离顺式脂肪酸甲酯和反式脂肪酸甲酯。依据内标法定量反式脂肪酸。

食用植物油试样不经有机溶剂提取，直接进行酯交换。

4 试剂和溶液

4.1 除非另有说明，所有试剂均使用分析纯试剂；分析用水应符合GB/T 6682规定的二级水规格。

4.2 盐酸（ρ_{20}＝1.19）：优级纯。

4.3 无水乙醇。

4.4 乙醚。

4.5 石油醚（60 ℃～90 ℃）。

4.6 异辛烷：色谱纯。

4.7 一水合硫酸氢钠。

4.8 无水硫酸钠：约650 ℃灼烧4 h，降温后贮于干燥器内。

4.9 氢氧化钾-甲醇溶液（2 mol/L）：称取13.1 g氢氧化钾，溶于约80 mL甲醇中。冷却至室温，用甲醇定容至100 mL，加入约5 g无水硫酸钠（4.8），充分搅拌后过滤，保留滤液。

4.10 十三烷酸甲酯标准品：纯度不低于99%。

4.11 内标溶液：称取适量十三烷酸甲酯，用异辛烷（4.6）配制成浓度为1 mg/mL的溶液。

4.12 脂肪酸甲酯标准品：已知含量的十八烷酸甲酯、反-9-十八碳烯酸甲酯、顺-9-十八碳烯酸甲酯、反-9，12-十八碳二烯酸甲酯、顺-9，12-十八碳二烯酸甲酯、反-9，12，15-十八碳三烯酸甲酯、顺-9，12，15-十八碳三烯酸甲酯、二十烷酸甲酯、顺-11-二十碳烯酸甲酯。

注：外购的脂肪酸甲酯标准品有的是单一物质，有的是两种或多种混合物质；但其含量应是已知的。

4.13 脂肪酸甲酯混合标准溶液Ⅰ:称取适量脂肪酸甲酯标准品(精确到 0.1 mg)(4.12),用异辛烷配制成每种脂肪酸甲酯含量约为 0.02 mg/mL～0.1 mg/mL 的溶液。

4.14 脂肪酸甲酯混合标准溶液Ⅱ:称取适量十三烷酸甲酯(4.10)、反-9-十八碳烯酸甲酯、反-9,12-十八碳二烯酸甲酯、顺-9,12,15-十八碳三烯酸甲酯各 10 mg(精确到 0.1 mg)于 100 mL 的容量瓶中,用异辛烷(4.6)定容至刻度,混合均匀。

5 仪器和设备

5.1 分析天平:精度 0.1 mg。

5.2 气相色谱仪:配有氢火焰离子化检测器。

5.3 色谱柱:石英交联毛细管柱;固定液——高氰丙基取代的聚硅氧烷;柱长 100 m,内径 0.25 mm,涂膜厚度 0.2 μm;或性能相当的色谱柱。

5.4 粉碎机。

5.5 组织捣碎机。

6 试样的制备

6.1 含植物油食品的块状或颗粒状样品

取有代表性的样品至少 200 g,用粉碎机粉碎,或用研钵研细,置于密闭的玻璃容器内。

6.2 含植物油食品的粉末状、糊状或液体(包括植物油脂)样品

取有代表性的样品至少 200 g,充分混匀,置于密闭的玻璃容器内。

6.3 固液体样品

取有代表性的样品至少 200 g,用组织捣碎机捣碎,置于密闭的玻璃容器内。

7 分析步骤

7.1 含植物油食品试样脂肪的定量

称取含植物油的食品试样 2.00 g(固体)或 10.00 g(液体)(6.1～6.3),按 GB/T 5009.6—2003 的第二法测定脂肪含量。

7.2 含植物油食品试样脂肪的提取

称取含植物油食品试样 2.00 g(固体)或 10.00 g(液体)(6.1～6.3),置于 100 mL 试管内,加 8 mL 水。混合均匀后再加 10 mL 盐酸(4.2)。将大试管和内容物置于 60 ℃水浴中加热约 40 min～50 min。每隔 5 min～10 min 用玻璃棒搅拌一次,至试样消化完全。加入 10 mL 乙醇(4.3),混合均匀,冷却至室温。加入 25 mL 乙醚(4.4),振摇 1 min,再加入 25 mL 石油醚(4.5),振摇 1 min,静置分层。将有机溶液层转移到圆底烧瓶中,于 60 ℃下将有机溶剂(乙醚和石油醚)蒸发完毕,保留脂肪。

注:如果试样中脂肪含量较低,应按比例加大试样量和试剂量。

7.3 脂肪酸甲酯的制备

称取约 60 mg(精确到 0.1 mg)植物油或经 7.2 步骤提取的脂肪,置于 10 mL 具塞试管中,依次加入 0.5 mL 内标溶液(4.11)、4 mL 异辛烷(4.6)、0.2 mL 氢氧化钾-甲醇溶液(4.9),塞紧试管塞,剧烈振摇 1 min～2 min,至试管内混合溶液澄清。加入 1 g 一水合硫酸氢钠(4.7),剧烈振摇 0.5 min,静置,取上清液待测。

8 测定

8.1 色谱条件

色谱柱温度:60 ℃,5 min $\xrightarrow{5\ ℃/min}$ 165 ℃,1 min $\xrightarrow{2\ ℃/min}$ 225 ℃,17 min。

气化室温度:240 ℃。

检测器温度:250 ℃。

氢气流速:30 mL/min。

空气流速:300 mL/min。

载气:氦气,纯度大于 99.995%,流速 1.3 mL/min。

分流比:1∶30。

8.2 相对质量校正因子的确定

吸取 1 μL 脂肪酸甲酯混合标准溶液Ⅱ(4.14)注入气相色谱仪,在上述色谱条件下(8.1)确定十三烷酸甲酯、反-9-十八碳烯酸甲酯、反-9,12-十八碳二烯酸甲酯、顺-9,12,15-十八碳三烯酸甲酯各自色谱峰的位置和色谱峰面积。色谱图见图 1。

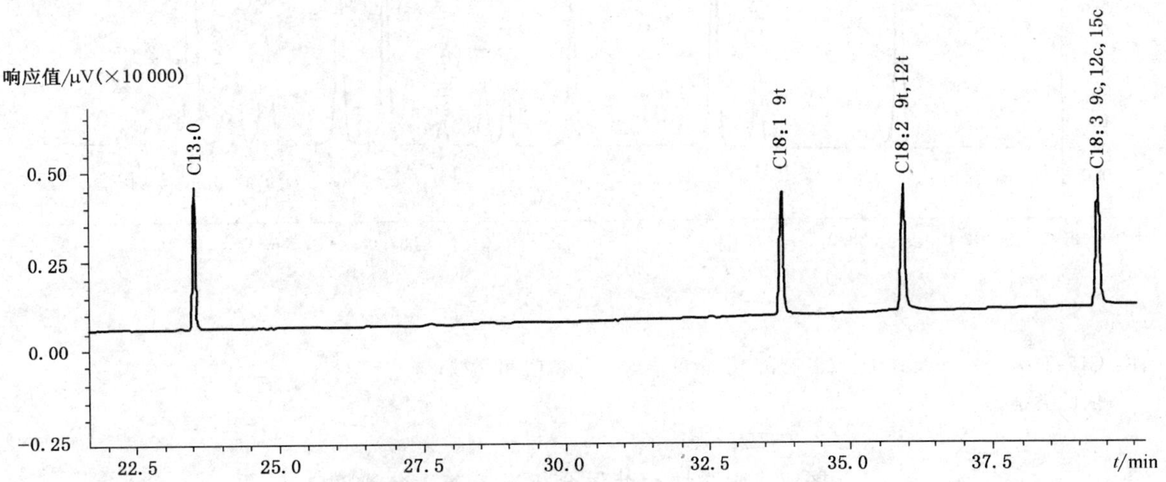

注:C18:2 9t,12t——反-9,顺-12-十八碳二烯酸;
依此类推。

图 1 脂肪酸甲酯混合标准溶液Ⅱ色谱图

反-9-十八碳烯酸甲酯、反-9,12-十八碳二烯酸甲酯、顺-9,12,15-十八碳三烯酸甲酯与十三烷酸甲酯相对应的质量校正因子(f_m)按式(1)计算。

$$f_m = \frac{m_j A_{st}}{m_{st} A_j} \quad \cdots\cdots(1)$$

式中:

m_j——脂肪酸甲酯混合标准溶液Ⅱ中反-9-十八碳烯酸甲酯、反-9,12-十八碳二烯酸甲酯或顺-9,12,15-十八碳三烯酸甲酯的质量,单位为毫克(mg);

A_{st}——十三烷酸甲酯的色谱峰面积;

m_{st}——脂肪酸甲酯混合标准溶液Ⅱ中十三烷酸甲酯的质量,单位为毫克(mg);

A_j——反-9-十八碳烯酸甲酯、反-9,12-十八碳二烯酸甲酯或顺-9,12,15-十八碳三烯酸甲酯的色谱峰面积。

注 1:相对质量校正因子至少一个月测定一次,或每次重新安装色谱柱后也应测定。

注 2:反式十八碳一烯酸甲酯、反式十八碳二烯酸甲酯、反式十八碳三烯酸甲酯的相对质量校正因子值分别对应于反-9-十八碳烯酸甲酯、反-9,12-十八碳二烯酸甲酯、顺-9,12,15-十八碳三烯酸甲酯的校正因子值。

8.3 反式脂肪酸甲酯色谱峰的判断

吸取 1 μL 脂肪酸甲酯混合标准溶液Ⅰ(4.13)注入气相色谱仪。在上述色谱条件下(8.1),反式十八碳一烯酸甲酯、反式十八碳二烯酸甲酯、反式十八碳三烯酸甲酯色谱峰的位置应符合图 2～图 4 所示。

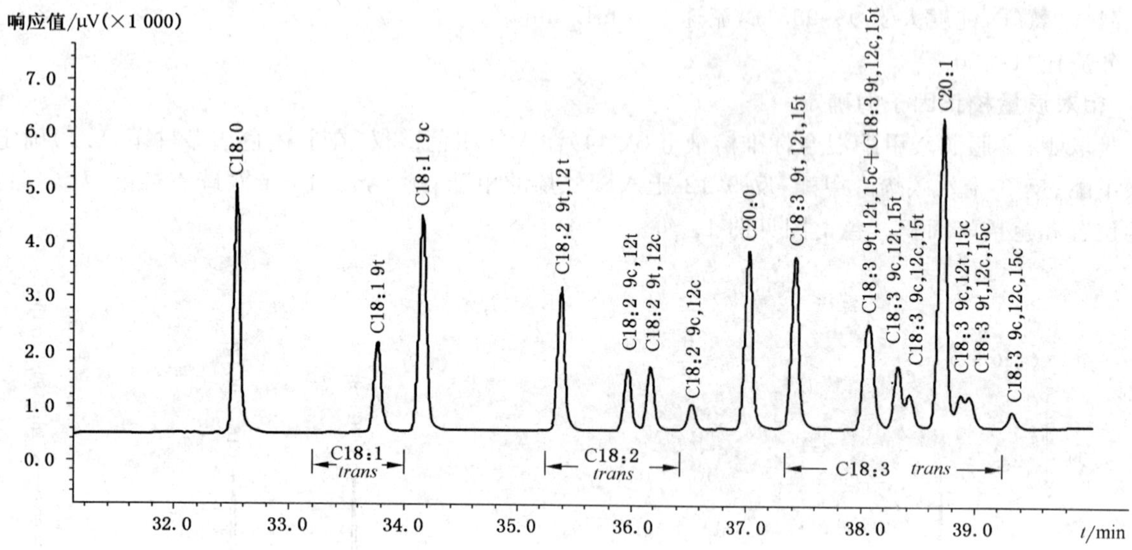

注：C18:1 *trans*——反式十八碳一烯酸甲酯色谱峰的保留时间区域；
依此类推。

图 2　脂肪酸甲酯混合标准溶液Ⅰ色谱图

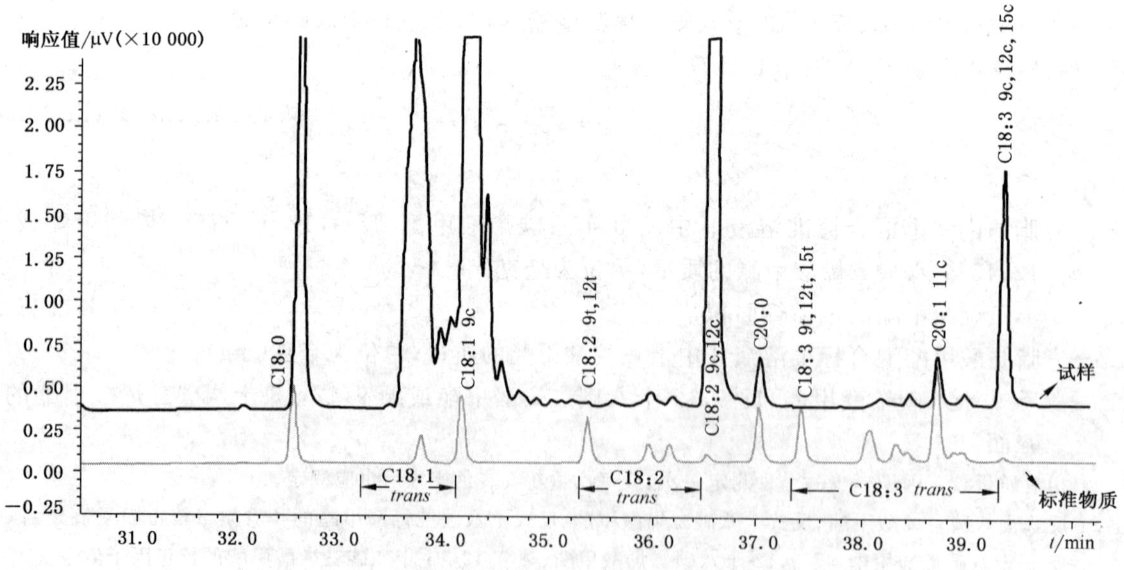

图 3　混合油脂脂肪酸甲酯色谱图

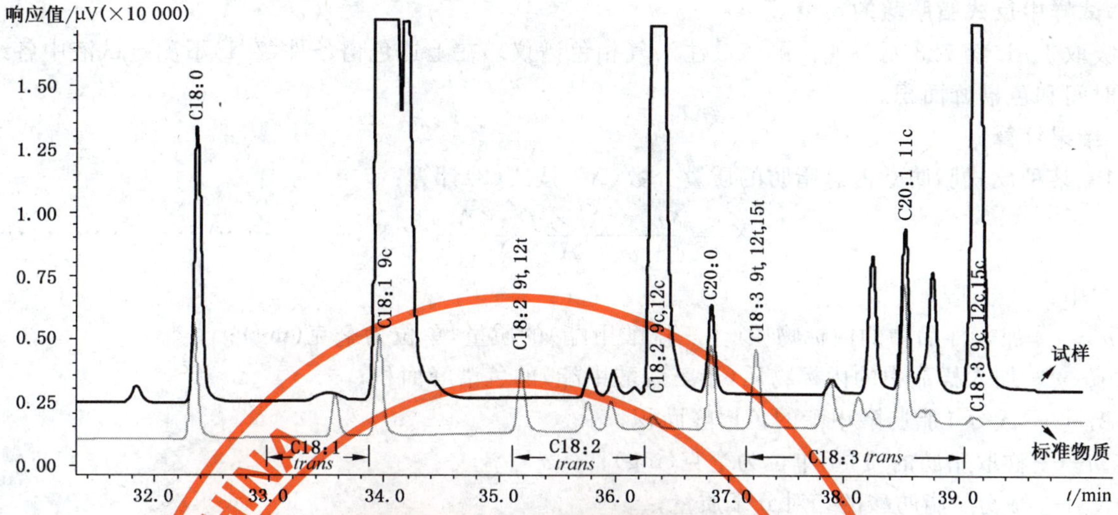

图 4 菜籽油脂肪酸甲酯色谱图

采用不同型号的色谱柱进行分离时，二十碳烷酸甲酯和二十碳一烯酸甲酯显示的色谱峰可能不在同一位置，辨别和计算反式脂肪酸时应排除这两种成分。如果二十碳烷酸甲酯、二十碳一烯酸甲酯含量较高且色谱峰与反式十八碳三烯酸甲酯色谱峰难以辨别时，可按以下色谱条件进行分离。

色谱柱：石英交联毛细管柱；固定液——70%氰丙基聚苯撑硅氧烷；柱长 50 m，内径 0.22 mm，涂膜厚度 0.25 μm；或性能相当的色谱柱。

升温程序：150 ℃ $\xrightarrow{3\ ℃/\min}$ 240 ℃，10 min。

气化室温度：240 ℃。

检测器温度：250 ℃。

氢气流速：30 mL/min。

空气流速：300 mL/min。

载气：氦气，纯度不低于 99.99%。

柱压：206.8 kPa。

分流比：1∶30。

反式十八碳三烯酸甲酯与二十碳烷酸甲酯、二十碳一烯酸甲酯色谱峰的位置应符合图 5 所示。

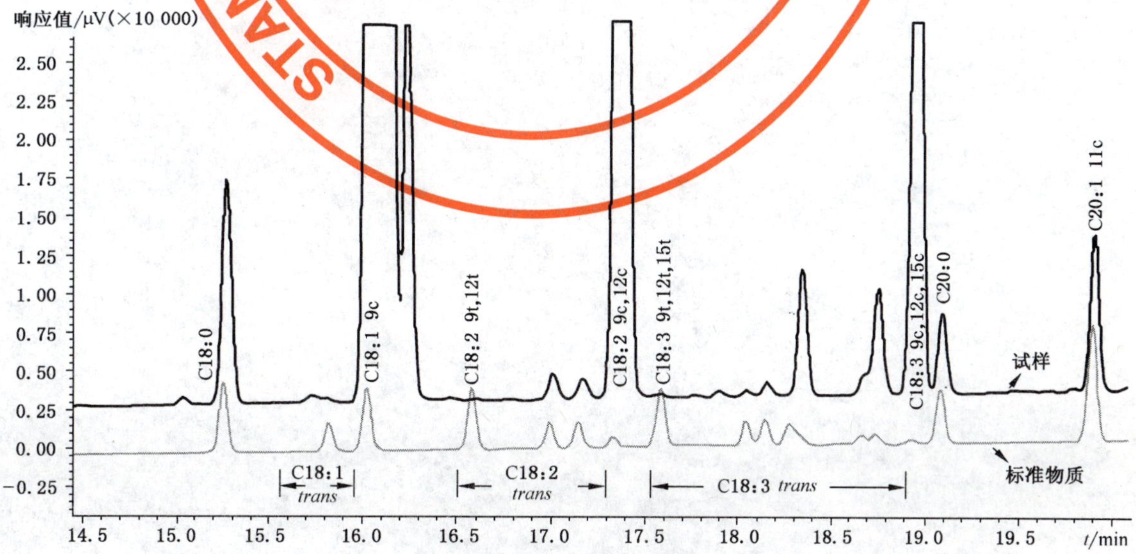

图 5 菜籽油脂肪酸甲酯色谱图

8.4 试样中反式脂肪酸的定量

吸取 1 μL 经 7.3 制备的待测试液注入气相色谱仪。在上述色谱条件(7.1)下测定试液中各组分的保留时间和色谱峰面积。

8.5 结果计算

8.5.1 某种反式脂肪酸占总脂肪的质量分数(X_i)按式(2)计算：

$$X_i = \frac{m_s \times A_i \times f_m \times M_{ai}}{m \times A_s \times M_{ei}} \times 100 \qquad \cdots\cdots(2)$$

式中：

m_s——加入样品中的内标物质(十三烷酸甲酯)的质量，单位为毫克(mg)；

A_s——加入样品中的内标物质(十三烷酸甲酯)的色谱峰面积；

A_i——成分 i 脂肪酸甲酯的色谱峰面积；

m——称取脂肪的质量，单位为毫克(mg)；

M_{ai}——成分 i 脂肪酸的相对分子质量；

M_{ei}——成分 i 脂肪酸甲酯的相对分子质量；

f_m——相对质量校正因子。

8.5.2 脂肪中反式脂肪酸的质量分数(X_t)，按式(3)计算：

$$X_t = \sum X_i \qquad \cdots\cdots(3)$$

8.5.3 食品中反式脂肪酸的质量分数(X)，按式(4)计算：

$$X = X_t \times X_z \qquad \cdots\cdots(4)$$

式中：

X_z——按 7.1 测定的脂肪质量分数，%。

8.5.4 允许差

同一样品两次平行测定结果之差不得超过算术平均值的 10%。

ICS 67.140.10
X 55

中华人民共和国国家标准

GB/T 22111—2008

地理标志产品　普洱茶

Product of geographical indication—Puer tea

2008-06-17 发布　　2008-12-01 实施

中华人民共和国国家质量监督检验检疫总局
中国国家标准化管理委员会　发布

前言

本标准根据国家质量监督检验检疫总局2005年第78号令《地理标志产品保护规定》、GB 17924—1999《原产地域产品通用要求》制定。

本标准的附录A为规范性附录，附录B、附录C为资料性附录。

本标准由全国原产地域产品标准化工作组提出并归口。

本标准起草单位：云南省茶叶产业办公室、云南省人民政府生物资源开发创新办公室、云南农业大学、云南大学、国家热带农副产品质量监督检验中心、云南省农业科学院茶叶研究所、农业部农产品质量监督检验测试中心(昆明)。

本标准主要起草人：蔡新、张理珉、杨善禧、夏兵、孙文通、李文华、吕才有、卢云、黎其万、梁名志、张勤民、周红杰、丁强。

地理标志产品　普洱茶

1　范围

本标准规定了地理标志产品普洱茶的地理标志产品保护范围、术语和定义、类型与等级、要求、试验方法、检验规则及标志、包装、运输和贮存。

本标准适用于国家质量监督检验检疫行政主管部门根据《地理标志产品保护规定》批准保护的普洱茶。

2　规范性引用文件

下列文件中的条款通过本标准的引用而成为本标准的条款。凡是注日期的引用文件，其随后所有的修改单(不包括勘误的内容)或修订版均不适用于本标准，然而，鼓励根据本标准达成协议的各方研究是否可使用这些文件的最新版本。凡是不注日期的引用文件，其最新版本适用于本标准。

GB/T 191　包装储运图示标志

GB/T 4789.3　食品卫生微生物学检验　大肠菌群测定

GB/T 4789.21　食品卫生微生物学检验　冷冻饮品、饮料检验

GB/T 5009.12　食品中铅的测定

GB/T 5009.19　食品中六六六、滴滴涕残留量的测定

GB/T 5009.20　食品中有机磷农药残留量的测定

GB/T 5009.94　植物性食品中稀土的测定

GB/T 5009.103　植物性食品中甲胺磷和乙酰甲胺磷农药残留量的测定

GB/T 5009.106　植物性食品中二氯苯醚菊酯残留量的测定

GB/T 5009.110　植物性食品中氯氰菊酯、氰戊菊酯和溴氰菊酯残留量的测定

GB/T 5009.146　植物性食品中有机氯和拟除虫菊酯类农药多种残留量的测定

GB/T 6388　运输包装收发货标志

GB 7718　预包装食品标签通则

GB/T 8302　茶　取样

GB/T 8303　茶　磨碎试样的制备及其干物质含量测定(GB/T 8303—2002,eqv ISO 1572:1980)

GB/T 8304　茶　水分测定(GB/T 8304—2002,eqv ISO 1573:1980)

GB/T 8305　茶　水浸出物测定(GB/T 8305—2002,eqv ISO 9768:1994)

GB/T 8306　茶　总灰分测定(GB/T 8306—2002,eqv ISO 1575:1987)

GB/T 8310　茶　粗纤维测定

GB/T 8311　茶　粉末和碎茶含量测定

GB/T 8313　茶　茶多酚测定

GB/T 9833.6　紧压茶　紧茶

GB 11767　茶树种苗

GB 14881　食品企业通用卫生规范

JJF 1070　定量包装商品净含量计量检验规则

NY/T 5018—2001　无公害食品　茶叶生产技术规程

SB/T 10035　茶叶销售包装通用技术条件

SB/T 10036　紧压茶运输包装

国家质量监督检验检疫总局令[2005]第75号《定量包装商品计量监督管理办法》

3 地理标志产品保护范围

普洱茶的地理标志产品保护范围限于国家质量监督检验检疫行政主管部门批准的地域范围，见附录A。

4 术语和定义

下列术语和定义适用于本标准。

4.1

普洱茶 Puer tea

以地理标志保护范围内的云南大叶种晒青茶为原料，并在地理标志保护范围内采用特定的加工工艺制成，具有独特品质特征的茶叶。按其加工工艺及品质特征，普洱茶分为普洱茶（生茶）和普洱茶（熟茶）两种类型。

4.2

云南大叶种茶 Yunnan Daye tea

分布于云南省茶区的各种乔木型、小乔木型大叶种茶树品种的总称。

4.3

后发酵 post-fermentation

云南大叶种晒青茶或普洱茶（生茶）在特定的环境条件下，经微生物、酶、湿热、氧化等综合作用，其内含物质发生一系列转化，而形成普洱茶（熟茶）独有品质特征的过程。

5 类型、等级和实物标准样

5.1 类型

普洱茶按加工工艺及品质特征分为普洱茶（生茶）、普洱茶（熟茶）两种类型。按外观形态分普洱茶（熟茶）散茶、普洱茶（生茶、熟茶）紧压茶。

5.2 等级

5.2.1 普洱茶（熟茶）散茶按品质特征分为特级、一级至十级共11个等级。

5.2.2 普洱茶（生茶、熟茶）紧压茶外形有圆饼形、碗臼形、方形、柱形等多种形状和规格。

5.3 实物标准样

5.3.1 普洱茶（熟茶）散茶

根据各级别的品质要求，逢单制作实物标准样，每三年更换一次，各级标准样为该级别品质的最低界限。

5.3.2 普洱茶（生茶、熟茶）紧压茶

不做实物标准样，由企业按加工工艺要求进行生产留存。

6 要求

6.1 产地环境条件

6.1.1 地理

云南境内适合云南大叶种茶栽培和普洱茶加工的区域，为北纬21°10′～26°22′，东经97°31′～105°38′的区域。普洱茶产地地处低纬度，高海拔，茶园主要分布于海拔1 000 m～2 100 m、坡度≤25°的中山山地。

6.1.2　气候

普洱茶产地属热带、亚热带气候类型，具有“立体气候”特点。普洱茶产地气候温暖，冬无严寒，夏无酷暑；雨量充沛，湿度大；光照量多质好，冬末至夏初日照较多，夏秋雨日多，云雾大。年均温 14 ℃以上，极端最低气温不低于−6 ℃，活动积温在 4 600 ℃以上，降雨量 800 mm 以上；空气相对湿度 70%～80%，日照时数在 2 000 h 以上，日照百分率 40%～50%，太阳辐射量在 544.3 kJ/cm^2 以上。

6.1.3　土壤

普洱茶产地土壤类型主要为砖红壤、砖红性红壤、山地红壤和山地黄壤等，土层深厚，土壤有机质含量≥1%，pH 值 4.5～6.0。

6.2　茶树品种

适制普洱茶的云南大叶种茶茶树品种，主要为国家、省级和优良的云南大叶种茶[*Camellia sinensis* var. *assamica*（Mast.）Kitamura]地方群体种。

6.3　茶树种植及茶园管理

6.3.1　园地规划

建园时根据地形、地貌和原有植被情况，合理规划茶树种植带、园区道路、水利系统；在茶园周围营造防护林、道路和水沟旁种植行道树和茶园内设置遮阳树。

6.3.2　茶园开垦

6.3.2.1　茶园开垦应注意水土保持，平地、缓坡地(≤15°)按行距 150 cm～170 cm 开挖种植沟；坡度在 15°～25°的坡地建筑等高梯级园地，种植梯面宽不低于 150 cm，梯面里低外高。

6.3.2.2　种植沟宽 50 cm 以上，深 50 cm 以上；表土回沟。

6.3.3　种植规格和施底肥

6.3.3.1　采用双行单株或单行单株的方式种植，双行单株株距 30 cm～50 cm，小行距 35 cm 左右；单行单株的株距 30 cm 左右。

6.3.3.2　茶苗定植前施足底肥，以有机肥为主。

6.3.4　育苗和茶苗移栽

6.3.4.1　采用无性繁殖——短穗扦插，培育壮苗。

6.3.4.2　依茶区气候特点，茶苗移植在六月初至七月上旬进行。使用按国家标准检疫合格、质量符合 GB 11767 中规定的种苗进行移栽。

6.3.5　土壤管理

视茶园杂草滋生和土壤板结状况，每年应耕作三至四次，分别于 2 月至 3 月、5 月中下旬、7 月中旬至 8 月上旬进行浅耕(深度<15 cm)和 11 月至 12 月上旬进行深耕(深度>15 cm)。幼龄茶园和改造茶园茶行的行间间种矮秆绿肥，茶园茶行的行间铺草，进行地面覆盖。

6.3.6　施肥

与耕作相配合，浅耕施追肥；深耕施基肥。适时喷施叶面肥，根部追肥与根外追肥相结合，追肥主要施氮肥；基肥主要施有机肥、磷钾肥。施用的肥料种类按照 NY/T 5018—2001 中附录 A 推荐的相关规定执行。施用的肥料量主要根据茶园生产水平和土壤肥力状况确定。

6.3.7　茶树修剪

茶树修剪宜在茶树地上部分休眠期间进行，修剪后应加强肥培管理。幼龄茶树应进行三次以上定型修剪；投产茶园应根据茶树的树龄、生长势等适时进行轻修剪、深修剪、重修剪或台刈等，不断复壮树势，塑造高产优质树冠。

6.3.8　病虫害防治

遵循重防于治的方针，综合运用各种防治措施，优先采用农业防治；大力推广物理防治和生物防治；

掌握防治适期和NY/T 5018—2001中附录C允许使用的农药进行化学防治。保持茶园生态系统平衡和生物多样化,将有害生物控制在允许的经济阈值以下,将农药残留控制在规定标准的范围。

6.4 鲜叶

6.4.1 鲜叶质量

鲜叶采自符合普洱茶产地环境条件的茶园的云南大叶种茶的新梢,应保持芽叶完整、新鲜、匀净,无污染和无其他非茶类夹杂物。

6.4.2 鲜叶采摘

根据云南大叶种特性和普洱茶加工要求进行合理采摘。手工采摘应提手采;机采应保证采茶质量,保证无害化,防止污染。鲜叶采摘应符合表1的规定。

表1 鲜叶分级指标

级别	芽叶比例
特级	一芽一叶占70%以上,一芽二叶占30%以下
一级	一芽二叶占70%以上,同等嫩度其他芽叶占30%以下
二级	一芽二、三叶占60%以上,同等嫩度其他芽叶占40%以下
三级	一芽二、三叶占50%以上,同等嫩度其他芽叶占50%以下
四级	一芽三、四叶占70%以上,同等嫩度其他芽叶占30%以下
五级	一芽三、四叶占50%以上,同等嫩度其他芽叶占50%以下

6.4.3 鲜叶装运

采用清洁、无污染、通透性好的盛具,装叶量以不影响品质为宜。应采取措施防止鲜叶质变和杜绝混入有异味、有毒、有害物质。

6.5 加工工艺流程

6.5.1 晒青茶

鲜叶摊放→杀青→揉捻→解块→日光干燥→包装。

6.5.2 普洱茶(生茶)

晒青茶精制→蒸压成型→干燥→包装。

6.5.3 普洱茶(熟茶)散茶

晒青茶后发酵→干燥→精制→包装。

6.5.4 普洱茶(熟茶)紧压茶

普洱茶(熟茶)散茶→蒸压成型→干燥→包装。

晒青茶精制→蒸压成型→干燥→后发酵→普洱茶(熟茶)紧压茶→包装。

6.5.5 加工环境

符合GB 14881的规定。

6.6 质量要求

6.6.1 品质

6.6.1.1 基本要求

品质正常,无劣变、无异味。洁净,不含非茶类夹杂物。不得加入任何添加剂。

6.6.1.2 感官品质

6.6.1.2.1 晒青茶

晒青茶的感官品质特征应符合表2的规定。

表2 晒青茶感官品质特征

级别	外形				内质			
	条索	色泽	整碎	净度	香气	滋味	汤色	叶底
特级	肥嫩紧结芽毫显	绿润	匀整	稍有嫩茎	清香浓郁	浓醇回甘	黄绿清净	柔嫩显芽
二级	肥壮紧结显毫	绿润	匀整	有嫩茎	清香尚浓	浓厚	黄绿明亮	嫩匀
四级	紧结	墨绿润泽	尚匀整	稍有梗片	清香	醇厚	绿黄	肥厚
六级	紧实	深绿	尚匀整	有梗片	纯正	醇和	绿黄	肥壮
八级	粗实	黄绿	尚匀整	梗片稍多	平和	平和	绿黄稍浊	粗壮
十级	粗松	黄褐	欠匀整	梗片较多	粗老	粗淡	黄浊	粗老

6.6.1.2.2 普洱茶(熟茶)散茶

普洱茶(熟茶)散茶的感官品质特征应符合表3的规定。

表3 普洱茶(熟茶)散茶感官品质特征

级别	外形				内质			
	条索	整碎	色泽	净度	香气	滋味	汤色	叶底
特级	紧细	匀整	红褐润显毫	匀净	陈香浓郁	浓醇甘爽	红艳明亮	红褐柔嫩
一级	紧结	匀整	红褐润较显毫	匀净	陈香浓厚	浓醇回甘	红浓明亮	红褐较嫩
三级	尚紧结	匀整	褐润尚显毫	匀净带嫩梗	陈香浓纯	醇厚回甘	红浓明亮	红褐尚嫩
五级	紧实	匀齐	褐尚润	尚匀稍带梗	陈香尚浓	浓厚回甘	深红明亮	红褐欠嫩
七级	尚紧实	尚匀齐	褐欠润	尚匀带梗	陈香纯正	醇和回甘	褐红尚浓	红褐粗实
九级	粗松	欠匀齐	褐稍花	欠匀带梗片	陈香平和	纯正回甘	褐红尚浓	红褐粗松

6.6.1.2.3 普洱茶(生茶、熟茶)紧压茶

6.6.1.2.3.1 普洱茶(生茶)紧压茶外形色泽墨绿,形状端正匀称、松紧适度、不起层脱面;洒面茶应包心不外露;内质香气清纯、滋味浓厚、汤色明亮,叶底肥厚黄绿。

6.6.1.2.3.2 普洱茶(熟茶)紧压茶外形色泽红褐,形状端正匀称、松紧适度、不起层脱面;洒面茶应包心不外露;内质汤色红浓明亮,香气独特陈香,滋味醇厚回甘,叶底红褐。

6.6.2 理化指标

6.6.2.1 晒青茶的理化指标应符合表4的规定。

表4 晒青茶理化指标

项目		指标
水分/%	≤	10.0
总灰分/%	≤	7.5
粉末/%	≤	0.8
水浸出物/%	≥	35.0
茶多酚/%	≥	28.0

6.6.2.2 普洱茶(生茶)的理化指标应符合表5的规定。

表 5 普洱茶(生茶)理化指标

项目		指标
水分/%	≤	13.0[a]
总灰分/%	≤	7.5
水浸出物/%	≥	35.0
茶多酚/%	≥	28.0
[a] 净含量检验时计重水分为 10.0%。		

6.6.2.3 普洱茶(熟茶)的理化指标应符合表 6 的规定。

表 6 普洱茶(熟茶)理化指标

项目		指标	
		散茶	紧压茶
水分/%	≤	12.0[a]	12.5[a]
总灰分/%	≤	8.0	8.5
粉末/%	≤	0.8	—
水浸出物/%	≥	28.0	28.0
粗纤维/%	≤	14.0	15.0
茶多酚/%	≤	15.0	15.0
[a] 净含量检验时计重水分为 10.0%。			

6.6.3 安全性指标

晒青茶及普洱茶安全性指标应符合表 7 的规定。

表 7 晒青茶及普洱茶安全性指标

项目		指标
铅(以 Pb 计)/(mg/kg)	≤	5.0
稀土/(mg/kg)	≤	2.0
氯菊酯/(mg/kg)	≤	20
联苯菊酯/(mg/kg)	≤	5.0
氯氰菊酯/(mg/kg)	≤	0.5
溴氰菊酯/(mg/kg)	≤	5.0
顺式氰戊菊酯/(mg/kg)	≤	2.0
氟氰戊菊酯(mg/kg)	≤	20
乐果/(mg/kg)	≤	0.1
六六六(HCH)/(mg/kg)	≤	0.2
敌敌畏/(mg/kg)	≤	0.1
滴滴涕(DDT)/(mg/kg)	≤	0.2
杀螟硫磷/(mg/kg)	≤	0.5
喹硫磷/(mg/kg)	≤	0.2
乙酰甲胺磷/(mg/kg)	≤	0.1
大肠菌群/(MPN/100 g)	≤	300
致病菌(沙门氏菌、志贺氏菌、金黄色葡萄球菌、溶血性链球菌)		不得检出
注：其他安全性指标按国家相关规定执行。		

6.6.4 净含量

预包装普洱茶产品净含量的允许短缺量应符合国家质量监督检验检疫总局令[2005]第75号《定量包装商品计量监督管理办法》的规定。

7 试验方法

7.1 取样和试样制备

7.1.1 取样按 GB/T 8302 的规定执行。

7.1.2 试样制备按 GB/T 8303 的规定执行。

7.2 感官品质检验

7.2.1 普洱茶(生茶)按本标准附录 B 执行。

7.2.2 普洱茶(熟茶)按本标准附录 C 执行。

7.3 理化指标检验

7.3.1 水分按 GB/T 8304 的规定执行。

7.3.2 总灰分按 GB/T 8306 的规定执行。

7.3.3 粉末按 GB/T 8311 的规定执行。

7.3.4 水浸出物按 GB/T 8305 的规定执行。

7.3.5 粗纤维按 GB/T 8310 的规定执行。

7.3.6 茶多酚按 GB/T 8313 的规定执行,检验时以同一样品的茶汤作为空白。

7.4 安全性指标检验

7.4.1 铅按 GB/T 5009.12 的规定执行。

7.4.2 稀土按 GB/T 5009.94 的规定执行。

7.4.3 氯菊酯按 GB/T 5009.106 的规定执行。

7.4.4 联苯菊酯、氯氰菊酯、溴氰菊酯、氟氰戊菊酯按 GB/T 5009.146 的规定执行。

7.4.5 乐果、敌敌畏、杀螟硫磷和喹硫磷按 GB/T 5009.20 的规定执行。

7.4.6 六六六、滴滴涕按 GB/T 5009.19 的规定执行。

7.4.7 顺式氰戊菊酯按 GB/T 5009.110 的规定执行。

7.4.8 乙酰甲胺磷按 GB/T 5009.103 的规定执行。

7.4.9 大肠菌群、致病菌按 GB/T 4789.3 和 GB/T 4789.21 的规定执行。

7.5 净含量检验

预包装普洱茶产品净含量检验按 JJF 1070《定量包装商品净含量计量检验规则》的规定执行。计算按 GB/T 9833.6 中附录 C 的规定执行。

8 检验规则

8.1 组批及抽样

8.1.1 组批:以同一原料、同一工艺、同一规格、同一生产周期内所生产的产品为一批。

8.1.2 抽样:按 GB/T 8302 的规定进行。

8.2 出厂检验

每批产品均需由生产企业质量检验部门抽检,经检验合格,签发合格证后方可出厂销售。出厂检验项目分别为:

a) 散茶:感官品质、水分、粉末、茶多酚、净含量。

b) 紧压茶:感官品质、水分、灰分、茶多酚、净含量。

8.3 型式检验

产品正常生产情况下,每半年进行一次,型式检验项目为本标准规定的全部项目。有下列情况之一时,亦应进行型式检验:

a） 当原料、生产工艺有较大改变时；

b） 出厂检验结果与上一次型式检验结果有较大差异时；

c） 产品停产半年以上，又恢复生产时；

d） 国家质量监督机构提出型式检验要求时。

8.4 判定规则

8.4.1 判定原则

结果判定分为实物质量判定、标签判定和综合判定三部分，实物质量和标签均合格时，综合判定合格；实物质量或标签有一项不合格时，综合判定不合格。

8.4.2 实物质量判定

8.4.2.1 检验结果的全部项目均符合本标准规定的要求，判定为合格；检验结果中有任一项不合格时，则判定为不合格。

8.4.2.2 对检验结果有异议时，可进行复检。凡劣变、有污染、有异气味和安全性指标不合格的产品，均不得复检；其余项目不合格时，可对备样进行复检，也可按 GB/T 8302 加倍取样，对不合格项目进行复检，以复检结果为准。

8.4.2.3 在符合本标准的贮存条件下，普洱茶（生茶）感官品质及理化指标会向普洱茶（熟茶）紧压茶的方向转化，本标准 6.6.1.2.3.1 规定的感官指标和 6.6.2.2 中规定的茶多酚指标仅作为该产品出厂检验时的判定依据。

8.4.3 标签判定

全部项目均符合 GB 7718 和本标准 9.1 的规定，判定为合格；有任一项不符合 GB 7718 或本标准 9.1 的规定，判定为不合格。

9 标志、包装、运输、贮存

9.1 标志

9.1.1 标签、标识应符合 GB/T 191、GB/T 6388、GB 7718 的规定。真实反映产品的属性[如：普洱茶（熟茶）、普洱茶（生茶）]、净含量、制造者名称和地址、生产日期、保存期、贮存条件、质量等级、产品标准号等，标签、标识文字应清晰可见。

9.1.2 普洱茶包装应清晰标明“普洱茶（生茶）”或“普洱茶（熟茶）”。可使用不同的包装颜色（如生茶为绿色，熟茶为棕色）。

9.2 包装

9.2.1 包装应符合 SB/T 10035、SB/T 10036 规定。包装应牢固、洁净、防潮，能保护茶叶品质，便于长途运输。

9.2.2 接触茶叶的内包装材料应符合国家有关规定，包装容器应干燥、清洁、卫生安全、无异味。

9.3 运输

9.3.1 运输工具应清洁、卫生、无异味、无污染。

9.3.2 运输时应防雨、防潮、防曝晒。

9.3.3 严禁与有毒、有害、有异味、易污染的物品混装、混运。

9.4 贮存

9.4.1 应有足够的原料、辅料、半成品、成品仓库或场地。原料、辅料、半成品、成品应分开放置，不得混放。

9.4.2 产品应贮存在清洁、通风、避光、干燥、无异味的库房内，仓库周围应无异味气体污染。

9.4.3 禁止与有毒、有害、有异味、易污染的物品混贮、混放。

9.5 保存期

在符合本标准的贮存条件下，普洱茶适宜长期保存。

附 录 A
（规范性附录）
普洱茶地理标志产品保护区域

普洱茶地理标志产品保护区域见图 A.1 和表 A.1。

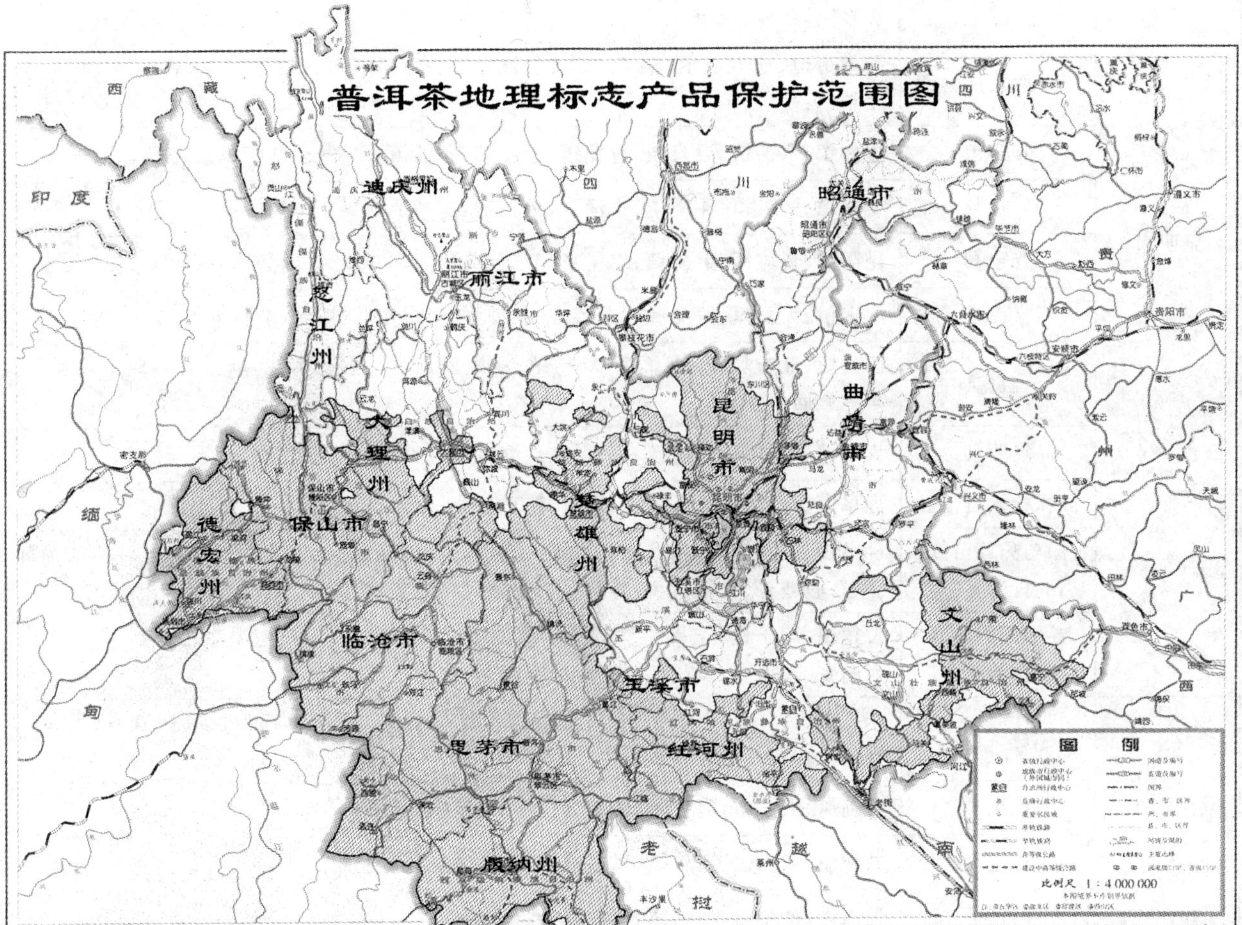

——保护区域

注：地理标志产品普洱茶保护区域为图中标注的云南省普洱市、西双版纳州、临沧市、昆明市、大理州、保山市、德宏州、楚雄州、红河州、玉溪市、文山州等 11 个州（市）、75 个县（市、区）、639 个乡（镇、街道办事处）现辖行政区域。（详见表 A.1）

图 A.1　普洱茶地理标志产品保护区域图

表 A.1 普洱茶地理标志产品保护行政区划

州(市)	县(市、区)	乡(镇、街道办事处)
昆明市	五华区	华山街道、护国街道、大观街道、龙翔街道、丰宁街道、莲华街道、黑林铺街道、沙朗白族乡、厂口乡、红云街道、普吉街道
	盘龙区	东华街道、拓东街道、联盟街道、茨坝街道、龙泉街道、鼓楼街道、青云街道、金辰街道、双龙乡、松华乡
	官渡区	关上街道、太和街道、吴井街道、金马街道、小板桥街道、官渡街道、大板桥镇、阿拉彝族乡、矣六乡、六甲乡
	西山区	马街街道、前卫街道、福海街道、金碧街道、永昌街道、棕树营街道、碧鸡镇、海口镇、团结镇
	安宁市	连然镇、八街镇、温泉镇、青龙镇、禄脿镇、草铺镇、太平镇、县街镇
	呈贡县	龙城镇、洛羊镇、斗南镇、大渔乡、吴家营乡、马金铺乡、七甸乡
	晋宁县	昆阳镇、晋城镇、宝峰镇、二街乡、新街乡、双河彝族乡、夕阳彝族乡、上蒜乡、六街乡
	富民县	永定镇、大营镇、罗免彝族苗族乡、赤鹫乡、东村乡、款庄乡、散旦乡
	宜良县	匡远镇、北古城镇、南羊镇、狗街镇、汤池镇、竹山乡、马街乡、耿家营彝族苗族乡、九乡彝族回族乡
	嵩明县	嵩阳镇、杨林镇、小街镇、牛栏江镇、滇源镇、杨桥乡、阿子营乡
	石林彝族自治县	鹿阜镇、石林镇、板桥镇、长湖镇、路美邑镇、西街口镇、圭山镇、大可乡
	禄劝彝族苗族自治县	屏山镇、撒营盘镇、转龙镇、茂山乡、翠华乡、团街乡、云龙乡、中屏乡、皎西乡、汤郎乡、马鹿塘乡、大松树乡、九龙乡、则黑乡、乌蒙乡、雪山乡
	寻甸回族彝族自治县	仁德镇、塘子镇、羊街镇、柯渡镇、倘甸镇、功山镇、河口乡、七星乡、金所乡、先锋乡、六哨乡、鸡街乡、风仪乡、联合乡、金源乡、甸沙乡
楚雄州	楚雄市	东瓜镇、吕合镇、东华镇、子午镇、三街镇、八角镇、中山镇、新村镇、树苴乡、大过口乡、大地基乡、西舍路乡
	双柏县	妥甸镇、大庄镇、鄂嘉镇、法裱镇、大麦地镇、安龙堡乡
	牟定县	共和镇、新桥镇、江坡镇、凤屯镇、蟠猫乡、戌街乡、安乐乡
	南华县	龙川镇、沙桥镇、马街镇、兔街镇、五顶山乡
	姚安县	栋川镇
	大姚县	赵家店乡、昙华乡、三台乡、三岔河乡
	武定县	狮山镇、高桥镇、环州乡
	禄丰县	一平浪镇、土官镇、中村乡
玉溪市	易门县	六街镇、绿汁镇
	峨山彝族自治县	双江镇、小街镇
	新平彝族傣族自治县	者竜乡、平掌乡
	元江哈尼族彝族傣族自治县	因远镇、羊岔街乡、羊街乡、那诺乡、咪哩乡、龙潭乡

表 A.1（续）

州(市)	县(市、区)	乡(镇、街道办事处)
红河州	蒙自县	芷村镇、冷泉镇、期路白苗族乡、老寨苗族乡
	绿春县	大兴镇、戈奎乡、牛孔乡、大水沟乡、大黑山乡、半坡乡、骑马坝乡、三猛乡、平河乡
	建水县	官厅镇、西庄镇、南庄镇、岔科镇、曲江镇、普雄乡、坡头乡、甸尾乡
	元阳县	新街镇、牛角寨乡、沙拉托乡、嘎娘乡、上新城乡、小新街乡、逢春岭乡、大坪乡、攀枝花乡、黄茅岭乡、黄草岭乡、俄扎乡、马街乡
	红河县	甲寅乡、宝华乡、洛恩乡、阿扎河乡、乐育乡、浪堤乡、大羊街乡、车古乡、架车乡、垤玛乡、三村乡
	金平苗瑶傣族自治县	金河镇、铜厂乡、老集寨乡、者米拉祜族乡、阿得博乡、沙依坡乡、大寨乡、马鞍底乡、勐桥乡、营盘乡、老勐乡
	屏边苗族自治县	玉屏镇、新现乡、和平乡、白河乡、白云乡、新华乡、湾塘乡
文山州	文山县	平坝镇
	西畴县	西洒镇、兴街镇、蚌谷乡、新马街乡、柏林乡、法斗乡、鸡街乡
	麻栗坡县	董干镇、猛硐瑶族乡、杨万乡、马街乡
	马关县	马白镇、八寨镇、仁和镇、木厂镇、夹寒箐镇、都竜镇、坡脚镇、南捞乡、篾厂乡、古林箐乡
	丘北县	官寨乡
	广南县	莲城镇、八宝镇、南屏镇、珠街镇、那洒镇、珠琳镇、坝美镇、董堡乡、旧莫乡、杨柳井乡、板蚌乡、曙光乡、黑支果乡、篆角乡、五珠乡、者兔乡、者太乡、底圩乡
	富宁县	新华镇、归朝镇、田蓬镇、木央镇、板仑乡、花甲乡
普洱市	思茅区	思茅镇、南屏镇、倚象镇、思茅港镇、云仙彝族乡、六顺乡、龙潭彝族傣族乡
	宁洱哈尼族彝族自治县	宁洱镇、磨黑镇、德化乡、同心乡、勐先乡、普义乡、黎明乡、德安乡、梅子乡
	墨江哈尼族自治县	联珠镇、通关镇、新安乡、孟弄彝族乡、团田乡、新抚乡、景星乡、鱼塘彝族乡、龙潭乡、文武乡、坝溜乡、泗南江乡、那哈乡、雅邑乡、龙坝乡
	景东彝族自治县	锦屏镇、文井镇、漫湾镇、大朝山东镇、花山乡、大街乡、太忠乡、龙街乡、文龙乡、安定乡、林街乡、景福乡、曼等乡
	景谷傣族彝族自治县	威远镇、永平镇、正兴镇、民乐镇、凤山乡、景谷乡、半坡乡、勐班乡、碧安乡、益智乡
	镇沅彝族哈尼族拉祜族自治县	恩乐镇、按板镇、勐大镇、者东镇、田坝乡、古城乡、振太乡、九甲乡、和平乡
	江城哈尼族彝族自治县	勐烈镇、整董镇、国庆乡、嘉禾乡、宝藏乡、康平乡、曲水乡
	孟连傣族拉祜族佤族自治县	娜允镇、勐马镇、芒信镇、景信乡、富岩乡、公信乡
	澜沧拉祜族自治县	勐朗镇、上允镇、糯扎渡镇、谦六彝族乡、东河乡、大山乡、南岭乡、酒井哈尼族乡、惠民哈尼族乡、东回乡、拉巴乡、竹塘乡、富邦乡、安康佤族乡、文东佤族乡、富东乡、雪林佤族乡、木戛乡、发展河哈尼族乡、糯福乡
	西盟佤族自治县	勐梭镇、勐卡镇、翁嘎科乡、力所拉祜族乡、岳宋乡、新厂乡、中课乡

表 A.1（续）

州(市)	县(市、区)	乡(镇、街道办事处)
西双版纳州	景洪市	允景洪街道、嘎洒镇、勐龙镇、勐罕镇、勐养镇、普文镇、景哈哈尼族乡、景讷乡、大渡岗乡、勐旺乡、基诺山基诺族乡
	勐海县	勐海镇、打洛镇、勐混镇、勐遮镇、勐满镇、勐阿镇、勐宋乡、勐往乡、格朗和哈尼族乡、布朗山布朗族乡、西定哈尼族布朗族乡
	勐腊县	勐腊镇、勐仑镇、磨憨镇、勐伴镇、关累镇、易武乡、象明彝族乡、瑶区瑶族乡
大理州	大理市	下关镇、大理镇、凤仪镇、湾桥镇、银桥镇
	永平县	博南镇、龙街镇、龙门乡、厂街彝族乡、水泄彝族乡、北斗彝族乡
	云龙县	旧州镇、宝丰乡、团结彝族乡
	南涧彝族自治县	南涧镇、小湾东镇、公郎镇、宝华镇、拥翠乡、乐秋乡、碧溪乡、无量乡
	巍山彝族回族自治县	大仓镇、永建镇、马鞍山乡、青华乡、五印乡
保山市	隆阳区	永昌街道、板桥镇、汉庄镇、蒲缥镇、瓦窑镇、潞江镇、辛街乡、西邑乡、丙麻乡、瓦渡乡、水寨乡、瓦马彝族白族乡、瓦房彝族苗族乡、杨柳白族彝族乡、芒宽彝族傣族乡
	施甸县	甸阳镇、由旺镇、姚关镇、太平镇、仁和镇、万兴乡、摆榔彝族布朗族乡、酒房乡、旧城乡、木老元布朗族彝族乡、老麦乡、何元乡、水长乡
	腾冲县	腾越镇、固东镇、滇滩镇、猴桥镇、界头乡、曲石乡、明光乡、马站乡、北海乡、中和乡、清水乡、芒棒乡、五合乡、新华乡、蒲川乡、团田乡、荷花傣族佤族乡
	龙陵县	龙山镇、镇安镇、勐糯镇、龙江乡、腊勐乡、碧寨乡、龙新乡、象达乡、平达乡、木城彝族傈僳族乡
	昌宁县	田园镇、漭水镇、柯街镇、卡斯镇、勐统镇、温泉乡、大田坝乡、鸡飞乡、翁堵乡、湾甸傣族乡、更戛乡、珠街彝族乡、耈街彝族苗族乡
德宏州	潞西市	芒市镇、遮放镇、勐戛镇、芒海镇、风平镇、轩岗乡、江东乡、西山乡、中山乡、三台山德昂族乡、五岔路乡
	瑞丽市	勐卯镇、弄岛镇、户育乡、勐秀乡
	梁河县	遮岛镇、芒东镇、勐养镇、平山乡、小厂乡、大厂乡、九保阿昌族乡、曩宋阿昌族乡、河西乡
	盈江县	平原镇、旧城镇、弄璋镇、盏西镇、卡场镇、昔马镇、太平镇、新城乡、油松岭乡、芒章乡、支那乡、苏典傈僳族乡、勐弄乡、铜壁关乡
	陇川县	章凤镇、陇把镇、景罕镇、城子镇、户撒阿昌族乡、护国乡、清平乡、王子树乡、勐约乡
临沧市	临翔区	凤翔街道、忙畔街道、博尚镇、南美拉祜族乡、蚂蚁堆乡、章驮乡、圈内乡、马台乡、邦东乡、平村彝族傣族乡
	凤庆县	凤山镇、鲁史镇、小湾镇、营盘镇、三岔河镇、勐佑镇、雪山镇、洛党镇、诗礼乡、新华彝族苗族乡、大寺乡、腰街彝族乡、郭大寨彝族白族乡
	云县	爱华镇、漫湾镇、大朝山西镇、涌宝镇、茂兰镇、幸福镇、大寨镇、忙怀彝族布朗族乡、晓街乡、茶房乡、栗树彝族傣族乡、后箐彝族乡
	永德县	德党镇、小勐统镇、永康镇、勐板乡、亚练乡、乌木龙彝族乡、大雪山彝族拉祜族傣族乡、班卡乡、崇岗乡、大山乡
	镇康县	凤尾镇、勐捧镇、南伞镇、忙丙乡、勐堆乡、木厂乡、军赛佤族拉祜族傈僳族德昂族乡

表 A.1（续）

州(市)	县(市、区)	乡(镇、街道办事处)
临沧市	双江拉祜族佤族布朗族傣族自治县	勐勐镇、勐库镇、沙河乡、大文乡、忙糯乡、邦丙乡
	耿马傣族佤族自治县	耿马镇、勐永镇、勐撒镇、孟定镇、大兴乡、芒洪拉祜族布朗族乡、四排山乡、贺派乡、勐简乡
	沧源佤族自治县	勐董镇、岩帅镇、勐省镇、芒卡镇、单甲乡、糯良乡、勐来乡、勐角傣族彝族拉祜族乡、班洪乡、班老乡

附 录 B
（资料性附录）
普洱茶（生茶）感官审评方法

B.1 总则

B.1.1 普洱茶（生茶）感官审评：是指按照规定的审评程序，依专业审评人员正常视觉、嗅觉、味觉和触觉审查评定茶叶色、香、味、形等构成茶叶的品质和特征，以确定茶叶的等级和商品价值。

B.1.2 感官审评项目分外形（形状、色泽、匀整、松紧）和内质（香气、汤色、滋味、叶底）。

B.2 审评方法

B.2.1 外形审评

对照企业留存的实物标准样进行审评对比。

B.2.1.1 形状

a) 布袋包压型：审评形状是否端正，是否起层落面，边缘是否圆滑、有否脱落；

b) 模压型：审评形态是否端正、棱角（边缘）是否分明、厚薄是否一致，模纹是否清晰，是否起层脱面。

B.2.1.2 色泽

指色度深浅、润枯、明暗、鲜陈、匀杂。

B.2.1.3 匀整

指表面是否匀整、光滑，洒面是否均匀。

B.2.1.4 松紧

指压制紧实程度。

B.2.2 内质审评

B.2.2.1 审评内容

汤色、香气、滋味和叶底。

B.2.2.2 审评方法

将部分审评样解散混合均匀，称取试样茶 5 g，置于 250 mL 的标准审评杯中，注入沸水至杯满，冲泡 5 min，将茶汤沥入评茶碗中，审评次序为：汤色、香气、滋味、叶底。审评汤色的明亮或混浊，香气是否纯正和高低，滋味的浓淡和回甘，最后将杯中的茶渣移入叶底盘中，审评其叶底色泽、嫩度、整碎和形状。审评以香气、滋味为主，汤色、叶底为辅。

B.3 审评记录

用茶叶审评记录表，对每只审评茶样的外形、内质各项审评因子进行评价，并用本标准规定的评茶术语具体描述和记录清楚。

附 录 C
（资料性附录）
普洱茶（熟茶）感官审评方法

C.1 总则

C.1.1 普洱茶（熟茶）感官审评分散茶和紧压茶两类。

C.1.2 感官审评：

是指按照规定的审评程序，依专业审评人员正常视觉、嗅觉、味觉和触觉评定茶叶色、香、味、形等构成茶叶外形和内质，以确定茶叶的等级和品质。

C.1.3 普洱茶（熟茶）散茶审评项目分外形（条索、整碎、色泽、净度）和内质（香气、汤色、滋味、叶底）。

C.1.4 普洱茶（熟茶）紧压茶的感官审评项目分外形（形状、匀整、松紧、色泽）、内质（同散茶）。

C.2 散茶

C.2.1 审评原则

散茶外形审评，侧重条索和色泽两项因子；内质审评侧重香气、滋味两项因子。

C.2.2 审评方法

C.2.2.1 外形审评

在扦取的样品中用分样器或四分法分取试样约 150 g～200 g，置于评茶盘中充分混匀后铺平。

a) 条索：对照标准样，比条索松紧程度。以卷紧、重实、肥壮者为好；粗松、轻飘者为差。评出供试样是否符合同级标准样的品质水平。

b) 色泽：对照标准样，比色泽和嫩度。色泽红褐、均匀一致者为好；发黑、花杂不匀者为差。嫩度比含毫量的多少，含毫量多的嫩度好。

c) 匀整（或整碎）：对照标准样，比匀齐度，观察上、中、下三段茶的比例是否适当。

d) 净度：对照标准样，比含梗、片的多少，梗的老嫩程度；有否茶类夹杂物和非茶类夹杂物等。

C.2.2.2 内质审评

称取已在评茶盘中混匀的试样茶 5.0 g，置于 250 mL 的标准审评杯中，注入沸水至杯满，加盖浸泡 5 min，将茶汤沥入评茶碗中，审评次序为：汤色、香气、滋味、叶底。

a) 汤色：以红浓明亮、红亮剔透为好；深红色为正常；汤色深暗、浑浊者为差。

b) 香气：比香气的纯度、持久性及高低。以香气馥郁或浓郁者为好；香纯正为正常，带酸味者为差；异味、杂味者为劣质茶。

c) 滋味：比滋味的浓度、顺滑度、回甘度。以入口顺滑、浓厚、回甘、生津的为好；醇和回甘为正常；带酸味、苦味重、涩味重为差；异味、怪味为劣质茶。

d) 叶底：以柔软、肥嫩、红褐、有光泽、匀齐一致为好；色泽花杂、暗淡、碳化，或用手指触摸如泥状为差。

C.3 紧压茶

C.3.1 外形审评

对照企业留存的实物标准样进行审评对比。

C.3.1.1 形状

a) 布袋包压型：审评形状是否端正，是否起层脱面，边缘是否圆滑、有否脱落；

b) 模压型：审评形态是否端正、棱角（边缘）是否分明、厚薄是否一致，模纹是否清晰，是否起层脱面。

C.3.1.2 匀整

指表面是否匀整、光滑，洒面是否均匀。

C.3.1.3 松紧

指压制紧实程度。

C.3.1.4 色泽

外形色泽红褐（或棕褐）者为好。

C.3.2 内质审评

将部分审评样解散混合均匀，称取试样茶 5 g，置于 250 mL 的标准审评杯中，注入沸水至杯满，冲泡 5 min，将茶汤沥入评茶碗中，审评香气是否纯正和高低，滋味的浓淡和回甘，汤色的明亮或混浊，最后将杯中的茶渣移入叶底盘中，审评其叶底色泽、嫩度和整碎。审评以香气、滋味为主，汤色、叶底为辅。

C.4 审评记录

用茶叶审评记录表，对每只审评茶样的外形、内质各项审评因子进行评价，并用本标准规定的评茶术语具体描述和记录清楚。

ICS 25.040.40
N 10

中华人民共和国国家标准

GB/T 22112—2008

工业自动化仪表接线端子的排列和标志

Industrial process measurement and control instruments—Arrangement and marking of connecting terminals

2008-06-30 发布　　2009-01-01 实施

中华人民共和国国家质量监督检验检疫总局
中国国家标准化管理委员会　发布

前　言

本标准由中国机械工业联合会提出。

本标准由全国工业过程测量和控制标准化技术委员会第1分技术委员会归口。

本标准负责起草单位:上海工业自动化仪表研究所。

本标准参加起草单位:上海仪器仪表自控系统检验测试所。

本标准主要起草人:李明华、蔡闻智。

本标准为首次发布。

工业自动化仪表
接线端子的排列和标志

1 范围

本标准规定了工业自动化仪表与表外连接的接线端子的排列和标志。

本标准适用于盘装工业自动化仪表与表外连接的接线端子(以下简称端子);非盘装仪表的接线端子亦可参照使用。

本标准不适用于非端子板(如接插件)或有特殊场合使用要求(如防爆)的仪表与表外连接的端子。

2 规范性引用文件

下列文件中的条款通过本标准的引用而成为本标准的条款。凡是注日期的引用文件,其随后所有的修改单(不包括勘误的内容)或修订版均不适用于本标准,然而,鼓励根据本标准达成协议的各方研究是否可使用这些文件的最新版本。凡是不注日期的引用文件,其最新版本适用于本标准。

GB/T 4026 人机界面标志标识的基本方法和安全规则 设备端子和特定导体终端识别及字母数字系统的应用通则(GB/T 4026—2004,IEC 60445:1999,IDT)

GB/T 4728.2 电气简图用图形符号 第2部分:符号要素、限定符号和其他常用符号(GB/T 4728.2—2005,IEC 60617 database,IDT)

GB/T 4728.4 电气简图用图形符号 第4部分:基本无源元件(GB/T 4728.4—2005,IEC 60617 database,IDT)

GB/T 4728.6 电气简图用图形符号 第6部分:电能的发生与转换(GB/T 4728.6—2008,IEC 60617 database,IDT)

GB/T 4728.7 电气简图用图形符号 第7部分:开关、控制和保护器件(GB/T 4728.7—2008,IEC 60617 database,IDT)

GB/T 4728.8 电气简图用图形符号 第8部分:测量仪表、灯和信号器件(GB/T 4728.8—2008,IEC 60617 database,IDT)

3 端子编号

3.1 单块端子板

a) 横排的端子板,其端子应按从左自右的顺序编号;若有两排和两排以上端子时,则应按先上排后下排的顺序编号(示例见图1)。

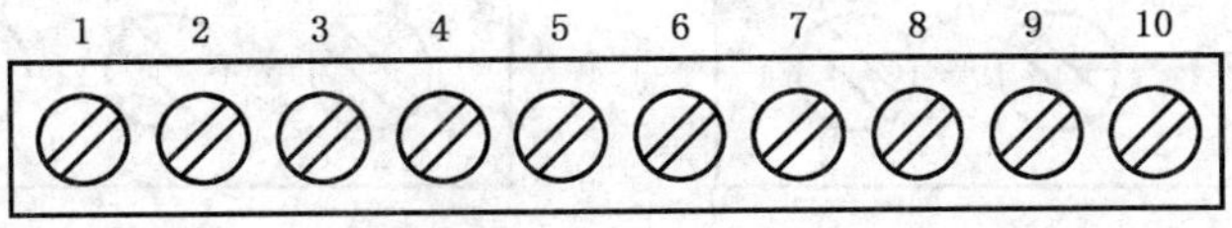

a) 单排

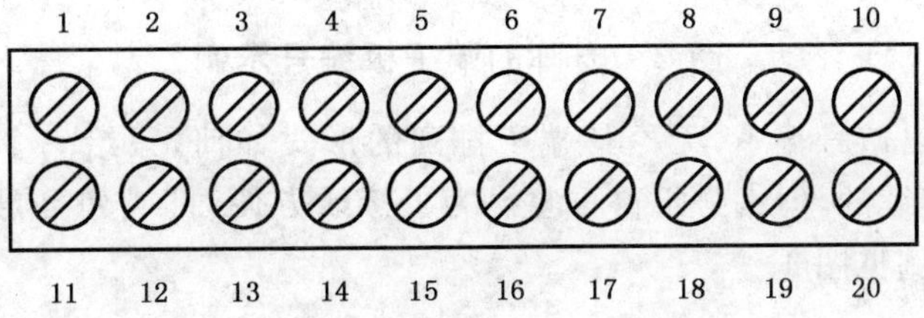

b) 双排

图1 横排的端子板编号示例

b) 竖列的端子板，其端子应按从上向下的顺序编号；若有两列和两列以上端子时，则应按先右列后左列的顺序编号(示例见图2)。

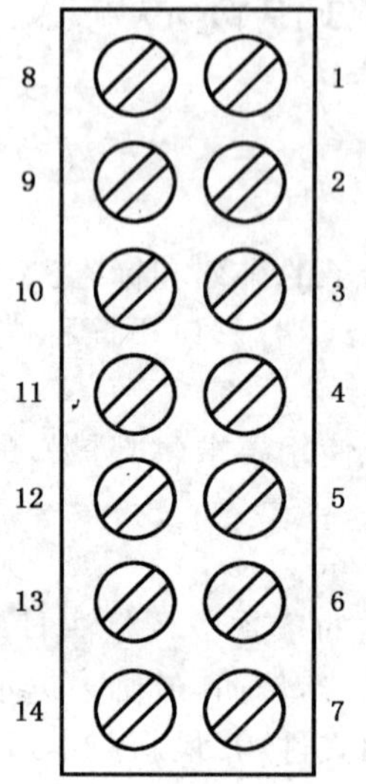

a) 双列

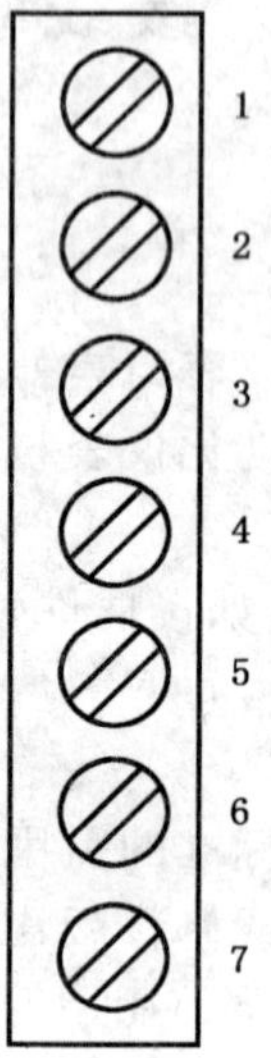

b) 单列

图2 竖列的端子板编号示例

c) 方阵(横排和竖列的端子数相等)的端子板，其端子的编号可按3.1a)、b)项规定，任选一种(示例见图3)。

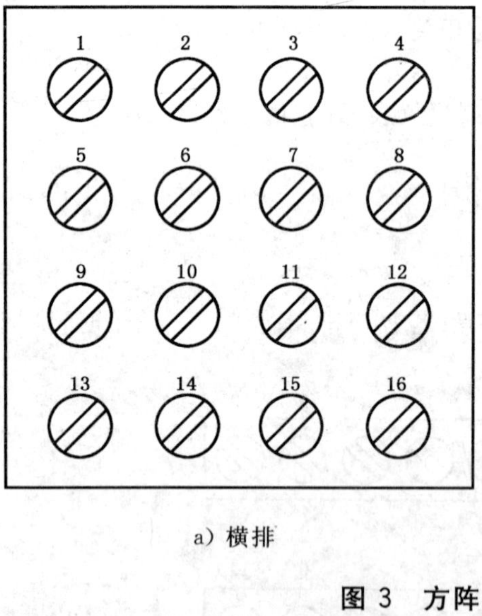

a) 横排

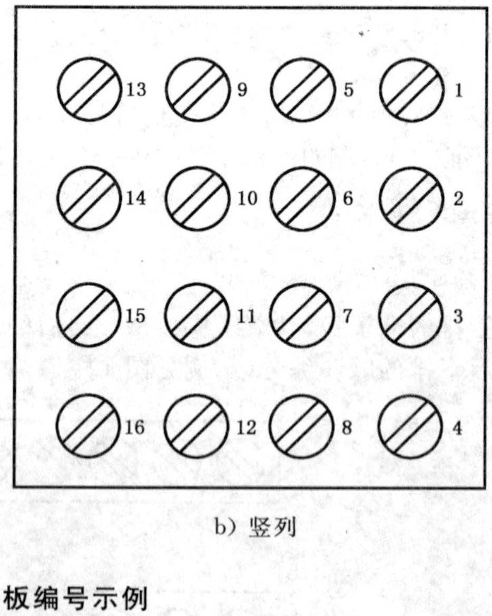

b) 竖列

图3 方阵的端子板编号示例

d) 并列的输入、输出信号端子，无论其端子排列的形式如何，只给一个编号；其编号可以是连续的也可以是不连续的，但编号不得重复。为了接线方便，排或列可再用拉丁字母加以标识，如A、B、C……(示例见图4)。

图 4　并列信号用的端子板编号示例

3.2　多块端子板

a)　可将多块端子板看作是多排或多列的单块端子板，其端子按 3.1 规定连续编号(示例见图 5)。

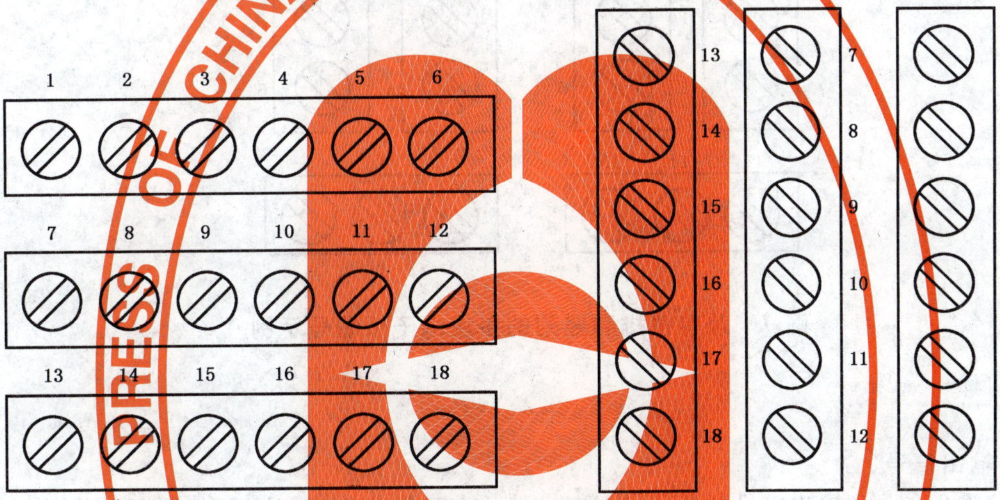

a) 多排　　b) 多列

图 5　多块端子板的连续编号示例

b)　将每块端子板按横排或竖列的顺序用拉丁字母(A、B、C……)依次标识，然后分别对每块端子板的端子按 3.1 规定独立编号(示例见图 6)。

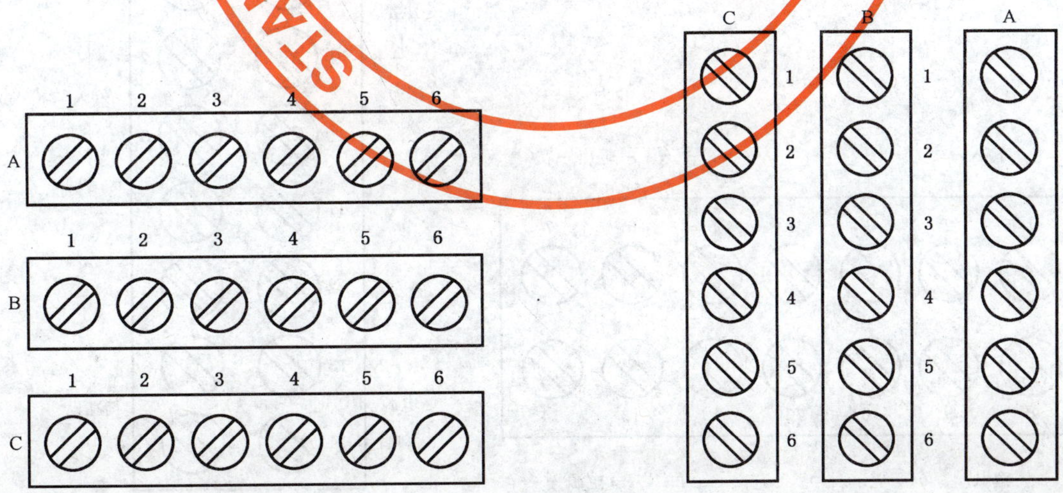

a) 多排　　b) 多列

图 6　多块端子板的独立编号示例

c) 兼有横排和竖排的多块端子板，其端子可根据端子板主要形式(横排或竖列)按 3.1 规定连续编号，或将每块端子板按端子板主要形式的顺序用拉丁字母依次标识，然后分别对每块端子板的端子按 3.1 规定予以独立编号(示例见图 7)。

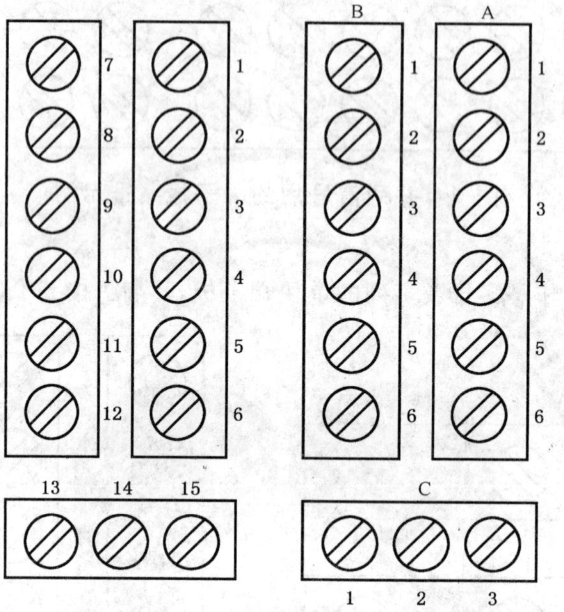

图 7 兼有横排和竖列的多块端子板编号示例

4 端子排列

4.1 输入和输出信号

a) 连接输入信号和输出信号的端子，应按先“输入”后“输出”的顺序排列，若同种信号有正、负极性时，则应按先“正(+)”后“负(−)”的顺序排列(示例见图 8)。

b) 具有一块以上的端子板时，应按先输入端子板后输出端子板的顺序排列(示例见图 9)。

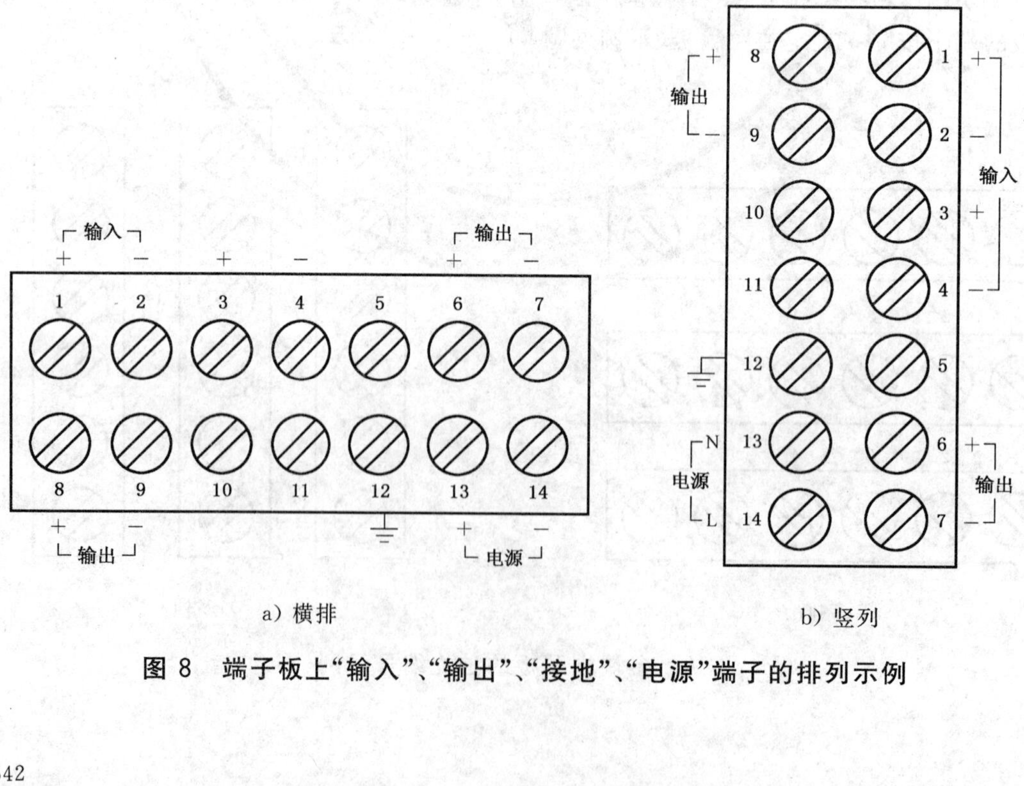

a) 横排　　b) 竖列

图 8 端子板上“输入”、“输出”、“接地”、“电源”端子的排列示例

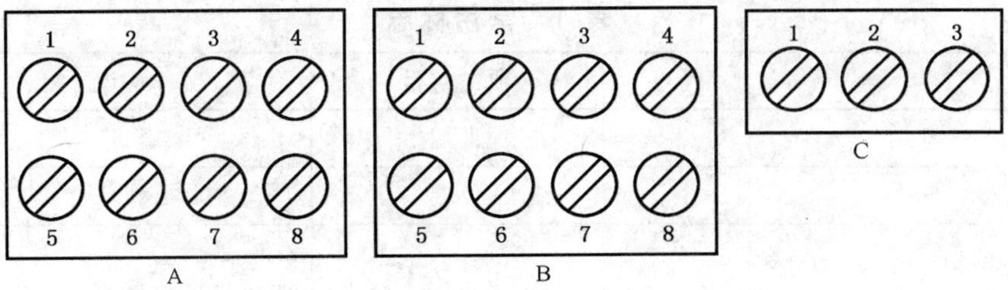

a) 横排的多块端子板

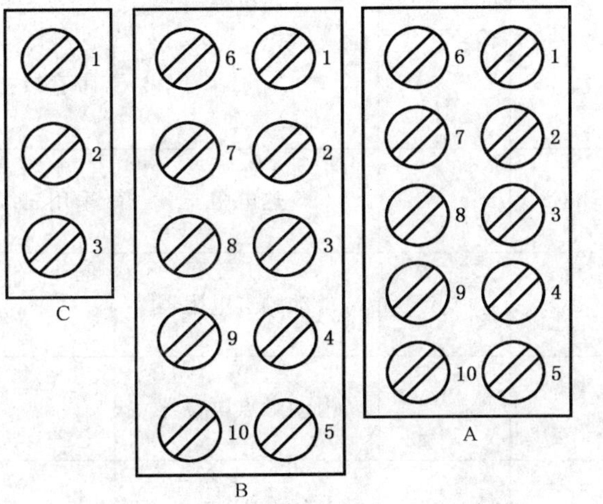

b) 竖列的多块端子板

A——输入信号端子板；

B——输出信号端子板；

C——电源端子板。

图9　输入、输出信号端子板和电源端子板分别列出的排列示例

4.2　辅助信号

连接辅助信号(如检测、校验、输出反馈等)的端子，一般应按其输入或输出功能，遵循4.1规定的顺序排列。必要时，允许作为单独信号考虑，将辅助信号端子排列在输入端子前或输出端子后，也可作为独立部分另设端子板。

4.3　接地和电源

a)　连接接地和电源的端子，应是端子板上的最后三个端子，若为交流供电时，应按地线(E)、中线(N)、相线(L)的顺序排列；若为直流供电时，应按“地(E)”、“正(＋)”、“负(－)”端的顺序排列(示例见图8)。需要时，允许接地端子单独设在表壳上。

b)　具有一块以上的端子板时，电源端子应尽量单独设在最后一块端子板上(示例见图9)。

5　端子标志

端子板上的端子应尽量附有连接外部线路的标志，以便于识别。

编号和标志原则上两者不可缺一，若受结构影响或尺寸位置限制或考虑其他因素时，允许按有关产品标准规定任选一种表示；但在采用编号表示时，其连接外部线路的标志必须在产品使用说明书中予以明确规定。

标志一般用符号或代号表示，部分标志也可用文字替代。

符号或代号从GB/T 4026、GB/T 4728.2、GB/T 4728.4、GB/T 4728.6、GB/T 4728.7和GB/T 4728.8中选用，常用标志见表1。

表 1 常用标志

序号	符　号	代号	项　目	说　明
1	＋		正端	
2	－		负端	
3	形式1 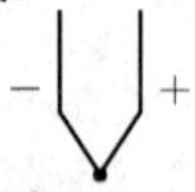 形式2 		热电偶	示出极性符号 带直接指示极性,粗线表示负端
4	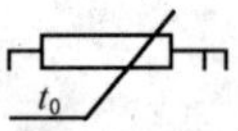		热电阻	采用三线制
5	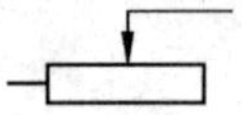		滑动触点电阻器	
6	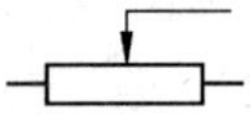		滑动触点电位器	
7			电阻器	
8	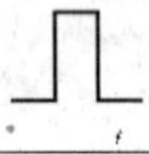		正脉冲	也可表示电平开关信号
9			负脉冲	
10			线圈或绕组	
11	形式1  形式2 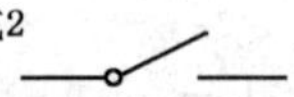		常开触点	也可表示常开状态
12	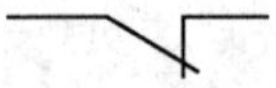		常闭触点	也可表示常闭状态
13			电机	符号内*用下述字母之一代替: M——电动机; MS——同步电动机; TM——力矩电机
14	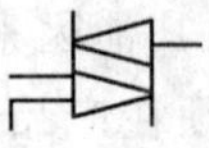		双向可控硅	
15			熔断器	
16	～	AC	交流	

表 1（续）

序号	符　　号	代号	项　　目	说　　明
17		DC	直流	
18		E	接地	
19		PE	保护接地	
20	 或 	FB(E)[a]	功能等电位联结（接机壳或底板）	
21		L	相线	
22		N	中性线	
23		C	公共端	
24		FB	反馈	
25		FF	前馈	
26		BCD	二—十进制编码	

a “功能等电位联结”和“反馈”的代号均为“FB”，为避免混淆，本标准将“功能等电位联结”的代号改为“FB(E)”。

ICS 37.100.01
A 17

中华人民共和国国家标准

GB/T 22113—2008/ISO 12639:2004

印刷技术　印前数据交换 用于图像技术的标签图像文件格式（TIFF/IT）

Graphic technology—Prepress digital data exchange—Tag image file format for image technology(TIFF/IT)

(ISO 12639:2004,IDT)

2008-07-02 发布　　2008-12-01 实施

中华人民共和国国家质量监督检验检疫总局
中国国家标准化管理委员会　发布

前　言

本标准等同采用ISO 12639:2004《印刷技术　印前数据交换　用于图像技术的标签图像文件格式(TIFF/IT)》(英文版),并采纳了其修正件(ISO 12639:2004/DAmd 1)。

本标准的附录E、附录F、附录G、附录H、附录J为规范性附录,附录A、附录B、附录C、附录D、附录I、附录K、附录L为资料性附录。

本标准由国家新闻出版总署提出。

本标准由全国印刷标准化技术委员会归口。

本标准起草单位:天津科技大学、南京林业大学、信息工程大学测绘学院、中国印刷科学技术研究所。

本标准起草人:蔡圣燕、刘真、刘诗德、魏斌。

本标准为首次发布。

引　　言

本标准的技术内容用于在电子或数字系统之间交换各种类型的彩色或单色栅格图像数据文件，这些文件可以用于印前图像处理、印刷设计以及相关的文档创建与生成的操作。标准的目的是提供一个与媒体无关的交换工具，以在各种媒介之间进行数据交换，如网络、磁媒介和光媒介。

本标准定义的图像文件格式适用于彩色连续调图像、彩色线条图像、高分辨率连续调图像、单色连续调图像、二值图像和二值线条图像、加网数据和复合最终页面图像。本标准有三个级别的规范：TIFF/IT、TIFF/IT-P1 和 TIFF/IT-P2。

TIFF/IT 又称完全 TIFF/IT。TIFF/IT-P1 规范是 TIFF/IT 的一个子集，提供了一个最小的可选范围，只允许进行较简单的操作，并和常见的 TIFF 6.0 读写程序兼容（对于彩色连续调图像、二值图像和单色图像文件而言）。用于彩色连续调图像、单色图像和二值图像的 P1 格式文件分别与 CMYK（分色）图像、单色图像和二值图像的 TIFF 6.0 文件兼容。用于高分辨率连续调图像、线条图像和二值线条图像的 P1 格式文件虽然与 TIFF 6.0 不兼容，但由于限制了选项范围，在桌面系统中执行更简单。

TIFF/IT-P2 也是 TIFF/IT 规范的一个子集，包含了 TIFF/IT-P1 的所有选项，另外还支持专色、更大的彩色线条图像调色板、加网图像格式和更多的压缩方法。与 TIFF/IT-P2 兼容的读取程序应该能读取 TIFF/IT-P1 文件。

通过与印前、印刷文档处理和计算机图形图像工业领域中许多流行的应用软件系统所支持的简化、限制功能的子集兼容，TIFF/IT-P1 和 TIFF/IT-P2 格式使本标准的应用更加广泛。

印刷技术　印前数据交换
用于图像技术的标签图像文件格式(TIFF/IT)

1　范围

本标准规定了一种与媒介无关的印前电子数据交换方法,该方法使用标签图像文件格式。标准定义的图像文件格式能对彩色连续调图像、彩色线条图像、高分辨率连续调图像、单色连续调图像、二值图像和二值线条图像、加网数据和复合最终页面图像进行编码。

2　规范级别和标识

2.1　概述

本标准有三个级别的规范:TIFF/IT(又称为完全 TIFF/IT)、TIFF/IT-P1 和 TIFF/IT-P2。所有规范级别都支持与媒介无关的方法,用于印前、打印、印刷和信息处理领域中各种图像的交换。

TIFF/IT-P1 规范提供了一个最小的可选范围,只允许进行较简单的操作,并和常用的 TIFF 6.0 读写程序兼容(对于彩色连续调图像、二值图像和单色连续调图像文件而言)。该规范用于无需所有选项的场合。

TIFF/IT-P2 也是 TIFF/IT 规范的一个子集。它包含了 TIFF/IT-P1 的所有选项,另外还支持专色、更大的 LW 调色板、用于加网数据的 SD 文件格式和更多的压缩方法。

只有本标准中定义的 TIFF/IT 字段才是需要写入、识别和解释的,未分类或未引用的 TIFF 字段不需要支持。不支持字段的处理方式取决于读取程序。读取程序应该遵循 TIFF 的策略,即忽略不支持字段而尽量处理该文件(见附录 A)。

本标准说明各种图像数据类型规范的 TIFF/IT、TIFF/IT-P1 和/或 TIFF/IT-P2 文件格式。符合本标准要求的各种图像数据类型文件应该符合相应类型的 TIFF/IT、TIFF/IT-P1 和/或 TIFF/IT-P2 规范。接受和处理这些文件的读取程序应该兼容相应图像类型的 TIFF/IT、TIFF/IT-P1 或 TIFF/IT-P2 读取程序,生成和输出这些文件的写入程序也应该与相应类型的 TIFF/IT、TIFF/IT-P1 或 TIFF/IT-P2 写入程序兼容。本标准与 TIFF 6.0 有冲突的地方,应优先考虑本标准。

2.2　图像文件类型标识

TIFF/IT 能表示各种类型的打印和印刷图像数据结构。各图像文件类型的识别码如下所示(见附录 B):

TIFF/IT-CT　彩色连续调图像数据
TIFF/IT-LW　彩色线条图像数据
TIFF/IT-HC　高分辨率连续调图像数据
TIFF/IT-MP　单色连续调图像数据
TIFF/IT-BP　二值图像数据
TIFF/IT-BL　二值线条图像数据
TIFF/IT-SD　加网图像数据
TIFF/IT-FP　最终页面数据

2.3　TIFF/IT 规范

执行本标准不必处理标准中的所有图像文件类型,可分别执行第 7 条款中描述的各图像文件类型。文件、读取程序或写入程序可以被标识为兼容所有图像文件类型或只是兼容特定的几种图像文件类型。

执行 TIFF/IT 标准必须遵循各种图像文件类型的要求，第 7 条款中详细说明了这些要求。如果只符合特定的一种或几种图像文件类型，则要求使用 2.2 中定义的特定图像文件类型标识(如 TIFF/IT-CT)。

2.4 TIFF/IT-P1 规范

TIFF/IT-P1 规范的目的是以尽可能简单和直接的方式表示各种类型图像的数据结构，以支持在印前、打印、印刷、信息处理系统及程序之间的图像文件交换。TIFF/IT-P1 是 TIFF/IT 的一个子集。

执行 TIFF/IT-P1 标准必须遵循各种图像文件类型的要求，第 7 条款中详细说明了这些要求。符合特定图像文件类型标准的执行要求使用 2.2 中定义的末尾带有“/P1”的类型标识符(如 TIFF/IT-CT/P1)。

2.5 TIFF/IT-P2 规范

TIFF/IT-P2 规范的目的是以尽可能简单和直接的方式表示各种类型图像的数据结构，以支持在印前、打印、印刷、信息处理系统及程序之间的图像文件交换。TIFF/IT-P2 也是 TIFF/IT 的一个子集，是 TIFF/IT 和 TIFF/IT-P1 之间的一个中间规范。

执行 TIFF/IT-P2 标准必须遵循各种图像文件类型的要求，第 7 条款中详细说明了这些要求。符合特定图像文件类型标准的执行要求使用 2.2 中定义的末尾带有“/P2”的类型标识符(如 TIFF/IT-CT/P2)。

2.6 规范标识

执行本标准还需标明是文件、读取程序还是写入程序。规范的术语应该是图像文件类型后面跟“文件”、“读取程序”或“写入程序”(如 TIFF/IT 写入程序、TIFF/IT-CT/P1 读取程序或 TIFF/IT-LW 文件)。

3 规范性引用文件

下列文件中的条款通过本标准的引用而成为本标准的条款。凡是注日期的引用文件，其随后所有的修改单(不包括勘误的内容)或修订版均不适用于本标准，然而，鼓励根据本标准达成协议的各方研究是否可使用这些文件的最新版本。凡是不注日期的引用文件，其最新版本适用于本标准。

GB/T 1988—1998 信息技术 信息交换用七位编码字符集(eqv ISO/IEC 646:1991)

GB/T 2659—2000 世界各国和地区名称代码(eqv ISO 3166-1:1997)

GB/T 17235.1—1998 信息技术 连续色调静态图像的数字压缩及编码 第 1 部分：要求和指南(ISO/IEC 10918-1:1994,IDT)

GB/T 19437—2004 印刷技术 印刷图像的光谱测量和色度计算(ISO 13655:1996,IDT)

GB/T 20439—2006 印刷技术 印前数据交换 用于四色印刷特征描述的输入数据(ISO 12642:1996,IDT)

IEC 61966-2-1:1999 多媒体系统和设备 颜色测量和管理 第 2-1 部分：色彩管理 缺省 RGB 色空间——sRGB

ISO 12641:1997 图像技术 印前数据交换 用于扫描仪校正的色标

ICC.1:2001-12 颜色特性文件格式规范，国际色彩联盟

RFC:1950 ZLIB 压缩数据格式规范，版本 3.3，RFC，1950：德国，P.，J-L. GAILLY，Aladdin Enterprises，1996 年 5 月

RFC:1951 DEFLATE 压缩数据格式规范，版本 1.3，RFC，1951：德国，P.，Aladdin Enterprises，1996 年 5 月

TIFF，最终修订版 6.0 版：Aldus 公司(现为 Adobe 公司)，1992 年 6 月 3 日

4 术语、定义和缩略

4.1 术语和定义

下列术语和定义适用于本标准。

4.1.1

大端字节顺序 big-endian byte-ordering

在短整型或长整型数据内字节的一种排列顺序，随着字节地址的增加，字节的重要性降低。

4.1.2

小端字节顺序 little-endian byte-ordering

在短整型或长整型数据内字节的一种排列顺序，随着字节地址的增加，字节的重要性增加。

4.1.3

偏移量 offset

TIFF/IT 文件内相对于文件零字节的地址。

4.1.4

偏移量值 offset value

描述数据偏移量的短整型或长整型数据。

4.1.5

像素 pixel

图像元素，是图像的最小组分，包括像素颜色和尺寸的定义(用图像分辨率说明图像的尺寸时用到，如单位长度的像素数)。

4.1.6

印刷网点百分比 printing dot value

印刷阶调值 printing tone value

存储在计算机中的数据，对应印版上吸附油墨(这些油墨将被转移到印张上)的面积百分比。

注：这与半色调胶片的阶调值对应。最终复制品最光亮处的值接近 0(在计算机文件中为 0)，最暗处接近 100%(在计算机文件中经常为 255)。

4.1.7

读取程序 reader

能接受一个文件并进行一定处理的应用程序、系统或子系统，至少可以根据预定义的规则接受或拒绝一个文件。如果接受，则对文件进一步处理。

4.1.8

行程编码 run length encoding

一种数据编码方法，用一系列的有序数据对描述含有同一数值重复的一系列数据。每个数据对包含一个数值和它的重复次数。

注：行程编码产生数据压缩。

4.1.9

分色版 separations

单个数据面，对应于着色过程所用的每个颜色。

注：对于印刷而言，是青(C)、品红(M)、黄(Y)、黑(K)四原色。也经常用到其他的分色版，如专色、特殊颜色和印品整饰处理所用，如上光版。

4.1.10

专色 spot color

用名称来标识的单一颜色，说明印刷阶调值不使用颜色坐标系。

4.1.11

字符串 string

字符、字节、整数等的序列。

4.1.12

TIFF/IT 字段、TIFF 字段 TIFF/IT field、TIFF field

有一个关联值的一维数组(但通常只包含一个条目)。

注:一个字段的识别包括字段名、标签号和字段类型。

4.1.13

TIFF/IT 标签 TIFF/IT tag

TIFF/IT 文件中每个条目所对应的特定的数字标识符。

4.1.14

透明颜色 transparent color

说明其下面的图像(如果有)可见的一种属性。

注:完全透明区域是指没有任何颜色的区域,它下面的图像可见(如果有)。“白色”则意味着下层的图像不能透显出来。透明属性可以应用于彩色线条图像、高分辨率彩色连续调图像、二值线条图像或二值图像文件中一个像素或调色板颜色的一个或所有分色版。

4.1.15

陷印 trapping

修改分色版的一种技术:印刷过程中,由于正常的套印误差可能会在不同分色版的边界处产生漏白,通过在边界处压印一种选定的颜色来补偿套印误差的技术。

4.1.16

字对齐 word-aligned

从偶数偏移量开始的字节序列。

4.1.17

写入程序 writer

基于预定的规范生成一个文件,并能输出该文件的应用程序、系统或子系统。

4.2 缩略语

BL	二值线条图像或图像文件(或行程编码位图)
BP	二值(或字节填充位图)图像或图像文件
CEPS	彩色电子印前系统
CT	彩色连续调图像或图像文件
DTP	桌面出版
FP	最终页面文件
HC	高分辨率连续调(彩色)图像或图像文件
IFD	图像文件目录
LW	彩色线条图像或图像文件
MP	单色连续调图像或图像文件
P1	一级简述文件
P2	二级简述文件
TIFF	标签图像文件格式,第六版,Aldus 公司
SD	加网数据图像或文件

5 注释和字段类型

5.1 注释

除特别标明外，本标准中的所有数值都用十进制表示。后缀 h 表示十六进制数，字符串用单引号括起来。

字符串中只包含值为 32～126 之间的字符，字母 A-Z 和 a-z 的含义分别相同。

TIFF/IT 字段优先值前面有一个“＝”号，并用圆括号括起来，如“(＝5)”。优先值要求能被相应的符合规范的应用程序或读取程序接受和识别。程序还可以写入优先值以外的值，但不要求读取程序一定能接受或识别，具体的处理取决于读取程序。

TIFF/IT 字段必需值前面有一个“＝”号，但不用圆括号括起来，如“＝5”。必需值不仅要求能被相应的应用程序或写入程序写入，而且要求相应的程序接受和识别。

缺省值(如果有)前面加“Default＝”或“d＝”，如“Default＝0.255”。在一些表格中，缺省值在缺省值栏内标明。如果写入程序没有在有缺省值说明的字段内写入值，读取程序应使用缺省值。因为为所有“TIFF”标签设置的缺省值是专为 TIFF 文件指定的，对于 TIFF/IT 文件可能无效。这种情况下，会指定一个或多个必选字段值。

注：在缺省值栏中说明一个条目时，可能会引用 TIFF 6.0 缺省值，而这些缺省值对于 TIFF/IT 文件可能无效。因此对于 TIFF/IT 文件，通常在表中采用一个或多个必选字段值来指明这些值。

本标准中使用的分类标记定义如下：

m　必选字段(绝对必需)

写入程序必须写入必选字段。读取程序必须能读取和处理必选字段，并且可以拒绝那些省略了必选字段的文件。

opt　可选字段

写入程序可以写入或忽略可选字段。读取程序也不要求一定读取或处理可选字段。

d　缺省字段

写入程序可以写入或忽略缺省字段。当该字段值缺省时，读取程序应使用缺省值。当该字段包含任何必需值或优先值时，读取程序必须能读取并处理该字段。

以上分类可能会因文件类型的不同而有变化，在第 7 条款中将进一步说明。

图像文件目录的条目使用包含一个或多个单词的字段名来标识，通常首字母大写，单词间无空格(如“PageName”)。

5.2 字段类型

本标准使用了以下字段类型：

ASCII 型：包含 ISO/IEC 646 中图形字符代码(单字节)的字段类型。ASCII 字符串最后一个字符是“NULL”(字符 0)。

字节型：包含八位无符号二进制整数的字段类型。

长整型：包含 32 位无符号二进制整数的字段类型。

有理数型：包含两个长整型的字段类型，第一个是分数的分子，第二个是分母。

短整型：包含 16 位无符号二进制整数的字段类型。

未定义：包含 8 位无符号二进制数数组的字段类型。

6 图像数据类型描述

6.1 彩色连续调图像(CT)数据

彩色连续调图像是像素的阵列，每个像素用一组分色值表示。

注：在图像技术应用程序中，像素通常用四个字节表示，分别说明青、品红、黄和黑色四种印刷原色的分色值。

6.2 彩色线条图像(LW)数据

彩色线条图像是像素的阵列,图像像素的颜色数有限,在调色板中定义。调色板中的条目说明各颜色的分色值。线条图像通常含有许多相同颜色像素的区域。线条图像文件使用行程编码技术。彩色线条图像使用透明颜色属性使下面的图像可见,其分辨率通常比彩色连续调图像高。

6.3 高分辨率连续调图像(HC)数据

高分辨率连续调图像是像素的阵列,像素用一组分色值表示。它也使用类似于彩色线条图像的透明色和行程编码技术,但通常比彩色线条图像具有更高的分辨率。高分辨率连续调图像不使用调色板,因此颜色的表示不像线条稿图像那样受限制。它通常用于描述两个相邻的彩色连续调图像的边缘以及彩色线条图像与彩色连续调图像之间的边缘。

注:附录C描述了彩色连续调图像、彩色线条图像和高分辨率连续调图像之间的关系。

6.4 单色图像和二值图像

6.4.1 概述

除了6.1、6.2和6.3中说明的彩色图像格式外,本标准也支持单色连续调和二值图像。这些图像类似于对应的彩色图像,只是数据量更小。

针对加网图像,增加了一种基于二值图像数据的颜色格式。它的每个分色都基于二值图像数据,当把这些分色版叠加在一起时,表示了一幅加网的彩色图像。

6.4.2 单色连续调图像(MP)数据

单色连续调图像是像素的阵列,像素用一个字节表示其单一颜色的强度变化。该格式用某个指定颜色的不同灰度级来表现一幅单色连续调图像。

单色连续调图像格式类似于(但不等于)彩色连续调图像的单色版本。它只有一个颜色,因此也不需要交替存储。

6.4.3 二值图像(BP)数据

二值图像是像素的阵列,每个像素用一位表示,指明该像素是背景(位值为0)一部分还是图像(位值为1)的一部分。字节内位的顺序是从左到右,也就是说,最重要的位最先存储。背景色和前景色可以分别指定。

6.4.4 二值线条图像(BL)数据

二值线条图像是像素的阵列,像素只用一个值表示,这些值编码成为背景色和图像色数据对的序列。

二值线条图像的另一个特点是含有同一颜色(图像色或背景色)的大片连续区域。它也使用行程编码技术。

6.4.5 加网数据图像(SD)数据

加网数据图像包含一系列的像素阵列。一个阵列表示已加网(网点拷贝)图像的一个分色版。对于每个分色版,其像素用一位表示,指明该像素是背景(位值为0)一部分还是图像(位值为1)的一部分。字节内位的顺序是从左到右,也就是说,最重要的位最先存储。

6.5 最终页面(FP)数据

通常,一个准备在图像记录仪上曝光的最终页面包含本标准中描述的CT、MP、SD、LW、BL、BP或HC栅格格式中的一种以上格式。TIFF/IT-FP提供了将各种类型的图像文件结合在一起组成一个最终页面的机制。

7 TIFF/IT、TIFF/IT-P1和TIFF/IT-P2图像数据文件的要求

7.1 用于图像技术的标签图像文件格式(TIFF/IT)的结构

7.1.1 概述

本标准包括了TIFF 6.0第一部分和第二部分中定义的注释和结构。另外,那些被标识出但没有

在本标准中定义的 TIFF 标签,采用 TIFF 6.0 中的定义。本标准与 TIFF 6.0 相冲突的地方,优先考虑本标准。

TIFF/IT 文件表示一个图像或一组相关图像的数据,它包括一个短文件头、一个或多个图像文件目录(IFD)以及与图像文件目录相关联的图像数据。图像参数在图像文件目录字段中编码,用不到的字段可以从图像文件目录中省略。用标签值来识别字段,与它在目录条目中的位置无关。

7.1.2 文件头

TIFF/IT 文件以一个八字节的文件头开始。

0-1 字节:文件中偏移量为 0 的两个字节包括 ISO 646 字符"II"(4949h)或"MM"(4D4Dh)。"II"表示文件用小端字节顺序存储;"MM"表示文件使用大端字节顺序。写入程序可以使用这两种中的任一种,但读入程序必须对两种都能解释。

注:通常在 TIFF 使用中,这个参数的使用范围是文件头、目录和图像数据中的所有数据。在本标准中,图像数据中一些特定的 16 位字段固定的使用大端字节顺序,这将在 7.3 到 7.10 条款特定的图像数据类型中定义。

2-3 字节:偏移量为 2 的这两字节包含常数 42(2Ah)。

4-7 字节:偏移量为 4 的四个字节包含文件中第一个图像文件目录的偏移量。目录要求字对齐。

7.1.3 图像子文件

一个 TIFF/IT 文件可能包含一个或多个子文件,每个子文件描述 TIFF/IT 文件中一组相关图像中的一个。它包括一个图像文件目录以及一个或多个被引用的字对齐的序列,序列中包含图像数据。

7.1.4 图像文件目录(IFD)

图像文件目录位于文件内任一字对齐的位置,通过向前链表的方式连接起来。它包含一个说明图像文件目录条目数的双字节的字段、一个或多个以标签号升序排列的图像文件目录条目和一个指向链表中下一个图像文件目录的四字节的偏移量(文件中最后一个图像文件目录的偏移量为 0)。图像文件目录的每个条目都是一个 12 字节的单参数的字段,字段描述文件的一个属性。

7.1.5 图像文件目录条目

图像文件目录条目包含一个短整型(双字节)标签号(用以标识字段)、一个短整型(双字节)数据类型(用以标识字段类型),一个说明数据元素个数的长整型(四字节)计数(count),和一个长整型偏移量。偏移量应该是一个偶数,因为要求与 16 位的字边界对齐。

字段类型编码如下:

1:字节型	8 位无标记整数
2:ASCII 码	7 位 ASCII 码加 1 位二进制 0
3:短整型	16 位无标记整数
4:长整型	32 位无标记整数
5:有理数型	2 个 LONG,第一个是分子,第二个是分母
7:未定义类型	

计数决定字段值中数据元素的个数。一个 ASCII 字符串条目的计数应该是字符串中字符(字节)的数量,其中包括结束符。

如果字段类型大小和计数的乘积不大于四字节,与图像文件目录条目相关联的数据值就直接存储在该图像文件目录条目的偏移量字段内。否则,图像文件目录条目的偏移量字段就存储一个指向序列的与字对齐的偏移量,该序列包含指定数量的数据元素。

7.1.6 图像数据

图像数据存储在一个或多个字对齐的序列中。组成图像的像素阵列可以被分割成若干个数据带,每个数据带(最后一个可能除外)包括数据带行数字段(标签号为 278,短整型或长整型,缺省值为 FFFFFFFFh)指定的行数。如果数据带行数字段值等于或大于图像行数字段值,那么整个图像就用一个数据带描述,这是缺省情况。数据带用字对齐的数据序列描述。

强制类型字段数据带偏移量(标签号为273,长整型或短整型,计数等于图像数据带数目字段值)包含了每一数据带序列的偏移量(与字对齐)。

数据带字节数字段(标签号279,长整型或短整型,计数等于图像数据带数目字段值)说明每一数据带的字节数。

仅包含一个图像子文件的TIFF/IT文件结构如图1所示。

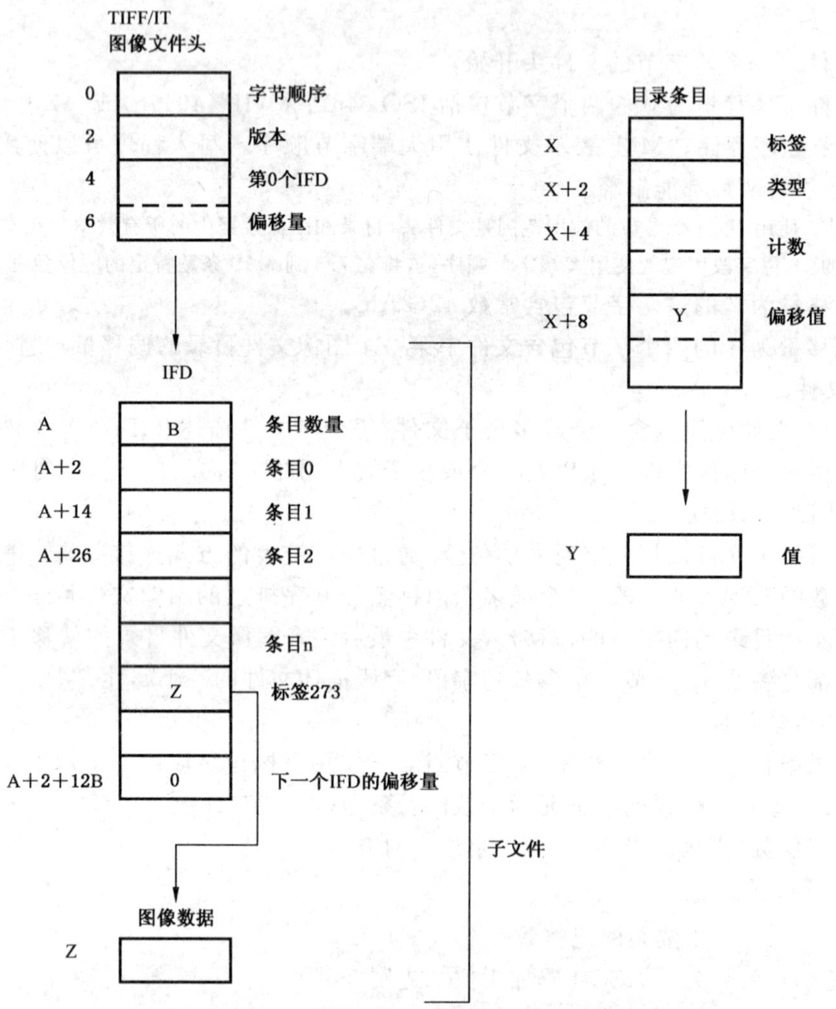

图1 单图像子文件的TIFF/IT文件结构(只含一个数据带)

7.2 一般参数

7.2.1 概述

子条款7.2.2到7.2.10概括描述了TIFF/IT文件中使用的每个字段(包括TIFF标签号、字段名和数据类型)。要查看特定图像文件类型(如,CT、LW、HC、MP、BP、SD、FP和BL)字段的使用,请参阅相应类型的子条款。附录D是一个按字母顺序排序的TIFF/IT字段列表。

7.2.2 作业标识

作业名和图像名分别用文档名字段和图像描述字段表示,也可能用到页名字段。

269	文档名	ASCII型
270	图像说明	ASCII型
285	页名	ASCII型

可以分别用创建者字段说明图像创建者,用版权字段说明版权。

315	创建者	ASCII型
33432	版权	ASCII型

7.2.3 系统标识

下列字段用来描述与图像有关的系统数据。

271	制造商	ASCII 型
272	型号	ASCII 型
305	软件	ASCII 型
306	日期时间	ASCII 型
316	主机	ASCII 型
34016	地址	ASCII 型
34018	IT8 文件头	ASCII 型

三字符的国家代码(根据 ISO 3166 标准)应该作为制造商字段的最后三个字符(终止字符"NULL"除外),以标识注册制造商的国家名称。

地址字段用于识别图像数字化(或编码成 TIFF/IT 格式)时保存文件的地点。

注:TIFF/IT 文件的 IT8 文件头字段包含来自 ISO 10755、ISO 10756 和 ISO 10759 未修改的文件头(需在字符串后加上 ASCII 字符"NULL")。TIFF/IT 不必解释和使用 IT8Header 字段的内容。

7.2.4 图像大小和方向

使用三个字段表示图像的大小和方向。第一个字段说明图像的宽度,第二个字段说明图像的长度,第三个字段说明相对于图像观察者的扫描线方向。

256	图像宽度	短整型或长整型
257	图像长度	短整型或长整型
274	扫描取向	短整型

四种基本方向说明如下(见图 2):

1:从左上开始水平方向装载(缺省值)。0 行表示图像的上边,0 列表示左边。

5:从左上开始垂直方向装载。0 行表示图像的左边,0 列表示上边。

4:从左下开始水平方向装载。0 行表示图像的底边,0 列表示左边。

8:从左下开始垂直方向装载。0 行表示图像的左边,0 列表示底边。

本标准要求至少能用一种基本方向写入,但要求读取程序能读取所有基本方向。

箭头表示数据流中第一行像素的顺序

图 2 第一行数据、图像方向和方向代码的关系图

四种可选方向说明如下(见图 2):

2:从右上开始水平方向装载。0 行表示图像的上边,0 列表示右边。

6:从右上开始装垂直方向装载。0 行表示图像的右边,0 列表示上边。

3:从右下开始水平方向装载。0 行表示图像的底边,0 列表示右边。

7:从右下开始垂直方向装载。0 行表示图像的右边,0 列表示底边。

注 1:TIFF/IT 不允许使用未知方向。

注 2:尺寸、分辨率和方向字段共同描述数据流中逻辑图像的尺寸和方向。图像宽度字段(扫描线的像素数)和图像长度字段(图像的扫描线数)说明了数据流中像素的顺序,而并不是逻辑图像本身。TIFF 和 TIFF/IT 中的名词“宽度”指的是数据流中第一行像素表示的图像尺寸,TIFF 和 TIFF/IT 中的名词“长度”指的是数据流中用扫描线数表示的图像尺寸。如方向 1 和 4 定义“宽度”为逻辑图像的水平轴,“长度”为垂直轴,而方向 5 和 8 定义“宽度”为垂直轴,“长度”为水平轴。

FP 文件格式的图像位置字段(位于组分图像的图像文件目录中)说明图像相对于原点在 X 方向和 Y 方向的偏移量。

286　X 方向位置　有理数型

287　Y 方向位置　有理数型

7.2.5　图像分辨率

图像分辨率用以下字段说明:

282　X 方向分辨率　有理数型

283　Y 方向分辨率　有理数型

296　分辨率单位　　短整型

可以从宽度和长度两个方向来说明图像的分辨率(指每个分辨率单位上的像素数)。符合 TITT/IT、TITT/IT-P1 和 TITT/IT-P2 要求的分辨率单位可以是 296 字段值 3 所代表的厘米,也可以是字段值 2(缺省值)代表的英寸。字段值 1 表示没有指定绝对测量单位,能被 TITT 识别,但不能被 TIFF/IT 识别。

像素不必是正方形,因此要正确计算一个图像的尺寸,必须同时考虑两个轴向的分辨率。通过两个轴向的分辨率和像素数,可以计算各轴向的图像尺寸,即等于像素数除以分辨率。

7.2.6　数据格式

使用数据格式参数描述数据流的样式和顺序。数据格式参数的编码需要用到很多 TITT/IT 字段。

254　新子文件类型　长整型

新子文件类型字段是对子文件中数据类型的一个概要说明,其值由 32 个标志位组成。未使用的位设置为 0。位 0 处于低位。

258　样点位数　　短整型

259　压缩方式　　短整型

277　像素样点数　短整型

284　数据面结构　短整型

像素样点数字段和样点位数字段决定了样点的数量(分色数和颜色数)和尺寸。这些信息和压缩方式字段、数据面结构字段共同决定文件的数据格式。样点位数字段的计数应该等于像素样点数字段值。

如果压缩方式字段值是缺省值 1,则说明没有压缩。BP 数据非常紧凑,未使用的位不进行描述(行的末尾除外)。压缩字段其他的 TIFF/IT 值的含义为:

32895:表示在 CT 或 MP 格式中使用栅格填充

32896:表示在 LW 格式中使用行程编码

32897:表示在 HC 格式中使用行程编码

32898:表示在 BL 格式中使用行程编码

4:表示在 BP 和 SD 格式中使用 CCITT G4 编码

7:表示在 CT 和 MP 格式中使用 JPEG 编码,见附录 E

8:表示在所有格式中使用 flate 编码(LW、HC 和 BL 格式除外),见附录 F

34715:表示在 BP 和 SD 格式中使用 JBIG2-Amd2 编码,见附录 L

数据面结构字段分别用 1、32768 和 2 值区别 CT 格式是像素交替存储(有时称为“块”)、线交替存储还是颜色交替存储(也就是按颜色面或分色存储)。该字段缺省值为 1。当像素样点数字段值为

1时,该字段可以忽略。

表1总结了不同类型的数据格式使用 TIFF/IT 字段编码的情况。

表1 数据格式编码

文件类型	像素样点数	样点位数	压缩方式	数据面结构
彩色连续调图像(CT) ——像素交替存储	1-16	8,8,…或 16,16,…	1,7,8或32895	1
彩色连续调图像(CT) ——线交替存储	1-16	8,8,…或 16,16,…	1,7,8或32895	32768
彩色连续调图像(CT) ——颜色交替存储	1-16	8,8,…或 16,16,…	1,7,8或32895	2
彩色线画稿(LW)	1	8	32896	省略,不用
高分辨率连续调(HC)	2-16(仅限偶数)	8,8,…	32897	1
单色连续调图像(MP)	1	8或16	1,7,8或32895	省略,不用
二值图像(BP)	1	1	1,4,8或34715	省略,不用
二值线条稿(BL)	1	1	32898	省略,不用
加网数据(SD)	1-16	1,1,…	1,4,8或34715	2

34019 栅格填充 短整型

栅格填充字段指定颜色行或交替存储的颜色行填充到与1、2、4、512或1024字节对齐的边界。

0:字节栅格(缺省) 填充到1字节

1:字栅格 填充到2字节

2:长字栅格 填充到4字节

9:区域栅格 填充到512字节

10:长区域栅格 填充到1 024字节

当使用线交替存储方式时,该字段针对颜色行,而非像素行。不管何种填充长度(单位为字节),字段值总是2的幂。

在 TITT/IT-LW 线条图像文件中还需要另外两个字段来指定短行程和长行程的位数。详见该文件类型说明。

34020 行程位数 短整型(缺省值为8)

34021 扩展行程位数 短整型(缺省值为16)

HC文件有特殊的方法决定文件内信息的类型,即HC使用方法字段。

34030 高分辨率连续调图像使用 长整型

高分辨率连续调图像使用字段中的各位说明HC文件中信息的类型。如果所有位都是0,或该字段未出现,则信息类型不可知。各位表示文件中编码的信息类型,位之间不会相互排斥,因为HC文件可以同时包含连续调和线条稿信息。

位0: 1表示文件中包含高分辨率彩色连续调图像的阶调信息

位1: 1表示文件中包含线条稿信息

位2: 1表示文件中包含陷印信息

位3-31: 保留,值为0

34031 陷印指示字段 字节类型(缺省为1)

陷印指示字段是可选字段,用于说明该文件或该组文件是否已设置陷印。陷印是通过改变彩色对象的边缘来预防印刷过程中由于套印误差而出现的漏白现象。

如果陷印指示字段值是缺省值1,那么该文件或该组文件包含了所有必要的陷印数据,无需进一步的陷印设置。

如果陷印指示字段值是0,那么没有设置陷印。在最后输出时必须设置必要的陷印。

对于SD文件,如果使用陷印指示字段,那么该值应该为1。

在除FP以外的所有文件类型中,陷印指示字段说明该文件内部的陷印。

在FP文件组中,陷印指示字段值同时说明子文件内部和子文件之间的陷印状态。所以,应使用FP文件中的值,而忽略各文件内部的值。

7.2.7 文件格式

许多印前应用程序在TIFF/IT文件中都只使用一个数据带。这种情况下,就只有一个数据带偏移量和一个数据带字节数,因此,数据带行数字段可以忽略。其他情况下,数据带偏移量字段、数据带行数字段和数据带字节数字段的使用同TIFF 6.0第一部分——“基准”。

273	数据带偏移量	长整型或短整型
278	数据带行数	长整型或短整型
279	数据带字节数	长整型或短整型

上述三个参数的使用方法参考7.1.6。

7.2.8 颜色说明

7.2.8.1 概述

本标准的基本色空间为CMYK色空间,其他颜色空间由光学解释标签说明,在7.2.8.2到7.2.8.4中有详细解释。

262	光学解释	短整型

CT、LW和HC文件的光学解释字段值5表示分色图像文件的色序是CMYK。如果被其他字段修改过,则是其他颜色或色序。2和8值仅用于CT文件,而0和1值应用于MP、BP和BL文件。0值表示0对应白色,1值表示0对应黑色。

TIFF/IT中,建议MP、BP和BL图像使用0值。为正确理解MP、BP和BL图像,白色和黑色应该理解成背景色和前景色(图像颜色)。

当CT数据中的光学解释字段值为2(RGB)时,编码如附录G定义。

当CT数据中的光学解释字段值为6(YCbCr)时,编码如附录E定义。

当CT数据中的光学解释字段值为8(Lab)时,编码如附录H定义。

当光学解释字段值为5时,说明色空间细节的参数有:分色数、色序和颜色值。

7.2.8.2 分色数

印刷图像通常用印刷四原色表示,采用CMYK或YMCK色序。也可以使用1至16种分色,以不同的色序印刷,如7.2.6中描述。像素样点数字段说明分色数(LW文件除外)。对于LW文件,分色数是色序字段中的颜色条目数(见7.2.8.3.2)。

7.2.8.3 色序定义

7.2.8.3.1 概述

本标准有两种色序信息编码方法。

旧方法:使用色序标签。色序标签用一个字符识别一个分色,它既不提供印刷色的完整名字,也不提供CMYK模拟值。

新方法:使用油墨名称字段和CMYK等价色标签,完全定义色序、各分色的名称和它们的CMYK模拟值。

应该尽量用第二种方法说明色序。当使用非CMYK颜色时,强烈建议使用这些标签。

分色数不应该超过16。

7.2.8.3.2 **色序标签**

34017　　色序　　ASCII 码(色序)

本标准分别为四色和三色提供了两种基本色序。四色分色的两种基本色序用色序字段的“CMYK”和“YMCK”值表示,三色分色的两种基本色序用“RGB”和“CIELAB”值表示。

为说明本标准的可选颜色或色序,下面色序字段中条目的顺序可以任意改变(同一颜色如果有另外的分色,颜色条目可以重复):

“Y”“M”“C”“K”　　——黄、品红、青和黑油墨
“R”“G”“B”　　——红、绿、蓝光强
“U”“V”“L”　　——CIE1976 色空间 LUV 的 u'、v' 和明度(L)
“1”至“9”　　——用户自定义颜色或分色,如粉红、亮油等
“Q”　　——出现在数据流中,但忽略不计。

注 1：色序字段中的条目不必各不相同。

注 2：色序“UVL”由于历史的原因而包含进来,但它的使用受限制。

注 3：包含色序“RGB”,仅仅是因为历史原因。RGB 数据通常使用光学解释字段值 2,在 7.2.8.2 和附录 G 中有说明。

注 4：色序标签值区分大小写,如字母‘A’和‘a’是不一样的。

注 5：色序中互不相同的条目数不能超过 16。

332　油墨组　　短整型

334　油墨数量　短整型(缺省值为 4)

油墨组和油墨数量字段都是可选字段。油墨组字段值 1 表示采用 CMYK 色序,字段值 2 表示除值 1 外的其他油墨组或色序(也就是说非 CMYK 色序的油墨组)。如果使用该字段,注意不能与其他已用字段有冲突。油墨数量字段值说明油墨或分色的数量,通常等于像素样点数字段值,但也可能与色序字段中说明的颜色数相同。

7.2.8.3.3 **油墨名**

333　油墨名　ASCII 型

当对应各分色的油墨名出现在色序标签中时(或 LW 文件中,该条目的第 4 至第 19 字节出现在色表字段中),可能会用到油墨名标签。该标签的长度是所有油墨名字符串的字符数(包括空字符)。用到的每个油墨名写成首尾相连的 ASCII 字符串,以空字符结尾。

字符串的数量必须与油墨数和色序字段(见 7.2.8.3.2)值一致。如果使用了油墨名标签,油墨名顺序应该与色序标签或 LW 色表字段该条目中第 4 至第 19 字节一致。

7.2.8.3.4 **CMYK 等价色**

34032　CMYK 等价色　字节型或短整型

CMYK 等价色是一组青、品红、黄、黑油墨的条目,这四色油墨定义的颜色应在视觉上接近指定颜色的实地色。CMYK 等价色标签值的意义取决于网点范围标签。它可用于描述等价的 CMYK 颜色值,这些值对应色序字段值中的元素。它可用于 TIFF/IT 和 TIFF/IT-LW/P2 文件。CMYK 等价色字段是可选字段。

CMYK 等价色标签包括一至十六个条目。各条目描述分色的青、品红、黄、黑等价颜色值,所以分色数仅由像素样点数字段值决定。每个条目四个字节,或八个字节(四个短整型元素)。

如果用到了 CMYK 等价色标签,其条目数应等于色序字段的长度减去 1。每个条目描述了一套 CMYK 等价颜色值,对应色序字段的各个元素。

示例：如果色序字段值等于“12CMYK”,且以空字符结束,那么表示使用了两个专色和 CMYK 四原色。这种情况下,CMYK 等价色标签的长度应该是 24。假设 CMYK 等价色标签的值是[55,255,0,0],[0,100,100,0],[255,0,0,0],[0,255,0,0],[0,0,255,0],[0,0,0,255],那么第一个条目[55,255,0,0]描述了第一个分色

(这里是专色 1),第二个条目[0,100,100,0]描述了第二个分色(这里是第二个专色),第三个条目[255,0,0,0]描述了第三个分色(这里是青色),如此类推。

如果在 LW 格式中使用了 CMYK 等价色标签,其第一个条目描述色表中第四个字节(从零开始数)的分色,第二个条目描述色表中第五个字节的分色。如果存在第十六个条目,则描述色表中最后一个分色。因此,色序取决于 CMYK 等价色标签的数据顺序。

7.2.8.4 **颜色值**

336 网点范围 字节型或短整型(0%网点,100%网点)

对于各分色图像,颜色值应该与印刷网点百分比呈线性关系。颜色值是无符号数,其范围是 0～255。网点范围与颜色值之间的关系(表现为步长、斜率和截距)由文件创作者决定,但同一文件中的所有分色都应该相同。网点范围字段用于描述这些关系。TIFF/IT 文件中,网点范围字段计数是 2,即有两个颜色值,一个颜色值对应 0%网点,另一个对应 100%网点。缺省值为 0 和 $2^{样点位数}-1$(最大值为 255),分别对应 0%和 100%网点。

注:TIFF 6.0 允许各分色使用不同网点范围值。为简化起见,TIFF/IT 要求一个文件中的所有分色使用相同的网点范围。

图 3 进一步描述了印刷网点百分比和颜色值之间的关系,0%网点对应的颜色值为 20,100%网点对应的颜色值为 220。

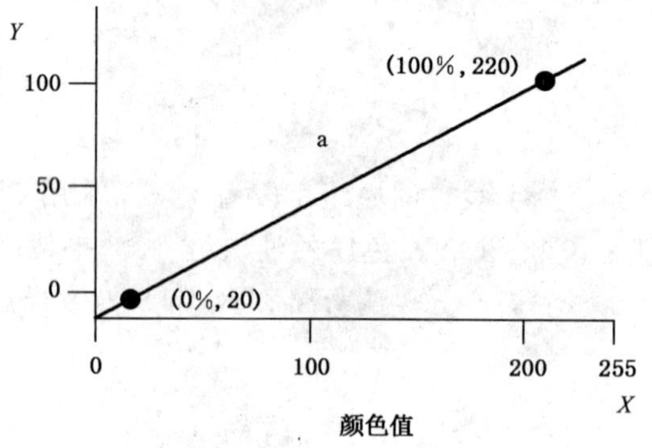

X——颜色值(%);

Y——网点百分比;

a——允许使用负斜率。

图 3 印刷网点值和颜色值的关系图

像素的颜色值(即数据流中的值)可能会高于 100%网点或低于 0%网点对应的值。这种情况下,读取程序可以接受或裁剪这些数据。

例子:0%网点对应的颜色值为 20,设有像素颜色值为 15,读取程序处理的结果可以是 20,也可以是 15。

34029 颜色特征描述 ASCII 型

分色、RGB 或其他图像的颜色值可以通过 ISO 12641、ISO 12642 或命名色空间(如 IEC 61966-2-1 定义的 sRGB)中说明的数据表格进一步描述。通过使用颜色特征描述字段,这些 ASCII 数据表格嵌入到它们所描述的图像文件中。更详细的内容请参阅 ISO 12641、ISO 12642 和附录 I。

34675 ICC 特性文件 未定义类型

分色、RGB 或其他图像的颜色值还可以通过 ICC 特性文件进一步描述。如果用到 ICC 特性文件,就应该使用 ICC 特性文件标签,附录 J 详细说明。

34022 色表 字节类型

在彩色线条图像中,颜色值在色表中进行编码。色表是 TIFF/IT 中 ColorTable 字段的值(参看 7.4.2.2)。

34025 图像颜色值 字节类型

34026 背景颜色值 字节类型

二值图像和二值线条图像中的像素(位)标明是前景色还是背景色。图像颜色值字段和背景颜色值字段分别说明图像颜色和背景颜色。

34027 像素强度范围 字节类型(最小、最大强度)

单色连续调图像中的像素标明一个特定颜色的强度。颜色由图像颜色值字段定义。与网点范围字段相似,强度百分比也被映射到像素强度范围字段说明的双字节的值。缺省值为 0 和($2^{样点位数}-1$),分别对应 0%和 100%强度(见 7.6)。

34028 透明指示 字节类型

透明指示字段用于高分辨率彩色连续调图像文件的透明指示。缺省值 0 表示未使用透明颜色,值 1 表示使用了透明色,编码方法如 7.5 中描述,不支持其他值。其他类型文件不使用该字段。彩色线条图像文件在色表中对透明色进行编码,二值线条图像文件和二值图像文件则在图像颜色及背景颜色指示字段中编码。

7.2.9 图像颜色和背景颜色指示

34023 图像颜色指示 字节类型

34024 背景颜色指示 字节类型

二值图像文件(包括 BP 和 BL)的数据流起到前景色和背景色开关的作用。图像颜色指示字段标识特定的图像颜色或前景色在二值图像(附带的还有透明信息)或单色连续调图像(不存在背景颜色)中是否进行了编码。背景颜色指示字段标识有关背景色(单色连续调图像不说明任何背景色)的同样信息。这些字段值描述图像特征,背景色如下定义:

0:未定义图像颜色和背景色(缺省值)

1:定义了图像颜色和背景色

2:全透明,未定义图像颜色和背景色

全透明意味着下面的图像(如果存在),在透明区域内完全显示出来。

如果系统不进行任何图像颜色或背景色的说明,就将前景色和背景色指示字段值设置为缺省值 0。这种情况下,前景色和(或)背景色的解释义取决于读取程序。

7.2.10 按 TIFF/IT 标签号顺序说明字段

7.2.10.1 传统的 TIFF 字段

表 2 是 TIFF/IT 文件中常用的 TIFF(TIFF 6.0)传统字段的用法,只列出了在 TIFF/IT 中有特别应用的 TIFF 字段,未使用字段和不适用的字段均没有列出。在特殊类型的文件(CT、LW、HC、MP、BP、BL、SD 和 FP)中的字段使用,参见相应文件类型的子条款。

表 2 传统 TIFF 字段

标签号	字段名	数据类型	备 注
254	子文件类型	长整型	(=0)
256	图像宽度	长整型或短整型	基准 TIFF 必需字段[像素数每线]
257	图像长度	长整型或短整型	基准 TIFF 必需字段[图像的线数]
258	样点位数	短整型	参见特定文件类型
259	压缩方式	短整型	参见特定文件类型(及附录 E、F)
262	光学解释	短整型	参见特定文件类型
269	文档名	ASCII 型	可选字段[任务名]
270	图像说明	ASCII 型	可选字段[图像名]

表 2（续）

标签号	字段名	数据类型	备　注
271	制造商	ASCII 型	可选字段[零售商名]
272	型号	ASCII 型	可选字段
273	数据带偏移量	长整型或短整型	基准 TIFF 必需字段(如果只有一个数据带,就只有一个值)
274	扫描取向	短整型	(=1、=4、=5、=8)可选值为 2、3、6、7
277	像素样点数	短整型	参见特定文件类型
278	数据带行数	长整型或短整型	如果整个图像只有一个数据带,忽略该字段,并采用缺省值。
279	数据带字节数	长整型或短整型	基准 TIFF 必需字段(如果只有一个数据带就只有一个值)
282	X 方向分辨率	有理数型	基准 TIFF 必需字段(线内像素之间)
283	Y 方向分辨率	有理数型	基准 TIFF 必需字段(图像内扫描线之间)
284	数据面结构	短整型	参见特定文件类型
285	页名	ASCII 型	可选
286	X 方向位置	有理数型	在 TIFF/IT-FP 中使用
287	Y 方向位置	有理数型	在 TIFF/IT-FP 中使用
296	分辨率单位	短整型	基准 TIFF 必需字段
301	传递函数	短整型	可选(参见附录 G)
305	软件	ASCII 型	可选[程序名]
306	日期	ASCII 型	可选
315	创建者	ASCII 型	可选
316	主机	ASCII 型	可选
318	白点	有理数型	可选(参见附录 G)
319	基色色度	有理数型	可选(参见附录 G)
332	油墨组	短整型	参见特定文件类型
333	油墨名称	ASCII 型	可选
334	油墨数量	短整型	参见特定文件类型
336	网点范围	字节或短整型	(0%和 100%网点对应的颜色值)
532	参考黑白点	有理数型	可选(参见附录 G)
33432	版权	ASCII 型	可选
34675	ICC 特性文件	未定义	可选(参见附录 J)

7.2.10.2　附加 TIFF/IT 字段

除了传统 TIFF 字段,TIFF/IT 还需要一些字段执行特定的 TIFF/IT 功能。从 34016 至 34035 这 20 个私有字段专门分配给 TIFF/IT,表 3 列出了这些字段。特定文件类型(CT、LW、HC、MP、BP、BL、SD 和 FP)中的字段使用,参见相应文件类型的子条款。

表 3 附加 TIFF/IT 字段

标签号	字段名	数据类型	备注
34016	位置	ASCII 型	[位置名]
34017	色序	ASCII 型	色序，四色图像文件的缺省值=CMYK，与光学解释字段值 5 兼容
34018	IT8 文件头	ASCII 型	如果有来自的未经修改的文件头(末尾添加空字符)，保存在此。推荐使用 IT8Header 标签只是为与 ISO 12639—1998 兼容。ISO 10755，ISO 10756 和 ISO 10759已过时
34019	栅格填充	短整型	CT 和 BP 文件也用 0 表示不使用填充。缺省值=0
34020	行程位数	短整型	参见特定文件类型
34021	扩展行程位数	短整型	参见特定文件类型
34022	色表	字节类型	色表大小=(最大颜色编号+1)×20 字节。这是整个色表，从 0 一直到最大颜色编号条目。参看 7.4.2.2
34023	图像颜色指示	字节类型	参见特定文件类型
34024	背景颜色指示	字节类型	参见特定文件类型
34025	图像颜色值	字节类型	参见特定文件类型
34026	背景颜色值	字节类型	参见特定文件类型
34027	像素强度范围	字节类型	参见特定文件类型
34028	透明指示	字节类型	参见特定文件类型
34029	颜色描述	ASCII 型	参见特定文件类型
34030	高分辨率连续调图像使用	长整型	HC 文件中的信息类型
34031	陷印指示	字节类型	(=0,=1) 缺省值=1
34032	CMYK 等价色	字节型/短整型	对于 LW、CT、HC 和 SD 类型文件可选
34033	预留作 TIFF/IT 今后使用	—	—
34034	预留作 TIFF/IT 今后使用	—	—
34035	预留作 TIFF/IT 今后使用	—	—

7.3 彩色连续调图像文件

7.3.1 TIFF/IT-CT、TIFF/IT-CT/P1 和 TIFF/IT-CT/P2

TIFF/IT-CT 使用 TIFF 和 TIFF/IT 字段中所有适用于彩色连续调图像的特征和功能。TIFF/IT-CT/P1 和 TIFF/IT-CT/P2 则将字段值限制在缺省值、单一值或很小的选择范围内，其可选字段的使用也被限制在正常交换所必需的最小范围内。

TIFF/IT-CT/P1 是用于彩色连续调图像、一种简化的图像格式描述文件，可被看作是 TIFF/IT-CT 的一个限制子集。它可以被典型的 TIFF 6.0 读取程序读取，也可以由符合 TIFF 6.0 第 16 部分——CMYK 图像规范的写入程序生成。

TIFF/IT-CT/P2 可看作是对 TIFF/IT-CT/P1 的扩展。如果使用了 CMYKEquivalent 标签，它可能不能被典型的 TIFF 6.0 读取程序读取。

使用 RGB(光学解释字段值为 2)及 LAB(光学解释字段值为 8)的 TIFF/IT-CT 可被认为是 TIFF/IT-CT 的扩展(分别参见附录 G 和附录 H)。

TIFF/IT-CT 和 TIFF/IT-CT/P2 允许图像数据使用 JPEG 或 Flate 压缩方式。TIFF/IT-CT/P1 不允许图像数据进行任何压缩。

7.3.2 数据结构

7.3.2.1 概述

有三种格式可用于描述彩色连续调图像文件数据的像素结构：

——像素交替(也称为块格式)；

——线交替(也称为行交替)；

——颜色交替(也称为面格式)。

TIFF/IT-CT 写入程序可以使用其中任意一种格式，而 TIFF/IT-CT 读取程序必须能读取所有格式。TIFF/IT-CT/P1 和 TIFF/IT-CT/P2 则只限于使用像素交替格式。

注：一些机器和应用程序要求数据与 16 位字边界对齐，因此，如果一行的字节数是奇数，应该在行末添加一个字节。这种情况下，栅格填充字段(RasterPadding，标签号为 34019)值 1 表示字对齐的填充值，压缩方式字段值 32895 表示有这种填补。但是，TIFF/IT-CT/P1 和 TIFF/IT-CT/P2 不允许使用压缩方式字段值 32895 来表示栅格填补，也不允许使用栅格填充字段。

7.3.2.2 像素交替

像素交替数据结构按贯穿整个图像的扫描线的顺序来存储像素。像素内各分色顺序在光学解释字段或色序字段中定义。

7.3.2.3 线交替

线交替数据结构先存储一条扫描线的一个颜色，再存储该扫描线的另一个颜色，总共存储 n 条扫描线的 m 个分色。各扫描线的色序在光学解释字段或色序字段中定义。

7.3.2.4 颜色交替

颜色交替数据结构先存储一个分色的所有扫描线，再存储下个分色的所有扫描线。颜色平面的顺序在光学解释字段或色序字段中定义。

7.3.2.5 像素样点数

TIFF/IT-CT 读取程序应该能读取和处理各像素有四个样点的 CT 文件，其他值的处理对于 TIFF/IT-CT 和 TIFF/IT-CT/P2 是可选的，但对于 TIFF/IT-CT/P1 是不允许的。

TIFF/IT-CT 写入程序应该能生成各像素有四个样点的 CT 文件，其他值的处理对于 TIFF/IT-CT 和 TIFF/IT-CT/P2 是可选的，但对于 TIFF/IT-CT/P1 是不允许的。

7.3.2.6 色序

TIFF/IT-CT 的像素交替数据格式应该可以 YMCK 或 CMYK 色序的其中一种写入，但要求两种色序都能读取。TIFF/IT-CT/P1 只允许写入和读取 CMYK 色序。

TIFF/IT-CT 的线交替数据格式仅要求能写入和读取 CMYK 色序。

TIFF/IT-CT 的可选色序在 7.2.8.3.2 中定义。

青、品红、黄和黑这四个名称只能当作印刷原色的名称，不能作为专色名。

7.3.3 TIFF/IT-CT 编码

TIFF/IT-CT、TIFF/IT-CT/P1 和 TIFF/IT-CT/P2 字段的使用如表 4 所示。

表 4 TIFF/IT-CT、TIFF/IT-CT/P1 和 TIFF/IT-CT/P2 字段的使用

字段名	标签代码	数据类型	计数	缺省值	TIFF/IT-CT	TIFF/IT-CT/P1	TIFF/IT-CT/P2	注释
子文件类型	254	长整型	1	0	d(=0)	d=0	d=0	—
图像宽度	256	短整型/长整型	1	无	m	m	m	每行的像素数
图像长度	257	短整型/长整型	1	无	m	m	m	图像的行数

表 4（续）

字段名	标签代码	数据类型	计数	缺省值	TIFF/IT-CT	TIFF/IT-CT/P1	TIFF/IT-CT/P2	注释
样点位数	258	短整型	a	1	m(=8,…,=16,…)	m=8,8,8,8	m=8,…	—
压缩方式	259	短整型	1	1	d(=1,=7,=8,=32895)	d=1	d=1，=7，=8	—
光学解释	262	短整型	1	无	m=2,=5,=6,=8	m=5	m=5	1,m
文档名	269	ASCII 型	b	无	可选	不使用	不使用	—
图像说明	270	ASCII 型	b	无	可选	可选	可选	—
制造商名	271	ASCII 型	b	无	可选	可选	可选	制造商名称
型号	272	ASCII 型	b	无	可选	不使用	不使用	—
数据带偏移量	273	短整型/长整型	c	无	m	m	m	图像数据的指针
扫描取向	274	短整型	1	1	d(=1,=4,=5,=8)	d=1	d=1	—
像素样点数	277	短整型	1	1	m(=4)	m=4	m(=4)	分色数
数据带行数	278	短整型/长整型	1	FFFFFFFFh	d	d	d	e
数据带字节数	279	短整型/长整型	c	无	d	m	m	—
X 方向分辨率	282	有理数型	1	无	d	m	m	—
Y 方向分辨率	283	有理数型	1	无	d	m	m	—
数据面结构	284	短整型	1	1	d=1,=2,=32768	d=1	d=1	—
页名	285	ASCII 型	b	无	可选	不使用	不使用	—
分辨率单位	296	短整型	1	2	d(=2,=3)	d=2，d=3	d=2，d=3	—
软件	305	ASCII 型	b	无	可选	可选	可选	—
日期	306	ASCII 型	d	无	可选	可选	可选	—
创建者	315	ASCII 型	b	无	可选	可选	可选	—
机器说明	316	ASCII 型	b	无	可选	不使用	不使用	—
油墨设置	332	短整型	1	1	可选	d=1	d=1	g
油墨名	333	ASCII 型	b	无	可选	不使用	可选	—
油墨数	334	短整型	1	4	可选	d=4	d=4	h
网点范围	336	BYTE/短整型	2	0,255	d	d = 0,255	d = 0,255	—
版权	33432	ASCII 型	b	无	可选	可选	可选	—
位置	34016	ASCII 型	b	无	可选	不使用	不使用	—
色序	34017	ASCII 型	b	CMYK	d(=CMYK,=YMCK)	不使用	d(=CMYK)	—
IT8 文件头	34018	ASCII 型	b	无	可选	不使用	不使用	—

表 4（续）

字段名	标签代码	数据类型	计数	缺省值	TIFF/IT-CT	TIFF/IT-CT/P1	TIFF/IT-CT/P2	注释
栅格填充	34019	短整型	1	0	f	不使用	不使用	—
颜色特征描述	34029	ASCII 型	b	无	可选	可选	可选	—
陷印指示	34031	BYTE	1	1	可选	不使用	可选	—
CMYK 等价色	34032	BYTE/短整型	j	无	可选	不使用	可选	—
ICC 特性文件	34675	未定义	k	无	可选	不使用	可选	—

a:像素样点数字段值。

b:字符串中字符(即字节)的数目,包括终止字符。

c:如果数据面结构字段值等于 1 或 32768,计数就等于图像数据带数目字段值;如果数据面结构字段值等于 2,计数就等于像素样点数×图像数据带数目。图像数据带数目=取整((图像行数+数据带的行数-1)/数据带的行数),其中取整是取变量的整数部分,如:取整(2.9)=2。

d:格式 YYYY:MM:DD HH:MM:SS 中的 20 个字节表示年、月、日、空格、时、分、秒、终止字符。

e:缺省值 FFFFFFFFh 表示整个图像就是一个数据带。

f:如果在 CT 格式中用到了栅格填充字段,压缩方式字段值必须等于 32895。栅格填充字段允许的值是0,1,2,9,10。

g:当色序字段值是缺省值 CMYK 时,油墨设置字段值是 1,否则值是 2。

h:如果用到了油墨数字段,其值必须和像素样点数字段值一致。

i:ISO 12641、ISO 12642、ASCII 数据表格,或命名颜色定义 sRGB。

j:计数=像素样点数字段值×4

k:计数= ICC 特性文件的字节数

l:只有当压缩字段值为 7 时,才使用值 6(YCbCr)

m:当光学解释字段值是 2 或 8 时,才优先考虑附录 G 或 H 的要求。

7.4 彩色线条图像文件

7.4.1 TIFF/IT-LW、TIFF/IT-LW/P1 和 TIFF/IT-LW/P2

TIFF/IT-LW 使用 TIFF 和 TIFF/IT 字段中所有适用于线条图像的特征和功能。TIFF/IT-LW/P1 和 TIFF/IT-LW/P2 则将字段值限制在缺省值、单一值或很小的选择范围内,其可选字段的使用也被限制在正常交换所必需的最小范围内。

TIFF/IT-LW/P1 是用于线条图像数据、一种简化的图像格式描述文件,可以被看作是 TIFF/IT-LW 的一个限制子集,目的是简化操作。TIFF/IT-LW/P2 可看作是对 TIFF/IT-LW/P1 的扩展。

注:由于强制使用 TIFF/IT 特有的字段和字段值以及其他 TIFF 6.0 字段和字段值非传统的解释(例如强制使用行程压缩编码方法),TIFF/IT-LW 文件不能被典型的 TIFF 6.0 读取程序读取,也不能由典型的 TIFF 6.0 写入程序生成。但可以编写滤镜,供读取和生成 TIFF/IT-LW、TIFF/IT-LW/P1 和 TIFF/IT-LW/P2 文件的 TIFF 程序使用。TIFF/IT-LW /P1 和 TIFF/IT-LW /P2 的滤镜比 TIFF/IT-LW 滤镜简单。

7.4.2 数据结构

7.4.2.1 概述

彩色线条数据由包含以下三个部分的图像文件组成。第一个部分包含一个或多个行程编码的数据块。数据块使用颜色编号和行程描述彩色线条图像。第二个部分是一个色表(位于图像文件目录中),定义第一部分中各颜色编号对应的颜色值。第三部分是描述第二部分各分色的一个表。这种数据结构类似于二值线条图像数据,只是加了两个色表用于说明颜色。

7.4.2.2 色表

7.4.2.2.1 描述

色表定义了颜色编号(用于在图像文件中给像素指定颜色)和各分色说明之间的对应关系。色表的条目数可以是1～65536,每个条目20字节,说明颜色编号、具体的颜色描述及是否透明。颜色编号用于将数据中的行程长度与特定的颜色及透明值联系起来。

色表按的组织方式如下:

表5 色表的组织

条　目	颜色编号	使用说明
1	0	保留,用于透明颜色
2～65536	1～65535	具体颜色说明

颜色编号0始终是透明色。

颜色编号从0递增到65535,而且在色表中有各自的位置。如颜色编号1是第二条,颜色编号10是第11条等。没用到的颜色编号在自己位置上将20个字节都填上0。最大有效颜色编号字段表示用到的最大颜色编号。

色表中的每个条目都是20个字节的二进制序列,用于说明行程长度的颜色和透明情况。条目有两种格式,基本格式和可选格式。

7.4.2.2.2 色表——基本格式

色表条目的基本格式描述不超过四个分色的文件,这些分色命名为青、品红、黄和黑色。它们的色序是CMYK或YMCK。在表6中描述。

表6 彩色线条图像文件色表条目的基本格式

字　节	位 7	6	5	4	3	2	1	0
0	16位颜色编号中的高字节[a]							
1	16位颜色编号中的低字节[a]							
2	⟨1	1	1	1	1	1	1	1⟩
3	⟨1	1	1	1⟩	⟨b	b	b	b⟩
4 5 6 7	各分色的颜色值(8位),按色序字段说明的顺序描述							
8 : 19	在基本彩色线条图像文件色表中不使用							

[a] 从0到65535之间的二进制数,说明0到65535之间的颜色编号。

[b] 位4到位7设置为二进制数1,位0到位3用于说明透明情况,即哪个分色是透明的(如果有),色序见7.4.2.3。二进制数1表示对应的分色透明。

0000　　表示无透明色

0001

:　　表示有一个或多个定义的分色透明

:

1110

1111　　表示所有的分色都透明

7.4.2.2.3 色表——可选格式

色表条目可选格式允许使用除CMYK和YMCK以外的其他色序，以及扩展的分色数。在表7中说明。在可选格式中，最多可使用16个分色。对于每个分色，色表提供一个字节描述分色值或数量。该值的含义根据网点范围标签解释。未使用的分色必须设置为0%网点百分比对应的值（根据网点范围标签确定）。各透明色指示位说明对应的分色是否透明，其顺序由色序字段决定。从4到19的字节值与色序字段(7.2.8.3.2)说明的顺序对应。

表7 彩色线条图像文件色表条目的可选格式

字节	位 7 6 5 4 3 2 1 0
0	16位颜色编号中的高字节[a]
1	16位颜色编号中的低字节[a]
2 3	可选分色的透明标识[b]
4 : 19	以色序字段中说明的顺序描述的各分色值的颜色值(8位)

[a] 从0到65535之间的二进制数，说明0到65535之间的颜色编号。

[b] 位0到位15(字节2和字节3的位0到位7)用于标识透明色，即说明哪个分色透明(如果有)，色序在7.4.2.3中定义。二进制数1表示对应的分色透明，1到65535之间的颜色编号均如此。

—字节2—	—字节3—	
7　　0	7　　0	字节中的位
15　　8	7　　0	由字节2和字节3组成的字中的位
0000 0000	0000 0000	无透明色
0000 0001	0000 0001	有一个分色透明(色序字段定义的第一个分色透明)
0000 0010	0000 0010	有一个分色透明(色序字段定义的第二个分色透明)
0000 0011	0000 0011	有两个分色透明(色序字段定义的第一和第二个分色透明)
:　　:	:　:	
1111 1111	1111 1110	只有一个分色不透明(色序字段定义的第一个分色不透明)
1111 1111	1111 1111	表示所有分色都透明

7.4.2.3 透明颜色

基本格式中，颜色编号1到65535之间的字节3的值FFh以及颜色编号0保留用作说明完全透明颜色。使用颜色编号0时，字节总是填充FF。字节4到字节19中的颜色值作为透明色或未使用分色的标记，为制造商保留，非印刷用。

基本格式中颜色编号1到65535的字节3的值F1到FE表明四个定义的分色中有一个或多个分色透明。这些值实际上是位掩码，根据定义的色序指明哪个分色透明，位掩码中权重最轻的位对应色序中的第一个分色。

示例：

——F1(位掩码是1111 0001)表明当色序是YMCK时，Y色透明。

——F6(位掩码是1111 0110)表明当色序是CMYK时，第二和第三分色透明，即M和Y透明。

类似的，可选格式使用字节2和字节3说明分色透明情况：0000表示所有分色都不透明，FFFF表示所有分色都透明，0001到FFFE之间的数表示其间的各种组合。对于未使用的分色，其透明指示值是二进制数1。

7.4.2.4 基本行程编码结构

7.4.2.4.1 格式

行程编码有两种基本格式：

——短编码格式(16 位长)用于最大长度是($2^{行程位数}-1$)像素的行程；

——长编码格式(32 位长)用于最大长度是 65535 像素的行程。

这两种格式可以在一个文件中自由组合。写入程序必须能写入短编码格式，但不要求写入长编码格式，因为后者可以通过前者的重复得到。但要求读取程序能读取这两种编码。

注 1：$2^{15}\sim2^{16}-1$ 之间的最大有效颜色编号是特殊情况，要求必须使用长编码格式。

每一行数据(数据行相对于图像的方向在 7.2.4 中说明)以两个零字节开头，以两个零字节结尾。

注 2：因为在编码行中也可能出现两个相邻的零字节，因此不能据此就判断是文件结尾。

如果编码行中的像素数与定义的每行像素数不相符，或编码行数与定义的图像行数不相符，肯定是出错了，其后续处理交与程序判断。不管是短编码格式还是长编码格式，都不 n 使用行程长度 0，因为它与其他说明相冲突。

7.4.2.4.2 短编码格式的结构

短编码格式是双字节的条目，包含两个部分。第一部分是色表中的颜色编号，第二部分是行程长度。行程长度部分的长度由行程位数字段定义。颜色编号部分的长度是(16-行程位数)，必须和最大有效颜色编号要求的编码位对应。TIFF/IT-LW/P1 文件的行程位数字段值必须是 8。短编码格式的结构见图 4。最大有效颜色编号和要求的编码位数之间的关系见表 8。

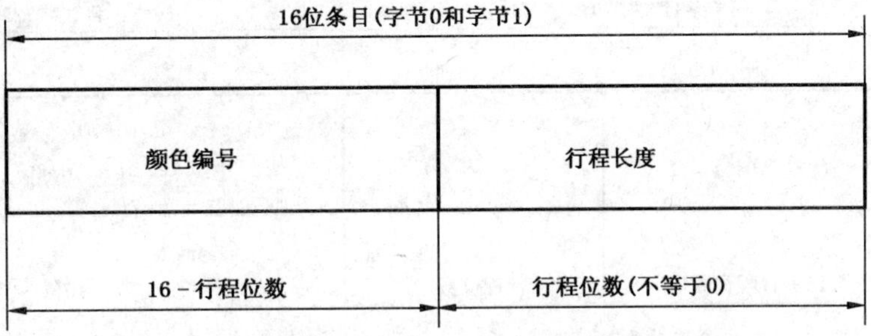

图 4 TIFF/IT-LW 中的短编码格式的结构

表 8 最大有效颜色编号和要求的编码位数之间的关系

最大有效颜色编号	要求的编码位数 (＝16-4 行程位数)
0～1	1
2～3	2
4～7	3
8～15	4
16～31	5
32～63	6
64～127	7
128～255	8
256～511	9
512～1023	10
1024～2047	11

表 8（续）

最大有效颜色编号	要求的编码位数 （=16-行程位数）
2048～4095	12
4096～8191	13
8192～16383	14
16384～32767	15
32768～65535	16（无短编码格式）

7.4.2.4.3 **长编码格式的结构**

长编码格式有四个字节，包括三个部分。

——第一部分是颜色编号，其长度在表 8 中定义，也就是说，颜色编号部分的长度是（16-行程位数）。

——前两个字节（16 位）剩余的位都设置为 0，以表明这是长编码格式。最大有效颜色编号大于 32768（由色表值决定）的特殊情况也表明这是长编码格式。

——32 位条目的最后 16 位用于行程编码。这一部分不能为零（其值范围是 1～65535）。

当长编码格式被用来对小于 256 像素的行程进行编码时，应该将最后 16 位的高 8 位设为 0，仅用低 8 位表示行程长度。不管 TIIF/IT 目录（图像文件目录）中采用何种字节顺序，长编码格式都采用 MM 字节顺序。长编码格式的结构定义如图 5 所示。

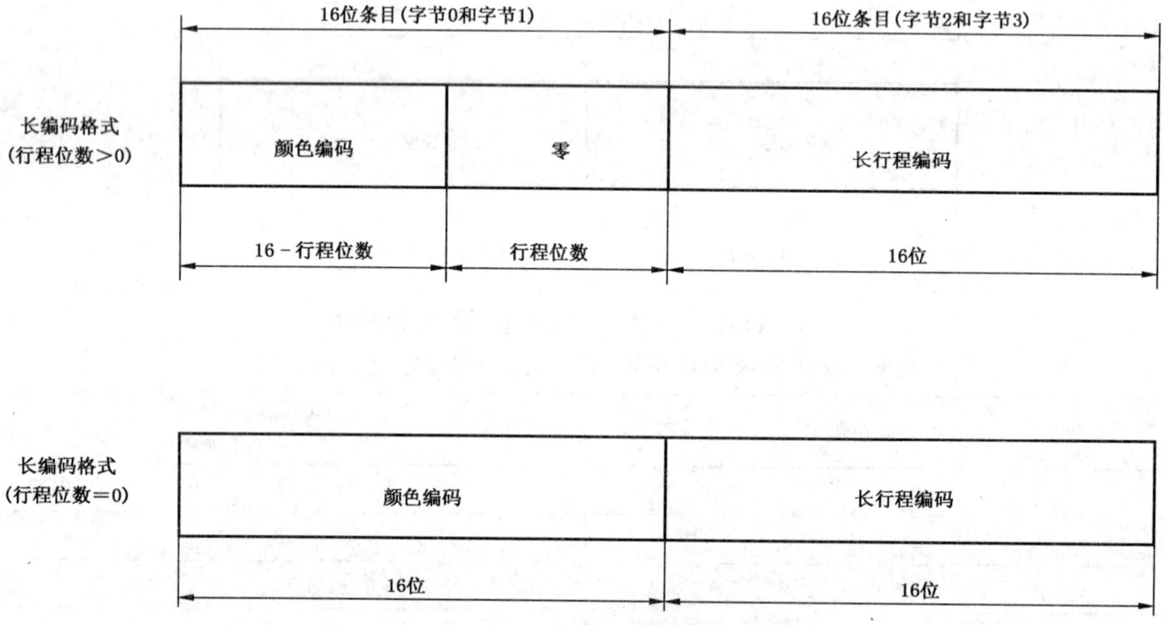

图 5 TIFF/IT-LW 中的长编码格式的结构

7.4.3 **TIFF/IT-LW，TIFF/IT-LW/P1 和 TIFF/IT-LW/P2 编码**

TIFF/IT-LW，TIFF/IT-LW/P1 和 TIFF/IT-LW/P2 数据字段的用法在表 9 中说明。

表 9 TIFF/IT-LW、TIFF/IT-LW/P1 和 TIFF/IT-LW/P2 字段用法

字段名	标签代码	数据类型	计数	缺省值	TIFF/IT-LW	TIFF/IT-LW/P1	TIFF/IT-LW/P2	注释
子文件类型	254	长整型	1	0	d(=0)	d=0	d=0	—
图像宽度	256	短整型/ 长整型	1	无	m	m	m	行像素数

表 9（续）

字段名	标签代码	数据类型	计数	缺省值	TIFF/IT-LW	TIFF/IT-LW/P1	TIFF/IT-LW/P2	注释
图像长度	257	短整型/长整型	1	无	m	m	m	图像行数
样点位数	258	短整型	1	1	m[j]	m=8	m=8	—
压缩方式	259	短整型	1	1	m=32896	m=32896	m=32896	—
光学解释	262	短整型	1	无	m=5	m=5	m=5	—
文档名	269	ASCII 型	a	无	可选	不使用	不使用	—
图像说明	270	ASCII 型	a	无	可选	可选	可选	—
制造商	271	ASCII 型	a	无	可选	可选	可选	制造商名称
型号	272	ASCII 型	a	无	可选	不使用	不使用	—
数据带偏移量	273	短整型/长整型	b	无	m	m	m	图像数据指针
扫描取向	274	短整型	1	1	d(=1,=4,=5,=8)	d=1	d=1	—
像素样点数	277	短整型	1	1	m=1	m=1	m=1	—
数据带行数	278	短整型/长整型	1	FFFF FFFFh	d	d	d	e
数据带字节数	279	短整型/长整型	b	无	m	m	m	—
X 方向分辨率	282	有理数	1	无	m	m	m	—
Y 方向分辨率	283	有理数	1	无	m	m	m	—
页名	285	ASCII 型	a	无	可选	不使用	不使用	—
分辨率单位	296	短整型	1	2	d(=2,=3)	d=2, d=3	d=2,d=3	—
软件	305	ASCII 型	a	无	可选	可选	可选	—
日期	306	ASCII 型	c	无	可选	可选	可选	—
创建者	315	ASCII 型	a	无	可选	可选	可选	—
机器说明	316	ASCII 型	a	无	可选	不使用	不使用	—
油墨设置	332	短整型	1	1	可选	d=1	d=1	g
油墨名	333	ASCII 型	a	无	可选	不使用	可选	—
油墨数	334	短整型	1	4	可选	d=4	d=4	h
网点范围	336	字节/短整型	2	0,255	d	d=0,255	d	—
版权	33432	ASCII 型	a	无	可选	可选	可选	—
位置	34016	ASCII 型	a	无	可选	不使用	不使用	—
色序	34017	ASCII 型	a	CMYK	d(=CMYK,=YMCK)	不使用	d	色序
IT8 文件头	34018	ASCII 型	a	无	可选	不使用	不使用	—
行程位数	34020	短整型	1	8	d	d=8	d	i
扩展行程位数	34021	短整型	1	16	d=16	d=16	d=16	—

表 9（续）

字段名	标签代码	数据类型	计数	缺省值	TIFF/IT-LW	TIFF/IT-LW/P1	TIFF/IT-LW/P2	注释
色表	34022	BYTE	d	无	m	m	m	—
颜色特征描述	34029	ASCII 型	a	无	可选	可选	可选	f
陷印指示	34031	BYTE	1	1	可选	不使用	可选	—
CMYK 等价色	34032	字节型/短整型	j	无	可选	不使用	可选	—
ICC 特性文件	34675	未定义	k	无	可选	不使用	可选	—

a:字符串中字符(即字节)的数目,包括终止字符。

b:计数等于图像数据带数目字段值,其值等于取整((图像行数＋数据带的行数－1)/数据带的行数)。取整是指取变量的整数部分,如取整(2.9)＝2。

c:格式 YYYY:MM:DD HH:MM:SS 中的 20 个字节表示年、月、日、空格、时、分、秒、终止字符。

d:(最大有效颜色编号＋1)×20。

e:缺省值 FFFFFFFFh 表示整个图像就是一个数据带。

f:ISO 12641、ISO 12642 ASCII 数据表格,或命名的颜色定义 sRGB。

g:当色序字段值是缺省值 CMYK 时,油墨设置字段值(如果用到)是 1,否则其值是 2。

h:如果用到了油墨数量字段,其值必须和像素样点数字段值一致。

i:LW 短编码格式结构中行程长度部分的尺寸(以位为单位),见图 4。

j:计数＝像素样点数字段值×4。

k:计数＝ ICC 特性文件的字节数。

7.5 高分辨率连续调图像文件

7.5.1 TIFF/IT-HC、TIFF/IT-HC/P1 和 TIFF/IT-HC/P2

TIFF/IT-HC 使用 TIFF 和 TIFF/IT 字段中所有适用于高分辨率连续调图像的特征和功能。TIFF/IT-HC/P1 和 TIFF/IT-HC/P2 则将字段值限制在缺省值、单一值或一个很小的选择范围内,可选字段的使用也被限制在正常交换所必需的最小范围内。

TIFF/IT-HC/P1 是用于高分辨率连续调图像数据、一种简化的图像文件格式描述,可以被看作是 TIFF/IT-HC 的一个限制子集,其目的是简化操作。TIFF/IT-HC/P2 是对 TIFF/IT-HC/P1 的扩展。

注:由于强制使用 TIFF/IT 特定字段和字段值以及对其他 TIFF 6.0 字段和字段值的非传统解释(例如:强制使用行程编码压缩),TIFF/IT-HC、TIFF/IT-HC/P1 和 TIFF/IT-HC/P2 这三种格式都不能被典型的 TIFF 6.0 读取程序读取,也不能由典型的 TIFF 6.0 写入程序生成。但可以编写滤镜,供读取和生成 TIFF/IT-HC、TIFF/IT-HC/P1 和 TIFF/IT-HC/P2 文件的 DTP 程序使用。TIFF/IT-HC/P1 和 TIFF/IT-HC/P2 的滤镜比 TIFF/IT-HC 滤镜更简单。

7.5.2 数据结构

高分辨率连续调图像数据包括一个图像文件,该文件由一个或多个行程编码的像素数据块组成。图像行数在图像长度字段中定义。每一行都由像素行程组成,并以空白的像素行程(全部是零字节)开头和结尾。每个行程包括两个部分:行程长度和颜色值。行程长度是一个 16 位的整数,在 7.4.2.4.2 中定义。不管图像文件目录规定使用何种字节顺序,行程长度都采用大端字节顺序(即 MM 字节顺序)。每一行中行程长度的总数应该与图像宽度字段值一致。行程不能跨行。颜色值由像素样点数字段、样点位数字段、色序字段和网点范围字段等定义,定义方式同连续调图像颜色值,但有个例外;保留颜色值用于说明透明色。

TIFF/IT 字段 34028 用于标识透明情况。如果用到了透明色,颜色值 0 就含有特殊的意义,表明 HC 数据中相应的分色透明。透明则表示将用到下层彩图的分色值。

如果用到了透明色，颜色值 0 说明对应的分色透明。当写入程序将 0 作为内定值，而且使用透明指示（字段 34 028 的值为 1），那么数据 0 和 1 都应该转变成 1，而读取程序应该把这些数据看作 0。如果使用多于或少于四色的分色，像素样点数字段应该使用其他的偶数值（2，6，8）。

注：具有四个分色的像素行程使用六个字节来编码，前两个字节说明行程长度，后四个字节说明分色值。这个情况下，每行都以 6 个零字节开头和结尾。如果是 CMYK 颜色，编码如下所示：

——字节 0 和 1　　行程长度

——字节 2　　青分色值

——字节 3　　品红分色值

——字节 4　　黄分色值

——字节 5　　黑分色值

注：ISO 10755、ISO 10756 或 ISO 10759 中都不包含这种格式。

7.5.3 TIFF/IT-HC、TIFF/IT-HC/P1 和 TIFF/IT-HC/P2 编码

TIFF/IT-HC、TIFF/IT-HC/P1 和 TIFF/IT-HC/P2 字段用法情况见表 10。

表 10　TIFF/IT-HC、TIFF/IT-HC/P1 和 TIFF/IT-HC/P2 字段用法

字段名	标签代码	数据类型	计数	缺省值	TIFF/IT-HC	TIFF/IT-HC/P1	TIFF/IT-HC/P2	注释
子文件类型	254	长整型	1	0	d(=0)	d=0	d=0	—
图像宽度	256	短整型/长整型	1	无	m	m	m	每行的像素数
图像长度	257	短整型/长整型	1	无	m	m	m	图像的行数
样点位数	258	短整型	a	1	m=(8,…)	m=8,8,8,8	m=(8,…)	—
压缩方式	259	短整型	1	1	m=32 897	m=32 897	m=32 897	—
光学解释	262	短整型	1	无	m=5	m=5	m=5	—
文档名	269	ASCII 型	b	无	可选	不使用	不使用	—
图像说明	270	ASCII 型	b	无	可选	可选	可选	—
制造商名	271	ASCII 型	b	无	可选	可选	可选	制造商名称
型号	272	ASCII 型	b	无	可选	不使用	不使用	—
数据带偏移量	273	短整型/长整型	c	无	m	m	m	图像数据指针
扫描取向	274	短整型	1	1	d(=1,=4,=5,=8)	d=1	d=1	—
像素样点数	277	短整型	1	1	m(=4)	m=4	m(=4)	分色数
数据带行数	278	短整型/长整型	1	FFFF FFFFh	d	d	d	e
数据带字节数	279	短整型/长整型	c	无	m	m	m	—
X 方向分辨率	282	有理数	1	无	m	m	m	—
Y 方向分辨率	283	有理数	1	无	m	m	m	—
数据面结构	284	短整型	1	1	d=1	d=1	d=1	—

表 10（续）

字段名	标签代码	数据类型	计数	缺省值	TIFF/IT-HC	TIFF/IT-HC/P1	TIFF/IT-HC/P2	注释
页名	285	ASCII 型	b	无	可选	不使用	不使用	—
分辨率单位	296	短整型	1	2	d(=2,=3)	d=2,=3	d=2,=3	—
软件	305	ASCII 型	b	无	可选	可选	可选	—
日期	306	ASCII 型	d	无	可选	可选	可选	—
创建者	315	ASCII 型	b	无	可选	可选	可选	—
机器说明	316	ASCII 型	b	无	可选	不使用	不使用	—
油墨设置	332	短整型	1	1	可选	d=1	d=1	f
油墨名	333	ASCII 型	b	无	可选	不使用	可选	—
油墨数	334	短整型	1	4	可选[g]	d=4	d=4	—
网点范围	336	字节型/短整型	2	0,255	d	d=0,255	d=0,255	—
版权	33432	ASCII 型	b	无	可选	可选	可选	—
位置	34016	ASCII 型	b	无	可选	不使用	不使用	—
色序	34017	ASCII 型	b	CMYK	d(=CMYK,=YMCK)	不使用	d(=CMYK)	色序
透明指示	34028	字节型	1	0	d=0,d=1	d=0,d=1	d=0,d=1	—
颜色特征描述	34029	ASCII 型	b	无	可选	可选	可选	h
高分辨率连续调图像信息	34030	长整型	1	0	d	d	d	—
陷印指示	34031	字节型	1	1	可选	不使用	可选	—
CMYK 等价色	34032	字节型/短整型	j	无	可选	不使用	可选	—
ICC 特性文件	34675	未定义	k	无	可选	不使用	可选	—

a:计数等于像素样点数字段值。

b:字符串中字符(即字节)的数目,包括终止字符。

c:图像数据带数目=取整((图像行数+数据带的行数-1)/数据带的行数)。取整是指取整数部分。

d:格式 YYYY:MM:DD HH:MM:SS 中的 20 个字节表示年、月、日、空格、时、分、秒、终止字符。

e:缺省值 FFFFFFFFh 表示整个图像是一个数据带。

f:如果色序字段值是缺省值 CMYK,油墨设置字段(如果用到)值是 1,否则是 2。

g:如果用到了油墨数量字段,其值必须和像素样点数字段说明的分色数一致。

h:ISO 12641、ISO 12642 ASCII 数据表格,或命名的颜色定义 sRGB。

i:高分辨率连续调图像使用标签中的位指明 HC 文件中包含的信息类型。如果每位都是 0,或该字段不存在,则信息类型未知。每位都指明一种在文件中进行了编码的信息类型(见 7.2.6)。

j:计数=像素样点数字段值×4

k:计数= ICC 特性文件的字节数

7.6 单色连续调图像文件

7.6.1 TIFF/IT-MP、TIFF/IT-MP/P1 和 TIFF/IT-MP/P2

TIFF/IT-MP 使用 TIFF 和 TIFF/IT 字段中所有适用于单色连续调图像的特征和功能。TIFF/IT-MP/P1 和 TIFF/IT-MP/P2 则将字段值限制在缺省值、单一值或一个很小的选择范围内，其可选字段的使用也被限制在正常交换所必需的最小范围内。

TIFF/IT-MP/P1 是用于单色连续调图像(MP)数据、一种简化的图像文件格式描述，可以被看作是 TIFF/IT-MP 的一个限制子集，其目的是简化操作。

注 1：TIFF/IT-MP/P1 文件可以被典型的 TIFF 6.0 读取程序读取，也可以由典型的 TIFF 6.0 写入程序生成。基准 TIFF 6.0 读取程序将 TIFF/IT-MP/P1 文件看作是灰度图像(灰度图像在 TIFF 6.0 说明书第四部分中描述)。因为基准 TIFF 6.0 读取程序不能识别用于描述颜色的字段，所以对色彩的说明都将丢失。

TIFF/IT-MP/P2 是对 TIFF/IT-MPC/P1 的扩展。

注 2：由于使用 TIFF/IT 特定字段和字段值以及对其他 TIFF 6.0 字段和字段值的非传统解释(例如：压缩方式标签)，TIFF/IT-MP/P2 格式可能不能被典型的 TIFF 6.0 读取程序读取，也不能由典型的 TIFF 6.0 写入程序生成。

TIFF/IT-MP 和 TIFF/IT-MP/P2 允许选择使用 JPEG 或 Flate 压缩方式对图像数据进行压缩。TIFF/IT-MP/P1 不允许对图像数据进行压缩。

7.6.2 数据结构

7.6.2.1 图像颜色值

单色连续调图像像素的颜色值由各分色的颜色值和数据流中的像素强度值一起计算，这只用来说明前景色。单色连续调图像的后景色不需要说明。像素强度值与印刷网点百分比成正比。像素值是无符号数，值的范围从 0 到($2^{\text{样点位数}}-1$)，它和强度之间是线性关系(可用步长、斜率和截距变量表示)，由文件的创建者在像素强度范围字段中定义。

7.6.2.2 图像颜色指示

对于单色连续调图像，图像颜色指示字段的值可以是 0 或 1。如果未说明图像颜色，则该字段值是 0，这时，图像颜色由读取程序决定。

注：这种情况下，虽然文件的创建者通过像素强度范围字段定义了从像素值到强度之间的转换，但并没有定义从强度到印刷网点百分比之间的转换。

程序如果要说明图像颜色，则应该把图像颜色值字段的值设为 1。这时，图像颜色值字段应该包括图像颜色的各分色值(按色序字段定义的顺序)。这些颜色值是单色连续调图像以 100%强度印刷时的图像颜色。

附录 K 说明了像素值、强度、图像颜色值和网点百分比之间的关系。

7.6.3 TIFF/IT-MP、TIFF/IT-MP/P1 和 TIFF/IT-MP/P2 编码

TIFF/IT-MP、TIFF/IT-MP/P1 和 TIFF/IT-MP/P2 字段的用法见表 11。

表 11 TIFF/IT-MP、TIFF/IT-MP/P1 和 TIFF/IT-MP/P2 字段用法

字段名	标签代码	数据类型	计数	缺省值	TIFF/IT-MP	TIFF/IT-MP/P1	TIFF/IT-MP/P2	注释
子文件类型	254	长整型	1	0	d(=0)	d=0	d=0	—
图像宽度	256	短整型/长整型	1	无	m	m	m	每行的像素数
图像长度	257	短整型/长整型	1	无	m	m	m	图像行数
样点位数	258	短整型	1	1	d=8,=16	m=8	m=8	—

表 11（续）

字段名	标签代码	数据类型	计数	缺省值	TIFF/IT-MP	TIFF/IT-MP/P1	TIFF/IT-MP/P2	注释
压缩方式	259	短整型	1	1	d=1,=7,=8,=32895	d=1	d=1,=7,=8	—
光学解释	262	短整型	1	无	m(=0)[g]	m=0	m=0	—
文档名	269	ASCII 型	a	无	可选	不使用	不使用	—
图像说明	270	ASCII 型	a	无	可选	可选	可选	—
制造商	271	ASCII 型	a	无	可选	可选	可选	制造商名称
型号	272	ASCII 型	a	无	可选	不使用	不使用	—
数据带偏移量	273	短整型/长整型	b	无	m	m	m	图像数据指针
扫描取向	274	短整型	1	1	d(=1,=4,=5,=8)	d=1	d=1	—
像素样点数	277	短整型	1	1	d=1	d=1	d=1	分色数
数据带行数	278	短整型/长整型	1	FFFF FFFFh	d	d	d	e
数据带字节数	279	短整型/长整型	b	无	m	m	m	—
X 方向分辨率	282	有理数型	1	无	m	m	m	—
Y 方向分辨率	283	有理数型	1	无	m	m	m	—
页名	285	ASCII 型	a	无	可选	不使用	不使用	—
分辨率单位	296	短整型	1	2	d(=2,=3)	d=2, d=3	d=2, d=3	—
软件	305	ASCII 型	a	无	可选	可选	可选	—
日期	306	ASCII 型	c	无	可选	可选	可选	—
创建者	315	ASCII 型	a	无	可选	可选	可选	—
机器说明	316	ASCII 型	a	无	可选	不使用	不使用	—
油墨设置	332	短整型	1	1	可选	不使用	不使用	—
油墨名	333	ASCII 型	a	无	可选	不使用	不使用	—
油墨数	334	短整型	1	4	可选	不使用	不使用	—
网点范围	336	字节型/短整型	2	0,255	d	d=0,255	d=0,255	—
版权	33432	ASCII 型	a	无	可选	可选	可选	—
位置	34016	ASCII 型	a	无	可选	不使用	不使用	—
色序	34017	ASCII 型	a	CMYK	d(=CMYK,=YMCK)	不使用	不使用	色序
IT8 文件头	34018	ASCII 型	a	无	可选	不使用	不使用	—

表 11（续）

字段名	标签代码	数据类型	计数	缺省值	TIFF/IT-MP	TIFF/IT-MP/P1	TIFF/IT-MP/P2	注释
栅格填充	34019	短整型	1	0	f	不使用	不使用	—
图像颜色指示	34023	字节型	1	0	d=0,=1	d=0,=1	d=0,=1	h
图像颜色值	34025	字节型	d	无	g,h	g,h	g,h	—
像素强度范围	34027	字节型	2	j	d[g]	d=0,255	d=0,255	—
颜色特征描述	34029	ASCII 型	a	无	可选	可选	可选	i
陷印指示	34031	字节型	1	1	可选	不使用	不使用	—
CMYK 等价色	34032	字节型/短整型	l	无	可选	不使用	不使用	—
ICC 特性文件	34675	未定义	k	无	可选	不使用	不使用	—

a:字符串中字符(即字节)的数目,包括终止字符 0。

b:图像数据带数目=取整((图像行数+数据带的行数-1)/数据带的行数)。取整是指取整数部分。

c:格式 YYYY:MM:DD HH:MM:SS 中的 20 个字节表示年、月、日、空格、时、分、秒、终止字符。

d:每个颜色(在色序字段中说明)用一个字节表示,计数比色序字段的少 1。

e:缺省值 FFFFFFFFh 表示整个图像就是一个数据带。

f:如果 MP 格式中用到了栅格填充字段,那么压缩字段值必须是 32895。栅格填充字段值可以是 0,1,2,9,10。

g:如果光学解释字段值是 0,那么和图像颜色指示字段、图像颜色值字段和像素强度范围字段的说明方式一样,像素值 0 就对应白色(背景色),像素值 $2^{样点位数}-1$ 对应最大密度的颜色;如果光学解释字段值是 1,那么像素值 $2^{样点位数}-1$ 对应白色(背景色),像素值 0 对应最大密度的颜色(也就是图像正好和光学解释字段值为 0 时正好相反)。

h:如果图像颜色指示字段值是 1,需要强制使用图像颜色值字段;如果图像颜色指示字段值是 0,则不需要使用图像颜色值字段。

i:ISO 12641、ISO 12642、ASCII 数据表格。

j:0 对应 0%强度,$2^{样点位数}-1$ 对应 100%强度。

k:计数= ICC 特性文件的字节数。

l:计数=像素样点数字段值×4。

7.7 二值图像文件

7.7.1 TIFF/IT-BP、TIFF/IT-BP/P 和 TIFF/IT-BP/P2

TIFF/IT-BP 使用 TIFF 和 TIFF/IT 字段中所有适用于二值图像的特征和功能。TIFF/IT-BP/P1 和 TIFF/IT-BP/P2 则将字段值限制在缺省值、单一值或一个很小的选择范围内,其可选字段的使用也被限制在正常交换所必需的最小范围内。

注 1:TIFF/IT-BP/P1 是用于二值图像数据、一种简化的图像文件格式描述,可以被看作是 TIFF/IT-BP 的一个限制子集,其目的是简化操作。TIFF/IT-BP/P1 文件可以被典型的 TIFF 6.0 读取程序读取,也可以由典型的 TIFF 6.0 写入程序生成。基准 TIFF 6.0 读取程序将 TIFF/IT-BP/P1 文件看作是二值图像(TIFF 6.0 说明书第三部分)。因为基准 TIFF 6.0 读取程序不能识别描述颜色的字段,所以有关颜色的说明都将丢失。

TIFF/IT-BP/P2 对 TIFF/IT-BP/P1 的扩展。

注 2:由于使用 TIFF/IT 特定字段和字段值以及对其他 TIFF 6.0 字段和字段值的非传统解释(例如:压缩方式标签),TIFF/IT-BP/P2 格式可能不被典型的 TIFF 6.0 读取程序读取,也不能由典型的 TIFF 6.0 写入程序生成。

TIFF/IT-BP 和 TIFF/IT-BP/P2 允许选择使用 CCITT G4 或 Flate 压缩方式对图像数据进行压缩，TIFF/IT-BP/P1 则不允许对图像数据进行任何压缩。

7.7.2 数据结构

对于二值图像，图像颜色值字段和背景颜色值字段按照色序字段规定的色序说明图像颜色(即前景色)和背景色各分色值。这些颜色值用于说明二值图像的图像和背景。

数据流说明图像的各像素颜色是前景色还是背景色，数据流的位起到开关的作用。位图填充的顺序是从权重大的位到权重小的位，与缺省的 TIFF 文件填充顺序一样。图像颜色值字段和背景颜色值字段说明何时、是否及如何使用图像颜色和背景色，另外还说明透明色的使用(见 7.2.9)。附录 K 中有这种数据编码的例子。

7.7.3 TIFF/IT-BP、TIFF/IT-BP/P1 和 TIFF/IT-BP/P2 编码

TIFF/IT-BP、TIFF/IT-BP/P1 和 TIFF/IT-BP/P2 字段的用法见表 12。

表 12　TIFF/IT-BP、TIFF/IT-BP/P1 和 TIFF/IT-BP/P2 字段用法

字段名	标签代码	数据类型	计数	缺省值	TIFF/IT-BP	TIFF/IT-BP/P1	TIFF/IT-BP/P2	注释
子文件类型	254	长整型	1	0	d(=0)	d=0	d=0	—
图像宽度	256	短整型/长整型	1	无	m	m	m	每行的像素数
图像长度	257	短整型/长整型	1	无	m	m	m	图像的行数
样点位数	258	短整型	1	1	d=1	d=1	d=1	—
压缩方式	259	短整型	1	1	d=1,=4,=8	d=1	d=1,=4,=8	—
光学解释	262	短整型	1	无	m(=0)[f]	m=0	m=0	—
文档名	269	ASCII 型	a	无	可选	不使用	不使用	—
图像说明	270	ASCII 型	a	无	可选	可选	可选	—
制造商名	271	ASCII 型	a	无	可选	可选	可选	制造商名称
型号	272	ASCII 型	a	无	可选	不使用	不使用	—
数据带偏移量	273	短整型/长整型	b	无	m	m	m	图像数据指针
扫描取向	274	短整型	1	1	d(=1,=4,=5,=8)	d=1	d=1	—
像素样点数	277	短整型	1	1	d=1	d=1	d=1	分色数
数据带行数	278	短整型/长整型	1	FFFFFFFFh	d	d	d	e
数据带字节数	279	短整型/长整型	b	无	m	m	m	—
X 方向分辨率	282	有理数型	1	无	m	m	m	—

表 12（续）

字段名	标签代码	数据类型	计数	缺省值	TIFF/IT-HC	TIFF/IT-HC/P1	TIFF/IT-HC/P2	注释
Y 方向分辨率	283	有理数型	1	无	m	m	m	—
页名	285	ASCII 型	a	无	可选	不使用	不使用	—
分辨率单位	296	短整型	1	2	d(=2,=3)	d=2, d=3	d=2, d=3	—
软件	305	ASCII 型	a	无	可选	可选	可选	—
日期	306	ASCII 型	c	无	可选	可选	可选	—
创建者	315	ASCII 型	a	无	可选	可选	可选	—
机器说明	316	ASCII 型	a	无	可选	不使用	不使用	—
油墨设置	332	短整型	1	1	可选	不使用	不使用	—
油墨名	333	ASCII 型	b	无	可选	不使用	不使用	—
油墨数	334	短整型	1	4	可选[g]	不使用	不使用	—
网点范围	336	字节型/短整型	2	0,255	d	d=0,255	d=0,255	—
版权	33432	ASCII 型	a	无	可选	可选	可选	—
位置	34016	ASCII 型	a	无	可选	不使用	不使用	—
色序	34017	ASCII 型	a	CMYK	d(=CMYK, =YMCK)	不使用	不使用	色序
IT8 文件头	34018	ASCII 型	a	无	可选	不使用	不使用	—
图像颜色指示	34023	字节型	1	0	d=0,=1,2	d=0,=1,=2	d=0,=1,=2	g
背景色指示	34024	字节型	1	0	d=0,=1,2	d=0,=1,=2	d=0,=1,=2	g
图像颜色值	34025	字节型	d	无	f,g	f,g	f,g	—
背景颜色值	34026	字节型	d	无	f,g	f,g	f,g	—
颜色特征描述	34029	ASCII 型	a	无	可选	可选	可选	h
陷印指示	34031	字节型	1	1	可选	不使用	可选	—
CMYK 等价色	34032	字节型/短整型	i	无	可选	不使用	不使用	—

a：字符串中字符(即字节)的数目，包括终止字符。

b：图像数据带数＝取整((图像行数＋数据带的行数－1)/数据带的行数)。取整是指取整数部分。

c：格式 YYYY:MM:DD HH:MM:SS 中的 20 个字节表示年、月、日、空格、时、分、秒、终止字符。

d：每个颜色用一个字节表示，颜色在色序字段中说明(计数比色序字段的少 1)。

e：缺省值 FFFFFFFFh 表示整个图像就是一个数据带。

f：如果光学解释字段值是 0，正如图像颜色指示字段、背景色指示字段、图像颜色值字段和背景颜色值字段的说明方式一样，则像素值 0 对应背景色，像素值 1 对应图像颜色；如果光学解释字段值是 1，像素值 1 对应背景色，像素值 0 对应图像颜色(也就是说，与光学解释字段值为 0 时正好相反)。

g：如果图像颜色指示字段值是 1，需要强制使用图像颜色值字段；如果图像颜色指示字段值是 0，则不使用图像颜色值字段。

h：ISO 12641、ISO 12642、ASCⅡ 数据表格，或命名的颜色定义 sRGB。

i：计数＝像素样点数字段值×4

7.8 二值线条图像文件

7.8.1 TIFF/IT-BL 和 TIFF/IT-BL/P1

TIFF/IT-BL 使用 TIFF 和 TIFF/IT 字段中所有适用于二值线条图像的特征和功能。TIFF/IT-BL/P1 则将字段值限制在缺省值、单一值或一个很小的选择范围内，可选字段的使用也被限制在正常交换所必需的最小范围内。

TIFF/IT-BL/P1 是用于二值线条图像数据、一种简化的图像文件格式描述，可以被看作是 TIFF/IT-BL 的一个限制子集，其目的是简化操作。

注：由于强制使用 TIFF/IT 特有的字段和字段值以及对其他 TIFF 6.0 字段和字段值非传统的解释(例如强制使用行程压缩编码方法)，TIFF/IT-BL 和 TIFF/IT-BL/P1 文件都不能被典型的 TIFF 6.0 读取程序读取，也不能由典型的 TIFF 6.0 写入程序生成。但可以编写滤镜，供读取和生成 TIFF/IT-BL 和 TIFF/IT-BL/P1 文件的 DTP 程序使用。TIFF/IT-BL/P1 作为一个简化的规范，其滤镜比 TIFF/IT-BL 滤镜更简单。

7.8.2 数据结构

7.8.2.1 概述

二值线条图像的每一行数据都应该是背景/图像行程编码对的序列。扫描行都应该以背景行程开始。一个扫描行中连续的背景或图像部分必须使用一个以上的行程编码对时，应该插入相反颜色的行程，其行程长度为 0。

数据流说明二值线条图像将印刷何种颜色，前景色还是背景色。数据流解码之后的行程起到图像颜色或背景颜色之间开关的作用。

这种数据类型编码的例子见附录 K。

7.8.2.2 行程编码结构

行程编码有两种基本格式：短编码格式和长编码格式。短编码格式(8 位)用于对最大长度是 254 像素的行程进行编码，长编码格式(24 位)用于对最大长度是 65 535 像素的行程进行编码。因为长编码格式可以被看作是短编码格式的一个特例，这两种格式可以在一个背景/图像行程编码对中混合使用，也可以在一个文件中混合使用。写入程序必须能写短编码格式，但不要求能写长编码格式，因为重复使用短编码格式就可以得到长编码格式。读取程序则必须能读取这两种编码格式。

短编码格式是一个单字节的条目，说明从 0～254 之间的行程长度，如下：

字节：	0
值：	行程长度(0 到 254)

0 值说明一个空的行程，在同一个扫描行中不允许出现两个连续的零字节，因为这与其他说明冲突。

长编码格式是一个三字节的条目，字节 0 中的八位都必须是 1，以标记是长编码格式。接下来的 16 位二进制数表示从 1 到 65 535 之间的行程长度。当长编码格式对小于 256 像素的行程进行编码时，字节 1 应该是 0，仅用字节 2 说明行程长度。长编码格式如下：

字节：	0	1 和 2
值：	255	行程长度(0 到 65535)

每一数据行都应该以两个零字节开头，以两个零字节结尾。

注：两个相邻的零字节也可能出现在同一编码行中，因此不能据此就判断是文件的结尾。

如果编码行的像素数与文件中说明的图像宽度不相符，或编码行数与说明的图像行数不相符，肯定是出错了，后续处理交予处理系统。

在图像颜色值字段和背景色字段中定义了图像颜色和/或背景色，将行程长度交替序列作为背景色和图像颜色的开关就可以知道每个像素的颜色值了。每个扫描行都以背景色开头。

7.8.2.3 行重复编码

本标准不允许使用行重复编码。

7.8.3 **TIFF/IT-BL 和 TIFF/IT-BL/P1 编码**

TIFF/IT-BL 和 TIFF/IT-BL/P1 字段的用法见表 13。

表 13 TIFF/IT-BL 和 TIFF/IT-BL/P1 字段用法

字段名	标签代码	数据类型	计数	缺省值	TIFF/IT-BL	TIFF/IT-BL/P1	注释
子文件类型	254	长整型	1	0	d(=0)	d=0	—
图像宽度	256	短整型/长整型	1	无	m	m	每行的像素数
图像长度	257	短整型/长整型	1	无	m	m	图像的行数
样点位数	258	短整型	1	1	d=1	d=1	—
压缩方式	259	短整型	1	1	m=32 895	m=32 895	—
光学解释	262	短整型	1	无	m(=0),=1[f]	m=0	—
文档名	269	ASCII 型	a	无	可选	不使用	—
图像说明	270	ASCII 型	a	无	可选	可选	—
制造商名	271	ASCII 型	a	无	可选	可选	制造商名称
型号	272	ASCII 型	a	无	可选	不使用	—
数据带偏移量	273	短整型/长整型	b	无	m	m	图像数据指针
扫描取向	274	短整型	1	1	d(=1,=4,=5,=8)	d=1	—
像素样点数	277	短整型	1	1	d=1	d=1	分色数
数据带行数	278	短整型/长整型	1	FFFFFFFFh	d	d	e
数据带字节数	279	短整型/长整型	b	无	m	m	—
X 方向分辨率	282	有理数型	1	无	m	m	—
Y 方向分辨率	283	有理数型	1	无	m	m	—
页名	285	ASCII 型	a	无	可选	不使用	—
分辨率单位	296	短整型	1	2	d(=2,=3)	d=2, d=3	—
软件	305	ASCII 型	a	无	可选	可选	程序名
日期	306	ASCII 型	c	无	可选	可选	—
创建者	315	ASCII 型	a	无	可选	可选	—
机器说明	316	ASCII 型	a	无	可选	不使用	—
油墨设置	332	短整型	1	1	可选	不使用	j

表 13（续）

字段名	标签代码	数据类型	计数	缺省值	TIFF/IT-BL	TIFF/IT-BL/P1	注释
油墨名	333	ASCII 型	a	无	可选	不使用	—
油墨数	334	短整型	1	4	可选	不使用	k
网点范围	336	字节型/短整型	2	0,255	d	d=0,255	—
版权	33432	ASCII 型	a	无	可选	可选	—
位置	34016	ASCII 型	a	无	可选	不使用	—
色序	34017	ASCII 型	a	CMYK	d(=CMYK，=YMCK)	不使用	色序
IT8 文件头	34018	ASCII 型	a	无	可选	不使用	—
图像颜色指示	34023	字节型	1	0	d=0,=1,2	d=0,=1,=2	g
背景色指示	34024	字节型	1	0	d=0,=1,2	d=0,=1,=2	g
图像颜色值	34025	字节型	d	无	f,g	f,g	—
背景颜色值	34026	字节型	d	无	f,g	f,g	—
颜色特征描述	34029	ASCII 型	a	无	可选	可选	—
陷印指示	34031	字节型	1	1	可选	不使用	—
CMYK 等价色	34032	字节型/短整型	i	无	可选	不使用	—

a:字符串中字符(即字节)的数目,包括终止字符。

b:图像数据带数量=取整((图像行数+数据带的行数−1)/数据带的行数)。取整是指取整数部分。

c:格式 YYYY:MM:DD HH:MM:SS 中的 20 个字节表示年、月、日、空格、时、分、秒、终止字符。

d:每个颜色用一个字节表示,颜色在色序字段中说明(计数比色序字段的少 1)。

e:缺省值 FFFFFFFFh 表示整个图像就是一个数据带。

f:如果光学解释字段的值是 0,正如图像颜色指示字段、背景色指示字段、图像颜色值字段和背景颜色值字段的说明方式一样,像素值 0 对应背景色,像素值 1 对应图像颜色;如果光学解释字段值是 1,像素值 1 对应背景色,像素值 0 对应图像颜色(也就是说,光学解释字段值是 1,图像就正好相反)。

g:如果图像颜色指示字段值是 1,强制使用图像颜色值字段;否则,就不使用图像颜色值字段。类似的,如果背景色指示字段值为 1,需要强制使用背景颜色值字段;否则,不使用背景颜色值字段。

h:ISO 12641、ISO 12642、ASCII 数据表格。

i:计数=像素样点数字段值×4。

j:如果用到油墨设置字段,并且色序字段值是缺省值 CMYK,那么油墨设置字段值必须是 1。否则,其值是 2。

k:如果用到了油墨数量字段,其值必须和像素样点数字段值一致。

7.9 加网数据图像文件

7.9.1 TIFF/IT-SD 和 TIFF/IT-SD/P2

TIFF/IT-SD 使用 TIFF 和 TIFF/IT 字段中所有适用于预加网(或网点拷贝)分色图像的特征和功能。TIFF/IT-SD/P2 则将字段值限制在缺省值、单一值或一个很小的选择范围内,其可选字段的使用也被限制在正常交换所必需的最小范围内。

TIFF/IT-SD/P2 是用于加网数据图像、一种简化的图像文件格式描述，可以被看作是 TIFF/IT-SD的一个限制子集，其目的是简化操作。

注 1：由于使用 TIFF/IT 特定字段和字段值以及对其他 TIFF 6.0 字段和字段值的非传统解释（例如：压缩方式标签），TIFF/IT-SD 和 TIFF/IT-SD /P2 格式不能被典型的 TIFF 6.0 读取程序读取，也不能由典型的 TIFF 6.0 写入程序生成。但可以编写滤镜，供要读取和生成 TIFF/IT-SD 和 TIFF/IT-SD/P2 文件的 DTP 程序使用。TIFF/IT-SD/P2 作为一个简化的规范，其滤镜比 TIFF/IT-SD 滤镜更简单。

TIFF/IT-SD 和 TIFF/IT-SD/P2 允许使用 CCITT G4 或 Flate 方式对图像数据进行压缩。

注 2：虽然 TIFF/IT-SD/P2 不与任何 TIFF 6.0 格式兼容，但它很容易与一组 TIFF 6.0 二值图像相互转换。现有的网点拷贝扫描和成像程序要使用 TIFF/IT-SD/P2 文件，可通过其他程序实现这种转换，或直接修改程序。转换时将 TIFF/IT-SD/P2 各分色图像数据直接拷贝到 TIFF 6.0 二值图像文件，或将 TIFF 6.0 二值图像文件直接拷贝到 TIFF/IT-SD/P2 各分色图像，然后调整数据带偏移量字段、数据带字节数字段、样点位数字段、像素样点数字段、光学解释字段和数据面结构字段值。

注 3：无 TIFF/IT-SD/P1 规范。

注 4：当加网数据图像的分辨率与最终输出设备的分辨率一致时，能获得最佳效果。

7.9.2 数据结构

加网数据图像文件像素结构的描述方式是颜色交替方式（又称面存储方式），即先存储一种颜色（分色）的所有行，再存储第二个颜色的所有行。颜色面的顺序由光学解释字段或色序字段定义。

数据流说明特定位置的点是不是需要成像，数据流的位起到开关（成像或不成像）的作用。位图填充顺序是从权重大的位到权重小的位，与缺省 TIFF 文件填充顺序一样。

7.9.3 TIFF/IT-SD 和 TIFF/IT-SD/P2 编码

TIFF/IT-SD 和 TIFF/IT-SD/P2 字段的用法见表 14。

表 14 TIFF/IT-SD 和 TIFF/IT-SD/P2 字段用法

字段名	标签代码	数据类型	计数	缺省值	TIFF/IT-SD	TIFF/IT-SD/P2	注释
子文件类型	254	长整型	1	0	d(=0)	d=0	—
图像宽度	256	短整型/长整型	1	无	m	m	每行的像素数
图像长度	257	短整型/长整型	1	无	m	m	图像的行数
样点位数	258	短整型	1	1	d=1	d=1	—
压缩方式	259	短整型	1	1	d=1,=4,=8	d=1,=4,=8	—
光学解释	262	短整型	1	无	m=5[g]	m=5	—
文档名	269	ASCII 型	a	无	可选	不使用[d]	—
图像说明	270	ASCII 型	a	无	可选	可选	—
制造商名	271	ASCII 型	a	无	可选	可选	制造商名称
型号	272	ASCII 型	a	无	可选	不使用	—
数据带偏移量	273	短整型/长整型	b	无	m	m	图像数据指针
扫描取向	274	短整型	1	1	d(=1,=4,=5,=8)	d=1	—
像素样点数	277	短整型	1	1	d(=1,=4)	d=1,=4	分色数

表 14（续）

字段名	标签代码	数据类型	计数	缺省值	TIFF/IT-SD	TIFF/IT-SD/P2	注释
数据带行数	278	短整型/长整型	1	FFFFFFFFh	d	d	e
数据带字节数	279	短整型/长整型	b	无	m	m	—
X 方向分辨率	282	有理数型	1	无	m	m	—
Y 方向分辨率	283	有理数型	1	无	m	m	—
数据面结构	284	短整型	1	1	m=2	m=2	—
页名	285	ASCII 型	a	无	可选	不使用	—
分辨率单位	296	短整型	1	2	d(=2,=3)	d=2，d=3	—
软件	305	ASCII 型	a	无	可选	可选	—
日期	306	ASCII 型	c	无	可选	可选	—
创建者	315	ASCII 型	a	无	可选	可选	—
机器说明	316	ASCII 型	a	无	可选	不使用	—
油墨设置	332	短整型	1	1	d=1	d=1	i
油墨名	333	ASCII 型	b	无	可选	可选	—
油墨数	334	短整型	1	4	可选	d=4	j
网点范围	336	字节型/短整型	2	0,255	可选	可选	—
版权	33432	ASCII 型	a	无	可选	可选	—
位置	34016	ASCII 型	a	无	可选	不使用	—
色序	34017	ASCII 型	a	CMYK	d(=CMYK,=YMCK)	不使用	色序
IT8 文件头	34018	ASCII 型	a	无	可选	不使用	—
颜色特征描述	34029	ASCII 型	a	无	可选	可选	f
陷印指示	34031	字节型	1	1	可选	可选	—
CMYK 等价色	34032	字节型/短整型	h	无	可选	可选	—

a：字符串中字符(即字节)的数目，包括终止字符。

b：图像数据带数=取整((图像行数+数据带的行数-1)/数据带的行数)。取整是指取整数部分。

c：格式 YYYY:MM:DD HH:MM:SS 中的 20 个字节表示年、月、日、空格、时、分、秒、终止字符。

d：每个颜色用一个字节表示，颜色在色序字段中说明(计数比色序字段的少 1)。

e：缺省值 FFFFFFFFh 表示整个图像就是一个数据带。

f：ISO 12641、ISO 12642、ASCII 数据表格，或命名的颜色定义 sRGB。

g：只有一个分色的文件将像素样点数字段值设置为 1。

h：计数=像素样点数字段值×4。

i：如果用到油墨设置字段，且色序字段值是缺省值 CMYK，那么油墨设置字段值必须是 1。否则，其值是 2。

j：如果用到了油墨数量字段，其值必须和像素样点数字段值一致。

7.10 最终页面文件

7.10.1 TIFF/IT-FP、TIFF/IT-FP/P1 和 TIFF/IT-FP/P2

通常，一个准备在图像记录仪上曝光的最终页面包括不止一种本标准描述的图像类型(CT、MP、SD、LW、BL、BP 和 HC 格式)，TIFF/IT-FP 就提供了一种将最终页面上不同类型的图像文件联系起来的机制。

缺省的情况是，页面组版过程将页面上各种图像类型的输入成分分别组合到一个输出文件中，即该页面上该图像类型的单成分图像文件，尽管这只是对 TIFF/IT-P1 和 TIFF/IT-P2 的规范要求。

最终页面的组分图像文件可以是 TIFF/IT、TIFF/IT-P1 或 TIFF/IT-P2 规范级别的任一种。只有当最终页面所有的组分文件与 TIFF/IT-P1 标准符合，并且它自身的字段也符合 TIFF/IT-FP/P1 标准(如 7.10.2.5 所说明)，该最终页面才认为符合 TIFF/IT-P1 级别。只有当最终页面所有的组分文件与 TIFF/IT-P1 或 TIFF/IT-P2 标准符合，并且它自身的字段符合 TIFF/IT-FP/P2 标准(如 7.10.2.5 所说明)，该最终页面才认为符合 TIFF/IT-P2 标准。

7.10.2 数据结构

7.10.2.1 组分图像文件

一个最终页面至少包括两个文件：

——描述最终页面的最终页面文件

——至少一个组分图像文件，可以是 CT、MP、SD、LW、BL、BP 和 HC 类型的任一种。

TIFF/IT-P1 规范的 FP 文件不能引用 MP、SD、BL 或 BP 图像文件。

减小组分图像文件数据量的一个简单办法是组分图像的范围无需到达页面边界，只要是包含所有元素且位置准确的最小矩形就可以了。组分图像超出页面边界的距离只能在一个像素之内。可选的偏移量尺寸可以用来准确定位页面区域内的组分文件(见图 6)。单组分图像可以放置在页面的多个位置，允许在 FP 文件中使用步进重复功能，而不受 TIFF/IT-P1 和 TIFF/IT-P2 的限制。

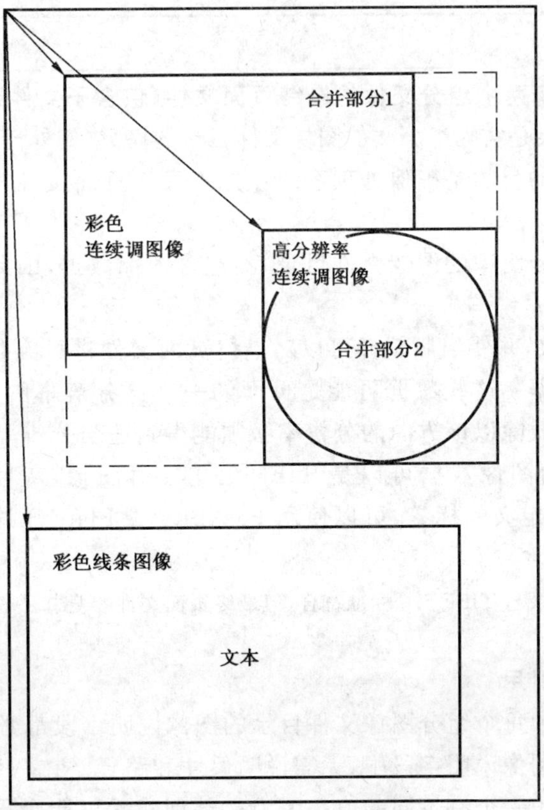

图 6　最终页面文件例子

在最终页面区域内,如果有多于一种类型的组分文件,文件的放置顺序应该是线划稿文件在最上面,其次是透明图像文件,最下面是非透明图像文件。彩色线条图像和二值线条图像属于线划稿图像,高分辨率连续调图像和二值图像属透明图像,彩色连续调图像、单色连续调图像、加网图像是非透明图像。子文件被看作是叠印,即使只有半个像素重叠。线划稿的透明区域和透明图像文件允许下面的层通过它们显示出来。最终页面上,如果一个目录上有多个子文件,它们的放置顺序应该是:后引用的子文件放置在较早引用的子文件上。

最终页面上任何不包含图像数据的区域被认为是非印刷区域。

最终页面上所有组分文件的扫描取向和分辨率单位必须与最终页面文件相同。如果高分辨率连续调图像、二值线条图像和彩色线条图像文件重叠放置,它们 X 方向和 Y 方向的分辨率必须相同,X 方向位置和 Y 方向位置必须完全精确地对齐。为保证线划稿数据精确的放置在 BP 文件上,可以将此位置和分辨率的限制同样应用到 BP 文件上,但不是强制。

7.10.2.2 最终页面文件结构

最终页面文件使用 TIFF 子文件结构(见图 7)。一个最终页面文件至少包括两个图像文件目录,一个是最终页面本身的,另一个是 CT、MP、SD、LW、BL、BP 和 HC 组分图像之任一种的。第一个图像文件目录是最终页面图像文件目录,组分图像的图像文件目录可以按任意顺序排列,但顺序可能非常重要,这在 7.10.2.1 中已说明。

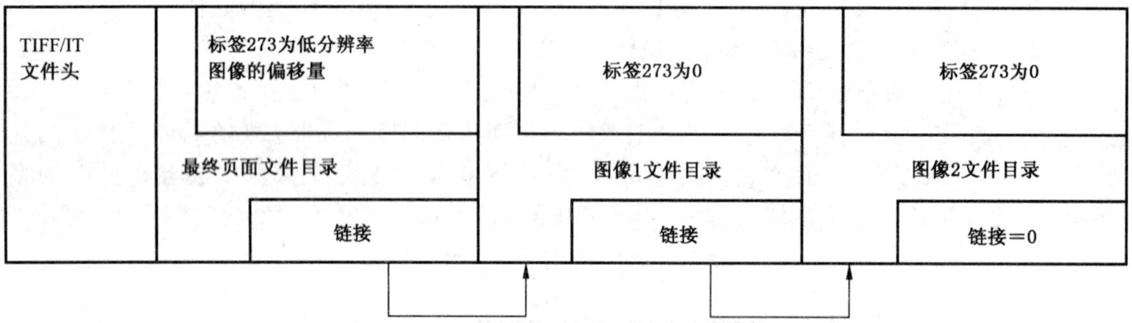

图 7 含有两个组分文件的最终页面文件(包含子文件结构)例子

组分图像的图像文件目录是实际组分文件图像文件目录的拷贝(例外情况在 7.10.2.5 中详细描述)。

包含组分图像文件目录的目的是确保处理系统在处理最终页面文件时能随时得到必需的信息,而不必访问组分文件本身。

最终页面文件只包含组分图像的图像文件目录,不包含图像数据,因此,它们的数据带偏移量字段值应该是 0,计数是 1。

为了符合 TIFF 6.0 要求,并使组版软件可以对最终页面文件进行定位,最终页面图像文件目录应该包含它所引用的"图像"数据。这些数据可能是页面的一个低分辨率图,也可能是其他图像,包括空白。图像在某个方向的像素数除以该方向的分辨率必须能得到适当分辨率单位的准确页面尺寸。被最终页面图像文件目录引用的图像数据可以是 TIFF 6.0 二值图像、灰度图像、RGB、调色板图像或 CMYK 图像,使用 7.10.3 中定义的标签,可以使用 PackBits 或 Flate 压缩方式。TIFF/IT-P1 规范级别的文件不能压缩。

注:虽然第一个图像文件目录与 TIFF 6.0 标准符合,但最终页面文件本身却不符合该标准,因为后面的图像文件目录不包含图像数据。

7.10.2.3 组分图像文件的引用

创建最终页面文件时其中每个组分图像文件目录的图像说明字段都必须包含组分图像文件的实际名称。文件名也应该包含在图像说明字段中,无需说明尺寸和路径。在一个最终页面文件中,引用不同组分图像文件的图像说明字段一个有不同的值。因为文件创建后可能会更名,尤其是在不同类型的操作系统间进行交换时,所以各组分图像文件的图像说明字段也应该包含原始文件名称,如表 15 所示。

表 15 TIFF/IT-FP 文件组分图像文件的图像说明字段用法

字段名	标签号	数据类型	计数	缺省值	TIFF/IT-FP	TIFF/IT-FP/P1 TIFF/IT-FP/P2	备注
图像说明	270	ASCII	a	无	b	b	—

a：字符串中的字符(字节)数包括终止字符。

b：创建最终页面时，组分图像文件中的图像说明字段应该包含组分文件的实际名称，除非有理由不使用，如一次性写入媒介就不要求。如果以后文件更名了，这将有利于文件的识别(在单个图像文件中这是可选的和描述性的)。

虽然建议各组分文件的图像说明字段都应该包含它的文件名，但如果最终页面是从其各组分文件独立生成的，那这是不可能的。改变最终页面中某个组分文件的图像文件目录是不可行的，如将最终页面文件加入到已经包含一些或所有组分文件的一次性媒介中。

7.10.2.4 组分图像文件的页面定位

每个组分图像在页面上的位置由最终页面文件该图像文件目录的 X 位置和 Y 位置字段指定。这些字段的计数说明这些组分图像在页面上出现的次数。这主要是考虑到组分图像的步进重复功能，而无需在最终页面文件中包含多个完整的图像文件目录。X 位置标签的计数应该等于 Y 位置标签的计数。

X 位置和 Y 位置标签的对应值组成一个有序对，用于组分图像的一个实例。第一个出现的 X 位置和第一个出现的 Y 位置标签成对，第二个出现的 X 位置和第二个出现的 Y 位置标签成对，依此类推。如果组分图像的几个实例重叠放置在最终页面上，放置顺序应该是后引用的在先引用的上面。

X 位置和 Y 位置标签的计数不应小于 1。如果一个组分图像文件没有包含这些字段，则该图像被定位到页面的左上角，计数是 1。在 TIFF/IT-P1 规范的最终页面文件中，所有图像文件目录中的 X 位置和 Y 位置标签的计数都应该是 1。

可能会出现多个图像文件目录引用一种类型的子文件，但 TIFF/IT-FP/P1 文件除外，一种组分图像类型它最多只能引用一个实例。

实际组分图像文件也可能包含 X 位置和 Y 位置字段，但只是提供信息，所有的处理都根据最终页面文件图像文件目录中的字段来进行。

7.10.2.5 组分图像图像文件目录编码

TIFF/IT-FP、TIFF/IT-FP/P1 和 TIFF/IT-FP/P2 文件中包含组分图像图像文件目录附加字段的用法见表 16。这些字段是本标准的子条款组分文件定义字段以外的一些字段。两处都出现的字段在最终页面文件中的用法见表 16。

表 16 TIFF/IT-FP、TIFF/IT-FP/P1 和 TIFF/IT-FP/P2 组分图像图像文件目录字段用法

字段名	标签号	数据类型	计数	缺省值	TIFF/IT-FP	TIFF/IT-FP/P1 TIFF/IT-FP/P2	备注
图像说明	270	ASCII 型	a	无	m[b]	m[b]	—
数据带偏移量	273	短整型/长整型	h	无	m[g]	m=0	无图像数据
X 位置	286	有理数型	e	0	d	d[f]	c
Y 位置	287	有理数型	e	0	d	d[f]	d

a：字符串中的字符(字节)数包括终止字符。

b：图像说明字段包含组分文件创建时的实际名字。

c：X 位置是指图像的左边距页面左边的距离，使用正的分辨率单位。

d：Y 位置是指图像的上边距页面上边的距离，使用正的分辨率单位。

e：组分图像在页面上出现的次数。不应该小于 1。X 位置和 Y 位置的计数应该相同。

f：TIFF/IT-FP/P1 文件中，X 位置和 Y 位置的计数应该等于 1。

g：图像的位置(如果最终页面文件中包含了图像)；如果忽略最终页面文件中的组分图像，则等于 0。

h：如果忽略组分图像数据，数据带偏移量字段值应该等于 1。如果有图像数据，计数应该等于数据带的数量。TIFF/IT-FP/P1 和 TIFF/IT-FP/P2 文件中不包含组分图像数据。

7.10.3 TIFF/IT-FP、TIFF/IT-FP/P1 和 TIFF/IT-FP/P2 编码

TIFF/IT-FP、TIFF/IT-FP/P1 和 TIFF/IT-FP/P2 最终页面图像文件目录一般字段的用法见表 17。表 18 定义的字段取决于低分辨率图像数据的编码。

表 17 IFF/IT-FP、TIFF/IT-FP/P1 和 TIFF/IT-FP/P2 第 0 个图像文件目录字段用法

字段名	标签号	数据类型	计数	缺省值	TIFF/IT-FP	TIFF/IT-FP/P1	TIFF/IT-FP/P2	备注
子文件类型	254	长整型	1	0	m=bit 3=1	m=bit 3=1	m=bit 3=1	a
图像宽度	256	短整型/长整型	1	无	m[b]	m[b]	m[b]	每行的像素数
图像长度	257	短整型/长整型	1	无	m[c]	m[c]	m[c]	图像的行数
文档名	269	ASCII 型	d	无	可选	不使用	不使用	—
图像描述	270	ASCII 型	d	无	m[e]	m[e]	m[e]	FP 文件名
制造商	271	ASCII 型	d	无	可选	可选	可选	[零售商名]
型号	272	ASCII 型	d	无	可选	不使用	不使用	—
数据带偏移量	273	短整型/长整型	f	无	m	m	m	—
扫描取向	274	短整型	1	1	d(=1,=4,=5,=8)	d=1	d=1	—
数据带行数	278	短整型/长整型	1	FFFF FFFFh	d	d	d	g
数据带字节数	279	短整型/长整型	f	无	m	m	m	—
X 方向分辨率	282	有理数型	1	无	m[b]	m[b]	m[b]	—
Y 方向分辨率	283	有理数型	1	无	m[c]	m[c]	m[c]	—
数据面结构	284	短整型	1	1	d=1	d=1[h]	d=1[h]	—
页名	285	ASCII	d	无	可选	不使用	不使用	—
分辨率单位	296	短整型	1	2	d(=2,=3)	d=2,=3	d=2,=3	—
软件	305	ASCII 型	d	无	可选	可选	可选	—
日期	306	ASCII 型	i	无	可选	可选	可选	—
创建者	315	ASCII 型	d	无	可选	可选	可选	—
主机	316	ASCII 型	d	无	可选	不使用	不使用	—
版权	33432	ASCII 型	d	无	可选	可选	可选	—
位置	34016	ASCII 型	d	无	可选	不使用	不使用	—

a:子文件类型字段的位 3 用来识别 TIFF/IT-FP 文件。位 0 是最不重要的位。

b:可能会用到 X 分辨率值,这样图像宽度除以 X 分辨率就等于准确的实际页面的宽度(分辨率单位)。

c:可能会用到 Y 分辨率值,这样图像长度除以 Y 分辨率就等于准确的实际页面的长度(分辨率单位)。

d:字符串中的字符(字节)数包括终止字符。

e:最终页面创建时的文件名,便于文件更名后进行识别。

f:图像数据带数。

g:缺省值 FFFFFFFFh 是有效无穷大值,它表示整个图像包含在一个数据带中。

h:为了与基准 TIFF 要求一致,只允许使用像素交替格式("块"格式)。

i:格式 YYYY:MM:DD HH:MM:SS 的 20 个字符表示年、月、日、空格、时、分、秒和空字符。

表 18 用于各种低分辨率图像数据编码的 TIFF/IT-FP 第 0 个图像文件目录字段用法

字段名	标签号	数据类型	计数	缺省值	二值	灰度	RGB	调色板颜色	CMYK
样点位数	258	短整型	a	1	不使用	m=4,m=8	m=8,8,8	m=4,m=8	m=8,8,8
压缩方式	259	短整型	1	1	m=1,=8,=32773	m=1,=8,=32773	m=1,=8,=32773	m=1,=8,=32773	m=1,=8,=32773
光学解释	262	短整型	1	无	m[b]	m[b]	m=2	m=3	m=5
像素样点数	277	短整型	1	1	不使用	不使用	m=3	不使用	m=4
颜色地图	320	短整型	c	无	不使用	不使用	不使用	m	不使用
油墨组	332	短整型	1	1	不使用	不使用	不使用	不使用	d=1
油墨数量	334	短整型	1	4	不使用	不使用	不使用	不使用	d=4
网点范围	336	字节型/短整型	2	0,255	不使用	不使用	不使用	不使用	d=0,255

a：计数等于像素样点数字段值。

b：0 表示 0 代表白色，1 表示 0 代表黑色。

c：如果样点位数字段值等于 4，计数等于 48；如果样点位数字段值等于 8，计数等于 768。

附 录 A
(资料性附录)
规范级别的背景

A.1 TIFF/IT-P1 规范级别的背景

发展 TIFF/IT 的 P1 规范级别(TIFF/IT-P1)的目的是为了在印前、桌面出版系统及信息处理环境中简单而可靠地进行图像数据的交换。

每一种数据类型(CT、LW、HC、MP、BP、BL 和 FP)的 TIFF/IT-P1 规范都对字段和字段值做了限制。在许多情况下,TIFF/IT-P1 规范限制字段是为了实现系统间简单而可靠的数据交换,例如,TIFF/IT-CT/P1 文件可以由 Adobe PhotoShop[1] 轻松地读取和生成。

制定各种 P1 格式的目的如下:

a) 制定 TIFF/IT-CT/P1 的目的是支持印前、桌面出版系统及信息处理领域中一般图像数据的交换,与 TIFF 6.0 第 16 部分 CMYK 图像相兼容。TIFF/IT-CT/P1 文件使用特定的数据结构来表示彩色连续调图像,是 TIFF/IT-CT 文件的限制性概述。

b) TIFF/IT-LW/P1、TIFF/IT-HC/P1 及 TIFF/IT-BL/P1 格式是使用特定的数据结构表示线条图像、高分辨率彩色连续调图像和二值线条图像,分别是 TIFF/IT-LW、TIFF/IT-HC 和 TIFF/IT-BL 格式的限制子集。它们与 TIFF 6.0 说明书中的描述都不一样,因为 TIFF 6.0 中没有它们所使用的字段和/或字段值。

c) 制定 TIFF/IT-MP/P1 的目的是支持印前、桌面出版系统及信息处理领域中一般图像数据的交换,与 TIFF 6.0 第四部分灰度图像相兼容。TIFF/IT-MP/P1 文件使用特定的数据结构表示单色连续调图像,是 TIFF/IT-MP 文件的限制性概述。

d) 制定 TIFF/IT-BP/P1 的目的是支持印前、桌面出版系统及信息处理领域中一般图像数据的交换,与 TIFF 6.0 第三部分二值图像相兼容。TIFF/IT-BP/P1 文件使用特定的数据结构表示二值图像,是 TIFF/IT-BP 文件的限制性概述。

与 TIFF/IT 比较,TIFF/IT-P1 的主要限制在于:

——仅使用 CMYK(适当的时候);

——仅使用像素交替数据结构(适当的时候);

——只有一种图像扫描方向;

——只有一种网点范围;

——附加的 TIFF/IT 字段可选,除非对于图像数据类型的说明是必要的;

——限制了压缩方式。

其他的限制在各种文件类型中都一一说明了。

要完全遵守 TIFF/IT 规范时,用户和商家都要特别注意在系统间进行数据交换时所用的数据结构和文件结构,例如,处理栅格图像数据文件的扫描方向或交替存取时似乎就需要复杂的系统或程序框架。

A.2 TIFF/IT-P2 规范级别的背景

发展 TIFF/IT 的 P2 规范级别(TIFF/IT-P2)的目的是为了扩展 TIFF/IT-P1,以增加对新特征的支持,包括压缩方式、专色、更大的 LW 色表和 SD 文件格式。

---

1) PhotoShop 是 Adobe 公司产品的商标名称。给出这个信息只是为了给本标准的用户提供方便,并不代表 ISO 对该命名产品的认可。其他程序只要能达到同样的效果也可以用。

每一种数据类型(CT、LW、HC、MP、BP、SD和FP)的TIFF/IT-P2规范都对字段和字段值做了限制。在许多情况下,TIFF/IT-P2规范限制字段是为了实现系统间简单而可靠的数据交换。未定义BL数据类型的TIFF/IT-P2规范级别,因为没有对现存的基准TIFF/IT-BL增加新的功能。

与TIFF/IT比较,TIFF/IT-P1的主要限制在于:

——仅使用CMYK专色(适当的时候);

——只有一种图像扫描方向;

——只有一种网点范围;

——限制了压缩方式;

——附加的TIFF/IT字段可选,除非对于图像数据类型的说明是必要的。

其他的限制在相应文件类型中都一一说明了。

要完全遵守TIFF/IT规范时,用户和商家都要特别注意在系统间进行数据交换时所用的数据结构和文件结构,例如,处理栅格图像数据文件的扫描方向或交替存取时似乎就需要复杂的系统或程序框架。

附 录 B
(资料性附录)
TIFF/IT 文件类型的识别与确认过程

B.1 TIFF/IT 文件类型的确认过程

使用下面的逻辑推断可以确认一个有效的 TIFF/IT 文件的类型。"FCD"和"JCD"分别表示 Flate 压缩数据和 JPEG 压缩数据。

如果子文件类型字段等于 1 或者不存在,那么:
　　如果压缩方式字段等于 1 或 32895,那么:
　　　　如果光学解释字段等于 5,那么:
　　　　　　如果数据面结构字段等于 1,　　是像素交替的 CT 类型
　　　　　　如果数据面结构字段等于 32768,　　是线交替的 CT 类型
　　　　　　如果数据面结构字段等于 2,那么
　　　　　　　　如果样点位数字段大于 1,　　是颜色交替的 CT 类型
　　　　　　　　如果样点位数字段等于 1,　　是无压缩的 SD 类型
　　　　如果光学解释字段等于 2,那么:
　　　　　　如果数据面结构字段等于 1,　　是 RGB 模式像素交替的 CT 类型
　　　　　　如果数据面结构字段等于 32768,　　是 RGB 模式线交替的 CT 类型
　　　　　　如果数据面结构字段等于 2,　　是 RGB 模式颜色交替的 CT 类型
　　　　如果光学解释字段等于 8,那么:
　　　　　　如果数据面结构字段等于 1,　　是 LAB 模式像素交替的 CT 类型
　　　　　　如果数据面结构字段等于 32768,　　是 LAB 模式线交替的 CT 类型
　　　　　　如果数据面结构字段等于 2,　　是 LAB 模式颜色交替的 CT 类型
　　　　如果光学解释字段等于 0 或 1,那么:
　　　　　　如果样点位数字段大于 1,　　是 BP 类型
　　　　　　如果样点位数字段等于 1,　　是 MP 类型
　　如果压缩方式字段等于 4,那么:
　　　　如果光学解释字段等于 0 或 1,　　是 CCITT G4 压缩方式的 BP 类型
　　　　如果光学解释字段等于 5,　　是 CCITT G4 压缩方式的 SD 类型
　　如果压缩方式字段等于 7,那么
　　　　如果光学解释字段等于 5,那么
　　　　　　如果数据面结构字段等于 1,　　是使用 JCD 和像素交替的 CT 类型
　　　　如果光学解释字段字段等于 2,那么
　　　　　　如果数据面结构字段等于 1,　　是使用 JCD 和像素交替的 RGB CT 类型
　　　　如果光学解释字段字段等于 6,那么
　　　　　　如果数据面结构字段等于 1,　　是使用 JCD 和像素交替的 YCbCr CT 类型
　　　　如果光学解释字段等于 8,那么
　　　　　　如果数据面结构字段等于 1,　　是使用 JCD 和像素交替的 LAB CT 类型
　　　　如果光学解释字段等于 0 或 1,那么
　　　　　　如果样点位数字段大于 1,　　是使用 JCD 的 MP 类型
如果压缩方式字段等于 8,那么

如果光学解释字段等于 5,那么:	
如果数据面结构字段等于 1,	是使用 FCD 和像素交替的 CT 类型
如果数据面结构字段等于 32768,	是使用 FCD 和线交替的 CT 类型
如果数据面结构字段等于 2,那么	
如果样点位数字段大于 1,	是使用 FCD 和颜色交替的 CT 类型
如果样点位数字段等于 1,	是使用 FCD 的 SD 类型
如果光学解释字段等于 2,那么:	
如果数据面结构字段等于 1,	是使用 FCD 和像素交替的 RGB CT 类型
如果数据面结构字段等于 32768,	是使用 FCD 和线交替的 RGB CT 类型
如果数据面结构字段等于 2,	是使用 FCD 和颜色交替的 RGB CT 类型
如果光学解释字段等于 8,那么:	
如果数据面结构字段等于 1,	是使用 FCD 和像素交替的 LAB CT 类型
如果数据面结构字段等于 32768,	是使用 FCD 和线交替的 LAB CT 类型
如果数据面结构等于 2,	是使用 FCD 和颜色交替的 LAB CT 类型
如果光学解释字段字段等于 0 或 1,那么:	
如果样点位数字段等于 1,	是使用 FCD 的 BP 类型
如果样点位数字段大于 1,	是使用 FCD 的 MP 类型
如果压缩方式字段等于 32896,	是 LW 类型
如果压缩方式字段等于 32897,	是 HC 类型
如果压缩方式字段等于 32898,	是 BL 类型
如果压缩方式的位 3 为 1,	是 FP 类型。

B.2 识别最终页面组分图像文件的过程

最终页面文件创建时,各组分图像文件目录中的图像说明字段包含了各组分图像文件的名称。各组分图像文件中的图像说明字段也应该包含其名称,但有些情况下不可能包含(见 7.10.2.3)。最终页面创建后,文件名可能会更改,尤其是当文件在具有不同命名规则的操作系统间交换时可能会自动更名。

公司内部文件交流网络规范定义的文件,在某些情况下与本标准内容部分兼容。读取程序应该能够处理 TIFF/IT 和公司内部文件交流网络规范最终页面。但是在公司内部文件交流网络规范中,文件名并未明确地在文件中编码。公司内部文件交流网络规范最终页面的各种文件,包括最终页面文件,有相同的基本文件名,即用三个字符的扩展名来指定文件类型(.ICT 表示公司内部文件交流网络规范彩色连续调图像文件,.ILW 表示公司内部文件交流网络规范彩色线条图像文件,.IHC 表示公司内部文件交流网络规范高分辨率连续调图像文件,.IFP 表示公司内部文件交流网络规范最终页面)。

假设有一最终页面文件,下面算法用来定位最终页面上组分文件的位置:

文件名 = 最终页面文件中组分图像图像文件目录中的图像说明字段值,如果图像文件目录和该字段都存在;

如果图像说明字段存在,但名字为"FileName"的组分文件不存在,则它可能更名或是 IFEN 文件,查找所有 TIFF/IT 文件,寻找图像说明字段等于"FileName"并且类型正确的文件。

如果没有发现符合要求的文件,或者图像文件目录中没有图像说明字段,则可能是公司内部文件交流网络规范文件,那么文件名 = 最终页面基本文件名加公司内部文件交流网络规范扩展名(.ICT,.ILW,.IHC),

如果"FileName"文件不存在,则出现错误或者允许手工指定文件名。

如果读取程序支持公司内部文件交流网络规范文件,且最终页面文件名包括公司内部文件交流网络规范最终页面文件扩展名,那么首先检查公司内部文件交流网络规范文件命名,效率会更高。

附 录 C
（资料性附录）
彩色页面上图像类型间的关系

一个页面上通常同时包括彩色连续调图像区域和彩色线条图像区域。彩色连续调图像通常是扫描图像或者彩色连续调图像（如“晕影”或“暗色”），彩色线条图像通常是文本、标尺或连合字等。

彩色线条图像数据使用较高的分辨率（通常高于 35 像素/mm），以避免在高反差的彩色边缘出现锯齿，如白纸上的黑色文字。由于扫描图像时使用了采样技术以及人眼视觉响应的原因，通常彩色连续调图像数据相邻像素间的反差较小，因此空间分辨率可以低一些，进而文件的数据量也减小了。彩色连续调图像的分辨率通常小于 25 像素/mm。各个处理系统和输出系统对彩色连续调图像和彩色线条图像的分辨率及它们之间的关系都有自己的限制。

通常彩色连续调图像和彩色线条图像的像素都是正方形的，且它们分辨率之间的比率是一个较小的整数，因此，彩色线条图像的网格就可能细分彩色连续调图像的网格，且边缘与图像区域轴对齐。

彩色线条图像数据的优先级高于彩色连续调图像数据，就好像彩色线条图像数据位于彩色连续调图像的上面。彩色连续调图像和彩色线条图像在页面上的组合通过彩色线条图像调色板中两个特别的颜色实现：白色和透明。白色（在所有分色中都是 0%）在概念上和彩色线条图像调色板中的其他颜色一样，是一个实地色，因此会“破坏”下层的连续调图像数据，这种情况下要确保不印刷油墨，让承印材料（纸）显露出来。透明是一种特殊的情况，可以作用于调色板颜色的一个或所有分色。彩色线条图像分色透明意味着下层的彩色连续调图像可以透显出来。

上述有关分辨率的说明已经指出了彩色连续调图像的分辨率低于彩色线条图像的分辨率。在图像内部这是正确的，但在彩色连续调图像的边缘却不总是这样。当图形具有坡度或弧线边缘时，就需要使用彩色线条图像分辨率将彩色连续调图像像素细分。高分辨率连续调图像数据格式提供了这种处理方法。

高分辨率连续调图像与彩色线条图像具有同样的分辨率，也采用行程编码方法，但行程说明具体的 CMYK 值或其他颜色值，而不是使用调色板的索引值。通过这种方式，高分辨率连续调图像就不受调色板颜色数量的限制了。还可以将高分辨率连续调图像数据看作是高分辨率的彩色连续调图像数据，只是每个像素都重复计数。与彩色线条图像一样，高分辨率连续调图像也有透明概念，但它使用颜色值 0 表示。高分辨率连续调图像被认为是位于彩色连续调图像和彩色线条图像之间的一种图像模型。如果有必要，可以在高分辨率连续调图像文件中携带线条稿数据而忽略彩色线条图像文件，但由于编码的压缩率降低了，文件尺寸会增加（每行程由二个或四个字节变成六个字节）。如果线条稿文件的颜色数小于 255，采用彩色线条图像格式文件会更小。

附 录 D
（资料性附录）
TIFF/IT 字段名列表（按字母排序）

表 D.1 是 TIFF/IT 字段名按字母排序的列表，并附有简单的说明。

表 D.1 TIFF/IT 字段名列表（按字母排序）

字段名	标签代码	参数类型	说　明	子条款
创建者	315	作业定义	可选，图像作者，也可以用作对图像的说明	7.2.2
背景色说明	34024	颜色说明	只适用于二值图像和二值线条图像，表明是否说明背景色或透明色	7.2.9
背景颜色值	34026	颜色说明	只适用于二值图像和二值线条图像，说明背景色	7.2.8.4
扩展行程位数	34021	数据格式	只适用于彩色线条图像，说明描述长行程编码格式的位数	7.2.6
行程位数	34020	数据格式	只适用于彩色线条图像，说明描述短行程编码格式的位数	7.2.6
样点位数	258	数据格式	说明每个采样点的位数，见特定文件类型	7.2.6
CMYK 等价色	34032	颜色说明	可选，说明特定分色的 CMYK 等价色	7.2.8.3.4
颜色特征描述	34029	颜色说明	可选，说明 ASCII 表或其他特征化颜色的其他引用，如 ISO 12641 和 ISO 12642。	7.2.8.4
色序	34017	颜色说明	可选，说明 CMYK 以外的色序	7.2.8.3.2
色表	34022	颜色说明	只适用于彩色线条图像，说明调色板中的颜色值	7.2.8.4
压缩方式	259	数据格式	说明是否用到了压缩及压缩方式	7.2.6
版权	33432	作业定义	可选，与图像相关的版权说明	7.2.2
日期	306	系统识别	可选，图像创建的日期和时间	7.2.3
文档名	269	作业定义	可选，扫描图像的文档名字	7.2.2
网点范围	336	颜色说明	缺省，说明 0% 和 100% 网点对应的颜色值	7.2.8.4
高分辨率连续调图像使用	34030	数据格式	只适用于高分辨率连续调图像，说明 HC 文件中包含的信息类型	7.2.6
机器说明	316	系统识别	可选，创建图像的计算机或系统	7.2.3
ICC 特性文件	34675	颜色说明	可选，说明 TIFF/IT 图像数据和 PCS 之间的关系	7.2.8.4

表 D.1（续）

字段名	标签代码	参数类型	说　明	子条款
图像颜色指示	34023	颜色说明	只适用于单色连续调图像、二值图像和二值线条图像，表示是否说明前景色或透明色（只针对二值图像和二值线条图像）	7.2.9
图像颜色值	34025	颜色说明	只适用于单色连续调图像、二值图像和二值线条图像，说明前景色	7.2.8.4
图像说明	270	作业定义	可选，说明图像的主题	7.2.2
图像长度	257	图像尺寸和方向	图像的长度（以像素为单位），即图像的行数	7.2.4
图像宽度	256	图像尺寸和方向	图像的宽度（以像素为单位），图像每一行的像素数	7.2.4
油墨名	333	颜色说明	可选，说明油墨名	7.2.8.3.3
油墨设置	332	颜色说明	可选，说明 CMYK 或其他油墨设置以及色序	7.2.8.3.2
IT8 文件头	34018	系统识别	可选（废弃）	7.2.3
制造商名	271	系统识别	可选，说明厂家或扫描仪的来源	7.2.3
型号	272	系统识别	可选，说明型号名称和扫描仪数量	7.2.3
子文件类型	254	数据格式	缺省，FP 例外，说明子文件中的数据类型，多数场合下代替较旧的 SubfileType 字段	7.2.6
油墨数	334	颜色说明	可选，说明用到的油墨数	7.2.8.3.2
扫描取向	274	图像尺寸和方向	缺省，说明相对于图像原点的扫描方向	7.2.4
页名	285	作业定义	可选，扫描图像的页面名字	7.2.2
光学解释	262	颜色说明	各类文件特定的图像数据的色空间类型（如分色，WhiteIsZero、BlackIsZero 等）	7.2.8.1
像素强度范围	34027	颜色说明	只适用于单色连续调图像，说明 0%和 100%强度所对应的数据	7.2.8.4
数据面结构	284	数据格式	说明像素的各分色如何交替存储（像素交替、颜色交替还是线交替）	7.2.6
基色色度	319	颜色说明	缺省，说明 CT RGB 图像的色度值	G.2.3
栅格填充	34019	数据格式	缺省，说明栅格填充的类型，如果存在	7.2.6
参考黑白点	532	颜色说明	可选，说明 RGB 参考黑、参考白和编码的 RGB 数据值之间的关系	G.2.4

表 D.1（续）

字段名	标签代码	参数类型	说　明	子条款
分辨率单位	296	图像分辨率	缺省，说明分辨率单位是英寸还是厘米	7.2.5
数据带行数	278	文件格式	说明数据带的行数	7.2.7
像素样点数	277	数据格式	说明像素采样点的数目	7.2.6
位置	34016	系统识别	可选，图像创建的位置或地址	7.2.3
软件	305	系统识别	可选，创建图像的程序名	7.2.3
数据带字节数	279	文件格式	说明每个数据带的字节数	7.2.7
数据带偏移量	273	文件格式	指向图像(每个数据带)的指针	7.2.7
传递函数	301	颜色说明	可选，说明和 CT 图像(RGB)一起使用的传递函数	G.2.3
透明指示	34028	颜色说明	只适用于高分辨率连续调图像，说明 HC 是否使用了透明色	7.2.8.4
陷印说明	34031	陷印说明	可选，说明是否使用了陷印	7.2.6
白点	318	颜色说明	可选，说明 CT 图像(RGB)白点的色度	G.2.3
X 位置	286	最终页面	只适用于 FP，说明图像在 X 方向上距原点的偏移量，在 FP 文件组分图像的图像文件目录中说明	7.2.4
X 方向分辨率	282	图像分辨率	说明在图像宽度方向上每个分辨率单位上的像素数	7.2.5
Y 位置	287	最终页面	只适用于 FP，说明图像在 Y 方向上距原点的偏移量，在 FP 文件组分图像图像文件目录中说明	7.2.4
Y 方向分辨率	283	图像分辨率	在图像长度方向上每个分辨率单位上的像素数	7.2.5

附　录　E
（规范性附录）
在 TIFF/IT 文件中包含 JPEG 压缩数据

E.1　在 TIFF/IT 文件中包含 JPEG 压缩数据

本附录定义 JPEG 压缩数据，TIFF/IT-CT 和 TIFF/IT-MP 图像中可包含该类数据。本附录提到的图像是 TIFF/IT-CT 或 TIFF/IT-MP 类型。

TIFF/IT-CT、TIFF/IT-MP、TIFF/IT-CT/P2 和 TIFF/IT-MP/P2 文件中可能用到 JPEG 压缩数据。TIFF/IT-P1 不能使用 JPEG 压缩数据。

除非本附录有其他说明，兼容包含 JPEG 压缩数据的 TIFF/IT-CT、TIFF/IT-MP 的文件、读取程序和写入程序也应该分别与 TIFF/IT-CT、TIFF/IT-MP 规范兼容。

包含 JPEG 压缩数据的 TIFF/IT-CT 和 TIFF/IT-MP 文件，其分类标记和 TIFF/IT 字段值基本上与 TIFF/IT-CT、TIFF/IT-MP 的兼容（参见表 4 和表 11）。

注：更多的信息参见 Adobe Photoshop TIFF 技术手册[2]。

E.2　在 TIFF/IT-CT 和 TIFF/IT-MP 中包含 JPEG 压缩数据的要求

E.2.1　概述

本附录中的 JPEG 压缩数据基于 ISO/IEC 10918-1:1994 描述的 JPEG 基准方法。JPEG 基准方法是基于离散余弦变换的算法，压缩八位分色图像。JPEG 基准算法是有损压缩。

包含 JPEG 基准压缩数据的 TIFF/IT-CT、TIFF/IT-MP 文件应该包含压缩方式字段，其值等于 7。

259　压缩方式　短整型　　=7

注：压缩方式字段值分别为 6 和 7 的 TIFF/IT JPEG 文件不兼容。

在包含 JPEG 压缩数据的 TIFF/IT 文件中，与 JPEG 压缩数据带相关的 TIFF/IT 字段是数据带偏移量和数据带字节数字段（参见 7.1.6）。文件中压缩数据的色空间与光学解释字段（参见 E.2.3）定义的色空间应该一致。其他字段与压缩数据带格式无关，但为了实现 JPEG 文件的简单交流，对 TIFF/IT JPEG 压缩文件的使用作了如下限定：

——TIFF/IT-CT 和 TIFF/IT-MP 文件中能使用 TIFF/IT JPEG 压缩方法，但如果文件已经有了 Flate 压缩数据（参见附录 F），就不能再使用 TIFF/IT JPEG 压缩方法。除了 TIFF/IT-CT 和 TIFF/IT-MP 文件，TIFF/IT JPEG 压缩方法不能应用于其他 TIFF/IT 图像类型，如 TIFF/IT-LW、-HC、-SD、-BP 和-BL。

——包含 JPEG 压缩数据的 TIFF/IT 文件中的数据带应该符合 JPEG 基准（参见 ISO/IEC 10918-1:1994，附录 B），即只接受八位精度的数据。三种压缩数据格式中，用于压缩图像数据和表格说明的这两种精简格式不能用于 TIFF/IT 文件。

——包含 JPEG 压缩数据的 TIFF/IT 文件中应该只有一个数据带，也就是说只含有一个 JPEG 交换格式，包括哈夫曼编码表和量化表。

——当图像具有多个分色时，TIFF/IT JPEG 只能使用像素交替存储方式。

E.2.2　TIFF/IT JPEG 图像的数据带格式

本附录中的压缩数据流格式应该符合 ISO/IEC 10918-1:1994 标准所规定的基准连续 DCT 模式，并受 E.2.1 的限定。

另外，对可用的标记作如下限制：

——写入程序应该使用 SOI、SOFO、SOS 和 EOI 标记，读取程序应该能读取并正确处理这些标记。

——写入程序可以使用 DRI、DHT、DQT 和 RSTn(n=0～7)标记，读取程序应该能读取并正确处理这些标记。

——写入程序可以使用 COM 和 APPn(n=0～15)标记，读取程序应该忽略这些标记而读取文件。

——写入程序不应使用 SONn(n=0～15)、JPG、DNL、DHP、EXP、JPGn、TEM 和 RES 标记。

E.2.3 JPEG 压缩过程中的色空间转换

包含 JPEG 压缩数据的 TIFF/IT-CT 文件中，可能会在 JPEG 压缩之前进行色空间转换(而色空间的逆变换应该在 JPEG 压缩之后)。光学解释字段值应该与压缩数据所在色空间一致。

附 录 F
（规范性附录）
在 TIFF/IT 文件中包含 Flate 压缩数据

F.1 在 TIFF/IT 文件中包含 Flate 压缩数据

本附录定义 Flate 压缩数据，TIFF/IT 图像中可以包含该数据。本附录提及的图像可以是 TIFF/IT-CT、-MP、-BP、-SD 或-FP 类型。TIFF/IT 或 TIFF/IT-P2 规范允许包含 Flate 压缩数据，但 TIFF/IT-P1 不允许。

除非本附录有其他说明，兼容包含 Flate 压缩数据的 TIFF/IT 的文件、读取程序和写入程序应该分别与相应类型的 TIFF/IT 规范兼容。

包含 Flate 压缩数据的 TIFF/IT，其分类标记和 TIFF/IT 字段值基本上与 TIFF/IT 文件的兼容。

F.2 在 TIFF/IT 中包含 Flate 压缩数据的要求

F.2.1 概述

各种 TIFF/IT 文件都可以包含 Flate 压缩数据。Flate 是一种通用目的的无损压缩方法，使用 LZ77 算法和哈夫曼编码。为了在 TIFF/IT 中使用 Flate 压缩数据，本附录使用 RFC 1950 定义的 Flate 数据格式和 RFC 1951 定义的 Flate 数据流格式。

注：更多的信息请参见 Adobe Photoshop TIFF 技术手册[2]。

F.2.2 Flate 压缩数据带格式

要在 TIFF/IT 文件中包含 Flate 压缩数据，压缩方式（Compression）字段值应该等于 8。TIFF/IT-CT、-MP、-BP、-SD 和-FP 类型都可以包含 Flate 压缩数据。

259 压缩方式 短整型 =8

注 1：源码开放的图书馆 libtiff（http://www.libtiff.org/）使用 32946 标识 Flate 压缩方式，但最好不要使用该值。建议 TIFF 读取程序支持 8 和 32946，但写入程序应该只使用 8。

在包含 Flate 压缩数据的 TIFF/IT 文件中，与 Flate 压缩数据带有关的 TIFF/IT 字段是数据带偏移量和数据带字节数字段。其他字段与压缩数据带格式说明无关，它们说明源（未压缩的）TIFF/IT 文件（通过压缩图像重建）。

本附录中的 Flate 压缩数据带应该符合 RFC 1950（ZLIB 压缩数据格式说明），但还要受以下限制：

——FLG 字节的 FDICT 位应该始终为 0，而且应该无 DICTID 字段。

——TIFF/IT 文件中 CMF 字节的 CM 字段值可以是 1、2、3 或 8。

——TIFF/IT-P2 文件中 CMF 字节的 CM 字段值应该是 8。

注 2：CM 字段值 8 表示原始图像数据不能被预测函数修改。如果使用其他值则导致原始图像数据在压缩前被修改（以获得更高的压缩率）。

一个数据带由一系列字节组成，包括 CMF 字段、FLG 字段、压缩数据和 ADLER32 字段（在 RFC 1950 中说明）。

CM 值分别表示左预测、右预测和平均预测方法，它们对原始图像数据进行预测（也就是先对原始图像数据进行预测，然后进行压缩）。各种预测方法都有一个对原始图像数据进行计算的公式。左预测方法（CM=1）的公式是“Raw(x)-Raw(px)”，右预测方法（CM=2）的公式是“Raw(x)-Raw(ux)”，平均预测方法（CM=3）的公式是“Raw(x)－(Raw(px)＋Raw(ux))/2”。

——Raw(x) 当前压缩行的当前压缩像素所在字节位置的原始数据字节值。

——Raw(px) 当前压缩行的下一个压缩像素所在字节位置的原始数据字节值。

——Raw(ux)　　下一压缩行的当前压缩像素所对应字节位置的原始数据字节值。

在解压过程中，对 Flate 解压得到的字节值(用以重建原始字节值)使用逆预测函数，CM 值 1、2 和 3 分别对应三种逆预测函数。

F.2.3　Flate 压缩数据流格式

本附录中的压缩数据流格式应该遵循 RFC 1951(Deflate 压缩数据格式说明)。更多的信息请参见 RFC 1951。

附　录　G
（规范性附录）
TIFF/IT-CT 中的 RGB 色空间数据

G.1　RGB 模式的 TIFF/IT-CT

本附录定义的 TIFF/IT-CT 文件格式，其光学解释字段值是 2，表示包含 RGB 色空间数据。TIFF/IT-CT 支持 RGB 模式。只有 TIFF/IT 规范级别支持 RGB 模式，TIFF/IT-P1 和 TIFF/IT-P2 都不支持。

除非本附录有其他说明，兼容 RGB 图像的文件、读取程序和写入程序应该也与 TIFF/IT-CT 规范兼容。

包含 RGB 数据的 TIFF/IT-CT，其分类标记及 TIFF/IT 字段值基本上与 TIFF/IT-CT 文件的兼容，但如果与 7.3.3 说明的 TIFF/IT-CT 字段用法冲突，以本附录为准。

G.2　在 TIFF/IT-CT 中包含 RGB 色空间数据的的要求

G.2.1　概述

如果 TIFF/IT-CT 文件的光学解释字段值是 2，其数据应该是 RGB 模式。编码的 RGB 数据应该可在典型的 RGB 设备上直接显示。

G.2.2　数据结构

RGB 模式的 TIFF/IT-CT 文件中，数据区由数据带偏移量和数据带字节数字段说明。允许使用多数据区，如果有，应该说明数据带行数字段值。

描述 RGB 模式的像素结构时可能用到三种存储格式：像素交替、线交替和颜色交替。说明光学解释字段值为 2 的 TIFF/IT-CT 写入程序可以以任一种格式写入，读取光学解释字段值为 2 的 TIFF/IT-CT 文件的读取程序应该能读取任一种格式。

包含 RGB 数据的文件可以是八位（样点位数字段值＝8，8，8）或 16 位（样点位数字段值＝16，16，16），不允许有其他值。像素样点数字段值应该是 3。光学解释字段值 2 表示像素内的分色顺序是“RGB”。对于 16 位像素数据，不管 TIFF/IT 目录使用何种字节顺序，分色内的字节应该使用 big-endian 字节顺序。

TIFF/IT-CT 中的油墨设置、油墨数量、IT8 文件头和栅格填充字段不能用于 RGB 数据。

注 1：RGB 数据是与设备相关的。包含色度说明、使用 RGB 色空间的 TIFF/IT-CT 的详细信息请参见 G.2.3。

注 2：如果使用合适的字段和字段值，RGB 模式的 TIFF/IT-CT 文件与 TIFF6.0 RGB 全彩色图像（TIFF 6.0 说明书第六部分定义）兼容。

G.2.3　RGB 模式的 TIFF/IT-CT 中的色度信息

前面提到，RGB 模式的 TIFF/IT-CT 中的像素颜色值是创建文件时的 RGB 颜色值。但是，需要表示等价色度值时，要用到一些可选字段：白点、基色色度、传递函数和颜色特征化字段。

318　白点　　　　有理数型　［白点（x），白点（y）］

319　基色色度　　有理数型　［红光（x），红光（y），绿光（x），绿光（y），蓝光（x），蓝光（y）］

301　传递函数　　短整型　［指向图像传递函数的指针（表格形式），相关联的计数＝3×($2^{样点位数}$)或 1×($2^{样点位数}$)］

白点标签说明图像白点的色度值，在 CIE xy 色度图上表示。如使用 D65 光源，则白点值是［3 127/10 000，3 290/10 000］。该字段无缺省值。

基色色度标签说明图像基色的色度值，也在 CIE xy 色度图上表示。顺序是红光（x），红光（y），绿光

(x),绿光(y),蓝光(x),蓝光(y)。如 ITU-RBT 基色的色度值是[640/1 000,330/1 000,300/1 000,600/1 000,150/1 000,60/1 000]。该字段无缺省值。

传递函数字段以表格形式说明像素数据的传递函数,使用该字段可以对像素数据进行伽玛校正。传递函数将像素分色 16 位非线性的编码值映射成线性值。非线性编码数据的个数由该字段的计数说明。如果计数是 $1\times(2^{\text{样点位数}})$,RGB 各分色的传递函数是一样的,所有分色都使用一个表。如果计数是 $3\times(2^{\text{样点位数}})$,就有三个表格,顺序是 RGB。这些表格是相互独立的。

注 1:传递函数字段的缺省值是对应 NTSC 标准伽玛值为 2.2 的单一表格。

如果用到颜色特征化字段,则表示 RGB 图像的颜色值可以用一个短的定义词(类似于命名颜色)来表示。TIFF/IT-CT 中 RGB 色空间认可的短定义词是"sRGB"。它表示数据用"sRGB"(在 IEC 61966-2-1 中定义)编码。

注 2:本子条款中颜色特征化字段的含义与 TIFF/IT 文件中的通用用法不同。

如果颜色特征化字段和白点、基色色度值或传递函数字段一起使用,它们之间不能互相冲突。

注 3:TIFF/IT 文件中的 RGB 数据说明编码数据值,但没有说明从编码值到其他色空间值的转换方法。这部分增加的字段说明 RGB 数据的编码条件。

G.2.4 度量编码 RGB 数据值

参考黑白点字段用来说明 RGB 参考黑白点和编码 RGB 数据值之间的关系。

532 参考黑白点 有理数型([与 R 参考黑点相关联的像素值],)
[与 R 参考白点相关联的像素值],
[与 G 参考黑点相关联的像素值],
[与 G 参考白点相关联的像素值],
[与 B 参考黑点相关联的像素值],
[与 B 参考白点相关联的像素值])

参考黑白点字段用来说明各分色与参考黑点相关联的编码像素值和与参考白点相关联的编码像素值。顺序是[与 R 参考黑点相关联的像素值],[与 R 参考白点相关联的像素值],[与 G 参考黑点相关联的像素值],[与 G 参考白点相关联的像素值],[与 B 参考黑点相关联的像素值],[与 B 参考白点相关联的像素值]。如八位与设备相关的 RGB 的参考黑白点字段值是[0/1,255/1, 0/1, 255/1, 0/1, 255/1]。该字段的缺省值是[0/1,NV/1, 0/1,NV/1, 0/1,NV/1],其中 $NV = 2^{\text{样点位数}} - 1$。

表 G.1 说明使用缺省参考黑白点字段值的像素值和 RGB 值之间的关系。

表 G.1 使用缺省参考黑白点字段值的像素值和非线性 RGB 值之间的关系

非线性 R/G/B 值	八位像素数据	16 位像素数据
0(黑色)	0	0
1(白色)	255(FFh)	65535(FFFFh)

G.3 RGB 模式的 TIFF/IT-CT 编码

表 G.2 是 RGB 模式的 TIFF/IT-CT 字段用法。

表 G.2 RGB 模式的 TIFF/IT-CT 字段用法(光学解释字段值是 2)

字段名	标签代码	数据类型	计数	缺省值	RGB 数据的 IFF/IT-CT	注释
子文件类型	254	长整型	1	0	d=0	—
图像宽度	256	短整型/长整型	1	无	m	每行的像素数
图像长度	257	短整型/长整型	1	无	m	图像的行数
样点位数	258	短整型	3	1	m=8,8,8,=16,16,16	—
压缩方式	259	短整型	1	1	d=1,=7, =8	—

表 G.2（续）

字段名	标签代码	数据类型	计数	缺省值	RGB 数据的 IFF/IT-CT	注释
光学解释	262	短整型	1	无	m=2	—
文档名	269	ASCII 型	b	无	可选	—
图像说明	270	ASCII 型	b	无	可选	—
制造商名	271	ASCII 型	b	无	可选	制造商名称
型号	272	ASCII 型	b	无	可选	—
数据带偏移量	273	短整型/长整型	c	无	m	图像数据的指针
扫描取向	274	短整型	1	1	d(=1,=4,=5,=8)	—
像素样点数	277	短整型	1	1	m=3	分色数
数据带行数	278	短整型/长整型	1	FFFFFFFFh	d	a
数据带字节数	279	短整型/长整型	c	无	m	—
X 方向分辨率	282	有理数型	1	无	m	—
Y 方向分辨率	283	有理数型	1	无	m	—
数据面结构	284	短整型	1	1	d=1,=2,=32768	—
页名	285	ASCII 型	b	无	可选	—
分辨率单位	296	短整型	1	2	d(=2,=3)	—
传递函数	301	短整型	e	f	可选	—
软件	305	ASCII 型	b	无	可选	—
日期	306	ASCII 型	d	无	可选	—
创建者	315	ASCII 型	b	无	可选	—
机器说明	316	ASCII 型	b	无	可选	—
白点	318	有理数型	2	无	可选	h
基色色度值	319	有理数型	6	无	可选	—
油墨设置	332	短整型	1	1	不使用	—
油墨数	334	短整型	1	4	不使用	—
网点范围	336	字节型/短整型	2	0,255	不使用	—
参考黑白点	532	有理数型	6	g	可选	—
版权	33432	ASCII 型	b	无	可选	—
位置	34016	ASCII 型	b	无	可选	—
色序	34017	ASCII 型	b	CMYK	不使用	色序
IT8 文件头	34018	ASCII 型	b	无	不使用	—
栅格填充	34019	短整型	1	0	不使用	—
颜色特征描述	34029	ASCII 型	b	无	可选	

a：缺省值 FFFFFFFFh 表示整个图像就是一个数据带。

b：字符串中字符(即字节)的数目，包括终止字符。

c：如果数据面结构字段值等于 1 或 32768，计数等于图像数据带数目字段值；如果数据面结构字段值等于 2，计数等于像素样点数×图像数据带数目。图像数据带数目=取整((图像行数+数据带的行数−1)/数据带的行数)，其中取整是取变量的整数部分，如：取整(2.9)=2。

d：格式 YYYY:MM:DD HH:MM:SS 中的 20 个字节表示年、月、日、空格、时、分、秒、终止字符。

e：$1\times(2^{样点位数})$表示 RGB 各分色的传递函数是一样的；$3\times(2^{样点位数})$表示 RGB 分色各有各的传递函数。

f：对应 NTSC 标准伽玛值为 2.2 的一个表。

g：[0/1,NV/1, 0/1,NV/1, 0/1,NV/1]，其中 $NV = 2^{样点位数} - 1$。

h：如果用到该字段，“sRGB” 是当前定义的唯一短定义词。“sRGB”是在 IEC 61966-2-1 中定义的色空间。

附 录 H
（规范性附录）
TIFF/IT-CT 中的 LAB 色空间数据

H.1 LAB 模式的 TIFF/IT-CT

本附录定义的 TIFF/IT-CT 文件格式，其光学解释字段值是 8，表示包含 LAB 数据。LAB 色空间在 ISO 13655 中定义。TIFF/IT-CT 类型支持 LAB 图像。只有 TIFF/IT 规范级别支持 LAB 图像，TIFF/IT-P1 和 TIFF/IT-P2 都不支持。

注：ISO 13655 定义的 LAB 的观察条件是 D50，2°视角，反射稿几何条件是 0°/45°，透射稿几何条件是 0°/漫射。

除非本附录有其他说明，兼容 LAB 图像的文件、读取程序和写入程序也应该与 TIFF/IT-CT 规范兼容。

LAB 模式的 TIFF/IT-CT，其分类标记和 TIFF/IT 字段值基本上与 TIFF/IT-CT 文件的兼容，但如果与 7.3.3 说明的 TIFF/IT-CT 字段用法冲突，以本附录为准。

H.2 在 TIFF/IT-CT 中包含 LAB 数据的要求

H.2.1 概述

当 TIFF/IT-CT 文件的光学解释字段值是 8 时，数据应该是 LAB 颜色模式。

H.2.2 数据结构

LAB 模式的 TIFF/IT-CT 文件中，数据区由数据带偏移量和数据带字节数字段说明。允许使用多数据区。如果使用，应该说明数据带行数字段值。文件中编码像素值表示的是 1976 CIE $L^*a^*b^*$ 色空间值。

保存 LAB 数据的像素结构可能用到三种格式：像素交替、线交替和颜色交替。说明光学解释字段值为 8 的 TIFF/IT-CT 写入程序可以以任一种格式写入，读取光学解释字段值是 8 的 TIFF/IT-CT 文件的读取程序应该能读取任一种格式。

文件可以是八位（样点位数字段值＝8，8，8）或 16 位（样点位数字段值＝16，16，16），不允许有其他值。像素样点数应该是 3。光学解释字段值 8 表示像素内分色的顺序是“$L^*a^*b^*$”。对于 16 位像素数据，不管 TIFF/IT 目录使用何种字节顺序，分色内的字节顺序应该是 big-endian 顺序。

TIFF/IT-CT 中的油墨设置、油墨数量、网点范围、色序、IT8 文件头和栅格填充字段不能用于 LAB 数据。

H.2.3 LAB 分色的数值范围

使用本附录方法编码，L^* 范围是 0（完全吸收的黑）～100（全反射白），a^*、b^* 范围是 －128～127。表 H.1 和表 H.2 说明了像素数据值和 L^*、a^*、b^* 之间的关系。a^*、b^* 像素数据值是两个分色。

表 H.1 像素数据值和 L^* 值之间的关系

L^*	8 位像素数据	16 位像素数据
0	0	0
100	255(FFh)	65535(FFFFh)

表 H.2 像素数据值和 a*、b* 值之间的关系

a* 或 b*	8 位像素数据	16 位像素数据
−128.0	−128(80h)	−32 768(8 000h)
0	0(0h)	0(0h)
127	127(7Fh)	32 512(7F00h)

注 1：a* 和 b* 16 位像素数据等于对应的八位像素数据乘以 256。

注 2：如果使用合适的字段和字段值，如样点位数字段值"8,8,8"，LAB 数据的 TIFF/IT-CT 文件与 TIFF 6.0 CIE L* a* b* 图像兼容(在 TIFF 6.0 说明书第 23 部分定义)。

H.3 在 TIFF/IT-CT 中使用 LAB 数据的要求

LAB 数据的 TIFF/IT-CT 字段的用法见表 H.3。

表 H.3 用于 LAB 数据的 TIFF/IT-CT 字段用法(光学解释字段值是 8)

字段名	标签代码	数据类型	计 数	缺省值	LAB 数据的 IFF/IT-CT	注 释
子文件类型	254	长整型	1	0	d	—
图像宽度	256	短整型/长整型	1	无	m	每行的像素数
图像长度	257	短整型/长整型	1	无	m	图像的行数
样点位数	258	短整型	3	1	m=8,8,8, =16,16,16	—
压缩方式	259	短整型	1	1	d=1,=7, =8	—
光学解释	262	短整型	1	无	m=8	—
文档名	269	ASCII 型	b	无	可选	—
图像说明	270	ASCII 型	b	无	可选	—
制造商名	271	ASCII 型	b	无	可选	制造商名称
型号	272	ASCII 型	b	无	可选	—
数据带偏移量	273	短整型/长整型	c	无	m	图像数据的指针
扫描取向	274	短整型	1	1	d(=1,=4, =5,=8)	—
像素样点数	277	短整型	1	1	m=3	分色数
数据带行数	278	短整型/长整型	1	FFFFFFFFh	d	a
数据带字节数	279	短整型/长整型	c	无	m	—
X 方向分辨率	282	有理数型	1	无	m	—
Y 方向分辨率	283	有理数型	1	无	m	—
数据面结构	284	短整型	1	1	d=1,=2, =32768	—
页名	285	ASCII 型	b	无	可选	—
分辨率单位	296	短整型	1	2	d(=2,=3)	—
软件	305	ASCII 型	b	无	可选	—

表 H.3（续）

字段名	标签代码	数据类型	计　数	缺省值	LAB 数据的 IFF/IT-CT	注　释
日期	306	ASCII 型	d	无	可选	—
创建者	315	ASCII 型	b	无	可选	—
机器说明	316	ASCII 型	b	无	可选	—
油墨设置	332	短整型	1	1	不使用	—
油墨数	334	短整型	1	4	不使用	—
网点范围	336	字节型/短整型	2	0,255	不使用	—
版权	33432	ASCII 型	b	无	可选	—
位置	34016	ASCII 型	b	无	可选	—
色序	34017	ASCII 型	b	CMYK	不使用	色序
IT8 文件头	34018	ASCII 型	b	无	不使用	—
栅格填充	34019	短整型	1	0	不使用	—
颜色特征描述	34029	ASCII 型	b	无	可选	—

a：缺省值 FFFFFFFFh 表示整个图像就是一个数据带。

b：字符串中字符(即字节)的数目，包括终止字符。

c：如果数据面结构字段值等于 1 或 32768，计数等于图像数据带数目字段值；如果数据面结构字段值等于 2，计数等于像素样点数×图像数据带数目。图像数据带数目＝取整((图像行数＋数据带的行数－1)/数据带的行数)，其中取整是取变量的整数部分，如：取整(2.9)＝2。

d：格式 YYYY:MM:DD HH:MM:SS 中的 20 个字节表示年、月、日、空格、时、分、秒、终止字符。

附 录 I
（资料性附录）
颜 色 值

本标准提供了一种传递四色印刷图像的方法。这些图像的来源很广，并且在生产过程的任何环节都可能传递，因此本标准并不试图说明最终印刷效果，而是定义图像分色（有时称为“像素包”）和当前参数，如图像大小、分辨率和色彩饱和度等，但这不意味着这些参数以及定义的特定颜色值将会超越印刷过程而保持不变。

像素的相对颜色值是指保存为TIFF/IT格式时的图像颜色。从生产过程的一个阶段传递到另一个阶段，相对颜色值会发生变化。扫描后，它们代表扫描的颜色百分比；颜色校正后，它们代表校正后的颜色百分比，等等。它们可以代表用于胶版印刷或凹版印刷胶片上的目标网点百分比，也可以是印刷在纸张上经过网点扩大后的最终网点百分比，或是印刷过程中的其他许多含义。当前的数据交换标准对这些值所代表的意义没有作明确说明，但确实提供了一个传递数值的方式。有必要明确图像位于印刷过程的哪个阶段，如何创建的，以及不同阶段的网点百分比所代表的含义，要了解这些都需要从图像创建者那里获取信息。ISO 12641、ISO 12642都提到了这个问题，并提供了颜色特征化字段，以携带校正数据。而且，制定了条款包含ICC特性文件，以描述文件数据和特性连接色空间的色度定义之间的关系。

附　录　J
（规范性附录）
TIFF/IT 图像中的 ICC 特性文件标签

J.1　TIFF/IT 文件包含 ICC 特性文件

通过使用 ICC 特性文件标签，TIFF/IT-CT 文件可以包含 ICC 特性文件（在 ICC.1:2001-12 中定义）。TIFF/IT-P1 文件不能包含 ICC 特性文件标签。

除非本附录有其他说明，兼容包含 ICC 特性文件标签的 TIFF/IT 的文件、读取程序和写入程序应该也应该与 TIFF/IT 规范兼容。

ICC 特性文件标签作为可选标签，可在 TIFF/IT-CT、TIFF/IT-CT/P2、TIFF/IT-LW、TIFF/IT-LW/P2、TIFF/IT-HC、TIFF/IT-HC/P2、TIFF/IT-MP 和 TIFF/IT-MP/P2 中使用（参见表 4,9,10 和 11）。

J.2　在 TIFF/IT 文件中包含 ICC 特性文件的要求

ICC 特性文件标签描述 TIFF/IT 数据所在色空间和 PCS（特性连接色空间）之间的关系。

ICC 特性文件作为可选标签，可在所有 TIFF/IT 类型中使用。要在 TIFF/IT 文件中包含 ICC 特性文件标签，应该使用如下图像文件目录条目：

34675　ICC 特性文件　未定义　指向 ICC 特性文件起点的指针

ICC 特性文件标签用标签号 34675 识别，字段计数等于嵌入 ICC 特性文件的字节数。图像文件目录条目的偏移量字段值是 ICC 特性文件起点的偏移量，单位是字节。

整个 ICC 特性文件作为一个 TIFF/IT 字段或图像文件目录条目嵌入到图像文件目录中。TIFF/IT 文件可能包含一个以上图像和/或一个以上图像文件目录，每个图像文件目录都可以嵌入 ICC 特性文件。但不要求 TIFF/IT 读取程序读取一个以上图像文件目录。

嵌入的 ICC 特性文件应该包含：ICC 特性文件头、标签表和标签数据元素。嵌入的 ICC 特性文件的字节顺序应该是大端字节顺序，元素用法和结构应该符合 ICC.1 说明。

注：TIFF/IT 数据所在的色空间应该与嵌入的 ICC 特性文件中的源色空间一致。

附　录　K
（资料性附录）
单色连续调图像颜色值的计算

K.1　单色图像例子

这个例子描述的单色连续调图像具有如下性质：

色序　　　　　　　　= CMYK

网点范围　　　　　　= 100,200

图像颜色值　　　　　= 150,180,100,120

像素强度范围　　　　= 20,220

图像颜色指示　　　　= 1

这些数据定义的图像颜色值(100%强度)是:C=50%,M=80%,Y=0%,K=20%,单色连续调图像中值为120的像素表示的是50%的强度,也就是该颜色是:C=25%,M=40%,Y=0%,K=10%。

图K.1说明单色连续调图像的像素值、强度值、图像颜色值和印刷网点百分比之间的转换关系。在这个例子中,输入数据如下所示：

像素值,是TIFF/IT-MP文件中的像素数据值；

最小强度像素值,是像素强度范围字段的0%强度所对应的像素值；

最大强度像素值,是像素强度范围字段的100%强度所对应的像素值；

最小网点颜色值,是网点范围字段中0%网点百分比对应的颜色值；

最大网点颜色值,是网点范围字段中100%网点百分比对应的颜色值；

图像分色颜色值,是图像颜色值字段中分色S颜色值对应的值。

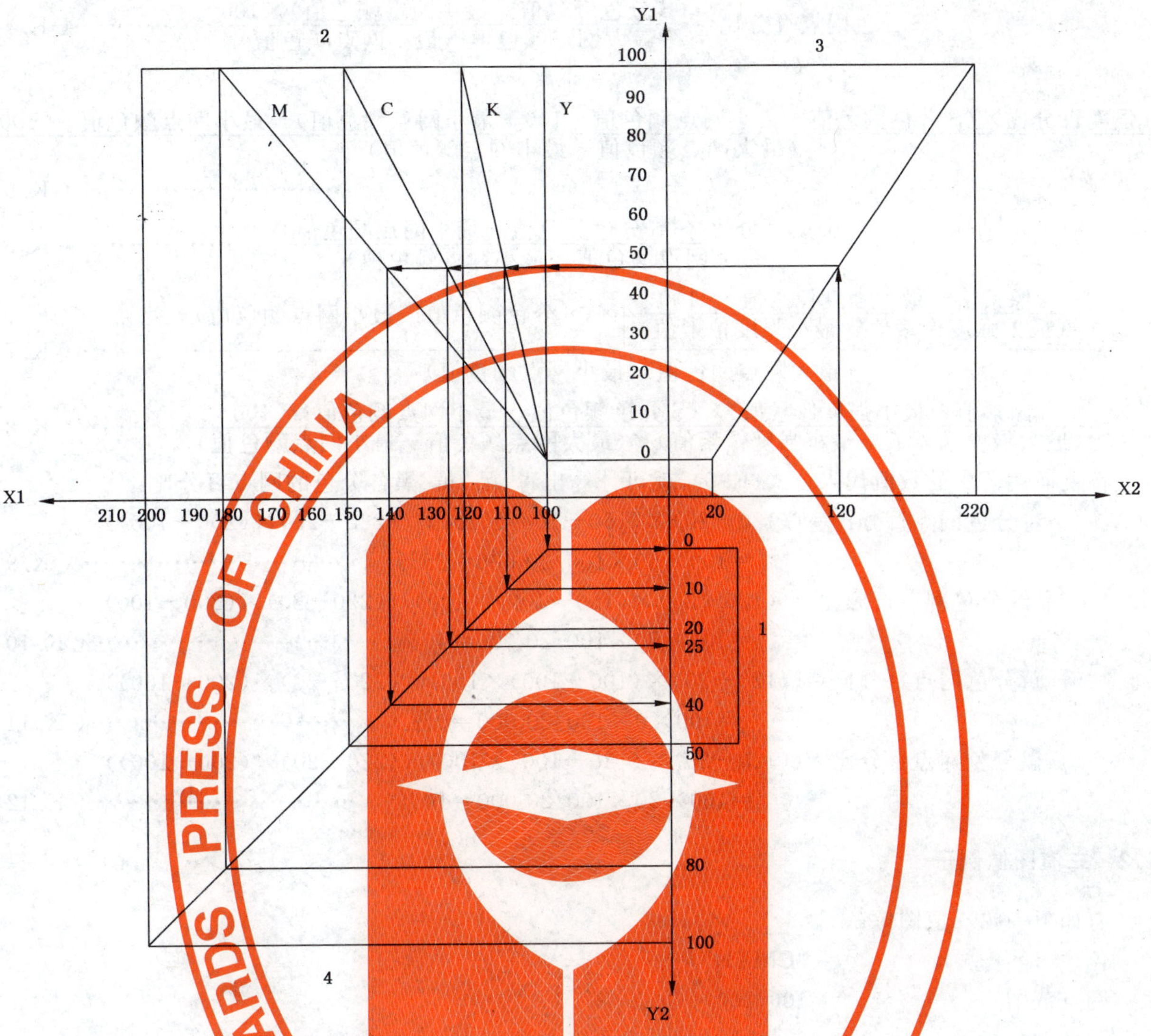

X1——颜色值；

X2——像素数据值；

Y1——强度百分比；

Y2——网点百分比。

1——像素数据值为120的像素的值；

2——图像颜色值(强度映射)；

3——像素强度范围(强度编码)；

4——网点范围(颜色值编码)。

图 K.1　单色图像颜色值计算的例子

那么，图K.1中的强度百分比、S分色颜色值和S分色网点百分比就可以通过(K.1)～(K.3)的公式计算：

$$强度百分比=\frac{(像素值-最小强度像素值)\times 100}{(最大强度像素值-最小强度像素值)} \quad \cdots\cdots(K.1)$$

$$S分色颜色值=强度百分比\times(S分色颜色值-最小网点颜色值)/100+最小网点颜色值 \quad \cdots(K.2)$$

$$S分色网点百分比=\frac{(S分色颜色值-最小网点颜色值)\times 100}{(最大网点颜色值-最小网点颜色值)} \quad \cdots\cdots(K.3)$$

因此，分色S的像素值所对应的网点百分比的计算方法如下：

$$\text{S分色网点百分比}=\frac{(\text{S分色颜色值}-\text{最小网点颜色值})\times 100}{(\text{最大网点颜色值}-\text{最小网点颜色值})} \quad \cdots\cdots\cdots\cdots(\text{K.4})$$

$$=\frac{[(\text{强度百分比}\times(\text{S分色颜色值}-\text{最小网点颜色值})/100+\text{最小网点颜色值})-\text{最小网点颜色值}]\times 100}{(\text{最大网点颜色值}-\text{最小网点颜色值})} \quad \cdots\cdots\cdots\cdots(\text{K.5})$$

$$=\frac{\text{强度百分比}\times(\text{S分色颜色值}-\text{最小网点颜色值})}{(\text{最大网点颜色值}-\text{最小网点颜色值})} \quad \cdots\cdots\cdots\cdots(\text{K.6})$$

$$=\frac{\left[\frac{(\text{像素值}-\text{最小强度像素值})\times 100}{(\text{最大强度像素值}-\text{最小强度像素值})}\right]\times(\text{S分色颜色值}-\text{最小网点颜色值})}{(\text{最大网点颜色值}-\text{最小网点颜色值})} \quad \cdots\cdots(\text{K.7})$$

$$=\frac{(\text{像素值}-\text{最小强度像素值})\times(\text{S分色颜色值}-\text{最小网点颜色值})\times 100}{(\text{最大强度像素值}-\text{最小强度像素值})\times(\text{最大网点颜色值}-\text{最小网点颜色值})} \quad \cdots\cdots(\text{K.8})$$

将上面例子中的数值代入公式(K.8),就可计算出青、品、黄、黑各分色的网点百分比:

青分色网点百分比＝((120－20)×(150－100)×100)/((220－20)×(200－100))

＝100×50×100/20 000＝25% ……………………………(K.9)

品红分色网点百分比＝((120－20)×(180－100)×100)/((220－20)×(200－100))

＝100×80×100/20 000＝40% ……………………………(K.10)

黄分色网点百分比＝((120－20)×(100－100)×100)/((220－20)×(200－100))

＝100×0×100/20 000＝0% ……………………………(K.11)

黑分色网点百分比＝((120－20)×(120－100)×100)/((220－20)×(200－100))

＝100×20×100/20 000＝10% ……………………………(K.12)

K.2 二值图像例子

有如下一幅二值图像:

色序　　　　　＝"CMYK"

网点范围　　　＝100,200

图像颜色指示　＝1

背景颜色指示　＝1

图像颜色值　　＝150,180,100,120

背景颜色值　　＝100,120,150,100

这些数据定义了图像颜色值:C＝50%,M＝80%,Y＝0%,K＝20%,背景色:C＝0%,M＝20%,Y＝50%,K＝0%。不使用颜色强度值。

设二值图像文件中的某一行以如下一组二进制数开始:

00000000　00000000　00001111　11111100　11111110…

则表示开始的20个像素填充背景色,接下来10个像素填充图像颜色,接下来又有2个像素填充背景色,然后又是8个填充图像颜色的像素等等。

K.3 二值线条图像例子

二值线条图像的一个例子:

色序　　　　　＝"CMYK"

网点范围　　　＝100, 200

图像颜色指示　＝1

背景颜色指示　＝2

图像颜色值　　　　　= 150,180,100,120

背景颜色值　　　　　未使用

这些数据定义了图像颜色值：C=50%，M=80%，Y=0%，K=20%。不使用颜色强度值。这个例子中背景色被定义为完全透明，所以不使用背景颜色值。

该二值线条图像文件中某一编码行的字节顺序如下所示：

十进制数表示：

0　0　20　10　2　255　1　4　…

十六进制数表示：

00　00　14　0A　02　FF　01　04　…

其含义：(两个零字节作为行的开头)、(短编码格式，行程长度=20)、(短编码格式，行程长度=10)、(短编码格式，行程长度=2)、(长编码格式，行程长度=260)等等。

表示先是20个完全透明的像素，然后是10个填充图像颜色的像素，接下来又是2个透明像素，然后又是260个填充图像颜色的像素等等。

附 录 L
（资料性附录）
在 TIFF/IT 文件中包含 JBIG2-Amd2 压缩数据

L.1 在 TIFF/IT 文件中包含 JBIG2-Amd2 压缩数据

本附录定义在 TIFF/IT-BP 和 TIFF/IT-SD 文件中可能包含的 JBIG2-Amd2 压缩数据。本附录提到的图像是 TIFF/IT-BP 或 TIFF/IT-SD 类型。

JBIG2-Amd2 压缩数据可用于 TIFF/IT-BP 和 TIFF/IT-SD 文件中，但不可用于 TIFF/IT-BP/P1、-BP/P2、-SD/P1 和-SD/P2 规范，也不可用于 TIFF/IT-CT、-LW、-HC、-MP 或-BL 类型。

除非本附录有其他说明，兼容包含 JBIG2-Amd2 压缩数据的 TIFF/IT-BP 或 TIFF/IT-SD 的文件、读取程序和写入程序应该分别与的 TIFF/IT-BP 和 TIFF/IT-SD 兼容。

包含 JBIG2-Amd2 压缩数据的 TIFF/IT-BP 和 TIFF/IT-SD，其分类标记和 TIFF/IT 字段值基本上与 TIFF/IT-BP 和 TIFF/IT-SD 文件的兼容（参见表 11 和表 13）。

L.2 在 TIFF/IT-BP 和 TIFF/IT-SD 中包含 JBIG2-Amd2 压缩数据的要求

L.2.1 概述

本附录说明的 JBIG2-Amd2 压缩数据格式基于 JBIG2 的第二修订稿（参见 ISO/IEC 14492/Amd.2）。它基于对图像像素的顺序编码（使用算术编码，在 ISO/IEC 14492 中说明）和一个决定编码状态的模板。ISO/IEC 11544(JBIG)使用了该项技术。JBIG2-Amd2 为二值图像（如印刷用的半色调图像）提供了有效的无损压缩编码方法。

在包含 JBIG2-Amd2 压缩数据的 TIFF/IT-BP 或 TIFF/IT-SD 文件中，压缩方式字段值应该等于 34715。

259　　压缩方式　　短整型　　= 34715

JBIG2-Amd2 压缩方法可应用于 TIFF/IT-BP 和 TIFF/IT-SD 文件，但如果文件中已有其他压缩数据，不能再使用该压缩方法。

注：JBIG2-Amd2 压缩方法（ISO/IEC 14492/Amd.2）由 ISO/IEC JTC1/SC29/WG1 开发，于 2003 年公布。

L.2.2 TIFF/IT-BP 中 JBIG2-Amd2 压缩代码流的用法

在含有 JBIG2-Amd2 压缩数据的 TIFF/IT-BP 文件中，与压缩数据带有关的 TIFF/IT 字段是数据带偏移量和数据带字节数（见表 11）。数据带偏移量和数据带字节数字段的计数都应该为 1。其他字段与压缩数据带格式的说明无关，它们说明源（未压缩的）TIFF/IT 文件格式或图像类型（可通过压缩图像重建）的相关信息。

本附录中对 TIFF/IT-BP 文件中的 JBIG2-Amd2 压缩代码流作了如下限制：

注：本附录的术语"编码流"对应"压缩数据带"。

a) JBIG2-Amd2 压缩代码流包含四种类型的数据段：简述数据段、页面信息数据段、直接无损通用区域数据段和页尾数据段。
b) JBIG2-Amd2 压缩代码流至少包含五个部分：一个简述数据段、一个页面信息数据段、至少两个直接无损通用区域数据段和一个页尾数据段，如图 L.1 所示。
c) 各数据段段头中的引用数据段数量和保持标记（referred-to-segment-count-and-retention）必须为 0。
d) 各数据段段头中无引用数据段号（referred-to-segment number）字段。

e) 除简述数据段以外的各数据段段头中的数据段页面关联字段(segment-page-association)值都必须是1。

f) 各区域数据段信息字段中的区域数据段位图 X 方向位置都必须是0。

g) 代码流中的第一个数据段必须是简述数据段。

1) 段头标记是0x34。

2) 段头中的数据段页面关联字段必须是0。

3) 简述数据段数据部分仅包含一个0x00000008简述。

h) 第二个数据段必须是页面信息数据段。

1) 段头标记是0x30。

2) 页面信息数据段中页面位图宽度字段包含的值必须等于或大于TIFF/IT图像宽度字段(256)值的8的最小倍数。这意味着图像的每一行在压缩前与字节边界对齐,解压时将插入的位去掉。

3) 页面信息数据段中的页面位图高度字段值必须比TIFF/IT-BP的图像长度字段值大1。

4) 页面数据带信息字段的位1必须是0,表示该页面无相关联的精细区域(refinement region)数据段。

i) 从第三数据段到倒数第二个数据段,都必须是直接无损通用区域数据段。

1) 段头标记是0x27。

2) 区域数据段数据头中的区域数据段位图宽度字段值必须等于页面信息数据段中的页面位图宽度字段值。

3) 通用区域数据段标记字段的位0(MMR)必须是0,表示该数据段不使用MMR编码。

4) 通用区域数据段标记字段的位1~2(GBTEMPLATE)必须是00,表示基于模板的算术编码使用了含有16个参考像素的模板。

5) 通用区域数据段标记字段的位4(EXTTEMPLATE)必须是1,表示该数据段中代码流采用JBIG2-Amd2编码方法。

6) 对于第一个直接无损通用区域数据段:

i) 区域数据段位图 Y 方向位置值必须是0。

ii) 区域数据段数据头中的区域数据段位图高度字段值必须小于或等于TIFF/IT-BP图像长度字段(257)值。

7) 对于最后一个直接无损通用区域数据段:

i) 区域数据段位图 Y 方向位置字段值必须等于TIFF/IT-BP图像长度字段(257)值。

ii) 区域数据段位图高度字段值必须等于1。

8) 对于中间的直接无损通用区域数据段(如果存在):

i) 区域数据段位图 Y 方向位置字段值必须等于前面直接无损通用区域数据段中区域数据段数据头中区域数据段位图高度值的总和。

ii) 其自身的区域数据段数据头中区域数据段位图高度值总和以及前面直接无损通用区域数据段的区域数据段数据头中的区域数据段位图高度值总和都必须等于或小于TIFF/IT-BP图像长度字段(257)值。

iii) 第一个和中间直接无损通用区域数据段中区域数据段数据头的区域数据段位图高度值的总和必须等于TIFF/IT-BP图像长度字段(257)值。

j) 最后一个数据段必须是页尾数据段,其段头标记是0x31。

简述数据段
页面信息数据段
直接无损通用区域数据段
（直接无损通用区域数据段）
直接无损通用区域数据段
页尾数据段

图 L.1　TIFF/IT-BP 中 JBIG2-Amd2 压缩代码流的结构

L.2.3　TIFF/IT-SD 中 JBIG2-Amd2 压缩代码流的用法

在含有 JBIG2-Amd2 压缩数据的 TIFF/IT-SD 文件中，与 JBIG2-Amd2 压缩数据带有关的 TIFF/IT 字段是数据带偏移量和数据带字节数字段（见表 13）。像素样点数字段值、数据带偏移量和数据段字节数字段计数都应该为 4。其他字段与压缩数据带格式的说明无关，它们说明源（未压缩的）TIFF/IT 文件格式或图像类型（通过压缩图像重建）的相关信息。

用于 TIFF/IT-SD 文件的 JBIG2-Amd2 压缩代码流包含各分色独立的编码流，也就是 TIFF/IT-SD 文件包含四个数据带，每个数据带对应一个分色的 JBIG2-Amd2 压缩代码流，如图 L.2 所示。

TIFF/IT-BP
TIFF/IT-BP
TIFF/IT-BP
TIFF/IT-BP

图 L.2　TIFF/IT-BP 中 JBIG2-Amd2 压缩代码流的结构

L.2.4　TIFF/IT JBIG2-Amd2 图像数据带格式

本附录中的数据带格式遵循 JBIG2-Amd2 的 0x00000008 简述的压缩代码流格式。详细信息请参见 ISO/IEC 14492 | ITU-T Rec. T. 88(2000)和 ISO/IEC 14492/AMD2 | ITU-T Rec. T. 88 (2000)/Amd. 2。

L.3　用于 TIFF/IT-BP 文件的 JBIG2-Amd2 压缩代码流的一个例子

图 L.3 是用于 TIFF/IT-BP 文件的 JBIG2-Amd2 压缩代码流的一个例子，包含五个数据段，如图 L.1 所示。其中双下划线值是固定且唯一的，其依据是 ISO/IEC 14492 标准和其修订稿。单下划线值是建议值。

注：ISO/IEC 14492(ITU-T Rec. T. 88)附录中也给出了代码流的一个例子，但它不包含使用 JBIG2-Amd2 编码方法的数据段，而对于本附录而言不必要的数据段类型又太多。本例子仅包含用于 TIFF/IT-BP 的 JBIG2-Amd2 压缩数据的数据段。

(A1) 00　00　00　00 (A2) 34 (A3) 00 00 (A4) 00　00　00　04	[简述数据段段头] (A1)：数据段数量；(A2)：段头标记；(A3)：数据段与页面联系；(A4)：数据段数据长度
(A5) 00　00　00　08	[简述数据段数据部分] (A5)简述数量
(B1) 00　00　00　01 (B2) 30 (B3) 00 (B4) 01 (B5) 00　00　00　13	[页面信息数据段段头] (B1)：数据段数量；(B2)：段头标记；(B3)：参考数据段数量和保持标记；(B4)：数据段与页面联系；(B5)：数据段数据长度

图 L.3　用于 TIFF/IT-BP 文件的 JBIG2-Amd2 压缩代码流的一个例子

(B6)00　00　4E　20 (B7)00　00 9C　41 (B8)00　00　00　00 (B10)0 (B11)0 (B9)00　00　00　00　1　0 00	[页面信息数据段数据部分] (B6)：页面位图宽度；(B7)：页面位图高度；(B8)：页面 X 方向分辨率；(B9)：页面 Y 方向分辨率；(B10)：页面数据段标记；(B11)：页面数据带信息
(C1)00　00　00　02 (C2)27 (C3)00 (C4)01 (C5)FF　FF　FF　FF	[直接无损通用区域数据段段头] (C1)：数据段数量；(C2)：段头标记；(C3)：参考数据段数量和保持标记；(C4)：数据段页面联系；(C5)：数据段数据长度
(C6)00　00　4E　20 (C7)00　00 9C　40 (C8)00　00　00　00 (C10)0 (C11)1 (C9)00　00　00　00　0　0 (C12)F E　00　00　FE　FE　FF FF　FE　01　FE　02　FF FD　00　FC　00　02　FE 03　FF　FE　FE　FD　FF (C13)# #... ##	[无损数据段数据部分] (C6)：区域数据段位图宽度；(C7)：区域数据段位图高度；(C8)：区域数据段位图 X 方向位置；(C9)：区域数据段位图 Y 方向位置；(C10)：通用区域段标记；(C11)：通用区域数据段标记；(C12)：通用区域数据段 AT 标记；(C13)：代码流主体
(D1)00　00　00　03 (D2)27 (D3)00 (D4)01 (D5)FF　FF　FF　FF	[直接无损通用区域数据段段头] (D1)：数据段数量；(D2)：数据段段头标记；(D3)：参考数据段数量和保持标记；(D4)：数据段与页面联系；(D5)：数据段数据长度
(D6)00　00　4E　20 (D7)00　00 00　01 (D8)00　00　00　00 (D10)0 (D11)1 (D9)00　00　9C　40　0　0 (D12)F E　00　00　FE　FE　FF FF　FE　01　FE　02　FF FD　00　FC　00　02　FE 03　FF　FE　FE　FD　FF (D13)# #... ##	[直接无损通用区域数据段数据部分] (D6)：区域数据段位图宽度；(D7)：区域数据段位图高度；(D8)：区域数据段位图 X 方向位置；(D9)：区域数据段位图 Y 方向位置；(D10)：区域数据段标记；(D11)：通用区域数据段标记；(D11)：通用区域数据段 AT 标记；(D13)：编码代码流主体
(E1)00　00　00　04 (E2)31 (E3)00 (E4)01 (E5)00　00　00　00	[页尾数据段段头] (E1)：数据段数量；(E2)：段头标记；(E3)：参考数据段数量和保持标记；(E4)：数据段与页面联系；(E5)：数据段数据长度

图 L.3（续）

参 考 文 献

[1] ISO/IEC 10918-3:1997 信息技术 连续调静止图像的数字压缩和编码:扩展.

[2] Adobe系统公司. Adobe Photoshop TIFF 技术手册. http://partners.adobe.com/asn/developer/pdfs/tn/TIFFphotoshop.pdf，2002.3.22.

[3] ISO/IEC 14492:2001 信息技术 二值图像的有损/无损编码.

[4] ISO/IEC 14492:2001/Amd 2:2003 网目调编码的适应模板扩展.